| 개정판 |

모아 | 단기완성 |

# 위험물
# 산업기사

모아합격전략연구소

 이론 + 과년도 9개년

# 위험물산업기사 자격시험 알아보기

## 01 위험물산업기사는 어떤 업무를 담당하는가?

A. 위험물산업기사는 위험물의 안전한 취급, 저장, 관리 및 화재 예방을 담당하는 전문가로서 위험물로 인한 사고를 방지하고 안전한 작업 환경을 조성하는 데 핵심적인 역할을 합니다.

## 02 위험물산업기사 자격시험은 어떻게 시행되는가?

**시행기관**
한국산업인력공단

**시험과목(필기)**
물질의 물리(중점)화학적 성질
화재예방과 소화방법
위험물 성상 및 취급
※ 2025년부터 시험과목 변경

**시행과목(실기)**
위험물 취급 실무

**검정방법(필기)**
객관식 60문항
(1시간 30분)

**검정방법(실기)**
필답형 약 20문항
(2시간)

**합격기준**
필기 : 100점 만점에 과목당 40점 이상,
전과목 평균 60점 이상
실기 : 100점 만점에 60점 이상

## 03 위험물산업기사 자격시험은 언제 시행되는가?

| 구분 | 필기 원서접수 | 필기시험 | 필기 합격자 발표(예정자) | 실기 원서접수 | 실기 시험 | 최종 합격자 발표일 |
|---|---|---|---|---|---|---|
| 2025년 제1회 | 1.13(월) ~ 1.16(목) | 2.7(금) ~ 3.4(화) | 3.12(수) | 3.24(월) ~ 3.27(목) | 4.19(토) ~ 5.9(금) | 1차 6.5(목)<br>2차 6.13(금) |
| 2025년 제2회 | 4.14(월) ~ 4.17(목) | 5.10(토) ~ 5.30(금) | 6.11(수) | 6.23(월) ~ 6.26(목) | 7.19(토) ~ 8.6(수) | 1차 9.5(금)<br>2차 9.12(금) |
| 2025년 제3회 | 7.21(월) ~ 7.24(목) | 8.9(토) ~ 9.1(월) | 9.10(수) | 9.22(월) ~ 9.25(목) | 11.1(토) ~ 11.21(금) | 1차 12.5(금)<br>2차 12.24(수) |

자세한 정보는 큐넷(https://www.q-net.or.kr)을 참고 바랍니다.

## 04 위험물산업기사 최근 합격률은 어떠한가?

| 연도 | 필기 | | | 실기 | | |
|---|---|---|---|---|---|---|
| | 응시 | 합격 | 합격률 | 응시 | 합격 | 합격률 |
| 2024 | 27,847명 | 13,746명 | 49.4% | 21,003명 | 9,567명 | 45.6% |
| 2023 | 31,065명 | 16,007명 | 51.5% | 19,896명 | 9,116명 | 45.8% |
| 2022 | 25,227명 | 13,416명 | 53.2% | 17,393명 | 8,412명 | 48.4% |
| 2021 | 25,076명 | 13,886명 | 55.4% | 18,232명 | 8,691명 | 47.7% |
| 2020 | 21,597명 | 11,622명 | 53.8% | 15,985명 | 8,544명 | 53.5% |
| 2019 | 23,292명 | 11,567명 | 49.7% | 14,473명 | 9,450명 | 65.3% |
| 2018 | 20,662명 | 9,390명 | 45.4% | 12,114명 | 6,635명 | 54.8% |

## 05 위험물산업기사 자격시험 응시 사이트는 어디인가?

A. 큐넷(https://www.q-net.or.kr) 원서 접수는 온라인(인터넷, 모바일앱)에서만 가능합니다. 스마트폰, 태블릿PC 사용자는 모바일앱 프로그램을 설치한 후 접수 및 취소, 환불서비스를 이용하시기 바랍니다.

# 위험물산업기사 필기 | 단기완성 |
## 14일만에 합격하기

### 📝 모아 위험물산업기사 **필기**

| | | | |
|---|---|---|---|
| **DAY 1** | Part 01<br>물질의 물리·<br>화학적 성질 | Chapter 01 원자의 구조와 주기율<br>Chapter 02 유기화합물과 무기화합물<br>Chapter 03 물질의 상태와 결합<br>Chapter 04 용액 및 산과 염기 | ✏️ **학습 Comment**<br>기초화학과 주기율표 및 화합물, 용액에 관련된 개념을 잡는다. |
| **DAY 2** | Part 01<br>물질의 물리·<br>화학적 성질 | Chapter 05 산화와 환원<br>Chapter 06 반응식과 화학평형<br>Chapter 07 화학기본법칙<br>Chapter 08 기타 | ✏️ **학습 Comment**<br>이전 내용을 복습하고, 산화·환원반응에 관련된 개념을 잡고, 화학에 관련된 기초법칙과 화학식, 더불어 계산문제를 반복해 풀어본다. 그리고 기타에 들어가 있는 추가 문제를 풀어본다.<br>✔ **중요!** PART 1에 대한 내용들을 복습하며 1과목 문제를 풀어본다. |
| **DAY 3** | Part 02<br>화재예방과<br>소화방법 | Chapter 01 위험물 화재예방<br>Chapter 02 위험물 소화방법<br>Chapter 03 소화설비 적용 | ✏️ **학습 Comment**<br>이전 내용을 복습하고, 소화 및 약제에 관련된 개념을 잡고 소화설비에 대해 암기한다. |
| **DAY 4** | Part 02<br>화재예방과<br>소화방법 | Chapter 04 소화난이도 및 경보설비와<br>피난설비 적용<br>Chapter 05 위험물사고 대비 및 대응 | ✏️ **학습 Comment**<br>이전 내용을 복습하고, 경보설비, 피난설비 설치대상에 대해 암기하고 위험물사고에 대한 신유형 문제를 대비한다.<br>✔ **중요!** PART 2에 대한 내용들을 복습하며 2과목 문제를 풀어본다. |
| **DAY 5** | Part 03<br>위험물<br>성질과 취급 | Chapter 01 위험물취급1<br>Chapter 02 위험물취급2 | ✏️ **학습 Comment**<br>이전 내용을 복습하고, 제1류 위험물~제6류 위험물까지 성상과 소화방법을 암기하고, 함께 빈번하게 출제되는 위험물의 특징을 확실하게 암기한다. |
| **DAY 6** | Part 03<br>위험물<br>성질과 취급 | Chapter 03 위험물 운송 및 운반과<br>저장 취급기준<br>Chapter 04 위험물제조소등<br>Chapter 05 위험물안전관리 | ✏️ **학습 Comment**<br>이전 내용을 복습하고, 위험물제조소등에 관련된 내용들을 비교하면서 암기한다. 그리고 법에 관련된 내용들을 암기하며 나만의 이론 노트를 완성한다.<br>✔ **중요!** PART 3에 대한 내용들을 복습하며 3과목 문제를 풀어본다. |
| **DAY 7<br>~ DAY 14** | Part 04<br>과년도<br>기출문제 | 하루에 과년도 3~4회씩 풀기 | ✏️ **학습 Comment**<br>하루에 과년도 3~4회씩 풀면서 나만의 오답노트를 완성해간다. |

# 위험물산업기사 필기 | 단기완성 |
## 24일만에 합격하기

### 📝 모아 위험물산업기사 **필기**

| | | | |
|---|---|---|---|
| **DAY 1** | Part 01<br>물질의 물리·<br>화학적 성질 | Chapter 01 원자의 구조와 주기율 | ✏️ **학습 Comment**<br>기초화학과 주기율표에 대한 개념을 잡는다. |
| **DAY 2** | Part 01<br>물질의 물리·<br>화학적 성질 | Chapter 02 유기화합물과 무기화합물 | ✏️ **학습 Comment**<br>이전 내용을 복습하고, 화합물에 관련된 개념을 잡는다. |
| | | Chapter 03 물질의 상태와 결합 | |
| **DAY 3** | Part 01<br>물질의 물리·<br>화학적 성질 | Chapter 04 용액 및 산과 염기 | ✏️ **학습 Comment**<br>이전 내용을 복습하고, 용액과 산화, 환원반응에 관련된 개념을 잡는다. |
| | | Chapter 05 산화와 환원 | |
| **DAY 4** | Part 01<br>물질의 물리·<br>화학적 성질 | Chapter 06 반응식과 화학평형 | ✏️ **학습 Comment**<br>이전 내용을 복습하고, 화학에 관련된 기초법칙과 화학식, 더불어 계산문제를 반복해 풀어본다. |
| | | Chapter 07 화학기본법칙 | |
| **DAY 5** | Part 01<br>물질의 물리·<br>화학적 성질 | Chapter 08 기타 | ✏️ **학습 Comment**<br>이전 내용을 복습하고, 기타에 들어가 있는 추가 문제를 풀어본다.<br>✔ **중요!** PART 1에 대한 내용들을 복습하며 1과목 문제를 풀어본다. |
| **DAY 6** | Part 02<br>화재예방과<br>소화방법 | Chapter 01 위험물 화재예방 | ✏️ **학습 Comment**<br>이전 내용을 복습하고, 소화 및 약제에 관련된 개념을 잡는다. |
| | | Chapter 02 위험물 소화방법 | |
| **DAY 7** | Part 02<br>화재예방과<br>소화방법 | Chapter 03 소화설비 적용 | ✏️ **학습 Comment**<br>이전 내용을 복습하고, 소화설비, 경보설비, 피난설비 설치대상에 대해 암기한다. |
| | | Chapter 04 소화난이도 및 경보설비와<br>피난설비 적용 | |
| **DAY 8** | Part 02<br>화재예방과<br>소화방법 | Chapter 05 위험물사고 대비 및 대응 | ✏️ **학습 Comment**<br>이전 내용을 복습하고, 위험물사고에 대한 신유형 문제를 대비한다.<br>✔ **중요!** PART 2에 대한 내용들을 복습하며 2과목 문제를 풀어본다. |
| **DAY 9** | Part 03<br>위험물<br>성질과 취급 | Chapter 01 위험물취급1 | ✏️ **학습 Comment**<br>이전 내용을 복습하고, 제1류 위험물 ~ 제6류 위험물까지 성상과 소화방법을 암기하고, 함께 빈번하게 출제되는 위험물의 특징을 확실하게 암기한다. |
| | | Chapter 02 위험물취급2 | |
| **DAY 10** | Part 03<br>위험물<br>성질과 취급 | Chapter 03 위험물 운송 및 운반과<br>저장 취급기준 | ✏️ **학습 Comment**<br>이전 내용을 복습하고, 법에 관련된 내용들을 암기하며 나만의 이론 노트를 완성한다.<br>✔ **중요!** PART 3에 대한 내용들을 복습하며 3과목 문제를 풀어본다. |
| | | Chapter 04 위험물제조소등 | |
| | | Chapter 05 위험물안전관리 | |
| **DAY 11** | | 복습, 스스로 암기법 정리 | ✏️ **학습 Comment**<br>강의 속 암기법을 활용해서 자신만의 암기법을 정리한다. 아무리 강의를 듣더라도 내 것으로 만들지 않으면 무용지물! |
| **DAY 12<br>~ DAY 24** | Part 04<br>과년도<br>기출문제 | 하루에 과년도 2회씩 풀기 | ✏️ **학습 Comment**<br>하루에 과년도 3~4회씩 풀면서 나만의 오답노트를 완성해간다. |

## 참 잘 만들어서 참 공부하기 쉬운
# 모아 위험물산업기사 필기

**이 책의 특징 살짝 엿보기**

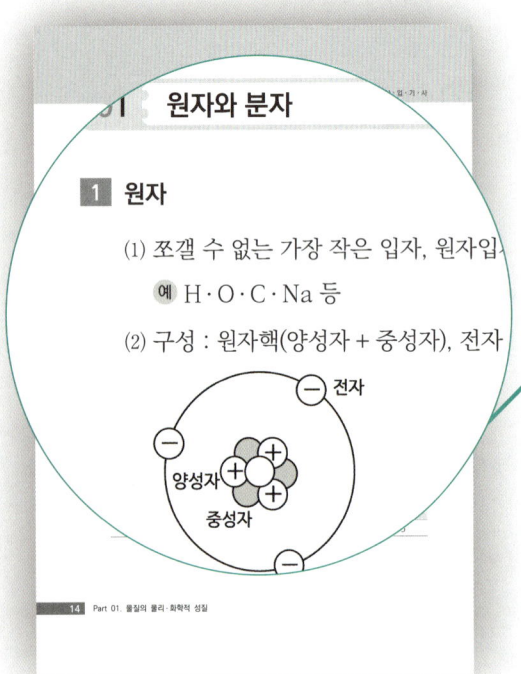

**합격에 딱 맞춰 제대로
다이어트한 핵심이론**

이것저것 교재에 담아내기보다
**최대한 간결하고 빠르게 이해**
할 수 있도록 정리했습니다.

**배운 이론을 바로
체크할 수 있는 예상문제**

이론을 배우고 바로 문제에 적용하면서
배운 이론이 어떻게 출제가 되는지
**출제 유형을 확인**하고
**놓친 부분은 없는지 체크**하면서
학습을 진행할 수 있습니다.

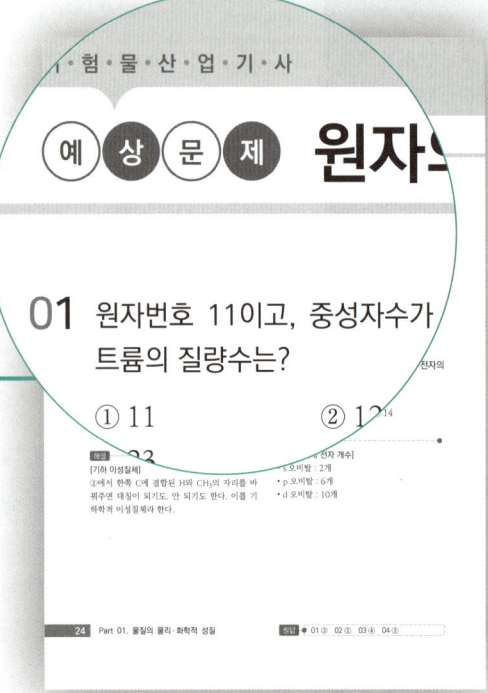

## 실전에 유용한 암기법

실전에 유용한 암기법을 제시하여 **한눈에 쉽게 외우고**, 시험일까지 **오랫동안 기억**할 수 있습니다.

## 지난 시험문제를 모두 모아 준비할 수 있는 과년도 기출문제

**기출 정복이 곧 합격 정복**입니다.
2024년 최신 기출 복원문제부터 2016년 기출문제까지 **모두 수록**하여 충분한 연습이 가능하도록 하였습니다.
또한 **풍부한 해설**을 포함하여 어려움 없이 문제를 해결할 수 있습니다.

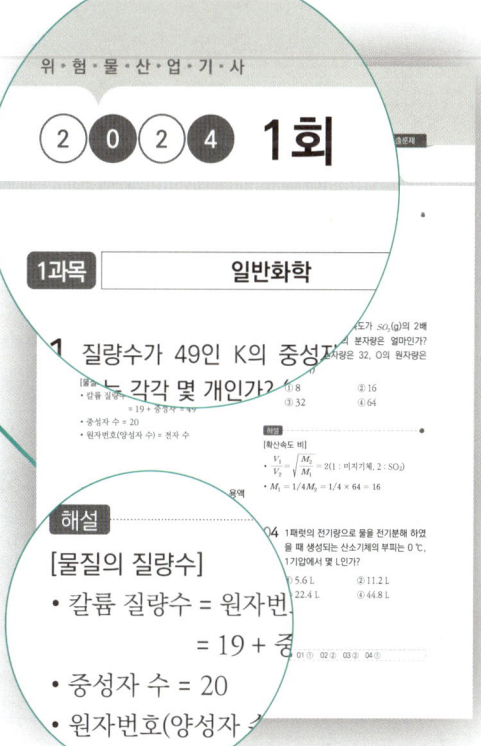

안녕하세요. 위험물산업기사 수험생 여러분, 강단아입니다.

2025년, 위험물산업기사의 범위가 개정되었습니다.
무엇보다 표준화 지침에 따라 위험물에 관련된 명칭도 일부 변경되었습니다.
이렇게 변경된 내용들이 많아 처음 응시하는 분들뿐만 아니라 기존에 공부를 했었던 분들까지도 적잖게 어려움을 느꼈을 거라 생각합니다.
본 교재는 넓어진 범위에 맞춰 관련 내용을 모두 담아내기 위해 노력했습니다.

위험물산업기사 자격증을 취득하기 위해서는 이론 내용도 중요하지만, 문제 풀이가 매우 중요하기 때문에 2016년부터 2024년까지 9개년의 문제와 해설로 구성했습니다.
많은 문제를 풀이하면서 꼭 한 번에, 동차 합격하시길 진심으로 응원하겠습니다.
감사합니다.

개정판

모아 | 단기완성 |

# 위험물
# 산업기사

모아합격전략연구소

 이론 + 과년도 9개년

MOAG

# 목차

## PART 01
### 물질의 물리·화학적 성질

- Chapter 01 원자의 구조와 주기율 ······················································ 14
- Chapter 02 유기화합물과 무기화합물 위험성 파악 ·········· 28
- Chapter 03 물질의 상태와 결합 ······················································ 35
- Chapter 04 용액 및 산과 염기 ······················································ 47
- Chapter 05 산화와 환원 ······················································ 58
- Chapter 06 반응식과 화학평형 ······················································ 65
- Chapter 07 화학 기본법칙 ······················································ 72
- Chapter 08 기타 ······················································ 81

## PART 02
### 화재예방과 소화방법

- Chapter 01 위험물 화재예방 ······················································ 90
- Chapter 02 위험물 소화방법 ······················································ 102
- Chapter 03 소화설비 적용 ······················································ 118
- Chapter 04 소화난이도 및 경보설비와 피난설비 적용 ··· 137
- Chapter 05 위험물사고 대비 및 대응 ······················································ 144

## PART 03
### 위험물 성질과 취급

- Chapter 01 위험물 취급 1 ······················································ 150
- Chapter 02 위험물 취급 2 ······················································ 174
- Chapter 03 위험물 운송 및 운반과 저장, 취급기준 ······ 197
- Chapter 04 위험물제조소등의 유지관리 및 점검 ············ 206
- Chapter 05 위험물안전관리 감독 및 행정처리 ················ 245

# PART 04

## 과년도 기출문제

| | |
|---|---|
| 2024년 1회 | 264 |
| 2024년 2회 | 281 |
| 2024년 3회 | 298 |
| 2023년 1회 | 315 |
| 2023년 2회 | 332 |
| 2023년 4회 | 349 |
| 2022년 1회 | 366 |
| 2022년 2회 | 382 |
| 2022년 4회 | 397 |
| 2021년 1회 | 413 |
| 2021년 2회 | 429 |
| 2021년 4회 | 445 |
| 2020년 1, 2회 | 461 |
| 2020년 4회 | 477 |
| 2019년 1회 | 494 |
| 2019년 2회 | 510 |
| 2019년 4회 | 525 |
| 2018년 1회 | 542 |
| 2018년 2회 | 558 |
| 2018년 4회 | 575 |
| 2017년 1회 | 591 |
| 2017년 2회 | 607 |
| 2017년 4회 | 622 |
| 2016년 1회 | 638 |
| 2016년 2회 | 656 |
| 2016년 4회 | 674 |

모아바 www.moa-ba.com
모아소방전기학원 www.moate.co.kr

# Part 01

## 물질의 물리·화학적 성질

# Chapter 01 원자의 구조와 주기율

## 01 원자와 분자

### 1 원자

(1) 쪼갤 수 없는 가장 작은 입자, 원자입자 1개
   - 예 H · O · C · Na 등

(2) 구성 : 원자핵(양성자 + 중성자), 전자

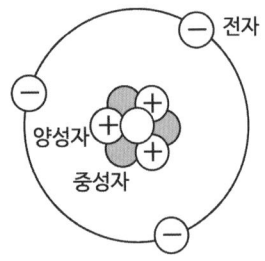

① 양성자 : 전기적으로 (+)이며, 질량수 1을 가짐
② 중성자 : 전기적으로 중성이며, 질량수 1을 가짐
③ 전자 : 전기적으로 (-)이며, 너무 가벼워 질량 무시

(3) 원자 표기

| 원소 | 원자량(질량수) | 양성자 수 | 전자 수 | 중성자 수 |
|---|---|---|---|---|
| $^{23}_{11}Na$ | 23 | 11 | 11 | 23 - 11 = 12 |

(4) 원자량(질량수) : 양성자수 + 중성자수로 C(탄소) 12를 기준으로 한다(g/mol).

| 원자 종류 | C(탄소) | H(수소) | O(산소) | N(질소) | Na(나트륨) |
|---|---|---|---|---|---|
| 원자량 | 12 | 1 | 16 | 14 | 23 |

## 2 분자

(1) 성질을 가지는 가장 작은 입자, 원자 입자 2개 이상(예외 : 비활성 기체)
   - 예) $H_2 \cdot O_2 \cdot Cl_2$ 등

(2) 분자량(g/mol) : 구성하는 원자량들의 합
   - 예) $H_2O$ : $1 \times 2 + 16 \times 1 = 18 \, g/mol$

## 3 원소

물질을 구성하는 기본 요소, 입자 1종류

(1) $O, O_2$ : 산소 원소

(2) $N, N_2$ : 질소 원소

## 4 순물질과 혼합물

(1) 순물질

다른 물질과 섞여 있지 않은 순수한 물질을 말하며, 홑원소와 화합물로 분류된다. 순물질은 녹는점(융점)과 끓는점(비점)이 일정하다.
  ① 홑원소 : 하나의 원소로만 구성, 입자 1종류
   - 예) $H_2$(수소), $O_2$(산소)
  ② 화합물 : 2 이상의 원소로 구성, 입자 2종류
   - 예) $H_2O$(물), $NH_3$(암모니아)

(2) 혼합물

순물질이 두 가지 이상 섞여 있는 물질을 말한다. 혼합물은 녹는점(융점)과 끓는점(비점)이 일정하지 않다. 혼합물을 분리하기 위해서는 증류, 재결정, 추출, 밀도 법 등이 있다.
   - 예) $NaCl + H_2O$(소금물), 공기

(3) 화합물과 혼합물의 차이
  ① 화합물 : 화학적으로 결합되어 있다.
  ② 혼합물 : 물리적으로 섞여 있다.

## 02 주기율표

### 1 주기율표

| 족<br>주기 | 1 | 2 | 13 | 14 | 15 | 16 | 17 | 18(0) |
|---|---|---|---|---|---|---|---|---|
| 1 | $_1$H | | | | | | | $_2$He |
| 2 | $_3$Li | $_4$Be | $_5$B | $_6$C | $_7$N | $_8$O | $_9$F | $_{10}$Ne |
| 3 | $_{11}$Na | $_{12}$Mg | $_{13}$Al | $_{14}$Si | $_{15}$P | $_{16}$S | $_{17}$Cl | $_{18}$Ar |
| 4 | $_{19}$K | $_{20}$Ca | | | | | $_{35}$Br | |
| | | | | | | | $_{51}$I | |

(1) 같은 족

① 같은 최외각전자 수를 가져 비슷한 화학적 성질을 띤다.

② 아래로 갈수록 전자껍질 수가 증가하여 원자반지름이 커진다.

(2) 같은 주기

① 같은 전자껍질 수를 가진다.

② 오른쪽으로 갈수록 최외각전자 수가 증가한다.

③ 원자번호가 커질수록 원자반지름은 작아진다.

### 2 1족(알칼리금속)

(1) 종류 : Li(리튬)·Na(나트륨)·K(칼륨)·Rb(루비듐)

(2) 특성

① 은백색의 경금속

② 최외각전자 수 1개로 이온화 시 전자 1개를 잃어 +1가 양이온이 된다.

③ 물과 만나 수소($H_2$) 발생

④ 원자번호가 커질수록 반응성이 강해진다(K ≫ Na ≫ Li).

⑤ NaCl(염화나트륨) : 노란색 불꽃반응과 수용액에 $AgNO_3$ 용액을 가해 흰색 침전이 생기는 물질

### 3 2족(알칼리토금속)

(1) 은회백색 경금속

(2) 최외각전자 수 2개로 이온화 시 전자 2개를 잃어 +2가 양이온이 된다.

### 4 3 ~ 12족(전이원소)

모두 금속으로 불안정하며 형태가 불규칙적이므로 잘 다루지 않는다.

### 5 17족(할로젠원소)

(1) 종류 : F(플루오린) · Cl(염소) · Br(브로민) · I(아이오드)

(2) 최외각전자 수 7개로 이온화 시 전자 1개를 얻어 -1가 음이온이 된다.

(3) F ⇒ Cl ⇒ Br ⇒ I 원자번호가 커질수록
   ① 반응성 · 결합에너지 · 전기음성도 감소
   ② 원자반지름 · 녹는점 · 끓는점 증가

### 6 18족(불활성 기체, 비활성 기체)

(1) 종류 : He(헬륨) · Ne(네온) · Ar(아르곤)

(2) 안정하여 다른 물질과 반응하지 않는 물질

(3) 무색의 기체이며, 단원자 분자

(4) 최외각전자 2개(헬륨) 또는 8개로 전자껍질을 가득 채워 매우 안정

### 7 이온

전기적 성질을 띠는 입자

(1) 양이온 : 전자를 잃어 (+)를 띠는 이온

(2) 음이온 : 전자를 얻어 (-)를 띠는 이온

### 8 이온화경향성

(1) 원자가 전자를 잃거나 얻어 이온이 되려는 경향성

(2) 이온화경향성 세기(강한 순서)
※ 이온화 경향성이 클수록 전자를 잃고 양이온이 되기 쉽다.
칼륨(K) ≫ 칼슘(Ca) ≫ 나트륨(Na) ≫ 마그네슘(Mg) ≫ 알루미늄(Al) ≫ 아연(Zn) ≫ 철(Fe) ≫ 리튬(Li) ≫ 주석(Sn) ≫ 납(Pb) ≫ 수소(H) ≫ 구리(Cu) ≫ 수은(Hg) ≫ 은(Ag) ≫ 백금(Pt) ≫ 금(Au)   암 칼카나마 알아철리 주납수구 수은백금

### 9 이온화에너지

(1) 원자에서 전자를 떼어낼 때 필요한 에너지를 말하며, 첫 번째 전자를 떼어낼 때 필요한 에너지를 1차 이온화에너지라고 한다.

(2) 같은 주기 : 7족 원소가 가장 크고, 1족 원소가 가장 작다.

(3) 같은 족 : 아래쪽으로 갈수록 작고, 위쪽으로 갈수록 크다.

### 10 전기음성도

(1) 원자가 전자를 끌어당기는 힘을 말하며, 전기음성도가 클수록 전자를 잡아당기는 힘이 크다.

(2) 같은 주기 : 7족 원소가 가장 크고, 1족 원소가 가장 작다.

(3) 같은 족 : 아래쪽으로 갈수록 작고, 위쪽으로 갈수록 크다.

## 03 오비탈

### 1 정의

전자가 채워지는 공간으로 궤도함수라고도 한다. 오비탈당 최대 전자 2개 저장 가능하다.

### 2 종류

(1) s 오비탈 : 껍질당 1개로 전자 최대 2개 저장

⑵ p 오비탈 : 껍질당 3개로 전자 최대 6개 저장

⑶ d 오비탈 : 껍질당 5개로 전자 최대 10개 저장

### 3 오비탈 표현해석

⑴ $1s^2$ : 첫 번째 껍질, s 오비탈 내에 전자 수 2개

⑵ $1s^2 2s^2 2p^5$ : 껍질 2개, 총 전자 수 9개(원자번호 9번), 최외각전자 7개
   ⇒ 최외각전자 7개이므로 7족이고, 원자번호 9번인 F(플루오린)

### 4 오비탈 에너지준위

⑴ 정의 : 각 오비탈이 가지는 에너지량

⑵ s ≪ p ≪ d로 에너지준위가 높음

⑶ 전자는 에너지준위가 낮아 안정한 s 오비탈부터 채워짐(쌓음 원리, 축조 원리)

⑷ 선 스펙트럼 : 에너지준위에 따라 선이 나타나는 장치

### 5 전자껍질

⑴ 원자핵 주변에 전자가 운동하는 궤도(장소)

⑵ 최대 최외각전자 수는 첫 번째 껍질 2개, 나머지 껍질은 8개

⑶ 전자껍질은 첫 번째부터 기호 K, L, M 순으로 명명

⑷ K, L, M 순으로 에너지가 낮으므로 K, L, M 순으로 전자가 쌓임

| 껍질 구분 | K [n = 1] | L [n = 2] | M [n = 3] |
|---|---|---|---|
| 오비탈의 종류 | s | s, p | s, p, d |
| 오비탈 수($n^2$) | 1 | 4 | 9 |
| 최대 전자 수($2n^2$) | 2 | 8 | 18 |

※ 1s : 주양자수(n = 1)가 1인 K 껍질에 있는 s 오비탈
2s, 2p : 주양자수(n = 2)가 2인 L 껍질에 있는 s 오비탈, p 오비탈
3s, 3p, 3d : 주양자수(n = 3)가 3인 M 껍질에 있는 s 오비탈, p 오비탈, d 오비탈

## 6  오비탈에 전자를 채우는 순서

(1) 쌓음 원리 : 에너지가 가장 낮은 오비탈부터 전자가 차례대로 채워짐

1s → 2s → 2p → 3s → 3p → 4s → 3d → 4p → 5s → 4d → 5p → 4f → 5d → 5f

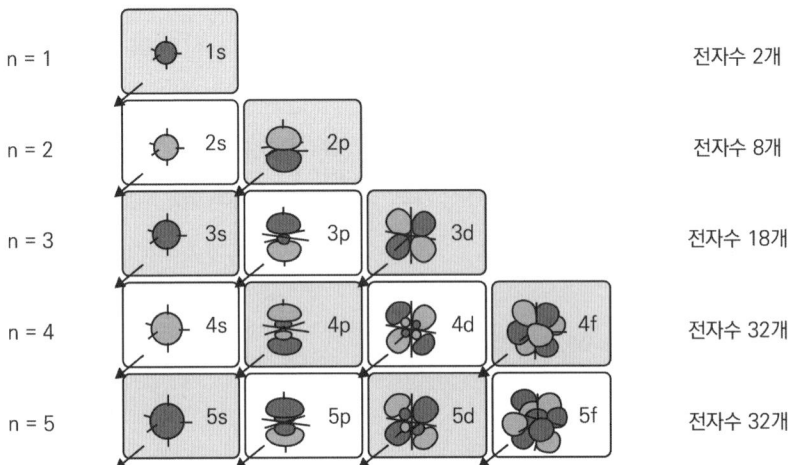

(2) 파울리의 배타원리(Pauli exclusion principle) : 1개의 오비탈에 두 전자가 동일한 양자수의 집합을 가질 수 없으므로 스핀 방향을 다르게 배치

(3) 훈트의 법칙(Hund's rule) : 원자에 전자가 배치될 때 전자 간의 반발력을 줄이기 위해 홀전자를 가진 오비탈의 개수가 최대가 되도록 전자를 우선으로 배치

(4) 정리

| 원소 | 1s | 2s | 2p | 3s | 3p | 4s | 3d |
|---|---|---|---|---|---|---|---|
| C (6) | ↑↓ | ↑↓ | ↑ ↑ · | | | | |
| N (7) | ↑↓ | ↑↓ | ↑ ↑ ↑ | | | | |
| O (8) | ↑↓ | ↑↓ | ↑↓ ↑ ↑ | | | | |
| F (9) | ↑↓ | ↑↓ | ↑↓ ↑↓ ↑ | | | | |
| Ne (10) | ↑↓ | ↑↓ | ↑↓ ↑↓ ↑↓ | | | | |
| Na (11) | ↑↓ | ↑↓ | ↑↓ ↑↓ ↑↓ | ↑ | | | |
| Mg (12) | ↑↓ | ↑↓ | ↑↓ ↑↓ ↑↓ | ↑↓ | | | |
| Al (13) | ↑↓ | ↑↓ | ↑↓ ↑↓ ↑↓ | ↑↓ | ↑ · · | | |
| Si (14) | ↑↓ | ↑↓ | ↑↓ ↑↓ ↑↓ | ↑↓ | ↑ ↑ · | | |
| P (15) | ↑↓ | ↑↓ | ↑↓ ↑↓ ↑↓ | ↑↓ | ↑ ↑ ↑ | | |
| S (16) | ↑↓ | ↑↓ | ↑↓ ↑↓ ↑↓ | ↑↓ | ↑↓ ↑ ↑ | | |
| Cl (17) | ↑↓ | ↑↓ | ↑↓ ↑↓ ↑↓ | ↑↓ | ↑↓ ↑↓ ↑ | | |
| Ar (18) | ↑↓ | ↑↓ | ↑↓ ↑↓ ↑↓ | ↑↓ | ↑↓ ↑↓ ↑↓ | | |
| K (19) | ↑↓ | ↑↓ | ↑↓ ↑↓ ↑↓ | ↑↓ | ↑↓ ↑↓ ↑↓ | ↑ | |
| Ca (20) | ↑↓ | ↑↓ | ↑↓ ↑↓ ↑↓ | ↑↓ | ↑↓ ↑↓ ↑↓ | ↑↓ | |

## 04 화학식과 동위원소 · 동소체 · 이성질체

### 1 화학식의 종류

(1) 분자식 : 화합물을 구성하는 원소의 개수를 표시한 식

　예 메탄올($CH_4O$), 아세트산($C_2H_4O_2$)

(2) 실험식 : 화합물을 구성하는 원소를 간단한 정수비로 표시한 식

　예 메탄올($CH_4O$), 아세트산($CH_2O$)

(3) 시성식 : 화합물의 특징을 알 수 있도록 작용기를 표시한 식

　예 메탄올($CH_3OH$) (-OH 작용기 : 하이드록시기)
　　 아세트산($CH_3COOH$) (-COOH 작용기 : 카르복시기)

(4) 구조식 : 화합물을 구성하는 원소들의 결합 상태(공유전자쌍)를 선으로 표시한 식

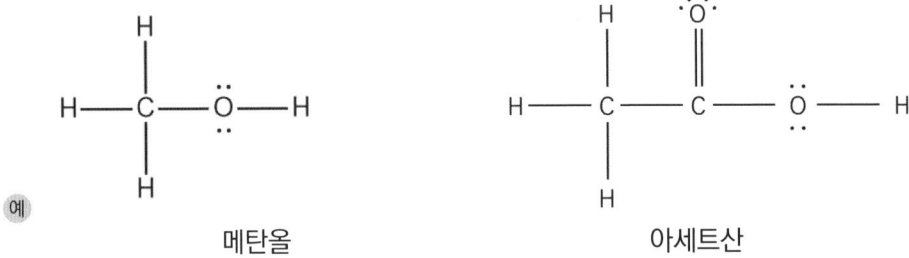

　예　　　　메탄올　　　　　　　아세트산

(5) 루이스(Lewis) 전자점식 : 원자가 전자를 점으로 표시한 식

　예　　　　메탄올　　　　　　　아세트산

### 2 동위원소

(1) 원자번호(양성자 수)는 같지만 중성자 수가 다른 원소

(2) 수소($_1^1H$) · 중수소($_1^2H$) · 삼중수소($_1^3H$) 등

## 3 동소체

(1) 같은 원소로 구성되지만 원자배열과 성질이 다른 분자

(2) C(흑연과 다이아몬드)·O(산소와 오존) 등

## 4 이성질체

(1) 분자식은 같지만 성질과 구조가 다른 화합물(이중결합으로 구성된 원자들이 대칭을 이루는 분자는 회전을 하지 못하기 때문에 나타난다)

(2) 기하이성질체 : 결합 순서는 같지만 공간적 위치가 달라 성질이 다른 이성질체

(3) 구조이성질체 : 결합 순서가 달라 성질이 다른 이성질체

※ 오르토(o), 메타(m), 파라(p)

| 기하이성질체 $CH_3CH-CHCH_3$ | | 구조이성질체 $C_6H_4Cl_2$ | | |
|---|---|---|---|---|
| 시스(cis)-뷰테인 | 트랜스(trans)-뷰테인 | o-다이클로로벤젠 | m-다이클로로벤젠 | p-다이클로로벤젠 |
| | | o-크실렌(자일렌) | m-크실렌 | p-크실렌 |

## 예상문제 원자의 구조와 주기율

**01** 원자번호 11이고, 중성자수가 12인 나트륨의 질량수는?

① 11      ② 12
③ 23      ④ 24

**해설**

[물질의 질량 수]
나트륨 질량 수 = 원자번호 + 중성자
= 11 + 12 = 23

**02** 다음 중 기하이성질체가 존재하는 것은?

① $C_5H_{12}$
② $CH_3CH = CHCH_3$
③ $C_3H_7Cl$
④ $CH \equiv CH$

**해설**

[기하이성질체]
②에서 한쪽 C에 결합된 H와 $CH_3$의 자리를 바꿔주면 대칭이 되기도, 안 되기도 한다. 이를 기하학적 이성질체라 한다.

**03** 최외각 전자가 2개 또는 8개로서 비활성인 것은?

① Na과 Br      ② N와 Cl
③ C와 B      ④ He와 Ne

**해설**

[최외각 전자에 따른 분류]
• 최외각 전자 2개·8개 : 18족 비활성 기체
• He(2개), Ne(8개), Ar(8개) 등

**04** d 오비탈이 수용할 수 있는 최대 전자의 총수는?

① 6      ② 8
③ 10      ④ 14

**해설**

[오비탈 최대 전자 개수]
• s 오비탈 : 2개
• p 오비탈 : 6개
• d 오비탈 : 10개

정답 ● 01 ③   02 ②   03 ④   04 ③

## 05 원자가 전자배열이 as² ap²인 것은? (단, a = 2, 3이다)

① Ne, Ar
② Li, Na
③ C, Si
④ N, P

**해설**

[전자배열 파악]
- as²ap² : s 오비탈, p 오비탈 2개 의미
  → 최외각전자 개수 4개
- 최외각전자 4개는 <u>14족 C, Si</u> 등

## 06 ns² np⁵의 전자구조를 가지지 않는 것은?

① F(원자번호 9)
② Cl(원자번호 17)
③ Se(원자번호 34)
④ I(원자번호 53)

**해설**

[ns² np⁵ 전자구조를 가지는 원소]
최외각전자 7개 할로젠원소(F, Cl, Br, I)

## 07 $Ca^{2+}$ 이온의 전자배치를 옳게 나타낸 것은?

① $1s^2\ 2s^2\ 2p^6\ 3s^2\ 3p^6\ 3d^2$
② $1s^2\ 2s^2\ 2p^6\ 3s^2\ 3p^6\ 4s^2$
③ $1s^2\ 2s^2\ 2p^6\ 3s^2\ 3p^6\ 4s^2\ 3d^2$
④ $1s^2\ 2s^2\ 2p^6\ 3s^2\ 3p^6$

**해설**

[$Ca^{2+}$의 전자배치]
원자번호 20번에서 전자 2개를 잃은 상태
$1s^2\ 2s^2\ 2p^6\ 3s^2\ 3p^6\ 4s^2$
→ $\underline{1s^2\ 2s^2\ 2p^6\ 3s^2\ 3p^6}$

## 08 원소의 주기율표에서 같은 족에 속하는 원소들의 화학적 성질에는 비슷한 점이 많다. 이것과 관련 있는 설명은?

① 같은 크기의 반지름을 가지는 이온이 된다.
② 제일 바깥의 전자 궤도에 들어 있는 전자의 수가 같다.
③ 핵의 양 하전의 크기가 같다.
④ 원자번호를 8a + b라는 일반식으로 나타낼 수 있다.

**해설**

[주기율표의 족]
- 같은 족 = 같은 최외각전자 수
- ② 최외각전자 수는 화학적 성질 결정

정답 05 ③  06 ③  07 ④  08 ②

**09** 주기율표에서 3주기 원소들의 일반적인 물리·화학적 성질 중 오른쪽으로 갈수록 감소하는 성질들로만 이루어진 것은?

① 비금속성, 전자흡수성, 이온화에너지
② 금속성, 전자방출성, 원자반지름
③ 비금속성, 이온화에너지, 전자친화도
④ 전자친화도, 전자흡수성, 원자반지름

**해설**

[주기율표 성질]
- 오른쪽으로 갈수록 감소하는 성질
  금속성·전자방출성·원자반지름

**10** 20개의 양성자와 20개의 중성자를 가지고 있는 것은?

① Zr
② Ca
③ Ne
④ Zn

**해설**

[Ca(칼슘)]
- 원자번호 20번(양성자수 = 원자번호)
- 양성자 20개와 중성자 20개를 가진다.

**11** 다음 화학반응식 중 실제로 반응이 오른쪽으로 진행되는 것은?

① $2KI + F_2 \rightarrow 2KF + I_2$
② $2KBr + I_2 \rightarrow 2KI + Br_2$
③ $2KF + Br_2 \rightarrow 2KBr + F_2$
④ $2KCl + Br_2 \rightarrow 2KBr + Cl_2$

**해설**

[할로젠원소 반응성]
- $F \gg Cl \gg Br \gg I$ 순으로 강함
- ① F가 반응성이 강해 오른쪽반응 진행

**12** 다음 물질 중 감광성이 가장 큰 것은?

① HgO
② CuO
③ $NaNO_3$
④ AgCl

**해설**

[감광성]
- 빛에 의해 변화하는 성질
- AgCl : 빛에 의해 검게 변하는 물질로 감광성이 크다

정답 ● 09 ② 10 ② 11 ① 12 ④

**13** 원자에서 복사되는 빛은 선 스펙트럼을 만드는데 이것으로부터 알 수 있는 사실은?

① 빛에 의한 광전자의 방출
② 빛이 파동의 성질을 가지고 있다는 사실
③ 전자껍질의 에너지의 불연속성
④ 원자핵 내부의 구조

**해설**

[원자의 선 스펙트럼]
③ 전자껍질 에너지 준위에 따라 선이 표시

**14** 다음 중 반응이 정반응으로 진행되는 것은?

① $Pb^{2+} + Zn \rightarrow Zn^{2+} + Pb$
② $I_2 + 2Cl^- \rightarrow 2I^- + Cl_2$
③ $2Fe^{3+} + 3Cu \rightarrow 3Cu^{2+} + 2Fe$
④ $Mg^{2+} + Zn \rightarrow Zn^{2+} + Mg$

**해설**

[정반응 진행]
① Zn(아연)이 Pb(납)보다 반응성이 좋아 아연이 $Zn^{2+}$로 이온화한다.

**보충** 반응성 순서
칼륨 ≫ 칼슘 ≫ 나트륨 ≫ 마그네슘 ≫ 알루미늄 ≫ 아연 ≫ 철 ≫ 리튬 ≫ 주석 ≫ 납 ≫ 수소 ≫ 구리 ≫ 수은 ≫ 은 ≫ 백금 ≫ 금

**암** 칼카나마 알아철리 주납수구 수은백금

**15** 다이클로로벤젠의 구조이성질체 수는 몇 개인가?

① 5   ② 4
③ 3   ④ 2

**해설**

[다이클로로벤젠($C_6H_4Cl_2$) 구조이성질체]

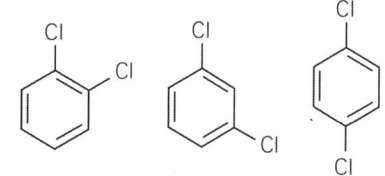

총 3가지 이성질체가 있다.

**16** 탄소수가 5개인 포화탄화수소 펜테인의 구조이성질체 수는 몇 개인가?

① 2개   ② 3개
③ 4개   ④ 5개

**해설**

[구조이성질체]
- 분자식은 같으나 구조적으로 달라 성질이 다른 물질
- 탄소수가 5개인 포화탄화수소 $C_nH_{2n+2}$로 $C_5H_{12}$(펜테인)
- 펜테인은 3가지 구조이성질체를 가진다.

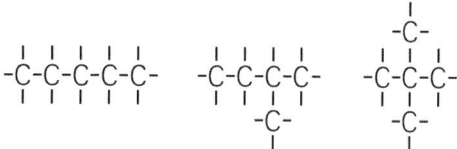

# Chapter 02 유기화합물과 무기화합물 위험성 파악

## 01 유기화합물

### 1 유기화합물

(1) 탄소(C)가 비금속 물질과 결합한 화합물을 유기화합물이라고 한다.

(2) 탄소(C)와 수소 (H)로 이루어진 화합물을 탄화수소계라고 한다.

(3) 탄화수소계는 방향족 화합물과 지방족 화합물로 분류한다.

### 2 방향족(벤젠족) 화합물

(1) 6개의 탄소 원자가 육각형을 이루는 벤젠고리구조를 가지는 화합물

| 페놀 | 벤조산 | 크실렌(자일렌) | 바이페닐 |
|---|---|---|---|

(2) 벤젠($C_6H_6$)
① 가장 기본적인 방향족 화합물
② 직접 치환물질 : -H 중 하나를 다른 반응기로 직접 치환하여 생성된 물질
  • -Cl가 직접 치환해 클로로벤젠($C_6H_5Cl$) 생성
  • -$SO_3H$가 직접 치환해 벤젠설폰산($C_6H_5SO_3H$, 강산) 생성

(3) 아닐린($C_6H_5NH_2$)

① 나이트로벤젠($C_6H_5NO_2$)을 환원시켜 만들며, 약염기이다

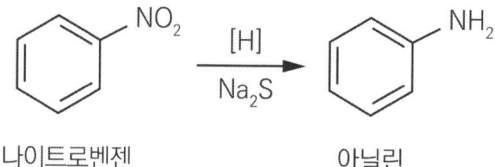

② $CaOCl_2$ 용액에서 붉은색을 띤다.

(4) 페놀($C_6H_5OH$)

① 벤젠고리에 수산화기(-OH)가 달린 형태로 약산이다.
② 벤젠($C_6H_6$)에 -OH 직접치환이 아닌 큐멘을 산화시켜 만든다.
③ 염화철(Ⅲ)($FeCl_3$)와 만나 보라색 정색반응을 한다.

(5) 톨루엔($C_6H_5CH_3$)

질산($HNO_3$) 첨가 후 산화시켜 벤조산($C_6H_5COOH$)을 생성한다.

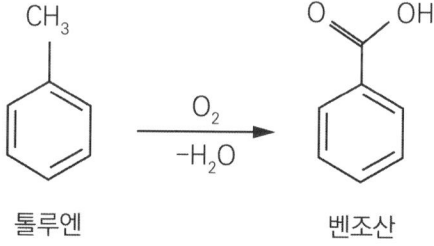

## 3 지방족(사슬족) 화합물

(1) 벤젠고리가 없고, 사슬모양을 가지는 화합물

(2) 탄소 결합 종류

| 종류 | 알케인(Alkane) 메테인계, 파라핀계 | 알켄(Alkene) 에틸렌계, 올레핀계 | 알카인(Alkyne) 아세틸렌계 |
|---|---|---|---|
| 탄소 - 탄소 결합 | 단일 결합 포화탄화수소 | 이중 결합 불포화탄화수소 | 삼중 결합 불포화탄화수소 |
| 일반식 | $C_nH_{2n+2}$ | $C_nH_{2n}$ | $C_nH_{2n-2}$ |

| 탄소 수 | 접두어 | 탄소 수 | 접두어 |
|---|---|---|---|
| 1 | Meth- | 6 | Hex- |
| 2 | Eth- | 7 | Hept- |
| 3 | Prop- | 8 | Oct- |
| 4 | But- | 9 | Non- |
| 5 | Pent- | 10 | Dec- |

(3) 탄화수소 유도체 종류

① 알코올(R-OH) : 알킬과 하이드록시기(-OH)가 결합된 물질

② 에터(R-O-R') : 알킬과 알킬 사이에 산소(O)가 포함된 물질

③ 알데하이드(R-CHO) : 알킬과 포밀기(-CHO)가 결합된 물질

④ 케톤(R-CO-R') : 알킬과 알킬 사이에 카보닐기(카르보닐기, 일산화탄소, CO)가 포함된 물질

⑤ 카복실산(R-COOH) : 알킬과 카복실기(카르복시기, -COOH)가 결합된 물질

(4) 메탄올($CH_3OH$)

① 메테인($CH_4$)에서 -H가 -OH로 치환되어 생성

② 탄소 1개이므로 탄소 2개인 에틸렌($C_2H_4$)을 원료로 사용 불가

③ 달군 구리줄과 메탄올이 만나 산화반응 형성

$$CH_3OH(\text{메탄올}) \xrightarrow{\text{산화}} HCHO(\text{폼알데하이드}) \xrightarrow{\text{산화}} HCOOH(\text{폼산, 자극성 냄새})$$

④ 에탄올만 KOH와 $I_2$ 혼합용액과 아이오딘포름반응을 하여 메탄올과 구분

(5) 아세트산과 에탄올 탈수반응 : 진한 황산 촉매첨가 후 탈수반응 발생

$$CH_3COOH(\text{아세트산}) + C_2H_5OH(\text{에탄올}) \rightarrow CH_3COOC_2H_5(\text{아세트산에틸}) + H_2O$$

(6) 에틸렌글라이콜 [$C_2H_4(OH)_2$]

① 비점 : 197℃

② 단맛이 나며, 부동액 원료로 쓰임

## 02 무기화합물

### 1 무기화합물

(1) 탄소(C) 외의 원소로 이루어진 물질을 무기물이라고 하며, 무기물이 화합된 상태의 물질을 무기화합물이라고 한다.

(2) 다만 탄소의 산화물(이산화탄소, $CO_2$) 또는 탄산염류(탄산 나트륨, $Na_2CO_3$)는 무기화합물에 속한다.

(3) 무기화합물은 크게 산화물, 탄산염, 황산염, 할로젠화합물로 분류한다.

### 2 유기·무기화합물의 특성 및 위험성

(1) 유기화합물의 특성 및 위험성
  ① 대부분 가연성이고, 불완전연소 시 유독가스를 많이 발생시킴
  ② 공기의 공급이 부족한 상태에서는 열분해가 되면서 탄화됨(그을음 발생)
  ③ 물에는 거의 불용(소수성)이나 알코올, 벤젠, 아세톤, 에터와 같은 유기용매에는 가용
  ④ 대부분 비전해질로 전기 전도성이 거의 없음
  ⑤ 대부분 300 ℃ 이하에서 융해하거나 휘발함

(2) 무기화합물의 특성 및 위험성
  ① 대다수의 무기화합물은 높은 녹는점을 가지나 무기화합물의 구조에 의해 성질(화학적 안정성, 용해도, 녹는점, 끓는점, 전기전도성 등)이 결정
  ② 고체 상태일 때는 비전도성, 액체 상태일 때는 전도성을 가짐
  ③ 무기화합물은 보통 안정적이며, 화학 반응에서 높은 반응성과 에너지를 발생

# 유기화합물과 무기화합물 위험성파악

**01** 메탄올에 대한 설명으로 틀린 것은?

① 무색투명한 액체이다.
② 완전연소하면 $CO_2$와 $H_2O$가 생성된다.
③ 비중 값이 물보다 작다.
④ 산화하면 폼산을 거쳐 최종적으로 폼알데하이드가 된다.

**해설**

[메탄올($CH_3OH$) 산화반응]
④ $H_2$를 잃고 폼알데하이드(HCHO) 거쳐 O를 얻어 폼산(HCOOH)이 된다.

**02** 다음 중 $FeCl_3$과 반응하면 색깔이 보라색으로 되는 현상을 이용해서 검출하는 것은?

① $CH_3OH$    ② $C_6H_5OH$
③ $C_6H_5NH_2$    ④ $C_6H_5CH_3$

**해설**

[페놀($C_6H_5OH$)의 정색반응]
② $FeCl_3$와 만나 보라색 정색반응

**03** 페놀 수산기(-OH)의 특성에 대한 설명으로 옳은 것은?

① 수용액이 강알칼리성이다.
② -OH기가 하나 더 첨가되면 물에 대한 용해도가 작아진다.
③ 카르복실산과 반응하지 않는다.
④ $FeCl_3$용액과 정색반응을 한다.

**해설**

[작용기]
④ 페놀의 OH : $FeCl_3$와 보라색 정색반응

**04** 벤조산은 무엇을 산화하면 얻을 수 있는가?

① 톨루엔
② 나이트로벤젠
③ 트라이나이트로톨루엔
④ 페놀

**해설**

[톨루엔의 산화]
톨루엔이 $H_2$ 잃고, $O_2$ 얻어 벤조산 생성

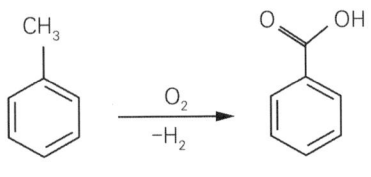

톨루엔 → 벤조산

**정답** 01 ④  02 ②  03 ④  04 ①

## 05 다음 중 방향족 화합물이 아닌 것은?

① 톨루엔  ② 아세톤
③ 크레졸  ④ 아닐린

**해설**

[방향족 화합물]
- 벤젠고리구조를 가지는 화합물
- 아세톤($CH_3COCH_3$) : 사슬구조이므로 지방족 화합물

## 06 다음에서 설명하는 물질의 명칭은?

- HCl과 반응하여 염산염을 만든다.
- 나이트로벤젠을 수소로 환원하여 만든다.
- $CaOCl_2$ 용액에서 붉은 보라색을 띤다.

① 페놀  ② 아닐린
③ 톨루엔  ④ 벤젠설폰산

**해설**

[아닐린 특징]
- 나이트로벤젠을 환원시켜 만든다.
- $CaOCl_2$ 용액에서 붉은색을 띤다.

## 07 다음 물질 중 산성이 가장 센 물질은?

① 아세트산  ② 벤젠설폰산
③ 페놀  ④ 벤조산

**해설**

[벤젠설폰산]
벤젠고리에 H 대신 $SO_3H$가 붙은 물질로 강산

## 08 다음 중 $CH_3COOH$와 $C_2H_5OH$의 혼합물에 소량의 진한 황산을 가하여 가열하였을 때 주로 생성되는 물질은?

① 아세트산에틸  ② 메테인산에틸
③ 글리세롤  ④ 다이에틸에터

**해설**

[아세트산과 에틸알코올 탈수반응]
- 진한 황산을 촉매첨가 시 탈수반응 발생
$$CH_3COOH + C_2H_5OH \xrightarrow{H_2SO_4} CH_3COOC_2H_5 + H_2O$$
- 아세트산에틸($CH_3COOC_2H_5$)이 생성

## 09 다음 물질 중 비점이 약 197 ℃인 무색 액체이고, 약간 단맛이 있으며 부동액의 원료로 사용하는 것은?

① $CH_3CHCl_2$  ② $CH_3COCH_3$
③ $(CH_3)_2CO$  ④ $C_2H_4(OH)_2$

**해설**

[에틸렌글라이콜($C_2H_4(OH)_2$)]
- 비점 : 197 ℃
- 단맛이 나며, 부동액 원료로 쓰임

**10** 벤젠에 진한 질산과 진한 황산의 혼산을 반응시켜 얻어지는 화합물은?

① 피크린산  ② 아닐린
③ TNT  ④ 나이트로벤젠

**해설**

[벤젠 반응]
진한 질산·황산 반응해 나이트로벤젠 생성

TIP 진한 질산·황산과 반응한 물질은 나이트로화한다.

정답 10 ④

# Chapter 03 물질의 상태와 결합

## 01 물질의 상태

### 1 물질의 상태와 변화

(1) 물질의 상태
   ① 고체 : 일정한 모양과 부피를 가지고 있는 물질
   ② 액체 : 모양은 용기에 따라 여러 형태로 변할 수 있으나 부피는 일정한 물질
   ③ 기체 : 모양과 부피가 모두 일정하지 않아 분자 간의 인력이 없는 상태의 물질

(2) 물질의 변화
   ① 물리적 변화 : 물질의 성질은 변하지 않고 상태만 변하는 과정
      ㉠ 고체  융해 : 고체 ⇒ 액체(얼음 ⇒ 물)
              승화 : 고체 ⇒ 기체(드라이아이스 ⇒ 이산화탄소)
      ㉡ 액체  기화 : 액체 ⇒ 기체(물 ⇒ 수증기)
              응고 : 액체 ⇒ 고체(물 ⇒ 얼음)
      ㉢ 기체  액화 : 기체 ⇒ 액체(수증기 ⇒ 물)
              승화 : 기체 ⇒ 고체(이산화탄소 ⇒ 드라이아이스)

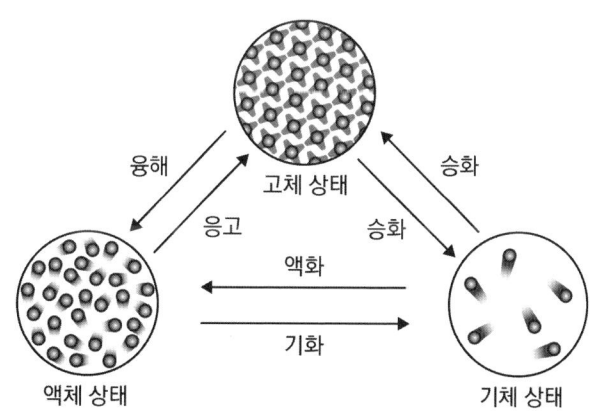

※ 일반적으로 기체는 밀도가 가장 낮고, 분자의 운동이 활발하여 물질의 에너지 상태가 가장 크다.

② 화학적 변화 : 화학 반응을 통하여 전혀 다른 성질의 물질로 변하는 과정

### 2 상태 변화에 따른 열량

(1) 현열

① 상태 변화 없이 온도가 변할 때 필요한 열

$$Q = mC\Delta T$$

m : 질량(g)
C : 비열(cal/g·K)
△T : 온도변화(K)

② 물의 비열 : 1 cal / g·K

(2) 잠열

① 온도 변화 없이 상태가 변할 때 필요한 열

$$Q = m \times \gamma$$

m : 질량(g)
$\gamma$ : 잠열(cal/g)

② 물의 증발잠열 : 539 cal/g
얼음의 융해잠열 : 80 cal/g

## 02 화학적 결합

### 1 이온결합(분자 내 결합)

(1) 금속양이온(+)과 비금속음이온(-)이 전기적으로 결합

(2) 수용액에서는 도체, 고체 상태는 부도체

(3) $NaCl \cdot MgO \cdot CaCl_2$ 등

### 2 공유결합(분자 내 결합)

(1) 비금속 원자끼리 서로 전자쌍을 공유해 결합

(2) 극성·비극성 공유결합

① 극성 : 결합원자의 전기음성도(당기는 힘)가 달라 결합 시 치우침이 발생하는 성질

② 비극성 : 결합 시 힘이 균등해 치우침이 없는 성질

| 분자 | 구조식 | 설명 |
|---|---|---|
| $CH_4$(메테인) | $H-\underset{\underset{H}{\vert}}{\overset{\overset{H}{\vert}}{C}}-H$ | 탄소(C) 기준으로 H(수소)가 일정하게 배치되어 치우지 않음(비극성) |
| $CH_3Cl$(염화메틸) | $H-\underset{\underset{H}{\vert}}{\overset{\overset{H}{\vert}}{C}}-Cl$ | 전기음성도가 강한 Cl(염소) 쪽으로 기울어 치우침이 발생(극성) |

(3) 결합 종류

① 단일결합 : 공유전자쌍이 1개인 결합

② 이중결합 : 공유전자쌍이 2개인 결합

③ 삼중결합 : 공유전자쌍이 3개인 결합

④ 결합력 세기 : 삼중결합 ≫ 이중결합 ≫ 단일결합

## 3 배위결합(분자 내 결합)

한 원자가 이온에게 비공유전자쌍을 일방적으로 주며 결합

예) $NH_3$의 비공유전자쌍을 $H^+$에게 주어 결합

$$H-\underset{\underset{H}{\vert}}{\overset{\overset{H}{\vert}}{N:}} \quad + \quad H^+ \quad \longrightarrow \quad \left[H-\underset{\underset{H}{\vert}}{\overset{\overset{H}{\vert}}{N}}-H\right]^+$$

$NH_3$    $H^+$       $NH_4^+$
(암모니아) (수소이온)    (암모늄이온)

## 4 금속결합(분자 내 결합)

(1) 금속 양이온과 자유전자가 전기적으로 결합

(2) 전성 및 연성이 있고, 전기 전도성이 있으며 열전도도가 높음

(3) Na·Mg·Cu 등

## 5 수소결합(분자 간 결합)

(1) 한 분자에 수소(H)가 다른 분자 질소(N)·산소(O)·플루오린(F) 등에 결합

(2) 물의 끓는점 높은 이유
$H_2O$의 H와 다른 $H_2O$의 O가 수소결합하여 분자 간 결합력이 강해지기 때문

## 6 반데르발스 결합(분자 간 결합)

일반적인 분자 간에 작용하는 인력을 만들어내는 결합

## 7 결합력 세기 비교

(1) 분자 내 결합(공유결합·이온결합) ≫ 분자 간 결합(수소결합·반데르발스 결합)

(2) 공유결합 ≫ 이온결합 ≫ 금속결합 ≫ 수소결합 ≫ 반데르발스 결합    암 공이 금수반

---

# 03 화학결합

## 1 첨가반응

(1) 다중결합을 포함한 물질에 결합이 하나 끊어지고 원자나 원자단이 첨가되는 반응

(2) 염화바이닐($CH_2 = CHCl$) 첨가반응(원자단 첨가)

염화바이닐 → 폴리염화바이닐

※ 원자단(다원자이온)이란, 하나의 원소처럼 반응하는 것을 의미하며
OH⁻(수산기), $SO_4^{2-}$(황산기), $NH_4^+$(암모늄기) 등이 있다.

(3) 첨가 물질 종류 : 수소(H), 할로젠원소(F·Cl·Br·I) 등

## 2 치환반응

원자가 작용물질로 치환되는 반응

예 메테인($CH_4$)의 치환반응

$$CH_4 \xrightarrow[\text{빛}]{+Cl_2} CH_3Cl \xrightarrow[\text{빛}]{+Cl_2} CH_2Cl_2 \xrightarrow[\text{빛}]{+Cl_2} CHCl_3 \xrightarrow[\text{빛}]{+Cl_2} CCl_4$$

메테인   클로로메테인   다이클로로메테인   클로로포름   사염화탄소

## 3 축합반응

(1) 두 개의 분자가 서로 합쳐지며 물 분자 등이 제거되는 반응

(2) 나일론-66

① 아디프산($C_6H_{10}O_4$) + 헥사메틸렌다이아민($C_6H_{16}N_2$) 축합으로 제조

② 아미드결합(O = C-NH)을 포함한 물질

나일론 : 아미드(펩티드) 결합

(3) 다이에틸에터($C_2H_5OC_2H_5$) : 황산 첨가 후 탈수반응하는 축합으로 제조

$$2C_2H_5OH(에탄올) \xrightarrow{H_2SO_4} C_2H_5OC_2H_5(다이에틸에터) + H_2O(물)$$

(4) 펩타이드 결합 : 아미노산 축합중합으로 단백질 생성

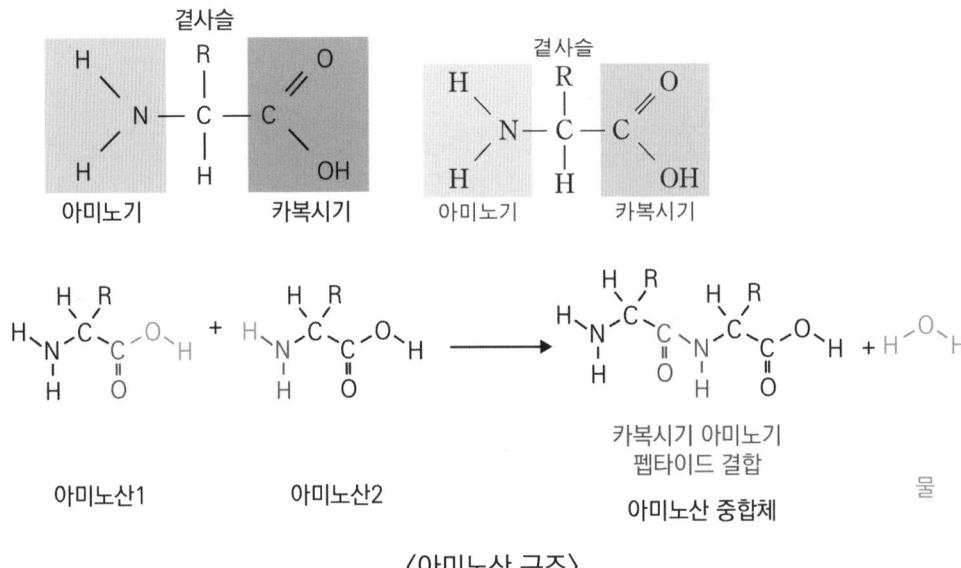

〈아미노산 구조〉

## 04  기타

### 1  비공유 전자쌍

원자가 가지는 전자쌍 중 결합하지 않고 남은 전자쌍

| 분자 | 분자모양 | 비공유전자쌍 | 사이 각 |
|---|---|---|---|
| $CH_4$ | H-C(H)(H)-H | 0개 | 평면형 90° |
| $H_2O$ | H-O-H (2 lone pairs on O) | 2개 | 입체형 104.5° |
| $NH_3$ | H-N(H)-H (1 lone pair on N) | 1개 | 입체형 107.5° |
| $CO_2$ | $\ddot{O}=C=\ddot{O}$ | 4개 | 평면형 180° |

### 2  다양한 물질 반응

(1) 유리를 부식시키는 물질 : 플루오린화칼슘($CaF_2$) · 플루오린화 수소산(HF) 등

(2) 수산화칼슘 반응
    수산화칼슘 [$Ca(OH)_2$] + 염소가스($Cl_2$) 흡수반응 시 표백분 생성

# 물질의 상태와 결합

**01** 대기압하에서 열린 실린더에 있는 1 mol의 기체를 20 ℃에서 120 ℃까지 가열하면 기체가 흡수하는 열량은 몇 cal인가? (단, 기체 몰열용량은 4.97 cal/mol · K이다)

① 97　　　　② 100
③ 497　　　　④ 760

**해설**

[온도변화에 따른 열량계산]

열량 $Q = nC\Delta T = 1 \times 4.97 \times (120-20)$
$\quad\quad\quad\quad\quad\quad = 497$ cal

$n$ : 몰수(mol)
$C$ : 몰열용량(cal / mol · K)
$\Delta T$ : 온도변화

**02** 물($H_2O$)의 끓는점이 황화수소($H_2S$)의 끓는점보다 높은 이유는?

① 분자량이 작기 때문에
② 수소결합 때문에
③ pH가 높기 때문에
④ 극성 결합 때문에

**해설**

[물의 비등점]
- $H_2O$와 다른 $H_2O$가 서로 <u>수소결합</u>
- 수소결합하여 물 분자 간 결합력이 강해져 비등점(끓는점)이 높아진다.

**03** $NH_4Cl$에서 배위결합을 하고 있는 부분을 옳게 설명한 것은?

① $NH_3$의 N-H 결합
② $NH_3$와 $H^+$과의 결합
③ $NH_4^+$과 $Cl^-$과의 결합
④ $H^+$과 $Cl^-$과의 결합

**해설**

[배위결합]
비공유전자쌍 물질이 비공유전자쌍을 이온에게 공유하는 결합
② $NH_3$와 $H^+$과의 결합

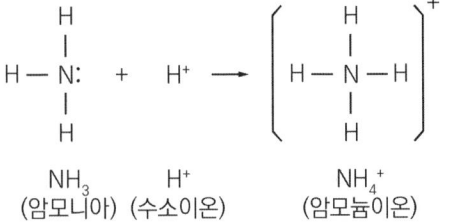

정답 ● 01 ③　02 ②　03 ②

## 04 $H_2O$가 $H_2S$보다 끓는점이 높은 이유는?

① 이온결합을 하고 있기 때문에
② 수소결합을 하고 있기 때문에
③ 공유결합을 하고 있기 때문에
④ 분자량이 적기 때문에

**해설**

[물의 비등점(끓는점)]
- $H_2O$의 H와 다른 $H_2O$의 O 수소결합
- 수소결합으로 물 분자 간 결합력이 강해져 비등점(끓는점)이 높아진다.

## 05 기체상태의 염화수소는 어떤 화학결합으로 이루어진 화합물인가?

① 극성 공유결합
② 이온 결합
③ 비극성 공유결합
④ 배위 공유결합

**해설**

[염화수소(HCl) 화학결합]
- $H^+$(비금속)와 $Cl^-$(비금속) 결합
- 서로 결합하려는 힘이 달라 한쪽으로 치우치는 극성 공유결합을 한다.

  **TIP** 양이온과 음이온 결합으로 이온결합이라 생각하기 쉬우나 금속 양이온과 비금속 양이온이 결합 시에만 이온결합이다.

## 06 0 °C의 얼음 20 g을 100 °C의 수증기로 만드는 데 필요한 열량은? (단, 융해열은 80 cal/g, 기화열은 539 cal/g이다)

① 3,600 cal     ② 11,600 cal
③ 12,380 cal    ④ 14,380 cal

**해설**

[열량 계산(현열·잠열)]
현열 $Q_1 = m\,C\,\triangle T = 20 \times 1 \times (100 - 0)$
$\qquad\qquad = 2,000\ cal$
잠열 $Q_2 = m\,\gamma_1 + m\,\gamma_2$
$\qquad\qquad = 20 \times 80 + 20 \times 539 = 12380\ cal$
총열량 $Q_t = Q_1 + Q_2 = 2,000 + 12,380$
$\qquad\qquad = 14,380\ cal$

$m$ : 질량(g)
$\gamma_1$ : 융해잠열(cal / g)
$\gamma_2$ : 기화잠열(cal / g)
$C$ : 비열(cal / g · K), $\triangle T$ : 온도변화(K)

## 07 다음 물질 중 $C_2H_2$와 첨가반응이 일어나지 않는 것은?

① 염소     ② 수은
③ 브로민   ④ 아이오딘

**해설**

[첨가반응]
- 다중결합(이중·삼중)물질에 다른 물질이 첨가되어 결합하는 것
- 첨가물질 종류
  H, 할로젠원소 F · Cl · Br · I 등

  **TIP** 수은을 제외한 3가지가 모두 성질이 비슷한 할로젠원소이므로 수은인 것을 예측할 수 있음

**정답** 04 ② 05 ① 06 ④ 07 ②

**08** 메테인에 직접 염소를 작용시켜 클로로포름을 만드는 반응을 무엇이라 하는가?

① 환원반응  ② 부가반응
③ 치환반응  ④ 탈수소반응

> **해설**
> [클로로포름 생성반응]
> - <u>치환반응</u> : 원자가 작용물질로 치환되는 반응
> - 메테인($CH_4$) H 3개가 Cl 3개로 치환되어 클로로포름($CHCl_3$) 생성

**09** 결합력이 큰 것부터 작은 순서로 나열한 것은?

① 공유결합 > 수소결합 > 반데르발스결합
② 수소결합 > 공유결합 > 반데르발스결합
③ 반데르발스결합 > 수소결합 > 공유결합
④ 수소결합 > 반데르발스결합 > 공유결합

> **해설**
> [결합력 세기]
> 공유결합(분자 내 결합) ≫ 이온결합(분자 내 결합) ≫ <u>수소결합</u>(분자 간 결합) ≫ <u>반데르발스결합</u>(분자 간 결합)
>
> 앏 공이수반

**10** 분자구조에 대한 설명으로 옳은 것은?

① $BF_3$는 삼각 피라미드형이고, $NH_3$는 선형이다.
② $BF_3$는 평면 정삼각형이고, $NH_3$는 삼각 피라미드형이다.
③ $BF_3$는 굽은형(V형)이고, $NH_3$는 삼각 피라미드형이다.
④ $BF_3$평면 정삼각형이고, $NH_3$는 선형이다.

> **해설**
> [분자구조 모양]
>
> | | |
> |---|---|
> | $BF_3$<br>평면 정삼각형 | H-B(H)(H) 구조 |
> | $NH_3$<br>입체 피라미드형 | H-N(H)(H) 구조 |

**11** 다음 중 비공유 전자쌍을 가장 많이 가지고 있는 것은?

① $CH_4$   ② $NH_3$
③ $H_2O$  ④ $CO_2$

정답 08 ③  09 ①  10 ②  11 ④

**해설**

[비공유 전자쌍]

| | |
|---|---|
| $CH_4$<br>비공유전자쌍 : 0개 | H-C-H 구조 (H 4개) |
| $NH_3$<br>비공유전자쌍 : 1개 | :N-H 구조 (H 3개) |
| $H_2O$<br>비공유전자쌍 : 2개 | H-Ö-H |
| $CO_2$<br>비공유전자쌍 : 4개 | Ö=C=Ö |

**12** 다음 중 유리기구 사용을 피해야 하는 화학반응은?

① $CaCO_3 + HCl$
② $Na_2CO_3 + Ca(OH)_2$
③ $Mg + HCl$
④ $CaF_2 + H_2SO_4$

**해설**

[유리를 부식시키는 물질]
플루오린화칼슘($CaF_2$), 플루오린화 수소산(HF) 등

**13** 축중합반응에 의하여 나일론-66을 제조할 때 사용되는 주원료는?

① 아디프산과 헥사메틸렌디아민
② 아이소프렌과 아세트산
③ 염화바이닐과 폴리에틸렌
④ 멜라민과 클로로벤젠

**해설**

[나일론-66 제조]
① 아디프산 + 헥사메틸렌디아민 축합으로 제조

**14** 다음 반응식을 이용하여 구한 $SO_2(g)$의 몰 생성열은?

$S(s) + 1.5O_2(g) \rightarrow SO_3(g)$
$\triangle H = -94.5 \text{ kcal}$
$2SO_2(s) + O_2(g) \rightarrow 2SO_3(g)$
$\triangle H = -47 \text{ kcal}$

① -71 kcal  ② -47.5 kcal
③ 71 kcal   ④ 47.5 kcal

**해설**

[복합 반응식 생성열 계산]
- 생성열 계산 시 원소를 이용한 식 사용
- $2S + 3O_2 \rightarrow 2SO_3$ ⋯ $\triangle H = -189$
  $+ 2SO_3 \rightarrow 2SO_2 + O_2$ ⋯ $\triangle H = +47$
  $2S + 2O_2 \rightarrow 2SO_2$ ⋯ $\triangle H = -142$
- $S + O_2 \rightarrow SO_2$ ⋯ $\triangle H = \underline{-71 \text{ kcal}}$

정답 ● 12 ④  13 ①  14 ①

**15** 다이에틸에터는 에탄올과 진한 황산의 혼합물을 가열하여 제조할 수 있는데 이 것을 무슨 반응이라고 하는가?

① 중합반응  ② 축합반응
③ 산화반응  ④ 에스터화반응

**해설**

[다이에틸에터($C_2H_5OC_2H_5$) 제조]

- $2C_2H_5OH \xrightarrow{H_2SO_4} C_2H_5OC_2H_5 + H_2O$

- <u>축합반응</u> : 황산 첨가 후 탈수

**16** 다음 중 비극성 분자는 어느 것인가?

① HF  ② $H_2O$
③ $NH_3$  ④ $CH_4$

**해설**

[비극성 분자]
- 분자결합 시 결합 치우침이 없는 분자
- ④ $CH_4$는 중앙 C에 대해 사방으로 H가 결합한 모양이므로 극성(치우침)이 없는 비극성

# Chapter 04 용액 및 산과 염기

## 01 물질 용해도

### 1 용해도

(1) 일정온도에서 용매 100 g에 녹을 수 있는 용질의 g 수

(2) 포화도에 따라 불포화, 포화, 과포화로 구분

(3) 포화용액 내 용질의 비율 = $\dfrac{용질\, g 수}{포화용액\, g 수(용질 + 용매)}$

### 2 상태별 용해도

(1) 고체 용해도

　압력 영향 없이 온도와 용해도 비례(따뜻한 물에 잘 녹는 커피믹스)

(2) 액체 용해도

　① 온도와 압력에 무관
　② 극성 물질은 극성용매, 무극성 물질은 무극성용매에 잘 녹음

(3) 기체 용해도

　① 압력과 비례, 온도와 반비례(탄산음료)
　② 헨리의 법칙 : 낮은 용해도, 묽은 농도일 때 압력과 용해도가 비례한다는 법칙

### 3 해리도(전리도, 이온화도)

(1) 전체 물질 중 이온화된 물질이 얼마나 들어있는지 나타낸 값

(2) 해리도 = $\dfrac{이온화된\ 물질의\ 분자\ 수}{전체\ 물질의\ 분자\ 수}$

(3) 해리상수(이온화상수)는 이온화반응의 평형상수를 의미한다.

$$해리도 = \sqrt{\frac{K_d}{M}}$$

$K_d$ : 해리상수
$M$ : 몰농도

※ 해리란 화합물이 이온으로 분리되는 현상을 말한다.

## 4 침전

(1) 용매에 녹지 못하고 가라앉는 현상

(2) 이온곱 ≫ 용해도곱일 때 발생
  ① 이온곱 : 용질이 실제 녹아 있는 양의 값
  ② 용해도곱 : 포화상태일 때 녹는 용질 양의 값

## 5 재결정

(1) 2개 이상의 물질의 분리방법 중 하나

(2) 온도를 서서히 낮춰 용해도 작은 물질이 먼저 석출되어 나오는 차이를 이용해 분리

# 02 농도

## 1 몰(mol)

(1) 물질량의 단위

(2) 입자(원자, 분자, 이온) $6.02 \times 10^{23}$개(아보가드로 수)를 1 mol로 정의

## 2 백분율

| 분류 | 중량백분율(wt%) | 부피백분율(vol%) | ppm |
|---|---|---|---|
| 정의 | 용액 100 g 중 녹아 있는 용질의 g 수 | 용액 1 L 중 녹아 있는 용질 L 수 | 용액 1 kg당 녹아 있는 물질 mg 수 |
| 공식 | $wt\% = \dfrac{용질의\ g수}{용액의\ g수} \times 100$ | $vol\% = \dfrac{용질의\ 부피}{용액의\ 부피} \times 100$ | $1ppm = \dfrac{용질\ 1mg}{용액\ 1kg}$ |

## 3 농도

(1) 몰농도(M) : 용액 1 L 속 녹아 있는 용질 몰수

$$몰농도(M) = \frac{용질\ 몰수(mol)}{용액\ 부피(L)}$$

(2) 노르말농도(N) : 용액 1 L 속 녹아 있는 용질 g당량 수

① 용질의 g당량

- 원소의 $g$당량 $= \dfrac{원자량}{원자가}$

  예) 구리(Cu)의 g당량 $= \dfrac{64}{2} = 32$

- 산의 $g$당량 $= \dfrac{분자량}{수소(H)의\ 개수}$

  예) 황산($H_2SO_4$)의 g당량 $= \dfrac{98}{2} = 49$

- 염기의 $g$당량 $= \dfrac{분자량}{수산기(OH)의\ 개수}$

  예) 수산화나트륨(NaOH)의 g당량 $= \dfrac{40}{1} = 40$

② 노르말농도$(N) = \dfrac{용질\ g당량\ 수}{용액\ 부피(L)}$

(3) 몰랄농도(m) : 용매 1 kg 속 녹아 있는 용질 몰수

① 몰랄농도$(m) = \dfrac{용질\ 몰수(mol)}{용매\ 질량(kg)}$

② 어는점내림과 끓는점오름은 몰랄농도에 비례

| 어는점내림 | 물질이 녹아 용매의 어는점이 떨어지는 현상 |
|---|---|
| 끓는점오름 | 물질이 녹아 용매의 끓는점이 오르는 현상 |

③ 어는점내림(빙점강하) 온도 변화 공식

$$\Delta T = \frac{Kn}{m}$$

K : 어는점내림(빙점강하) 상수(℃ · kg/mol)
n : 용질의 몰수(mol)
m : 물(용매)의 질량(kg)

(4) 몰분율 : 전체 몰수 중 특정 물질의 몰 수 비율

$$몰분율 = \frac{특정물질몰수}{전체몰수} \times 100$$

## 03 산과 염기

### 1 pH

(1) 수소이온 농도를 나타내는 지표
  ① pH = -log [수소 몰농도 M] = -log [$H^+$] = 14 -( -log [$OH^-$] )
  ② [$H^+$] = $10^{-14}$ / [$OH^-$]

(2) pH 범위 : 0 ~ 14
  ① pH < 7 : 산성
  ② pH = 7 : 중성
  ③ pH > 7 : 염기성

(3) log 값이기 때문에 pH 1당 수소 몰농도 10배 차이

(4) $H^+$와 $OH^-$ 혼재 시 : 중화반응 후 남은 $H^+$ 농도로 pH 계산

### 2 중화반응

(1) 산($H^+$)과 염기($OH^-$)가 만나 $H_2O$와 염(Salt)을 생성하는 반응
  ① HCl + NaOH → $H_2O$ + NaCl(염)
  ② 염(salt) : 물이 생성되고 남은 양이온과 음이온이 만나 생성되는 물질

(2) 산성염 : H와 금속이 결합된 물질 [$NaHSO_4 \cdot Ca(HCO_3)$ 등]

### 3 중화적정

산($H^+$)과 염기($OH^-$)의 중화반응을 이용하여 용액의 농도를 결정하는 정량 분석법

$$N_1 \times V_1 = N_2 \times V_2$$

N : 각 용액의 노르말농도(N)
V : 각 용액의 부피(L)

### 4 완충용액

외부에서 산이나 염기를 가해도 그 영향을 받지 않아 pH가 변하지 않는 용액이다. 대표적으로 아세트산($CH_3COOH$)과 아세트산나트륨($CH_3COONa$)가 있다.

# 예상문제 용액 및 산과 염기

**01** 물 200 g에 A물질 2.9 g을 녹인 용액의 빙점은? (단, 물의 어는점내림 상수는 1.86 ℃·kg/mol이고, A물질의 분자량은 58이다)

① -0.465 ℃  ② -0.932 ℃
③ -1.871 ℃  ④ -2.453 ℃

**해설**

[어는점내림]
• 온도변화

$$\Delta T = \frac{Kn}{m} = \frac{1.86 \times 2.9/58}{0.2} = 0.465 ℃$$

• 용액어는점 = 0 - 0.465 = -0.465 ℃

K : 어는점내림 상수
n : 용질의 몰수(w/M)
m : 물의 질량

**02** 이황화탄소의 인화점, 발화점, 끓는점에 해당하는 온도를 낮은 것부터 차례대로 나타낸 것은?

① 끓는점 < 인화점 < 발화점
② 끓는점 < 발화점 < 인화점
③ 인화점 < 끓는점 < 발화점
④ 인화점 < 발화점 < 끓는점

**해설**

[이황화탄소 특징]
• 인화점 : -30 ℃
• 끓는점 : 46.3 ℃
• 발화점 : 100 ℃
→ 인화점 ≪ 끓는점 ≪ 발화점

**03** 다음의 그래프는 어떤 고체물질의 용해도 곡선이다. 100 ℃ 포화용액(비중 1.4) 100 mL를 20 ℃의 포화용액으로 만들려면 몇 g의 물을 더 가해야 하는가?

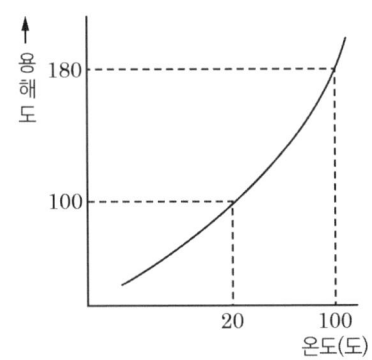

① 20 g  ② 40 g
③ 60 g  ④ 80 g

정답 01 ①  02 ③  03 ②

### 해설

**[포화용액 성분계산]**

1) 100 ℃ 포화용질 비율 $\dfrac{180}{180+100(물)}$

2) 20 ℃ 포화 용질 비율 $\dfrac{100}{100+100(물)}$

3) 100 ℃ 포화용액(비중 1.4)
   - 100 mL 질량 $100 \times 1.4 = 140g$
   - 용질의 질량 $140 \times \dfrac{180}{280} = 90g$
   - 물의 질량 $140 - 90 = 50\,g$

4) 20 ℃ 포화용액
   - 용질 90 g에 대한 포화용액질량 $x$
   
   $x \times \dfrac{100g}{200g}(용질비율) = 90g$
   
   $x = 180g$
   - 포화 물 질량 $180 - 90 = 90\,g$

5) 초기 물 50 g에 40 g을 넣어 포화용액을 만든다.

   **암** 포화용액 내에 용질의 비율
   
   $= \dfrac{용질의\ 용량}{포화용액질량(용질 + 용매)}$

**04** 물 100 g에 황산구리결정($CuSO_4 \cdot 5H_2O$) 2 g을 넣으면 몇 % 용액이 되는가? (단, $CuSO_4$의 분자량은 160 g/mol이다)

① 1.25 %   ② 1.96 %
③ 2.4 %    ④ 4.42 %

### 해설

**[중량% 계산]**

- 순수 황산구리 질량
  
  $= 2 \times \dfrac{160}{160 + 5 \times 18(물분자량)} = 1.28\,g$

- 중량 % $= \dfrac{1.28\,g}{(100+2)\,g} \times 100 = 1.25\%$

**05** 탄소와 수소로 되어 있는 유기화합물을 연소시켜 $CO_2$ 44 g, $H_2O$ 27 g을 얻었다. 이 유기화합물의 탄소와 수소 몰비율(C : H)은 얼마인가?

① 1 : 3    ② 1 : 4
③ 3 : 1    ④ 4 : 1

### 해설

**[유기화합물 몰 비율 계산]**

- 연소생성물과 유기화합물의 C와 H 몰수는 같으므로 연소생성물 몰 비율로 계산
- $CO_2$ 몰수 = 44g / 44 = 1 mol
  $H_2O$ 몰수 = 27g / 18 = 1.5 mol
- C 몰수 = 1 mol
  H 몰수 = 1.5 × 2 = 3 mol
- C 몰수 : H 몰수 = 1 : 3

06 불순물로 식염을 포함하고 있는 NaOH 3.2 g을 물에 녹여 100 mL로 한 다음 그중 50 mL를 중화하는 데 1 N의 염산이 20 mL 필요했다. 이 NaOH의 농도(순도)는 약 몇 wt%인가?

① 10  ② 20
③ 33  ④ 50

**해설**

[물질농도 계산]
- H 몰수 = OH 몰수(중화반응)
- H 몰수 = 1 M(1 mol/L) × 0.02 L
  = 0.02 mol(50 mL 용액 중화)
- 100 mL 용액 속 OH 몰수
  = 0.02 mol × 2 = 0.04 mol
- NaOH 분자량 = 23 + 16 + 1 = 40
  100 wt%일 때 NaOH 몰수
  = 3.2 g/40 = 0.08 mol
  ⇒ 필요한 몰수 0.04 mol의 2배
- NaOH 순도는 <u>50 wt%</u>

07 에탄올 20.0 g과 물 40.0 g을 함유한 용액에서 에탄올의 몰분율은 약 얼마인가?

① 0.090  ② 0.164
③ 0.444  ④ 0.896

**해설**

[에탄올 몰분율 계산]
- 에탄올($C_2H_5OH$) 분자량 : 46
  물($H_2O$) 분자량 : 18
- 에탄올 몰분율
  $= \dfrac{20/46}{20/46 + 40/18} = 0.164$

08 0.01 N NaOH 용액 100 mL에 0.02 N HCl 55 mL를 넣고 증류수를 넣어 전체 용액을 1,000 mL로 한 용액의 pH는?

① 3  ② 4
③ 10  ④ 11

**해설**

[pH 계산]
1) pH = $-\log[H^+]$
2) $OH^-$와 $H^+$은 1 : 1(몰수기준) 중화반응
   - NaOH 에 $OH^-$ 몰수
     0.01 N × 0.1 L = 0.001 mol
   - HCl 에 $H^+$ 몰수
     0.02 N × 0.055 L = 0.0011 mol
3) 1 : 1 반응 후 $H^+$ 0.0001 mol 몰농도
   $\dfrac{0.0001 mol}{1000 mL} = 0.0001 M$
4) pH = $-\log[0.0001 M]$ = 4

**TIP** H+와 OH−는 전기적으로 1가로 N(노르말농도)와 M(몰농도)가 같다

정답 ● 06 ④  07 ②  08 ②

## 09
어떤 용액의 pH를 측정하였더니 4이었다. 이 용액을 1,000배 희석시킨 용액의 pH를 옳게 나타낸 것은?

① pH = 3
② pH = 4
③ pH = 5
④ 6 < pH < 7

**해설**

[pH 계산]
- pH = $-\log[H^+]$ = 4
- $H^+$ 농도 $10^{-4}$ M는 $10^{-7}$ M로 희석
- 따라서 pH = 7이지만 산성용액을 희석했으므로 7보다 적은 6 ≪ pH ≪ 7

## 10
염(Salt)을 만드는 화학반응식이 아닌 것은?

① $HCl + NaOH \rightarrow NaCl + H_2O$
② $2NH_4OH + H_2SO_4 \rightarrow (NH_4)_2SO_4 + 2H_2O$
③ $CuO + H_2 \rightarrow Cu + H_2O$
④ $H_2SO_4 + Ca(OH)_2 \rightarrow CaSO_4 + 2H_2O$

**해설**

[염(salt)]
- 중화반응에서 물이 생성되고 남은 양이온과 음이온이 만나 생성되는 것
- 염 : ① NaCl, ②$(NH_4)_2SO_4$, ④ $CaSO_4$
  TIP 중화반응은 산과 염기가 만나 물을 만드는 반응
  $H^+ + OH^- \rightarrow H_2O$ (산 + 염기 → 물)

## 11
미지농도의 염산 용액 100 mL를 중화하는데 0.2 N NaOH 용액 250 mL가 소모되었다. 이 염산의 농도는 몇 N인가?

① 0.05
② 0.2
③ 0.25
④ 0.5

**해설**

[중화반응에서 농도계산]
$N_1 \times V_1 = N_2 \times V_2$ (1 : HCl, 2 : NaOH)
$N_1 \times 100$ mL $= 0.2$ N $\times 250$ mL
염산농도 $N_1 = 0.5$ N

## 12
질산칼륨을 물에 용해시키면 용액의 온도가 떨어진다. 다음 사항 중 옳지 않은 것은?

① 용해시간과 용해도는 무관하다.
② 질산칼륨의 용해 시 열을 흡수한다.
③ 온도가 상승할수록 용해도는 증가한다.
④ 질산칼륨 포화용액을 냉각시키면 불포화용액이 된다.

**해설**

[고체 용해도(질산칼륨)]
④ 냉각 시 용해도 감소 : 과포화용액이 됨
  TIP 기체 용해도 온도와 반비례해 냉각 시 용해도가 증가(탄산음료)

**13** 다음 중 두 물질을 섞었을 때 용해성이 가장 낮은 것은?

① $C_6H_6$과 $H_2O$
② NaCl과 $H_2O$
③ $C_2H_5OH$과 $H_2O$
④ $C_2H_5OH$과 $CH_3OH$

**해설**

[물질 간 용해성]
- ① $C_6H_6$(벤젠)은 비극성
  $H_2O$(물)은 극성으로 섞이지 않음
- ②, ③, ④ : 모두 극성

**14** 물 2.5 L 중에 어떤 불순물이 10 mg 함유되어 있다면 약 몇 ppm으로 나타낼 수 있는가?

① 0.4  ② 1
③ 4    ④ 40

**해설**

[ppm 계산]
- 1 ppm : 용액 1 kg당 물질 1 mg
- 10 mg / 2.5 kg = 4 ppm

**15** 1N – NaOH 100 mL수용액으로 10 wt% 수용액을 만들려고 할 때의 방법으로 다음 중 가장 적합한 것은?

① 36 mL의 증류수 혼합
② 40 mL의 증류수 혼합
③ 60 mL의 수분 증발
④ 64 mL의 수분 증발

**해설**

[수용액 제조]
- 1N-NaOH 100 mL 내 NaOH 질량
  = 1N × 0.1 L × 40 = 4 g
- 필요수용액질량 m × 10 wt% = 4 g
  m = 40 g
  필요 물의 질량 = 40g - 4 g = 36 g
- 100 mL 물 중 36 mL를 얻으려면 <u>64 mL 수분 증발</u>

**16** 25℃에서 $Cd(OH)_2$ 염의 물용해도는 $1.7 \times 10^{-5}$ mol/L다. $Cd(OH)_2$ 염의 용해도곱상수, $K_{sp}$를 구하면 약 얼마인가?

① $2.0 \times 10^{-14}$  ② $2.2 \times 10^{-12}$
③ $2.4 \times 10^{-10}$  ④ $2.6 \times 10^{-8}$

**해설**

[$Cd(OH)_2$ 용해도 곱상수]
- $Cd(OH)_2$ 분해 시 $Cd^{2+}$와 $2OH^-$ 생성
- $K_{sp}$ = $[Cd^{2+}]^{몰수비}$ × $[2 OH^-]^{몰수비}$
  = $[1.7 \times 10^{-5}]^1$ × $[2 \times 1.7 \times 10^{-5}]^2$
  = $1.97 \times 10^{-14}$

정답 ▶ 13 ① 14 ③ 15 ④ 16 ①

**17** 다음 중 침전을 형성하는 조건은?

① 이온곱 > 용해도곱
② 이온곱 = 용해도곱
③ 이온곱 < 용해도곱
④ 이온곱 + 용해도곱 = 1

해설

[침전]
- 이온곱 ≫ 용해도곱 상태일 때 침전 발생
- 이온곱 : 용질이 실제 녹은 양의 값
- 용해도곱 : 포화상태일 때 녹는 용질 값

**18** 30 wt%인 진한 HCl의 비중은 1.1이다. 진한 HCl의 몰농도는 얼마인가? (단, HCl의 화학식량은 36.5이다)

① 7.21
② 9.04
③ 11.36
④ 13.08

해설

[HCl 몰농도 계산]
- 1 L 수용액 기준
  수용액 1.1 kg × 30 wt% = 330 g HCl
- HCl 몰수 = 330 g / 36.5 = 9.04 mol
- 몰농도 = 9.04 mol / 1 L = 9.04 M

**19** 다음 중 산성염으로만 나열된 것은?

① $NaHSO_4$, $Ca(HCO_3)$
② $Ca(OH)Cl$, $Cu(OH)Cl$
③ $NaCl$, $Cu(OH)Cl$
④ $Ca(OH)Cl$, $CaCl_2$

해설

[산성염]
- H와 금속이 결합된 물질
- ① $NaHSO_4$, $Ca(HCO_3)$와 같이 H를 포함한 금속결합물

정답 ● 17 ① 18 ② 19 ①

# Chapter 05 산화와 환원

## 01 산화와 환원

### 1 산과 염기

(1) 산 : 물에 녹아 산성을 띠는 물질(pH ≪ 7)

(2) 염기 : 물에 녹아 염기성을 띠는 물질(pH ≫ 7)

(3) 정의

① 브뢴스테드(Brønsted) : $H^+$의 이동으로 분류
- 산 : $H^+$를 잃음
- 염기 : $H^+$를 얻음

② 아레니우스(Arrhenius) : $H^+$와 $OH^-$의 이동으로 분류
- 산 : $H^+$를 잃음
- 염기 : $OH^-$를 잃음

③ 루이스(Lewis) : 비공유전자쌍의 이동으로 분류
- 산 : 비공유전자쌍을 얻음
- 염기 : 비공유전자쌍을 잃음

### 2 산화와 환원

(1) 산화
① 산소(O)와 결합할 때
② 수소(H), 전자(-)와 분리할 때

(2) 환원
① 산소(O)와 분리할 때
② 수소(H), 전자(-)와 결합할 때

(3) 산화제 : 다른 물질을 산화시켜 자신은 환원되는 물질
   $H^+ + Cl^- \rightarrow HCl$  ⇒  Cl은 H를 얻어 환원되므로 산화제

(4) 환원제 : 다른 물질을 환원시켜 자신은 산화되는 물질
   $S + O_2 \rightarrow SO_2$  ⇒  황(S)은 산소(O)를 얻어 산화되므로 환원제

## 02 산화수

### 1 산화수

(1) 화합물을 구성하는 각 원자가 전자를 가지는 양

(2) 산화수 계산 시 필수규칙

　① 화합물의 총 산화수와 원소를 구성하는 원자 산화수는 0
　　• $HCl \cdot H_2O$, $H_2 \cdot O_2$
　② 이온의 산화수는 이온 전하와 동일
　　• $Na^+ \cdot H^+ \cdot OH^- \cdot O^{2-}$ : 각각 산화수 +1, +1, -1, -2
　③ 알칼리금속 산화수 : +1
　　• $Li \cdot Na \cdot K$
　④ 알칼리토금속 산화수 : +2
　　• $Be \cdot Mg \cdot Ca$
　⑤ 할로젠원소 산화수 : -1

(3) 산소 산화수

　① 일반적인 화합물 : -2
　② $O_2$ : 0
　③ 과산화물($Na_2O_2$) : -1

(4) 기타 원자 산화수

　① 탄소(C) : ±4
　② 알루미늄(Al) : +3
　③ 은(Ag) : +1

## 2 산화물의 종류

(1) 산성 산화물 : 비금속 + 산소($CO_2 \cdot P_2O_5$ 등)

(2) 염기성 산화물 : 금속 + 산소($CaO \cdot Na_2O$ 등)

(3) 양쪽성 산화물 : 알루미늄 (Al)·아연 (Zn)·주석 (Sn)·납 (Pb) + 산소

> 암 양쪽인거 알아주납

# 03 지시약과 기타

## 1 지시약

| 구분 | 산성 | 중성 | 염기성 |
|---|---|---|---|
| 페놀프탈레인 용액 | 무색 | 무색 | 붉은색 |
| 메틸오렌지 용액 | 붉은색 | 노란색 | 노란색 |
| 메틸레드 용액 | 붉은색 | 주황색 | 노란색 |
| 리트머스 종이 | 푸른색 → 붉은색 | 보라색 | 붉은색 → 푸른색 |

## 2 기타

(1) 3대 강산성 물질 : <u>황</u>산($H_2SO_4$)·<u>염</u>산(HCl)·<u>질</u>산($HNO_3$)

> 암 황여지

(2) 2차 알코올 산화 시 케톤($R_1$-C = O-$R_2$) 생성

$$R_1 - \underset{\underset{H}{|}}{\overset{\overset{R_2}{|}}{C}} - O - H \xrightarrow{-H_2} R_1 - \overset{\overset{R_2}{|}}{C} = O$$

(3) 환원성 물질 : 알데하이드기를 가져 산화하려는 물질
① 젖당·과당·엿당 : 환원성 물질
② 설탕 : 비환원성 물질

## 예상문제 산화와 환원

**01** 산화에 의하여 카르보닐기를 가진 화합물을 만들 수 있는 것은?

① $CH_3-CH_2-CH_2-COOH$
② $CH_3-CH-CH_3$
         |
         $CH_3$
③ $CH_3-CH_2-CH_2-OH$
④ $CH_2-CH_2$
     |     |
    $CH$   $CH_2$

**해설**

[카르보닐기(케톤) 산화과정]
- 케톤 형태 : $R_1 - C = O - R_2$
- 알콜기를 포함해 $H_2$를 잃어(산화) 케톤이 되는 것은 ②번

**02** 일반적으로 환원제가 될 수 있는 물질이 아닌 것은?

① 수소를 내기 쉬운 물질
② 전자를 잃기 쉬운 물질
③ 산소와 화합하기 쉬운 물질
④ 발생기의 산소를 내는 물질

**해설**

[산화제와 환원제]
- 산화제 : 남을 산화시켜 자신은 환원되는 물질
- 환원제 : 남을 환원시켜 자신은 산화되는 물질
→ ④ 산소를 내어 자신은 환원 다른 물질 산화
    **TIP** • 산화 : 산소 얻음, 전자·수소를 잃음
          • 환원 : 산소 잃음, 전자·수소를 얻음

**03** 다음의 반응에서 환원제로 쓰인 것은?

$$MnO_2 + 4HCl \rightarrow MnCl_2 + 2H_2O + Cl_2$$

① $Cl_2$       ② $MnCl_2$
③ $HCl$      ④ $MnO_2$

**해설**

[환원제 찾기]
- H를 잃거나 O를 얻는 물질
- ③ $HCl$ : H 잃고 $Cl_2$가 되므로 환원제
    **TIP** • 산화제 : 남을 산화시켜 자신은 환원되는 물질
          • 환원제 : 남을 환원시켜 자신은 산화되는 물질

정답 ● 01 ② 02 ④ 03 ③

**04** 황이 산소와 결합하여 $SO_2$를 만들 때에 대한 설명으로 옳은 것은?

① 황은 환원된다.
② 황은 산화된다.
③ 불가능한 반응이다.
④ 산소는 산화되었다.

**해설**

[황과 산소 결합]
- $S + O_2 \rightarrow SO_2$
- ② 황(S)이 산소를 얻어 산화

**05** 다음 중 물이 산으로 작용하는 반응은?

① $3\,Fe + 4\,H_2O \rightarrow Fe_3O_4 + 4\,H_2$
② $NH_4^+ + H_2O \rightarrow NH_3 + H_3O^+$
③ $HCOOH + H_2O \rightarrow HCOO^- + H_3O^+$
④ $CH_3COO^- + H_2O \rightarrow CH_3COOH + OH^-$

**해설**

[산과 염기]
- 산 : 수소·전자 잃거나, 산소 얻는 물질
- ④ $H_2O \rightarrow OH^-$가 되었으므로 산이다.

**06** $KMnO_4$에서 Mn의 산화수는 얼마인가?

① +3   ② +5
③ +7   ④ +9

**해설**

[산화수 계산]
- O : -2
- K(1족) : +1
- 산화수 = +1 + Mn + (-2×4) = 0
  Mn = +7

**07** 다음 중 밑줄 친 원자의 산화수 값이 나머지 셋과 다른 하나는?

① $\underline{Cr}_2O_7^{2-}$   ② $H_3\underline{P}O_4$
③ $H\underline{N}O_3$   ④ $HC\underline{l}O_3$

**해설**

[산화수 계산]
① $Cr_2O_7^{2-}$ : (2Cr) + (-2 ×7) = -2
  Cr = +6
② $H_3PO_4$ : (3 × 1) + P + (-2 × 4) = 0
  P = +5
③ $HNO_3$ : 1 + N + (-2 × 3) = 0
  N = +5
④ $HClO_3$ : 1 + Cl + (-2 × 3) = 0
  Cl = +5

정답 04 ② 05 ④ 06 ③ 07 ①

## 08 pH에 대한 설명으로 옳은 것은?

① 건강한 사람의 혈액 pH는 5.7이다.
② pH 값은 산성용액에서 알칼리성 용액보다 크다.
③ pH가 7인 용액에 지시약 메틸오렌지를 넣으면 노란색을 띤다.
④ 알칼리성용액은 pH가 7보다 작다.

**해설**
① 혈액은 약 알칼리성으로 pH 7 이상
② pH 값은 산성일수록 작아짐
③ 메틸오렌지
  - 산성 : 적색
  - 중성·염기성 : 노란색
④ 알칼리성은 pH가 7 이상

## 09 다이크로뮴산이온($Cr_2O_7^{2-}$)에서 Cr의 산화수는?

① +3  ② +6
③ +7  ④ +12

**해설**
[산화수 계산]
- O : -2로 계산
- $2 \times Cr + 7 \times (-2) = -2$
  $Cr = +6$

## 10 산소의 산화수가 가장 큰 것은?

① $O_2$  ② $KClO_4$
③ $H_2SO_4$  ④ $H_2O_2$

**해설**
[산소의 산화수]
- 다른 원소와 결합 시 : -2 또는 -1
- O(산소)만으로 결합 : 0($O_2$)

## 11 산성 산화물에 해당하는 것은?

① CaO  ② $Na_2O$
③ $CO_2$  ④ MgO

**해설**
[산화물 구분]
- 산성 산화물 : 비금속 + 산소
  염기성 산화물 : 금속 + 산소
- $CO_2$ : 비금속 + 산소로 산성 화합물

## 12 다음 중 양쪽성 산화물에 해당하는 것은?

① $NO_2$  ② $Al_2O_3$
③ MgO  ④ $Na_2O$

**해설**
[양쪽성 산화물]
Al · Zn · Sn · Pb + 산소의 결합물질

정답  08 ③  09 ②  10 ①  11 ③  12 ②

**13** 물이 브뢴스테드산으로 작용한 것은?

① $HCl + H_2O \rightleftarrows H_3O^+ + Cl^-$
② $HCOOH + H_2O \rightleftarrows HCOO^- + H_3O^+$
③ $NH_3 + H_2O \rightleftarrows NH_4^+ + OH^-$
④ $3Fe + 4H_2O \rightleftarrows Fe_3O_4 + 4H_2$

**해설**

[브뢴스테드 산·염기]
- H 잃으면 산, H 얻으면 염기
- ③ $H_2O$ : $OH^-$ 되어 H 잃으므로 산

**14** 지시약으로 사용되는 페놀프탈레인 용액은 산성에서 어떤 색을 띠는가?

① 적색   ② 청색
③ 무색   ④ 황색

**해설**

[페놀프탈레인 지시색]
- 염기성 : 적색
- 산성·중성 : 무색

**15** 산(Acid)의 성질을 설명한 내용 중 틀린 것은?

① 수용액 속에서 $H^+$를 내는 화합물이다.
② pH 값이 작을수록 강산이다.
③ 금속과 반응하여 수소를 발생하는 것이 많다.
④ 붉은색 리트머스 종이를 푸르게 변화시킨다.

**해설**

[리트머스 종이 특징]
④ 리트머스 종이 : 산과 만나 붉어지고 염기와 만나 푸르게 변함

**16** 다음 화합물 가운데 환원성이 없는 것은?

① 젖당   ② 과당
③ 설탕   ④ 엿당

**해설**

[환원성 물질]
- 알데하이드기를 가져 산화하려는 물질
- 젖당·과당·엿당 : 환원성 물질
- 설탕 : 알데하이드기가 없어 환원성 없음

**17** 다음 물질 중에서 염기성인 것은?

① $C_6H_5NH_2$   ② $C_6H_5NO_2$
③ $C_6H_5OH$   ④ $C_6H_5COOH$

**해설**

[염기성 물질]
- ① $C_6H_5NH_2$
- $NH_2^+ + H_2O \rightarrow NH_3 + OH^-$
- 물에 녹아 $OH^-$를 내어 염기성 물질

# Chapter 06 반응식과 화학평형

## 01 화학반응식

**1** $aA + bB \rightarrow cC$

| 인자 | A, B | C | a, b, c |
|---|---|---|---|
| 설명 | 반응물질 | 생성물질 | 반응계수, 반응 몰수에 비례 |

**2** 반응계수 맞추기

(1) 반응물의 원소 수와 생성물의 원소 수는 같아야 한다.

(2) $CH_4 + O_2 \rightarrow CO_2 + H_2O$

- C : 반응물 생성물 개수 동일
- H : 반응물 4개, 생성물 2개이므로
  $CH_4 + O_2 \rightarrow CO_2 + 2H_2O$
- O : 반응물 2개, 생성물 4개이므로
  $CH_4 + 2O_2 \rightarrow CO_2 + 2H_2O$
- 최종 메테인 연소반응식 $CH_4 + 2O_2 \rightarrow CO_2 + 2H_2O$

**3** 메테인($CH_4$) 1 mol과 산소($O_2$) 4 mol(과잉물질) 반응 시

(1) $CH_4 + 2O_2 \rightarrow CO_2 + 2H_2O$

(2) $CH_4$ 1 mol에 대해 $O_2$ 2 mol 반응하므로

| 반응식 | \multicolumn{4}{c}{$CH_4 + 2O_2 \rightarrow CO_2 + 2H_2O$} |
|---|---|---|---|---|
| 반응 전 | $CH_4$ | $O_2$ | $CO_2$ | $H_2O$ |
|  | 1 mol | 4 mol | 0 mol | 0 mol |
| 반응 후 | $CH_4$ | $O_2$ | $CO_2$ | $H_2O$ |
|  | 0 mol | 2 mol | 1 mol | 2 mol |

## 02 화학평형

### 1 화학평형

(1) 평형상수 K

① $aA + bB \rightarrow cC$

② 평형상수 K = $\dfrac{[C몰수]^c}{[A몰수]^a[B몰수]^b}$

③ 오직 '온도'에만 영향 받음

(2) 평형반응에서 반응변화

① 압력
- 증가 : 몰수가 적어지는 방향으로 반응
- 감소 : 몰수가 증가하는 방향으로 반응

② 온도
- 증가 : 흡열반응 진행
- 감소 : 발열반응 진행

③ 농도
- 반응물 농도 증가 : 정방향
- 생성물 농도 증가 : 역방향

(3) 헤스(Hess)의 법칙

화학반응 전과 반응 후 상태가 결정되면 반응경로와 상관없이 반응열 총량은 일정 즉, 엔탈피의 변화는 반응경로와 무관

### 2 반응속도

(1) 반응속도 예시

① $N_2 + 3H_2 \rightarrow 2NH_3$

② 반응속도 V = $k[N_2]^1[H_2]^3$

③ $N_2$ 농도 2배, $H_2$ 농도 2배로 증가할 경우
- 반응속도 V = $2^1 \times 2^3$ = 16배

④ 촉매와 관계
- 촉매 첨가 : 반응속도 증가
- 부촉매 첨가 : 반응속도 감소

(2) 반응차수

① 1차 반응 : 반응물농도에 1차 제곱인 반응
- V = k[A]

② 2차 반응 : 반응물농도 2차 제곱인 반응
- V = k[A][B]
- V = k[A]$^2$ 등

# 예상문제 반응식과 화학평형

**01** 25 g의 암모니아가 과잉의 황산과 반응하여 황산암모늄이 생성될 때 생성된 황산암모늄의 양은 약 얼마인가? (단, 황산암모늄의 몰질량은 132 g/mol이다)

① 82 g  　　② 86 g
③ 92 g  　　④ 97 g

**해설**
[암모니아와 황산 반응식]
- $2NH_3 + H_2SO_4 \rightarrow (NH_4)_2SO_4$ (황산암모늄)
- 암모니아 몰수 = 25 g / 17 = 1.47 mol
- 황산암모늄 생성몰수 = 1.47 × 1/2 mol
- 황산암모늄 질량 = 1.47 × 0.5 × 132
  = 97 g

**02** 에테인($C_2H_6$)을 연소시키면 이산화탄소($CO_2$)와 수증기($H_2O$)가 생성된다. 표준상태에서 에테인 30g을 반응시킬 때 발생하는 이산화탄소와 수증기의 분자수는 모두 몇 개인가?

① $6 \times 10^{23}$개
② $12 \times 10^{23}$개
③ $18 \times 10^{23}$개
④ $30 \times 10^{23}$개

**해설**
[연소반응식에서 생성물 분자 수]
- $C_2H_6 + 3.5O_2 \rightarrow 2CO_2 + 3H_2O$
- 에테인의 분자량 : 12 × 2 + 1 × 6 = 30
- 30 g(1 mol) $C_2H_6$ 연소 시 2 mol $CO_2$와 3 mol $H_2O$ 총 5 mol 기체 발생
- 생성물 분자 수 = $5 \times 6 \times 10^{23}$개
  　　　　　　 = $30 \times 10^{23}$개

**03** 어떤 금속 1.0 g을 묽은 황산에 넣었더니 표준상태에서 560 mL의 수소가 발생하였다. 이 금속의 원자가는 얼마인가? (단, 금속의 원자량은 40으로 가정한다)

① 1가　　② 2가
③ 3가　　④ 4가

**해설**
[금속 원자가 계산]
- $H_2$ 0.56 L / 22.4 = 0.025 mol 생성
- X금속 1 / 40 = 0.025 mol 반응
- 1 : 1 비율 반응 생성하므로 반응식
  $X + H_2SO_4 \rightarrow XSO_4 + H_2$
- $SO_4^{2-}$와 결합하므로 +2가

정답 01 ④  02 ④  03 ②

**04** 1몰의 질소와 3몰의 수소를 촉매와 같이 용기 속에 밀폐하고 일정한 온도로 유지하였더니 반응물질의 50 %가 암모니아로 변하였다. 이때의 압력은 최초 압력의 몇 배가 되는가? (단, 용기의 부피는 변하지 않는다)

① 0.5
② 0.75
③ 1.25
④ 변하지 않는다.

**해설**

[암모니아 생성반응]
- $N_2 + 3H_2 \rightarrow 2NH_3$ (1 : 3 : 2 반응)
- 반응 전 몰수 : $N_2$ 1 mol, $H_2$ 3 mol
  반응 후 몰수 : 50 % 반응하므로
  $N_2$ 0.5 mol, $H_2$ 1.5 mol 반응
  $NH_3$ 1 mol 생성
- 총 몰수는 반응 전 4 mol 반응 후 3 mol
- 부피·온도 일정할 시 몰수·압력은 비례하므로 압력은 3/4 = 0.75배

**05** 화학반응속도를 증가시키는 방법으로 옳지 않은 것은?

① 온도를 높인다.
② 부촉매를 가한다.
③ 반응물 농도를 높게 한다.
④ 반응물 표적을 크게 한다.

**해설**

[화학반응속도]
② 촉매 가하면 반응속도 증가, 부촉매를 가하면 반응속도 감소

**06** 다음 각 화합물 1 mol이 완전연소할 때 3 mol의 산소를 필요로 하는 것은?

① $CH_3 - CH_3$  ② $CH_2 = CH_2$
③ $C_6H_6$  ④ $CH \equiv CH$

**해설**

[화합물 연소]
- ② $C_2H_4 + 3O_2 \rightarrow 2CO_2 + 2H_2O$
- 에틸렌 연소 시 산소와 1 : 3 비율 반응

**07** 3가지 기체 물질 A, B, C가 일정한 온도에서 다음과 같은 반응을 하고 있다. 평형에서 A, B, C가 각각 1몰, 2몰, 4몰이라면 평형상수 K의 값은?

$$A + 3B \rightarrow 2C + 열$$

① 0.5
② 2
③ 3
④ 4

**해설**

[평형상수]
- 반응식 $aA + bB \rightarrow cC$
- 평형상수 $K = \dfrac{[C몰수]^c}{[A몰수]^a[B몰수]^b}$
  $= \dfrac{4^2}{1^1 \times 2^3} = 2$

정답  04 ②  05 ②  06 ②  07 ②

**08** $CH_3COOH \to CH_3COO^- + H^+$의 반응식에서 전리평형상수 K는 다음과 같다. K 값을 변화시키기 위한 조건으로 옳은 것은?

$$K = \frac{[CH_3COO^-][H^+]}{[CH_3COOH]}$$

① 온도를 변화시킨다.
② 압력을 변화시킨다.
③ 농도를 변화시킨다.
④ 촉매양을 변화시킨다.

**해설**
[평형상수 K]
평형상수는 오직 온도에 의해서 변화

**09** 다음과 같은 반응에서 평형을 왼쪽으로 이동시킬 수 있는 조건은?

$$A_2(g) + 2B_2(g) \rightleftharpoons 2AB_2(g) + 열$$

① 압력 감소, 온도 감소
② 압력 증가, 온도 증가
③ 압력 감소, 온도 증가
④ 압력 증가, 온도 감소

**해설**
[평형반응에서 반응이동]
- 압력 : 왼쪽반응 수가 많으므로 압력 감소
- 온도 : 오른쪽반응이 발열반응이므로 왼쪽반응은 흡열반응, 즉 온도 증가

**10** 다음 반응속도 식에서 2차 반응인 것은?

① $V = k[A]^{0.5}[B]^{0.5}$
② $V = k[A][B]$
③ $V = [A][B]^2$
④ $V = k[A]^2[B]^2$

**해설**
[반응속도 식의 차수]
- 모든 반응차수의 합
- ② $V = k[A][B]$ A와 B 모두 1차로 총 2차

**11** 다음의 반응 중 평형상태가 압력의 영향을 받지 않는 것은?

① $N_2 + O_2 \leftrightarrow 2NO$
② $NH_3 + HCl \leftrightarrow NH_4Cl$
③ $2CO + O_2 \leftrightarrow 2CO_2$
④ $2NO_2 \leftrightarrow N_2O_4$

**해설**
[평형상태의 압력]
- 반응 전후 몰수의 영향을 받는다.
- ① $N_2 + O_2 \leftrightarrow 2NO$은 반응 전후 몰수가 같아 압력의 영향을 받지 않는다.

정답 08 ① 09 ③ 10 ② 11 ①

**12** 자철광 제조법으로 빨갛게 달군 철에 수증기를 통할 때의 반응식으로 옳은 것은?

① $3Fe + 4H_2O \rightarrow Fe_3O_4 + 4H_2$
② $2Fe + 3H_2O \rightarrow Fe_2O_3 + 3H_2$
③ $Fe + H_2O \rightarrow FeO + H_2$
④ $Fe + 2H_2O \rightarrow FeO_2 + 2H_2$

**해설**

[자철광($Fe_3O_4$) 제조법]
① $3Fe + 4H_2O \rightarrow Fe_3O_4$(자철광) $+ 4H_2$

**13** 일정한 온도하에서 물질 A와 B가 반응을 할 때 A의 농도만 2배로 하면 반응속도가 2배가 되고 B의 농도만 2배로 하면 반응속도가 4배로 된다. 이 반응속도식은? (단, 반응속도 상수는 k이다)

① $v = k[A][B]^2$
② $v = k[A]^2[B]$
③ $v = k[A][B]^{0.5}$
④ $v = k[A][B]$

**해설**

[반응속도 계산]
- 물질 A : 농도와 1 : 1 비례해 $[A]^1$
- 물질 B : 농도와 제곱에 비례해 $[B]^2$
∴ $V = k[A][B]^2$

# Chapter 07 화학 기본법칙

## 01 기체법칙

### 1 보일·샤를의 법칙

(1) 보일(Boyle)의 법칙

일정한 온도에서 기체의 압력과 부피는 반비례한다.

$$P_1 V_1 = P_2 V_2 = C(일정)$$

P : 압력(atm, Pa)
V : 부피(L, m³)

(2) 샤를(Charles)의 법칙

일정한 압력에서 기체의 부피는 절대온도에 비례한다.

$$\frac{V_1}{T_1} = \frac{V_2}{T_2} = C(일정)$$

V : 부피(L, m³)
T : 절대온도(K)

(3) 보일·샤를(Boyle-Charles)의 법칙

기체의 부피는 압력과 반비례하고, 절대온도와 비례한다.

$$\frac{P_1 V_1}{T_1} = \frac{P_2 V_2}{T_2} = C(일정)$$

P : 압력(atm, Pa)
V : 부피(L, m³)
T : 절대온도(K)

### 2 아보가드로(Avogadro)의 법칙

(1) 모든 기체는 같은 온도와 같은 압력에서 같은 부피와 같은 분자수를 갖는다.

(2) 표준상태(0 ℃, 1 atm)에서 모든 기체 1몰의 부피는 22.4 L이며, 분자수는 $6 \times 10^{23}$개다.

## 3 이상기체상태방정식

(1) 이상기체를 가정해 압력 P, 부피 V, 온도 T 간의 상관관계에 대한 방정식

$$PV = nRT = \frac{w}{M}RT$$

P : 압력(atm, Pa), V : 부피(L, m³)
n : 몰수(mol), R : 이상기체상수
T : 절대온도(K)
w : 질량(g), M : 분자량(g/mol)

(2) 인자 설명

① 부피 : 표준상태(0 ℃ 1기압) 22.4 L는 1 mol(아보가드로 법칙)
② 절대온도 : ℃ + 273 = K
③ 몰수 : 질량(g) / 분자량(g/mol) = 몰수(mol)
④ 이상기체상수 : 0.082 atm·L / mol·K 또는 8.314 Pa·m³ / mol·K 사용

(3) 실제기체와 이상기체

① 실제기체는 부피가 매우 클 때 이상기체에 근접
② 온도가 높고 압력이 낮을 때 이상기체에 근접

(4) 삼투압

① 서로 다른 농도를 가진 두 용액 중 낮은 농도의 용액에 있는 물(용매)분자가 반투막을 통과하여 용액의 농도가 같아지는 현상을 삼투현상이라고 한다.
② 삼투현상을 막기 위하여 가해지는 최소 압력을 삼투압이라고 하며, 이상기체방정식으로 계산한다.

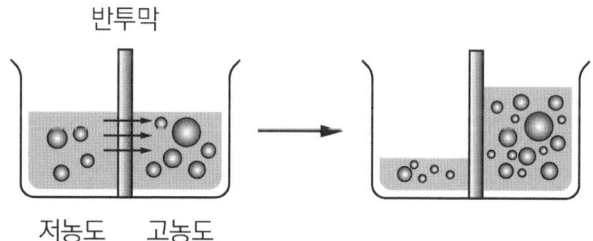

## 4 헨리의 법칙

일정온도에서 기체 부분압력과 용해도는 비례한다.

### 5 라울의 법칙

비휘발성·비전해질 용질의 녹은 몰수와 증기 압력 내림은 비례한다.

### 6 그레이엄(Graham)의 기체 확산속도 법칙

동일한 온도와 압력에서 기체 확산속도는 분자량의 제곱근에 반비례한다.

$$\frac{V_1}{V_2} = \sqrt{\frac{M_2}{M_1}}$$

V : 부피
M : 분자량

## 02 원소 법칙과 열역학 법칙

### 1 질량보존의 법칙

(1) 반응 전 물질의 전체 질량은 반응 후 생성된 물질의 전체 질량과 같다.

(2) 예시

$H_2$ + $0.5O_2$ → $H_2O$
2 g/mol   16 g/mol   18 g/mol

### 2 일정성분비의 법칙

(1) 화합물을 구성하는 원소들 사이의 질량비는 일정하다.

(2) 예시

$H_2$ + $0.5O_2$ → $H_2O$
수소 : 산소 = 2 : 16      2 : 16

## 3 배수비례의 법칙

(1) 두 원소가 화합물을 만들 때 한 원소와 결합하는 다른 원소 질량은 정수비를 가진다.

(2) 원소 2개로 된 화합물 2종류 이상을 비교할 때 성립한다.
  ① $SO_2$와 $SO_3$ : S에 대해 산소 질량비는 2 : 3
  ② O와 $O_2$ : 원소 1개로 이루어져 배수비례의 법칙이 성립하지 않는다.

## 4 열역학법칙

(1) 제0법칙(열평형의 법칙) : 물체의 고온과 저온에서 마침내 열평형을 이룬다.

(2) 제1법칙(에너지 보존의 법칙) : 일은 열로, 열은 일로 교환할 수 있다.

(3) 제2법칙(에너지 전달의 방향성 법칙) : 자연계는 비가역적인 변화(엔트로피가 증가하는 방향)가 일어난다.

(4) 제3법칙(엔트로피에 관한 법칙) : 0 K에 가까울수록 엔트로피는 0에 수렴하고, 절대영도에 이르게 할 수 없다.

## 예상문제 화학 기본법칙

**01** 실제 기체는 어떤 상태일 때 이상기체방정식에 잘 맞는가?

① 온도가 높고 압력이 높을 때
② 온도가 낮고 압력이 낮을 때
③ 온도가 높고 압력이 낮을 때
④ 온도가 낮고 압력이 높을 때

**해설**

[이상기체 방정식]
- 부피가 매우 클 때 실제기체는 이상기체처럼 행동한다.
- 부피는 온도와 비례, 압력과 반비례해 온도가 높고 압력이 낮을수록 이상기체화한다.

**02** 27 ℃에서 500 mL에 6 g의 비전해질을 녹인 용액의 삼투압은 7.4 기압이었다. 이 물질의 분자량은 약 얼마인가?

① 20.78   ② 39.89
③ 58.16   ④ 77.65

**해설**

[삼투압 계산]
- 삼투압은 이상기체방정식으로 계산 가능
- 몰수 $n = \dfrac{PV}{RT} = \dfrac{7.4 \times 0.5}{0.082 \times (27+273)}$

$\qquad\qquad = 0.15 mol$

- 분자량 = 질량/몰수 = 6 / 0.15
  = 40 g / mol

  **TIP** 기체상수 R = 0.082 atm·L / mol·K 사용해 다른 인자의 단위도 R 값에 맞추어 변환함

**03** 이상기체상수 R 값이 0.082 라면 그 단위로 옳은 것은?

① $\dfrac{atm \cdot mol}{L \cdot K}$   ② $\dfrac{mmHg \cdot mol}{L \cdot K}$

③ $\dfrac{atm \cdot L}{mol \cdot K}$   ④ $\dfrac{mmHg \cdot L}{mol \cdot K}$

**해설**

[이상기체상수 R]
R = 0.082 atm·L / mol·K
 = 8.314 Pa·m³ / mol·K

**04** 표준상태에서 11.2L의 암모니아에 들어있는 질소는 몇 g인가?

① 7       ② 8.5
③ 22.4    ④ 14

정답  01 ③  02 ②  03 ③  04 ①

> **해설**

[표준상태 기체질량 계산]
- 표준상태 기체 1 mol 부피 : 22.4 L
- 암모니아($NH_3$) 11.2 L ⇒ 0.5 mol 질소도 0.5 mol
- 질소 질량 = 14(분자량) × 0.5 = 7 g

**05** 어떤 주어진 양의 기체의 부피가 21°C, 1.4 atm에서 250 mL이다. 온도가 49°C로 상승되었을 때의 부피가 300 mL라고 하면 이때의 압력은 약 얼마인가?

① 1.35 atm  ② 1.28 atm
③ 1.21 atm  ④ 1.16 atm

> **해설**

[기체 압력계산]

- 보일-샤를 법칙 : $\dfrac{P_1 V_1}{T_1} = \dfrac{P_2 V_2}{T_2}$

$\dfrac{1.4 \times 250}{(21+273)} = \dfrac{P_2 \times 300}{(49+273)}$

- $P_2 = 1.28\, atm$

**06** 액체 0.2 g을 기화시켰더니 그 증기의 부피가 97 ℃, 740 mmHg에서 80 mL였다. 이 액체의 분자량에 가장 가까운 값은?

① 40   ② 46
③ 78   ④ 121

> **해설**

[액체 분자량 계산]
- $PV = nRT$를 이용, 몰수를 계산하면

$n = \dfrac{PV}{RT} = \dfrac{740 \times \dfrac{1 atm}{760} \times 0.08 L}{0.082 \dfrac{atm\, L}{mol\, K} \times (97+273) K}$

$= 2.56 \times 10^{-3}$

- 분자량 = $\dfrac{0.2 g}{2.56 \times 10^{-3}} = 78$

**07** 공기 중에 포함되어 있는 질소와 산소의 부피비는 0.79 : 0.21이므로 질소와 산소의 분자수의 비도 0.79 : 0.21이다. 이와 관계있는 법칙은?

① 아보가드로 법칙
② 일정 성분비 법칙
③ 배수비례 법칙
④ 질량보존 법칙

> **해설**

[아보가드로 법칙]
표준상태(0 ℃ 1기압) 부피와 몰수는 비례

**08** 기체 A 5 g은 27 ℃, 380 mmHg에서 부피가 6,000 mL이다. 이 기체의 분자량(g/mol)은 약 얼마인가? (단, 이상기체로 가정한다)

① 24
② 41
③ 64
④ 123

**해설**

[분자량 계산]
- 몰수 계산

$$n = \frac{PV}{RT} = \frac{380 \times \frac{1\,[atm]}{760\,[mmHg]} \times 6\,[L]}{0.082\left[\frac{atm\,L}{mol\,K}\right] \times (27+273)\,[K]} = 0.122\,mol$$

- 분자량 = $\frac{5\,g}{0.122\,mol}$ = 41 g/mol

**09** $C_3H_8$ 22.0 g을 완전연소시켰을 때 필요한 공기의 부피는 약 얼마인가? (단, 0 ℃, 1기압 기준이며, 공기 중의 산소량은 21 %이다)

① 56 L
② 112 L
③ 224 L
④ 267 L

**해설**

[연소반응식 이론공기 계산(표준상태)]
- $C_3H_8$ 분자량 : 12 × 3 + 1 × 8 = 44
- $C_3H_8 + 5O_2 \rightarrow 3CO_2 + 4H_2O$
- 공기부피 = (22 / 44) mol $C_3H_8$ × 5 배 ×(100 / 21) × 22.4 L / mol = 267 L

**10** 다음은 열역학 제 몇 법칙에 대한 내용인가?

| 0 K(절대영도)에서 물질의 엔트로피는 0이다. |

① 열역학 제0법칙
② 열역학 제1법칙
③ 열역학 제2법칙
④ 열역학 제3법칙

**해설**

[열역학 제3법칙]
0 K(절대영도)에 가까워지면 엔트로피는 0에 수렴하고, 절대영도에 절대 도달할 수 없다는 법칙

**11** 다음 화학 반응에서 설명하기 어려운 것은?

$$2H_2(g) + O_2(g) \rightarrow 2H_2O(g)$$

① 반응물질 및 생성물질의 부피비
② 일정 성분비의 법칙
③ 반응물질 및 생성물질의 몰수비
④ 배수비례의 법칙

해설
[배수비례 법칙]
- 두 원소가 화합물을 만들 때, 한 원소 일정질량과 결합하는 다른 원소의 질량은 간단한 정수비를 가지는 법칙
- 위 $H_2O$ 정수비를 비교할 대상이 없으므로 배수비례 법칙 설명 불가

**12** 다음 중 배수비례의 법칙이 성립되지 않는 것은?

① $H_2O$와 $H_2O_2$  ② $SO_2$와 $SO_3$
③ $N_2O$와 $NO$  ④ $O_2$와 $O_3$

해설
[배수비례 법칙]
- 원소 2개로 된 화합물 2종류를 비교할 때 한 원소에 결합질량비는 일정정수비
- $O_2 \cdot O_3$ : 단일 원소로 배수비례 미적용

**13** 배수비례의 법칙이 적용 가능한 화합물을 옳게 나열한 것은?

① $CO$, $CO_2$
② $HNO_3$, $HNO_2$
③ $H_2SO_4$, $H_2SO_3$
④ $O_2$, $O_3$

해설
[배수비례 법칙]
- 원소 2개로 된 화합물 2종류를 비교할 때 한 원소에 결합질량비는 일정정수비
- ① $CO$와 $CO_2$는 $C$에 대해 산소질량비 1 : 2가 성립하므로 배수비례법칙 적용

**14** 탄산 음료수의 병마개를 열면 거품이 솟아오르는 이유를 가장 올바르게 설명한 것은?

① 수증기가 생성되기 때문이다.
② 이산화탄소가 분해되기 때문이다.
③ 용기 내부압력이 줄어들어 기체의 용해도가 감소하기 때문이다.
④ 온도가 내려가게 되어 기체가 생성불의 반응이 진행되기 때문이다.

해설
[헨리의 법칙]
- 기체 부분압력과 기체용해도는 비례
- ③ 탄산음료 뚜껑을 열면 내부 높은 압력이 줄어들며, 기체용해도가 줄어 녹아 있는 탄산가스가 거품이 되어 나온다.

**15** 어떤 기체의 확산속도가 $SO_2(g)$의 2배이다. 이 기체의 분자량은 얼마인가? (단, 원자량은 S = 32, O = 16이다)

① 8    ② 16
③ 32   ④ 64

**해설**

[확산속도 비]

- $\dfrac{V_1}{V_2} = \sqrt{\dfrac{M_2}{M_1}} = 2$ (1 : 미지기체, 2 : $SO_2$)
- $M_1 = 1/4 M_2 = 1/4 \times 64 = 16$

**16** 1기압 27 ℃에서 아세톤 58 g을 완전히 기화시키면 부피는 약 몇 L가 되는가?

① 22.4   ② 24.6
③ 27.4   ④ 58.0

**해설**

[기체 부피 계산]

- 아세톤($CH_3COCH_3$) 몰수

$$\dfrac{58\,g}{58\,g/mol} = 1\,mol$$

- 1기압 0 ℃ 1 mol 부피 : 22.4 L
- 27 ℃의 부피(샤를의 법칙)

$$V_2 = \dfrac{V_1 T_2}{T_1} = \dfrac{22.4 \times (27+273)}{(0+273)} = 24.6\,L$$

**TIP** 이상기체방정식으로 풀어도 무방

$$V = \dfrac{nRT}{P} = \dfrac{1 \times 0.082 \times (27+273)}{1} = 24.6\,L$$

**정답** 15 ② 16 ②

# Chapter 08 기타

## 01 전기분해와 화학전지

### 1 패러데이(Faraday)의 법칙

(1) 전기분해 시 흐르는 전하량과 전기분해되는 g당량은 비례한다.

(2) 1 g당량 물질을 전기분해하는 데 필요한 전기량(전하량)을 1F(패럿)이라고 하며, 1 F = 96500 C이다.

(3) 전하량(C) = 전류(A) × 시간(s)

(4) A(암페어) = C(쿨롱) / s(초)

### 2 전지

(1) 전지는 산화와 환원반응을 이용해 화학에너지를 전기에너지로 변환시키는 장치를 말한다.

(2) 충전이 불가능한 1차 전지(볼타전지)와 충전이 가능한 2차 전지(납축전지)로 구분한다.

(3) 볼타전지

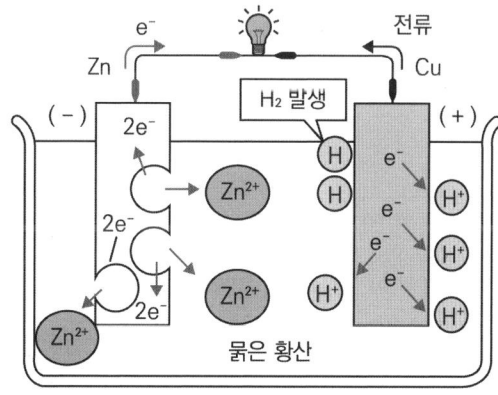

① 황산($H_2SO_4$) 용액에 아연판(Zn)과 구리판(Cu)을 이용한 전지
② 반응성 : Zn ≫ Cu

③ Zn이 전자를 방출해 음(-)극, Cu가 전자를 받는 양(+)극이 된다.
④ 분극현상
- 구리판에서 생성되는 수소($H_2$)로 인해 전압을 떨어뜨리는 현상
- 감극제($MnO_2 \cdot CuO \cdot PbO_2$ 등)를 사용해 분극현상 해결
- 아연판을 황산아연($ZnSO_4$), 구리판을 황산구리($CuSO_4$) 수용액에 각각 넣고, 두 용액을 염다리(전하 전도 매질)를 연결하여 만든 전지(다니엘 전지)로 분극현상 해결

(4) 백금 전극을 이용한 물($H_2O$) 전기분해
① (+)극에는 $O^{2-}$, (-)극에는 $H^+$로 분리되어 $O_2$와 $H_2$ 기체로 변환
② $O^{2-}$는 2 g당량이므로 $H^+$와 2 : 1 비율로 기체 생성

## 02 콜로이드

### 1 콜로이드의 정의

미립자가 기체나 액체 중에 분산된 상태로 되어 있는 혼합물

### 2 콜로이드의 종류

(1) 소수 콜로이드 : 물과 친화력이 약한 콜로이드(수산화철·수산화알루미늄·은 등)

(2) 친수 콜로이드 : 물과 친화력이 큰 콜로이드(아교·녹말·단백질 등)

(3) 보호 콜로이드 : 불안정한 소수 콜로이드에 보호 작용을 위해 첨가하는 친수 콜로이드(먹물 속 아교·잉크 속 고무)

### 3 콜로이드의 현상

(1) 틴들 현상 : 큰 콜로이드가 녹은 용액에 빛을 비추면 빛의 진로가 보이는 현상

(2) 다이알리시스(투석) : 콜로이드보다 작은 입자를 가진 물질을 콜로이드와 함께 반투막을 통과시킬 때 큰 입자는 통과하지 못하고 작은 입자는 통과해 나뉘는 현상

(3) 브라운 운동 : 콜로이드 입자가 불규칙하게 지속적으로 움직이는 현상

(4) 전기영동 : 전극에 전압을 가했을 때 콜로이드 입자가 한쪽 전극으로 이동하는 현상

## 03 방사선

### 1 α 붕괴

원자가 α 붕괴 시 발생하는 헬륨(He)의 원자핵을 말하며, 양전하를 띤다.

(1) 질량수(원자량) : 4 감소

(2) 양성자수(원자번호) : 2 감소

(3) α 붕괴 시 : $^{226}_{88}Ra$(라듐) ⇒ $^{222}_{86}Rn$(라돈)

### 2 β 붕괴

원자가 β 붕괴 시 발생하는 전자의 흐름을 말하며, 음전하를 띤다.

(1) 질량수(원자량) : 변화 없음

(2) 양성자수(원자번호) : 1 증가

### 3 γ 붕괴

원자가 γ 붕괴 시 발생하는 전자기파를 말한다.

(1) 방사선 파장이 가장 짧고, 투과력과 방출속도가 가장 빠르다.

(2) γ선 : 질량이 없고, 전하를 띠지 않는다.

### 4 반감기

핵 붕괴 시 방사성 원소의 양이 처음의 $\frac{1}{2}$로 감소하는 데 걸리는 시간

## 예상문제 기타

**01** 다음과 같은 구조를 가진 전지를 무엇이라 하는가?

$$(-) Zn \parallel H_2SO_4 \parallel Cu(+)$$

① 볼타전지  ② 다이엘전지
③ 건전지    ④ 납축전지

**해설**

[볼타전지]
황산용액($H_2SO_4$)에 아연판(Zn)과 구리판(Cu)을 연결한 전지

**02** 볼타전지에서 갑자기 전류가 약해지는 현상을 "분극현상"이라 한다. 이 분극현상을 방지해주는 감극제로 사용되는 물질은?

① $MnO_2$     ② $CuSO_4$
③ NaCl       ④ $Pb(NO_3)_2$

**해설**

[감극제 종류]
$MnO_2 \cdot CuO \cdot PbO_2$ 등이 있다.

**03** 황산구리 수용액을 Pt 전극을 써서 전기분해하여 음극에서 63.5 g의 구리를 얻고자 한다. 10 A의 전류를 약 몇 시간 흐르게 하여야 하는가? (단, 구리의 원자량은 63.5이다)

① 2.36    ② 5.36
③ 8.16    ④ 9.16

**해설**

[전기분해 시간 계산]
- 1 g당량 1 mol 석출에 96500 C 필요
  $Cu^{2+}$ 1 mol ⇒ 96500 × 2 C
- 총 전하량 = 96500 × 2 = 10 A × t
  t = 96500 × 2/10 = 19,300 s = 5.36 h

**04** 다음 물질의 수용액을 같은 전기량으로 전기분해해서 금속을 석출한다고 가정할 때 석출되는 금속의 질량이 가장 많은 것은? (단, 괄호 안의 값은 석출되는 금속의 원자량이다)

① $CuSO_4$(Cu = 64)
② $NiSO_4$(Ni = 59)
③ $AgNO_3$(Ag = 108)
④ $Pb(NO_3)_2$(Pb = 207)

정답 ● 01 ①  02 ①  03 ②  04 ③

> **해설**

[1 g당량 계산]
- $Cu^{2+}$ : 64 / 2 = 32 g
- $Ni^{2+}$ : 59 / 2 = 29.5 g
- $Ag^+$ : 108 / 1 = <u>108 g</u>
- $Pb^{2+}$ : 207 / 2 = 103.5 g

> **해설**

[백금 전극의 기체부피]
전기분해 시 $H^+$와 $O^{2-}$로 분리
  (+)극 : $O^{2-}$가 $O_2$가 되므로 +4 ⇒ 5.6 L
  (−)극 : −4 전하를 받아 $H^+$가 $H_2$가 되어
    $O_2$ 2배 생성 ⇒ <u>11.2 L</u>

**05** 구리를 석출하기 위해 $CuSO_4$ 용액에 0.5 F의 전기량을 흘렸을 때 약 몇 g의 구리가 석출되겠는가? (단, 원자량은 Cu 64, S 32, O 16이다)

① 16　　　　② 32
③ 64　　　　④ 128

> **해설**

[구리 석출량 계산]
- 0.5 F = 0.5 g당량 석출하는 전기량
- 1 molCu : 2 g당량이므로 0.25 mol 석출
- $Cu^{2+}$ 석출량 = 0.25 mol × 64(원자량)
              = 16 g

**07** 1패러데이(Faraday)의 전기량으로 물을 전기분해하였을 때 생성되는 기체 중 산소 기체는 0 ℃, 1기압에서 몇 L인가?

① 5.6　　　　② 11.2
③ 22.4　　　④ 44.8

> **해설**

[산소 부피 계산]
- 1패러데이 = 1 g당량 물질 생성
- $O_2$는 −2가 2개로 총 4 g당량이 1 mol
- 산소 부피 = 0.25 mol × 22.4 L = 5.6 L

**06** 백금 전극을 사용하여 물을 전기분해할 때 (+)극에서 5.6 L의 기체가 발생하는 동안 (−)극에서 발생하는 기체의 부피는?

① 2.8 L　　　② 5.6 L
③ 11.2 L　　④ 22.4 L

**08** 콜로이드 용액 중 소수콜로이드는?

① 녹말　　　② 아교
③ 단백질　　④ 수산화철

> **해설**

[소수콜로이드]
- 물과 친화성이 적은 미립자
- 종류 : <u>수산화철</u>·수산화알루미늄 등

정답　05 ①　06 ③　07 ①　08 ④

## 09 먹물에 아교나 젤라틴을 약간 풀어주면 탄소입자가 쉽게 침전되지 않는다. 이때 가해준 아교는 무슨 콜로이드로 작용하는가?

① 서스펜션  ② 소수
③ 복합  ④ 보호

**해설**

[보호콜로이드]
- 보호작용을 하는 친수콜로이드
- 종류 : 아라비아고무·먹물 속 아교

## 10 액체나 기체 안에서 미소 입자가 불규칙적으로 계속 움직이는 것을 무엇이라 하는가?

① 틴들 현상  ② 다이알리시스
③ 브라운 운동  ④ 전기영동

**해설**

① 틴들 현상 : 큰 콜로이드가 녹은 용액에 빛을 비추면 빛의 진로가 보이는 현상
② 다이알리시스(투석) : 반투막에 큰 입자는 통과 못하고, 작은 입자는 통과해 나뉘는 현상
③ 브라운 운동 : 콜로이드 입자가 지속적으로 움직이는 현상
④ 전기영동 : 전극에 전압을 가했을 때 콜로이드 입자가 한쪽 전극으로 이동하는 현상

## 11 방사성 원소에서 방출되는 방사선 중 전기장의 영향을 받지 않아 휘어지지 않는 선은?

① $\alpha$선  ② $\beta$선
③ $\gamma$선  ④ $\alpha, \beta, \gamma$선

**해설**

[$\gamma$선 성질]
투과력이 가장 강한 방사선으로 전기장에 영향을 받지 않아 휘지 않는다.

## 12 Rn은 $\alpha$선 및 $\beta$선을 2번씩 방출하고 다음과 같이 변했다. 마지막 Po의 원자번호는 얼마인가? (단, Rn의 원자번호는 86, 원자량은 222이다)

$$Rn \xrightarrow{\alpha} Po \xrightarrow{\alpha} Pb \xrightarrow{\beta} Bi \xrightarrow{\beta} Po$$

① 78  ② 81
③ 84  ④ 87

**해설**

[$\alpha$선과 $\beta$선]
- $\alpha$선 : 원자번호 2 감소, 원자량 4 감소
  $\beta$선 : 원자번호 1 증가
- Po 원자번호 = 86 - 2 - 2 + 1 + 1 = 84

**13** 방사성 원소인 U(우라늄)이 다음과 같이 변화되었을 때의 붕괴 유형은?

$$^{238}_{92}U \rightarrow {}^{234}_{90}Th + {}^{4}_{2}He$$

① $\alpha$ 붕괴  ② $\beta$ 붕괴
③ $\gamma$ 붕괴  ④ R 붕괴

**해설**

[$\alpha$ 붕괴]
- 질량수 : 4 감소
- 양성자수 : 2 감소

**14** 다음 중 파장이 가장 짧으면서 투과력이 가장 강한 것은?

① $\alpha$선  ② $\beta$선
③ $\gamma$선  ④ X선

**해설**

[방사성 파장]
$\gamma$선은 높은 에너지를 가진 파장으로 파장 중 투과력이 가장 강하다.

정답 13 ①　14 ③

# Part 02
## 화재예방과 소화방법

# Chapter 01 위험물 화재예방

## 01 연소이론

### 1 연소의 정의

가연물 + 산소 → 열 + 빛 과정을 거치는 산화현상

### 2 연소의 3요소

(1) 가연물 : 산소와 반응해 연소하는 물질

① 가연물이 되기 좋은 조건
- 열전도율이 작을 것
- 발열량이 클 것
- 표면적이 넓을 것
- 산소친화력이 좋을 것
- 활성화 에너지가 낮을 것

② 가연물이 아닌 물질
- 이미 산소와 결합한 산화물($CO_2$ · $Al_2O_3$ 등)
- 질소 : 산소와 반응 시 흡열반응하기 때문
- 8족 비활성 기체

(2) 산소공급원

① 산소 · 공기 · 제1, 5, 6류 위험물 등
② 한계산소량 : 연소하는 최소 산소량(가연물질마다 다르다)

(3) 점화원

고온물질이나 불꽃 등 연소온도까지 열을 제공하는 것
(기화열 : 흡열반응으로 주변 열을 흡수해 점화원 아님)

앞 가산점

## 3 전기에너지와 정전기

(1) 전기에너지

$$E = \frac{1}{2}CV^2 = \frac{1}{2}QV$$

E : 에너지  C : 정전용량
V : 전압  Q : 전하량

(2) 정전기
① 전하가 흐르지 않고 축적되어 발생
② 방지대책
- 접지
- 상대습도 70 % 이상
- 공기 이온화

## 4 연소용어

(1) 인화점 : 점화원이 점화해 불이 붙는 최저온도

(2) 발화점(착화점) : 점화원 없이 불이 붙는 최저온도

(3) 연소점 : 연소를 지속할 수 있는 최저온도

(4) 온도 크기 비교 : 발화점 ≫ 연소점 ≫ 인화점

## 02 자연발화

### 1 자연발화의 정의

스스로 발열하여 공기 중 산소와 만나 발화하는 것

### 2 자연발화의 형태

(1) 산화열에 의한 발열

(2) 분해열에 의한 발열

(3) 흡착열에 의한 발열

(4) 중합열에 의한 발열

(5) 발효열(미생물열)에 의한 발열

### 3 자연발화의 발생 조건

(1) 습도가 높을 것

(2) 열전도율이 낮을 것

(3) 주위 온도가 높을 것

(4) 표면적이 넓을 것

> TIP 열전도율이 높으면 열이 잘 빠져나가 자연발화하기 어렵다.

## 03 열전달

### 1 전도

물체가 직접 접촉으로 열을 전달

$$Q = \frac{kA}{l} \Delta T$$

Q : 전도열　　k : 열전도도
A : 열전달면적　△T : 온도변화
$l$ : 전도길이

### 2 대류

유체에 의해 열을 전달

$$Q = kA\Delta T$$

Q : 대류열　　k : 열전달계수
A : 열전달면적　△T : 온도변화

## 3 복사

(1) 매개체 없이 열 스스로 전달

(2) 슈테판 - 볼츠만(Stefan-Boltzman) 법칙 : 복사열은 절대온도 4제곱에 비례

$$Q = \sigma A T^4$$

Q : 복사열  $\sigma$ : 스테판 - 볼츠만 상수
A : 열전달면적  T : 절대온도

## 04 연소형태

### 1 고체의 연소형태

| 표면연소 | 목탄(숯)·코크스·금속분 |
|---|---|
| 분해연소 | 목재·종이·석탄·플라스틱 |
| 자기연소 | 제5류 위험물 |
| 증발연소 | 황·나프탈렌·양초(파라핀) |

암 표분자증

### 2 액체의 연소형태(제4류 위험물)

| 증발연소 | 특수인화물·제1석유류·알코올류·제2석유류 |
|---|---|
| 분해연소 | 제3석유류·제4석유류·동식물유 |
| 액적(분무)연소 | 벙커C유 |

### 3 기체의 연소형태

| 확산연소 | 가정용 버너, 가스레인지 |
|---|---|
| 예혼합연소 | 가솔린 엔진, 보일러 점화버너 |

## 05 연소범위(폭발범위, 연소한계, 폭발한계)

### 1 연소범위

(1) 정의 : 가연성 증기와 공기 또는 산소의 혼합상태에 점화원을 주었을 때 연소가 일어나는 가연성 혼합기의 농도 범위를 말한다.

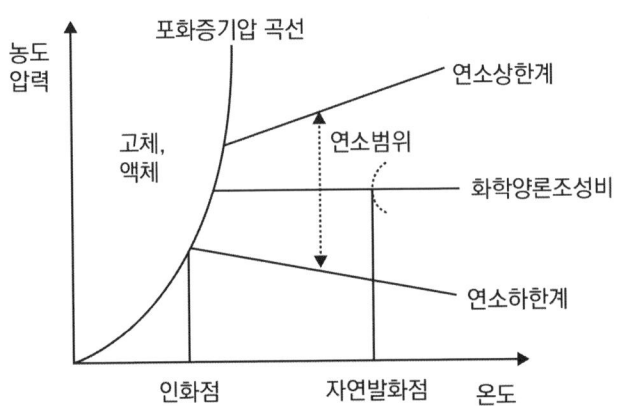

(2) 연소범위의 특징

① 연소범위가 넓을수록, 연소하한계가 낮을수록, 연소상한계가 높을수록 위험하다.

② 온도 및 압력이 높아질수록 연소범위가 증가한다.

③ 위험도(Hazard)

$$위험도 = \frac{연소범위}{연소하한계(LFL)} = \frac{연소상한계(UFL) - 연소하한계(LFL)}{연소하한계(LFL)}$$

## 06 화재와 폭발

### 1 화재의 종류

| 급수 | 명칭(화재) | 색상 |
|---|---|---|
| A | 일반 | 백색 |
| B | 유류 | 황색 |
| C | 전기 | 청색 |
| D | 금속 | 무색 |
| K | 주방(식용유) | - |

### 2 소화방법

(1) 제거소화 : 가연물을 제거해 소화

(2) 냉각소화 : 물을 뿌려 기화열을 이용해 온도를 낮추어 소화

(3) 질식소화 : 산소농도를 15 % 이하로 낮추어 소화

(4) 부촉매소화(억제소화) : 연쇄반응을 차단하는 화학적 소화

(5) 희석소화 : 수용성 물질에 물을 가해 가연물의 농도를 낮추어 소화

(6) 유화소화 : 중질유 화재 시 물을 안개형태로 흩어 뿌림으로써 유류 표면에 유화층(에멀전층)을 형성하여 증기발생을 억제시켜 소화

### 3 폭발(Explosion)

(1) 정의 : 압력의 급격한 발생 또는 가연성 물질의 열의 발생속도가 열의 방산속도를 초과하여 반응속도가 폭주하는 현상

(2) 폭연과 폭굉

① 폭연의 전파속도 : 0.1 ~ 10 m/sec(음속 이하)

② 폭굉의 전파속도 : 1,000 ~ 3,500 m/sec(음속 초과)

③ 폭굉유도거리(DID) : 완만한 연소에서 폭굉으로 전이되는 시간적인 거리

④ 폭굉유도거리가 짧아지는 경우
- 정상연소속도가 큰 혼합가스일수록
- 압력이나 점화에너지가 클수록
- 관속에 방해물이 있거나 관경이 좁을수록

(3) 분진폭발 : 탄소, 금속분말, 밀가루 등의 가연성 고체의 미립자상태로 공기 중에 분산되었을 때 점화원에 의하여 폭발하는 현상

# 예상문제 위험물 화재예방

**01** 가연성 가스나 증기의 농도를 연소한계(하한) 이하로 하여 소화하는 방법은?

① 희석소화
② 제거소화
③ 질식소화
④ 냉각소화

**해설**

[희석소화]
가연성 가스·증기 농도를 연소한계 이하로 하여 소화

TIP 가연물을 직접 제거하는 것은 제거소화

**02** 물리적 소화에 의한 소화효과(소화방법)에 속하지 않는 것은?

① 제거효과
② 질식효과
③ 냉각효과
④ 억제효과

**해설**

[소화효과 구분]
- 억제소화 : 활성라디칼 제거해 소화
- 그 외 모든 소화 : 물리적 소화

**03** 연소 및 소화에 대한 설명으로 틀린 것은?

① 공기 중의 산소 농도가 0 %까지 떨어져야만 연소가 중단되는 것은 아니다.
② 질식소화, 냉각소화 등은 물리적 소화에 해당한다.
③ 연소의 연쇄반응을 차단하는 것은 화학적 소화에 해당한다.
④ 가연물질에 상관없이 온도, 압력이 동일하면 한계산소량은 일정한 값을 가진다.

**해설**

[연소 및 소화 특징]
④ 한계 산소량은 가연물질마다 다르다.

**04** 다음 중 발화점에 대한 설명으로 가장 옳은 것은?

① 외부에서 점화했을 때 발화하는 최저온도
② 외부에서 점화했을 때 발화하는 최고온도
③ 외부에서 점화하지 않더라도 발화하는 최저온도
④ 외부에서 점화하지 않더라도 발화하는 최고온도

정답 ● 01 ① 02 ④ 03 ④ 04 ③

**해설**

[발화점]
③ 점화원 없이 불이 붙는 최저온도
보충 인화점 : 점화원이 점화해 불이 붙는 최저온도

**05** 점화원 역할을 할 수 없는 것은?

① 기화열
② 산화열
③ 정전기불꽃
④ 마찰열

**해설**

[점화원]
① 기화열 : 흡열반응으로 오히려 냉각소화

**06** 자연발화에 영향을 주는 인자로 가장 거리가 먼 것은?

① 수분
② 증발열
③ 발열량
④ 열전도율

**해설**

[자연발화 인자]
② 증발열 : 자연발화와 관련 없음

**07** 자연발화가 잘 일어나는 조건에 해당하지 않는 것은?

① 주위 습도가 높을 것
② 열전도율이 클 것
③ 주위 온도가 높을 것
④ 표면적이 넓을 것

**해설**

[자연발화 발생 조건]
- 습도를 높일 것
- 열전도율을 낮출 것
- 주위 온도가 높을 것
- 표면적이 넓을 것

TIP 열전도율이 높으면 열이 잘 빠져나가 자연발화하기 어려움

**08** 화재예방 시 자연발화를 방지하기 위한 일반적인 방법으로 옳지 않은 것은?

① 통풍을 방지한다.
② 저장실의 온도를 낮춘다.
③ 습도가 높은 장소를 피한다.
④ 열의 축적을 막는다.

**해설**

[자연발화 방지]
① 가스 배출을 위해 통풍이 잘 되게 함

정답 ● 05 ① 06 ② 07 ② 08 ①

**09** 열의 전달에 있어서 열전달면적과 열전도도가 각각 2배로 증가한다면 다른 조건이 일정한 경우 전도에 의해 전달되는 열의 양은 몇 배가 되는가?

① 0.5배  ② 1배
③ 2배    ④ 4배

해설
[열전달]
- 열량 $Q = \dfrac{kA}{l}\Delta T$
- 열전달면적 A ⇒ 2 A
  열전도도 k ⇒ 2 k이면 열량 Q는 4배

**10** 가연물에 대한 일반적인 설명으로 옳지 않은 것은?

① 주기율표에서 0족의 원소는 가연물이 될 수 없다.
② 활성화 에너지가 작을수록 가연물이 되기 쉽다.
③ 산화 반응이 완결된 산화물은 가연물이 아니다.
④ 질소는 비활성 기체이므로 질소의 산화물은 존재하지 않는다.

해설
[가연물]
- ④ 질소는 비활성 기체지만 산소와 반응
  → $NO_2$(이산화질소)를 생성
- 비활성 기체로 분류되는 이유
  $NO_2$ 생성과정이 흡열반응이기 때문

**11** 불꽃의 표면온도가 300 ℃에서 360 ℃로 상승하였다면 300 ℃보다 약 몇 배의 열을 방출하는가?

① 1.49배  ② 3배
③ 7.27배  ④ 10배

해설
[복사열]
- 복사열 $Q = \sigma A\, T^4$으로 Q는 $T^4$에 비례
- $Q_1 : Q_2 = T_1^4 : T_2^4$
  $Q_2 = Q_1 \times (273 + 360 / 273 + 300)^4$
  $= 1.49\, Q_1$

TIP T는 절대온도만 사용

**12** 고체가연물의 일반적인 연소형태에 해당하지 않는 것은?

① 등심연소  ② 증발연소
③ 분해연소  ④ 표면연소

해설
[고체의 연소형태]
표면·분해·자기·증발연소

**13** 양초(파라핀)의 연소형태는?

① 표면연소  ② 분해연소
③ 자기연소  ④ 증발연소

정답  09 ④  10 ④  11 ①  12 ①  13 ④

> 해설

[고체 연소형태]
- 표면연소 : 목탄(숯)·코크스·금속분
- 분해연소 : 목재·종이·석탄·플라스틱
- 자기연소 : 제5류 위험물
- 증발연소 : 황·나프탈렌·양초(파라핀)

암 표분자증

**14** 중유의 주된 연소 형태는?

① 표면연소  ② 분해연소
③ 증발연소  ④ 자기연소

> 해설

[4류 위험물 연소형태]
- 증발연소 : 특수인화물·제1석유류·알코올류·제2석유류
- 분해연소 : 제3석유류·제4석유류·동식물유
- 중유(제3석유류) : 분해연소

**15** 전기불꽃 에너지 공식에서 ( )에 알맞은 것은? (단, Q는 전기량, V는 방전전압, C는 전기용량을 나타낸다)

$$E = \frac{1}{2}(\quad) = \frac{1}{2}(\quad)$$

① QV, CV  ② QC, CV
③ QV, CV$^2$  ④ QC, QV$^2$

> 해설

[전기에너지 공식]

$$E = \frac{1}{2}QV = \frac{1}{2}CV^2$$

**16** 화재 종류가 옳게 연결된 것은?

① A급 화재 - 유류화재
② B급 화재 - 섬유화재
③ C급 화재 - 전기화재
④ D급 화재 - 플라스틱화재

> 해설

[화재의 종류]

| 급수 | 명칭(화재) | 색상 |
|---|---|---|
| A | 일반 | 백색 |
| B | 유류 | 황색 |
| C | 전기 | 청색 |
| D | 금속 | 무색 |

**17** 일반적으로 다량의 주수를 통한 소화가 가장 효과적인 화재는?

① A급 화재  ② B급 화재
③ C급 화재  ④ D급 화재

> 해설

[주수소화 적응성]
- A급(일반화재) : 주로 주수소화
- B·C·D급 : 주수소화 시 위험성 증가

정답 14 ② 15 ③ 16 ③ 17 ①

**18** 이산화탄소를 이용한 질식소화에 있어서 아세톤의 한계산소농도(vol%)에 가장 가까운 값은?

① 15 ② 18
③ 21 ④ 25

해설

[한계산소농도]
산소농도 15 % 이하일 때 질식소화된다.

정답 18 ①

# Chapter 02 위험물 소화방법

## 01 물 소화약제

### 1 특징

(1) 기화잠열(539 cal/g·℃)이 커서 주로 냉각소화

(2) 저렴하고 구하기 쉬움

(3) 기화할 때 부피는 1,600 ~ 1,700배 증가

(4) 밀도 : 1 g/cm$^3$

### 2 방사방법

(1) 봉상주수
   ① 옥내·외소화전에서 방사하는 물줄기모양으로 주수
   ② 소화효과 : 냉각소화

(2) 적상주수
   ① 스프링클러설비와 같이 물방울모양으로 주수
   ② 소화효과 : 냉각소화

(3) 무상주수
   ① 물분무 헤드와 같이 구름이나 안개모양으로 주수
   ② 소화효과 : 질식·냉각·희석·유화효과

## 02 포소화약제

### 1 특징

(1) 구성 : 포원액 + 물

(2) 소화효과
    ① 주 : 질식효과
    ② 부 : 냉각효과

### 2 구비조건

(1) 안정성과 유동성이 좋을 것

(2) 유류와 접착성이 좋을 것

(3) 독성이 약할 것

※ 기화성이 좋은 경우 포가 날아가 질식효과가 약해짐

### 3 종류

(1) 수성막포
    ① 플루오린계 계면활성제를 이용해 거품을 만들어 막을 형성하는 포소화약제
    ② 수용성 물질 화재에 사용 시 수분을 흡수해 포가 깨져 소멸(소포성)

(2) 내알코올포
    수용성 물질 화재에 효과가 있음

(3) 합성계면활성제포
    ① 고급알코올황산에스터염을 기포제로 사용하는 포소화약제
    ② 포소화약제 중 유일하게 고발포용

(4) 단백포
    침전 부패우려가 있어 정기적으로 교체 및 충전해야 함

(5) 플루오린화단백포
    ① 수성막포(플루오린계 계면활성제) + 단백포

② 내열성, 유동성, 내유성이 좋지만 고가

## 03 이산화탄소 소화약제

### 1 이산화탄소의 특징

(1) 무색·무취

(2) 비전도성으로 전기화재에 유효

(3) 비중 : 1.52

(4) 임계온도 : 31 ℃

(5) 물에 녹아 약산성

(6) 산소와 반응하지 않아 불연성

(7) 소화효과
   ① 주 : 질식소화
   ② 부 : 냉각소화·피복효과

### 2 마그네슘(Mg)과 반응

(1) 1차 반응 : $2Mg + CO_2 \rightarrow 2MgO + C$

(2) 2차 반응 : $2C + O_2 \rightarrow 2CO$

(3) 1차로 C(탄소), 2차로 CO(일산화탄소) 생성

### 3 줄-톰슨효과(Joule-Thomson effect)

(1) 정의 : 단열상태에서 기체 또는 액체가 밸브를 통과하면서 압력이 변화할 때 온도가 올라가거나 내려가는 현상

(2) 약제를 방출할 때 압력과 온도의 급감으로 드라이아이스가 생성되는데, 이때 운무 현상이 일어날 수 있다.

## 04 할로젠화합물(할론) 소화약제

### 1 정의

F(플루오린)·Cl(염소)·Br(브로민)·I(아이오딘)를 함유한 화학물질을 사용한 소화약제

### 2 구비조건

(1) 공기보다 무거울 것(질식소화)

(2) 기화되기 쉬울 것(열을 흡수해 냉각소화)

(3) 증발잔류물이 없을 것

### 3 할론 명명법

(1) C F Cl Br I 순으로 숫자 배열

(2) 할론 1301 : $C_1F_3Cl_0Br_1I_0$ = $CF_3Br$

(3) 할론 1211 : $C_1F_2Cl_1Br_1I_0$ = $CF_2ClBr$

(4) 할론 2402 : $C_2F_4Cl_0Br_2I_0$ = $C_2F_4Br_2$

### 4 특징

(1) 상태구분 : 할론 시작숫자가 1일 때 기체, 2일 때 액체

| 약제명 | 분자식 | 상온에서 상태 |
| --- | --- | --- |
| 할론 1301 | $CF_3Br$ | 기체 |
| 할론 1211 | $CF_2ClBr$ | 기체 |
| 할론 2402 | $C_2F_4Br_2$ | 액체 |
| 할론 1040 | $CCl_4$ | 액체 |

※ 사염화탄소($CCl_4$)

① 카본테트라클로라이드(CTC)

② 연소 및 물과의 반응을 통해 독성 가스(포스겐, $COCl_2$)가스를 발생하므로 현재 사용을 금지하고 있음

(2) 소화효과
　① 주 : 부촉매(억제)소화
　② 부 : 질식소화 · 냉각소화

## 05 불활성 가스 소화약제

### 1 정의

18족 비활성 기체나 질소($N_2$) 가스 등을 기본성분으로 하는 소화약제

### 2 종류

| 약제명 | 구성 원소 |
|---|---|
| IG-100 | $N_2$ 100 % |
| IG-55 | $N_2$ 50% + Ar 50 % |
| IG-541 | $N_2$ 52 % + Ar 40 % + $CO_2$ 8 % |

## 06 분말 소화약제

### 1 종류

| 분말소화약제 종류 | 주성분 | 적응화재 | 분말색 |
|---|---|---|---|
| 제1종 | 탄산수소나트륨 $NaHCO_3$ | BC | 백색 |
| 제2종 | 탄산수소칼륨 $KHCO_3$ | BC | 담회색 |
| 제3종 | 인산암모늄 $NH_4H_2PO_4$ | ABC | 담홍색 |
| 제4종 | 탄산수소칼륨 + 요소<br>$KHCO_3 + (NH_2)_2CO$ | BC | 회색 |

암 백담사 홍어회

## 2 열분해반응식

| 분말소화약제 종류 | 반응식 |
|---|---|
| 제1종 | 1차 분해반응식(270 ℃) : $2NaHCO_3 \rightarrow Na_2CO_3 + CO_2 + H_2O$<br>2차 분해반응식(850 ℃) : $2NaHCO_3 \rightarrow Na_2O + 2CO_2 + H_2O$ |
| 제2종 | 1차 분해반응식(190 ℃) : $2KHCO_3 \rightarrow K_2CO_3 + CO_2 + H_2O$<br>2차 분해반응식(590 ℃) : $2KHCO_3 \rightarrow K_2O + 2CO_2 + H_2O$ |
| 제3종 | 1차 분해반응식(190 ℃) : $NH_4H_2PO_4 \rightarrow NH_3 + H_3PO_4$(오쏘인산)<br>2차 분해반응식(215 ℃) : $2H_3PO_4 \rightarrow H_2O + H_4P_2O_7$(피로인산)<br>3차 분해반응식(300 ℃) : $H_4P_2O_7 \rightarrow H_2O + 2HPO_3$(메타인산) |

## 3 소화효과

(1) 제1·2종 분말

① 주 : $CO_2$와 $H_2O$가 산소를 차단해 질식효과

② 부 : 냉각효과·부촉매효과

(2) 제3종 분말

① 주 : 메타인산($HPO_3$)이 막을 형성해 방진효과
  $NH_3$와 $H_2O$가 산소를 차단해 질식효과

② 부 : 부촉매효과·냉각효과

# 07 소화기

## 1 소화기 표시

"화재종류 - 능력단위"로 표기

예 B-2 : 유류화재(B급) 능력단위 2단위 적용 소화기

## 2 분말소화기

(1) 방출동력

주로 축압식을 사용하고, 압력원을 질소($N_2$) 또는 이산화탄소($CO_2$) 이용

(2) 압력지시계의 정상압력 범위 : 7.0 ~ 9.8 kg/cm$^2$

## 3 강화액 소화기

(1) 소화효과를 높이기 위해 물에 염류($K_2CO_3$)를 첨가해 사용하는 소화기

(2) 물의 침투능력 향상

## 4 이산화탄소 소화기

(1) 줄 - 톰슨효과

방출 시 입구에서 압력이 떨어져 고체 상태인 드라이아이스 생성

(2) 방출동력

내부 압력에 의해 방출하므로 따로 동력이 필요 없음

## 5 소화기 설치 기준

(1) 층마다 설치하고, 방호대상물 각 부분으로부터 소화기까지 보행거리 이하마다 1개 이상 설치하며, 바닥으로부터 1.5 m 이하의 위치에 설치

① 소형 수동식소화기 : 20 m 이하

② 대형 수동식소화기 : 30 m 이하

(2) 전기설비

전기설비가 설치된 제조소등에 면적 100 m$^2$마다 소형수동식소화기 1개 이상 설치

## 예상문제 위험물 소화방법

**01** 액체 상태의 물이 1기압, 100 ℃ 수증기로 변하면 체적이 약 몇 배 증가하는가?

① 530 ~ 540
② 900 ~ 1,100
③ 1,600 ~ 1,700
④ 2,300 ~ 2,400

**해설**

[$H_2O$ 부피변화]
기화할 때 부피 <u>1600 ~ 1700</u>배 증가

**02** 다음 중 물을 소화약제로 사용하는 가장 큰 이유는?

① 기화잠열이 크므로
② 부촉매효과가 있으므로
③ 환원성이 있으므로
④ 기화하기 쉬우므로

**해설**

[소화약제로서 물의 장점]
- <u>기화잠열이 크므로</u> 효과적으로 열 제거
- 저렴한 가격, 구하기 용이

**03** 물이 일반적인 소화약제로 사용될 수 있는 특징에 대한 설명 중 틀린 것은?

① 증발잠열이 크기 때문에 냉각시키는 데 효과적이다.
② 물을 사용한 봉상수 소화기는 A급, B급 및 C급 화재의 진압에 적응성이 뛰어나다.
③ 비교적 쉽게 구해 이용 가능하다.
④ 펌프, 호스 등을 이용하여 이송이 비교적 용이하다.

**해설**

[소화약제로서 물]
② 봉상수(비교적 입자가 큰) 소화기는 B(유류)·C(전기)급 화재에 적응성이 없다.
  **TIP** 무상수 소화기 : A·C급 화재 적응성 있음
  무상강화액소화기 : A·B·C 모두 적응성 있음

**04** 물의 특성 및 소화효과에 관한 설명으로 틀린 것은?

① 이산화탄소보다 기화잠열이 크다.
② 극성분자이다.
③ 이산화탄소보다 비열이 작다.
④ 주된 소화효과가 냉각소화이다.

정답 01 ③  02 ①  03 ②  04 ③

### 해설

[비열 비교]

③ 비열 비교 : 물(1) ≫ 이산화탄소(0.2)

---

**05** 일반적으로 고급 알코올황산에스터염을 기포제로 사용하며 냄새가 없는 황색의 액체로서 밀폐 또는 준밀폐 구조물의 화재 시 고팽창포로 사용하여 화재를 진압할 수 있는 포소화약제는?

① 단백포소화약제
② 합성계면활성제포소화약제
③ 알코올형포소화약제
④ 수성막포소화약제

### 해설

[합성계면활성제포]

고급알코올황산에스터염 사용하는 포

TIP '고급' 단어 사용 시 합성계면활성제포

---

**06** 수성막포소화약제에 대한 설명으로 옳은 것은?

① 물보다 가벼운 유류의 화재에는 사용할 수 없다.
② 계면활성제를 사용하지 않고 수성의 막을 이용한다.
③ 내열성이 뛰어나고 고온의 화재일수록 효과적이다.
④ 일반적으로 불소계 계면활성제를 사용한다.

### 해설

[수성막포소화약제]

④ 불소계 계면활성제를 이용해 거품을 만들어 막을 형성하는 소화약제

---

**07** 질식효과를 위해 포의 성질로서 갖추어야 할 조건으로 가장 거리가 먼 것은?

① 기화성이 좋을 것
② 부착성이 있을 것
③ 유동성이 좋을 것
④ 바람 등에 견디고 응집성과 안정성이 있을 것

### 해설

[포소화약제의 조건]

포가 기화성이 좋으면 덮인 포가 날아가 산소차단효과(질식효과)가 약해진다.

---

**08** 알코올 화재 시 수성막포소화약제는 내알코올포소화약제에 비하여 소화효과가 낮다. 그 이유로서 가장 타당한 것은?

① 소화약제와 섞이지 않아서 연소면을 확대하기 때문에
② 알코올은 포와 반응하여 가연성 가스를 발생하기 때문에
③ 알코올이 연료로 사용되어 불꽃의 온도가 올라가기 때문에
④ 수용성 알코올로 인해 포가 소멸되기 때문에

**해설**
[수용성 물질 화재에서 수성막포]
- 수용성 물질이 수분을 흡수해 포가 깨져 소멸
- 알코올은 대표적인 수용성 물질

**09** 다음 중 보통의 포소화약제보다 알코올형 포소화약제가 더 큰 소화효과를 볼 수 있는 대상물질은?

① 경유
② 메틸알코올
③ 등유
④ 가솔린

**해설**
[(내)알코올포소화약제]
수용성 물질(알코올)에 대한 소화효과가 크다.

**10** 포소화약제의 종류에 해당되지 않는 것은?

① 단백포소화약제
② 합성계면활성제포소화약제
③ 수성막포소화약제
④ 액표면포소화약제

**해설**
[포소화약제 종류]
- 수성막포소화약제
- 단백포소화약제
- 내알코올포소화약제
- 합성계면활성제포소화약제

**11** 다음에서 설명하는 소화약제에 해당하는 것은?

- 무색, 무취이며, 비전도성이다.
- 증기상태의 비중은 약 1.5이다.
- 임계온도는 약 31℃이다.

① 탄산수소나트륨
② 이산화탄소
③ 할론 1301
④ 황산알루미늄

**해설**
[이산화탄소 특징]
- 무색·무취
- 비전도성
- 비중 : 1.5
- 임계온도 : 31℃

**12** 마그네슘 분말의 화재 시 이산화탄소 소화약제는 소화적응성이 없다. 그 이유로 가장 적합한 것은?

① 분해반응에 의하여 산소가 발생하기 때문이다.
② 가연성의 일산화탄소 또는 탄소가 생성되기 때문이다.
③ 분해반응에 의하여 수소가 발생하고, 이 수소는 공기 중의 산소와 폭명반응을 하기 때문이다.
④ 가연성의 아세틸렌가스가 발생하기 때문이다.

정답 ● 09 ② 10 ④ 11 ② 12 ②

해설

[마그네슘 분말 소화약제]
② 이산화탄소와 만나 1차로 탄소 생성, 2차로 일산화탄소를 생성해 사용 불가

해설

[$CO_2$ 특징]
- 비금속(C) + 산소(O)로 산성 화합물
- ② 물에 녹아 약산성을 띤다.

TIP 산성 산화물 : 비금속 + 산소
염기성 산화물 : 금속 + 산소

**13** 이산화탄소 소화기의 장·단점에 대한 설명으로 틀린 것은?

① 밀폐된 공간에서 사용 시 질식으로 인명피해가 발생할 수 있다.
② 전도성이어서 전류가 통하는 장소에서의 사용은 위험하다.
③ 자체 압력으로 방출할 수가 있다.
④ 소화 후 소화약제에 의한 오손이 없다.

해설

[이산화탄소 소화약제]
② 비전도성으로 전기화재에 유효

**14** $CO_2$에 대한 설명으로 옳지 않은 것은?

① 무색, 무취 기체로서 공기보다 무겁다.
② 물에 용해 시 약 알칼리성을 나타낸다.
③ 농도에 따라서 질식을 유발할 위험성이 있다.
④ 상온에서도 압력을 가해 액화시킬 수 있다.

**15** 이산화탄소 소화약제의 소화작용을 옳게 나열한 것은?

① 질식소화, 부촉매소화
② 부촉매소화, 제거소화
③ 부촉매소화, 냉각소화
④ 질식소화, 냉각소화

해설

[이산화탄소 소화약제 소화작용]
질식소화·냉각소화

**16** 할로젠화합물 소화약제의 조건으로 옳은 것은?

① 비점이 높을 것
② 기화되기 쉬울 것
③ 공기보다 가벼울 것
④ 연소성이 좋을 것

해설

[할로젠화합물 소화약제]
기화하여 열을 흡수해 냉각효과가 있으므로 기화하기 쉬워야 한다.

정답 13 ② 14 ② 15 ④ 16 ②

**17** Halon 1301에 해당하는 화학식은?

① $CH_3Br$
② $CF_3Br$
③ $CBr_3F$
④ $CH_3Cl$

**해설**

[할로젠화합물 소화약제 화학식]
C F Cl Br 순으로 숫자를 매겨 1301은
$C_1F_3Cl_0Br_1$ = $\underline{CF_3Br}$이다.

**18** 할로젠화합물 소화약제가 전기화재에 사용될 수 있는 이유에 대한 다음 설명 중 가장 적합한 것은?

① 전기적으로 부도체이다.
② 액체의 유동성이 좋다.
③ 탄산가스와 반응하여 포스겐가스를 만든다.
④ 증기의 비중이 공기보다 작다.

**해설**

[할로젠 소화약제 전기화재 적응성]
전기가 통하지 않는 부도체로 전기화재에 안전하기 때문에 적응성이 있다.

**19** Halon 1301에 대한 설명 중 틀린 것은?

① 비점은 상온보다 낮다.
② 액체 비중은 물보다 크다.
③ 기체 비중은 공기보다 크다.
④ 100℃에서도 압력을 가해 액화시켜 저장할 수 있다.

**해설**

[Halon 1301 특징]
• 임계온도 : 액화 가능한 가장 높은 온도
• ④ 임계온도 66℃로 가압하여 액화 불가

**20** Halon 1301, Halon 1211, Halon 2402 중 상온, 상압에서 액체상태인 Halon 소화약제로만 나열한 것은?

① Halon 1211
② Halon 2402
③ Halon 1301, Halon 1211
④ Halon 2402, Halon 1211

**해설**

[Halon 소화약제 상온·상압에서 상태]
• Halon 1211·Halon 1301 : 기체
• Halon 2402 : 액체

TIP 시작숫자 1은 기체, 시작숫자 2는 액체

정답  17 ②  18 ①  19 ④  20 ②

**21** 불활성가스소화약제 중 "IG-55"의 성분 및 그 비율을 옳게 나타낸 것은? (단, 용량비 기준이다)

① 질소 : 이산화탄소 = 55 : 45
② 질소 : 이산화탄소 = 50 : 50
③ 질소 : 아르곤 = 55 : 45
④ 질소 : 아르곤 = 50 : 50

해설

[불활성가스소화약제]
- IG-100 : $N_2$ 100 %
- IG-55 : $N_2$ 50 % + Ar 50 %
- IG-541 : $N_2$ 52 % + Ar 40 % + $CO_2$ 8 %

**22** 분말 소화약제를 종별로 주성분을 바르게 연결한 것은?

① 1종 분말약제 - 탄산수소나트륨
② 2종 분말약제 - 인산암모늄
③ 3종 분말약제 - 탄산수소칼륨
④ 4종 분말약제 - 탄산수소칼륨 + 인산암모늄

해설

[분말약제 주성분]
- 1종 : 탄산수소나트륨($NaHCO_3$)
- 2종 : 탄산수소칼륨($KHCO_3$)
- 3종 : 인산암모늄($NH_4H_2PO_4$)
- 4종 : 탄산수소칼륨($KHCO_3$) + 요소($(NH_2)_2CO$)

**23** 분말소화약제로 사용되는 탄산수소칼륨(중탄산칼륨)의 착색 색상은?

① 백색  ② 담홍색
③ 청색  ④ 담회색

해설

[분말소화약제 착색 색상]

| 소화약제 | 주성분 | 적응화재 | 분말색 |
|---|---|---|---|
| 제1약제 | 탄산수소나트륨 | BC | 백색 |
| 제2약제 | 탄산수소칼륨 | BC | 담회색 |
| 제3약제 | 인산암모늄 | ABC | 담홍색 |
| 제4약제 | 탄산수소칼륨+요소 | BC | 회색 |

암 백담사 홍어회

**24** 제1종 분말소화 약제의 소화효과에 대한 설명으로 가장 거리가 먼 것은?

① 열분해 시 발생하는 이산화탄소와 수증기에 의한 질식효과
② 열분해 시 흡열반응에 의한 냉각효과
③ $H^+$ 이온에 의한 부촉매효과
④ 분말 운무에 의한 열방사 차단효과

해설

[제1종 분말소화약제 소화효과]
③ $Na^+$ 이온에 의한 부촉매효과

**25** 제1종 분말소화약제가 1차 열분해되어 표준상태를 기준으로 2 m³의 탄산가스가 생성되었다. 몇 kg의 탄산수소나트륨이 사용되었는가? (단, 나트륨의 원자량은 23이다)

① 15　　② 18.75
③ 56.25　　④ 75

**해설**

[제1종 분말소화약제]
1) 반응식
　　$2NaHCO_3 \rightarrow Na_2CO_3 + H_2O + CO_2$
2) 분자량
　　$NaHCO_3 = 23 + 1 + 12 + 16 \times 3 = 84$
3) $NaHCO_3$ 질량계산(표준상태)
　・ $CO_2$ 2 m³ 생성 → $NaHCO_3$ 4 m³ 소모
　・ 질량 = 4 m³ × 1 kmol / 22.4 m³ × 84 kg/kmol = 15 kg

**26** 분말소화약제인 제1인산암모늄의 열분해 반응을 통해 생성되는 물질로 부착성 막을 만들어 공기를 차단시키는 역할을 하는 것은?

① $HPO_3$　　② $PH_3$
③ $NH_3$　　④ $P_2O_3$

**해설**

[제3종 분말소화약제]
・ 인산암모늄이 열분해하여 소화
・ $NH_4H_2PO_4 \rightarrow HPO_3 + NH_3 + H_2O$
　① $HPO_3$ 생성하여 소화한다.

**27** 다음 A ~ D 중 분말소화약제로만 나타낸 것은?

A. 탄산수소나트륨
B. 탄산수소칼륨
C. 황산구리
D. 제1인산암모늄

① A, B, C, D　　② A, D
③ A, B, C　　④ A, B, D

**해설**

[분말소화약제 성분]
A. 탄산수소나트륨($NaHCO_3$) : 1종 분말
B. 탄산수소칼륨($KHCO_3$) : 2종 분말
C. 황산구리 : 소화약제 아님
D. 인산암모늄($NH_4H_2PO_4$) : 3종 분말

**28** 분말소화약제의 분해 반응식이다. ( ) 안에 알맞은 것은?

$$2NaHCO_3 \rightarrow (\ ) + CO_2 + H_2O$$

① $2NaCO$　　② $2NaCO_2$
③ $Na_2CO_3$　　④ $Na_2CO_4$

**해설**

[제1종 분말소화약제]
$2NaHCO_3 \rightarrow (\underline{Na_2CO_3}) + CO_2 + H_2O$

정답　25 ①　26 ①　27 ④　28 ③

**29** 이산화탄소소화기에 대한 설명으로 옳은 것은?

① C급 화재에는 적응성이 없다.
② 다량의 물질이 연소하는 A급 화재에 가장 효과적이다.
③ 밀폐되지 않은 공간에서 사용할 때 가장 소화효과가 좋다.
④ 방출용 동력이 별도로 필요하지 않다.

**해설**

[이산화탄소소화기 특징]
④ 내부압력으로 방출해 동력이 필요 없다

**30** 강화액소화기에 대한 설명으로 옳은 것은?

① 물의 유동성을 크게 하기 위한 유화제를 첨가한 소화기이다.
② 물의 표면장력을 강화한 소화기이다.
③ 산 알칼리 액을 주성분으로 한다.
④ 물의 소화효과를 높이기 위해 염류를 첨가한 소화기이다.

**해설**

[강화액소화기]
④ 물의 침투력을 강화하기 위해 탄산칼륨($K_2CO_3$, 염류) 첨가한 소화기

**31** 소화기에 'B-2'라고 표시되어 있었다. 이 표시의 의미를 가장 옳게 나타낸 것은?

① 일반화재에 대한 능력단위 2단위에 적용되는 소화기
② 일반화재에 대한 무게단위 2단위에 적용되는 소화기
③ 유류화재에 대한 능력단위 2단위에 적용되는 소화기
④ 유류화재에 대한 무게단위 2단위에 적용되는 소화기

**해설**

[소화기 B-2]
• B : 유류화재
• 2 : 능력단위 2

**32** 소화기와 주된 소화효과가 옳게 짝지어진 것은?

① 포소화기 - 제거소화
② 할로젠화합물소화기 - 냉각소화
③ 탄산가스소화기 - 억제소화
④ 분말소화기 - 질식소화

**해설**

[소화기의 주된 소화효과]
① 포소화기 : 질식소화
② 할로젠화합물소화기 : 부촉매소화
③ 탄산가스소화기 : 질식소화
④ 분말소화기 - 질식소화

**33** 위험물안전관리법령상 소화설비의 설치기준에서 제조소등에 전기설비(전기배선, 조명기구 등은 제외)가 설치된 경우에는 해당 장소의 면적 몇 m²마다 소형수동식소화기를 1개 이상 설치하여야 하는가?

① 50
② 75
③ 100
④ 150

해설

[전기설비 소화기 설치 기준]
면적 100 m²마다 소형수동식소화기 1개

정답 33 ③

# Chapter 03 소화설비 적용

## 01 소요단위와 능력단위

### 1 1 소요단위

| 구분 | 내화구조 | 비내화구조 |
|---|---|---|
| 제조소·취급소 | 연면적 100 m² | 연면적 50 m² |
| 저장소 | 연면적 150 m² | 연면적 75 m² |
| 위험물 | 지정수량 10배 | |

### 2 능력단위

| 소화설비 | 용량 [L] | 능력단위 |
|---|---|---|
| 소화전용 물통 | 8 | 0.3 |
| 수조(물통 3개 포함) | 80 | 1.5 |
| 수조(물통 6개 포함) | 190 | 2.5 |
| 건조사(삽 1개 포함) | 50 | 0.5 |
| 팽창질석·진주암(삽 1개 포함) | 160 | 1.0 |

## 02 소화설비 구분

### 1 옥내·외소화전설비

### 2 스프링클러설비

### 3 물분무등소화설비

(1) 물분무소화설비

(2) 포소화설비

(3) 불활성가스소화설비

(4) 할로젠화합물소화설비

(5) 분말소화설비(인산염류등, 탄산수소염류 등, 그 밖의 것)

### 4 대형·소형수동식소화기

(1) 봉상수소화기

(2) 무상수소화기

(3) 봉상강화액소화기

(4) 무상강화액소화기

(5) 포소화기

(6) 이산화탄소소화기

(7) 할로젠화합물소화기

(8) 분말소화기(인산염류소화기, 탄산수소염류소화기, 그 밖의 것)

### 5 기타

(1) 물통 또는 수조

(2) 건조사

(3) 팽창질석 또는 팽창진주암

## 03 옥내·외소화전설비

### 1 옥내·외소화전설비 비교

| 구분 | 옥내소화전설비 | 옥외소화전설비 |
| --- | --- | --- |
| 수원량 | 가장 많이 설치된 층 소화전 수(최대 5개) × 7.8 m³(260 L/min × 30 min) | 옥외소화전의 수(최대 4개) × 13.5 m³ (450 L/min × 30 min) |
| 방수압 | 350 kPa 이상 0.7 MPa 이하 | 350 kPa 이상 0.7 MPa 이하 |
| 방수량 | 260 L/min 이상 | 450 L/min 이상 |
| 비상전원 | 45분 이상 | 45분 이상 |

### 2 옥내소화전설비

(1) 설치 기준

① 호스접속구까지의 수평거리 : 층마다 각 부분으로부터 수평거리 25 m 이하 출입구 부근에 1개 이상 설치

② 개폐밸브·호스접결구 설치 위치 : 바닥면으로부터 1.5 m 이하

③ 표시등은 적색으로 소화전함 상부에 부착하며, 부착면으로부터 15° 이상 범위 안에서 10 m 떨어진 곳에서도 식별이 가능해야 한다.

④ 비상전원 설치(비상전원 용량 : 45분 이상)

(2) 가압송수장치 설치 기준

① 펌프를 이용한 가압송수장치 전양정

$$H = h_1 + h_2 + h_3 + 35 \text{ m}$$

H : 전양정
$h_1$ : 소방용 호스의 마찰손실수두
$h_2$ : 배관의 마찰손실수두
$h_3$ : 낙차

② 압력수조를 이용한 가압송수장치 압력

$$P = P_1 + P_2 + P_3 + 0.35 \text{ MPa}$$

P : 압력
$P_1$ : 소방용 호스의 마찰손실압
$P_2$ : 배관의 마찰손실압
$P_3$ : 낙차의 환산압

TIP 전양정의 35 m와 압력의 0.35 MPa은 옥내소화선 호스의 방사압을 나타낸다.

### 3 옥외소화전설비 설치 기준

(1) 호스접속구까지의 수평거리 : 방호대상물 각 부분으로부터 수평거리 40 m 이하 최소 2개 이상 설치
개폐밸브·호스접결구 설치 위치 : 바닥면으로부터 1.5 m 이하

(2) 옥외소화전함은 옥외소화전으로부터 보행거리 5 m 이하 장소에 설치

(3) 자체소방대를 둔 제조소등으로서 옥외소화전함 부근에 설치된 옥외전등에 비상전원이 공급되는 경우에는 옥외소화전함의 적색 표시등을 설치하지 아니할 수 있다.

(4) 비상전원 설치(비상전원 용량 : 45분 이상)

## 04 스프링클러설비

### 1 스프링클러헤드 설치 기준

(1) 개방형 스프링클러헤드
스프링클러헤드 반사판으로부터 하방 0.45 m, 수평방향 0.3 m 공간 보유

(2) 폐쇄형 스프링클러헤드

① 스프링클러헤드 반사판으로부터 하방 0.45 m, 수평방향 0.3 m 공간 보유
② 스프링클러헤드 반사판과 당해 헤드의 부착면 0.3 m 이하
③ 부착장소의 평상시 최고주위온도에 따른 표시온도

| 최고주위온도(℃) | 표시온도(℃) |
|---|---|
| 28 미만 | 58 미만 |
| 28 이상 39 미만 | 58 이상 79 미만 |
| 39 이상 64 미만 | 79 이상 121 미만 |
| 64 이상 106 미만 | 121 이상 162 미만 |
| 106 이상 | 162 이상 |

TIP 최고주위온도 뒷 숫자 × 2를 하면 표시온도 값과 비슷하게 된다.

## 2 스프링클러설비 설치 기준

(1) 스프링클러헤드 수평거리 : 1.7 m 이하(다만 살수밀도의 기준을 충족하는 경우 2.6 m 이하)

(2) 개방형 스프링클러헤드를 이용한 스프링클러설비의 방사구역 : 150 $m^2$ 이상
(다만 방호대상물의 바닥면적이 150 $m^2$ 미만인 경우 당해 바닥면적)

(3) 방사압력 : 100 kPa 이상(다만 살수밀도의 기준을 충족하는 경우 50 kPa 이상)

(4) 방사량 : 80 L 이상(다만 살수밀도의 기준을 충족하는 경우 56 L 이상)

(5) 수원량 : 헤드의 기준개수 30(설치개수가 30개 미만인 경우 당해 설치개수) × 2.4 $m^3$(80 L/min × 30min) 이상

(6) 비상전원 설치(비상전원 용량 : 45분 이상)

## 3 4류 위험물을 저장·취급하는 장소의 살수면적에 따른 방사밀도

| 살수면적($m^2$) | 분당 방사밀도(L/$m^2$) | |
|---|---|---|
| | 인화점 38 ℃ 미만 | 인화점 38 ℃ 이상 |
| 279 미만 | 16.3 이상 | 12.2 이상 |
| 279 ~ 372 | 15.5 이상 | 11.8 이상 |
| 372 ~ 465 | 13.9 이상 | 9.8 이상 |
| 465 이상 | 12.2 이상 | 8.1 이상 |

### 4 특징

(1) 소화약제가 물이므로 소화약제의 비용이 절감된다.

(2) 초기 시공비가 많이 든다.

(3) 화재 시 사람의 조작 없이 작동이 가능하다.

(4) 초기화재의 진화에 효과적이다.

## 05 물분무소화설비

1. 물분무소화설비의 방사구역 : 150 m² 이상
   (다만 방호대상물의 표면적이 150 m² 미만인 경우 당해 표면적)
2. 방사압력 : 350 kPa 이상
3. 방사량 : 80 L 이상(다만 살수밀도의 기준을 충족하는 경우 56 L 이상)
4. 수원량 : 헤드의 설치개수 × 표면적 × 20 L/min·m² × 30 min 이상
5. 비상전원 설치(비상전원 용량 : 45분 이상)

## 06 포소화설비

### 1 포소화설비 방사방식

(1) 고정식 포소화설비

(2) 이동식 포소화설비 : 포소화전 등 고정된 포수용액 공급장치로부터 호스를 통하여 포 수용액을 공급받아 이동식 노즐에 의하여 방사하도록 된 소화설비

## 2 포헤드방식의 포헤드 기준

(1) 헤드 수 : 방호대상물의 표면적 9 m² 당 1개 이상

(2) 방사량 : 1 m² 당 6.5 L/min 이상

(3) 방사구역 : 100 m² 이상(다만 방호대상물의 표면적이 150 m² 미만인 경우 당해 표면적)

## 3 고정식 포소화설비 및 보조포소화전

(1) 포방출구의 형태

| 탱크 지붕 구분 | 포방출구의 형태 | 포주입법 |
|---|---|---|
| 고정지붕구조(CRT, Corn Roof Tank) | Ⅰ형 방출구 | 상부포주입법 |
| | Ⅱ형 방출구 | |
| | Ⅲ형 방출구 | 하부포주입법 |
| | Ⅳ형 방출구 | |
| 부상지붕구조(FRT, Floating Roof Tank) | 특형 방출구 | 상부포주입법 |

(2) 포방출구의 종류에 따른 포수용액량과 방출률

| 포방출구의 종류<br>위험물의 구분 | Ⅰ형 | | Ⅱ형 | | 특형 | | Ⅲ형 | | Ⅳ형 | |
|---|---|---|---|---|---|---|---|---|---|---|
| | 포수용액량 (L/m²) | 방출율 (L/m²·min) | 포수용액량 (L/m²) | 방출율 (L/m²·min) | 포수용액량 (L/m²) | 방출율 (L/m²·min) | 포수용액량 (L/m²) | 방출율 (L/m²·min) | 포수용액량 (L/m²) | 방출율 (L/m²·min) |
| 제4류 위험물 중 인화점이 21℃ 미만인 것 | 120 | 4 | 220 | 4 | 240 | 8 | 220 | 4 | 220 | 4 |
| 제4류 위험물 중 인화점이 21℃ 이상 70℃ 미만인 것 | 80 | 4 | 120 | 4 | 160 | 8 | 120 | 4 | 120 | 4 |
| 제4류 위험물 중 인화점이 70℃ 이상인 것 | 60 | 4 | 100 | 4 | 120 | 8 | 100 | 4 | 100 | 4 |

※ 고정포방출구의 수용액량 : 탱크의 액표면적 × 포수용액량

(3) 보조포소화전의 설치 기준

① 보조포소화전 상호 간의 보행거리 : 75 m 이하

② 방사압력 : 0.35 MPa 이상

③ 방사량 : 400 L/min 이상

④ 보조포소화전의 수용액량 : 호스접속구(최대 3개) × 400 L/min × 20min 이상

### 4 포모니터 노즐

(1) 위치가 고정된 노즐의 방사 각도를 수동 또는 자동으로 조준하여 포를 방사하는 설비

(2) 방사량 : 1,900 L/min 이상

(3) 수평방사거리 : 30 m 이상

### 5 공기포 발포배율

발포 배율 = 포수용액 총량[mL] / 순수 포의 무게[g]

### 6 포소화약제 혼합장치

(1) 펌프프로포셔너 방식

펌프의 토출관과 흡입관 사이 설치된 흡입기에 토출된 물의 일부를 보내고, '농도조절밸브'에서 조정된 포소화약제의 필요량을 펌프의 흡입측으로 보내어 혼합

(2) 라인프로포셔너 방식

펌프와 발포기 중간에 설치된 '벤투리관'의 벤투리 작용으로 흡입 및 혼합

(3) 프레셔프로포셔너 방식

펌프와 발포기 중간에 설치된 '벤투리관'의 벤투리작용과 '펌프가압수'의 포소화약제 저장탱크 압력에 의해 흡입 및 혼합

(4) 프레서사이드 프로포셔너 방식

펌프의 토출관에 '압입기' 설치해 포소화약제 '압입용 펌프'로 포소화약제를 압입시켜 혼합

(5) 압축공기포 믹싱챔버방식

물, 포소화약제 및 공기를 믹싱챔버로 강제주입시켜 챔버 내에서 포수용액을 생성한 후 포를 방사

암 펌프사라압

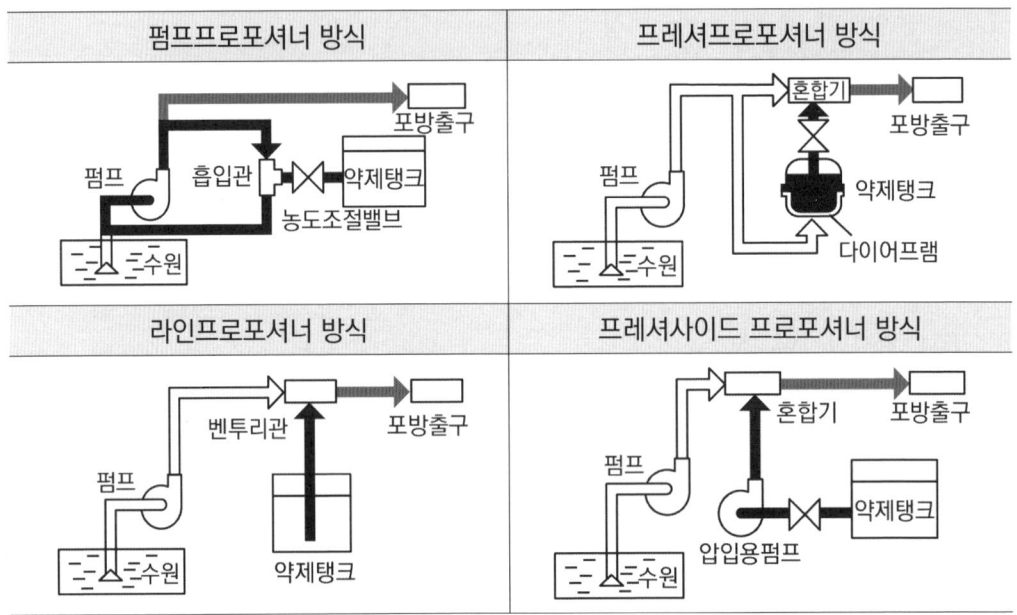

## 07 할로젠화합물 및 불활성가스소화설비

### 1 소화약제 방출방식

(1) 전역방출방식 : 소화약제 공급장치에 배관 및 분사헤드 등을 설치하여 밀폐 방호구역 전체에 소화약제를 방출하는 방식

(2) 국소방출방식 : 소화약제 공급장치에 배관 및 분사헤드 등을 설치하여 직접 화점에 소화약제를 방출하는 방식

### 2 할로젠화합물소화설비

| 종류 | 충전비 | 방사압(MPa) | 방사 시간 |
|---|---|---|---|
| Halon 2402 | 가압식 0.51 이상 0.67 이하<br>축압식 0.67 이상 2.75 이하 | 0.1 | 30초 이내 |
| Halon 1211 | 0.7 이상 1.4 이하 | 0.2 | |
| Halon 1301 | 0.9 이상 1.6 이하 | 0.9 | |

### 3 불활성가스소화설비

| 종류 | 충전비 | 방사압(MPa) | 방사 시간 |
|---|---|---|---|
| 이산화탄소(고압식) | 1.5 이상 1.9 이하 | 2.1 | 전역 : 60초 이내 |
| 이산화탄소(저압식) | 1.1 이상 1.4 이하 | 1.05 | 국소 : 30초 이내 |
| IG-100, IG-55 IG-541 | 충전압력 : 21℃에서 32 MPa 이하 | 1.9 | 소화약제 양의 95 % 이상을 60초 이내 |

### 4 저장용기 설치 기준

(1) 방호구역 외의 안전한 장소에 설치

(2) 온도 40℃ 이하인 온도변화가 적은 곳에 설치

(3) 직사일광 및 빗물이 침투할 우려가 적은 곳에 설치

(4) 저장용기에는 안전장치(용기밸브에 설치되어 있는 것 포함)를 설치

(5) 저장용기의 외면에 소화약제의 종류와 양, 제조년도 및 제조자를 표시

### 5 이동식 할로젠화합물 및 불활성가스소화설비 설비 기준

| 구분 | | 소화약제 방사량 | 소화약제량 |
|---|---|---|---|
| 이동식 할로젠화합물 소화설비 | Halon 2402 | 45 kg/min 이상 | 50 kg 이상 |
| | Halon 1211 | 40 kg/min 이상 | 45 kg 이상 |
| | Halon 1301 | 35 kg/min 이상 | 45 kg 이상 |
| 이동식 불활성 가스설비 | | 90 kg/min 이상 | 90 kg 이상 |

※ 이동식 소화설비의 호스접속구는 모든 방호대상물에 대하여 각 부분으로부터 수평거리 15 m 이하가 되도록 설치

### 6 이산화탄소소화설비

(1) 고압식 저장용기 : 용기밸브 설치

(2) 저압식 저장용기
① 액면계 및 압력계 설치
② 2.3MPa 이상 및 1.9MPa 이하의 압력에서 작동하는 압력경보장치 설치
③ 용기 내부 온도를 -20 ~ -18℃ 유지할 수 있는 자동냉동기 설치
④ 파괴판 및 방출밸브 설치

## 08 분말소화설비

### 1 분말소화설비 종별 설치 기준

| 종별 | 충전비 | 방사압(MPa) | 방사 시간 |
|---|---|---|---|
| 제1종 분말 | 0.85 이상 1.45 이하 | 0.1 | 30초 이내 |
| 제2종 분말 또는 제3종 분말 | 1.05 이상 1.75 이하 | | |
| 제4종 분말 | 1.50 이상 2.50 이하 | | |

### 2 이동식 분말소화설비 설비 기준

| 종별 | 소화약제 방사량 | 소화약제량 |
|---|---|---|
| 제1종 분말 | 45 kg 이상 | 50 kg 이상 |
| 제2종 분말 또는 제3종 분말 | 27 kg 이상 | 30 kg 이상 |
| 제4종 분말 | 18 kg 이상 | 20 kg 이상 |

## 09 전기화재 적응성

1. 소화약제를 물로 사용하는 소화설비는 대부분 전기화재 적응성이 없다.

2. 포소화설비 : 물 + 포원액으로 구성된 소화약제를 사용하므로 전기화재 적응성이 없다.

3. 물분무소화설비·무상강화액소화기·무상수소화기
    물을 소화약제로 사용하지만 매우 작은 입자로 분사하여 전기화재에 적응성이 있다.

## 예상문제 소화설비 적용

**01** 위험물제조소에서 옥내소화전이 1층에 4개, 2층에 6개가 설치되어 있을 때 수원의 수량은 몇 L 이상이 되도록 설치하여야 하는가?

① 13,000  ② 15,600
③ 39,000  ④ 46,800

**해설**

[옥내소화전 수원량]
- 옥내소화전 1개에 대한 수원량 : 7.8 $m^3$
- 옥내소화전 5개 이상일 경우 : 5개로 계산
- 총 수원량 = 5개 × 7.8 $m^3$ = 39 $m^3$
                            = 39,000 L

**02** 위험물안전관리법령상 전기설비에 적응성이 없는 소화설비는?

① 포소화설비
② 불활성가스소화설비
③ 물분무소화설비
④ 할로젠화합물소화설비

**해설**

[전기화재 소화]
- 대부분 주수소화 불가능
- 포소화설비 : 포원액 + 물로 구성되어 전기설비 적응성 없음

보충 물분무소화설비도 물이지만 작은 입자로 분무하기 때문에 전기설비에도 적응성이 있다.

**03** 위험물안전관리법령에 따른 옥내소화전설비의 기준에서 펌프를 이용한 가압송수장치의 경우 펌프의 전양정 H는 소정의 산식에 의한 수치 이상이어야 한다. 전양정 H를 구하는 식으로 옳은 것은? (단, $h_1$은 소방용 호스의 마찰손실수두, $h_2$는 배관의 마찰손실수두, $h_3$는 낙차이며, $h_1$, $h_2$, $h_3$의 단위는 모두 m이다)

① $H = h_1 + h_2 + h_3$
② $H = h_1 + h_2 + h_3 + 0.35\ m$
③ $H = h_1 + h_2 + h_3 + 35\ m$
④ $H = h_1 + h_2 + 0.35\ m$

**해설**

[옥내소화전 가압송수장치의 전양정]
$H = h_1 + h_2 + h_3 + 35\ m$ 이상

TIP 전양정 공식에 35 m는 옥내소화전 토출압력 0.35 MPa을 수두(물의 높이)로 변환한 값

**04** 포소화설비의 가압송수장치에서 압력수조의 압력 산출 시 필요 없는 것은?

① 낙차의 환산 수두압
② 배관의 마찰손실 수두압
③ 노즐선의 마찰손실 수두압
④ 소방용 호스의 마찰손실 수두압

**정답** 01 ③  02 ①  03 ③  04 ③

**해설**

[가압송수장치 압력수조의 압력 산출]
$P = P_1 + P_2 + P_3 + 0.35$ MPa
$P_1$ : 호스 마찰손실압
$P_2$ : 배관 마찰손실압
$P_3$ : 낙차 환산수두압

**05** 위험물안전관리법령상 이산화탄소를 저장하는 저압식 저장용기에는 용기 내부의 온도를 어떤 범위로 유지할 수 있는 자동냉동기를 설치하여야 하는가?

① 영하 20 ℃ ~ 영하 18 ℃
② 영하 20 ℃ ~ 0 ℃
③ 영하 25 ℃ ~ 영하 18 ℃
④ 영하 25 ℃ ~ 0 ℃

**해설**

[이산화탄소 저장(저압식 저장용기)]
용기 내부 온도 -20 ~ -18 ℃ 유지할 수 있는 자동냉동기 설치

**06** 위험물취급소의 건축물 연면적이 500 m²인 경우 소요단위는? (단, 외벽은 내화구조이다)

① 2단위   ② 5단위
③ 10단위  ④ 50단위

**해설**

[소요단위 계산]
• 1 소요단위 기준

| 구분 | 내화구조 | 비내화구조 |
|---|---|---|
| 제조소 취급소 | 연면적 100 m² | 연면적 50 m² |
| 저장소 | 연면적 150 m² | 연면적 75 m² |
| 위험물 | 지정수량 10배 | |

• 소요단위 = 500 m² / 100 m² = 5 소요단위

**07** 위험물안전관리법령상 위험물저장소 건축물의 외벽이 내화구조인 것은 연면적 얼마를 1소요단위로 하는가?

① 50 m²    ② 75 m²
③ 100 m²   ④ 150 m²

**해설**

[1 소요단위 기준]

| 구분 | 내화구조 | 비내화구조 |
|---|---|---|
| 제조소 취급소 | 연면적 100 m² | 연면적 50 m² |
| 저장소 | 연면적 150 m² | 연면적 75 m² |
| 위험물 | 지정수량 10배 | |

**08** 위험물제조소등에 설치하는 옥외소화전설비에 있어서 옥외소화전함은 옥외소화전으로부터 보행거리 몇 m 이하의 장소에 설치하는가?

① 2   ② 3
③ 5   ④ 10

정답  05 ①  06 ②  07 ④  08 ③

**해설**

[옥외소화전 보행거리 기준]
옥외소화전과 옥외소화전함까지 보행거리 5 m 이하 장소에 설치

**09** 위험물제조소등에 설치된 옥외소화전설비는 모든 옥외소화전(설치개수가 4개 이상인 경우는 4개의 옥외소화전)을 동시에 사용할 경우에 각 노즐선단의 방수압력은 몇 kPa 이상이어야 하는가?

① 250　　② 300
③ 350　　④ 450

**해설**

[옥외소화전]
- 방사압 : 350 kPa 이상
- 방수량 : 450 L/min 이상

**10** 위험물안전관리법령에서 정한 다음의 소화설비 중 능력단위가 가장 큰 것은?

① 팽창진주암 160 L(삽 1개 포함)
② 수조 80 L(소화전용물통 3개 포함)
③ 건조사 50 L(삽 1개 포함)
④ 팽창질석 160 L(삽 1개 포함)

**해설**

[기타 소화설비 능력단위]

| 소화설비 | 용량[L] | 능력단위 |
| --- | --- | --- |
| 소화전용 물통 | 8 | 0.3 |
| 수조(물통 3개 포함) | 80 | 1.5 |
| 수조(물통 6개 포함) | 190 | 2.5 |
| 건조사(삽 1개 포함) | 50 | 0.5 |
| 팽창질석·진주암 (삽 1개 포함) | 160 | 1.0 |

**11** 위험물안전관리법령상 마른모래(삽 1개 포함) 50 L의 능력단위는?

① 0.3　　② 0.5
③ 1.0　　④ 1.5

**해설**

[기타 소화설비 능력단위]

| 소화설비 | 용량[L] | 능력단위 |
| --- | --- | --- |
| 소화전용 물통 | 8 | 0.3 |
| 수조(물통 3개 포함) | 80 | 1.5 |
| 수조(물통 6개 포함) | 190 | 2.5 |
| 건조사(삽 1개 포함) | 50 | 0.5 |
| 팽창질석·진주암 (삽 1개 포함) | 160 | 1.0 |

정답　09 ③　10 ②　11 ②

**12** 위험물안전관리법령상 방호대상물의 표면적이 70 m²인 경우 물분무소화설비의 방사구역은 몇 m²로 하여야 하는가?

① 35   ② 70
③ 150  ④ 300

> 해설
> [물분무소화설비 방사구역]
> • 150 m² 이상 : 150 m²로 산정
> • 150 m² 미만 : 당해 표면적으로 산정

**13** 위험물안전관리법령에 따른 불활성가스소화설비의 저장용기 설치 기준으로 틀린 것은?

① 방호구역 외의 장소에 설치할 것
② 저장용기에 안전장치(용기밸브에 설치되어 있는 것은 제외)를 설치할 것
③ 저장용기 외면에 소화약제의 종류와 양, 제조년도 및 제조자를 표시할 것
④ 온도가 섭씨 40도 이하이고, 온도 변화가 적은 장소에 설치할 것

> 해설
> [불활성가스소화설비 저장용기 기준]
> ② 저장용기에 안전장치(용기밸브에 설치되어 있는 것은 포함)를 설치할 것

**14** 위험물안전관리법령상 옥내소화전설비의 기준에서 옥내소화전이 개폐밸브 및 호스접속구의 바닥면으로부터 설치 높이 기준으로 옳은 것은?

① 1.2 m 이하   ② 1.2 m 이상
③ 1.5 m 이하   ④ 1.5 m 이상

> 해설
> [옥내소화전 개폐밸브·호스접속구 높이]이
> 1.5 m 이하
>
> 보충 옥외소화전도 1.5 m 이하로 동일

**15** 위험물안전관리법령상 옥내소화전설비의 비상전원은 자가발전설비 또는 축전지설비로 옥내소화전 설비를 유효하게 몇 분 이상 작동할 수 있어야 하는가?

① 10분   ② 20분
③ 45분   ④ 60분

> 해설
> [옥내소화전 비상전원]
> 45분 이상 작동이 가능해야 한다.
>
> 보충 옥외소화전도 마찬가지로 45분 이상

**16** 위험물안전관리법령상 이동식 불활성가스소화설비의 호스접속구는 모든 방호대상물에 대하여 당해 방호 대상물의 각 부분으로부터 하나의 호스접속구까지의 수평거리가 몇 이하가 되도록 설치하여야 하는가?

① 5  ② 10
③ 15  ④ 20

**해설**

[이동식 불활성가스소화설비 호스접결구]
방호대상물로부터 수평거리 15 m 이하

**17** 위험물안전관리법령상 전역방출방식 또는 국소방출방식의 불활성가스소화설비 저장용기의 설치 기준으로 틀린 것은?

① 온도가 40 ℃ 이하이고, 온도 변화가 적은 장소에 설치할 것
② 저장용기의 외면에 소화약제의 종류와 양, 제조년도 및 제조자를 표시할 것
③ 직사일광 및 빗물이 침투할 우려가 적은 장소에 설치할 것
④ 방호구역 내의 장소에 설치할 것

**해설**

[불활성가스소화설비 저장용기 설치]
④ 안전하도록 방호구역 바깥에 설치

**18** 폐쇄형 스프링클러헤드 부착장소의 평상시의 최고 주위온도가 39 ℃ 이상 64 ℃ 미만일 때 표시온도의 범위로 옳은 것은?

① 58 ℃ 이상 79 ℃ 미만
② 79 ℃ 이상 121 ℃ 미만
③ 121 ℃ 이상 162 ℃ 미만
④ 162 ℃ 이상

**해설**

[폐쇄형 스프링클러 주위온도와 표시온도]

| 최고주위온도(℃) | 표시온도(℃) |
|---|---|
| 28 미만 | 58 미만 |
| 28 이상 39 미만 | 58 이상 79 미만 |
| 39 이상 64 미만 | 79 이상 121 미만 |
| 64 이상 106 미만 | 121 이상 162 미만 |
| 106 이상 | 162 이상 |

**19** 위험물안전관리법령상 옥외소화전설비의 옥외소화전이 3개 설치되었을 경우 수원의 수량은 몇 m³ 이상이 되어야 하는가?

① 7  ② 20.4
③ 40.5  ④ 100

**해설**

[옥외소화전 수원량 계산]
- 옥외소화전 개당 수원량 = 13.5 m³
- 총 수원량 = 13.5 m³ × 3개 = 40.5 m³

정답 16③ 17④ 18② 19③

**20** 위험물안전관리법령상 전역방출방식 또는 국소방출방식의 분말소화설비의 기준에서 가압식의 분말소화설비에는 얼마 이하의 압력으로 조정할 수 있는 압력조정기를 설치하여야 하는가?

① 2.0 MPa  ② 2.5 MPa
③ 3.0 MPa  ④ 5 MPa

해설

[가압식 분말소화설비 압력조정기]
2.5 MPa 이하에서 조정이 가능해야 한다.

**21** 공기포 발포배율을 측정하기 위해 중량 340 g, 용량 1800 mL의 포 수집 용기에 가득히 포를 채취하여 측정한 용기의 무게가 540 g이었다면 발포배율은? (단, 포 수용액의 비중은 1로 가정한다)

① 3배  ② 5배
③ 7배  ④ 9배

해설

[발포배율 계산]
발포배율 = 포수용액총량 / 포무게
= 1,800 g /(540 - 340) = 9배

**22** 다음은 위험물안전관리법령상 위험물제조소등에 설치하는 옥내소화전설비의 설치표시 기준 중 일부이다. ( )에 알맞은 수치를 차례로 옳게 나타낸 것은?

> 옥내소화전함의 상부 벽면에 적색 표시등을 설치하되, 당해 표시등의 부착면과 ( ) 이상의 각도가 되는 방향으로 ( ) 떨어진 곳에서 용이하게 식별이 가능하도록 할 것

① 5°, 5 m  ② 5°, 10 m
③ 15°, 5 m  ④ 15°, 10 m

해설

[옥내소화전설비의 설치표시]
표시등 부착면과 ( 15° ) 이상 각도 방향으로 ( 10 m ) 떨어진 곳에서 식별 가능

**23** 전역방출방식의 할로젠화물 소화설비의 분사헤드에서 Halon 1211을 방사하는 경우의 방사압력은 얼마 이상으로 하여야 하는가?

① 0.1 MPa  ② 0.2 MPa
③ 0.5 MPa  ④ 0.9 MPa

해설

[할로젠화합물 소화설비 방사압]
- 할론 2402 : 0.1 MPa
- 할론 1211 : 0.2 MPa
- 할론 1301 : 0.9 MPa

정답  20 ②  21 ④  22 ④  23 ②

**24** 스프링클러 설비의 장점이 아닌 것은?

① 소화약제가 물이므로 소화약제의 비용이 절감된다.
② 초기 시공비가 매우 적게 든다.
③ 화재 시 사람의 조작 없이 작동이 가능하다.
④ 초기화재의 진화에 효과적이다.

해설

[스프링클러 설비 특징]
② 설비 설치 초기에는 많은 비용이 필요

**25** 위험물의 취급을 주된 작업내용으로 하는 다음의 장소에 스프링클러설비를 설치할 경우 확보하여야 하는 1분당 방사밀도는 몇 L/m² 이상이어야 하는가? (단, 내화구조의 바닥 및 벽에 의하여 2개의 실로 구획되고, 각 실의 바닥면적은 500 m²이다)

- 취급하는 위험물 : 제4류 중 제3석유류
- 위험물을 취급하는 장소의 바닥면적 : 1,000 m²

① 8.1
② 12.2
③ 13.9
④ 16.3

해설

[스프링클러 방사밀도별 4류 적응성]

| 살수면적(m²) | 분당 방사밀도(L/m²) | |
| --- | --- | --- |
| | 인화점 38℃ 미만 | 인화점 38℃ 이상 |
| 279 미만 | 16.3 이상 | 12.2 이상 |
| 279 이상 372 미만 | 15.5 이상 | 11.8 이상 |
| 372 이상 465 미만 | 13.9 이상 | 9.8 이상 |
| 465 이상 | 12.2 이상 | 8.1 이상 |

- 살수기준면적 = 1,000 / 2 = 500 m²
- 제3석유류 : 인화점 70℃ 이상

**26** 위험물제조소등의 스프링클러설비의 기준에 있어 개방형 스프링클러헤드는 스프링클러헤드의 반사판으로부터 하방 및 수평방향으로 각각 몇 m의 공간을 보유하여야 하는가?

① 하방 0.3 m, 수평방향 0.45 m
② 하방 0.3 m, 수평방향 0.3 m
③ 하방 0.45 m, 수평방향 0.45 m
④ 하방 0.45 m, 수평방향 0.3 m

해설

[개방형 스프링클러헤드 반사판]
하방 0.45 m, 수평방향 0.3 m 공간 보유

정답  24 ②  25 ①  26 ④

**27** 위험물제조소등에 설치하는 포소화설비의 기준에 따르면 포헤드방식의 포헤드는 방호대상물의 표면적 1 m²당 방사량이 몇 L/min 이상의 비율로 계산한 양의 포수용액을 표준방사량으로 방사할 수 있도록 설치하여야 하는가?

① 3.5　　② 4
③ 6.5　　④ 9

**해설**

[포헤드방식]
- 헤드 수 : 9 m²당 1개 이상
- 방사량 : 1 m²당 6.5 L/min 이상

**28** 다음 중 위험물안전관리법령상 분말소화설비의 기준에서 가압용 또는 축압용 가스로 알맞은 것은?

① 산소 또는 수소
② 수소 또는 질소
③ 질소 또는 이산화탄소
④ 이산화탄소 또는 산소

**해설**

[분말소화설비 가압·축압용 가스]
질소·이산화탄소

**29** 다음 중 위험물안전관리법령상 물분무등소화설비에 포함되지 않는 것은?

① 포소화설비
② 분말소화설비
③ 스프링클러설비
④ 불활성가스소화설비

**해설**

[물분무등소화설비 종류]
- 물분무소화설비
- 포소화설비
- 불활성가스소화설비
- 할로젠화합물소화설비
- 분말소화설비

　TIP 스프링클러, 옥내·외소화전을 제외한 모든 소화설비는 물분무등소화설비

정답　27 ③　28 ③　29 ③

# Chapter 04 소화난이도 및 경보설비와 피난설비 적용

## 01 위험물제조소등

### 1 종류

(1) 제조소 : 위험물을 제조하기 위해 지정수량 이상의 위험물을 취급하기 위한 장소

(2) 저장소 : 지정수량 이상의 위험물을 저장하기 위한 장소

(3) 취급소 : 지정수량 이상의 위험물을 제조 외의 목적으로 취급하기 위한 장소

### 2 위험물저장소 및 위험물취급소

(1) 위험물저장소

| 저장소 종류 | 정의 |
| --- | --- |
| 옥내저장소 | 옥내에 위험물을 저장하는 장소 |
| 옥외저장소 | 옥외에 위험물을 저장하는 장소 |
| 옥외탱크저장소 | 옥외에 있는 탱크에 위험물을 저장하는 장소 |
| 옥내탱크저장소 | 옥내에 있는 탱크에 위험물을 저장하는 장소 |
| 지하탱크저장소 | 지하에 매설된 탱크에 위험물을 저장하는 장소 |
| 간이탱크저장소 | 간이탱크에 위험물을 저장하는 장소 |
| 이동탱크저장소 | 차량에 고정된 탱크에 위험물을 저장하는 장소 |
| 암반탱크저장소 | 암반 내 공간에 있는 탱크에 위험물을 저장하는 장소 |

(2) 위험물취급소 : 이송취급소 · 주유취급소 · 일반취급소 · 판매취급소

> 암 이주일판매 : 이 주일 동안 판매

## 02 소화난이도 등급과 소화설비

### 1 소화난이도등급 I 에 해당하는 제조소등 및 설치해야 하는 소화설비

| 제조소등의 구분 | 제조소등의 규모, 저장 또는 취급하는 위험물의 품명 및 최대수량 등 |
|---|---|
| 제조소 및 일반취급소 | • 연면적 1,000 m² 이상인 것<br>• 지정수량의 100배 이상인 것<br>• 지반면으로부터 6 m 이상의 높이에 위험물 취급설비가 있는 것 |
| | 소화설비 : 옥내소화전설비, 옥외소화전설비, 스프링클러설비 또는 물분무등소화설비 |
| 주유취급소 | 주유취급소의 직원 외의 자가 출입하는 부분의 면적의 합이 500 m²를 초과하는 것 |
| | 소화설비 : 스프링클러설비(건축물에 한정한다), 소형수동식소화기 등 |
| 옥외저장소 | • 덩어리 상태의 황을 저장하는 것으로서 경계표시 내부의 면적이 100 m² 이상인 것<br>• 인화성 고체·제1석유류 또는 알코올류를 저장하는 것으로서 지정수량의 100배 이상인 것 |
| | 소화설비 : 옥내소화전설비, 옥외소화전설비, 스프링클러설비 또는 물분무등소화설비 |
| 옥내저장소 | • 지정수량의 150배 이상인 것<br>• 연면적 150 m²를 초과하는 것<br>• 처마높이가 6 m 이상인 단층건물의 것 |
| | [소화설비]<br>• 처마높이가 6 m 이상인 단층건물 또는 다른 용도의 부분이 있는 건축물에 설치한 옥내저장소 : 스프링클러설비 또는 이동식 외의 물분무등소화설비<br>• 그 밖의 것 : 옥외소화전설비, 스프링클러설비, 이동식 외의 물분무등소화설비 또는 이동식 포소화설비 |

| 제조소등의 구분 | 제조소등의 규모, 저장 또는 취급하는 위험물의 품명 및 최대수량 등 |
|---|---|
| 옥외탱크저장소<br>옥내탱크저장소 | • 액표면적이 40 m² 이상인 것<br>• 지반면으로부터 탱크 옆판의 상단까지 높이가 6 m 이상인 것<br>• 제6류 위험물을 저장하는 것 및 고인화점위험물만을 100 ℃ 미만의 온도에서 저장하는 것은 제외<br><br>[소화설비]<br>• 황만을 저장취급하는 것 : 물분무소화설비<br>• 인화점 70 ℃ 이상의 제4류 위험물만을 저장취급하는 것 : 물분부소화설비 또는 고정식 포소화설비<br>• 그 밖의 것 : 고정식 포소화설비(포소화설비가 적응성이 없는 경우에는 분말소화설비) |
| 암반탱크저장소 | • 액표면적이 40 m² 이상인 것<br>• 고체위험물만을 저장하는 것으로서 지정수량의 100배 이상<br>• 제6류 위험물을 저장하는 것 및 고인화점위험물만을 100 ℃ 미만의 온도에서 저장하는 것은 제외<br><br>[소화설비]<br>• 황만을 저장취급하는 것 : 물분무소화설비<br>• 인화점 70 ℃ 이상의 제4류 위험물만을 저장취급하는 것 : 물분부소화설비 또는 고정식 포소화설비<br>• 그 밖의 것 : 고정식 포소화설비(포소화설비가 적응성이 없는 경우에는 분말소화설비) |
| 이송취급소 | 모든 대상<br>소화설비 : 옥내소화전설비, 옥외소화전설비, 스프링클러설비 또는 물분무등소화설비 |

## 2 소화난이도등급 II에 해당하는 제조소등 및 설치해야 하는 소화설비

| 제조소등의 구분 | 제조소등의 규모, 저장 또는 취급하는 위험물의 품명 및 최대수량 등 |
|---|---|
| 제조소 및 일반취급소 | • 연면적 600 m² 이상인 것<br>• 지정수량의 10배 이상인 것 |
| | 소화설비 : 방사능력범위 내에 당해 건축물, 그 밖의 공작물 및 위험물이 포함되도록 대형수동식소화기를 설치하고, 당해 위험물의 소요단위의 1/5 이상에 해당되는 능력단위의 소형수동식소화기등을 설치할 것 |
| 주유취급소 | 옥내주유취급소로서 소화난이도등급 I 의 제조소등 이외의 것 |
| | 소화설비 : 제조소 동일 |
| 옥외저장소 | • 덩어리 상태의 황을 저장하는 것으로서 경계표시 내부의 면적이 5 m² 이상 100 m² 미만인 것<br>• 인화성 고체·제1석유류 또는 알코올류를 저장하는 것으로서 지정수량의 10배 이상 100배 미만인 것 |
| | 소화설비 : 제조소 동일 |
| 옥내저장소 | • 지정수량의 10배 이상인 것<br>• 연면적 150 m²를 초과하는 것<br>• 단층건물 이외의 것 |
| | 소화설비 : 제조소 동일 |
| 옥외탱크저장소<br>옥내탱크저장소 | • 소화난이도등급 I 의 제조소등 이외의 것<br>• 제6류 위험물을 저장하는 것 및 고인화점위험물만을 100℃ 미만의 온도에서 저장하는 것은 제외 |
| | 소화설비 : 대형수동식소화기 및 소형수동식소화기등을 각각 1개 이상 설치할 것 |
| 암반탱크저장소 | • 액표면적이 40 m² 이상인 것<br>• 고체위험물만을 저장하는 것으로서 지정수량의 100배 이상<br>• 제6류 위험물을 저장하는 것 및 고인화점위험물만을 100℃ 미만의 온도에서 저장하는 것은 제외 |
| | 소화설비 : 제조소 동일 |

## 03 경보설비

### 1 경보설비 구분

(1) 자동화재탐지설비

(2) 자동화재속보설비

(3) 비상경보설비

(4) 확성장치

(5) 비상방송설비

### 2 설치 기준

(1) 자동화재탐지설비의 경계구역 : 화재가 발생한 구역을 다른 구역과 구분하여 실별할 수 있는 최소단위의 구역

① 경계구역은 건축물 그 밖의 공작물의 2 이상의 층에 걸치지 아니할 것

다만 하나의 경계구역의 면적이 500 m² 이하이면서 당해 경계구역이 두 개의 층에 걸치는 경우 또는 계단·경사로·승강기의 승강로 그 밖에 이와 유사한 장소에 연기감지기를 설치한 경우에는 그러하지 아니하다.

③ 하나의 경계구역의 면적은 600 m² 이하, 한 변의 길이는 50 m 이하(광전식분리형 감지기를 설치한 경우 100 m 이하)로 할 것

다만 주출입구에서 그 내부의 전체를 볼 수 있는 경우에는 면적을 1,000 m² 이하로 할 수 있다.

(2) 자동화재탐지설비의 감지기(옥외탱크저장소 제외)는 지붕 또는 벽의 옥내에 면한 부분에 유효하게 화재의 발생을 감지할 수 있도록 설치

(3) 비상전원 설치

(4) 경보설비 설치 대상 제조소등

| 경보설비 | | 제조소등의 규모나 최대수량 등 |
|---|---|---|
| 자동화재탐지설비만 설치 | 제조소 및 일반취급소 | • 연면적 500 m² 이상인 것<br>• 지정수량 100배 이상 취급하는 것 |
| | 옥내저장소 | • 지정수량 100배 이상 취급하는 것<br>• 연면적 150 m² 초과인 것<br>• 처마높이 6 m 이상 단층건물 |
| | 옥내탱크저장소 | • 단층 건물 외 건축물에 설치된 옥내탱크저장소로서 소화난이도 I 인 것 |
| | 주유취급소 | • 옥내주유취급소 |
| 자동화재탐지설비, 자동화재속보설비 설치 | 옥외탱크저장소 | • 특수인화물, 제1석유류 및 알코올류 저장 또는 취급하는 탱크의 용량 1,000만 L 이상인 것 |
| 자동화재탐지설비, 비상경보설비, 확성장치 또는 비상방송설비 중 1가지 이상을 설치 | 이동탱크저장소 제외 | • 지정수량 10배 이상 취급하는 것 |

## 04 피난설비

1. 주유취급소 중 건축물의 2층 이상의 부분을 점포·휴게음식점 또는 전시장의 용도로 사용하는 것 : 당해 건축물의 2층 이상으로부터 부지 밖으로 통하는 출입구와 출입구로 통하는 통로·계단 및 출입구에 유도등 설치

2. 옥내주유취급소 : 당해 사무소 등의 출입구 및 피난구와 당해 피난구로 통하는 통로·계단 및 출입구에 유도등 설치

3. 비상전원 설치

## 소화난이도 및 경보설비와 피난설비 적용

**01** 경보 설비는 지정 수량 몇 배 이상의 위험물을 저장, 취급하는 제조소등에 설치하는가?

① 2  ② 4
③ 8  ④ 10

**해설**
[경보설비 설치 기준]
- 지정수량 10배 위험물 저장·취급 시
- 지정수량 100배일 때 자동화재 탐지설비

**02** 경보설비를 설치하여야 하는 장소에 해당하지 않는 것은?

① 지정수량 100배 이상의 제3류 위험물을 저장·취급하는 옥내저장소
② 옥내주유취급소
③ 연면적 500 m²이고, 취급하는 위험물의 지정수량이 100배인 제조소
④ 지정수량 10배 이상의 제4류 위험물을 저장·취급하는 이동탱크저장소

**해설**
[경보설비]
- 종류 : 자동화재 탐지설비, 비상방송·경비설비, 확성장치
- 설치 기준 : 지정수량 10배 이상 저장·취급하는 것(이동탱크저장소 제외)

**03** 인화점이 70℃ 이상인 제4류 위험물을 저장·취급하는 소화난이도등급 I의 옥외탱크저장소(지중탱크 또는 해상탱크 외의 것)에 설치하는 소화설비는?

① 스프링클러소화설비
② 물분무소화설비
③ 간이소화설비
④ 분말소화설비

**해설**
[소화난이도 I 옥외탱크저장소 소화설비]
- 황만 저장·취급 : 물분무소화설비
- 인화점 70℃ 이상 제4류 위험물
  물분무소화설비·고정식 포소화설비
- 그 밖 : 고정식 포소화설비

**04** 위험물안전관리법령상 지정수량의 10배를 초과하는 위험물을 취급하는 제조소에 확보하여야 하는 보유공지의 너비의 기준은?

① 1 m 이상  ② 3 m 이상
③ 5 m 이상  ④ 7 m 이상

**해설**
[제조소의 보유공지]
- 지정수량 10배 이하 : 3 m 이상
- 지정수량 10배 초과 : 5 m 이상

정답 01 ④  02 ④  03 ②  04 ③

# Chapter 05 위험물사고 대비 및 대응

## 01 위험물 사고 대비

### 1 위험물 사고

위험물의 화재·폭발·유출·방출 또는 확산에 의한 사고

### 2 국가의 책무

(1) 다음 사항들을 포함하는 시책을 수립 및 시행하여야 한다.
- 위험물의 유통실태 분석
- 위험물에 의한 사고 유형의 분석
- 사고 예방을 위한 안전기술 개발
- 전문인력 양성
- 그 밖에 사고 예방을 위하여 필요한 사항

(2) 지방자치단체가 위험물에 의한 사고의 예방·대비 및 대응을 위한 시책을 추진하는 데에 필요한 행정적·재정적 지원을 하여야 한다.

### 3 통계 조사

(1) 소방관서장은 제조소등의 현황 및 위험물사고 현황 등에 관한 통계조사를 실시하고 그 결과를 소방청장에게 제출하여야 한다.
- 제조소등의 현황에 관한 통계조사 : 매년 12월 31일을 기준으로 실시, 결과를 다음 해 1월 15일까지 제출
- 위험물사고 현황에 관한 통계조사 : 매년 4분기별 말일을 기준으로 실시, 결과를 다음 달 20일까지 제출

(2) 소방청장은 통계조사에 필요한 서식 또는 조사항목을 정하여 소방본부장에게 조사를 요청할 수 있다.

## 02 위험물 사고 대응

### 1 위험물 누출 등의 사고 조사

(1) 소방청장, 소방본부장 또는 소방서장은 위험물의 누출·화재·폭발 등의 사고가 발생한 경우 사고의 원인 및 피해 등을 조사하여야 한다.

(2) 사고 조사에 필요한 경우 자문을 하기 위하여 관련 분야에 전문지식이 있는 사람으로 구성된 사고조사위원회를 둘 수 있다.
- 위원장 1명을 포함하여 7명 이내의 위원으로 구성한다.
- 위원은 소방청장, 소방본부장 또는 소방서장이 임명하거나 위촉하고, 위원장은 위원 중에서 소방청장, 소방본부장 또는 소방서장이 임명하거나 위촉한다.
- 민간위원의 임기는 2년으로 하며, 한 차례만 연임할 수 있다.

### 2 응급조치·통보 및 조치명령

(1) 제조소등의 관계인은 당해 제조소등에서 위험물의 유출 그 밖의 사고가 발생한 때에는 즉시 그리고 지속적으로 위험물의 유출 및 확산의 방지, 유출된 위험물의 제거, 그 밖에 재해의 발생방지를 위한 응급조치를 강구하여야 한다.

(2) 사태를 발견한 자는 즉시 그 사실을 소방서, 경찰서 또는 그 밖의 관계기관에 통보하여야 한다.

(3) 소방본부장 또는 소방서장은 제조소등의 관계인(이동탱크저장소의 관계인 포함)이 응급조치를 강구하지 아니하였다고 인정하는 때에는 응급조치를 강구하도록 명할 수 있다.

### 3 위험물 안전관리에 관한 협회

제조소등의 관계인, 위험물운송자, 탱크시험자 및 안전관리자의 업무를 위탁받아 수행할 수 있는 안전관리대행기관으로 소방청장의 지정을 받은 자는 위험물의 안전관리, 사고 예방을 위한 안전기술 개발, 그 밖에 위험물 안전관리의 건전한 발전을 도모하기 위하여 위험물 안전관리에 관한 협회(법인)를 설립할 수 있다.

### 4 위험물 사고 조사

(1) 제조소등에서 위험물사고가 발생하거나 위험물 운반 중 위험물 사고가 발생한 경우 실시
- 제조소등의 위치·구조 및 설비 적합 여부
- 위험물의 저장·취급·운반 및 운송에 있어서 준수 여부
- 제조소등의 안전관리 준수 여부
- 그 밖에 위법사항 여부
- 위험물사고 발생의 원인 및 피해내용
- 조사결과에 위법사항이 있을 경우 해당 사항과 위험물사고 발생 또는 피해발생이 인과관계에 있는지 여부

(2) 조사결과 위법사항이 발견된 경우에는 관할 소방서장은 형사입건, 과태료부과처분, 행정명령 등 조치를 하여야 한다.

(3) 소방관서장은 다음과 같은 사고 발생 시 발생으로부터 48시간 이내에 최초 보고를, 50일 이내에 최종 보고를 위험물 사고 발생보고서에 따라 소방청장에게 하여야 한다.
- 사망자 2명 이상의 인명피해가 발생한 경우
- 중상자 10명 이상의 인명피해가 발생한 경우
- 5억 원 이상의 재산피해가 발생한 경우
- 사고발생의 원인이 특이한 경우 등 소방서장이 필요하다고 판단한 경우
- 소방청장이 요청하는 경우

## 03 안전장비

1. 유해화학물질을 취급하는 사업장은 화학사고 발생 시 누출 차단 등 신속한 초기대응조치를 위하여 전면형송기마스크 또는 공기호흡기와 1또는 2형식 보호복을 비치하여야 한다. 단, 취급하는 유해화학물질이 방독마스크 또는 3 또는 4형식 보호복으로 충분히 대응조치가 가능한 경우에는 해당 보호장구로 비치할 수 있다.

2. 사고대비물질 이외의 유해화학물질 취급자는 「보호구 안전인증 고시」의 성능기준에 맞는 호흡보호구, 보호복 및 안전장갑을 착용하여야 한다.

# 예상문제 위험물사고 대비 및 대응

**01** 위험물 사고를 대비하기 위하여 제조소 등의 현황 및 위험물사고의 현황의 통계조사를 실시하는 자는?

① 대통령
② 소방청장
③ 시도지사, 소방서장
④ 소방관서장

**해설**

⑴ 소방관서장은 제조소등의 현황 및 위험물사고 현황 등에 관한 통계조사를 실시하고 그 결과를 소방청장에게 제출하여야 한다.
  • 제조소등의 현황에 관한 통계조사 : 매년 12월 31일을 기준으로 실시, 결과를 다음 해 1월 15일까지 제출
  • 위험물사고 현황에 관한 통계조사 : 매년 4분기별 말일을 기준으로 실시, 결과를 다음 달 20일까지 제출
⑵ 소방청장은 통계조사에 필요한 서식 또는 조사항목을 정하여 소방본부장에게 조사를 요청할 수 있다.

**02** 위험물 누출 등의 사고가 일어난 경우 소방관서장은 사고조사에 필요한 경우 자문을 하기 위하여 사고조사위원회를 둘 수 있다. 사고조사위원회에 관련된 설명으로 옳지 않은 것은?

① 위원장 1명을 포함하여 7명 이내의 위원으로 구성한다.
② 위원은 소방관서장이 임명하거나 위촉하고, 위원장은 위원 중에서 소방청장이 임명하거나 위촉한다.
③ 민간위원의 임기는 2년으로 한다.
④ 임기는 한 차례만 연임할 수 있다.

**해설**

⑴ 소방청장, 소방본부장 또는 소방서장은 위험물의 누출·화재·폭발 등의 사고가 발생한 경우 사고의 원인 및 피해 등을 조사하여야 한다.
⑵ 사고 조사에 필요한 경우 자문을 하기 위하여 관련 분야에 전문지식이 있는 사람으로 구성된 사고조사위원회를 둘 수 있다.
  • 위원장 1명을 포함하여 7명 이내의 위원으로 구성한다.
  • 위원은 소방청장, 소방본부장 또는 소방서장이 임명하거나 위촉하고, 위원장은 위원 중에서 소방청장, 소방본부장 또는 소방서장이 임명하거나 위촉한다.
  • 민간위원의 임기는 2년으로 하며, 한 차례만 연임할 수 있다.

**정답** 01 ④  02 ②

03 소방관서장이 48시간 이내에 최초보고를, 50일 이내에 최종 보고를 소방청장에게 하여야 하는 경우가 아닌 것은?

① 사망자 2명 이상의 인명피해가 발생한 경우
② 중상자 10명 이상의 인명피해가 발생한 경우
③ 5억 원 이상의 재산피해가 발생한 경우
④ 사고발생의 원인이 특이한 경우 등 소방청장이 필요하다고 판단한 경우

**해설**

소방관서장은 다음과 같은 사고 발생 시 발생으로부터 48시간 이내에 최초 보고를, 50일 이내에 최종 보고를 위험물사고 발생보고서에 따라 소방청장에게 하여야 한다.
- 사망자 2명 이상의 인명피해가 발생한 경우
- 중상자 10명 이상의 인명피해가 발생한 경우
- 5억 원 이상의 재산피해가 발생한 경우
- 사고발생의 원인이 특이한 경우 등 소방서장이 필요하다고 판단한 경우
- 소방청장이 요청하는 경우

# Part 03

## 위험물 성질과 취급

# Chapter 01 위험물 취급 1

## 01 위험물 분류

### 1 종류

| 위험물 유별 | 성상 | 특징 |
|---|---|---|
| 제1류 | 산화성 고체 | 가연물은 아니나, 반응하여 산소를 방출하는 고체 위험물류 |
| 제2류 | 가연성 고체 | 가연물로서 산소공급을 받아 비교적 낮은 온도에서 발화하는 고체 위험물류 |
| 제3류 | 자연발화성 및 금수성 물질 | 공기 중 스스로 발화하거나 가연성 가스를 발생하는 위험물류 |
| 제4류 | 인화성액체 | 액체 중 인화성 가스를 내뿜어 연소범위 내에서 발화하는 위험물류 |
| 제5류 | 자기반응성 물질 | 가연물이면서 스스로 산소를 발생해 폭발을 일으키는 위험물류 |
| 제6류 | 산화성 액체 | 가연물은 아니나, 반응하여 산소를 방출하는 액체 위험물류 |

> 암  산가자, 인자산

### 2 위험물의 유별 저장·취급 공통 기준

(1) 제1류 위험물은 가연물과의 접촉·혼합이나 분해를 촉진하는 물품과의 접근 또는 과열·충격·마찰 등을 피하는 한편, 알카리금속의 과산화물 및 이를 함유한 것에 있어서는 물과의 접촉을 피하여야 한다.

(2) 제2류 위험물은 산화제와의 접촉·혼합이나 불티·불꽃·고온체와의 접근 또는 과열을 피하는 한편, 철분·금속분·마그네슘 및 이를 함유한 것에 있어서는 물이나 산과의 접촉을 피하고 인화성 고체에 있어서는 함부로 증기를 발생시키지 아니하여야 한다.

(3) 제3류 위험물 중 자연발화성 물질에 있어서는 불티·불꽃 또는 고온체와의 접근·과열 또는 공기와의 접촉을 피하고, 금수성 물질에 있어서는 물과의 접촉을 피하여야 한다.

(4) 제4류 위험물은 불티·불꽃·고온체와의 접근 또는 과열을 피하고, 함부로 증기를 발생시키지 아니하여야 한다.

(5) 제5류 위험물은 불티·불꽃·고온체와의 접근이나 과열·충격 또는 마찰을 피하여야 한다.

(6) 제6류 위험물은 가연물과의 접촉·혼합이나 분해를 촉진하는 물품과의 접근 또는 과열을 피하여야 한다.

### 3 복수성상물품

(1) 정의 : 규정된 성상을 2가지 이상 포함하는 물품

(2) 유별 지정 기준
① 산화성 고체의 성상 및 가연성 고체의 성상을 가지는 경우 : 가연성 고체
② 산화성 고체의 성상 및 자기반응성 물질의 성상을 가지는 경우 : 자기반응성 물질
③ 가연성 고체의 성상과 자연발화성 물질의 성상 및 금수성물질의 성상을 가지는 경우 : 자연발화성 및 금수성 물질
④ 자연발화성물질의 성상, 금수성물질의 성상 및 인화성액체의 성상을 가지는 경우 : 자연발화성 및 금수성 물질
⑤ 인화성액체의 성상 및 자기반응성 물질의 성상을 가지는 경우 : 자기반응성 물질

> 암 1 < 2 < 4 < 3 < 5 크기 순으로 유별이 지정됨

### 4 위험물 정리 Ⅰ

| 유별 | 위험등급 | 품명 | 소화방법 | 지정수량 | 운반용기 외부 표시 | 제조소등 표시 |
|---|---|---|---|---|---|---|
| 제1류 위험물 | Ⅰ | 아염소산염류<br>염소산염류<br>과염소산염류 | 냉각소화 | 50 kg | 화기·충격주의<br>가연물접촉주의 | 필요 없음 |
| | | 무기과산화물 | | | | |
| | | 무기과산화물 중<br>알칼리금속과산화물 | 질식소화 | | 화기·충격주의<br>가연물접촉주의<br>물기엄금 | 물기엄금 |

| 유별 | 위험등급 | 품명 | 소화방법 | 지정수량 | 운반용기 외부 표시 | 제조소등 표시 |
|---|---|---|---|---|---|---|
| 제1류 위험물 | II | 브로민산염류<br>질산염류<br>아이오딘산염류 | 냉각소화 | 300 kg | 화기·충격주의<br>가연물접촉주의 | 필요 없음 |
| | III | 과망가니즈산염류<br>다이크로뮴산염류 | | 1,000 kg | | |
| 제2류 위험물 | II | 황화인<br>적린<br>황 | 냉각소화 | 100 kg | 화기주의 | 화기주의 |
| | III | 철분<br>마그네슘<br>금속분 | 질식소화 | 500 kg | 화기주의<br>물기엄금 | |
| | | 인화성 고체 | 질식소화<br>냉각소화 | 1,000 kg | 화기엄금 | 화기엄금 |
| 제3류 위험물 | I | 칼륨<br>나트륨<br>알킬리튬<br>알킬알루미늄 | 질식소화 | 10 kg | 물기엄금 | 물기엄금 |
| | | 황린 | 냉각소화 | 20 kg | 화기엄금<br>공기접촉엄금 | 화기엄금 |
| | II | 알칼리금속<br>(칼륨, 나트륨 제외)<br>및 알칼리토금속<br>유기금속화합물 | 질식소화 | 50 kg | 물기엄금 | 물기엄금 |
| | III | 금속수소화물<br>금속인화물<br>칼슘탄화물<br>알루미늄탄화물 | | 300 kg | | |

## 02 제1류 위험물(산화성 고체)

### 1 제1류 위험물 품명 및 물질명

| 품명 | 물질명 | |
|---|---|---|
| 아염소산염류 | 아염소산($ClO_2$) | |
| 염소산염류 | 염소산($ClO_3$) | |
| 과염소산염류 | 과염소산($ClO_4$) | |
| 무기(알칼리금속) 과산화물 | 과산화($O_2$) | + 염류(K·Na·Li·$NH_4$ 등) |
| 브로민산염류 | 브로민산($BrO_3$) | |
| 질산염류 | 질산($NO_3$) | |
| 아이오딘산염류 | 아이오딘산($IO_3$) | |
| 과망가니즈산염류 | 과망가니즈산($MnO_4$) | |
| 다이크로뮴산염류 | 다이크로뮴산($Cr_2O_7$) | |

TIP '아' 붙을 시 산소가 1개 적고, '과' 붙을 시 산소가 1개 많다.
염소산나트륨($NaClO_3$), 아염소산나트륨($NaClO_2$), 산화나트륨($Na_2O$), 과산화나트륨($Na_2O_2$)

### 2 제1류 위험물별 성질 및 주요 반응식

(1) 아염소산칼륨($KClO_2$), 염소산칼륨($KClO_3$), 과염소산칼륨($KClO_4$)

① 아염소산칼륨 - 열분해(400 ℃) : $KClO_2 \rightarrow KCl + O_2$
② 염소산칼륨 - 열분해(400 ℃) : $KClO_3 \rightarrow KCl + 1.5O_2$
   - 적린과 반응 : $5KClO_3 + 6P \rightarrow 5KCl + 3P_2O_5$(오산화인)
   - 황산과 반응 : $6KClO_3 + 3H_2SO_4$
     $\rightarrow 2HClO_4$(과염소산) $+ 3K_2SO_4$(황산칼륨) $+ 4ClO_2 + 2H_2O$
③ 과염소산칼륨 - 열분해(500℃) : $KClO_4 \rightarrow KCl + 2O_2$

※ 산과 반응 시 과염소산(제6류 위험물)과 이산화염소 발생
※ 이산화염소($ClO_2$)의 성질
- 불쾌한 냄새를 가진 황적색의 기체로 매우 불안정한 폭발성 산화제
- 빛이나 열에 의해 분해하여 발생기 산소와 염소(산화작용)를 낸다.
- 인체에 매우 유독하며 자체 화재 발생 위험은 없지만 폭발 위험이 있다.

- 강력한 살균효과가 있어 표백제나 살균제·소독제로 사용한다.

※ 염소산칼륨은 찬물과 알코올에 안 녹고 온수 및 글리세린에 잘 녹는다.

(2) 염소산암모늄($NH_4ClO_3$), 과염소산암모늄($NH_4ClO_4$)

① 염소산암모늄 - 열분해(100 ℃) : $2NH_4ClO_3 \rightarrow N_2 + 4H_2O + Cl_2 + O_2$

② 과염소산암모늄 - 열분해(130 ℃) : $2NH_4ClO_4 \rightarrow N_2 + 4H_2O + Cl_2 + 2O_2$

※ 폭발성인 암모늄기와 산화성인 염소산기가 결합하고 있어 폭발에 용이하여 화약류 제조에 사용한다.

(3) 과산화칼륨($K_2O_2$)

① 열분해(490 ℃) : $K_2O_2 \rightarrow K_2O + 0.5O_2$

② 물과 반응 : $K_2O_2 + H_2O \rightarrow 2KOH + 0.5O_2$

③ 이산화탄소와 반응 : $K_2O_2 + CO_2 \rightarrow K_2CO_3 + 0.5O_2$

④ 초산(아세트산)과 반응 : $K_2O_2 + 2CH_3COOH \rightarrow 2CH_3COOK$(초산칼륨) $+ H_2O_2$

⑤ 염산과 반응 : $K_2O_2 + 2HCl \rightarrow 2KCl + H_2O_2$

※ 산과 반응 시 과산화수소(제6류 위험물), 물과 반응 시 산소(조연성) 발생

※ 일산화탄소를 흡수하고, 이산화탄소와 반응 시 산소 발생

(4) 브로민산칼륨($KBrO_3$) - 열분해(370 ℃) : $KBrO_3 \rightarrow KBr + 1.5O_2$

(5) 질산칼륨($KNO_3$) - 열분해(400 ℃) : $2KNO_3 \rightarrow 2KNO_2$(아질산칼륨) $+ O_2$

※ 흑색화약은 질산칼륨($KNO_3$)과 황(S), 목탄분(C)을 75 % : 10 % : 15 % 비율로 혼합한 화약이다.

※ 글리세린과 에탄올에 잘 녹지만 에터에는 녹지 않는다.

(6) 질산암모늄($NH_4NO_3$) - 열분해(220 ℃) : $NH_4NO_3 \rightarrow N_2 + 0.5O_2 + 2H_2O$(흡열)

※ ANFO폭약(Ammonium Nitrate Fuel Oil Explosive)은 질산암모늄($NH_4NO_3$)과 경유나 중유 등 연소유를 94 % : 6 %로 혼합한 화약이다.

(7) 과망가니즈산칼륨($KMnO_4$) - 열분해(240 ℃) : $2KMnO_4$
$\rightarrow K_2MnO_4$(망가니즈산칼륨) $+ MnO_2 + O_2$

※ 카멜레온이라고도 불리며 흑자색 결정이다.

※ 물, 에탄올, 아세톤에 녹으며 물에 녹으면 진한 보라색을 띠고 강한 산화력과 살균력을 나타낸다.

(8) 다이크로뮴산칼륨($K_2Cr_2O_7$) - 열분해(500 ℃) : $2K_2Cr_2O_7$
$\rightarrow 2K_2CrO_4$(크로뮴산칼륨) + $Cr_2O_3$ + $1.5O_2$

※ 등적색이며, 물에는 녹고 알코올에는 녹지 않는다.

(9) 행정안전부령으로 정하는 위험물 : 삼산화크로뮴(무수크로뮴산, $CrO_3$)
- 열분해 : $4CrO_3 \rightarrow 2Cr_2O_3$(산화크로뮴(Ⅲ)) + $O_2$

※ 지정수량 300 kg으로 암적자색 결정이다.

※ 물, 알코올에 잘 녹는다.

## 3 제1류 위험물 공통 성질 및 소화방법

(1) 열분해 시 산소($O_2$) 발생

(2) 대부분 무색 결정 또는 백색 분말

(3) 모두 물보다 무겁다.

(4) 대부분 수용성, 조해성 및 흡습성을 가지고 있다.

(5) 소화방법 : 냉각소화(알칼리금속의 과산화물 제외)

무기(알칼리금속) 과산화물

탄산수소염류·건조사·팽창질석·팽창진주암으로만 소화 가능

> 참고
> - 위험물이 나트륨(Na)·암모늄($NH_4$) 포함 : 대체로 물에 잘 녹음
> - 위험물이 칼륨(K) 포함 : 대체로 물에 잘 안 녹음

## 03 제2류 위험물(가연성 고체)

### 1 제2류 위험물 품명 및 물질명

| 품명 | 물질명 |
|---|---|
| 황화인 | 삼황화인($P_4S_3$), 오황화인($P_2S_5$), 칠황화인($P_4S_7$) |
| 적린 | 적린(P) |
| 황 | 황(S) |
| 철분 | 철분(Fe) |
| 마그네슘 | 마그네슘(Mg) |
| 금속분 | 금속분 |
| 인화성 고체 | 고형알코올 |

### 2 제2류 위험물 성질 및 주요 반응식

(1) 삼황화인($P_4S_3$)

연소반응 : $P_4S_3 + 8O_2 \rightarrow 3SO_2$(이산화황) + $2P_2O_5$(오산화인)

※ 유기합성, 성냥으로 사용하고, 황색의 결정으로 조해성이 없다.
※ 물, 염산, 황산에 녹지 않으나 질산, 알칼리, 끓는 물, 이황화탄소에 녹는다.
※ 발화점이 100℃로 마찰에 의해서도 쉽게 연소하며 자연발화 우려가 있다.
※ 이산화황($SO_2$)은 아황산가스, 무수아황산이라고도 부르며 자극적인 냄새가 나는 유독성 기체다.
※ 유독성의 연소생성물의 흡입을 방지하기 위해 공기호흡기, 방호의, 보호안경, 고무장갑 등을 착용한다.

(2) 오황화인($P_2S_5$)

① 연소반응 : $P_2S_5 + 7.5O_2 \rightarrow 5SO_2$(이산화황) + $P_2O_5$(오산화인)
② 물과 반응 : $P_2S_5 + 8H_2O \rightarrow 5H_2S$(황화수소) + $2H_3PO_4$(인산)

※ 의약품 및 농약 제조, 윤활유 첨가제로 사용하며 담황색의 결정으로 독특한 냄새가 있다.
※ 조해성 및 흡습성이 있다.

※ 황화수소($H_2S$)는 가연성, 유독성 기체로 공기와 혼합시 인화, 폭발성 혼합기를 형성한다.

(3) 칠황화인($P_4S_7$)

연소반응 : $P_4S_7 + 12O_2 \rightarrow 7SO_2$(이산화황) $+ 2P_2O_5$(오산화인)

※ 유기합성으로 사용하고, 담황색 결정으로 조해성이 있다.

※ 냉수에는 서서히 분해하고 온수에는 급격히 분해하여 황화수소를 발생시킨다.

(4) 적린(P)

연소반응 : $2P + 2.5O_2 \rightarrow P_2O_5$(오산화인)

※ 성냥의 마찰약, 폭죽 등으로 사용되며 발화점이 260 ℃인 암적색의 분말로 공기 중에서 안정하며 독성이 없다.

※ 물, 이황화탄소에는 녹지 않으나 브로민화인($PBr_3$)에는 녹는다.

※ 황린($P_4$)과 연소생성물(오산화인)이 동일하므로 동소체이다.

※ 황린을 밀폐용기 중에서 260 ℃로 장시간 가열하면 적린이 된다.

(5) 황(S)

연소반응 : $S + O_2 \rightarrow SO_2$(이산화황)

※ 비전도체로 전기절연체에 쓰이며 탄성고무, 펄프, 성냥, 화약 등에 쓰인다.

※ 황색결정으로, 물에 녹지 않는다.

※ 사방황(8면체), 단사황(바늘모양), 고무상황(비결정성)의 3가지 동소체가 존재한다.

※ 연소 시 청색 불꽃을 내며 이산화황($SO_2$)이 발생한다.

※ 미분 상태로 공기 중 떠 있을 때 분진폭발 위험이 있다.

(6) 마그네슘(Mg)

① 물(온수)과 반응 : $Mg + H_2O \rightarrow MgO + H_2$

② 염산과 반응 : $Mg + 2HCl \rightarrow MgCl_2 + H_2$

③ 황산과 반응 : $Mg + H_2SO_4 \rightarrow MgSO_4$(황산마그네슘) $+ H_2$

④ 이산화탄소와 반응 : $2Mg + CO_2 \rightarrow 2MgO + C$

$Mg + CO_2 \rightarrow MgO + CO$

연소반응 : $2Mg + O_2 \rightarrow 2MgO$

※ 열전도율이나 전기전도도가 큰 편이나 알루미늄보다 낮다.

※ 이산화탄소와 반응 시 산화마그네슘과 가연성 물질인 탄소 또는 유독성 기체인 일산화탄소가 발생한다.

## 3 제2류 위험물 공통 성질 및 소화방법

(1) 위험물이 되는 조건(정의)
　① 황 : 순도 60 중량% 이상
　② 철분 : 철 분말로 53 $\mu$m 표준체 통과하는 50 중량% 미만인 것은 제외
　③ 금속분 : 금속 분말로 150 $\mu$m 표준체 통과하는 50 중량% 미만인 것은 제외(알칼리금속·알칼리토금속·철분·마그네슘·니켈분·구리분 제외)
　④ 마그네슘 : 직경 2 mm 이상의 막대모양의 것으로서 2 mm 체를 통과하지 못하는 덩어리 제외
　⑤ 인화성 고체 : 고형알코올, 1기압에서 인화점이 40 ℃ 미만인 고체

(2) 모두 물보다 무겁고 물에 녹지 않는다.

(3) 연소속도가 빠르고, 연소열이 크며, 낮은 온도에서 쉽게 연소한다.

(4) 철분·마그네슘·금속분은 물이나 산과 접촉하면 가연성 가스 수소($H_2$)를 발생하여 폭발한다.

(5) 소화방법 : 냉각소화(철분·마그네슘·금속분 제외), 질식소화(인화성 고체)
　• 철분·마그네슘·금속분
　　탄산수소염류·건조사·팽창질석·팽창진주암으로만 소화 가능

## 4 흑색화약

(1) 원료 : 질산칼륨($KNO_3$) 75 % + 황(S) 10 % + 목탄분(C) 15 %

(2) 황(S) : 원료 중 연소 시 푸른 불꽃을 내는 물질

## 04 제3류 위험물(자연발화성 및 금수성 물질)

### 1 제3류 위험물 품명 및 물질명

| 품명 | 물질명 | 상태 |
| --- | --- | --- |
| 칼륨 | 칼륨(K) | 고체 |
| 나트륨 | 나트륨(Na) | |
| 알킬알루미늄 | • 트라이메틸알루미늄[$(CH_3)_3Al$]<br>• 트라이에틸알루미늄[$(C_2H_5)_3Al$] | 액체 |
| 알킬리튬 | • 메틸리튬<br>• 에틸리튬 | 액체 |
| 황린 | • 황린($P_4$) | 고체 |
| 알칼리금속(칼륨·나트륨 제외) 및 알칼리토금속 | • 리튬(Li)<br>• 칼슘(Ca) | 고체 |
| 유기금속화합물<br>(알킬리튬·알킬알루미늄 제외) | • 다이메틸마그네슘<br>• 에틸나트륨 | 고체 또는 액체 |
| 금속수소화물 | • 수소화칼륨<br>• 수소화나트륨<br>• 수소화리튬<br>• 수소화알루미늄 | 고체 |
| 금속인화물 | • 인화칼슘($Ca_3P_2$)<br>• 인화알루미늄(AlP) | 고체 |
| 칼슘·알루미늄의 탄화물 | • 탄화칼슘($CaC_2$)<br>• 탄화알루미늄($Al_4C_3$) | 고체 |

### 2 제3류 위험물 성질 및 주요 반응식

(1) 칼륨(K), 나트륨(Na)

① 물과 반응 : $2K + 2H_2O \rightarrow 2KOH + H_2$

$Na + H_2O \rightarrow NaOH + 0.5H_2$

② 메틸알코올과 반응 : $2K + 2CH_3OH \rightarrow 2CH_3OK$(칼륨메틸레이트) $+ H_2$

③ 에틸알코올과 반응 : $2K + 2C_2H_5OH \rightarrow 2C_2H_5OK$(칼륨에틸레이트) $+ H_2$

④ 연소반응 : $4K + O_2 \rightarrow 2K_2O$(산화칼륨)

⑤ 이산화탄소와 반응 : $4K + 3CO_2 \rightarrow 2K_2CO_3$(탄산칼륨) $+ C$

※ 은백색 광택의 무른 경금속이다.

※ 이온화경향성(화학적 활성도)이 큰 금속으로 반응성이 좋다.

※ 비중이 1보다 작기 때문에 석유류(등유, 경유, 유동파라핀) 속에 보관하여 공기 중 수분과 닿지 않도록 한다.

※ 물과 격렬히 반응하여 발열하고 수소를 발생한다.

※ 칼륨은 보라색 불꽃반응을 낸다.

※ 나트륨은 노란색 불꽃반응을 낸다.

(2) 트라이메틸알루미늄($(CH_3)_3Al$), 트라이에틸알루미늄($(C_2H_5)_3Al$)

① 물과 반응 : $(CH_3)_3Al + 3H_2O \rightarrow Al(OH)_3 + 3CH_4$(메탄, 메테인)

$(C_2H_5)_3Al + 3H_2O \rightarrow Al(OH)_3 + 3C_2H_6$(에탄, 에테인)

② 에탄올과 반응 : $(CH_3)_3Al + 3C_2H_5OH$

$\rightarrow (C_2H_5O)_3Al$(알루미늄에틸레이트) $+ 3CH_4$(메탄, 메테인)

$(C_2H_5)_3Al + 3C_2H_5OH$

$\rightarrow (C_2H_5O)_3Al$(알루미늄에틸레이트) $+ 3C_2H_6$(에탄, 에테인)

③ 연소반응 : $(CH_3)_3Al + 12O_2 \rightarrow Al_2O_3$(산화알루미늄) $+ 6CO_2 + 9H_2O$

$2(C_2H_5)_3Al + 21O_2 \rightarrow Al_2O_3$(산화알루미늄) $+ 12CO_2 + 15H_2O$

※ $C_4$까지의 알킬알루미늄은 공기 중 자연발화 한다.

※ 물과 접촉하여 폭발적으로 반응하며 에테인을 생성하고 발열, 폭발한다.

※ 희석제로는 벤젠($C_6H_6$) 또는 헥세인($C_6H_{14}$)가 사용된다.

※ 저장 시 용기를 완전히 밀봉하고, 용기 상부에는 질소($N_2$) 또는 아르곤(Ar) 등의 불연성 가스를 봉입한다.

(3) 메틸리튬($CH_3Li$), 에틸리튬($C_2H_5Li$)

물과 반응 : $CH_3Li + H_2O \rightarrow LiOH + CH_4$(메탄, 메테인)

$C_2H_5Li + H_2O \rightarrow LiOH + C_2H_6$(에탄, 에테인)

(4) 황린($P_4$)

연소반응 : $P_4 + 5O_2 \rightarrow 2P_2O_5$(오산화인)

※ 백색 또는 황색의 고체로 자극적인 냄새가 나고 독성이 강하다.

※ 발화점이 34℃로 공기 중에서 자연발화 할 수 있기 때문에 소량의 수산화칼슘($Ca(OH)_2$)을 넣은 pH 9인 약알칼리성 물속에 보관한다(강알칼리성의 물에는 독성인 포스핀가스 발생).

※ 물에는 녹지 않고 이황화탄소에는 잘 녹는다.

※ 연소 시 오산화인($P_2O_5$)과 함께 백색 연기가 발생하며, 마늘 냄새가 난다.

(5) 리튬(Li), 칼슘(Ca)

물과 반응 : $2Li + 2H_2O \rightarrow 2LiOH + H_2$

$Ca + 2H_2O \rightarrow Ca(OH)_2 + H_2$

※ 리튬은 알칼리금속에, 칼슘은 알칼리토금속에 속하는 은백색의 무른 경금속이다.

※ 리튬은 빨간색 불꽃반응을 낸다.

※ 칼슘은 주황색 불꽃반응을 낸다.

(6) 수소화칼륨(KH)

물과 반응 : $KH + H_2O \rightarrow KOH + H_2$

(7) 인화칼슘($Ca_3P_2$), 인화알루미늄(AlP)

물과 반응 : $Ca_3P_2 + 6H_2O \rightarrow 3Ca(OH)_2 + 2PH_3$(포스핀)

$AlP + 3H_2O \rightarrow Al(OH)_3 + PH_3$(포스핀)

※ 물과 반응 시 수산화칼슘과 함께 가연성과 맹독성인 포스핀(인화수소, $PH_3$)이 발생한다.

※ 포스핀($PH_3$)의 성질
- 무색의 맹독성 기체로서 연소할 때도 유독성의 오산화인($P_2O_5$)을 발생시킨다.

(8) 탄화칼슘($CaC_2$), 탄화알루미늄($Al_4C_3$)

① 물과 반응 : $CaC_2 + 2H_2O \rightarrow Ca(OH)_2 + C_2H_2$(아세틸렌)

$Al_4C_3 + 12H_2O \rightarrow 4Al(OH)_3 + 3CH_4$(메탄, 메테인)

② 질소와의 반응 : $CaC_2 + N_2 \rightarrow CaCN_2$(석회질소) $+ C$

※ 아세틸렌($C_2H_2$)은 수은, 은, 구리, 마그네슘과 반응하여 폭발성인 금속아세틸라이트를 만들기 때문에 금속과 접촉을 금한다.

참고 $CaC_2 + 2Ag \rightarrow Ag_2C_2$(은 아세틸라이트) $+ H_2$

※ 고온에서 질소와 반응 시 석회질소(칼슘사이안아마이드)와 탄소가 발생한다.

### 3 제3류 위험물 공통 성질 및 소화방법

(1) 구분
    ① 자연발화성 물질 : 황린
    ② 금수성 물질 : 그 이외의 것

(2) 보호액
    ① 칼륨·나트륨 : 석유(등유·경유·유동파라핀) 보관
    ② 황린 : pH 9인 약알칼리성 물에 보관

(3) 금수성 물질은 물과 반응해 가연성 가스 발생

    가연성 가스 : 수소($H_2$)·아세틸렌($C_2H_2$)·포스핀($PH_3$)

| 위험물 | 물 반응 시 생성물 |
| --- | --- |
| 칼륨(K), 나트륨(Na) | 수소($H_2$) |
| 알킬알루미늄, 알킬리튬 | 알케인(알칸) |
| 금속수소화물 | 수소($H_2$) |
| 금속인화물 | 포스핀($PH_3$) |
| 탄화칼슘 | 아세틸렌($C_2H_2$) |
| 탄화알루미늄 | 메테인($CH_4$) |

(4) 칼륨·나트륨·알킬리튬·알킬알루미늄은 물보다 가볍고, 그 외의 물질은 물보다 무겁다.

(5) 불꽃 반응 색
    ① 나트륨 : 노란색
    ② 칼륨 : 보라색
    ③ 리튬 : 빨간색
    ④ 칼슘 : 주황색

(6) 다량 저장 시 화재가 발생하면 소화가 어렵기 때문에 희석제를 혼합하거나 소분하여 냉암소에 저장한다.

(7) 소화방법 : 탄산수소염류·건조사·팽창질석·팽창진주암으로만 소화 가능
    • 황린 : 냉각소화

## 예상문제 위험물 취급 1

**01** 과산화나트륨의 위험성에 대한 설명으로 틀린 것은?

① 가열하면 분해하여 산소를 방출한다.
② 부식성 물질이므로 취급 시 주의해야 한다.
③ 물과 접촉하면 가연성 수소 가스를 방출한다.
④ 이산화탄소와 반응을 일으킨다.

**해설**
[알칼리금속과산화물(1류 위험물)]
③ 과산화나트륨 : 물 접촉 시 산소 발생
TIP 1류 : 열분해하여 산소 발생
알칼리금속과산화물(1류) : 열분해, 물과 만나 산소를 내놓으므로 주수소화 불가능

**02** 다음 중 제1류 위험물의 과염소산염류에 속하는 것은?

① $KClO_3$   ② $NaClO_4$
③ $HClO_4$   ④ $NaClO_2$

**해설**
[1류 위험물 산소 수 분류방법]
• $NaClO_2$ : '아' 염소산나트륨
• $NaClO_3$ : 염소산나트륨
• $NaClO_4$ : '과' 염소산나트륨
TIP O2는 '아' 붙고, O3는 그대로, O4는 '과' 붙음

**03** 제1류 위험물 중 무기과산화물 150 kg, 질산염류 300 kg, 다이크로뮴산염류 3000 kg을 저장하고 있다. 각각 지정수량의 배수의 총합은 얼마인가?

① 5    ② 6
③ 7    ④ 8

**해설**
[지정수량 배수 계산]
• 지정수량
 - 무기과산화물 : 50 kg
 - 질산염류 : 300 kg
 - 다이크로뮴산염류 : 1,000 kg
• 지정수량 배수총합
 = 150/50 + 300/300 + 3000/1000
 = 7

**04** 과산화나트륨이 물과 반응할 때의 변화를 가장 옳게 설명한 것은?

① 산화나트륨과 수소를 발생한다.
② 물을 흡수하여 수소를 발생한다.
③ 산소를 방출하며 수산화나트륨이 된다.
④ 서서히 물에 녹아 과산화나트륨의 안전한 수용액이 된다.

**정답** 01 ③  02 ②  03 ③  04 ③

> 해설

[과산화나트륨과 물 반응]
- $Na_2O_2 + H_2O \rightarrow 2NaOH + 0.5O_2$
- 물과 반응해 수산화나트륨(NaOH)과 산소($O_2$) 발생

> 해설

[염소산칼륨]
- 산소공급원으로 폭약의 원료
- ① 강한 산화제이며, 열분해하여 염화칼륨을 발생한다.
- ③ 고체이다.
- ④ 녹는점은 400 ℃ 이상이다.

**05** 제1류 위험물 중 알칼리금속과산화물의 화재에 적응성이 있는 소화약제는?

① 인산염류분말
② 이산화탄소
③ 탄산수소염류분말
④ 할로젠화합물

> 해설

[알칼리금속과산화물에 적응성 있는 소화]
탄산수소염류 분말소화설비 · 건조사 · 팽창질석 · 팽창진주암

**06** 염소산칼륨에 대한 설명으로 옳은 것은?

① 강한 산화제이며, 열분해하여 염소를 발생한다.
② 폭약의 원료로 사용된다.
③ 점성이 있는 액체이다.
④ 녹는점이 700 ℃ 이상이다.

**07** 질산암모늄에 관한 설명 중 틀린 것은?

① 상온에서 고체이다.
② 폭약의 제조 원료로 사용할 수 있다.
③ 흡습성과 조해성이 있다.
④ 물과 반응하여 발열하고 다량의 가스를 발생한다.

> 해설

[질산암모늄]
④ 물에 녹아 흡열반응하고, 가스 미발생

**08** 다음 중 물에 대한 용해도가 가장 낮은 물질은?

① $NaClO_3$
② $NaClO_4$
③ $KClO_4$
④ $NH_4ClO_4$

> 해설

[1류 위험물 용해도 구분]
- 용해도 높은 물질 : Na · $NH_4$ 함유
- 용해도 낮은 물질 : K 함유
- ③ K를 함유하고 있어 용해도가 낮다.

## 09 염소산칼륨에 대한 설명 중 틀린 것은?

① 촉매 없이 가열하면 약 400℃에서 분해한다.
② 열분해하여 산소를 방출한다.
③ 불연성 물질이다.
④ 물, 알코올, 에터에 잘 녹는다.

**해설**

[염소산칼륨 특징]
④ 온수와 글리세린에 잘 녹고, 찬물과 알코올에 잘 녹지 않는다.

## 10 과산화칼륨이 다음과 같이 반응하였을 때 공통적으로 포함된 물질(기체)의 종류가 나머지 셋과 다른 하나는?

① 가열하여 열분해하였을 때
② 물($H_2O$)과 반응하였을 때
③ 염산(HCl)과 반응하였을 때
④ 이산화탄소($CO_2$)와 반응하였을 때

**해설**

[과산화염류 반응]
• 열분해·물·이산화탄소 : 산소 발생
• 염산(HCl) : 과산화수소($H_2O_2$) 발생

## 11 위험물을 지정수량이 큰 것부터 작은 순서로 옳게 나열한 것은?

① 나이트로글리세린 > 브로민산칼륨 > 벤조일퍼옥사이드
② 나이트로글리세린 > 벤조일퍼옥사이드 > 브로민산칼륨
③ 브로민산칼륨 > 벤조일퍼옥사이드 > 나이트로글리세린
④ 브로민산칼륨 > 나이트로글리세린 > 벤조일퍼옥사이드

**해설**

[위험물 지정수량 비교]
• 브로민산칼륨(브로민산염류, 1류) : 300 kg
• 나이트로글리세린(질산에스터류, 5류) : 10 kg
• 벤조일퍼옥사이드(유기과산화물, 5류) : 100 kg
→ 나이트로글리세린 ≫ 벤조일퍼옥사이드 ≫ 브로민산염류

## 12 다음 보기에서 열거한 위험물의 지정수량을 모두 합산한 값은?

| 과아이오딘산, 과아이오딘산염류, 과염소산, 과염소산염류 |
|---|

① 450 kg
② 500 kg
③ 950 kg
④ 1200 kg

**해설**

[지정수량]
- 과아이오딘산 : 300 kg
- 과아이오딘산염류 : 300 kg
- 과염소산 : 300 kg
- 과염소산염류 : 50 kg
- 지정수량 합 = 300 + 300 + 300 + 50
  = 950 kg

**13** 오황화인에 관한 설명으로 옳은 것은?

① 물과 반응하면 불연성 기체가 발생된다.
② 담황색 결정으로서 흡습성과 조해성이 있다.
③ $P_5S_2$로 표현되며 물에 녹지 않는다.
④ 공기 중에서 자연발화한다.

**해설**

[오황화인 특징]
① 물과 반응해 황화수소(가연성)를 발생한다.
② 담황색 결정으로 흡습성·조해성이 있다.
③ $P_2O_5$(오황화인)으로 표현한다.
④ 자연발화하지 않는다.

**14** 위험물안전관리법령상 이산화탄소소화기가 적응성이 있는 위험물은?

① 트라이나이트로톨루엔
② 과산화나트륨
③ 철분
④ 인화성 고체

**해설**

[이산화탄소소화기 적응성]
- 인화성 고체(2류) : 질식소화하는 이산화탄소소화기 가능
- ①, ②, ③ : 탄산수소염류 소화약제나 팽창질석, 팽창진주암, 모래만 소화 가능

**15** 마그네슘에 화재가 발생하여 물을 주수하였다. 그에 대한 설명으로 옳은 것은?

① 냉각소화효과에 의해서 화재가 진압된다.
② 주수된 물이 증발하여 질식소화효과에 의해서 화재가 진압된다.
③ 수소가 발생하여 폭발 및 화재 확산의 위험성이 증가한다.
④ 물과 반응하여 독성 가스를 발생한다.

**해설**

[마그네슘(2류 위험물)]
③ 금속물질로 물과 닿으면 수소 발생

**16** $P_4S_7$에 고온의 물을 가하면 분해된다. 이때 주로 발생하는 유독물질의 명칭은?

① 아황산       ② 황화수소
③ 인화수소     ④ 오산화인

**해설**

[칠황화인($P_4S_7$)과 물 반응]
오황화인과 칠황화인은 물과 만나 유독가스 황화수소($H_2S$)를 생성

**17** 삼황화인과 오황화인의 공통연소생성물을 모두 나타낸 것은?

① $H_2S$, $SO_2$    ② $P_2O_5$, $H_2S$
③ $SO_2$, $P_2O_5$    ④ $H_2S$, $SO_2$, $P_2O_5$

**해설**

[황화인 연소생성물]
- 삼황화인 $P_4S_3 + 8O_2 \rightarrow 3\underline{SO_2} + 2\underline{P_2O_5}$
- 오황화인 $P_2S_5 + 7.5O_2 \rightarrow 5\underline{SO_2} + \underline{P_2O_5}$

**18** 제2류 위험물의 화재에 대한 일반적인 특징으로 옳은 것은?

① 연소 속도가 빠르다.
② 산소를 함유하고 있어 질식소화는 효과가 없다.
③ 화재 시 자신이 환원되고 다른 물질을 산화시킨다.
④ 연소열이 거의 없어 초기 화재 시 발견이 어렵다.

**해설**

[제2류 위험물 특성]
- ① 연소 속도가 빠르다.
- ② 산소 공급이 필요하다
- ④ 연소열이 크다.

**19** 다음 중 위험물안전관리법령상 제2류 위험물인 철분에 적응성이 있는 소화설비는?

① 포소화설비
② 탄산수소염류 분말소화설비
③ 할로젠화합물소화설비
④ 스프링클러설비

**해설**

[철분에 적응성 있는 소화설비]
탄산수소염류 분말소화설비·건조사·팽창질석·팽창진주암

TIP 탄산수소염류 분말소화설비·건조사·팽창질석·팽창진주암만 사용하여 소화 가능한 위험물 → 과산화염류(1류)·철분·금속분·마그네슘(2류)·3류 위험물(황린 제외)

**20** 위험물안전관리법령상 제1류 위험물 중 알칼리금속의 과산화물의 운반용기 외부에 표시하여야 하는 주의사항을 모두 나타낸 것은?

① "화기엄금", "충격주의" 및 "가연물접촉주의"
② "화기·충격주의", "물기엄금" 및 "가연물접촉주의"
③ "화기주의" 및 "물기엄금"
④ "화기엄금" 및 "물기엄금"

정답  17 ③  18 ①  19 ②  20 ②

해설

[알칼리금속과산화물(1류) 운반용기 표기]
② "화기·충격주의", "물기엄금", "가연물접촉주의"

**21** 가연성 고체 위험물의 화재에 대한 설명으로 틀린 것은?

① 적린과 황은 물에 의한 냉각소화를 한다.
② 금속분, 철분, 마그네슘이 연소하고 있을 때에는 주수해서는 안 된다.
③ 금속분, 철분, 마그네슘, 황화인은 마른 모래 팽창질석 등으로 소화를 한다.
④ 금속분, 철분, 마그네슘의 연소 시에는 수소와 유독가스가 발생하므로 충분한 안전거리를 확보해야 한다.

해설

[제2류 위험물 화재의 특징]
④ 금속분, 철분, 마그네슘은 연소 후 금속산화물 생성한다.
  예) $2Mg + O_2 \rightarrow 2MgO$

**22** 다음 중 조해성이 있는 황화인만 모두 선택하여 나열한 것은?

$$P_4S_3, P_2S_5, P_4S_7$$

① $P_4S_3, P_2S_5$
② $P_4S_3, P_4S_7$
③ $P_2S_5, P_4S_7$
④ $P_4S_3, P_2S_5, P_4S_7$

해설

[황화인의 조해성]
• 조해성 : 수분을 흡수해 녹는 성질
• $P_2S_5 \cdot P_4S_7$만 조해성이 있음

**23** 다음 표의 ㄱ과 ㄴ에 알맞은 품명으로 옳은 것은?

| 품명 | 지정수량 |
|---|---|
| ㄱ | 100 kg |
| ㄴ | 1,000 kg |

① ㄱ : 철분, ㄴ : 인화성 고체
② ㄱ : 적린, ㄴ : 인화성 고체
③ ㄱ : 철분, ㄴ : 마그네슘
④ ㄱ : 적린, ㄴ : 마그네슘

해설

[2류 위험물 지정수량]
• 적린 : 100 kg … ㄱ
• 철분·마그네슘 : 500 kg
• 인화성 고체 : 1,000 kg … ㄴ

정답 ● 21 ④  22 ③  23 ②

**24** 위험물안전관리법령에서 정의한 철분의 정의로 옳은 것은?

① "철분"이라 함은 철의 분말로서 53마이크로미터의 표준체를 통과하는 것이 50중량퍼센트 미만인 것은 제외한다.
② "철분"이라 함은 철의 분말로서 50마이크로미터의 표준체를 통과하는 것이 53중량퍼센트 미만인 것은 제외한다.
③ "철분"이라 함은 철의 분말로서 53마이크로미터의 표준체를 통과하는 것이 50부피퍼센트 미만인 것은 제외한다.
④ "철분"이라 함은 철의 분말로서 50마이크로미터의 표준체를 통과하는 것이 53부피퍼센트 미만인 것은 제외한다.

**해설**
[철분 정의]
① 철의 분말로서 53마이크로미터의 표준체를 통과하는 것으로 50중량퍼센트 미만인 것은 제외

**25** 황의 연소생성물과 그 특성을 옳게 나타낸 것은?

① $SO_2$, 유독가스   ② $SO_2$, 청정가스
③ $H_2S$, 유독가스   ④ $H_2S$, 청정가스

**해설**
[황의 연소반응]
$S + O_2 \rightarrow SO_2$(이산화황, 유독가스)

**26** 다음 중 위험물의 저장창고에 화재가 발생하였을 때 소화방법으로 주수소화가 적당하지 않은 것은?

① $NaClO_3$   ② S
③ NaH   ④ TNT

**해설**
[주수소화 불가능 물질]
NaH(수소화나트륨) : 금수성 물질로 주수소화 시 가연성 기체인 수소 발생

**27** 다음 중 지정수량이 나머지 셋과 다른 금속은?

① Fe분   ② Zn분
③ Na   ④ Mg

**해설**
[지정수량]
- Fe분 · Zn분 · Mg : 지정수량 500 kg
- Na(3류) : 지정수량 10 kg

정답  24 ①  25 ①  26 ③  27 ③

**28** 위험물안전관리법령상 제3류 위험물 중 금수성 물질 이외의 것에 적응성이 있는 소화설비는?

① 할로젠화합물소화설비
② 불활성가스소화설비
③ 포소화설비
④ 분말소화설비

**해설**

[포소화설비]
- 포약제 : 물 + 포원액으로 구성
- 황린(자연발화성 물질) : 냉각소화하는 물질로 포소화설비가 적응성 있음

**29** 황린에 대한 설명으로 틀린 것은?

① 백색 또는 담황색의 고체이며, 증기는 독성이 있다.
② 물에는 녹지 않고, 이황화탄소에는 녹는다.
③ 공기 중에서 산화되어 오산화인이 된다.
④ 녹는점이 적린과 비슷하다.

**해설**

[황린 특징]
④ 녹는점 44℃으로 적린(600℃)과 다름

**30** 다음 중 황린이 자연발화하기 쉬운 가장 큰 이유는?

① 끓는점이 낮고, 증기의 비중이 작기 때문에
② 산소와 결합력이 강하고, 착화온도가 낮기 때문에
③ 녹는점이 낮고, 상온에서 액체로 되어 있기 때문에
④ 인화점이 낮고, 가연성 물질이기 때문에

**해설**

[황린($P_4$) 특징]
- 3류 위험물 중 자연발화성 물질
- 산소와 결합력 강하고 착화온도 34℃로 낮아 상온에서 자연발화하기 쉽다.

**31** 다음 중 황린의 연소생성물은?

① 삼황화인　　② 인화수소
③ 오산화인　　④ 오황화인

**해설**

[황린($P_4$) 연소생성물]
- $P_4 + 5O_2 \rightarrow 2P_2O_5$
- 황린 연소 시 $P_2O_5$(오황화인) 발생

정답　28 ③　29 ④　30 ②　31 ③

## 32 탄화칼슘 60,000 kg을 소요단위로 산정하면?

① 10단위  ② 20단위
③ 30단위  ④ 40단위

**해설**

[소요단위 계산]
- 탄화칼슘(3류) : 지정수량 300 kg
- 1 소요단위 = 지정수량 × 10 = 3,000 kg
- 총 소요단위 = 60,000 kg / 3,000 kg
  = 20 단위

## 33 제3류 위험물의 소화방법에 대한 설명으로 옳지 않은 것은?

① 제3류 위험물은 모두 물에 의한 소화가 불가능하다.
② 팽창질석은 제3류 위험물에 적응성이 있다.
③ K, Na의 화재 시에는 물을 사용할 수 없다.
④ 할로젠화합물소화설비는 제3류 위험물에 적응성이 없다.

**해설**

[제3류 위험물의 소화방법]
① 제3류 중 자연발화성 물질(황린)을 제외하고 모두 주수소화 불가능

## 34 위험물이 물과 접촉하였을 때 발생하는 기체를 옳게 연결한 것은?

① 인화칼슘 - 포스핀
② 과산화칼륨 - 아세틸렌
③ 나트륨 - 산소
④ 탄화칼슘 - 수소

**해설**

[물과 접촉 시 생성물]
① 인화칼슘 - 포스핀($PH_3$)
② 과산화칼륨 - 산소
③ 나트륨 - 수소
④ 탄화칼슘 - 아세틸렌

## 35 보기 중 칼륨과 트라이에틸알루미늄의 공통 성질을 모두 나타낸 것은?

ⓐ 고체이다.
ⓑ 물과 반응하여 수소를 발생한다.
ⓒ 위험물안전관리법령상 위험등급이 Ⅰ이다.

① ⓐ  ② ⓑ
③ ⓒ  ④ ⓑ, ⓒ

**해설**

[칼륨과 트라이에틸알루미늄 성질]
- ⓐ 트라이에틸알루미늄은 액체
- ⓑ 트라이에틸알루미늄은 물과 반응해 에테인($C_2H_6$) 발생
- ⓒ 공통적으로 위험등급 Ⅰ이다.

정답 ● 32 ②  33 ①  34 ①  35 ③

**36** 인화알루미늄의 화재 시 주수소화를 하면 발생하는 가연성 기체는?

① 아세틸렌  ② 메테인
③ 포스겐    ④ 포스핀

**해설**
[인화알루미늄과 물의 반응]
- AlP + 3 H$_2$O → Al(OH)$_3$ + PH$_3$
- 가연성 기체 포스핀(PH$_3$) 발생

**37** 금속칼륨의 보호액으로 적당하지 않는 것은?

① 유동파라핀  ② 등유
③ 경유        ④ 에탄올

**해설**
[칼륨 보호액]
- 등유·경유·유동파라핀 등에 보관
- 에탄올과 반응해 가연성의 수소기체 발생

**38** 금속 칼륨의 일반적인 성질에 대한 설명으로 틀린 것은?

① 칼로 자를 수 있는 무른 금속이다.
② 에탄올과 반응하여 조연성 기체(산소)를 발생한다.
③ 물과 반응하여 가연성 기체를 발생한다.
④ 물보다 가벼운 은백색의 금속이다.

**해설**
[칼륨 성질]
② 에탄올·물과 만나 가연성 기체 H$_2$ 발생

**39** 인화칼슘의 성질이 아닌 것은?

① 적갈색의 고체이다.
② 물과 반응하여 포스핀가스를 발생한다.
③ 물과 반응하여 유독한 불연성 가스를 발생한다.
④ 산과 반응하여 포스핀 가스를 발생한다.

**해설**
[인화칼슘(Ca$_3$P$_2$) 성질]
③ 물과 반응해 가연성 포스핀(PH$_3$)이 발생

**40** 다음 중 물과 반응하여 수소를 발생하지 않는 물질은?

① 칼륨
② 수소화붕소나트륨
③ 탄화칼슘
④ 수소화칼슘

**해설**
[탄화칼슘과 물 반응]
- 반응식 CaC$_2$ + 2H$_2$O → Ca(OH)$_2$ + C$_2$H$_2$
- 물과 반응 시 아세틸렌(C$_2$H$_2$) 발생

정답 ● 36 ④  37 ④  38 ②  39 ③  40 ③

**41** 트라이에틸알루미늄의 화재 발생 시 물을 이용한 소화가 위험한 이유를 옳게 설명한 것은?

① 가연성의 수소가스가 발생하기 때문에
② 유독성의 포스핀가스가 발생하기 때문에
③ 유독성의 포스겐가스가 발생하기 때문에
④ 가연성의 에테인가스가 발생하기 때문에

**해설**

[트라이에틸알루미늄[$(C_2H_5)_3Al$]과 물 반응
- $(C_2H_5)_3Al + 3H_2O \rightarrow Al(OH)_3 + 3C_2H_6$
- 물과 반응 시 에테인가스($C_2H_6$) 발생

**42** 연소 시에는 푸른 불꽃을 내고, 산화제와 혼합되어 있을 때 가열이나 충격 등에 의하여 폭발할 수 있으며, 흑색화약의 원료로 사용되는 물질은?

① 적린　　② 마그네슘
③ 황　　　④ 아연분

**해설**

[흑색화약 원료]
- 질산칼륨 + 황 + 숯 혼합
- 그중 연소 시 푸른 불꽃은 황(S)

정답　41 ④　42 ③

# Chapter 02 위험물 취급 2

## 01 위험물 정리 II

| 종류 | 위험등급 | 품명 | | 소화방법 | 지정수량 | 운반용기 외부 표시 | 제조소등 표시 |
|---|---|---|---|---|---|---|---|
| 제4류 위험물 | I | 특수인화물 | | 질식소화 | 50 L | 화기엄금 | 화기엄금 |
| | II | 제1석유류 | 비수용성 | | 200 L | | |
| | | | 수용성 | | 400 L | | |
| | | 알코올류 | | | 400 L | | |
| | III | 제2석유류 | 비수용성 | | 1,000 L | | |
| | | | 수용성 | | 2,000 L | | |
| | | 제3석유류 | 비수용성 | | 2,000 L | | |
| | | | 수용성 | | 4,000 L | | |
| | | 제4석유류 | | | 6,000 L | | |
| | | 동식물류 | | | 10,000 L | | |
| 제5류 위험물 | I  II | 질산에스터류 유기과산화물 나이트로화합물 나이트로소화합물 아조화합물 다이아조화합물 하이드라진유도체 하이드록실아민 하이드록실아민염류 | | 냉각소화 | 10 kg (제1종)  100 kg (제2종) | 화기엄금 충격주의 | 화기엄금 |
| 제6류 위험물 | I | 과염소산 과산화수소 질산 | | 냉각소화 | 300 kg | 가연물접촉주의 | 필요 없음 |

## 02 제4류 위험물(인화성 액체)

### 1 제4류 위험물 품명 및 물질명

| 품명 | 수용성 여부 | 물질명 | |
|---|---|---|---|
| 특수인화물 | 비수용성 | • 다이에틸에터 | • 이황화탄소 |
| | 수용성 | • 아세트알데하이드 | • 산화프로필렌 |
| 제1석유류 | 비수용성 | • 휘발유(가솔린)<br>• 톨루엔<br>• 메틸에틸케톤<br>• 초산메틸(아세트산메틸)<br>• 초산에틸(아세트산에틸) | • 벤젠<br>• 사이클로헥세인 |
| | 수용성 | • 아세톤<br>• 사이안화수소 | • 피리딘<br>• 폼산메틸 |
| 알코올류 | 수용성 | • 메틸알코올<br>• 프로필알코올 | • 에틸알코올 |
| 제2석유류 | 비수용성 | • 등유<br>• 크실렌(자일렌)<br>• 스틸렌(스타이렌) | • 경유<br>• 클로로벤젠<br>• 부틸알코올 |
| | 수용성 | • 폼산(개미산)<br>• 하이드라진 | • 아세트산(초산)<br>• 아크릴산 |
| 제3석유류 | 비수용성 | • 중유<br>• 아닐린 | • 크레오소트유<br>• 나이트로벤젠 |
| | 수용성 | • 글리세린 | • 에틸렌글라이콜 |
| 제4석유류 | 비수용성 | • 기어유(윤활유) | • 실린더유 |
| 동식물유 | - | • 건성유<br>• 불건성유 | • 반건성유 |

## 2 제4류 위험물 성질 및 주요 반응식

(1) 다이에틸에터(에터, $C_2H_5OC_2H_5$)

제조법 : $2\ C_2H_5OH(에탄올) \xrightarrow{H_2SO_4} C_2H_5OC_2H_5 + H_2O$

※ 에탄올에 진한 황산을 넣고 130℃로 가열하면 물이 빠지면서 축합반응이 일어나 에터가 얻어진다.
※ 무색투명한 유독의 액체로 휘발성이 크며 자극성, 마취성이 있다.
※ 탱크나 용기 저장 시 공간용적(2 %)을 유지하고 대량 저장 시에는 비활성 가스를 봉입한다.
※ 폭발성의 과산화물 생성을 방지하기 위해 용기 내에 40 mesh 구리 망을 넣어준다.
※ 과산화물 검출을 위해 아이오딘화칼륨(KI) 10 % 용액과 반응시켜 황색으로 변하는지 여부를 확인한다.

(2) 이황화탄소($CS_2$)

① 연소 반응 : $CS_2 + 3\ O_2 \rightarrow CO_2 + 2\ SO_2$
② 물과 반응(150℃ 가열 시) : $CS_2 + 2\ H_2O \rightarrow CO_2 + 2\ H_2S$

※ 연소 시 청색을 내며 유독성 가스 이산화황($SO_2$)을 발생시킨다.
※ 물보다 비중이 커서 포소화설비 또는 물분무소화설비를 통해 질식소화가 가능하다.
※ 물에는 녹지 않으나 벤젠, 알코올, 에터에는 녹는다.
※ 물보다 무겁고 물에 녹지 않으므로 물속에 보관하여 가연성증기 발생을 억제한다.
※ 물에 저장한 상태에서 150℃ 이상의 열로 가열하면 황화수소($H_2S$)가 발생하므로 냉수에 보관해야 한다.

(3) 아세트알데하이드($CH_3CHO$)

제조법 : $C_2H_4(에틸렌) + 0.5\ O_2 \rightarrow CH_3CHO$

※ 에틸렌($C_2H_4$)을 산화하거나 에탄올($C_2H_5OH$)을 산화하여 얻는다.
※ 저장 시 폭발을 방지하기 위하여 용기 상부에 질소, 아르곤, 이산화탄소 등 비활성 기체를 봉입한다.
※ 수은, 은, 구리, 마그네슘과 반응하여 중합반응을 하면서 폭발성인 금속아세틸라이트를 만들기 때문에 금속과 접촉을 금한다.
※ 환원력이 강하여 은거울반응과 펠링용액반응을 한다.
※ 은거울반응과 펠링용액반응은 환원력이 강한 알데하이드나 그 외에 포르밀기를 가진 화합물을 검출하는 데 사용한다.

(4) 산화프로필렌(프로필렌옥사이드, $CH_3CH_2CHO$)

※ 무색 액체로 물에 잘 녹으며 피부 접촉 시 동상을 입을 수 있다.

※ 저장 시 폭발을 방지하기 위하여 용기 상부에 질소, 아르곤, 이산화탄소 등 비활성 기체를 봉입한다.

※ 수은, 은, 구리, 마그네슘과 반응하여 중합반응을 하면서 폭발성인 금속아세틸라이트를 만들기 때문에 금속과 접촉을 금한다.

※ 증기압이 높고, 증기 흡입 시 폐부종(폐에 물이 차는 병)이 발생할 수 있다.

(5) 벤젠($C_6H_6$)

※ 자극성 냄새가 나고 어는점 5.5 ℃, 인화점 -11 ℃인 무색투명한 액체로 증기는 독성이 강하다.

※ 고체 상태에서 인화의 우려가 있으므로 주의해야 한다.

※ 탄소 함량이 많아 연소 시 그을음이 생긴다.

※ 벤젠을 포함하고 있는 물질들은 방향족, 아세톤 같은 사슬형태의 물질들은 지방족이라고 한다.

| 치환 반응 | 클로로벤젠($C_6H_5Cl$) | $C_6H_6 + Cl_2$(염소) → $C_6H_5Cl$ + HCl(염화수소) |
|---|---|---|
| | 벤젠설폰산($C_6H_5SO_3H$) | $C_6H_6 + H_2SO_4$(황산) → $C_6H_5SO_3H + H_2O$ |
| | 나이트로벤젠($C_6H_5NO_2$) | $C_6H_6 + HNO_3$(질산) → $C_6H_5NO_2 + H_2O$ |
| | 톨루엔($C_6H_5CH_3$) | $C_6H_6 + CH_3Cl$(염화메틸) → $C_6H_5CH_3$ + HCl |
| 첨가 반응 | 사이클로헥세인($C_6H_{12}$) | Li 촉매하에서 $H_2$ 첨가 → $C_6H_{12}$ |

(6) 피리딘 ($C_5H_5N$)

※ 인화점 20 ℃인 수용성 물질로 순수한 것은 무색이나 공업용은 담황색 액체이다.

※ 일반적인 벤젠 치환체와는 달리 벤젠을 구성하는 수소가 아닌 탄소가 직접 치환되어 탄소 수가 줄어든다.

> **참고** 벤젠을 포함하는 대부분의 물질은 비수용성이지만, 피리딘은 벤젠의 고리가 깨진 형태로 수용성을 갖는다.

(7) 메탄올(메틸알코올, $CH_3OH$)

산화반응 : $CH_3OH$ → HCHO(폼알데하이드) → HCOOH(폼산)

※ 인화점 11 ℃인 수용성 물질로 시신경장애의 독성이 있다.

※ 산화되면 폼알데하이드를 거쳐 폼산이 된다.

(8) 에탄올(에틸알코올, $C_2H_5OH$)

산화반응 : $C_2H_5OH \rightarrow CH_3CHO$(아세트알데하이드) $\rightarrow CH_3COOH$(아세트산)

※ 인화점 13℃인 수용성 액체로 술의 원료로 사용되며 독성이 없다.

※ 산화되면 아세트알데하이드를 거쳐 아세트산(초산)이 된다.

※ 아이오도폼($CHI_3$)이라는 황색 침전물을 만드는 아이오도폼반응을 한다.

(9) 글리세린($C_3H_5(OH)_3$), 에틸렌글라이콜($C_2H_4(OH)_2$)

※ 인화점 111℃인 무색투명한 독성이 없는 액체이다.

※ 에틸렌글라이콜은 물에 잘 녹는 2가 알코올, 글리세린은 3가 알코올이다.

(10) 아닐린($C_6H_5NH_2$), 나이트로벤젠($C_6H_5NO_2$)

※ 인화점 75℃로 비중이 1.01로 물보다 무거운 물질이다.

※ 나이트로벤젠($C_6H_5NO_2$)을 환원하여 아닐린($C_6H_5NH_2$)을 만들 수 있다.

※ 벤젠($C_6H_6$)에 질산과 황산을 가해 나이트로화($NO_2$)시켜서 나이트로벤젠을 얻는다.

(11) 동식물유류 : 아이오딘값에 따라 건성유·반건성유·불건성유로 분류한다.

① 분류

| 종류 | 건성유 | 반건성유 | 불건성유 |
| --- | --- | --- | --- |
| 아이오딘값 | 130 이상 | 100 ~ 130 | 100 이하 |
| 위험도(불포화도) | 크다 | 중간 | 작다 |
| 종류 | 동유·해바라기씨유·아마인유·들기름·정어리기름 | 채종유·참기름·목화씨기름 | 야자유·올리브유·피마자유·동백유 |

② 건성유

아이오딘값 130 이상으로 자연발화 위험도가 크고, 동유·해바라기씨유·아마인유·들기름 등이 있다.

암 동해아들

## 3 4류 위험물 정의(1 atm하에서)

| 구분 | 기준 |
|---|---|
| 특수인화물 | 발화점 100℃ 이하이거나 인화점 -20℃ 이하이고, 비점 40℃ 이하 |
| 제1석유류 | 1기압 기준 인화점 21℃ 미만 |
| 알코올류 | 탄소 수 1 ~ 3개의 포화 1가 알코올(변성알코올 포함) |
| 제2석유류 | 1기압 기준 인화점 21℃ 이상 70℃ 미만 |
| 제3석유류 | 1기압 기준 인화점 70℃ 이상 200℃ 미만 |
| 제4석유류 | 1기압 기준 인화점 200℃ 이상 250℃ 미만 |
| 동식물유류 | 동물이나 식물에서 추출한 것으로 인화점 250℃ 미만 |

## 4 빈출 인화점

| 분류 | 위험물 | 인화점 |
|---|---|---|
| 특수인화물 | 다이에틸에터 | -45℃ |
| | 아세트알데하이드 | -38℃ |
| | 산화프로필렌 | -37℃ |
| | 이황화탄소 | -30℃ |
| 제1석유류 | 아세톤 | -18℃ |
| | 휘발유(가솔린) | -43 ~ -38℃ |
| | 벤젠 | -11℃ |
| | 톨루엔 | 4℃ |
| 알코올류 | 메탄올(메틸알코올) | 11℃ |
| | 에탄올(에틸알코올) | 13℃ |

### 5 빈출 연소범위

| 위험물 | 연소범위(%) |
|---|---|
| 휘발유 | 1.4 ~ 7.6 |
| 톨루엔 | 1.4 ~ 6.7 |
| 에틸알코올 | 4 ~ 19 |
| 다이에틸에터 | 1.9 ~ 48 |
| 산화프로필렌 | 2.5 ~ 39 |
| 아세틸렌 | 2.5 ~ 81 |

### 6 제4류 위험물 공통 성질 및 소화방법

(1) 액체는 물보다 가볍다(비중 < 1). 다만 이황화탄소($CS_2$) 등 제외

증기는 공기보다 무겁다(증기비중 > 1). 다만 사이안화수소(HCN) 제외

(2) 4류 위험물(유류)은 부도체로 전기가 흐르지 않아 정전기 방지를 해야 한다.

(3) 소화방법 : 질식소화(이산화탄소·할로젠화합물·분말·포소화약제)

TIP 4류 위험물은 주수소화 시 연소면이 확대되어 위험성 증가

- 수용성 물질 : 알코올포(내알코올포) 소화약제를 사용하여 질식소화
  (일반 포소화약제는 소포성 때문에 효과가 없으므로)

### 7 증기비중

(1) 증기비중 = $\dfrac{기체\ 분자량}{29\,(공기분자량)}$

(2) 증기비중과 기체 분자량은 비례하므로 분자량이 큰 물질이 증기비중도 크다.

## 03 제5류 위험물(자기반응성 물질)

### 1 제5류 위험물 품명 및 물질명

| 품명 | 물질명 | 상태 | 지정수량 |
|---|---|---|---|
| 질산에스터류 | • 질산메틸 | 액체 | 종 판단 필요 |
| | • 질산에틸 | 액체 | |
| | • 나이트로글라이콜 | 액체 | 10 kg |
| | • 나이트로글리세린 | 액체 | |
| | • 나이트로셀룰로오스 | 고체 | |
| | • 셀룰로오스 | 고체 | 100 kg |
| 유기과산화물 | • 벤조일퍼옥사이드(과산화벤조일) | 고체 | 100 kg |
| | • 메틸에틸케톤퍼옥사이드 (과산화메틸에틸케톤) | 액체 | |
| | • 아세틸퍼옥사이드 | 고체 | |
| 나이트로화합물 | • 트라이나이트로페놀(피크린산) | 고체 | 100 kg |
| | • 트라이나이트로톨루엔(TNT) | 고체 | 10 kg |
| | • 테트릴 | 고체 | 10 kg |
| 나이트로소화합물 | 파라다이나이트로소벤젠 등 | 고체 | - |
| 아조화합물 | 아조디카본아미드 등 | 고체 | |
| 다이아조화합물 | 다이아조아세토니트릴 등 | 액체 또는 고체 | |
| 하이드라진유도체 | 염산하이드라진 등 | 고체 | |
| 하이드록실아민 | 하이드록실아민 | 액체 | |
| 하이드록실아민염류 | 황산하이드록실아민 등 | 고체 | |

### 2 물질 상태 구분

(1) 액체
- 유기과산화물(과산화메틸에틸케톤)
- 질산에스터류(질산메틸 · 질산에틸 · 나이트로글라이콜 · 나이트로글리세린)

(2) 고체
- 유기과산화물(과산화벤조일 · 아세틸퍼옥사이드)
- 질산에스터류(나이트로셀룰로오스 · 셀룰로오스)

TIP 5류 위험물은 대부분 고체이나, 질산에스터류는 '셀룰로오스'가 들어간 물질을 제외하고 모두 액체

## 3 자기반응성 물질 판정기준

(1) 폭발성 판정기준
① 발열개시온도에서 25 ℃를 뺀 온도(보정온도)의 상용대수를 횡축으로 하고 발열량의 상용대수를 종축으로 하는 좌표도를 만들 것
② 제1호의 좌표도상에 2,4-다이나이트로톨루엔의 발열량에 0.7을 곱하여 얻은 수치의 상용대수와 보정온도의 상용대수의 상호대응 좌표점 및 과산화벤조일의 발열량에 0.8을 곱하여 얻은 수치의 상용대수와 보정온도의 상용대수의 상호대응 좌표점을 연결하여 직선을 그을 것
③ 시험물품의 발열량의 상용대수와 보정온도(1 ℃ 미만일 때에는 1 ℃로 한다)의 상용대수의 상호대응 좌표점을 표시할 것
④ 제3호에 의한 좌표점이 제2호에 의한 직선상 또는 이보다 위에 있는 것을 위험성이 있는 것으로 할 것

(2) 가열분해성 판정기준

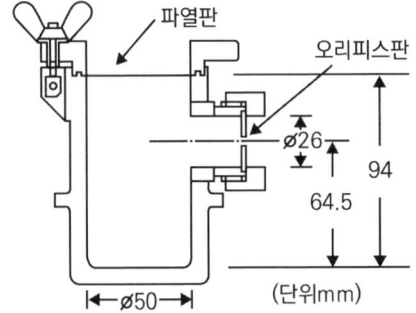

시험결과 파열판이 파열되는 것으로 하되, 그 등급은 다음 각 호와 같다(2 이상에 해당하는 경우에는 등급이 낮은 쪽으로 한다).
① 구멍의 직경이 1 mm인 오리피스판을 이용하여 파열판이 파열되지 않는 물질 : 등급Ⅲ
② 구멍의 직경이 1 mm인 오리피스판을 이용하여 파열판이 파열되는 물질 : 등급Ⅱ
③ 구멍의 직경이 9 mm인 오리피스판을 이용하여 파열판이 파열되는 물질 : 등급Ⅰ

(3) 자기반응성 물질 판정기준

열분석시험의 결과 및 압력용기시험의 결과를 종합하여 자기반응성 물질은 아래 표와 같이 구분한다.

| 열분석시험 \ 압력용기시험 | 등급 I | 등급 II | 등급 III |
|---|---|---|---|
| 위험성 있음 | 제1종 | 제2종 | 제2종 |
| 위험성 없음 | 제1종 | 제2종 | 비위험물 |

### 4 제5류 위험물 성질 및 주요 반응식

(1) 질산에스터류 : 질산($HNO_3$)의 H 대신 알킬기($C_nH_{2n+1}$)로 치환된 물질을 말한다.

① 질산메틸($CH_3ONO_2$), 질산에틸($C_2H_5ONO_2$)
  ※ 무색투명한 액체로 향긋한 냄새와 단맛을 가지고 있다.
  ※ 물에는 안 녹으나, 알코올, 에터 등 유기용제에는 녹는다.

② 나이트로글라이콜(나이트로글라이콜, $C_2H_4(ONO_2)_2$)
  ※ 무색무취의 액체이나 공업용은 담황색 액체다.
  ※ 나이트로글리세린보다 충격감도는 적으나 충격이나 가열에 의해 폭발을 일으킨다.
  ※ 나이트로글리세린과 매우 유사하지만, 독성이 강해 많이 생산되지 않는다.
  ※ 어는점이 낮아 부동, 난동 다이너마이트 등 폭약의 제조에 사용된다.

③ 나이트로글리세린($C_3H_5(ONO_2)_3$)
  ※ 무색무취의 액체이나 공업용은 담황색 액체다.
  ※ 글리세린에 진한 질산과 황산을 혼산으로 반응시켜 만든다.
  - 제조법 : $C_3H_5(OH)_3$(글리세린) + $3HNO_3 \xrightarrow{H_2SO_4} C_3H_5(ONO_2)_3 + 3H_2O$
  ※ 규조토에 흡수시켜 다이너마이트를 만든다.
  분해 반응 : $4C_3H_5(ONO_2)_3 \rightarrow 12CO_2 + 10H_2O + 6N_2 + O_2$
  ※ 동결된 것은 충격에 둔감하나 액체 상태는 충격에 매우 민감하여 운반이 금지되어 있다.

④ 나이트로셀룰로오스(질화면, $[C_6H_7O_2(ONO_2)_3]_n$)
  ※ 셀룰로오스에 진한 질산과 진한 황산을 혼산으로 반응시켜 만든다.
  - 제조법 : $4C_6H_{10}O_5 + 11HNO_3 \xrightarrow{H_2SO_4} C_{24}H_{29}O_9(ONO_3)_{11} + 11H_2O$

- 분해 반응 : $2C_{24}H_{29}O_9(ONO_3)11 \rightarrow 24CO + 24CO_2 + 17H_2 + 12H_2O + 11N_2$
※ 질화도가 클수록(질산기의 수가 많을수록) 폭발의 위험이 크다.
※ 건조하면 발화 위험이 있어 함수알코올(수분 또는 알코올)을 습면시켜 저장한다.
※ 산, 알칼리의 존재 또는 장시간 보존한 것은 직사광선과 습기의 영향에 따라 분해하여 분해열에 의한 자연발화 및 폭발위험이 있다.

⑤ 셀룰로이드
※ 산, 알칼리의 존재 또는 장시간 보존한 것은 직사광선과 습기의 영향에 따라 분해하여 분해열에 의한 자연발화 및 폭발위험이 있다.

(2) 유기과산화물 : 벤젠 등의 유기물이 과산화된 상태의 물질을 말한다.
① 벤조일퍼옥사이드(과산화벤조일, $(C_6H_5CO)_2O_2$)
※ 무색무취의 고체로 상온에서는 안정하다.
※ 건조한 상태에서는 마찰 등으로 폭발 위험이 있고, 수분 포함 시 폭발성이 현저히 줄어든다.
※ 물에는 안 녹으나, 알코올, 에터 등 유기용제에는 녹는다.

② 메틸에틸케톤퍼옥사이드(과산화메틸에틸케톤, $(CH_3COC_2H_5)_2O_2$)
※ 무색으로 특유의 냄새가 나는 기름형태의 액체로 존재한다.

(3) 나이트로화합물 : 나이트로기(-$NO_2$)가 2개 이상 결합한 물질을 말한다.
※ 나이트로기가 많을수록 분해가 용이하고 가열·충격 등에 민감해지며 분해발열량·폭발력도 커진다.

① 트라이나이트로페놀(피크린산, TNP, $C_6H_2OH(NO_2)_3$)
※ 황색의 침상결정(바늘모양)의 고체로 찬물에는 안 녹고, 온수, 알코올, 벤젠, 에터에는 잘 녹는다.
※ 구리, 아연 등 금속염류와의 혼합물은 이성질체인 피크린산염을 생성하며 마찰·충격 등에 위험해진다.
- 분해 반응 : $2C_6H_2OH(NO_2)_3 \rightarrow 6CO + 4CO_2 + 3N_2 + 2C + 3H_2$

② 트라이나이트로톨루엔(TNT, $C_6H_2CH_3(NO_2)_3$)
※ 담황색의 주상결정(기둥모양)의 고체로 물에는 안 녹고, 알코올, 아세톤, 벤젠 등 유기용매에 잘 녹는다.
※ 톨루엔에 진한 질산과 진한 황산을 혼산으로 반응시켜 만든다.
- 제조법 : $C_6H_5CH_3(톨루엔) + 3HNO_3 \xrightarrow{H_2SO_4} C_6H_2CH_3(NO_2)_3 + 3H_2O$

※ 독성이 없고 기준 폭약으로 사용되며 피크린산보다 폭발성이 떨어진다.
- 분해 반응 : $2C_6H_2CH_3(NO_2)_3 \rightarrow 12CO + 3N_2 + 2C + 5H_2$

③ 테트릴($C_6H_2NCH_3NO_2(NO_2)_3$)

※ 담황색의 고체로 충격과 마찰에 예민하고 폭발력이 커서 뇌관의 첨장약으로 사용한다.

## 5 제5류 위험물 공통 성질 및 소화방법

(1) 산소 공급 없이 연소하는 가연물로 연소속도가 대단히 빠르고 폭발성이 강함

(2) 모두 물보다 무겁고, 물에 녹지 않음

(3) 물에 습면 시 안정도가 올라감

(4) 소화방법 : 주수소화

> TIP 자체적으로 산소공급원을 함유하고 있어서 질식소화는 효과가 없다.

## 04 제6류 위험물(산화성 액체)

### 1 제6류 위험물 품명 및 물질명

| 품명 | 물질명 | 위험물이 되는 조건(정의) |
|---|---|---|
| 과염소산 | 과염소산 | 모두 위험물 |
| 과산화수소 | 과산화수소 | 농도 36 중량% 이상 |
| 질산 | 질산 | 비중 1.49 이상 |

### 2 제6류 위험물 성질 및 주요 반응식

(1) 과염소산($HClO_4$) - 열분해 : $HClO_4 \rightarrow HCl + 2O_2$

※ 무색무취의 유동하기 쉬운 액체로 불연성이지만 자극성, 산화성이 매우 크다.

※ 흡수성이 강하고, 공기 중에서는 휘발성이 있어 강하게 연기를 낸다.

※ 가열하면 폭발적으로 분해하면서 유독성 가스인 염화수소(HCl)를 발생한다.

※ 금속 또는 금속산화물 등과 반응하여 과염소산염을 생성한다.

(2) 과산화수소($H_2O_2$)

① 열분해 : $2H_2O_2 \rightarrow 2H_2O + O_2$

② 하이드라진과 반응 : $2H_2O_2 + N_2H_4 \rightarrow N_2 + 4H_2O$

※ 하이드라진과 접촉하면 분해폭발이 일어난다.

※ 순수한 것은 옅은 푸른색을 띠며, 무색투명하며 질산과 유사한 특유의 냄새가 난다.

※ 물, 에터, 알코올에 녹지만 석유 및 벤젠에는 녹지 않는다.

※ 농도가 66 % 이상은 충격, 마찰에 의해서도 단독으로 분해폭발 위험이 있어 로켓 추진제로 사용된다.

※ 농도가 클수록 위험성이 높아져 분해방지안정제(인산($H_3PO_4$), 요산($C_5H_4N_4O_3$) 등)을 넣어 산소 분해를 억제한다.

※ 상온에서 불안정한 물질이기 때문에 분해하여 산소를 발생시킬 수 있으므로 뚜껑에 작은 구멍을 뚫은 용기에 보관한다.

※ 햇빛에 의해 분해하므로 갈색으로 착색된 내산성 용기에 담아 냉암소에 보관한다.

※ 강한 표백작용과 살균작용이 있어 살균제 및 소독제로 사용한다.

(3) 질산($HNO_3$) - 열분해 : $4HNO_3 \rightarrow 2H_2O + 4NO_2 + O_2$

※ 햇빛에 의하여 분해하면 적갈색 기체인 이산화질소($NO_2$)가 발생하기 때문에 갈색으로 착색된 내산성 용기에 보관한다.

※ 염산(HCl)과 질산($HNO_3$)를 3 : 1의 부피로 혼합한 용액을 왕수라고 하며, 왕수는 금(Au)과 백금(Pt)를 녹일 수 있다.

※ 단백질(프로틴, 프로테인)과의 접촉으로 노란색으로 변하는 크산토프로테인 반응을 일으킨다.

(4) 행정안전부령으로 정하는 위험물 : 할로젠간화합물

① 삼플루오린화브로민($BrF_3$)

② 오플루오린화아이오딘($IF_5$)

③ 오플루오린화브로민($BrF_5$)

### 3 제6류 위험물 공통 성질 및 소화방법

(1) 불연성이고 산화성 물질로 열분해하여 산소를 발생한다.

(2) 모두 무기화합물이며, 물보다 무겁고 물에 잘 녹는다.

(3) 과산화수소를 제외하고 분해 시 유독성 가스를 발생하며 부식성이 강하다.

(4) 과산화수소를 제외하고 물과 발열반응을 한다.

(5) 강산화제로서 저장용기는 산에 견딜 수 있는 내산성 용기를 사용하여야 한다.

(6) 소화방법 : 다량의 물로 희석 및 냉각소화(소화 작업 시 유해한 가스가 발생하므로 방독면 등 보호장구를 착용하여야 하고 피부 노출 시 다량의 물로 씻어낸다)

## 예상문제 위험물 취급 2

**01** 다음 물질 중 인화점이 가장 낮은 것은?

① $CS_2$　　② $C_2H_5OC_2H_5$
③ $CH_3COCH_3$　　④ $CH_3OH$

**해설**

[제4류 위험물 인화점]
- 아세톤($CH_3COCH_3$) : -18 ℃
- 이황화탄소($CS_2$) : -30 ℃
- 메탄올($CH_3OH$) : 11 ℃
- 다이에틸에터($C_2H_5OC_2H_5$) : -45 ℃

**02** 제4류 위험물의 일반적인 성질 또는 취급 시 주의사항에 대한 설명 중 가장 거리가 먼 것은?

① 액체의 비중은 물보다 가벼운 것이 많다.
② 대부분 증기는 공기보다 무겁다.
③ 제1 석유류 ~ 제4 석유류는 비점으로 구분한다.
④ 정전기 발생에 주의하여 취급하여야 한다.

**해설**

[제4류 위험물 분류]
③ 가연성 기체 발생하는 인화점으로 구분

**03** 다음 물질 중 지정수량이 400 L인 것은?

① 폼산메틸　　② 벤젠
③ 톨루엔　　④ 벤즈알데하이드

**해설**

[지정수량]
① 폼산메틸(제1석유류 수용성) : 400 L
② 벤젠(제1석유류 비수용성) : 200 L
③ 톨루엔(제1석유류 비수용성) : 200 L
④ 벤즈알데하이드(제2석유류 비수용성) : 1,000 L

**04** 가솔린 저장량이 2,000 L일 때 소화설비 설치를 위한 소요단위는?

① 1　　② 2
③ 3　　④ 4

**해설**

[소요단위 계산]
- 가솔린(1석유류) 지정수량 : 200 L
- 1 소요단위 = 지정수량 × 10 = 2,000 L
　　　　　= 1 소요단위

정답 01 ②　02 ③　03 ①　04 ①

**05** 다이에틸에터 중의 과산화물을 검출할 때 그 검출시약과 정색반응의 색이 옳게 짝지어진 것은?

① 아이오딘화칼륨용액 – 적색
② 아이오딘화칼륨용액 – 황색
③ 브로민화칼륨용액 – 무색
④ 브로민화칼륨용액 – 청색

**해설**

[다이에틸에터 과산화물 검출]
아이오딘화칼륨 10 % 용액을 반응시켜 황색이 되면 과산화물이 있음을 알 수 있다.

**06** 화재 발생 시 소화방법으로 공기를 차단하는 것이 효과가 있으며, 연소물질을 제거하거나 액체를 인화점 이하로 냉각시켜 소화할 수도 있는 위험물은?

① 제2류 위험물　② 제4류 위험물
③ 제5류 위험물　④ 제6류 위험물

**해설**

[유별 위험물 소화방법]
- 제2·5·6류 위험물 : 대부분 주수소화
- 제4류 위험물 : 질식소화가 주된 소화
  TIP '인화점'이 나오면 제4류 위험물을 떠올린다.

**07** 다음 위험물 중 인화점이 가장 높은 것은?

① 메탄올　② 휘발유
③ 아세트산메틸　④ 메틸에틸케톤

**해설**

[제4류 위험물 인화점 구분]
① 메탄올 : 알코올류
②, ③, ④ : 제1석유류로 알코올류보다 낮음
　TIP 인화점을 외우지 말고, 석유류 구분을 외워 풀이

**08** 제4류 위험물의 소화방법에 대한 설명 중 틀린 것은?

① 공기차단에 의한 질식소화가 효과적이다.
② 물분무소화도 적응성이 있다.
③ 수용성인 가연성액체의 화재에는 수성막포에 의한 소화가 효과적이다.
④ 비중이 물보다 작은 위험물의 경우는 주수소화가 효과가 떨어진다.

**해설**

[제4류 위험물 소화방법]
③ 제4류 중 수용성 물질 화재에 수성막포 사용 시 수분을 흡수해 포가 깨져 소멸

정답 05 ② 06 ② 07 ① 08 ③

**09** 화재 예방을 위하여 이황화탄소는 액면 자체 위에 물을 채워주는데 그 이유로 가장 타당한 것은?

① 공기와 접촉하면 발생하는 불쾌한 냄새를 방지하기 위하여
② 발화점을 낮추기 위하여
③ 불순물을 물에 용해시키기 위하여
④ 가연성 증기의 발생을 방지하기 위하여

[해설]
[이황화탄소]
- 가연성 기체 발생하는 물질
- ④ 비중이 큰 액체로 물 밑에 저장해 가연성 기체방지

**10** 다이에틸에터 2,000 L와 아세톤 4,000 L를 옥내저장소에 저장하고 있다면 총 소요단위는 얼마인가?

① 5  ② 6
③ 50  ④ 60

[해설]
[소요단위 계산]
- 소요단위 = 지정수량 × 10
- 지정수량
  다이에틸에터(특수인화물) : 50 L
  아세톤(제1석유류 수용성) : 400 L
- 총 소요단위
  =(2,000 / 500) + (4,000 / 4,000) = 5

**11** 제4류 위험물인 동식물유류의 취급 방법이 잘못된 것은?

① 액체의 누설을 방지하여야 한다.
② 화기 접촉에 의한 인화에 주의하여야 한다.
③ 아마인유는 섬유 등에 흡수되어 있으면 매우 안정하므로 취급하기 편리하다.
④ 가열할 때 증기는 인화되지 않도록 조치하여야 한다.

[해설]
[동식물유 취급 방법]
- 건성유 - 동식물유 중 아이오딘값 130 이상으로 자연발화위험이 높다. 동유·해바라기유·아마인유·들기름 등이 있다. 〔암〕 동해아들
- ③ 아마인유는 불안정하여 섬유에 흡수시키면 매우 위험하다.

**12** 동식물유류에 대한 설명으로 틀린 것은?

① 아이오딘화 값이 작을수록 자연발화의 위험성이 높아진다.
② 아이오딘화 값이 130 이상인 것은 건성유이다.
③ 건성유에는 아마인유, 들기름 등이 있다.
④ 인화점이 물의 비점보다 낮은 것도 있다.

> 해설

[동식물유류 아이오딘값]
- ① 아이오딘값이 크면 자연발화 위험성 상승
  TIP 건성유
- 아이오딘값 130 이상으로 자연발화위험 높다. 동유·해바라기유·아마인유·들기름 등이 있다.
  암 동해아들

**13** 벤젠에 관한 일반적 성질로 틀린 것은?
① 무색투명한 휘발성 액체로 증기는 마취성과 독성이 있다.
② 불을 붙이면 그을음을 많이 내고 연소한다.
③ 겨울철에는 응고하여 인화의 위험이 없지만, 상온에서는 액체 상태로 인화의 위험이 높다.
④ 진한 황산과 질산으로 나이트로화시키면 나이트로벤젠이 된다.

> 해설

[벤젠의 성질]
③ 어는점 5.5℃ 인화점 -11℃로 응고 상태로 인화 위험성 존재

**14** 다음 중 연소범위가 가장 넓은 위험물은?
① 휘발유  ② 톨루엔
③ 에틸알코올  ④ 다이에틸에터

> 해설

[위험물 연소범위]
① 휘발유 : 1.4 ~ 7.6 %
② 톨루엔 : 1.4 ~ 6.7 %
③ 에틸알코올 : 4 ~ 19 %
④ 다이에틸에터 : 1.9 ~ 48 %

**15** $C_2H_5OC_2H_5$의 성질 중 틀린 것은?
① 전기 양도체이다.
② 물에는 잘 녹지 않는다.
③ 유동성의 액체로 휘발성이 크다.
④ 공기 중 장시간 방치 시 폭발성 과산화물을 생성할 수 있다.

> 해설

[다이에틸에터($C_2H_5OC_2H_5$, 4류) 특성]
① 4류 위험물은 대부분 비전도성이다.

**16** 다음 중 증기비중이 가장 큰 것은?
① 벤젠
② 아세톤
③ 아세트알데하이드
④ 톨루엔

> 해설

[증기비중 계산]
$$증기비중 = \frac{증기분자량}{공기분자량(29)}$$

정답  13③  14④  15①  16④

① 벤젠(분자량 78) : $\frac{78}{29} = 2.69$

② 아세톤(분자량 58) : $\frac{58}{29} = 2$

③ 아세트알데하이드(분자량 44) : $\frac{44}{29} = 1.52$

④ 톨루엔(분자량 92) : $\frac{92}{29} = 3.17$

TIP 증기비중과 분자량은 비례하므로 분자량이 큰 것이 공기비중도 크다.

**17** 취급하는 장치가 구리나 마그네슘으로 되어 있을 때 반응을 일으켜서 폭발성의 아세틸라이트를 생성하는 물질은?

① 이황화탄소
② 아이소프로필알코올
③ 산화프로필렌
④ 아세톤

해설

[수은·은·구리·마그네슘 사용금지물질]
- 아세트알데하이드·산화프로필렌
- 아세틸라이드 생성 : 산화프로필렌

**18** 충격 마찰에 예민하고 폭발 위력이 큰 물질로 뇌관의 첨장약으로 사용되는 것은?

① 나이트로글라이콜
② 나이트로셀룰로오스
③ 테트릴
④ 질산메틸

해설

[테트릴]
- 제5류 위험물 중 나이트로화합물
- 충격과 마찰에 예민하고 폭발력이 커 뇌관의 첨장약으로 사용

**19** 위험물안전관리법령상 $C_6H_2(NO_2)_3OH$의 품명에 해당하는 것은?

① 유기과산화물
② 질산에스터류
③ 나이트로화합물
④ 아조화합물

해설

[트라이나이트로페놀($C_6H_2(NO_2)_3OH$)]
5류 위험물 중 나이트로화합물이다.

**20** 트라이나이트로페놀의 성질에 대한 설명 중 틀린 것은?

① 폭발에 대비하여 철, 구리로 만든 용기에 저장한다.
② 휘황색을 띤 침상결정이다.
③ 비중이 약 1.8로 물보다 무겁다.
④ 단독으로는 테트릴보다 충격, 마찰에 둔감한 편이다.

해설

[트라이나이트로페놀(제5류) 성질]
① 금속과 반응 시 트라이나이트로페놀 이성질체인 피크린산염을 생성해 위험성 증가

**21** 유기과산화물에 대한 설명으로 틀린 것은?

① 소화방법으로는 질식소화가 가장 효과적이다.
② 벤조일퍼옥사이드, 메틸에틸케톤퍼옥사이드 등이 있다.
③ 저장 시 고온체나 화기의 접근을 피한다.
④ 지정수량은 100 kg이다.

**해설**

[유기과산화물(5류)]
① 스스로 산소를 내어 반응하므로 질식소화는 효과가 없다.

**22** 물통 또는 수조를 이용한 소화가 공통적으로 적응성이 있는 위험물은 제 몇 류 위험물인가?

① 제2류 위험물　② 제3류 위험물
③ 제4류 위험물　④ 제5류 위험물

**해설**

[물통·수조 소화 적응성 있는 위험물류]
• 제5류(자기반응성 물질) : 주로 주수소화
• 제2·3류 : 금속물질이 포함(H 발생)해 주수소화 불가
• 제4류 : 연소면 확대로 주수소화 불가

**23** 제5류 위험물 중 나이트로화합물에서 나이트로기(Nitro Group)를 옳게 나타낸 것은?

① -NO　　② -NO$_2$
③ -NO$_3$　　④ -NON$_3$

**해설**

[나이트로기]
• 결합모양 : -NO$_2$
• 나이트로화합물 : 제5류 위험물 중 -NO$_2$ 2개 이상 결합한 물질

**24** 저장·수송할 때 타격 및 마찰에 의한 폭발을 막기 위해 물이나 알코올로 습면시켜 취급하는 위험물은?

① 나이트로셀룰로오스
② 과산화벤조일
③ 글리세린
④ 에틸렌글라이콜

**해설**

[나이트로셀룰로오스(5류)]
함수알코올에 습면시켜 저장하는 위험물
② 과산화벤조일은 수분 함유 시 폭발위험이 감소하기는 하나 물과 알코올에 저장하지는 않는다.

**25** 셀룰로이드의 자연발화 형태를 가장 옳게 나타낸 것은?

① 잠열에 의한 발화
② 미생물에 의한 발화
③ 분해열에 의한 발화
④ 흡착열에 의한 발화

**해설**
[셀룰로이드(나이트로셀룰로오스, 제5류)]
자연발화 형태 : 분해열로 인해 발화

**26** 제5류 위험물 중 상온(25 ℃)에서 동일한 물리적 상태(고체, 액체, 기체)로 존재하는 것으로만 나열한 것은?

① 나이트로글리세린, 나이트로셀룰로오스
② 질산메틸, 나이트로글리세린
③ 트라이나이트로톨루엔, 질산메틸
④ 나이트로글라이콜, 트라이나이트로톨루엔

**해설**
[제5류 위험물 물리적 상태 분류]
② 질산메틸과 나이트로글리세린 : 둘 다 액체
  TIP 제5류 위험물 대부분은 고체이다. 질산에스터류(질산, 나이트로가 들어감)는 '셀룰로오스'라는 단어가 들어간 물질을 제외하고 모두 액체

**27** 위험물 운반용기 외부표시의 주의사항으로 틀린 것은?

① 제1류 위험물 중 알칼리금속의 과산화물 : 화기·충격주의, 물기엄금 및 가연물접촉주의
② 제2류 위험물 중 인화성 고체 : 화기엄금
③ 제4류 위험물 : 화기엄금
④ 제6류 위험물 : 물기엄금

**해설**
[제6류 위험물 운반용기 외부표시]
가연물접촉금지 표시

**28** 제6류 위험물인 질산에 대한 설명으로 틀린 것은?

① 강산이다.
② 물과 접촉 시 발열한다.
③ 불연성 물질이다.
④ 열분해 시 수소를 발생한다.

**해설**
[질산(제6류 위험물, 산화성 액체)]
④ 열분해 시 산소 발생

정답 25 ③  26 ②  27 ④  28 ④

**29** 묽은 질산이 칼슘과 반응하였을 때 발생하는 기체는?

① 산소  ② 질소
③ 수소  ④ 수산화칼슘

**해설**
[묽은 질산과 칼슘 반응]
묽은 질산(산)과 금속은 만나 수소 발생

**30** 다음 중 A ~ C 물질 중 위험물안전관리법령상 제6류 위험물에 해당하는 것은 모두 몇 개인가?

ⓐ 비중이 1.49 인 질산
ⓑ 비중 1.7 인 과염소산
ⓒ 물 60 g + 과산화수소 40 g 혼합 수용액

① 1개  ② 2개
③ 3개  ④ 없음

**해설**
[제6류 위험물 조건]
- 질산 : 비중 1.49 이상인 것
- 과염소산 : 조건 없이 6류 위험물
- 과산화수소 : 36중량% 이상
 (조건 ⓒ = 40 / 100 = 40 %)
→ 보기 모두 해당

**31** 위험물안전관리법령상 제6류 위험물에 해당하는 물질로서 햇빛에 의해 갈색의 연기를 내며 분해할 위험이 있으므로 갈색병에 보관해야 하는 것은?

① 질산  ② 황산
③ 염산  ④ 과산화수소

**해설**
[질산 분해방지]
햇빛에 분해되어 갈색 연기가 발생하며 갈색병에 보관

보충  과산화수소도 갈색병에 보관한다.

**32** 위험물안전관리법령에 따른 제1류 위험물과 제6류 위험물의 공통적 성질로 옳은 것은?

① 산화성 물질이며, 다른 물질을 환원시킨다.
② 환원성 물질이며, 다른 물질을 환원시킨다.
③ 산화성 물질이며, 다른 물질을 산화시킨다.
④ 환원성 물질이며, 다른 물질을 산화시킨다.

**해설**
[1류(산화성 고체), 6류(산화성 액체)]
③ 산소를 내어주어 다른 물질을 산화하고 자신은 환원되는 산화제 역할(산화성 물질)

정답  29 ③  30 ③  31 ①  32 ③

**33** 과산화수소의 성질에 대한 설명 중 틀린 것은?

① 에터에 녹지 않으며, 벤젠에 녹는다.
② 산화제이지만 환원제로서 작용하는 경우도 있다.
③ 물보다 무겁다.
④ 분해방지 안정제로 인산, 요산 등을 사용할 수 있다.

해설

[과산화수소의 특징]
① 수용성으로 에터·물·알코올 등에 잘 녹고, 벤젠·석유 등에 안 녹음

**34** 과산화수소의 저장방법으로 옳은 것은?

① 분해를 막기 위해 하이드라진을 넣고 완전히 밀전하여 보관한다.
② 분해를 막기 위해 하이드라진을 넣고 가스가 빠지는 구조로 마개를 하여 보관한다.
③ 분해를 막기 위해 요산을 넣고 완전히 밀전하여 보관한다.
④ 분해를 막기 위해 요산을 넣고 가스가 빠지는 구조로 마개를 하여 보관한다.

해설

[과산화수소 저장방법]
• 구멍 난 마개로 <u>가스배출 구조로</u> 저장
• 분해를 막는 안정제 <u>인산·요산과</u> 보관

정답 33 ① 34 ④

# Chapter 03 위험물 운송 및 운반과 저장, 취급기준

## 01 위험물 저장소 및 취급소 저장 기준

### 1 옥내·외저장소의 위험물 저장 기준

(1) 저장소에는 위험물 외의 물품을 저장하지 않아야 한다.

(2) 옥내·외저장소에 위험물을 1 m 이상 간격을 두고 저장할 수 있는 유별

| | |
|---|---|
| 제1류 위험물(알칼리금속과산화물 제외) | 제5류 위험물 |
| 제1류 위험물 | • 제3류 위험물 중 자연발화성 물질<br>• 제6류 위험물 |
| 제2류 위험물 중 인화성 고체 | 제4류 위험물 |
| 제3류 위험물 중 알킬알루미늄·알킬리튬 | 제4류 위험물 |
| 제4류 위험물 | 제5류 위험물 중 유기과산화물 |

(3) 제3류 위험물 중 황린과 금수성 물질은 동일한 저장소에서 저장하지 아니하여야 한다.

### 2 옥내·외저장소 위험물 용기 저장 높이

(1) 기계에 의하여 하역하는 구조로 된 용기 : 6 m 이하

(2) 제4류(3·4석유류, 동식물유)를 수납하는 용기 : 4 m 이하

(3) 그 외의 위험물 : 3 m 이하

(4) 용기를 선반에 저장하는 경우
   ① 옥내저장소에 설치한 선반 : 높이 제한 없음
   ② 옥외저장소에 설치한 선반 : 6 m 이하

### 3 옥내·외저장탱크 또는 지하저장탱크의 위험물 저장 기준

(1) 압력탱크에 저장하는 경우

　　산화프로필렌·다이에틸에터 등 : 40 ℃ 이하

(2) 압력탱크 외의 탱크에 저장할 때 저장온도

　　① 산화프로필렌·다이에틸에터 등 : 30 ℃ 이하

　　② 아세트알데하이드 : 15 ℃ 이하

### 4 이동저장탱크의 위험물 저장 기준

이동저장탱크의 저장온도

① 보냉장치가 있는 경우 : 비점 이하

② 보냉장치가 없는 경우 : 40 ℃ 이하

### 5 주유취급소의 위험물 저장 기준

(1) 자동차 등에 인화점 40℃ 미만의 위험물을 주유할 때에는 자동차 등의 원동기를 정지시킬 것

(2) 탱크에 인화점 40 ℃ 미만인 위험물 주입 시 원동기 열에 의한 가연성 기체 발생 위험이 있어 이동탱크저장소 원동기 정지

(3) 휘발유를 저장하던 이동저장탱크에 등유나 경유를 주입할 때 또는 등유나 경유를 저장하던 이동저장탱크에 휘발유를 주입할 때의 정전기등에 의한 재해를 방지하기 위한 조치

　① 이동저장탱크의 상부로부터 위험물을 주입할 때 : 위험물의 액표면이 주입관의 끝부분을 넘는 높이가 될 때까지 그 주입관내의 유속을 초당 1 m 이하

　② 이동저장탱크의 밑부분으로부터 위험물을 주입할 때 : 위험물의 액표면이 주입관의 정상부분을 넘는 높이가 될 때까지 그 주입배관내의 유속을 초당 1 m 이하

## 02 위험물 운반 기준

### 1 위험물 운반 시 혼재할 수 있는 위험물 종류

비슷한 성질을 가지는 위험물 유별은 운반 시 혼재가 가능하다.

| 위험물 종류 | | | | | 혼재 여부 |
|---|---|---|---|---|---|
| 1 | ↓ | | 6 | | 혼재 가능 |
| 2 | ↓ | 5 | ↑ | 4 | 혼재 가능 |
| 3 | → | 4 | ↑ | | 혼재 가능 |

[비고] 단, 지정수량의 1/10 이하의 위험물에 대하여는 적용하지 아니한다.

TIP  1 2 3 4 5 6을 화살표 방향으로 적고 가운데에 4를 적어서 같은 줄이 혼재 가능 위험물

### 2 운반 시 피복기준

| 차광성 피복을 사용해야 하는 위험물 | 방수성 피복을 사용해야 하는 위험물 |
|---|---|
| • 1류 위험물<br>• 3류 위험물 중 자연발화성 물질<br>• 4류 위험물 중 특수인화물<br>• 5류 위험물<br>• 6류 위험물 | • 1류 위험물 중 알칼리금속과산화물<br>• 2류 위험물 중 철분·금속분·마그네슘<br>• 3류 위험물 중 금수성 물질 |

### 3 규정에 의한 운반용기에 저장할 필요가 없는 위험물

덩어리상태 황·화약류 위험물

### 4 액체 위험물 운반용기 재질

(1) 내장용기 : 나무·파이버판·플라스틱·유리

(2) 외장용기 : 나무·파이버판·플라스틱

## 5 운반용기 수납률

(1) 고체위험물 : 내용적 95 % 이하의 수납률로 수납할 것

(2) 액체위험물 : 내용적 98 % 이하의 수납률로 수납하되 55 ℃에서 누설되지 않도록 충분한 공간용적을 유지할 것

(3) 자연발화성 물질 중 알킬알루미늄 등 : 내용적의 90 % 이하의 수납률로 수납하되, 50 ℃의 온도에서 5 % 이상의 공간용적을 유지할 것

## 6 운반용기 외부에 표시해야 하는 사항

(1) 품명, 위험등급, 화학명 및 수용성

(2) 위험물의 수량

(3) 위험물에 따른 주의사항

# 03 위험물 운송 기준

## 1 위험물의 운송

(1) 위험물운송자 : 운송책임자 및 이동탱크저장소운전자

(2) 위험물운반자 : 운반용기에 수납된 위험물을 지정수량 이상으로 차량에 적재하여 운반하는 차량의 운전자

(3) 운송책임자 : 위험물 운송의 감독 또는 지원을 하는 자

(4) 운송책임자의 감독 또는 지원을 받아야하는 위험물
　① 알킬알루미늄
　② 알킬리튬
　③ 제1호 또는 제2호의 물질을 함유하는 위험물

## 2 이동탱크저장소에 의한 위험물의 운송시에 준수하여야 하는 기준

(1) 위험물운송자는 운송의 개시전에 이동저장탱크의 배출밸브 등의 밸브와 폐쇄장치, 맨홀 및 주입구의 뚜껑, 소화기 등의 점검을 충분히 실시

(2) 위험물운송자는 장거리(고속국도에 있어서는 340 km 이상, 그 밖의 도로에 있어서는 200 km 이상)에 걸치는 운송을 하는 때에는 2명 이상의 운전자로 할 것. 다만 다음의 경우에는 그러하지 아니하다.
  ① 운송책임자를 동승시킨 경우
  ② 운송하는 위험물이 제2류 위험물·제3류 위험물(칼슘 또는 알루미늄의 탄화물)또는 제4류 위험물(특수인화물 제외)인 경우
  ③ 운송도중에 2시간 이내마다 20분 이상씩 휴식하는 경우

(3) 위험물(제4류 위험물에 있어서는 특수인화물 및 제1석유류에 한함)을 운송하는 위험물운송자는 위험물안전카드 휴대

# 예상문제 위험물 운송 및 운반과 저장, 취급기준

**01** 제3류 위험물의 운반 시 혼재할 수 있는 위험물은 제 몇 류 위험물인가? (단, 각각 지정수량의 10배인 경우이다)

① 제1류  ② 제2류
③ 제4류  ④ 제5류

**해설**
[혼재할 수 있는 위험물류]
제3류와 제4류 위험물 혼재 가능

| 1↓ | 6 | | 혼재 가능 |
| 2↓ | 5↑ | 4 | 혼재 가능 |
| 3→ | 4↑ | | 혼재 가능 |

암 1 2 3 4 5 6 적은 후 4 추가

**02** 위험물의 운반에 관한 기준에서 위험물의 적재 시 혼재가 가능한 위험물은? (단, 지정수량의 5배인 경우이다)

① 과염소산칼륨 - 황린
② 질산메틸 - 경유
③ 마그네슘 - 알킬알루미늄
④ 탄화칼슘 - 나이트로글리세린

**해설**
[혼재 가능한 위험물]
질산메틸(5류)과 경유(4류)는 혼재 가능

| 1↓ | 6 | | 혼재 가능 |
| 2↓ | 5↑ | 4 | 혼재 가능 |
| 3→ | 4↑ | | 혼재 가능 |

암 1 2 3 4 5 6 적은 후 4 추가

**03** 위험물의 운반용기 재질 중 액체위험물의 외장용기로 사용할 수 없는 것은?

① 유리  ② 나무
③ 파이버판  ④ 플라스틱

**해설**
[운반용기 재질]
- ① 유리 : 내장용기로만 사용 가능
- 나무·파이버판·플라스틱
  내·외장용기로 모두 사용 가능

정답 01 ③  02 ②  03 ①

**04** 운반할 때 빗물의 침투를 방지하기 위하여 방수성이 있는 피복으로 덮어야 하는 위험물은?

① TNT  ② 이황화탄소
③ 과염소산  ④ 마그네슘

해설

[방수성 피복이 필요한 위험물]
- 물이 닿으면 안 되는 물질들
- 마그네슘은 물과 만나 수소기체 발생

**05** 위험물을 적재, 운반할 때 방수성 덮개를 하지 않아도 되는 것은?

① 알칼리금속의 과산화물
② 마그네슘
③ 나이트로화합물
④ 탄화칼슘

해설

- 차광성 피복 사용해야 하는 위험물
  1류·3류(자연발화성 물질)·4류(특수인화물)·5류·6류
- 방수성 피복 사용해야 하는 위험물
  1류(알칼리금속 과산화물)·2류(철분, 마그네슘, 금속분)·3류(금수성 물질)
- ③ 5류 위험물이므로 방수성 덮개 불필요

**06** 적재 시 일광의 직사를 피하기 위하여 차광성이 있는 피복으로 가려야 하는 것은?

① 메탄올  ② 과산화수소
③ 철분  ④ 가솔린

해설

[과산화수소 적재]
햇빛에 의해 분해되므로 차광성 피복 사용

**07** 다음과 같은 물질이 서로 혼합되었을 때 발화 또는 폭발의 위험성이 가장 높은 것은?

① 벤조일퍼옥사이드와 질산
② 이황화탄소와 증류수
③ 금속나트륨과 석유
④ 금속칼륨과 유동성 파라핀

해설

[혼합가능 위험물]
① 벤조일퍼옥사이드(5류)와 질산(6류)는 혼합해 저장할 수 없다.

정답  04 ④  05 ③  06 ②  07 ①

08 위험물안전관리법령상 위험물의 운반에 관한 기준에 따르면 위험물은 규정에 의한 운반 용기에 법령에서 정한 기준에 따라 수납하여 적재하여야 한다. 다음 중 적용 예외의 경우에 해당하는 것은? (단, 지정수량의 2배인 경우이며, 위험물을 동일구 내에 있는 제조소등의 상호간에 운반하기 위하여 적재하는 경우는 제외한다)

① 덩어리 상태의 황을 운반하기 위하여 적재하는 경우
② 금속분을 운반하기 위하여 적재하는 경우
③ 삼산화크롬을 운반하기 위하여 적재하는 경우
④ 염소산나트륨을 운반하기 위하여 적재하는 경우

해설
[용기에 저장할 필요 없는 위험물]
덩어리상태 황·화약류 위험물

09 옥내저장소에서 위험물 용기를 겹쳐 쌓는 경우에 있어서 제4류 위험물 중 제3석유류만을 수납하는 용기를 겹쳐 쌓을 수 있는 높이는 최대 몇 m인가?

① 3
② 4
③ 5
④ 6

해설
[옥내저장소 위험물 용기를 겹쳐 쌓는 높이]
• 기계로 하역하는 구조 : 6 m 이하
• 4류(3·4석유류, 동식물유) : 4 m 이하
• 그 외의 위험물 : 3 m 이하
• 용기를 선반에 저장하는 경우 : 제한 없음

10 옥외저장탱크·옥내저장탱크 또는 지하저장탱크 중 압력탱크에 저장하는 아세트알데하이드 등의 온도는 몇 ℃ 이하로 유지하여야 하는가?

① 30
② 40
③ 55
④ 65

해설
[압력탱크 저장온도]
아세트알데하이드·다이에틸에터 등
40 ℃ 이하

TIP 아세트알데하이드·다이에틸에터 등 이동저장탱크 저장온도
• 보냉장치 있음 : 비점 이하
• 보냉장치 없음 : 40℃ 이하

정답 08 ① 09 ② 10 ②

**11** 고체위험물은 운반용기 내용적의 몇 % 이하의 수납률로 수납하여야 하는가?

① 90
② 95
③ 98
④ 99

**해설**

[운반용기 수납률]
- 액체 : 내용적의 98 % 이하
- 고체 : 내용적의 95 % 이하

정답 11 ②

# Chapter 04 위험물제조소등의 유지관리 및 점검

## 01 위험물제조소등 설치 기준

### 1 위험물제조소

(1) 위험물제조소와의 안전거리 기준

| 시설 종류 | 안전거리 |
|---|---|
| 문화재 | 50 m 이상 |
| 병원·학교·극장 | 30 m 이상 |
| 고압가스·액화석유가스 | 20 m 이상 |
| 주거용 건축물 | 10 m 이상 |
| 전압 35,000 V 초과 특고압전선 | 5 m 이상 |
| 전압 7,000 ~ 35,000 V 특고압전선 | 3 m 이상 |

(2) 위험물제조소 보유공지 기준
  ① 위험물 지정수량 10배 이하 : 3 m 이상
  ② 위험물 지정수량 10배 초과 : 5 m 이상

(3) 위험물제조소 건축물 구조
  ① 건축물(벽·기둥·바닥·보·지붕·서까래) : 불연재료
  ② 연소의 우려가 있는 외벽 : 출입구 외 개구부 없는 내화구조의 벽
    ※ 연소의 우려가 있는 외벽이란 단층건물의 제조소가 설치된 부지의 경계선에서 3 m 이내에 있는 외벽
  ③ 지붕 : 폭발력이 위로 방출될 정도의 가벼운 불연재료
  ④ 출입구와 비상구 : 60분+방화문·60분방화문 또는 30분방화문
  ⑤ 연소 우려가 있는 외벽에 설치하는 출입구 : 수시로 열 수 있는 자동폐쇄식의 60분+방화문·60분방화문

⑥ 액체의 위험물을 취급하는 건축물의 바닥 : 위험물이 스며들지 못하는 재료를 사용하고, 적당한 경사를 두어 그 최저부에 집유설비 설치

(4) 위험물제조소 채광·조명 및 환기설비

① 채광설비는 불연재료로 하고, 연소의 우려가 없는 장소에 설치하되 채광면적을 최소로 할 것
② 가연성 가스 등이 체류할 우려가 있는 장소의 조명등은 방폭등으로 할 것
③ 조명설비의 전선은 내화·내열전선으로 하고, 점멸스위치는 출입구 바깥부분에 설치할 것
④ 환기설비
   - 환기는 자연배기방식으로 할 것
   - 급기구는 바닥면적 150 m$^2$마다 1개 이상으로 하고, 급기구의 크기는 800 cm$^2$ 이상으로 할 것. 다만 바닥면적 150 m$^2$ 미만인 경우 다음 표에 따른다.

| 바닥면적 | 급기구의 면적 |
|---|---|
| 60 m$^2$ 미만 | 150 cm$^2$ 이상 |
| 60 m$^2$ 이상 90 m$^2$ 미만 | 300 cm$^2$ 이상 |
| 90 m$^2$ 이상 120 m$^2$ 미만 | 450 cm$^2$ 이상 |
| 120 m$^2$ 이상 150 m$^2$ 미만 | 600 cm$^2$ 이상 |

   - 급기구는 낮은 곳에 설치하고 가는 눈의 구리망 등으로 인화방지망을 설치할 것
   - 환기구는 지붕 위 또는 지상 2 m 이상의 높이에 회전식 고정벤티레이터 또는 루프팬 방식으로 설치할 것

(5) 위험물제조소 배출설비

① 배출설비는 배풍기, 배출덕트, 후드 등을 이용한 강제배기방식으로 할 것
② 일반적으로 국소방식의 배출설비를 할 것.
③ 배출능력
   - 국소방식 : 시간당 배출장소 용적 20배 이상
   - 전역방식 : 바닥면적 1 m$^2$당 18 m$^3$ 이상
④ 급기구는 높은 곳에 설치하고, 가는 눈의 구리망 등으로 인화방지망을 설치할 것
⑤ 배출구는 지상 2 m 이상에 설치하고, 배출 덕트가 관통하는 벽부분의 바로 가까이에 화재시 자동으로 폐쇄되는 방화댐퍼를 설치할 것

(6) 압력계 및 안전장치
　① 자동적으로 압력의 상승을 정지시키는 장치
　② 감압 측에 안전밸브를 부착한 감압밸브
　③ 안전밸브를 겸하는 경보장치
　④ 파괴판(위험물의 성질에 따라 안전밸브의 작동이 곤란한 가압설비에 한한다)

(7) 피뢰설비
　지정수량의 10배 이상의 위험물을 취급하는 제조소(제6류 위험물을 취급하는 위험물제조소를 제외한다)에는 피뢰침을 설치하여야 한다. 다만 제조소의 주위의 상황에 따라 안전상 지장이 없는 경우에는 피뢰침을 설치하지 아니할 수 있다.

## 2 방유제

(1) 옥외에 있는 위험물취급탱크로서 액체위험물(이황화탄소 제외)을 취급하는 것의 주위에는 철근콘크리트로 된 방유제를 설치할 것

(2) 방유제의 용량
　① 하나의 취급탱크 : 당해 탱크용량의 50 % 이상
　② 2 이상의 취급탱크 : 용량이 최대인 탱크의 50 % + 나머지 탱크용량 합계의 10 % 이상

(3) 방유제의 높이 : 0.5 m 이상 3 m 이하

(4) 방유제의 두께 : 0.2 m 이상

(5) 지하매설깊이 : 1 m 이상

(6) 방유제 내의 면적 : 8만 $m^2$ 이하

(7) 방유제 내의 설치하는 옥외저장탱크의 수 : 10 이하
　① 모든 옥외저장탱크의 용량이 20만 L 이하이고, 당해 옥외저장탱크에 저장 또는 취급하는 위험물의 인화점이 70 ℃ 이상 200 ℃ 미만인 경우에는 20 이하
　② 인화점이 200 ℃ 이상인 위험물을 저장 또는 취급하는 옥외저장탱크에 있어서는 제외

(8) 옥외저장탱크의 지름에 따라 그 탱크의 옆판으로부터 다음에 정하는 거리를 유지
　① 지름이 15 m 미만인 경우에는 탱크 높이의 3분의 1 이상
　② 지름이 15 m 이상인 경우에는 탱크 높이의 2분의 1 이상

(9) 용량이 1,000만 L 이상인 옥외저장탱크의 주위에 설치하는 방유제에는 당해 탱크마다 간막이 둑을 설치할 것

## 3 위험물 제조소등 주의사항 표지 및 게시판 기준

(1) 크기 : 한 변의 길이 0.3 m 이상, 다른 한 변의 길이 0.3 m 이상 직사각형

(2) 제조소 표지 : 백색바탕, 흑색문자

(3) 주의사항 게시판 및 색상

| 위험물 종류 | 주의사항 내용 | 색상 |
|---|---|---|
| • 2류 위험물 중 인화성 고체<br>• 3류 위험물 중 자연발화성 물질<br>• 4류 위험물<br>• 5류 위험물 | 화기엄금 | 적색바탕<br>백색문자 |
| • 2류 위험물(인화성 고체 제외) | 화기주의 | 적색바탕<br>백색문자 |
| • 1류 위험물 중 알칼리금속과산화물<br>• 3류 위험물 중 금수성 물질 | 물기엄금 | 청색바탕<br>백색문자 |
| • 1류 위험물(알칼리금속과산화물 제외)<br>• 6류 위험물 | 게시판 필요 없음 | |

[비교] 운반용기의 주의사항

| 위험물 유별 | 위험물 종류 | 주의사항 내용 |
|---|---|---|
| 1류 위험물 | 알칼리금속의 과산화물 | 화기·충격주의, 물기엄금, 가연물접촉주의 |
| | 그 밖의 것 | 화기·충격주의, 가연물접촉주의 |
| 2류 위험물 | 철분·금속분·마그네슘 | 화기주의, 물기엄금 |
| | 인화성 고체 | 화기엄금 |
| | 그 밖의 것 | 화기주의 |
| 3류 위험물 | 자연발화성 물질 | 화기엄금, 공기접촉엄금 |
| | 금수성 물질 | 물기엄금 |
| 4류 위험물 | | 화기엄금 |
| 5류 위험물 | | 화기엄금, 충격주의 |
| 6류 위험물 | | 가연물접촉주의 |

### 4 제조소등의 안전거리의 단축기준

(1) 방화상 유효한 담의 높이는 2 m 이상으로 한다.

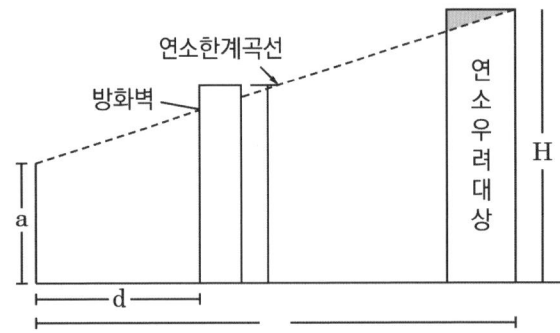

$$H \leq pD^2 + a$$

H : 인근 건축물·공작물 높이
p : 상수
D : 제조소등과 건축물·공작물 사이거리
a : 제조소등의 외벽 높이

(2) 그 외의 경우 담의 높이는 h = H - p(D² - d²) 이상으로 한다.

### 5 제조소의 특례

(1) 알킬알루미늄등(알킬알루미늄·알킬리튬)을 취급하는 제조소의 특례
  알킬알루미늄등을 취급하는 설비에는 불활성 기체를 봉입하는 장치를 갖출 것

(2) 아세트알데하이드등(아세트알데하이드·산화프로필렌)을 취급하는 제조소의 특례
  ① 은·수은·동·마그네슘 또는 이들을 성분으로 하는 합금으로 만들지 아니할 것
  ② 아세트알데하이드등을 취급하는 탱크에는 보냉장치 및 연소성 혼합기체의 생성에 의한 폭발을 방지하기 위한 불활성 기체를 봉입하는 장치를 갖출 것

(3) 하이드록실아민등(하이드록실아민·하이드록실아민염류)을 취급하는 제조소의 특례
  ① 건축물의 벽 또는 이에 상당하는 공작물의 외측으로부터 해당 제조소의 외벽 또는 이에 상당하는 공작물의 외측까지의 사이에 다음 식에 의하여 요구되는 거리 이상의 안전거리를 둘 것

$$D = 51.1\sqrt[3]{N}$$

D : 거리(m)
N : 해당 제조소에서 취급하는 하이드록실아민 등의 지정수량의 배수

② 하이드록실아민등을 취급하는 설비에는 철 이온 등의 혼입에 의한 위험한 반응을 방지하기 위한 조치를 강구할 것

### 6 위험물저장소

(1) 옥내저장소

① 옥내저장소에 안전거리를 두지 않을 수 있는 경우
  ㉠ 제4석유류 또는 동식물유류의 위험물을 저장 또는 취급하는 옥내저장소로서 그 최대수량이 지정수량의 20배 미만인 것
  ㉡ 제6류 위험물을 저장 또는 취급하는 옥내저장소
  ㉢ 지정수량의 20배(하나의 저장창고의 바닥면적이 150 m² 이하인 경우에는 50배) 이하의 위험물을 저장 또는 취급하는 옥내저장소로서 다음의 기준에 적합한 것
    • 저장창고의 벽·기둥·바닥·보 및 지붕이 내화구조인 것
    • 저장창고의 출입구에 수시로 열 수 있는 자동폐쇄방식의 60분+방화문 또는 60분방화문이 설치되어 있을 것
    • 저장창고에 창을 설치하지 아니할 것

② 옥내저장소의 보유공지 기준

| 저장 또는 취급하는 위험물의 최대수량 | 공지의 너비 | |
|---|---|---|
| | 벽·기둥 및 바닥이 내화구조로 된 건축물 | 그 밖의 건축물 |
| 지정수량의 5배 이하 | | 0.5 m 이상 |
| 지정수량의 5배 초과 10배 이하 | 1 m 이상 | 1.5 m 이상 |
| 지정수량의 10배 초과 20배 이하 | 2 m 이상 | 3 m 이상 |
| 지정수량의 20배 초과 50배 이하 | 3 m 이상 | 5 m 이상 |
| 지정수량의 50배 초과 200배 이하 | 5 m 이상 | 10 m 이상 |
| 지정수량의 200배 초과 | 10 m 이상 | 15 m 이상 |
| 다만 지정수량의 20배를 초과하는 옥내저장소와 동일한 부지 내에 있는 다른 옥내저장소와의 사이에는 동표에 정하는 공지의 너비의 3분의 1(당해 수치가 3 m 미만인 경우에는 3 m)의 공지를 보유할 수 있다. | | |

③ 옥내저장소의 저장창고 기준
   ㉠ 처마높이가 6 m 미만인 단층건물, 바닥을 지반면보다 높게 한다.
   ㉡ 저장창고의 바닥면적(2 이상의 구획된 실이 있는 경우에는 각 실의 바닥면적의 합계)은 다음 각 목의 구분에 의한 면적 이하로 하여야 한다)

| 바닥면적 | 저장하는 위험물 |
|---|---|
| 1,000 m² 이하 | • 제1류 위험물 중 아염소산염류, 염소산염류, 과염소산염류, 무기과산화물 그 밖에 지정수량이 50 kg인 위험물<br>• 제3류 위험물 중 칼륨, 나트륨, 알킬알루미늄, 알킬리튬 그 밖에 지정수량이 10 kg인 위험물 및 황린<br>• 제4류 위험물 중 특수인화물, 제1석유류 및 알코올류<br>• 제5류 위험물 중 유기과산화물, 질산에스테르류 그 밖에 지정수량이 10 kg인 위험물<br>• 제6류 위험물 |
| 2,000 m² 이하 | 그 외의 위험물 |
| 1,500 m² 이하 | 위의 위험물을 내화구조의 격벽으로 완전히 구획된 실에 각각 저장하는 창고 |

   ㉢ 제1류 위험물 중 알칼리금속의 과산화물, 제2류 위험물 중 철분·금속분·마그네슘, 제3류 위험물 중 금수성 물질 또는 제4류 위험물의 저장창고의 바닥 : 물이 스며 나오거나 스며들지 아니하는 구조
④ 지정과산화물(제5류 위험물중 유기과산화물) 옥내저장소의 저장창고 강화 기준
   ㉠ 저장창고는 150 m² 이내마다 격벽(두께 30 cm 이상의 철근콘크리트조 또는 철골철근콘크리트조 또는 두께 40 cm 이상의 보강콘크리트블록조)으로 완전하게 구획할 것. 격벽은 저장창고의 양측의 외벽으로부터 1 m 이상, 상부의 지붕으로부터 50 cm 이상 돌출하게 하여야 한다.
   ㉡ 저장창고의 외벽 : 두께 20 cm 이상의 철근콘크리트조나 철골철근콘크리트조 또는 두께 30 cm 이상의 보강콘크리트블록조
   ㉢ 저장창고 지붕의 중도리 또는 서까래의 간격 : 30 cm 이하
   ㉣ 저장창고의 출입구 : 60분+방화문 또는 60분방화문
   ㉤ 저장창고의 창 : 바닥면으로부터 2 m 이상의 높이에 설치하고, 당해 벽면의 면적의 80분의 1 이내로 하며, 하나의 창의 면적을 0.4 m² 이내로 할 것

(2) 옥외저장소
① 옥외저장소에 저장 가능한 위험물

| 저장 가능 위험물 종류 | 세부 위험물 |
|---|---|
| 제2류 위험물 | • 황<br>• 인화성 고체(인화점 0 ℃ 이상) |
| 제4류 위험물 | • 제1석유류(인화점 0 ℃ 이상)  • 알코올류<br>• 제2 ~ 4석유류  • 동식물류 |
| 제6류 위험물 | 모두 포함 |

② 옥외저장소 보유공지 기준

| 저장 또는 취급하는 위험물의 최대수량 | 공지의 너비 |
|---|---|
| 지정수량의 10배 이하 | 3 m 이상 |
| 지정수량의 10배 초과 20배 이하 | 5 m 이상 |
| 지정수량의 20배 초과 50배 이하 | 9 m 이상 |
| 지정수량의 50배 초과 200배 이하 | 12 m 이상 |
| 지정수량의 200배 초과 | 15 m 이상 |

다만 제4류 위험물 중 제4석유류와 제6류 위험물을 저장하는 경우 공지의 너비의 3분의 1 이상의 너비로 할 수 있다.

③ 옥외저장소에 선반을 설치하는 경우 선반의 높이는 6 m를 초과하지 아니할 것
④ 덩어리 상태의 황만을 경계표시의 안쪽에서 저장 또는 취급하는 것
  ㉠ 하나의 경계표시의 내부의 면적은 100 $m^2$ 이하
  ㉡ 2 이상의 경계표시를 설치하는 경우에 있어서는 각각의 경계표시 내부의 면적을 합산한 면적은 1,000 $m^2$ 이하
  ㉢ 경계표시는 불연재료로 만드는 동시에 황이 새지 아니하는 구조
  ㉣ 경계표시의 높이는 1.5 m 이하
  ㉤ 경계표시에는 황이 넘치거나 비산하는 것을 방지하기 위한 천막 등을 고정하는 장치를 설치하되, 천막 등을 고정하는 장치는 경계표시의 길이 2 m마다 한 개 이상 설치
  ㉥ 주위에는 배수구와 분리장치를 설치

(3) 옥내탱크저장소
  ① 옥내탱크저장소의 위치·구조 및 설비 기술기준
    ㉠ 단층건축물에 설치된 탱크전용실에 설치할 것
    ㉡ 옥내저장탱크와 탱크전용실의 벽과의 사이 및 옥내저장탱크의 상호 간에는 0.5 m 이상의 간격을 유지
    ㉢ 옥내저장탱크의 용량(동일한 탱크전용실에 옥내저장탱크를 2 이상 설치하는 경우에는 각 탱크의 용량의 합계) : 지정수량의 40배 이하
    다만 제4석유류 및 동식물유류 외의 제4류 위험물에 있어서 당해 수량이 20,000 L를 초과할 때에는 20,000 L 이하
  ② 옥내저장탱크 중 압력탱크(최대상용압력이 부압 또는 정압 5 KPa을 초과하는 탱크) 외의 탱크(제4류 위험물의 옥내저장탱크로 한정)에 있어서는 밸브 없는 통기관 또는 대기밸브 부착 통기관을 다음의 기준에 따라 설치하고, 압력탱크에 있어서는 안전장치를 설치할 것
    ㉠ 밸브 없는 통기관

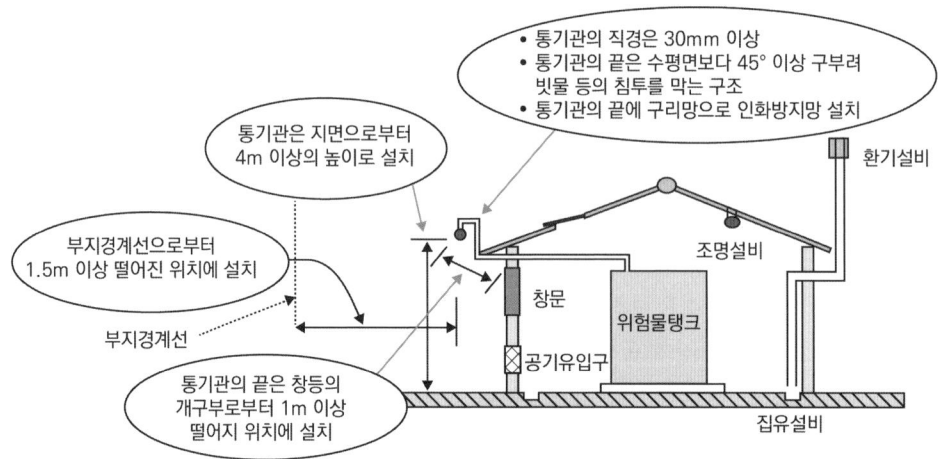

- 통기관의 끝부분은 건축물의 창·출입구 등의 개구부로부터 1 m 이상 떨어진 옥외의 장소에 지면으로부터 4 m 이상의 높이로 설치
- 인화점이 40 ℃ 미만인 위험물의 탱크에 설치하는 통기관에 있어서는 부지경계선으로부터 1.5 m 이상 거리를 둘 것
- 다만 고인화점 위험물만을 100 ℃ 미만의 온도로 저장 또는 취급하는 탱크에 설치하는 통기관은 그 끝부분을 탱크전용실 내에 설치할 수 있다.

- 지름은 30 mm 이상, 끝부분은 수평면보다 45도 이상 구부려 빗물 등의 침투를 막는 구조로 할 것
- 통기관에는 화염방지장치 및 40메쉬 이상의 구리망 또는 동등 이상의 성능을 가진 인화방지장치를 설치할 것
- 가연성의 증기를 회수하기 위한 밸브는 저장탱크에 위험물을 주입하는 경우를 제외하고는 항상 개방되어 있는 구조로 하고, 폐쇄하였을 경우에는 10 kPa 이하의 압력에서 개방되는 구조로 할 것.

ⓒ 대기밸브부착 통기관 : 5 kPa 이하의 압력차이로 작동할 수 있을 것

③ 탱크전용실을 단층 건물 외의 건축물에 설치해야 하는 위험물
ㄱ 제2류 위험물 중 황화인·적린 및 덩어리 황
ⓒ 제3류 위험물 중 황린
ⓒ 제6류 위험물 중 질산
ⓔ 제4류 위험물 중 인화점이 38 ℃ 이상인 위험물

④ 탱크전용실을 1층 또는 지하층에 설치하여야 하는 위험물
ㄱ 제2류 위험물 중 황화인·적린 및 덩어리 황
ⓒ 제3류 위험물 중 황린
ⓔ 제6류 위험물 중 질산

(4) 옥외탱크저장소

① 옥외탱크저장소 보유공지 기준

| 지정수량 배수 | 공지의 너비 |
| --- | --- |
| 500배 이하 | 3 m 이상 |
| 500배 초과 1,000배 이하 | 5 m 이상 |
| 1,00배 초과 2,000배 이하 | 9 m 이상 |
| 2,000배 초과 3,000배 이하 | 12 m 이상 |
| 3,000배 초과 4,000배 이하 | 15 m 이상 |
| 4,000배 초과 | • 탱크 지름과 높이 중 큰 것 이상<br>• 최소 15 m 이상, 최대 30 m 이하 |

다만 제6류 위험물 외의 위험물을 저장 : 보유공지 너비의 3분의 1 이상(최소 3 m 이상)
제6류 위험물을 저장 : 보유공지 너비의 3분의 1 이상(최소 1.5 m 이상)

② 액체 위험물 최대수량에 따른 옥외탱크저장소 구분

| 특정옥외탱크저장소 | 100만 L 이상 |
|---|---|
| 준특정옥외탱크저장소 | 50만 L 이상 100만 L 미만 |

③ 옥외저장탱크의 펌프설비
  ㉠ 펌프설비의 주위에는 너비 3 m 이상의 공지를 보유
  ㉡ 펌프설비로부터 옥외저장탱크까지의 사이에는 당해 옥외저장탱크의 보유공지 너비의 3분의 1 이상의 거리를 유지
  ㉢ 펌프실의 바닥의 주위에는 높이 0.2 m 이상의 턱을 만들고 바닥은 콘크리트 등 위험물이 스며들지 아니하는 재료로 적당히 경사지게 하여 그 최저부에는 집유설비를 설치할 것
  ㉣ 펌프실 외의 장소에 설치하는 펌프설비에는 그 직하의 지반면의 주위에 높이 0.15 m 이상의 턱을 만들고 당해 지반면은 콘크리트 등 위험물이 스며들지 아니하는 재료로 적당히 경사지게 하여 그 최저부에는 집유설비를 할 것

④ 방유제
  ㉠ 방유제의 용량
   • 하나의 취급탱크 : 당해 탱크용량의 110 % 이상
   • 2 이상의 취급탱크 : 용량이 최대인 탱크의 110 % 이상
  ㉡ 그 외의 기준은 위험물제조소 방유제 기준과 동일

(5) 지하탱크저장소
  ① 지하탱크저장소의 지하저장탱크

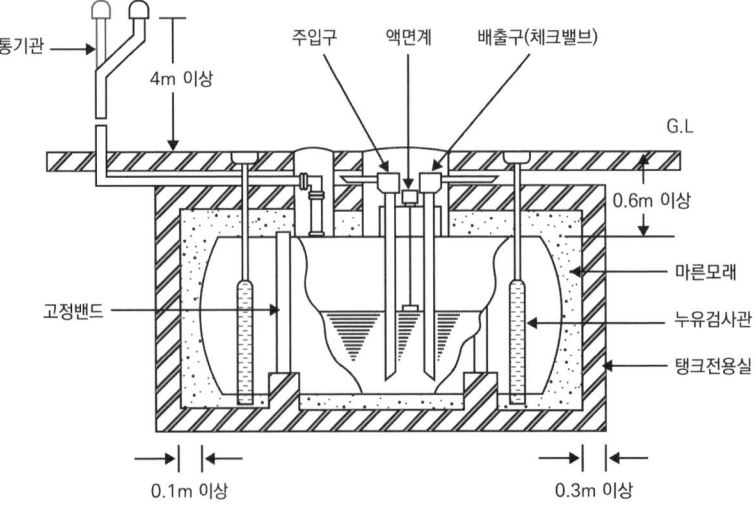

㉠ 탱크전용실은 지하의 가장 가까운 벽·피트·가스관 등의 시설물 및 대지경계선으로부터 0.1 m 이상 떨어진 곳에 설치하고, 지하저장탱크와 탱크전용실의 안쪽과의 사이는 0.1 m 이상의 간격을 유지하도록 하며, 당해 탱크의 주위에 마른 모래 또는 습기 등에 의하여 응고되지 아니하는 입자지름 5 mm 이하의 마른 자갈분을 채워야 한다.

㉡ 지하저장탱크의 윗부분은 지면으로부터 0.6 m 이상 아래에 있어야 한다.

㉢ 지하저장탱크를 2 이상 인접해 설치하는 경우에는 그 상호 간에 1 m(당해 2 이상의 지하저장탱크의 용량의 합계가 지정수량의 100배 이하인 때에는 0.5 m) 이상의 간격을 유지하여야 한다. 다만 그 사이에 탱크전용실의 벽이나 두께 20 cm 이상의 콘크리트 구조물이 있는 경우에는 그러하지 아니하다.

㉣ 벽·바닥 및 뚜껑의 두께는 0.3 m 이상일 것

② 지하탱크저장소의 시험압력

㉠ 압력탱크(최대상용압력이 46.7 kPa 이상인 탱크) : 최대상용압력의 최대상용압력의 1.5배의 압력으로 10분간 수압시험을 실시하여 새거나 변형되지 아니하여야 한다.

㉡ 그 외의 탱크 : 70 kPa의 압력으로 10분간 수압시험을 실시하여 새거나 변형되지 아니하여야 한다.

(6) 간이탱크저장소 및 이동탱크저장소

① 간이탱크저장소

㉠ 간이저장탱크의 용량 : 600 L 이하

㉡ 간이저장탱크는 두께 3.2 mm 이상의 강판으로 흠이 없도록 제작하고, 70 kPa의 압력으로 10분간의 수압시험을 실시하여 새거나 변형되지 아니하여야 한다.

② 이동탱크저장소

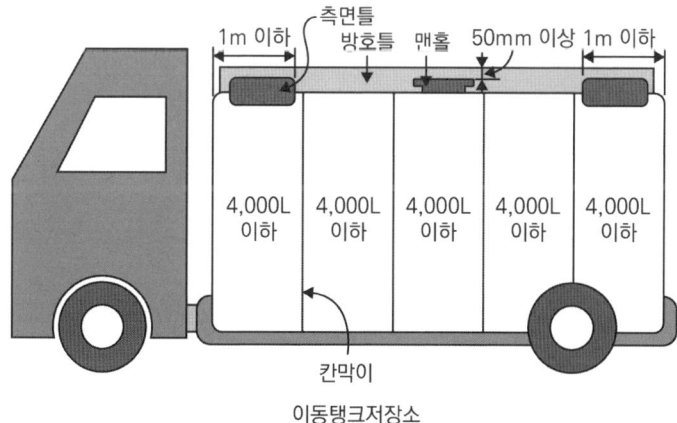

이동탱크저장소

㉠ 지정수량 이상 위험물 운반 시 이동탱크저장소에 흑색바탕의 황색반사도료 "위험물" 표지를 설치할 것
㉡ 탱크(맨홀 및 주입관의 뚜껑 포함)는 두께 3.2 mm 이상의 강철판 또는 이와 동등 이상의 강도·내식성 및 내열성이 있는 것
㉢ 이동저장탱크는 그 내부에 4,000 L 이하마다 3.2 mm 이상의 강철판 또는 이와 동등 이상의 강도·내열성 및 내식성이 있는 금속성의 것으로 칸막이를 설치
㉣ 칸막이로 구획된 각 부분마다 맨홀과 안전장치 및 방파판을 설치하여야 한다. 다만 칸막이로 구획된 부분의 용량이 2,000 L 미만인 부분에는 방파판을 설치하지 아니할 수 있다.
- 상용압력이 20 kPa 이하인 탱크 : 20 kPa 이상 24 kPa 이하의 압력에서 작동하는 안전장치
- 상용압력이 20 kPa를 초과하는 탱크 : 상용압력의 1.1배 이하의 압력에서 작동하는 안전장치
- 방파판은 두께 1.6 mm 이상의 강철판 또는 이와 동등 이상의 강도·내열성 및 내식성이 있는 금속성의 것으로 할 것
- 하나의 구획부분에 2개 이상의 방파판을 이동탱크저장소의 진행방향과 평행으로 설치할 것
- 하나의 구획부분에 설치하는 각 방파판의 면적의 합계는 당해 구획부분의 최대 수직단면적의 50 % 이상으로 할 것

(7) 암반탱크저장소
① 암반탱크저장소
   암반투수계수가 1초당 10만분의 1 m 이하인 천연암반 내에 설치
② 탱크의 공간용적
   ㉠ 일반적인 탱크 : 탱크의 내용적의 100분의 5 이상 100분의 10 이하
   ㉡ 암반탱크 : 탱크 내에 용출하는 7일간의 지하수의 양에 상당하는 용적과 탱크 내용적의 100분의 1의 용적 중 더 큰 용적

## 7 위험물취급소

(1) 주유취급소

① 표지 및 게시판 색상기준

| "위험물 주유취급소" 표지 | 백색바탕 흑색문자 |
|---|---|
| "주유 중 엔진정지" 게시판 | 황색바탕 흑색문자 |

② 탱크의 용량
  ㉠ 고정주유설비 및 고정급유설비에 직접 접속하는 전용탱크 : 50,000 L 이하
  ㉡ 보일러 등에 직접 접속하는 전용탱크 : 10,000 L 이하
  ㉢ 폐유·윤활유 등의 위험물을 저장하는 탱크 : 2,000 L 이하
  ㉣ 고속국도(고속도로)의 주유취급소 탱크 : 60,000 L 이하

③ 고정주유설비(자동차 등의 연료탱크에 직접 주유하기 위한 설비) 및 고정급유설비(이동탱크 또는 용기에 위험물을 주입하기 위한 설비)
  ㉠ 주유관 선단에서의 최대토출량
    • 제1석유류의 경우 : 50 L/min 이하
    • 경유의 경우 : 180 L/min 이하
    • 등유의 경우 : 80 L/min 이하
  ㉡ 주유관의 길이 : 5 m 이내
  ㉢ 고정주유설비의 설치 기준
    • 고정주유설비의 중심선을 기점으로 하여 도로경계선까지 : 4 m 이상
    • 부지경계선·담 및 건축물의 벽까지 2 m(개구부가 없는 벽까지는 1 m) 이상의 거리를 유지
  ㉣ 고정급유설비의 설치 기준
    • 고정급유설비의 중심선을 기점으로 하여 도로경계선까지 4 m 이상
    • 부지경계선 및 담까지 1 m 이상, 건축물의 벽까지 2 m(개구부가 없는 벽까지는 1 m) 이상의 거리를 유지
  ㉤ 고정주유설비와 고정급유설비의 사이에는 4 m 이상의 거리를 유지

④ 셀프용고정주유설비 및 셀프용고정급유설비
  ㉠ 셀프용고정주유설비 1회의 연속주유량 및 주유시간
    • 휘발유 : 100 L 이하, 4분 이하
    • 경유 : 600 L 이하, 12분 이하
  ㉡ 셀프용고정급유설비 1회의 연속주유량 및 주유시간 : 100 L 이하, 6분 이하

(2) 판매취급소

① 저장 또는 취급하는 위험물의 수량에 따른 구분

| 지정수량의 20배 이하인 판매취급소 | 제1종 판매취급소 |
|---|---|
| 지정수량의 40배 이하인 판매취급소 | 제2종 판매취급소 |

② 위험물을 배합하는 실
　㉠ 바닥면적 : 6 $m^2$ 이상 15 $m^2$ 이하
　㉡ 출입구 문턱의 높이 : 바닥면으로부터 0.1 m 이상

## ■ 위험물안전관리에 관한 세부기준 [별지 제18호서식]

(3쪽 중 1쪽)

| [ ] 옥내<br>[ ] 옥외 | | 소화전설비 일반점검표 | | 점검기간 :<br>점검자 :      서명(또는 인)<br>설치자 :      서명(또는 인) | |
|---|---|---|---|---|---|
| 제조소등의 구분 | | | 제조소등의 설치허가 연월일 및 완공검사번호 | | |
| 소화설비의 호칭번호 | | | | | |
| 점검항목 | | 점검내용 | 점검방법 | 점검결과 | 비고 |
| 수원 | 수조 | 누수·변형·손상 유무 | 육안 | [ ]적합 [ ]부적합 [ ]해당없음 | |
| | 수원량·상태 | 수원량 적부 | 육안 | [ ]적합 [ ]부적합 [ ]해당없음 | |
| | | 부유물·침전물 유무 | 육안 | [ ]적합 [ ]부적합 [ ]해당없음 | |
| | 급수장치 | 부식·손상 유무 | 육안 | [ ]적합 [ ]부적합 [ ]해당없음 | |
| | | 기능의 적부 | 작동확인 | [ ]적합 [ ]부적합 [ ]해당없음 | |
| 흡수장치 | 흡수조 | 누수·변형·손상 유무 | 육안 | [ ]적합 [ ]부적합 [ ]해당없음 | |
| | | 물의 양·상태 적부 | 육안 | [ ]적합 [ ]부적합 [ ]해당없음 | |
| | 밸브 | 변형·손상 유무 | 육안 | [ ]적합 [ ]부적합 [ ]해당없음 | |
| | | 개폐상태 및 기능의 적부 | 육안 및 작동확인 | [ ]적합 [ ]부적합 [ ]해당없음 | |
| | 자동급수장치 | 변형·손상 유무 | 육안 | [ ]적합 [ ]부적합 [ ]해당없음 | |
| | | 기능의 적부 | 육안 | [ ]적합 [ ]부적합 [ ]해당없음 | |
| | 감수경보장치 | 변형·손상 유무 | 육안 | [ ]적합 [ ]부적합 [ ]해당없음 | |
| | | 기능의 적부 | 작동확인 | [ ]적합 [ ]부적합 [ ]해당없음 | |
| 가압송수장치 | 전동기 | 변형·손상 유무 | 육안 | [ ]적합 [ ]부적합 [ ]해당없음 | |
| | | 회전부 등의 급유상태 적부 | 육안 | [ ]적합 [ ]부적합 [ ]해당없음 | |
| | | 기능의 적부 | 작동확인 | [ ]적합 [ ]부적합 [ ]해당없음 | |
| | | 고정상태의 적부 | 육안 | [ ]적합 [ ]부적합 [ ]해당없음 | |
| | | 이상소음·진동·발열 유무 | 육안 및 작동확인 | [ ]적합 [ ]부적합 [ ]해당없음 | |
| | 내연기관 본체 | 변형·손상 유무 | 육안 | [ ]적합 [ ]부적합 [ ]해당없음 | |
| | | 회전부 등의 급유상태 적부 | 육안 | [ ]적합 [ ]부적합 [ ]해당없음 | |
| | | 기능의 적부 | 작동확인 | [ ]적합 [ ]부적합 [ ]해당없음 | |
| | | 고정상태의 적부 | 육안 | [ ]적합 [ ]부적합 [ ]해당없음 | |
| | | 이상소음·진동·발열 유무 | 육안 및 작동확인 | [ ]적합 [ ]부적합 [ ]해당없음 | |
| | 연료탱크 | 누설·부식·변형 유무 | 육안 | [ ]적합 [ ]부적합 [ ]해당없음 | |
| | | 연료량의 적부 | 육안 | [ ]적합 [ ]부적합 [ ]해당없음 | |
| | | 밸브개폐상태 및 기능의 적부 | 육안 및 작동확인 | [ ]적합 [ ]부적합 [ ]해당없음 | |
| | 윤활유 | 현저한 노후의 유무 및 양의 적부 | 육안 | [ ]적합 [ ]부적합 [ ]해당없음 | |
| | 축전지 | 부식·변형·손상 유무 | 육안 | [ ]적합 [ ]부적합 [ ]해당없음 | |
| | | 전해액량의 적부 | 육안 | [ ]적합 [ ]부적합 [ ]해당없음 | |
| | | 단자전압의 적부 | 전압측정 | [ ]적합 [ ]부적합 [ ]해당없음 | |
| | 동력전달장치 | 부식·변형·손상 유무 | 육안 | [ ]적합 [ ]부적합 [ ]해당없음 | |
| | | 기능의 적부 | 육안 | [ ]적합 [ ]부적합 [ ]해당없음 | |
| | 기동장치 | 부식·변형·손상 유무 | 육안 | [ ]적합 [ ]부적합 [ ]해당없음 | |
| | | 기능의 적부 | 작동확인 | [ ]적합 [ ]부적합 [ ]해당없음 | |
| | | 회전수의 적부 | 육안 | [ ]적합 [ ]부적합 [ ]해당없음 | |
| | 냉각장치 | 냉각수의 누수 유무 및 물의 양·상태 적부 | 육안 | [ ]적합 [ ]부적합 [ ]해당없음 | |
| | | 부식·변형·손상 유무 | 육안 | [ ]적합 [ ]부적합 [ ]해당없음 | |
| | | 기능의 적부 | 작동확인 | [ ]적합 [ ]부적합 [ ]해당없음 | |
| | 급배기장치 | 변형·손상 유무 | 육안 | [ ]적합 [ ]부적합 [ ]해당없음 | |
| | | 주위의 가연물 유무 | 육안 | [ ]적합 [ ]부적합 [ ]해당없음 | |
| | | 기능의 적부 | 작동확인 | [ ]적합 [ ]부적합 [ ]해당없음 | |
| | 펌프 | 누수·부식·변형·손상 유무 | 육안 | [ ]적합 [ ]완접합 [ ]해당없음 | |
| | | 회전부 등의 급유상태 적부 | 육안 | [ ]적합 [ ]부적합 [ ]해당없음 | |
| | | 기능의 적부 | 작동확인 | [ ]적합 [ ]부적합 [ ]해당없음 | |
| | | 고정상태의 적부 | 육안 | [ ]적합 [ ]부적합 [ ]해당없음 | |
| | | 이상소음·진동·발열 유무 | 육안 및 작동확인 | [ ]적합 [ ]부적합 [ ]해당없음 | |
| | | 압력의 적부 | 육안 | [ ]적합 [ ]부적합 [ ]해당없음 | |
| | | 계기판의 적부 | 육안 | [ ]적합 [ ]부적합 [ ]해당없음 | |

(3쪽 중 2쪽)

| | | 조작부 주위의 장애물 유무 | 육안 | [ ]적합 [ ]부적합 [ ]해당없음 | |
|---|---|---|---|---|---|
| | 기동장치 | 표지의 손상 유무 및 기재사항의 적부 | 육안 | [ ]적합 [ ]부적합 [ ]해당없음 | |
| | | 기능의 적부 | 작동확인 | [ ]적합 [ ]부적합 [ ]해당없음 | |
| 전동기 제어장치 | 제어반 | 변형·손상 유무 | 육안 | [ ]적합 [ ]부적합 [ ]해당없음 | |
| | | 조작관리상 지장 유무 | 육안 | [ ]적합 [ ]부적합 [ ]해당없음 | |
| | 전원전압 | 전압의 지시상황 적부 | 육안 | [ ]적합 [ ]부적합 [ ]해당없음 | |
| | | 전원등의 점등상황 적부 | 작동확인 | [ ]적합 [ ]부적합 [ ]해당없음 | |
| | 계기 및 스위치류 | 변형·손상 유무 | 육안 | [ ]적합 [ ]부적합 [ ]해당없음 | |
| | | 단자의 풀림·탈락 유무 | 육안 | [ ]적합 [ ]부적합 [ ]해당없음 | |
| | | 개폐상황 및 기능의 적부 | 육안 및 작동확인 | [ ]적합 [ ]부적합 [ ]해당없음 | |
| | 휴즈류 | 손상·용단 유무 | 육안 | [ ]적합 [ ]부적합 [ ]해당없음 | |
| | | 종류·용량의 적부 | 육안 | [ ]적합 [ ]부적합 [ ]해당없음 | |
| | | 예비품의 유무 | 육안 | [ ]적합 [ ]부적합 [ ]해당없음 | |
| | 차단기 | 단자의 풀림·탈락 유무 | 육안 | [ ]적합 [ ]부적합 [ ]해당없음 | |
| | | 접점의 소손 유무 | 육안 | [ ]적합 [ ]부적합 [ ]해당없음 | |
| | | 기능의 적부 | 작동확인 | [ ]적합 [ ]부적합 [ ]해당없음 | |
| | 결선접속 | 풀림·탈락·피복 손상 유무 | 육안 | [ ]적합 [ ]부적합 [ ]해당없음 | |
| 배관등 | 밸브류 | 변형·손상 유무 | 육안 | [ ]적합 [ ]부적합 [ ]해당없음 | |
| | | 개폐상태 및 작동의 적부 | 작동확인 | [ ]적합 [ ]부적합 [ ]해당없음 | |
| | 여과장치 | 변형·손상 유무 | 육안 | [ ]적합 [ ]부적합 [ ]해당없음 | |
| | | 여과망의 손상·이물의 퇴적 유무 | 육안 | [ ]적합 [ ]부적합 [ ]해당없음 | |
| | 배관 | 누설·변형·손상 유무 | 육안 | [ ]적합 [ ]부적합 [ ]해당없음 | |
| | | 도장상황의 적부 및 부식 유무 | 육안 | [ ]적합 [ ]부적합 [ ]해당없음 | |
| | | 드레인피트의 손상 유무 | 육안 | [ ]적합 [ ]부적합 [ ]해당없음 | |
| 소화전 | 소화전함 | 부식·변형·손상 유무 | 육안 | [ ]적합 [ ]부적합 [ ]해당없음 | |
| | | 주위 장애물 유무 | 육안 | [ ]적합 [ ]부적합 [ ]해당없음 | |
| | | 부속공구의 비치상태 및 표지의 적부 | 육안 | [ ]적합 [ ]부적합 [ ]해당없음 | |
| | 호스 및 노즐 | 변형·손상 유무 | 육안 | [ ]적합 [ ]부적합 [ ]해당없음 | |
| | | 수량 및 기능의 적부 | 육안 | [ ]적합 [ ]부적합 [ ]해당없음 | |
| | 표시등 | 손상 유무 | 육안 | [ ]적합 [ ]부적합 [ ]해당없음 | |
| | | 점등 상황의 적부 | 작동확인 | [ ]적합 [ ]부적합 [ ]해당없음 | |
| 예비동력원 | 자가발전설비 | 본체 | 변형·손상 유무 | 육안 | [ ]적합 [ ]부적합 [ ]해당없음 | |
| | | | 회전부 등의 급유상태 적부 | 육안 | [ ]적합 [ ]부적합 [ ]해당없음 | |
| | | | 기능의 적부 | 작동확인 | [ ]적합 [ ]부적합 [ ]해당없음 | |
| | | | 고정상태의 적부 | 육안 | [ ]적합 [ ]부적합 [ ]해당없음 | |
| | | | 이상소음·진동·발열 유무 | 육안 및 작동확인 | [ ]적합 [ ]부적합 [ ]해당없음 | |
| | | | 절연저항치의 적부 | 저항측정 | [ ]적합 [ ]부적합 [ ]해당없음 | |
| | | 연료탱크 | 누설·부식·변형 유무 | 육안 | [ ]적합 [ ]부적합 [ ]해당없음 | |
| | | | 연료량의 적부 | 육안 | [ ]적합 [ ]부적합 [ ]해당없음 | |
| | | | 밸브개폐상태 및 기능의 적부 | 육안 및 작동확인 | [ ]적합 [ ]부적합 [ ]해당없음 | |
| | | 윤활유 | 현저한 노후의 유무 및 양의 적부 | 육안 | [ ]적합 [ ]부적합 [ ]해당없음 | |
| | | 축전지 | 부식·변형·손상 유무 | 육안 | [ ]적합 [ ]부적합 [ ]해당없음 | |
| | | | 전해액량 및 단자전압의 적부 | 육안 및 전압측정 | [ ]적합 [ ]부적합 [ ]해당없음 | |
| | | 냉각장치 | 냉각수의 누수 유무 | 육안 | [ ]적합 [ ]부적합 [ ]해당없음 | |
| | | | 물의 양·상태의 적부 | 육안 | [ ]적합 [ ]부적합 [ ]해당없음 | |
| | | | 부식·변형·손상 유무 | 육안 | [ ]적합 [ ]부적합 [ ]해당없음 | |
| | | | 기능의 적부 | 작동확인 | [ ]적합 [ ]부적합 [ ]해당없음 | |
| | | 급배기장치 | 변형·손상 유무 | 육안 | [ ]적합 [ ]부적합 [ ]해당없음 | |
| | | | 주위 가연물의 유무 | 육안 | [ ]적합 [ ]부적합 [ ]해당없음 | |
| | | | 기능의 적부 | 작동확인 | [ ]적합 [ ]부적합 [ ]해당없음 | |
| | 축전지설비 | | 부식·변형·손상 유무 | 육안 | [ ]적합 [ ]부적합 [ ]해당없음 | |
| | | | 전해액량 및 단자전압의 적부 | 육안 및 전압측정 | [ ]적합 [ ]부적합 [ ]해당없음 | |
| | | | 기능의 적부 | 작동확인 | [ ]적합 [ ]부적합 [ ]해당없음 | |
| | 기동장치 | | 부식·변형·손상 유무 | 육안 | [ ]적합 [ ]부적합 [ ]해당없음 | |
| | | | 조작부 주위의 장애물 유무 | 육안 | [ ]적합 [ ]부적합 [ ]해당없음 | |
| | | | 기능의 적부 | 작동확인 | [ ]적합 [ ]부적합 [ ]해당없음 | |
| 기타사항 | | | | | | |

### 작성방법

1. 이 일반점검표는 규칙 제64조에 따른 정기점검을 실시하고, 그 결과를 기록하는 데 사용합니다.
2. "점검기간"란에는 점검을 개시하여 완료할 때까지의 기간을 기재하고, 그 기간이 1일인 경우에는 점검일자를 기재합니다.
3. "점검자"란에는 규칙 제67조에 따른 정기점검의 실시자의 성명과 서명(또는 인)을 기재하고, 실시자의 위임 등에 따라 실시자가 아닌 자가 점검을 하더라도 위 실시자의 정보를 기재합니다. 이 경우 실시자가 아닌 구체적인 점검행위를 한 자의 성명, 상호 등을 "점검항목"란의 기타사항에 추가로 기재합니다.
4. "설치허가 연월일"란에는 허가청이 해당 제조소등에 대한 설치허가처분의 문서를 최초로 통지한 날을 기재하고, "완공검사번호"란에는 가장 최근에 실시한 완공검사에 합격하여 부여받은 번호를 기재합니다.
5. "사업소명"란에는 해당 제조소등이 속한 사업소의 명칭을 기재합니다.
6. "안전관리자"란에는 해당 제조소등에 선임된 위험물안전관리자의 성명을 기재하고, 안전관리자가 다수의 제조소등에 중복하여 선임된 경우에는 '중복 선임' 등 해당 사실을 인지할 수 있는 표기를 추가로 합니다.
7. "설치위치"란에는 해당 제조소등이 속한 곳의 주소와 해당 제조소등의 설치위치를 특정할 수 있는 내용을 기재합니다.
8. "품명"란에는 해당 제조소등에서 저장 또는 취급하는 위험물의 품명을 기재하고, 복수의 품명을 저장 또는 취급하는 경우에는 해당하는 품명을 전부 기재합니다(기재란이 부족한 경우에는 별지에 기재하여 첨부).
9. "허가량"란에는 해당 제조소등에서 허가를 받고 저장 또는 취급하는 위험물의 총량을 기재하고, 복수의 품명을 저장 또는 취급하는 경우에는 해당하는 품명별 저장량 또는 취급량을 각각 기재합니다.
10. "위험물 저장·취급 개요"란에는 해당 위험물의 용도, 저장·취급기간, 저장·취급방법 등 해당 제조소등에서 위험물을 저장 또는 취급하는 내용에 대해 간략하게 기재합니다.
11. "시설명/호칭번호"란에는 제조소등을 식별할 수 있도록 해당 제조소등의 관리명칭, 관리번호 또는 「자동차관리법」제16조에 따라 부여된 자동차 등록번호(이동탱크저장소에 한함) 등을 기재합니다.
12. "점검결과"란에는 해당 제조소등의 위치·구조 및 설비의 기술기준 적합성 여부 등에 따라 다음과 같이 표시 등을 합니다.
    가. 점검결과가 적합한 경우에는 "[ ]적합"란에, 부적합한 경우에는 "[ ]부적합"란에 각각 √표시를 함
    나. 해당 제조소등에 부존재하는 점검항목 등에 대한 점검결과는 "[ ]해당없음"란에 √표시를 함
    다. 점검항목 중 "접지저항치의 적부"에는 접지측정 부위별 그 저항치 측정값을 별지에 기재하여 첨부함
    라. 점검방법이 수개인 경우에는 해당 점검방법을 모두 이행해야 하나, 그중 일부를 이행하더라도 적정한 점검을 할 수 있는 경우에는 그러하지 않음
13. "비고"란의 기재방법, 기재사항 등은 다음과 같습니다.
    가. 부적합한 점검항목에 대한 수리·개조·이전 등을 한 연월일과 수리·개조·이전 등의 구체적 내용을 기재함
    나. 해당 제조소등의 구조, 위험물의 저장·취급형태 등에 비추어 특정 점검항목에 대한 점검이 현저히 곤란한 경우에는 "점검곤란"표기와 그 사유를 기재함. 이 경우 "점검결과"란은 공란으로 둠.
    다. 점검항목 중 일부에 대해 다른 법령에 따른 점검 등을 이미 실시하여 해당 점검항목에 한해 정기점검을 실시하지 않는 경우에는 다른 법령에 따른 점검 등의 개요를 기재함. 이 경우 "점검결과"란에는 다른 법령에 따른 점검결과를 표시함.
14. 다수의 제조소등에 각각 설치된 소화설비 중 공동으로 사용하는 구성설비가 있는 경우에는 해당 구성설비가 소속되는 대표 제조소등을 지정하고, 그 제조소등 소화설비의 일반점검표를 작성하면 나머지 제조소등 소화설비의 일반점검표 중 해당 점검항목에 대한 점검결과의 표시를 생략할 수 있습니다. 이 경우 해당 점검항목에 대한 "비고"란에는 대표 제조소등의 일반점검표에 해당 점검결과가 표시되었음을 기재해야 합니다.
15. 소화설비의 일반점검표 중 "제조소등의 구분"란에는 해당 소화설비가 설치된 제조소등을, "소화설비의 호칭번호"란에는 해당 소화설비에 대해 자체적으로 관리하는 번호 등을 기재합니다.

■ 위험물안전관리에 관한 세부기준 [별지 제19호서식]  (3쪽 중 1쪽)

| [ ] 물분무소화설비<br>[ ] 스프링클러설비 | | 일반점검표 | | 점검기간 :<br>점검자 : 서명(또는 인)<br>설치자 : 서명(또는 인) | |
|---|---|---|---|---|---|
| 제조소등의 구분 | | | 제조소등의 설치허가 연월일 및<br>완공검사번호 | | |
| 소화설비의 호칭번호 | | | | | |
| 점검항목 | | 점검내용 | 점검방법 | 점검결과 | 비고 |
| 수<br>원 | 수조 | 누수·변형·손상 유무 | 육안 | [ ]적합 [ ]부적합 [ ]해당없음 | |
| | 수원량·상태 | 수원량의 적부 | 육안 | [ ]적합 [ ]부적합 [ ]해당없음 | |
| | | 부유물·침전물 유무 | 육안 | [ ]적합 [ ]부적합 [ ]해당없음 | |
| | 급수장치 | 부식·손상 유무 | 육안 | [ ]적합 [ ]부적합 [ ]해당없음 | |
| | | 기능의 적부 | 작동확인 | [ ]적합 [ ]부적합 [ ]해당없음 | |
| 흡<br>수<br>장<br>치 | 흡수조 | 누수·변형·손상 유무 | 육안 | [ ]적합 [ ]부적합 [ ]해당없음 | |
| | | 물의 양·상태의 적부 | 육안 | [ ]적합 [ ]부적합 [ ]해당없음 | |
| | 밸브 | 변형·손상 유무 | 육안 | [ ]적합 [ ]부적합 [ ]해당없음 | |
| | | 개폐상태 및 기능의 적부 | 육안 및 작동확인 | [ ]적합 [ ]부적합 [ ]해당없음 | |
| | 자동급수장치 | 변형·손상 유무 | 육안 | [ ]적합 [ ]부적합 [ ]해당없음 | |
| | | 기능의 적부 | 육안 | [ ]적합 [ ]부적합 [ ]해당없음 | |
| | 감수경보장치 | 변형·손상 유무 | 육안 | [ ]적합 [ ]부적합 [ ]해당없음 | |
| | | 기능의 적부 | 작동확인 | [ ]적합 [ ]부적합 [ ]해당없음 | |
| 가<br>압<br>송<br>수<br>장<br>치 | 전동기 | 변형·손상 유무 | 육안 | [ ]적합 [ ]부적합 [ ]해당없음 | |
| | | 회전부 등의 급유상태의 적부 | 육안 | [ ]적합 [ ]부적합 [ ]해당없음 | |
| | | 기능의 적부 | 작동확인 | [ ]적합 [ ]부적합 [ ]해당없음 | |
| | | 고정상태의 적부 | 육안 | [ ]적합 [ ]부적합 [ ]해당없음 | |
| | | 이상소음·진동·발열 유무 | 육안 및 작동확인 | [ ]적합 [ ]부적합 [ ]해당없음 | |
| | 내<br>연<br>기<br>관 | 본체 | 변형·손상 유무 | 육안 | [ ]적합 [ ]부적합 [ ]해당없음 | |
| | | | 회전부 등의 급유상태 적부 | 육안 | [ ]적합 [ ]부적합 [ ]해당없음 | |
| | | | 기능의 적부 | 작동확인 | [ ]적합 [ ]부적합 [ ]해당없음 | |
| | | | 고정상태의 적부 | 육안 | [ ]적합 [ ]부적합 [ ]해당없음 | |
| | | | 이상소음·진동·발열 유무 | 육안 및 작동확인 | [ ]적합 [ ]부적합 [ ]해당없음 | |
| | | 연료탱크 | 누설·부식·변형 유무 | 육안 | [ ]적합 [ ]부적합 [ ]해당없음 | |
| | | | 연료량의 적부 | 육안 | [ ]적합 [ ]부적합 [ ]해당없음 | |
| | | | 밸브개폐상태 및 기능의 적부 | 육안 및 작동확인 | [ ]적합 [ ]부적합 [ ]해당없음 | |
| | | 윤활유 | 현저한 노후의 유무 및 양의 적부 | 육안 | [ ]적합 [ ]부적합 [ ]해당없음 | |
| | | 축전지 | 부식·변형·손상 유무 | 육안 | [ ]적합 [ ]부적합 [ ]해당없음 | |
| | | | 전해액량의 적부 | 육안 | [ ]적합 [ ]부적합 [ ]해당없음 | |
| | | | 단자전압의 적부 | 전압측정 | [ ]적합 [ ]부적합 [ ]해당없음 | |
| | | 동력전달장치 | 부식·변형·손상 유무 | 육안 | [ ]적합 [ ]부적합 [ ]해당없음 | |
| | | | 기능의 적부 | 육안 | [ ]적합 [ ]부적합 [ ]해당없음 | |
| | | 기동장치 | 부식·변형·손상 유무 | 육안 | [ ]적합 [ ]부적합 [ ]해당없음 | |
| | | | 기능의 적부 | 작동확인 | [ ]적합 [ ]부적합 [ ]해당없음 | |
| | | | 회전수의 적부 | 육안 | [ ]적합 [ ]부적합 [ ]해당없음 | |
| | | 냉각장치 | 냉각수의 누수 유무 및 물의 양·<br>상태의 적부 | 육안 | [ ]적합 [ ]부적합 [ ]해당없음 | |
| | | | 부식·변형·손상 유무 | 육안 | [ ]적합 [ ]부적합 [ ]해당없음 | |
| | | | 기능의 적부 | 작동확인 | [ ]적합 [ ]부적합 [ ]해당없음 | |
| | | 급배기장치 | 변형·손상 유무 | 육안 | [ ]적합 [ ]부적합 [ ]해당없음 | |
| | | | 주위의 가연물 유무 | 육안 | [ ]적합 [ ]부적합 [ ]해당없음 | |
| | | | 기능의 적부 | 작동확인 | [ ]적합 [ ]부적합 [ ]해당없음 | |
| | 펌프 | | 누수·부식·변형·손상 유무 | 육안 | [ ]적합 [ ]부적합 [ ]해당없음 | |
| | | | 회전부 등의 급유상태 적부 | 육안 | [ ]적합 [ ]부적합 [ ]해당없음 | |
| | | | 기능의 적부 | 작동확인 | [ ]적합 [ ]부적합 [ ]해당없음 | |
| | | | 고정상태의 적부 | 육안 | [ ]적합 [ ]부적합 [ ]해당없음 | |
| | | | 이상소음·진동·발열 유무 | 육안 및 작동확인 | [ ]적합 [ ]부적합 [ ]해당없음 | |
| | | | 압력의 적부 | 육안 | [ ]적합 [ ]부적합 [ ]해당없음 | |
| | | | 계기판의 적부 | 육안 | [ ]적합 [ ]부적합 [ ]해당없음 | |

(3쪽 중 2쪽)

| | | 조작 부주위의 장애물 유무 | 육안 | [ ]적합 [ ]부적합 [ ]해당없음 | |
|---|---|---|---|---|---|
| | 기동장치 | 표지의 손상 유무 및 기재사항의 적부 | 육안 | [ ]적합 [ ]부적합 [ ]해당없음 | |
| | | 기능의 적부 | 작동확인 | [ ]적합 [ ]부적합 [ ]해당없음 | |
| 전동기 제어장치 | 제어반 | 변형·손상 유무 | 육안 | [ ]적합 [ ]부적합 [ ]해당없음 | |
| | | 조작관리상 지장 유무 | 육안 | [ ]적합 [ ]부적합 [ ]해당없음 | |
| | 전원전압 | 전압의 지시상황의 적부 | 육안 | [ ]적합 [ ]부적합 [ ]해당없음 | |
| | | 전원 등의 점등상황 적부 | 작동확인 | [ ]적합 [ ]부적합 [ ]해당없음 | |
| | 계기 및 스위치류 | 변형·손상 유무 | 육안 | [ ]적합 [ ]부적합 [ ]해당없음 | |
| | | 단자의 풀림·탈락 유무 | 육안 | [ ]적합 [ ]부적합 [ ]해당없음 | |
| | | 개폐상황 및 기능의 적부 | 육안 및 작동확인 | [ ]적합 [ ]부적합 [ ]해당없음 | |
| | 휴즈류 | 손상·용단 유무 | 육안 | [ ]적합 [ ]부적합 [ ]해당없음 | |
| | | 종류·용량의 적부 | 육안 | [ ]적합 [ ]부적합 [ ]해당없음 | |
| | | 예비품의 유무 | 육안 | [ ]적합 [ ]부적합 [ ]해당없음 | |
| | 차단기 | 단자의 풀림·탈락 유무 | 육안 | [ ]적합 [ ]부적합 [ ]해당없음 | |
| | | 접점의 소손 유무 | 육안 | [ ]적합 [ ]부적합 [ ]해당없음 | |
| | | 기능의 적부 | 작동확인 | [ ]적합 [ ]부적합 [ ]해당없음 | |
| | 결선접속 | 풀림·탈락·피복손상 유무 | 육안 | [ ]적합 [ ]부적합 [ ]해당없음 | |
| 배관 등 | 밸브류 | 변형·손상 유무 | 육안 | [ ]적합 [ ]부적합 [ ]해당없음 | |
| | | 개폐상태 및 작동의 적부 | 작동확인 | [ ]적합 [ ]부적합 [ ]해당없음 | |
| | 여과장치 | 변형·손상 유무 | 육안 | [ ]적합 [ ]부적합 [ ]해당없음 | |
| | | 여과망의 손상·이물의 퇴적 유무 | 육안 | [ ]적합 [ ]부적합 [ ]해당없음 | |
| | 배관 | 누설·변형·손상 유무 | 육안 | [ ]적합 [ ]부적합 [ ]해당없음 | |
| | | 도장상황의 적부 및 부식 유무 | 육안 | [ ]적합 [ ]부적합 [ ]해당없음 | |
| | | 드레인피트의 손상 유무 | 육안 | [ ]적합 [ ]부적합 [ ]해당없음 | |
| | 헤드 | 변형·손상 유무 | 육안 | [ ]적합 [ ]부적합 [ ]해당없음 | |
| | | 부착각도의 적부 | 육안 | [ ]적합 [ ]부적합 [ ]해당없음 | |
| | | 기능의 적부 | 작동확인 | [ ]적합 [ ]부적합 [ ]해당없음 | |
| 예비동력원 | 자가발전설비 | 본체 | 변형·손상 유무 | 육안 | [ ]적합 [ ]부적합 [ ]해당없음 | |
| | | | 회전부 등의 급유상태 적부 | 육안 | [ ]적합 [ ]부적합 [ ]해당없음 | |
| | | | 기능의 적부 | 작동확인 | [ ]적합 [ ]부적합 [ ]해당없음 | |
| | | | 고정상태의 적부 | 육안 | [ ]적합 [ ]부적합 [ ]해당없음 | |
| | | | 이상소음·진동·발열 유무 | 육안 및 작동확인 | [ ]적합 [ ]부적합 [ ]해당없음 | |
| | | | 절연저항치의 적부 | 저항측정 | [ ]적합 [ ]부적합 [ ]해당없음 | |
| | | 연료 탱크 | 누설·부식·변형 유무 | 육안 | [ ]적합 [ ]부적합 [ ]해당없음 | |
| | | | 연료량의 적부 | 육안 | [ ]적합 [ ]부적합 [ ]해당없음 | |
| | | | 밸브개폐상태 및 기능의 적부 | 육안 및 작동확인 | [ ]적합 [ ]부적합 [ ]해당없음 | |
| | | 윤활유 | 현저한 노후의 유무 및 양의 적부 | 육안 | [ ]적합 [ ]부적합 [ ]해당없음 | |
| | | 축진지 | 부식·변형·손상 유무 | 육안 | [ ]적합 [ ]부적합 [ ]해당없음 | |
| | | | 전해액량 및 단자전압의 적부 | 육안 및 전압측정 | [ ]적합 [ ]부적합 [ ]해당없음 | |
| | | 냉각장치 | 냉각수의 누수 유무 | 육안 | [ ]적합 [ ]부적합 [ ]해당없음 | |
| | | | 물의 양·상태의 적부 | 육안 | [ ]적합 [ ]부적합 [ ]해당없음 | |
| | | | 부식·변형·손상 유무 | 육안 | [ ]적합 [ ]부적합 [ ]해당없음 | |
| | | | 기능의 적부 | 작동확인 | [ ]적합 [ ]부적합 [ ]해당없음 | |
| | | 급배기장치 | 변형·손상 유무 | 육안 | [ ]적합 [ ]부적합 [ ]해당없음 | |
| | | | 주위의 가연물 유무 | 육안 | [ ]적합 [ ]부적합 [ ]해당없음 | |
| | | | 기능의 적부 | 작동확인 | [ ]적합 [ ]부적합 [ ]해당없음 | |
| | 축전지 설비 | | 부식·변형·손상 유무 | 육안 | [ ]적합 [ ]부적합 [ ]해당없음 | |
| | | | 전해액량 및 단자전압의 적부 | 육안 및 전압측정 | [ ]적합 [ ]부적합 [ ]해당없음 | |
| | | | 기능의 적부 | 작동확인 | [ ]적합 [ ]부적합 [ ]해당없음 | |
| | 기동장치 | | 부식·변형·손상 유무 | 육안 | [ ]적합 [ ]부적합 [ ]해당없음 | |
| | | | 조작부 주위의 장애물 유무 | 육안 | [ ]적합 [ ]부적합 [ ]해당없음 | |
| | | | 기능의 적부 | 작동확인 | [ ]적합 [ ]부적합 [ ]해당없음 | |
| 기타사항 | | | | | | |

## 작성방법

1. 이 일반점검표는 규칙 제64조에 따른 정기점검을 실시하고, 그 결과를 기록하는 데 사용합니다.
2. "점검기간"란에는 점검을 개시하여 완료할 때까지의 기간을 기재하고, 그 기간이 1일인 경우에는 점검일자를 기재합니다.
3. "점검자"란에는 규칙 제67조에 따른 정기점검의 실시자의 성명과 서명(또는 인)을 기재하고, 실시자의 위임 등에 따라 실시자가 아닌 자가 점검을 하더라도 위 실시자의 정보를 기재합니다. 이 경우 실시자가 아닌 구체적인 점검행위를 한 자의 성명, 상호 등을 "점검항목"란의 기타사항에 추가로 기재합니다.
4. "설치허가 연월일"란에는 허가청이 해당 제조소등에 대한 설치허가처분의 문서를 최초로 통지한 날을 기재하고, "완공검사번호"란에는 가장 최근에 실시한 완공검사에 합격하여 부여받은 번호를 기재합니다.
5. "사업소명"란에는 해당 제조소등이 속한 사업소의 명칭을 기재합니다.
6. "안전관리자"란에는 해당 제조소등에 선임된 위험물안전관리자의 성명을 기재하고, 안전관리자가 다수의 제조소등에 중복하여 선임된 경우에는 '중복 선임' 등 해당 사실을 인지할 수 있는 표기를 추가로 합니다.
7. "설치위치"란에는 해당 제조소등이 속한 곳의 주소와 해당 제조소등의 설치위치를 특정할 수 있는 내용을 기재합니다.
8. "품명"란에는 해당 제조소등에서 저장 또는 취급하는 위험물의 품명을 기재하고, 복수의 품명을 저장 또는 취급하는 경우에는 해당하는 품명을 전부 기재합니다(기재란이 부족한 경우에는 별지에 기재하여 첨부).
9. "허가량"란에는 해당 제조소등에서 허가를 받고 저장 또는 취급하는 위험물의 총량을 기재하고, 복수의 품명을 저장 또는 취급하는 경우에는 해당하는 품명별 저장량 또는 취급량을 각각 기재합니다.
10. "위험물 저장·취급 개요"란에는 해당 위험물의 용도, 저장·취급기간, 저장·취급방법 등 해당 제조소등에서 위험물을 저장 또는 취급하는 내용에 대해 간략하게 기재합니다.
11. "시설명/호칭번호"란에는 제조소등을 식별할 수 있도록 해당 제조소등의 관리명칭, 관리번호 또는 「자동차관리법」 제16조에 따라 부여된 자동차 등록번호(이동탱크저장소에 한함) 등을 기재합니다.
12. "점검결과"란에는 해당 제조소등의 위치·구조 및 설비의 기술기준 적합성 여부 등에 따라 다음과 같이 표시 등을 합니다.
    가. 점검결과가 적합한 경우에는 "[ ]적합"란에, 부적합한 경우에는 "[ ]부적합"란에 각각 √표시를 함
    나. 해당 제조소등에 부존재하는 점검항목 등에 대한 점검결과는 "[ ]해당없음"란에 √표시를 함
    다. 점검항목 중 "접지저항치의 적부"에는 접지측정 부위별 그 저항치 측정값을 별지에 기재하여 첨부함
    라. 점검방법이 수개인 경우에는 해당 점검방법을 모두 이행해야 하나, 그중 일부를 이행하더라도 적정한 점검을 할 수 있는 경우에는 그러하지 않음
13. "비고"란의 기재방법, 기재사항 등은 다음과 같습니다.
    가. 부적합한 점검항목에 대한 수리·개조·이전 등을 한 연월일과 수리·개조·이전 등의 구체적 내용을 기재함
    나. 해당 제조소등의 구조, 위험물의 저장·취급형태 등에 비추어 특정 점검항목에 대한 점검이 현저히 곤란한 경우에는 "점검곤란"표기와 그 사유를 기재함. 이 경우 "점검결과"란은 공란으로 둠
    다. 점검항목 중 일부에 대해 다른 법령에 따른 점검 등을 이미 실시하여 해당 점검항목에 한해 정기점검을 실시하지 않는 경우에는 다른 법령에 따른 점검 등의 개요를 기재함. 이 경우 "점검결과"란에는 다른 법령에 따른 점검결과를 표시함
14. 다수의 제조소등에 각각 설치된 소화설비 중 공동으로 사용하는 구성설비가 있는 경우에는 해당 구성설비가 소속되는 대표 제조소등을 지정하고, 그 제조소등 소화설비의 일반점검표를 작성하면 나머지 제조소등 소화설비의 일반점검표 중 해당 점검항목에 대한 점검결과의 표시를 생략할 수 있습니다. 이 경우 해당 점검항목에 대한 "비고"란에는 대표 제조소등의 일반점검표에 해당 점검결과가 표시되었음을 기재해야 합니다.
15. 소화설비의 일반점검표 중 "제조소등의 구분"란에는 해당 소화설비가 설치된 제조소등을, "소화설비의 호칭번호"란에는 해당 소화설비에 대해 자체적으로 관리하는 번호 등을 기재합니다.

■ 위험물안전관리에 관한 세부기준 [별지 제20호서식] (4쪽 중 1쪽)

| 포소화설비 일반점검표 | | | 점검기간 : <br> 점검자 :       서명(또는 인) <br> 설치자 :       서명(또는 인) | | |
|---|---|---|---|---|---|
| 제조소등의 구분 | | | 제조소등의 설치허가 연월일 및 완공검사번호 | | |
| 소화설비의 호칭번호 | | | | | |
| 점검항목 | | 점검내용 | 점검방법 | 점검결과 | 비고 |
| 수원 | 수조 | 누수·변형·손상 유무 | 육안 | [ ]적합 [ ]부적합 [ ]해당없음 | |
| | 수원량·상태 | 수원량의 적부 | 육안 | [ ]적합 [ ]부적합 [ ]해당없음 | |
| | | 부유물·침전물 유무 | 육안 | [ ]적합 [ ]부적합 [ ]해당없음 | |
| | 급수장치 | 부식·손상 유무 | 육안 | [ ]적합 [ ]부적합 [ ]해당없음 | |
| | | 기능의 적부 | 작동확인 | [ ]적합 [ ]부적합 [ ]해당없음 | |
| 흡수장치 | 흡수조 | 누수·변형·손상 유무 | 육안 | [ ]적합 [ ]부적합 [ ]해당없음 | |
| | | 물의 양·상태의 적부 | 육안 | [ ]적합 [ ]부적합 [ ]해당없음 | |
| | 밸브 | 변형·손상 유무 | 육안 | [ ]적합 [ ]부적합 [ ]해당없음 | |
| | | 개폐상태 및 기능의 적부 | 육안 및 작동확인 | [ ]적합 [ ]부적합 [ ]해당없음 | |
| | 자동급수장치 | 변형·손상 유무 | 육안 | [ ]적합 [ ]부적합 [ ]해당없음 | |
| | | 기능의 적부 | 육안 | [ ]적합 [ ]부적합 [ ]해당없음 | |
| | 감수경보장치 | 변형·손상 유무 | 육안 | [ ]적합 [ ]부적합 [ ]해당없음 | |
| | | 기능의 적부 | 작동확인 | [ ]적합 [ ]부적합 [ ]해당없음 | |
| 가압송수장치 | 전동기 | 변형·손상 유무 | 육안 | [ ]적합 [ ]부적합 [ ]해당없음 | |
| | | 회전부 등의 급유상태 적부 | 육안 | [ ]적합 [ ]부적합 [ ]해당없음 | |
| | | 기능의 적부 | 작동확인 | [ ]적합 [ ]부적합 [ ]해당없음 | |
| | | 고정상태의 적부 | 육안 | [ ]적합 [ ]부적합 [ ]해당없음 | |
| | | 이상소음·진동·발열 유무 | 육안 및 작동확인 | [ ]적합 [ ]부적합 [ ]해당없음 | |
| | 내연기관 본체 | 변형·손상 유무 | 육안 | [ ]적합 [ ]부적합 [ ]해당없음 | |
| | | 회전부 등의 급유상태 적부 | 육안 | [ ]적합 [ ]부적합 [ ]해당없음 | |
| | | 기능의 적부 | 작동확인 | [ ]적합 [ ]부적합 [ ]해당없음 | |
| | | 고정상태의 적부 | 육안 | [ ]적합 [ ]부적합 [ ]해당없음 | |
| | | 이상소음·진동·발열 유무 | 육안 및 작동확인 | [ ]적합 [ ]부적합 [ ]해당없음 | |
| | 연료탱크 | 누설·부식·변형 유무 | 육안 | [ ]적합 [ ]부적합 [ ]해당없음 | |
| | | 연료량의 적부 | 육안 | [ ]적합 [ ]부적합 [ ]해당없음 | |
| | | 밸브개폐상태 및 기능의 적부 | 육안 및 작동확인 | [ ]적합 [ ]부적합 [ ]해당없음 | |
| | 윤활유 | 현저한 노후 유무 및 양의 적부 | 육안 | [ ]적합 [ ]부적합 [ ]해당없음 | |
| | 축전지 | 부식·변형·손상 유무 | 육안 | [ ]적합 [ ]부적합 [ ]해당없음 | |
| | | 전해액량의 적부 | 육안 | [ ]적합 [ ]부적합 [ ]해당없음 | |
| | | 단자전압의 적부 | 전압측정 | [ ]적합 [ ]부적합 [ ]해당없음 | |
| | 동력전달장치 | 부식·변형·손상 유무 | 육안 | [ ]적합 [ ]부적합 [ ]해당없음 | |
| | | 기능의 적부 | 육안 | [ ]적합 [ ]부적합 [ ]해당없음 | |
| | 기동장치 | 부식·변형·손상 유무 | 육안 | [ ]적합 [ ]부적합 [ ]해당없음 | |
| | | 기능의 적부 | 작동확인 | [ ]적합 [ ]부적합 [ ]해당없음 | |
| | | 회전수의 적부 | 육안 | [ ]적합 [ ]부적합 [ ]해당없음 | |
| | 냉각장치 | 냉각수의 누수 유무 및 물의 양·상태의 적부 | 육안 | [ ]적합 [ ]부적합 [ ]해당없음 | |
| | | 부식·변형·손상 유무 | 육안 | [ ]적합 [ ]부적합 [ ]해당없음 | |
| | | 기능의 적부 | 작동확인 | [ ]적합 [ ]부적합 [ ]해당없음 | |
| | 급배기장치 | 변형·손상 유무 | 육안 | [ ]적합 [ ]부적합 [ ]해당없음 | |
| | | 주위의 가연물 유무 | 육안 | [ ]적합 [ ]부적합 [ ]해당없음 | |
| | | 기능의 적부 | 작동확인 | [ ]적합 [ ]부적합 [ ]해당없음 | |
| | 펌프 | 누수·부식·변형·손상 유무 | 육안 | [ ]적합 [ ]부적합 [ ]해당없음 | |
| | | 회전부 등의 급유상태 적부 | 육안 | [ ]적합 [ ]부적합 [ ]해당없음 | |
| | | 기능의 적부 | 작동확인 | [ ]적합 [ ]부적합 [ ]해당없음 | |
| | | 고정상태의 적부 | 육안 | [ ]적합 [ ]부적합 [ ]해당없음 | |
| | | 이상소음·진동·발열 유무 | 육안 및 작동확인 | [ ]적합 [ ]부적합 [ ]해당없음 | |
| | | 압력의 적부 | 육안 | [ ]적합 [ ]부적합 [ ]해당없음 | |
| | | 계기판의 적부 | 육안 | [ ]적합 [ ]부적합 [ ]해당없음 | |

(4쪽 중 2쪽)

| | | 누설 유무 | 육안 | [ ]적합 [ ]부적합 [ ]해당없음 | |
|---|---|---|---|---|---|
| 약제저장탱크 | 탱크 | 변형·손상 유무 | 육안 | [ ]적합 [ ]부적합 [ ]해당없음 | |
| | | 도장상황의 적부 및 부식 유무 | 육안 | [ ]적합 [ ]부적합 [ ]해당없음 | |
| | | 배관접속부의 이탈 유무 | 육안 | [ ]적합 [ ]부적합 [ ]해당없음 | |
| | | 고정상태의 적부 | 육안 | [ ]적합 [ ]부적합 [ ]해당없음 | |
| | | 통기관의 막힘 유무 | 육안 | [ ]적합 [ ]부적합 [ ]해당없음 | |
| | | 압력계 지시상황의 적부(압력탱크) | 육안 | [ ]적합 [ ]부적합 [ ]해당없음 | |
| | 소화약제 | 변질·침전물 유무 | 육안 | [ ]적합 [ ]부적합 [ ]해당없음 | |
| | | 양의 적부 | 육안 | [ ]적합 [ ]부적합 [ ]해당없음 | |
| 약제혼합장치 | | 변질·침전물 유무 | 육안 | [ ]적합 [ ]부적합 [ ]해당없음 | |
| | | 양의 적부 | 육안 | [ ]적합 [ ]부적합 [ ]해당없음 | |
| 기동장치 | 수동기동장치 | 조작부 주위의 장애물 유무 | 육안 | [ ]적합 [ ]부적합 [ ]해당없음 | |
| | | 표지의 손상 유무 및 기재사항의 적부 | 육안 | [ ]적합 [ ]부적합 [ ]해당없음 | |
| | | 기능의 적부 | 작동확인 | [ ]적합 [ ]부적합 [ ]해당없음 | |
| | 자동기동장치 기동용수압개폐장치(압력스위치·압력탱크) | 변형·손상 유무 | 육안 | [ ]적합 [ ]부적합 [ ]해당없음 | |
| | | 압력계 지시상황의 적부 | 육안 | [ ]적합 [ ]부적합 [ ]해당없음 | |
| | | 기능의 적부 | 작동확인 | [ ]적합 [ ]부적합 [ ]해당없음 | |
| | 화재감지장치 (감지기·폐쇄형헤드) | 변형·손상 유무 | 육안 | [ ]적합 [ ]부적합 [ ]해당없음 | |
| | | 주위 장애물의 유무 | 육안 | [ ]적합 [ ]부적합 [ ]해당없음 | |
| | | 기능의 적부 | 작동확인 | [ ]적합 [ ]부적합 [ ]해당없음 | |
| 전동기제어장치 | 제어반 | 변형·손상 유무 | 육안 | [ ]적합 [ ]부적합 [ ]해당없음 | |
| | | 조작관리상 지장 유무 | 육안 | [ ]적합 [ ]부적합 [ ]해당없음 | |
| | 전원전압 | 전압의 지시상황 적부 | 육안 | [ ]적합 [ ]부적합 [ ]해당없음 | |
| | | 전원등의 점등상황 적부 | 작동확인 | [ ]적합 [ ]부적합 [ ]해당없음 | |
| | 계기 및 스위치류 | 변형·손상 유무 | 육안 | [ ]적합 [ ]부적합 [ ]해당없음 | |
| | | 단자의 풀림·탈락 유무 | 육안 | [ ]적합 [ ]부적합 [ ]해당없음 | |
| | | 개폐상황 및 기능의 적부 | 육안 및 작동확인 | [ ]적합 [ ]부적합 [ ]해당없음 | |
| | 휴즈류 | 손상·용단 유무 | 육안 | [ ]적합 [ ]부적합 [ ]해당없음 | |
| | | 종류·용량의 적부 | 육안 | [ ]적합 [ ]부적합 [ ]해당없음 | |
| | | 예비품의 유무 | 육안 | [ ]적합 [ ]부적합 [ ]해당없음 | |
| | 차단기 | 단자의 풀림·탈락 유무 | 육안 | [ ]적합 [ ]부적합 [ ]해당없음 | |
| | | 접점의 소손 유무 | 육안 | [ ]적합 [ ]부적합 [ ]해당없음 | |
| | | 기능의 적부 | 작동확인 | [ ]적합 [ ]부적합 [ ]해당없음 | |
| | 결선접속 | 풀림·탈락·피복손상 유무 | 육안 | [ ]적합 [ ]부적합 [ ]해당없음 | |
| 유수·압력검지장치 | 자동경보밸브 (유수작동밸브) | 변형·손상 유무 | 육안 | [ ]적합 [ ]부적합 [ ]해당없음 | |
| | | 기능의 적부 | 작동확인 | [ ]적합 [ ]부적합 [ ]해당없음 | |
| | 리타딩챔버 | 변형·손상 유무 | 육안 | [ ]적합 [ ]부적합 [ ]해당없음 | |
| | | 기능의 적부 | 작동확인 | [ ]적합 [ ]부적합 [ ]해당없음 | |
| | 압력스위치 | 단자의 풀림·이탈·손상 유무 | 육안 | [ ]적합 [ ]부적합 [ ]해당없음 | |
| | | 기능의 적부 | 작동확인 | [ ]적합 [ ]부적합 [ ]해당없음 | |
| | 경보·표시장치 | 변형·손상 유무 | 육안 | [ ]적합 [ ]부적합 [ ]해당없음 | |
| | | 기능의 적부 | 작동확인 | [ ]적합 [ ]부적합 [ ]해당없음 | |
| 배관 등 | 밸브류 | 변형·손상 유무 | 육안 | [ ]적합 [ ]부적합 [ ]해당없음 | |
| | | 개폐상태 및 작동의 적부 | 작동확인 | [ ]적합 [ ]부적합 [ ]해당없음 | |
| | 여과장치 | 변형·손상 유무 | 육안 | [ ]적합 [ ]부적합 [ ]해당없음 | |
| | | 여과망의 손상·이물의 퇴적 유무 | 육안 | [ ]적합 [ ]부적합 [ ]해당없음 | |
| | 배관 | 누설·변형·손상 유무 | 육안 | [ ]적합 [ ]부적합 [ ]해당없음 | |
| | | 도장상황의 적부 및 부식 유무 | 육안 | [ ]적합 [ ]부적합 [ ]해당없음 | |
| | | 드레인피트의 손상 유무 | 육안 | [ ]적합 [ ]부적합 [ ]해당없음 | |
| | 저부포주입법의 외부격납함 | 변형·손상 유무 | 육안 | [ ]적합 [ ]부적합 [ ]해당없음 | |
| | | 호스 격납상태의 적부 | 육안 | [ ]적합 [ ]부적합 [ ]해당없음 | |
| 포방출 | 포헤드 | 변형·손상 유무 | 육안 | [ ]적합 [ ]부적합 [ ]해당없음 | |
| | | 부착각도의 적부 | 육안 | [ ]적합 [ ]부적합 [ ]해당없음 | |
| | | 공기취입구의 막힘 유무 | 육안 | [ ]적합 [ ]부적합 [ ]해당없음 | |
| | | 기능의 적부 | 작동확인 | [ ]적합 [ ]부적합 [ ]해당없음 | |
| | 포챔버 | 본체의 부식·변형·손상 유무 | 육안 | [ ]적합 [ ]부적합 [ ]해당없음 | |
| | | 봉판의 부착상태 및 손상 유무 | 육안 | [ ]적합 [ ]부적합 [ ]해당없음 | |

(4쪽 중 3쪽)

| | | | | | |
|---|---|---|---|---|---|
| 출구 | | 공기수입구 및 스크린의 막힘 유무 | 육안 | [ ]적합 [ ]부적합 [ ]해당없음 | |
| | | 기능의 적부 | 작동확인 | [ ]적합 [ ]부적합 [ ]해당없음 | |
| | 포모니터노즐 | 변형·손상 유무 | 육안 | [ ]적합 [ ]부적합 [ ]해당없음 | |
| | | 공기수입구 및 필터의 막힘 유무 | 육안 | [ ]적합 [ ]부적합 [ ]해당없음 | |
| | | 기능의 적부 | 작동확인 | [ ]적합 [ ]부적합 [ ]해당없음 | |
| 포소화전 | 소화전함 | 부식·변형·손상 유무 | 육안 | [ ]적합 [ ]부적합 [ ]해당없음 | |
| | | 주위 장애물 유무 | 육안 | [ ]적합 [ ]부적합 [ ]해당없음 | |
| | | 부속공구의 비치 상태 및 표지의 적부 | 육안 | [ ]적합 [ ]부적합 [ ]해당없음 | |
| | 호스 및 노즐 | 변형·손상 유무 | 육안 | [ ]적합 [ ]부적합 [ ]해당없음 | |
| | | 수량 및 기능의 적부 | 육안 | [ ]적합 [ ]부적합 [ ]해당없음 | |
| | 표시등 | 손상 유무 | 육안 | [ ]적합 [ ]부적합 [ ]해당없음 | |
| | | 점등 상황의 적부 | 작동확인 | [ ]적합 [ ]부적합 [ ]해당없음 | |
| 연결송액구 | | 변형·손상 유무 | 육안 | [ ]적합 [ ]부적합 [ ]해당없음 | |
| | | 주위 장애물 유무 | 육안 | [ ]적합 [ ]부적합 [ ]해당없음 | |
| | | 표시의 적부 | 육안 | [ ]적합 [ ]부적합 [ ]해당없음 | |
| 예비동력원 | 자가발전설비 | | | | |
| | | 본체 | 변형·손상 유무 | 육안 | [ ]적합 [ ]부적합 [ ]해당없음 |
| | | | 회전부 등의 급유상태 적부 | 육안 | [ ]적합 [ ]부적합 [ ]해당없음 |
| | | | 기능의 적부 | 작동확인 | [ ]적합 [ ]부적합 [ ]해당없음 |
| | | | 고정상태의 적부 | 육안 | [ ]적합 [ ]부적합 [ ]해당없음 |
| | | | 이상소음·진동·발열 유무 | 육안 및 작동확인 | [ ]적합 [ ]부적합 [ ]해당없음 |
| | | | 절연저항치의 적부 | 저항측정 | [ ]적합 [ ]부적합 [ ]해당없음 |
| | | 연료탱크 | 누설·부식·변형 유무 | 육안 | [ ]적합 [ ]부적합 [ ]해당없음 |
| | | | 연료량의 적부 | 육안 | [ ]적합 [ ]부적합 [ ]해당없음 |
| | | | 밸브개폐상태 및 기능의 적부 | 육안 및 작동확인 | [ ]적합 [ ]부적합 [ ]해당없음 |
| | | 윤활유 | 현저한 노후의 유무 및 양의 적부 | 육안 | [ ]적합 [ ]부적합 [ ]해당없음 |
| | | 축전지 | 부식·변형·손상 유무 | 육안 | [ ]적합 [ ]부적합 [ ]해당없음 |
| | | | 전해액량 및 단자전압의 적부 | 육안 및 전압측정 | [ ]적합 [ ]부적합 [ ]해당없음 |
| | | 냉각장치 | 냉각수의 누수 유무 | 육안 | [ ]적합 [ ]부적합 [ ]해당없음 |
| | | | 물의 양·상태의 적부 | 육안 | [ ]적합 [ ]부적합 [ ]해당없음 |
| | | | 부식·변형·손상의 유무 | 육안 | [ ]적합 [ ]부적합 [ ]해당없음 |
| | | | 기능의 적부 | 작동확인 | [ ]적합 [ ]부적합 [ ]해당없음 |
| | | 급배기장치 | 변형·손상의 유무 | 육안 | [ ]적합 [ ]부적합 [ ]해당없음 |
| | | | 주위의 가연물 유무 | 육안 | [ ]적합 [ ]부적합 [ ]해당없음 |
| | | | 기능의 적부 | 작동확인 | [ ]적합 [ ]부적합 [ ]해당없음 |
| | 축전지설비 | | 부식·변형·손상 유무 | 육안 | [ ]적합 [ ]부적합 [ ]해당없음 |
| | | | 전해액량 및 단자전압의 적부 | 육안 및 전압측정 | [ ]적합 [ ]부적합 [ ]해당없음 |
| | | | 기능의 적부 | 작동확인 | [ ]적합 [ ]부적합 [ ]해당없음 |
| | 기동장치 | | 부식·변형·손상 유무 | 육안 | [ ]적합 [ ]부적합 [ ]해당없음 |
| | | | 조작부주위의 장애물 유무 | 육안 | [ ]적합 [ ]부적합 [ ]해당없음 |
| | | | 기능의 적부 | 작동확인 | [ ]적합 [ ]부적합 [ ]해당없음 |
| 기타사항 | | | | | |

(4쪽 중 4쪽)

### 작성방법

1. 이 일반점검표는 규칙 제64조에 따른 정기점검을 실시하고, 그 결과를 기록하는 데 사용합니다.
2. "점검기간"란에는 점검을 개시하여 완료할 때까지의 기간을 기재하고, 그 기간이 1일인 경우에는 점검일자를 기재합니다.
3. "점검자"란에는 규칙 제67조에 따른 정기점검의 실시자의 성명과 서명(또는 인)을 기재하고, 실시자의 위임 등에 따라 실시자가 아닌 자가 점검을 하더라도 위 실시자의 정보를 기재합니다. 이 경우 실시자가 아닌 구체적인 점검행위를 한 자의 성명, 상호 등을 "점검항목"란의 기타사항에 추가로 기재합니다.
4. "설치허가 연월일"란에는 허가청이 해당 제조소등에 대한 설치허가처분의 문서를 최초로 통지한 날을 기재하고, "완공검사번호"란에는 가장 최근에 실시한 완공검사에 합격하여 부여받은 번호를 기재합니다.
5. "사업소명"란에는 해당 제조소등이 속한 사업소의 명칭을 기재합니다.
6. "안전관리자"란에는 해당 제조소등에 선임된 위험물안전관리자의 성명을 기재하고, 안전관리자가 다수의 제조소등에 중복하여 선임된 경우에는 '중복 선임'등 해당 사실을 인지할 수 있는 표기를 추가로 합니다.
7. "설치위치"란에는 해당 제조소등이 속한 곳의 주소와 해당 제조소등의 설치위치를 특정할 수 있는 내용을 기재합니다.
8. "품명"란에는 해당 제조소등에서 저장 또는 취급하는 위험물의 품명을 기재하고, 복수의 품명을 저장 또는 취급하는 경우에는 해당하는 품명을 전부 기재합니다(기재란이 부족한 경우에는 별지에 기재하여 첨부).
9. "허가량"란에는 해당 제조소등에서 허가를 받고 저장 또는 취급하는 위험물의 총량을 기재하고, 복수의 품명을 저장 또는 취급하는 경우에는 해당하는 품명별 저장량 또는 취급량을 각각 기재합니다.
10. "위험물 저장·취급 개요"란에는 해당 위험물의 용도, 저장·취급기간, 저장·취급방법 등 해당 제조소등에서 위험물을 저장 또는 취급하는 내용에 대해 간략하게 기재합니다.
11. "시설명/호칭번호"란에는 제조소등을 식별할 수 있도록 해당 제조소등의 관리명칭, 관리번호 또는 「자동차관리법」 제16조에 따라 부여된 자동차 등록번호(이동탱크저장소에 한함) 등을 기재합니다.
12. "점검결과"란에는 해당 제조소등의 위치·구조 및 설비의 기술기준 적합성 여부 등에 따라 다음과 같이 표시 등을 합니다.
    가. 점검결과가 적합한 경우에는 "[ ]적합"란, 부적합한 경우에는 "[ ]부적합"란에 각각 √표시를 함
    나. 해당 제조소등에 부존재하는 점검항목 등에 대한 점검결과는 "[ ]해당없음"란에 √표시를 함
    다. 점검항목 중 "접지저항치의 적부"에는 접지측정 부위별 그 저항치 측정값을 별지에 기재하여 첨부함
    라. 점검방법이 수개인 경우에는 해당 점검방법을 모두 이행해야 하나, 그중 일부를 이행하더라도 적정한 점검을 할 수 있는 경우에는 그러하지 않음
13. "비고"란의 기재방법, 기재사항 등은 다음과 같습니다.
    가. 부적합한 점검항목에 대한 수리·개조·이전 등을 한 연월일과 수리·개조·이전 등의 구체적 내용을 기재함
    나. 해당 제조소등의 구조, 위험물의 저장·취급형태 등에 비추어 특정 점검항목에 대한 점검이 현저히 곤란한 경우에는 "점검곤란"표기와 그 사유를 기재함. 이 경우 "점검결과"란은 공란으로 둠
    다. 점검항목 중 일부에 대해 다른 법령에 따른 점검 등을 이미 실시하여 해당 점검항목에 한해 정기점검을 실시하지 않는 경우에는 다른 법령에 따른 점검 등의 개요를 기재함. 이 경우 "점검결과"란에는 다른 법령에 따른 점검결과를 표시함
14. 다수의 제조소등에 각각 설치된 소화설비 중 공동으로 사용하는 구성설비가 있는 경우에는 해당 구성설비가 소속되는 대표 제조소등을 지정하고, 그 제조소등 소화설비의 일반점검표를 작성하면 나머지 제조소등 소화설비의 일반점검표 중 해당 점검항목에 대한 점검결과의 표시를 생략할 수 있습니다. 이 경우 해당 점검항목에 대한 "비고"란에는 대표 제조소등의 일반점검에 해당 점검결과가 표시되었음을 기재해야 합니다.
15. 소화설비의 일반점검 중 "제조소등의 구분"란에는 해당 소화설비가 설치된 제조소등을, "소화설비의 호칭번호"란에는 해당 소화설비에 대해 자체적으로 관리하는 번호 등을 기재합니다.

## ■ 위험물안전관리에 관한 세부기준 [별지 제21호서식]

(3쪽 중 1쪽)

| 이산화탄소소화설비 일반점검표 | | | | 점검기간 : 점검자 : 설치자 : | 서명(또는 인) 서명(또는 인) | |
|---|---|---|---|---|---|---|
| 제조소등의 구분 | | | | 제조소등의 설치허가 연월일 및 완공검사번호 | | |
| 소화설비의 호칭번호 | | | | | | |
| 점검항목 | | | 점검내용 | 점검방법 | 점검결과 | 비고 |
| 이산화탄소소화약제저장용기등 | 소화약제저장용기 | | 설치상황의 적부 | 육안 | [ ]적합 [ ]부적합 [ ]해당없음 | |
| | | | 변형·손상 유무 | 육안 | [ ]적합 [ ]부적합 [ ]해당없음 | |
| | 소화약제 | | 양의 적부 | 육안 | [ ]적합 [ ]부적합 [ ]해당없음 | |
| | 고압식 | 용기밸브 | 변형·손상·부식 유무 | 육안 | [ ]적합 [ ]부적합 [ ]해당없음 | |
| | | | 개폐상황의 적부 | 육안 | [ ]적합 [ ]부적합 [ ]해당없음 | |
| | | 용기밸브 개방장치 | 변형·손상·부식 유무 | 육안 | [ ]적합 [ ]부적합 [ ]해당없음 | |
| | | | 기능의 적부 | 작동확인 | [ ]적합 [ ]부적합 [ ]해당없음 | |
| | 저압식 | 안전장치 | 변형·손상·부식 유무 | 육안 | [ ]적합 [ ]부적합 [ ]해당없음 | |
| | | 압력경보장치 | 변형·손상 유무 | 육안 | [ ]적합 [ ]부적합 [ ]해당없음 | |
| | | | 기능의 적부 | 작동확인 | [ ]적합 [ ]부적합 [ ]해당없음 | |
| | | 압력계 | 변형·손상 유무 | 육안 | [ ]적합 [ ]부적합 [ ]해당없음 | |
| | | | 지시상황의 적부 | 육안 | [ ]적합 [ ]부적합 [ ]해당없음 | |
| | | 액면계 | 변형·손상 유무 | 육안 | [ ]적합 [ ]부적합 [ ]해당없음 | |
| | | 자동냉동기 | 변형·손상 유무 | 육안 | [ ]적합 [ ]부적합 [ ]해당없음 | |
| | | | 기능의 적부 | 작동확인 | [ ]적합 [ ]부적합 [ ]해당없음 | |
| | | 방출밸브 | 변형·손상·부식 유무 | 육안 | [ ]적합 [ ]부적합 [ ]해당없음 | |
| | | | 개폐상황의 적부 | 육안 | [ ]적합 [ ]부적합 [ ]해당없음 | |
| 기동용가스용기등 | 용기 | | 변형·손상 유무 | 육안 | [ ]적합 [ ]부적합 [ ]해당없음 | |
| | | | 가스량의 적부 | 육안 | [ ]적합 [ ]부적합 [ ]해당없음 | |
| | 용기밸브 | | 변형·손상·부식 유무 | 육안 | [ ]적합 [ ]부적합 [ ]해당없음 | |
| | | | 개폐상황의 적부 | 육안 | [ ]적합 [ ]부적합 [ ]해당없음 | |
| | 용기밸브개방장치 | | 변형·손상·부식 유무 | 육안 | [ ]적합 [ ]부적합 [ ]해당없음 | |
| | | | 기능의 적부 | 작동확인 | [ ]적합 [ ]부적합 [ ]해당없음 | |
| | 조작관 | | 변형·손상·부식 유무 | 육안 | [ ]적합 [ ]부적합 [ ]해당없음 | |
| 선택밸브 | | | 손상·변형 유무 | 육안 | [ ]적합 [ ]부적합 [ ]해당없음 | |
| | | | 개폐상황의 적부 | 작동확인 | [ ]적합 [ ]부적합 [ ]해당없음 | |
| | | | 기능의 적부 | 작동확인 | [ ]적합 [ ]부적합 [ ]해당없음 | |
| 기동장치 | 수동기동장치 | | 조작부 주위의 장애물 유무 | 육안 | [ ]적합 [ ]부적합 [ ]해당없음 | |
| | | | 표지의 손상 유무 및 기재사항의 적부 | 육안 | [ ]적합 [ ]부적합 [ ]해당없음 | |
| | | | 기능의 적부 | 작동확인 | [ ]적합 [ ]부적합 [ ]해당없음 | |
| | 자동기동장치 | 자동수동전환장치 | 변형·손상 유무 | 육안 | [ ]적합 [ ]부적합 [ ]해당없음 | |
| | | | 기능의 적부 | 작동확인 | [ ]적합 [ ]부적합 [ ]해당없음 | |
| | | 화재감지장치 | 변형·손상 유무 | 육안 | [ ]적합 [ ]부적합 [ ]해당없음 | |
| | | | 감지장해의 유무 | 육안 | [ ]적합 [ ]부적합 [ ]해당없음 | |
| | | | 기능의 적부 | 작동확인 | [ ]적합 [ ]부적합 [ ]해당없음 | |
| 경보장치 | | | 변형·손상 유무 | 육안 | [ ]적합 [ ]부적합 [ ]해당없음 | |
| | | | 기능의 적부 | 작동확인 | [ ]적합 [ ]부적합 [ ]해당없음 | |
| 압력스위치 | | | 단자의 풀림·탈락·손상 유무 | 육안 | [ ]적합 [ ]부적합 [ ]해당없음 | |
| | | | 기능의 적부 | 작동확인 | [ ]적합 [ ]부적합 [ ]해당없음 | |
| 제어장치 | 제어반 | | 변형·손상 유무 | 육안 | [ ]적합 [ ]부적합 [ ]해당없음 | |
| | | | 조작관리상 지장 유무 | 육안 | [ ]적합 [ ]부적합 [ ]해당없음 | |
| | 전원전압 | | 전압의 지시상황 적부 | 육안 | [ ]적합 [ ]부적합 [ ]해당없음 | |
| | | | 전원등의 점등상황 적부 | 작동확인 | [ ]적합 [ ]부적합 [ ]해당없음 | |
| | 계기 및 스위치류 | | 변형·손상 유무 | 육안 | [ ]적합 [ ]부적합 [ ]해당없음 | |
| | | | 단자의 풀림·탈락 유무 | 육안 | [ ]적합 [ ]부적합 [ ]해당없음 | |
| | | | 개폐상황 및 기능의 적부 | 육안 및 작동확인 | [ ]적합 [ ]부적합 [ ]해당없음 | |
| | 휴즈류 | | 손상·용단 유무 | 육안 | [ ]적합 [ ]부적합 [ ]해당없음 | |
| | | | 종류·용량의 적부 및 예비품 유무 | 육안 | [ ]적합 [ ]부적합 [ ]해당없음 | |

(3쪽 중 2쪽)

| | | | | | |
|---|---|---|---|---|---|
| 제어장치 | 차단기 | 단자의 풀림·탈락 유무 | 육안 | [ ]적합 [ ]부적합 [ ]해당없음 | |
| | | 접점의 소손 유무 | 육안 | [ ]적합 [ ]부적합 [ ]해당없음 | |
| | | 기능의 적부 | 작동확인 | [ ]적합 [ ]부적합 [ ]해당없음 | |
| | 결선접속 | 풀림·탈락·피복손상 유무 | 육안 | [ ]적합 [ ]부적합 [ ]해당없음 | |
| 배관 등 | 밸브류 | 변형·손상 유무 | 육안 | [ ]적합 [ ]부적합 [ ]해당없음 | |
| | | 개폐상태 및 작동의 적부 | 작동확인 | [ ]적합 [ ]부적합 [ ]해당없음 | |
| | 역류방지밸브 | 부착방향의 적부 | 육안 | [ ]적합 [ ]부적합 [ ]해당없음 | |
| | | 기능의 적부 | 작동확인 | [ ]적합 [ ]부적합 [ ]해당없음 | |
| | 배관 | 누설·변형·손상·부식 유무 | 육안 | [ ]적합 [ ]부적합 [ ]해당없음 | |
| | 파괴판·안전장치 | 변형·손상·부식 유무 | 육안 | [ ]적합 [ ]부적합 [ ]해당없음 | |
| 방출표시등 | | 손상 유무 | 육안 | [ ]적합 [ ]부적합 [ ]해당없음 | |
| | | 점등 상황의 적부 | 육안 | [ ]적합 [ ]부적합 [ ]해당없음 | |
| 분사헤드 | | 변형·손상·부식 유무 | 육안 | [ ]적합 [ ]부적합 [ ]해당없음 | |
| 이동식 노즐 | 호스·호스릴·노즐 | 변형·손상 유무 | 육안 | [ ]적합 [ ]부적합 [ ]해당없음 | |
| | | 부식 유무 | 육안 | [ ]적합 [ ]부적합 [ ]해당없음 | |
| | 노즐개폐밸브 | 변형·손상 유무 | 육안 | [ ]적합 [ ]부적합 [ ]해당없음 | |
| | | 부식 유무 | 육안 | [ ]적합 [ ]부적합 [ ]해당없음 | |
| | | 기능의 적부 | 작동확인 | [ ]적합 [ ]부적합 [ ]해당없음 | |
| 예비동력원 | 자가발전설비 | 본체 | 변형·손상 유무 | 육안 | [ ]적합 [ ]부적합 [ ]해당없음 | |
| | | | 회전부 등의 급유상태 적부 | 육안 | [ ]적합 [ ]부적합 [ ]해당없음 | |
| | | | 기능의 적부 | 작동확인 | [ ]적합 [ ]부적합 [ ]해당없음 | |
| | | | 고정상태의 적부 | 육안 | [ ]적합 [ ]부적합 [ ]해당없음 | |
| | | | 이상소음·진동·발열 유무 | 육안 및 작동확인 | [ ]적합 [ ]부적합 [ ]해당없음 | |
| | | | 절연저항치의 적부 | 저항측정 | [ ]적합 [ ]부적합 [ ]해당없음 | |
| | | 연료탱크 | 누설·부식·변형 유무 | 육안 | [ ]적합 [ ]부적합 [ ]해당없음 | |
| | | | 연료량의 적부 | 육안 | [ ]적합 [ ]부적합 [ ]해당없음 | |
| | | | 밸브개폐상태 및 기능의 적부 | 육안 및 작동확인 | [ ]적합 [ ]부적합 [ ]해당없음 | |
| | | 윤활유 | 현저한 노후의 유무 및 양의 적부 | 육안 | [ ]적합 [ ]부적합 [ ]해당없음 | |
| | | 축전지 | 부식·변형·손상 유무 | 육안 | [ ]적합 [ ]부적합 [ ]해당없음 | |
| | | | 전해액량 및 단자전압의 적부 | 육안 및 전압측정 | [ ]적합 [ ]부적합 [ ]해당없음 | |
| | | 냉각장치 | 냉각수의 누수 유무 | 육안 | [ ]적합 [ ]부적합 [ ]해당없음 | |
| | | | 물의 양·상태의 적부 | 육안 | [ ]적합 [ ]부적합 [ ]해당없음 | |
| | | | 부식·변형·손상 유무 | 육안 | [ ]적합 [ ]부적합 [ ]해당없음 | |
| | | | 기능의 적부 | 작동확인 | [ ]적합 [ ]부적합 [ ]해당없음 | |
| | | 급배기장치 | 변형·손상 유무 | 육안 | [ ]적합 [ ]부적합 [ ]해당없음 | |
| | | | 주위의 가연물 유무 | 육안 | [ ]적합 [ ]부적합 [ ]해당없음 | |
| | | | 기능의 적부 | 작동확인 | [ ]적합 [ ]부적합 [ ]해당없음 | |
| | 축전지설비 | | 부식·변형·손상 유무 | 육안 | [ ]적합 [ ]부적합 [ ]해당없음 | |
| | | | 전해액량 및 단자전압의 적부 | 육안 및 전압측정 | [ ]적합 [ ]부적합 [ ]해당없음 | |
| | | | 기능의 적부 | 작동확인 | [ ]적합 [ ]부적합 [ ]해당없음 | |
| | 기동장치 | | 부식·변형·손상 유무 | 육안 | [ ]적합 [ ]부적합 [ ]해당없음 | |
| | | | 조작부 주위의 장애물 유무 | 육안 | [ ]적합 [ ]부적합 [ ]해당없음 | |
| | | | 기능의 적부 | 작동확인 | [ ]적합 [ ]부적합 [ ]해당없음 | |
| 기타사항 | | | | | |

(3쪽 중 3쪽)

### 작성방법

1. 이 일반점검표는 규칙 제64조에 따른 정기점검을 실시하고, 그 결과를 기록하는 데 사용합니다.
2. "점검기간"란에는 점검을 개시하여 완료할 때까지의 기간을 기재하고, 그 기간이 1일인 경우에는 점검일자를 기재합니다.
3. "점검자"란에는 규칙 제67조에 따른 정기점검의 실시자의 성명과 서명(또는 인)을 기재하고, 실시자의 위임 등에 따라 실시자가 아닌 자가 점검을 하더라도 위 실시자의 정보를 기재합니다. 이 경우 실시자가 아닌 구체적인 점검행위를 한 자의 성명, 상호 등을 "점검항목"란의 기타사항에 추가로 기재합니다.
4. "설치허가 연월일"란에는 허가청이 해당 제조소등에 대한 설치허가처분의 문서를 최초로 통지한 날을 기재하고, "완공검사번호"란에는 가장 최근에 실시한 완공검사에 합격하여 부여받은 번호를 기재합니다.
5. "사업소명"란에는 해당 제조소등이 속한 사업소의 명칭을 기재합니다.
6. "안전관리자"란에는 해당 제조소등에 선임된 위험물안전관리자의 성명을 기재하고, 안전관리자가 다수의 제조소등에 중복하여 선임된 경우에는 '중복 선임' 등 해당 사실을 인지할 수 있는 표기를 추가로 합니다.
7. "설치위치"란에는 해당 제조소등이 속한 곳의 주소와 해당 제조소등의 설치위치를 특정할 수 있는 내용을 기재합니다.
8. "품명"란에는 해당 제조소등에서 저장 또는 취급하는 위험물의 품명을 기재하고, 복수의 품명을 저장 또는 취급하는 경우에는 해당하는 품명을 전부 기재합니다(기재란이 부족한 경우에는 별지에 기재하여 첨부).
9. "허가량"란에는 해당 제조소등에서 허가를 받고 저장 또는 취급하는 위험물의 총량을 기재하고, 복수의 품명을 저장 또는 취급하는 경우에는 해당하는 품명별 저장량 또는 취급량을 각각 기재합니다.
10. "위험물 저장·취급 개요"란에는 해당 위험물의 용도, 저장·취급기간, 저장·취급방법 등 해당 제조소등에서 위험물을 저장 또는 취급하는 내용에 대해 간략하게 기재합니다.
11. "시설명/호칭번호"란에는 제조소등을 식별할 수 있도록 해당 제조소등의 관리명칭, 관리번호 또는 「자동차관리법」 제16조에 따라 부여된 자동차 등록번호(이동탱크저장소에 한함) 등을 기재합니다.
12. "점검결과"란에는 해당 제조소등의 위치·구조 및 설비의 기술기준 적합성 여부 등에 따라 다음과 같이 표시 등을 합니다.
    가. 점검결과가 적합한 경우에는 "[ ]적합"란에, 부적합한 경우에는 "[ ]부적합"란에 각각 √표시를 함
    나. 해당 제조소등에 부존재하는 점검항목 등에 대한 점검결과는 "[ ]해당없음"란에 √표시를 함
    다. 점검항목 중 "접지저항치의 적부"에는 접지측정 부위별 그 저항치 측정값을 별지에 기재하여 첨부함
    라. 점검방법이 수개인 경우에는 해당 점검방법을 모두 이행해야 하나, 그중 일부를 이행하더라도 적정한 점검을 할 수 있는 경우에는 그러하지 않음
13. "비고"란의 기재방법, 기재사항 등은 다음과 같습니다.
    가. 부적합한 점검항목에 대한 수리·개조·이전 등을 한 연월일과 수리·개조·이전 등의 구체적 내용을 기재함
    나. 해당 제조소등의 구조, 위험물의 저장·취급형태 등에 비추어 특정 점검항목에 대한 점검이 현저히 곤란한 경우에는 "점검곤란"표기와 그 사유를 기재함. 이 경우 "점검결과"란은 공란으로 둠
    다. 점검항목 중 일부에 대해 다른 법령에 따른 점검 등을 이미 실시하여 해당 점검항목에 한해 정기점검을 실시하지 않는 경우에는 다른 법령에 따른 점검 등의 개요를 기재함. 이 경우 "점검결과"란에는 다른 법령에 따른 점검결과를 표시함
14. 다수의 제조소등에 각각 설치된 소화설비 중 공동으로 사용하는 구성설비가 있는 경우에는 해당 구성설비가 소속되는 대표 제조소등을 지정하고, 그 제조소등 소화설비의 일반점검표를 작성하면 나머지 제조소등 소화설비의 일반점검표 중 해당 점검항목에 대한 점검결과의 표시를 생략할 수 있습니다. 이 경우 해당 점검항목에 대한 "비고"란에는 대표 제조소등의 일반점검표에 해당 점검결과가 표시되었음을 기재해야 합니다.
15. 소화설비의 일반점검 중 "제조소등의 구분"란에는 해당 소화설비가 설치된 제조소등을, "소화설비의 호칭번호"란에는 해당 소화설비에 대해 자체적으로 관리하는 번호 등을 기재합니다.

■ 위험물안전관리에 관한 세부기준 [별지 제22호서식]　　　　　　　　　　　　　　　　　　　　　(3쪽 중 1쪽)

| 할로젠화합물소화설비 일반점검표 | | | | | 점검기간 :<br>점검자 :　　서명(또는 인)<br>설치자 :　　서명(또는 인) | |
|---|---|---|---|---|---|---|
| 제조소등의 구분 | | | | 제조소등의 설치허가 연월일 및 완공검사번호 | | |
| 소화설비의 호칭번호 | | | | | | |
| 점검항목 | | | | 점검내용 | 점검방법 | 점검결과 | 비고 |

| 점검항목 | | | | | 점검내용 | 점검방법 | 점검결과 | 비고 |
|---|---|---|---|---|---|---|---|---|
| 할로젠화합물소화약제저장용기등 | | 소화약제저장용기 | | | 설치상황의 적부 | 육안 | [ ]적합 [ ]부적합 [ ]해당없음 | |
| | | | | | 변형·손상 유무 | 육안 | [ ]적합 [ ]부적합 [ ]해당없음 | |
| | | 소화약제 | | | 양 및 내압의 적부 | 육안 및 압력측정 | [ ]적합 [ ]부적합 [ ]해당없음 | |
| | 축압식 | 용기밸브 | | | 변형·손상·부식 유무 | 육안 | [ ]적합 [ ]부적합 [ ]해당없음 | |
| | | | | | 개폐상황의 적부 | 육안 | [ ]적합 [ ]부적합 [ ]해당없음 | |
| | | 용기밸브 개방장치 | | | 변형·손상·부식 유무 | 육안 | [ ]적합 [ ]부적합 [ ]해당없음 | |
| | | | | | 기능의 적부 | 작동확인 | [ ]적합 [ ]부적합 [ ]해당없음 | |
| | 가압식 | 방출밸브 | | | 변형·손상·부식 유무 | 육안 | [ ]적합 [ ]부적합 [ ]해당없음 | |
| | | | | | 개폐상황의 적부 | 육안 | [ ]적합 [ ]부적합 [ ]해당없음 | |
| | | 안전장치 | | | 변형·손상·부식 유무 | 육안 | [ ]적합 [ ]부적합 [ ]해당없음 | |
| | | 압력계 | | | 변형·손상 유무 | 육안 | [ ]적합 [ ]부적합 [ ]해당없음 | |
| | | 가압가스용기등 | 용기 | | 설치상황의 적부 및 변형·손상 유무 | 육안 | [ ]적합 [ ]부적합 [ ]해당없음 | |
| | | | 가스량 | | 양·내압의 적부 | 육안 및 압력측정 | [ ]적합 [ ]부적합 [ ]해당없음 | |
| | | | 용기밸브 | | 변형·손상·부식 유무 | 육안 | [ ]적합 [ ]부적합 [ ]해당없음 | |
| | | | | | 개폐상황의 적부 | 육안 | [ ]적합 [ ]부적합 [ ]해당없음 | |
| | | | 용기밸브 개방장치 | | 변형·손상·부식 유무 | 육안 | [ ]적합 [ ]부적합 [ ]해당없음 | |
| | | | | | 기능의 적부 | 작동확인 | [ ]적합 [ ]부적합 [ ]해당없음 | |
| | | | 압력조정기 | | 변형·손상 유무 | 육안 | [ ]적합 [ ]부적합 [ ]해당없음 | |
| | | | | | 기능의 적부 | 작동확인 | [ ]적합 [ ]부적합 [ ]해당없음 | |
| 기동용가스용기등 | | 용기 | | | 변형·손상 유무 | 육안 | [ ]적합 [ ]부적합 [ ]해당없음 | |
| | | | | | 가스량의 적부 | 육안 | [ ]적합 [ ]부적합 [ ]해당없음 | |
| | | 용기밸브 | | | 변형·손상·부식 유무 | 육안 | [ ]적합 [ ]부적합 [ ]해당없음 | |
| | | | | | 개폐상황의 적부 | 육안 | [ ]적합 [ ]부적합 [ ]해당없음 | |
| | | 용기밸브개방장치 | | | 변형·손상·부식 유무 | 육안 | [ ]적합 [ ]부적합 [ ]해당없음 | |
| | | | | | 기능의 적부 | 작동확인 | [ ]적합 [ ]부적합 [ ]해당없음 | |
| | | 조작관 | | | 변형·손상·부식 유무 | 육안 | [ ]적합 [ ]부적합 [ ]해당없음 | |
| 선택밸브 | | | | | 손상·변형 유무 | 육안 | [ ]적합 [ ]부적합 [ ]해당없음 | |
| | | | | | 개폐상황 및 기능의 적부 | 작동확인 | [ ]적합 [ ]부적합 [ ]해당없음 | |
| 기동장치 | | 수동기동장치 | | | 조작부주위의 장애물 유무 | 육안 | [ ]적합 [ ]부적합 [ ]해당없음 | |
| | | | | | 표지의 손상 유무 및 기재사항의 적부 | 육안 | [ ]적합 [ ]부적합 [ ]해당없음 | |
| | | | | | 기능의 적부 | 작동확인 | [ ]적합 [ ]부적합 [ ]해당없음 | |
| | 자동기동장치 | 자동수동 전환장치 | | | 변형·손상 유무 | 육안 | [ ]적합 [ ]부적합 [ ]해당없음 | |
| | | | | | 기능의 적부 | 작동확인 | [ ]적합 [ ]부적합 [ ]해당없음 | |
| | | 화재감지장치 | | | 변형·손상 유무 | 육안 | [ ]적합 [ ]부적합 [ ]해당없음 | |
| | | | | | 감지장해 유무 | 육안 | [ ]적합 [ ]부적합 [ ]해당없음 | |
| | | | | | 기능의 적부 | 작동확인 | [ ]적합 [ ]부적합 [ ]해당없음 | |
| 경보장치 | | | | | 변형·손상 유무 | 육안 | [ ]적합 [ ]부적합 [ ]해당없음 | |
| | | | | | 기능의 적부 | 작동확인 | [ ]적합 [ ]부적합 [ ]해당없음 | |
| 압력스위치 | | | | | 단자의 풀림·탈락·손상 유무 | 육안 | [ ]적합 [ ]부적합 [ ]해당없음 | |
| | | | | | 기능의 적부 | 작동확인 | [ ]적합 [ ]부적합 [ ]해당없음 | |
| 제어장치 | | 제어반 | | | 변형·손상 유무 | 육안 | [ ]적합 [ ]부적합 [ ]해당없음 | |
| | | | | | 조작관리상 지장 유무 | 육안 | [ ]적합 [ ]부적합 [ ]해당없음 | |
| | | 전원전압 | | | 전압의 지시상황 및 전원등의 점등상황 적부 | 육안 및 작동확인 | [ ]적합 [ ]부적합 [ ]해당없음 | |
| | | 계기 및 스위치류 | | | 변형·손상 및 단자의 풀림·탈락의 유무 | 육안 | [ ]적합 [ ]부적합 [ ]해당없음 | |
| | | | | | 개폐상황 및 기능의 적부 | 육안 및 작동확인 | [ ]적합 [ ]부적합 [ ]해당없음 | |
| | | 휴즈류 | | | 손상·용단 유무 | 육안 | [ ]적합 [ ]부적합 [ ]해당없음 | |
| | | | | | 종류·용량의 적부 및 예비품 유무 | 육안 | [ ]적합 [ ]부적합 [ ]해당없음 | |

(3쪽 중 2쪽)

| 제어장치 | 차단기 | 단자의 풀림·탈락의 유무 | 육안 | [ ]적합 [ ]부적합 [ ]해당없음 | |
| | | 접점의 소손의 유무 | 육안 | [ ]적합 [ ]부적합 [ ]해당없음 | |
| | | 기능의 적부 | 작동확인 | [ ]적합 [ ]부적합 [ ]해당없음 | |
| | 결선접속 | 풀림·탈락·피복손상의 유무 | 육안 | [ ]적합 [ ]부적합 [ ]해당없음 | |
| 배관 등 | 밸브류 | 변형·손상의 유무 | 육안 | [ ]적합 [ ]부적합 [ ]해당없음 | |
| | | 개폐상태 및 작동의 적부 | 작동확인 | [ ]적합 [ ]부적합 [ ]해당없음 | |
| | 역류방지밸브 | 부착방향의 적부 | 육안 | [ ]적합 [ ]부적합 [ ]해당없음 | |
| | | 기능의 적부 | 작동확인 | [ ]적합 [ ]부적합 [ ]해당없음 | |
| | 배관 | 누설·변형·손상·부식의 유무 | 육안 | [ ]적합 [ ]부적합 [ ]해당없음 | |
| | 파괴판·안전장치 | 변형·손상·부식의 유무 | 육안 | [ ]적합 [ ]부적합 [ ]해당없음 | |
| 방출표시등 | | 손상의 유무 | 육안 | [ ]적합 [ ]부적합 [ ]해당없음 | |
| | | 점등의 상황 | 육안 | [ ]적합 [ ]부적합 [ ]해당없음 | |
| 분사헤드 | | 변형·손상·부식의 유무 | 육안 | [ ]적합 [ ]부적합 [ ]해당없음 | |
| 이동식노즐 | 호스·호스릴·노즐 | 변형·손상의 유무 | 육안 | [ ]적합 [ ]부적합 [ ]해당없음 | |
| | | 부식의 유무 | 육안 | [ ]적합 [ ]부적합 [ ]해당없음 | |
| | 노즐개폐밸브 | 변형·손상의 유무 | 육안 | [ ]적합 [ ]부적합 [ ]해당없음 | |
| | | 부식의 유무 | 육안 | [ ]적합 [ ]부적합 [ ]해당없음 | |
| | | 기능의 적부 | 작동확인 | [ ]적합 [ ]부적합 [ ]해당없음 | |
| 예비동력원 | 자가발전설비 | | | | |
| | 본체 | 변형·손상의 유무 | 육안 | [ ]적합 [ ]부적합 [ ]해당없음 | |
| | | 회전부 등의 급유상태의 적부 | 육안 | [ ]적합 [ ]부적합 [ ]해당없음 | |
| | | 기능의 적부 | 작동확인 | [ ]적합 [ ]부적합 [ ]해당없음 | |
| | | 고정상태의 적부 | 육안 | [ ]적합 [ ]부적합 [ ]해당없음 | |
| | | 이상소음·진동·발열의 유무 | 육안 및 작동확인 | [ ]적합 [ ]부적합 [ ]해당없음 | |
| | | 절연저항치의 적부 | 저항측정 | [ ]적합 [ ]부적합 [ ]해당없음 | |
| | 연료탱크 | 누설·부식·변형의 유무 | 육안 | [ ]적합 [ ]부적합 [ ]해당없음 | |
| | | 연료량의 적부 | 육안 | [ ]적합 [ ]부적합 [ ]해당없음 | |
| | | 밸브개폐상태 및 기능의 적부 | 육안 및 작동확인 | [ ]적합 [ ]부적합 [ ]해당없음 | |
| | 윤활유 | 현저한 노후의 유무 및 양의 적부 | 육안 | [ ]적합 [ ]부적합 [ ]해당없음 | |
| | 축전지 | 부식·변형·손상의 유무 | 육안 | [ ]적합 [ ]부적합 [ ]해당없음 | |
| | | 전해액량 및 단자전압의 적부 | 육안 및 전압측정 | [ ]적합 [ ]부적합 [ ]해당없음 | |
| | 냉각장치 | 냉각수의 누수의 유무 | 육안 | [ ]적합 [ ]부적합 [ ]해당없음 | |
| | | 물의 양·상태의 적부 | 육안 | [ ]적합 [ ]부적합 [ ]해당없음 | |
| | | 부식·변형·손상의 유무 | 육안 | [ ]적합 [ ]부적합 [ ]해당없음 | |
| | | 기능의 적부 | 작동확인 | [ ]적합 [ ]부적합 [ ]해당없음 | |
| | 급배기장치 | 변형·손상의 유무 | 육안 | [ ]적합 [ ]부적합 [ ]해당없음 | |
| | | 주위의 가연물의 유무 | 육안 | [ ]적합 [ ]부적합 [ ]해당없음 | |
| | | 기능의 적부 | 작동확인 | [ ]적합 [ ]부적합 [ ]해당없음 | |
| | 축전지설비 | 부식·변형·손상의 유무 | 육안 | [ ]적합 [ ]부적합 [ ]해당없음 | |
| | | 전해액량 및 단자전압의 적부 | 육안 및 전압측정 | [ ]적합 [ ]부적합 [ ]해당없음 | |
| | | 기능의 적부 | 작동확인 | [ ]적합 [ ]부적합 [ ]해당없음 | |
| | 기동장치 | 부식·변형·손상의 유무 | 육안 | [ ]적합 [ ]부적합 [ ]해당없음 | |
| | | 조작부주위의 장애물의 유무 | 육안 | [ ]적합 [ ]부적합 [ ]해당없음 | |
| | | 기능의 적부 | 작동확인 | [ ]적합 [ ]부적합 [ ]해당없음 | |
| 기타사항 | | | | | |

### 작성방법

1. 이 일반점검표는 규칙 제64조에 따른 정기점검을 실시하고, 그 결과를 기록하는 데 사용합니다.
2. "점검기간"란에는 점검을 개시하여 완료할 때까지의 기간을 기재하고, 그 기간이 1일인 경우에는 점검일자를 기재합니다.
3. "점검자"란에는 규칙 제67조에 따른 정기점검의 실시자의 성명과 서명(또는 인)을 기재하고, 실시자의 위임 등에 따라 실시자가 아닌 자가 점검을 하더라도 위 실시자의 정보를 기재합니다. 이 경우 실시자가 아닌 구체적인 점검 행위를 한 자의 성명, 상호 등을 "점검항목"란의 기타사항에 추가로 기재합니다.
4. "설치허가 연월일"란에는 허가청이 해당 제조소등에 대한 설치허가처분의 문서를 최초로 통지한 날을 기재하고, "완공검사번호"란에는 가장 최근에 실시한 완공검사에 합격하여 부여받은 번호를 기재합니다.
5. "사업소명"란에는 해당 제조소등이 속한 사업소의 명칭을 기재합니다.
6. "안전관리자"란에는 해당 제조소등에 선임된 위험물안전관리자의 성명을 기재하고, 안전관리자가 다수의 제조소등에 중복하여 선임된 경우에는 '중복 선임'등 해당 사실을 인지할 수 있는 표기를 추가로 합니다.
7. "설치위치"란에는 해당 제조소등이 속한 곳의 주소와 해당 제조소등의 설치위치를 특정할 수 있는 내용을 기재합니다.
8. "품명"란에는 해당 제조소등에서 저장 또는 취급하는 위험물의 품명을 기재하고, 복수의 품명을 저장 또는 취급하는 경우에는 해당하는 품명을 전부 기재합니다(기재란이 부족한 경우에는 별지에 기재하여 첨부).
9. "허가량"란에는 해당 제조소등에서 허가를 받고 저장 또는 취급하는 위험물의 총량을 기재하고, 복수의 품명을 저장 또는 취급하는 경우에는 해당하는 품명별 저장량 또는 취급량을 각각 기재합니다.
10. "위험물 저장·취급 개요"란에는 해당 위험물의 용도, 저장·취급기간, 저장·취급방법 등 해당 제조소등에서 위험물을 저장 또는 취급하는 내용에 대해 간략하게 기재합니다.
11. "시설명/호칭번호"란에는 제조소등을 식별할 수 있도록 해당 제조소등의 관리명칭, 관리번호 또는 「자동차관리법」 제16조에 따라 부여된 자동차 등록번호(이동탱크저장소에 한함) 등을 기재합니다.
12. "점검결과"란에는 해당 제조소등의 위치·구조 및 설비의 기술기준 적합성 여부 등에 따라 다음과 같이 표시 등을 합니다.
    가. 점검결과가 적합한 경우에는 "[ ]적합"란에, 부적합한 경우에는 "[ ]부적합"란에 각각 √표시를 함
    나. 해당 제조소등에 부존재하는 점검항목 등에 대한 점검결과는 "[ ]해당없음"란에 √표시를 함
    다. 점검항목 중 "접지저항치의 적부"에는 접지측정 부위별 그 저항치 측정값을 별지에 기재하여 첨부함
    라. 점검방법이 수개인 경우에는 해당 점검방법을 모두 이행해야 하나, 그중 일부를 이행하더라도 적정한 점검을 할 수 있는 경우에는 그러하지 않음
13. "비고"란의 기재방법, 기재사항 등은 다음과 같습니다.
    가. 부적합한 점검항목에 대한 수리·개조·이전 등을 한 연월일과 수리·개조·이전 등의 구체적 내용을 기재함
    나. 해당 제조소등의 구조, 위험물의 저장·취급형태 등에 비추어 특정 점검항목에 대한 점검이 현저히 곤란한 경우에는 "점검곤란"표기와 그 사유를 기재함. 이 경우 "점검결과"란은 공란으로 둠
    다. 점검항목 중 일부에 대해 다른 법령에 따른 점검 등을 이미 실시하여 해당 점검항목에 한해 정기점검을 실시하지 않는 경우에는 다른 법령에 따른 점검 등의 개요를 기재함. 이 경우 "점검결과"란에는 다른 법령에 따른 점검결과를 표시함
14. 다수의 제조소등에 각각 설치된 소화설비 중 공동으로 사용하는 구성설비가 있는 경우에는 해당 구성설비가 소속되는 대표 제조소등을 지정하고, 그 제조소등 소화설비의 일반점검표를 작성하면 나머지 제조소등 소화설비의 일반점검표 중 해당 점검항목에 대한 점검결과의 표시를 생략할 수 있습니다. 이 경우 해당 점검항목에 대한 "비고"란에는 대표 제조소등의 일반점검표에 해당 점검결과가 표시되었음을 기재해야 합니다.
15. 소화설비의 일반점검표 중 "제조소등의 구분"란에는 해당 소화설비가 설치된 제조소등을, "소화설비의 호칭번호"란에는 해당 소화설비에 대해 자체적으로 관리하는 번호 등을 기재합니다.

## ■ 위험물안전관리에 관한 세부기준 [별지 제23호서식]

(3쪽 중 1쪽)

| 분말소화설비 일반점검표 | | | | 점검기간 : 　　　점검자 : 　　서명(또는 인)　　설치자 : 　　서명(또는 인) | | |
|---|---|---|---|---|---|---|
| 제조소등의 구분 | | | | 제조소등의 설치허가 연월일 및 완공검사번호 | | |
| 소화설비의 호칭번호 | | | | | | |
| 점검항목 | | | 점검내용 | 점검방법 | 점검결과 | 비고 |
| 분말소화약제저장용기등 | 소화약제저장용기 | | 설치상황의 적부 | 육안 | [ ]적합 [ ]부적합 [ ]해당없음 | |
| | | | 변형·손상 유무 | 육안 | [ ]적합 [ ]부적합 [ ]해당없음 | |
| | 소화약제 | | 양 및 내압의 적부 | 육안 및 압력측정 | [ ]적합 [ ]부적합 [ ]해당없음 | |
| | 축압식 | 용기밸브 | 변형·손상·부식 유무 | 육안 | [ ]적합 [ ]부적합 [ ]해당없음 | |
| | | | 개폐상황의 적부 | 육안 | [ ]적합 [ ]부적합 [ ]해당없음 | |
| | | 용기밸브 개방장치 | 변형·손상·부식 유무 | 육안 | [ ]적합 [ ]부적합 [ ]해당없음 | |
| | | | 기능의 적부 | 작동확인 | [ ]적합 [ ]부적합 [ ]해당없음 | |
| | | 지시압력계 | 변형·손상 유무 및 지시상황의 적부 | 육안 | [ ]적합 [ ]부적합 [ ]해당없음 | |
| | 가압식 | 방출밸브 | 변형·손상·부식의 유무 | 육안 | [ ]적합 [ ]부적합 [ ]해당없음 | |
| | | | 개폐상황의 적부 | 육안 | [ ]적합 [ ]부적합 [ ]해당없음 | |
| | | 안전장치 | 변형·손상·부식의 유무 | 육안 | [ ]적합 [ ]부적합 [ ]해당없음 | |
| | | 정압작동장치 | 변형·손상의 유무 | 육안 | [ ]적합 [ ]부적합 [ ]해당없음 | |
| | | 가압가스용기등 | 용기 | 설치상황의 적부 및 변형·손상 유무 | 육안 | [ ]적합 [ ]부적합 [ ]해당없음 | |
| | | | 가스량 | 양·내압의 적부 | 육안 및 압력측정 | [ ]적합 [ ]부적합 [ ]해당없음 | |
| | | | 용기밸브 | 변형·손상·부식 유무 | 육안 | [ ]적합 [ ]부적합 [ ]해당없음 | |
| | | | | 개폐상황의 적부 | 육안 | [ ]적합 [ ]부적합 [ ]해당없음 | |
| | | | 용기밸브 개방장치 | 변형·손상·부식 유무 | 육안 | [ ]적합 [ ]부적합 [ ]해당없음 | |
| | | | | 기능의 적부 | 작동확인 | [ ]적합 [ ]부적합 [ ]해당없음 | |
| | | | 압력조정기 | 변형·손상 유무 및 기능의 적부 | 육안 및 작동확인 | [ ]적합 [ ]부적합 [ ]해당없음 | |
| 기동용가스용기등 | 용기 | | 변형·손상 유무 | 육안 | [ ]적합 [ ]부적합 [ ]해당없음 | |
| | | | 가스량의 적부 | 육안 | [ ]적합 [ ]부적합 [ ]해당없음 | |
| | 용기밸브 | | 변형·손상·부식 유무 | 육안 | [ ]적합 [ ]부적합 [ ]해당없음 | |
| | | | 개폐상황의 적부 | 육안 | [ ]적합 [ ]부적합 [ ]해당없음 | |
| | 용기밸브개방장치 | | 변형·손상·부식 유무 | 육안 | [ ]적합 [ ]부적합 [ ]해당없음 | |
| | | | 기능의 적부 | 작동확인 | [ ]적합 [ ]부적합 [ ]해당없음 | |
| | 조작관 | | 변형·손상 유무 | 육안 | [ ]적합 [ ]부적합 [ ]해당없음 | |
| 선택밸브 | | | 손상·변형 유무 | 육안 | [ ]적합 [ ]부적합 [ ]해당없음 | |
| | | | 개폐상황 및 기능의 적부 | 작동확인 | [ ]적합 [ ]부적합 [ ]해당없음 | |
| 기동장치 | 수동기동장치 | | 조작부주위의 장애물 유무 | 육안 | [ ]적합 [ ]부적합 [ ]해당없음 | |
| | | | 표지의 손상 유무 및 기재사항의 적부 | 육안 | [ ]적합 [ ]부적합 [ ]해당없음 | |
| | | | 기능의 적부 | 작동확인 | [ ]적합 [ ]부적합 [ ]해당없음 | |
| | 자동기동장치 | 자동수동전환장치 | 변형·손상 유무 | 육안 | [ ]적합 [ ]부적합 [ ]해당없음 | |
| | | | 기능의 적부 | 작동확인 | [ ]적합 [ ]부적합 [ ]해당없음 | |
| | | 화재감지장치 | 변형·손상 유무 | 육안 | [ ]적합 [ ]부적합 [ ]해당없음 | |
| | | | 감지장해 유무 | 육안 | [ ]적합 [ ]부적합 [ ]해당없음 | |
| | | | 기능의 적부 | 작동확인 | [ ]적합 [ ]부적합 [ ]해당없음 | |
| 경보장치 | | | 변형·손상 유무 | 육안 | [ ]적합 [ ]부적합 [ ]해당없음 | |
| | | | 기능의 적부 | 작동확인 | [ ]적합 [ ]부적합 [ ]해당없음 | |
| 압력스위치 | | | 단자의 풀림·탈락·손상 유무 | 육안 | [ ]적합 [ ]부적합 [ ]해당없음 | |
| | | | 기능의 적부 | 작동확인 | [ ]적합 [ ]부적합 [ ]해당없음 | |
| 제어장치 | 제어반 | | 변형·손상 유무 | 육안 | [ ]적합 [ ]부적합 [ ]해당없음 | |
| | | | 조작관리상 지장 유무 | 육안 | [ ]적합 [ ]부적합 [ ]해당없음 | |
| | 전원전압 | | 전압의 지시상황 및 전원등의 점등상황의 적부 | 육안 및 작동확인 | [ ]적합 [ ]부적합 [ ]해당없음 | |
| | 계기 및 스위치류 | | 변형·손상 및 단자의 풀림·탈락 유무 | 육안 | [ ]적합 [ ]부적합 [ ]해당없음 | |
| | | | 개폐상황 및 기능의 적부 | 육안 및 작동확인 | [ ]적합 [ ]부적합 [ ]해당없음 | |
| | 휴즈류 | | 손상·용단 유무 | 육안 | [ ]적합 [ ]부적합 [ ]해당없음 | |
| | | | 종류·용량의 적부 및 예비품 유무 | 육안 | [ ]적합 [ ]부적합 [ ]해당없음 | |

| 제어장치 | 차단기 | 단자의 풀림·탈락 유무 | 육안 | [ ]적합 [ ]부적합 [ ]해당없음 | |
|---|---|---|---|---|---|
| | | 접점의 소손 유무 | 육안 | [ ]적합 [ ]부적합 [ ]해당없음 | |
| | | 기능의 적부 | 작동확인 | [ ]적합 [ ]부적합 [ ]해당없음 | |
| | 결선접속 | 풀림·탈락·피복손상 유무 | 육안 | [ ]적합 [ ]부적합 [ ]해당없음 | |
| 배관 등 | 밸브류 | 변형·손상 유무 | 육안 | [ ]적합 [ ]부적합 [ ]해당없음 | |
| | | 개폐상태 및 작동의 적부 | 작동확인 | [ ]적합 [ ]부적합 [ ]해당없음 | |
| | 역류방지밸브 | 부착방향의 적부 | 육안 | [ ]적합 [ ]부적합 [ ]해당없음 | |
| | | 기능의 적부 | 작동확인 | [ ]적합 [ ]부적합 [ ]해당없음 | |
| | 배관 | 누설·변형·손상·부식 유무 | 육안 | [ ]적합 [ ]부적합 [ ]해당없음 | |
| | 파괴판·안전장치 | 변형·손상·부식 유무 | 육안 | [ ]적합 [ ]부적합 [ ]해당없음 | |
| 방출표시등 | | 손상 유무 | 육안 | [ ]적합 [ ]부적합 [ ]해당없음 | |
| | | 점등 상황의 적부 | 육안 | [ ]적합 [ ]부적합 [ ]해당없음 | |
| 분사헤드 | | 변형·손상·부식 유무 | 육안 | [ ]적합 [ ]부적합 [ ]해당없음 | |
| 이동식노즐 | 호스·호스릴·노즐 | 변형·손상 유무 | 육안 | [ ]적합 [ ]부적합 [ ]해당없음 | |
| | | 부식 유무 | 육안 | [ ]적합 [ ]부적합 [ ]해당없음 | |
| | 노즐개폐밸브 | 변형·손상 유무 | 육안 | [ ]적합 [ ]부적합 [ ]해당없음 | |
| | | 부식 유무 | 육안 | [ ]적합 [ ]부적합 [ ]해당없음 | |
| | | 기능의 적부 | 작동확인 | [ ]적합 [ ]부적합 [ ]해당없음 | |
| 예비동력원 | 자가발전설비 | 본체 | 변형·손상 유무 | 육안 | [ ]적합 [ ]부적합 [ ]해당없음 | |
| | | | 회전부 등의 급유상태 적부 | 육안 | [ ]적합 [ ]부적합 [ ]해당없음 | |
| | | | 기능의 적부 | 작동확인 | [ ]적합 [ ]부적합 [ ]해당없음 | |
| | | | 고정상태의 적부 | 육안 | [ ]적합 [ ]부적합 [ ]해당없음 | |
| | | | 이상소음·진동·발열 유무 | 육안 및 작동확인 | [ ]적합 [ ]부적합 [ ]해당없음 | |
| | | | 절연저항치의 적부 | 저항측정 | [ ]적합 [ ]부적합 [ ]해당없음 | |
| | | 연료탱크 | 누설·부식·변형 유무 | 육안 | [ ]적합 [ ]부적합 [ ]해당없음 | |
| | | | 연료량의 적부 | 육안 | [ ]적합 [ ]부적합 [ ]해당없음 | |
| | | | 밸브개폐상태 및 기능의 적부 | 육안 및 작동확인 | [ ]적합 [ ]부적합 [ ]해당없음 | |
| | | 윤활유 | 현저한 노후의 유무 및 양의 적부 | 육안 | [ ]적합 [ ]부적합 [ ]해당없음 | |
| | | 축전지 | 부식·변형·손상 유무 | 육안 | [ ]적합 [ ]부적합 [ ]해당없음 | |
| | | | 전해액량 및 단자전압의 적부 | 육안 및 전압측정 | [ ]적합 [ ]부적합 [ ]해당없음 | |
| | | 냉각장치 | 냉각수의 누수 유무 | 육안 | [ ]적합 [ ]부적합 [ ]해당없음 | |
| | | | 물의 양·상태의 적부 | 육안 | [ ]적합 [ ]부적합 [ ]해당없음 | |
| | | | 부식·변형·손상 유무 | 육안 | [ ]적합 [ ]부적합 [ ]해당없음 | |
| | | | 기능의 적부 | 작동확인 | [ ]적합 [ ]부적합 [ ]해당없음 | |
| | | 급배기장치 | 변형·손상 유무 | 육안 | [ ]적합 [ ]부적합 [ ]해당없음 | |
| | | | 주위의 가연물 유무 | 육안 | [ ]적합 [ ]부적합 [ ]해당없음 | |
| | | | 기능의 적부 | 작동확인 | [ ]적합 [ ]부적합 [ ]해당없음 | |
| | 축전지설비 | | 부식·변형·손상 유무 | 육안 | [ ]적합 [ ]부적합 [ ]해당없음 | |
| | | | 전해액량 및 단자전압의 적부 | 육안 및 전압측정 | [ ]적합 [ ]부적합 [ ]해당없음 | |
| | | | 기능의 적부 | 작동확인 | [ ]적합 [ ]부적합 [ ]해당없음 | |
| | 기동장치 | | 부식·변형·손상 유무 | 육안 | [ ]적합 [ ]부적합 [ ]해당없음 | |
| | | | 조작부주위의 장애물 유무 | 육안 | [ ]적합 [ ]부적합 [ ]해당없음 | |
| | | | 기능의 적부 | 작동확인 | [ ]적합 [ ]부적합 [ ]해당없음 | |
| 기타사항 | | | | | | |

### 작성방법

1. 이 일반점검표는 규칙 제64조에 따른 정기점검을 실시하고, 그 결과를 기록하는 데 사용합니다.
2. "점검기간"란에는 점검을 개시하여 완료할 때까지의 기간을 기재하고, 그 기간이 1일인 경우에는 점검일자를 기재합니다.
3. "점검자"란에는 규칙 제67조에 따른 정기점검의 실시자의 성명과 서명(또는 인)을 기재하고, 실시자의 위임 등에 따라 실시자가 아닌 자가 점검을 하더라도 위 실시자의 정보를 기재합니다. 이 경우 실시자가 아닌 구체적인 점검행위를 한 자의 성명, 상호 등을 "점검항목"란의 기타사항에 추가로 기재합니다.
4. "설치허가 연월일"란에는 허가청이 해당 제조소등에 대한 설치허가처분의 문서를 최초로 통지한 날을 기재하고, "완공검사번호"란에는 가장 최근에 실시한 완공검사에 합격하여 부여받은 번호를 기재합니다.
5. "사업소명"란에는 해당 제조소등이 속한 사업소의 명칭을 기재합니다.
6. "안전관리자"란에는 해당 제조소등에 선임된 위험물안전관리자의 성명을 기재하고, 안전관리자가 다수의 제조소등에 중복하여 선임된 경우에는 '중복 선임'등 해당 사실을 인지할 수 있는 표기를 추가로 합니다.
7. "설치위치"란에는 해당 제조소등이 속한 곳의 주소와 해당 제조소등의 설치위치를 특정할 수 있는 내용을 기재합니다.
8. "품명"란에는 해당 제조소등에서 저장 또는 취급하는 위험물의 품명을 기재하고, 복수의 품명을 저장 또는 취급하는 경우에는 해당하는 품명을 전부 기재합니다(기재란이 부족한 경우에는 별지에 기재하여 첨부).
9. "허가량"란에는 해당 제조소등에서 허가를 받고 저장 또는 취급하는 위험물의 총량을 기재하고, 복수의 품명을 저장 또는 취급하는 경우에는 해당하는 품명별 저장량 또는 취급량을 각각 기재합니다.
10. "위험물 저장·취급 개요"란에는 해당 위험물의 용도, 저장·취급기간, 저장·취급방법 등 해당 제조소등에서 위험물을 저장 또는 취급하는 내용에 대해 간략하게 기재합니다.
11. "시설명/호칭번호"란에는 제조소등을 식별할 수 있도록 해당 제조소등의 관리명칭, 관리번호 또는 「자동차관리법」 제16조에 따라 부여된 자동차 등록번호(이동탱크저장소에 한함) 등을 기재합니다.
12. "점검결과"란에는 해당 제조소등의 위치·구조 및 설비의 기술기준 적합성 여부 등에 따라 다음과 같이 표시 등을 합니다.
    가. 점검결과가 적합한 경우에는 "[ ]적합"란에, 부적합한 경우에는 "[ ]부적합"란에 각각 √표시를 함
    나. 해당 제조소등에 부존재하는 점검항목 등에 대한 점검결과는 "[ ]해당없음"란에 √표시를 함
    다. 점검항목 중 "접지저항치의 적부"에는 접지측정 부위별 그 저항치 측정값을 별지에 기재하여 첨부함
    라. 점검방법이 수개인 경우에는 해당 점검방법을 모두 이행해야 하나, 그중 일부를 이행하더라도 적정한 점검을 할 수 있는 경우에는 그러하지 않음
13. "비고"란의 기재방법, 기재사항 등은 다음과 같습니다.
    가. 부적합한 점검항목에 대한 수리·개조·이전 등을 한 연월일과 수리·개조·이전 등의 구체적 내용을 기재함
    나. 해당 제조소등의 구조, 위험물의 저장·취급형태 등에 비추어 특정 점검항목에 대한 점검이 현저히 곤란한 경우에는 "점검곤란"표기와 그 사유를 기재함. 이 경우 "점검결과"란은 공란으로 둠
    다. 점검항목 중 일부에 대해 다른 법령에 따른 점검 등을 이미 실시하여 해당 점검항목에 한해 정기점검을 실시하지 않는 경우에는 다른 법령에 따른 점검 등의 개요를 기재함. 이 경우 "점검결과"란에는 다른 법령에 따른 점검결과를 표시함
14. 다수의 제조소등에 각각 설치된 소화설비 중 공동으로 사용하는 구성설비가 있는 경우에는 해당 구성설비가 소속되는 대표 제조소등을 지정하고, 그 제조소등 소화설비의 일반점검표를 작성하면 나머지 제조소등 소화설비의 일반점검표 중 해당 점검항목에 대한 점검결과의 표시를 생략할 수 있습니다. 이 경우 해당 점검항목에 대한 "비고"란에는 대표 제조소등의 일반점검표에 해당 점검결과가 표시되었음을 기재해야 합니다.
15. 소화설비의 일반점검표 중 "제조소등의 구분"란에는 해당 소화설비가 설치된 제조소등을, "소화설비의 호칭번호"란에는 해당 소화설비에 대해 자체적으로 관리하는 번호 등을 기재합니다.

■ 위험물안전관리에 관한 세부기준 [별지 제24호서식] (2쪽 중 1쪽)

| 자동화재탐지설비 일반점검표 | | | 점검기간 :<br>점검자 :　　　서명(또는 인)<br>설치자 :　　　서명(또는 인) | |
|---|---|---|---|---|
| 제조소등의 구분 | | 제조소등의 설치허가 연월일 및 완공검사번호 | | |
| 탐지설비의 호칭번호 | | | | |
| 점검항목 | 점검내용 | 점검방법 | 점검결과 | 비고 |
| 감지기 | 변형·손상 유무 | 육안 | [ ]적합 [ ]부적합 [ ]해당없음 | |
| | 감지장해 유무 | 육안 | [ ]적합 [ ]부적합 [ ]해당없음 | |
| | 기능의 적부 | 작동확인 | [ ]적합 [ ]부적합 [ ]해당없음 | |
| 중계기 | 변형·손상 유무 | 육안 | [ ]적합 [ ]부적합 [ ]해당없음 | |
| | 표시의 적부 | 육안 | [ ]적합 [ ]부적합 [ ]해당없음 | |
| | 기능의 적부 | 작동확인 | [ ]적합 [ ]부적합 [ ]해당없음 | |
| 수신기<br>(통합조작반) | 변형·손상 유무 | 육안 | [ ]적합 [ ]부적합 [ ]해당없음 | |
| | 표시의 적부 | 육안 | [ ]적합 [ ]부적합 [ ]해당없음 | |
| | 경계구역일람도의 적부 | 육안 | [ ]적합 [ ]부적합 [ ]해당없음 | |
| | 기능의 적부 | 작동확인 | [ ]적합 [ ]부적합 [ ]해당없음 | |
| 주음향장치<br>지구음향장치 | 변형·손상 유무 | 육안 | [ ]적합 [ ]부적합 [ ]해당없음 | |
| | 기능의 적부 | 작동확인 | [ ]적합 [ ]부적합 [ ]해당없음 | |
| 발신기 | 변형·손상 유무 | 육안 | [ ]적합 [ ]부적합 [ ]해당없음 | |
| | 기능의 적부 | 작동확인 | [ ]적합 [ ]부적합 [ ]해당없음 | |
| 비상전원 | 변형·손상 유무 | 육안 | [ ]적합 [ ]부적합 [ ]해당없음 | |
| | 전환의 적부 | 작동확인 | [ ]적합 [ ]부적합 [ ]해당없음 | |
| 배선 | 변형·손상 유무 | 육안 | [ ]적합 [ ]부적합 [ ]해당없음 | |
| | 접속단자의 풀림·탈락 유무 | 육안 | [ ]적합 [ ]부적합 [ ]해당없음 | |
| 기타사항 | | | | |

(2쪽 중 2쪽)

### 작성방법

1. 이 일반점검표는 규칙 제64조에 따른 정기점검을 실시하고, 그 결과를 기록하는 데 사용합니다.
2. "점검기간"란에는 점검을 개시하여 완료할 때까지의 기간을 기재하고, 그 기간이 1일인 경우에는 점검일자를 기재합니다.
3. "점검자"란에는 규칙 제67조에 따른 정기점검의 실시자의 성명과 서명(또는 인)을 기재하고, 실시자의 위임 등에 따라 실시자가 아닌 자가 점검을 하더라도 위 실시자의 정보를 기재합니다. 이 경우 실시자가 아닌 구체적인 점검행위를 한 자의 성명, 상호 등을 "점검항목"란의 기타사항에 추가로 기재합니다.
4. "설치허가 연월일"란에는 허가청이 해당 제조소등에 대한 설치허가처분의 문서를 최초로 통지한 날을 기재하고, "완공검사번호"란에는 가장 최근에 실시한 완공검사에 합격하여 부여받은 번호를 기재합니다.
5. "사업소명"란에는 해당 제조소등이 속한 사업소의 명칭을 기재합니다.
6. "안전관리자"란에는 해당 제조소등에 선임된 위험물안전관리자의 성명을 기재하고, 안전관리자가 다수의 제조소등에 중복하여 선임된 경우에는 '중복 선임' 등 해당 사실을 인지할 수 있는 표기를 추가로 합니다.
7. "설치위치"란에는 해당 제조소등이 속한 곳의 주소와 해당 제조소등의 설치위치를 특정할 수 있는 내용을 기재합니다.
8. "품명"란에는 해당 제조소등에서 저장 또는 취급하는 위험물의 품명을 기재하고, 복수의 품명을 저장 또는 취급하는 경우에는 해당하는 품명을 전부 기재합니다(기재란이 부족한 경우에는 별지에 기재하여 첨부).
9. "허가량"란에는 해당 제조소등에서 허가를 받고 저장 또는 취급하는 위험물의 총량을 기재하고, 복수의 품명을 저장 또는 취급하는 경우에는 해당하는 품명별 저장량 또는 취급량을 각각 기재합니다.
10. "위험물 저장·취급 개요"란에는 해당 위험물의 용도, 저장·취급기간, 저장·취급방법 등 해당 제조소등에서 위험물을 저장 또는 취급하는 내용에 대해 간략하게 기재합니다.
11. "시설명/호칭번호"란에는 제조소등을 식별할 수 있도록 해당 제조소등의 관리명칭, 관리번호 또는 「자동차관리법」 제16조에 따라 부여된 자동차 등록번호(이동탱크저장소에 한함) 등을 기재합니다.
12. "점검결과"란에는 해당 제조소등의 위치·구조 및 설비의 기술기준 적합성 여부 등에 따라 다음과 같이 표시 등을 합니다.
    가. 점검결과가 적합한 경우에는 "[ ]적합"란에, 부적합한 경우에는 "[ ]부적합"란에 각각 √표시를 함
    나. 해당 제조소등에 부존재하는 점검항목 등에 대한 점검결과는 "[ ]해당없음"란에 √표시를 함
    다. 점검항목 중 "접지저항치의 적부"는 접지측정 부위별 그 저항치 측정값을 별지에 기재하여 첨부함
    라. 점검방법이 수개인 경우에는 해당 점검방법을 모두 이행해야 하나, 그중 일부를 이행하더라도 적정한 점검을 할 수 있는 경우에는 그러하지 않음
13. "비고"란의 기재방법, 기재사항 등은 다음과 같습니다.
    가. 부적합한 점검항목에 대한 수리·개조·이전 등을 한 연월일과 수리·개조·이전 등의 구체적 내용을 기재함
    나. 해당 제조소등의 구조, 위험물의 저장·취급형태 등에 비추어 특정 점검항목에 대한 점검이 현저히 곤란한 경우에는 "점검곤란"란 표기와 그 사유를 기재함. 이 경우 "점검결과"란은 공란으로 둠
    다. 점검항목 중 일부에 대해 다른 법령에 따른 점검 등을 이미 실시하여 해당 점검항목에 한해 정기점검을 실시하지 않는 경우에는 다른 법령에 따른 점검 등의 개요를 기재함. 이 경우 "점검결과"란에는 다른 법령에 따른 점검결과를 표시함
14. 다수의 제조소등에 각각 설치된 소화설비 중 공동으로 사용하는 구성설비가 있는 경우에는 해당 구성설비가 소속되는 대표 제조소등을 지정하고, 그 제조소등 소화설비의 일반점검표를 작성하면 나머지 제조소등 소화설비의 일반점검표 중 해당 점검항목에 대한 점검결과의 표시를 생략할 수 있습니다. 이 경우 해당 점검항목에 대한 "비고"란에는 대표 제조소등의 일반점검표에 해당 점검결과가 표시되었음을 기재해야 합니다.
15. 소화설비의 일반점검표 중 "제조소등의 구분"란에는 해당 소화설비가 설치된 제조소등을, "소화설비의 호칭번호"란에는 해당 소화설비에 대해 자체적으로 관리하는 번호 등을 기재합니다.

## 위험물제조소등의 유지관리 및 점검

**01** 대통령령이 정하는 제조소등의 관계인은 그 제조소등에 대하여 연 몇 회 이상 정기점검을 실시해야 하는가? (단, 특정옥외탱크저장소의 정기점검은 제외한다)

① 1 ② 2
③ 3 ④ 4

**해설**
[제조소등 정기점검]
연 1회 이상

**02** 그림과 같은 타원형 위험물탱크의 내용적은 약 얼마인가? (단, 단위는 m이다)

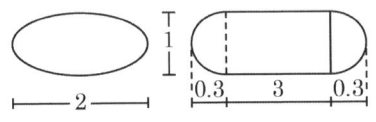

① 5.03 m³ ② 7.52 m³
③ 9.03 m³ ④ 19.05 m³

**해설**
[타원형 탱크 내용적]
$V$ = 면적 × 높이 환산 값

$= \dfrac{\pi ab}{4} \times (l + \dfrac{l_1 + l_2}{3})$

$= \dfrac{\pi \times 2 \times 1}{4} \times (3 + \dfrac{0.3 + 0.3}{3})$

$= 5.03 \, m^3$

**03** 위험물안전관리법령상 위험물 저장·취급 시 화재 또는 재난을 방지하기 위하여 자체소방대를 두어야 하는 경우가 아닌 것은?

① 지정수량의 3천 배 이상의 제4류 위험물을 저장·취급하는 제조소
② 지정수량의 3천 배 이상의 제4류 위험물을 저장·취급하는 일반취급소
③ 지정수량의 2천 배의 제4류 위험물을 취급하는 일반취급소와 지정수량이 1천 배의 제4류 위험물을 취급하는 제조소가 동일한 사업소에 있는 경우
④ 지정수량의 3천 배 이상의 제4류 위험물을 저장·취급하는 옥외탱크저장소

**해설**
[자체소방대 운용기준]
④ 4류 위험물 지정수량 3천 배 이상 저장·취급하는 '일반 취급소·제조소'에 자체소방대를 둔다.

정답 01 ① 02 ① 03 ④

04 제4석유류를 저장하는 옥내탱크저장소의 기준으로 옳은 것은? (단, 단층건축물에 탱크전용실을 설치하는 경우이다)

① 옥내저장탱크의 용량은 지정수량의 40배 이하일 것
② 탱크전용실은 벽, 기둥, 바닥, 보를 내화구조로 할 것
③ 탱크전용실에는 창을 설치하지 아니할 것
④ 탱크전용실에 펌프설비를 설치하는 경우에는 그 주위에 0.2 m 이상의 높이로 턱을 설치할 것

해설
[제4석유류 옥내탱크저장소 용량]
① 위험물 지정수량 40배 이하

05 옥내탱크저장소에서 탱크상호 간에는 얼마 이상의 간격을 두어야 하는가? (단, 탱크의 점검 및 보수에 지장이 없는 경우는 제외한다)

① 0.5 m    ② 0.7 m
③ 1.0 m    ④ 1.2 m

해설
[옥내저장탱크 간격]
- 옥내저장탱크 상호 간 : 0.5 m 이상
- 탱크와 탱크전용실 안쪽 면 : 0.5 m 이상

06 위험물 주유취급소의 주유 및 급유 공지의 바닥에 대한 기준으로 옳지 않은 것은?

① 주위 지면보다 낮게 할 것
② 표면을 적당하게 경사지게 할 것
③ 배수구, 집유설비를 할 것
④ 유분리장치를 할 것

해설
[주유취급소 바닥 기준]
① 기름 누수 시 고이지 않도록 주위 지면보다 높게 해야 한다.

07 주유취급소에서 고정주유설비는 도로경계선과 몇 m 이상 거리를 유지하여야 하는가? (단, 고정주유설비의 중심선을 기점으로 한다)

① 2    ② 4
③ 6    ④ 8

해설
[주유취급소 간격]
고정주유설비와 도로경계선 : 4 m 이상

정답  04 ①  05 ①  06 ①  07 ②

08 위험물을 저장 또는 취급하는 탱크의 용량 산정방법에 관한 설명으로 옳은 것은?

① 탱크의 내용적에서 공간용적을 뺀 용적으로 한다.
② 탱크의 공간용적에서 내용적을 뺀 용적으로 한다.
③ 탱크의 공간용적에 내용적을 더한 용적으로 한다.
④ 탱크의 볼록하거나 오목한 부분을 뺀 용적으로 한다.

**해설**

[탱크 용량산정]
탱크용량 = 탱크 내용적 – 공간용적
 보충 암반탱크 공간용적 : 7일간 용출지하수나 탱크 내용적 1/100 중 큰 것

09 위험물안전관리법령상 시·도의 조례가 정하는 바에 따라 관할소방서장의 승인을 받아 지정수량 이상의 위험물을 임시로 제조소등이 아닌 장소에서 취급할 때 며칠 이내의 기간 동안 취급할 수 있는가?

① 7   ② 30
③ 90   ④ 180

**해설**

지정수량 이상의 위험물을 임시로 제조소등이 아닌 장소에서 임시로 90일 동안 취급 가능

정답 ● 08 ①   09 ③

# Chapter 05 위험물안전관리 감독 및 행정처리

## 01 위험물의 저장 및 취급

### 1 시·도의 조례로 정하는 경우

(1) 지정수량 미만인 위험물의 저장 및 취급

(2) 임시로 저장 또는 취급하는 장소에서의 지정수량 이상인 위험물의 저장 및 취급
   ① 시·도의 조례가 정하는 바에 따라 관할소방서장의 승인을 받아 지정수량 이상의 위험물을 90일 이내의 기간 동안 임시로 저장 또는 취급하는 경우
   ② 군부대가 지정수량 이상의 위험물을 군사목적으로 임시로 저장 또는 취급하는 경우

### 2 위험물시설의 설치 및 변경

(1) 제조소등을 설치하고자 하는 자는 시·도지사의 허가를 받아야 한다.

(2) 제조소등의 위치·구조 또는 설비의 변경 없이 당해 제조소등에서 저장하거나 취급하는 위험물의 품명·수량 또는 지정수량의 배수를 변경하고자 하는 자는 변경하고자 하는 날의 1일 전까지 시·도지사에게 신고하여야 한다.

(3) 허가·신고를 받지 않고 제조소등을 설치하거나 그 위치·구조 또는 설비, 위험물의 품명·수량 또는 지정수량의 배수를 변경할 수 있는 제조소등
   ① 주택의 난방시설(공동주택의 중앙난방시설을 제외한다)을 위한 저장소 또는 취급소
   ② 농예용·축산용 또는 수산용으로 필요한 난방시설 또는 건조시설을 위한 지정수량 20배 이하의 저장소

(4) 제조소등의 설치자의 지위를 승계한 자는 승계한 날부터 30일 이내에 시·도지사에게 그 사실을 신고하여야 한다.

(5) 제조소등의 관계인은 당해 제조소등의 용도를 폐지한 때에는 폐지한 날부터 14일 이내에 시·도지사에게 신고하여야 한다.

## 02 위험물안전관리

### 1 위험물안전관리자

(1) 위험물취급자격자의 자격

| 위험물취급자격자의 구분 | 취급할 수 있는 위험물 |
|---|---|
| 위험물기능장, 위험물산업기사, 위험물기능사의 자격 취득자 | 모든 위험물 |
| 안전관리자교육이수자 | 제4류 위험물 |
| 소방공무원으로 근무한 경력이 3년 이상인 자 | 제4류 위험물 |

(2) 위험물안전관리자 선임 및 신고
① 제조소등(허가를 받지 아니하는 제조소등과 이동탱크저장소 제외)의 관계인은 위험물취급자격자를 위험물안전관리자로 선임하여야 한다.
② 안전관리자를 선임한 제조소등의 관계인은 그 안전관리자를 해임하거나 안전관리자가 퇴직한 때에는 해임하거나 퇴직한 날부터 30일 이내에 다시 안전관리자를 선임하여야 한다.
③ 제조소등의 관계인은 안전관리자를 선임한 경우에는 선임한 날부터 14일 이내에 소방본부장 또는 소방서장에게 신고하여야 한다.
④ 안전관리자를 선임한 제조소등의 관계인은 안전관리자가 여행·질병 그 밖의 사유로 인하여 일시적으로 직무를 수행할 수 없거나 안전관리자의 해임 또는 퇴직과 동시에 다른 안전관리자를 선임하지 못하는 경우에는 대리자를 지정하여 그 직무를 대행하게 하여야 한다. 이 경우 대리자가 대행하는 기간은 30일을 초과할 수 없다.

(3) 안전교육대상자
① 안전관리자로 선임된 사람
② 탱크시험자의 기술인력으로 종사하는 자
③ 위험물운반자로 종사하는 자
④ 위험물운송자로 종사하는 자

> **참고** 소방청장, 시·도지사, 소방본부장 또는 소방서장은 한국소방안전원 또는 한국소방산업기술원에 위탁할 수 있다.

※ 한국소방산업기술원이 수행하는 업무
① 탱크안전성능검사(100만 L 이상의 액체 위험물 저장탱크, 암반탱크, 지하저장탱크 중 이중벽탱크)
② 완공검사(지정수량 1천 배 이상의 제조소 또는 일반취급소, 50만 L 이상의 옥외탱크저장소, 암반탱크저장소)
③ 소방본부장 또는 소방서장의 정기검사
④ 시·도지사의 운반용기검사
⑤ 탱크시험자의 기술인력으로 종사하는 자에 대한 소방청장의 안전교육
⑥ 소방청장의 안전교육

## 2 예방규정 및 정기점검, 정기검사

(1) 예방규정

해당 제조소등의 화재예방과 화재 등 재해발생시의 비상조치를 위하여 해당 제조소등의 사용을 시작하기 전에 관계인이 시·도지사에게 제출하여야 한다.

(2) 예방규정을 정해야 하는 제조소등
① 지정수량의 10배 이상의 위험물을 취급하는 제조소
② 지정수량의 100배 이상의 위험물을 저장하는 옥외저장소
③ 지정수량의 150배 이상의 위험물을 저장하는 옥내저장소
④ 지정수량의 200배 이상의 위험물을 저장하는 옥외탱크저장소
⑤ 암반탱크저장소
⑥ 이송취급소
⑦ 지정수량의 10배 이상의 위험물을 취급하는 일반취급소.
다만 제4류 위험물(특수인화물 제외)만을 지정수량의 50배 이하로 취급하는 일반취급소(제1석유류·알코올류의 취급량이 지정수량의 10배 이하인 경우)로서 다음 어느 하나에 해당하는 것을 제외
㉠ 보일러·버너 또는 이와 비슷한 것으로서 위험물을 소비하는 장치로 이루어진 일반취급소
㉡ 위험물을 용기에 옮겨 담거나 차량에 고정된 탱크에 주입하는 일반취급소

(3) 정기점검

제조소등의 관계인은 제조소등에 대하여 기술기준에 적합한지의 여부를 연1회 이상 점검하고 점검결과를 기록하여 보존하여야 한다. 정기점검을 한 제조소등의 관계인은 점검을 한 날부터 30일 이내에 점검결과를 시·도지사에게 제출하여야 한다.

(4) 정기점검을 해야 하는 제조소등
① 예방규정을 정해야 하는 제조소등
② 지하탱크저장소
③ 이동탱크저장소
④ 위험물을 취급하는 탱크로서 지하에 매설된 탱크가 있는 제조소·주유취급소 또는 일반취급소

(5) 정기검사

정기점검의 대상이 되는 제조소등의 관계인은 소방본부장 또는 소방서장으로부터 해당 제조소등이 기술기준에 적합하게 유지되고 있는지의 여부에 대하여 정기적으로 검사를 받아야 한다.

(6) 정기검사를 해야 하는 제조소등

액체위험물을 저장 또는 취급하는 50만 리터 이상의 옥외탱크저장소(특정 및 준특정 옥외탱크저장소)

## 03 자체소방대

### 1 자체소방대를 설치하여야 하는 사업소

(1) 제4류 위험물의 지정수량 3천 배 이상을 취급하는 제조소 및 일반취급소

(2) 제4류 위험물의 최대수량이 지정수량의 50만 배 이상 저장하는 옥외탱크저장소

### 2 자체소방대를 두어야 하는 화학소방자동차 중 포수용액을 방사하는 화학소방자동차는 전체 화학소방차의 2/3 이상으로 한다.

### 3 자체소방대에 두는 화학소방자동차 및 인원

| 사업소의 구분 | 화학소방자동차 | 자체소방대원의 수 |
|---|---|---|
| 1. 제조소 또는 일반취급소에서 취급하는 제4류 위험물의 최대수량의 합이 지정수량의 3천 배 이상 12만 배 미만인 사업소 | 1대 | 5인 |
| 2. 제조소 또는 일반취급소에서 취급하는 제4류 위험물의 최대수량의 합이 지정수량의 12만 배 이상 24만 배 미만인 사업소 | 2대 | 10인 |
| 3. 제조소 또는 일반취급소에서 취급하는 제4류 위험물의 최대수량의 합이 지정수량의 24만 배 이상 48만 배 미만인 사업소 | 3대 | 15인 |
| 4. 제조소 또는 일반취급소에서 취급하는 제4류 위험물의 최대수량의 합이 지정수량의 48만 배 이상인 사업소 | 4대 | 20인 |
| 5. 제조소 또는 일반취급소에서 취급하는 제4류 위험물의 최대수량의 합이 지정수량의 50만 배 이상인 사업소 | 2대 | 10인 |

### 4 화학소방자동차에 갖추어야 하는 소화능력 및 설비의 기준

| 화학소방자동차의 구분 | 소화능력 및 설비의 기준 |
|---|---|
| 포수용액 방사차 | 포수용액의 방사능력이 매분 2,000 L 이상일 것 |
| | 소화약액탱크 및 소화약액혼합장치를 비치할 것 |
| | 10만 L 이상의 포수용액을 방사할 수 있는 양의 소화약제를 비치할 것 |
| 분말 방사차 | 분말의 방사능력이 매초 35 kg 이상일 것 |
| | 분말탱크 및 가압용가스설비를 비치할 것 |
| | 1,400 kg 이상의 분말을 비치할 것 |
| 할로젠화합물 방사차 | 할로젠화합물의 방사능력이 매초 40 kg 이상일 것 |
| | 할로젠화합물탱크 및 가압용가스설비를 비치할 것 |
| | 1,000 kg 이상의 할로젠화합물을 비치할 것 |
| 이산화탄소 방사차 | 이산화탄소의 방사능력이 매초 40 kg 이상일 것 |
| | 이산화탄소저장용기를 비치할 것 |
| | 3,000 kg 이상의 이산화탄소를 비치할 것 |
| 제독차 | 가성소다 및 규조토를 각각 50 kg 이상 비치할 것 |

## 04 탱크안전성능검사와 완공검사

### 1 탱크안전성능검사

(1) 위험물탱크가 있는 제조소등의 설치 또는 그 위치·구조 또는 설비의 변경에 관하여 완공검사를 받기 전에 시·도지사가 실시하는 탱크안전성능검사를 받아야 한다.

(2) 탱크안전성능검사의 종류와 대상
① 기초·지반검사 : 액체위험물탱크 용량이 100만 리터 이상인 옥외탱크저장소
② 충수·수압검사 : 액체위험물을 저장 또는 취급하는 탱크
③ 용접부검사 : 액체위험물탱크 용량이 100만 리터 이상인 옥외탱크저장소
④ 암반탱크검사 : 액체위험물을 저장 또는 취급하는 암반 내의 공간을 이용한 탱크

### 2 완공검사

(1) 당해 제조소등마다 시·도지사가 행하는 완공검사를 받아 기술기준에 적합하다고 인정되는 경우 사용할 수 있으며, 시·도지사가 완공검사합격확인증을 교부해야 한다.

(2) 완공검사 신청시기
① 지하탱크가 있는 제조소등의 경우 : 당해 지하탱크를 매설하기 전
② 이동탱크저장소의 경우 : 이동저장탱크를 완공하고 상시 설치 장소(상치장소)를 확보한 후
③ 이송취급소의 경우 : 이송배관 공사의 전체 또는 일부를 완료한 후
   단, 지하·하천 등에 매설하는 이송배관의 공사의 경우 이송배관을 매설하기 전
④ 전체 공사가 완료된 후에는 완공검사를 실시하기 곤란한 경우
   ㉠ 위험물설비 또는 배관의 설치가 완료되어 기밀시험 또는 내압시험을 실시하는 시기
   ㉡ 배관을 지하에 설치하는 경우에는 시·도지사, 소방서장 또는 기술원이 지정하는 부분을 매몰하기 직전
   ㉢ 기술원이 지정하는 부분의 비파괴시험을 실시하는 시기
⑤ 그 밖의 제조소등의 경우 : 제조소등의 공사를 완료한 후

## 05 탱크의 내용적 및 공간용적

### 1 탱크의 내용적

(1) 타원형 탱크 내용적

① 양쪽이 볼록한 것

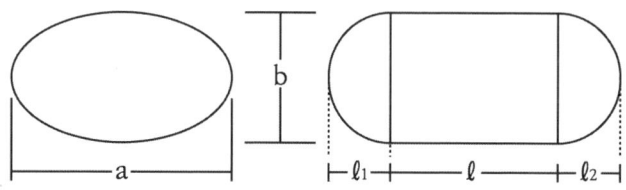

$V = 윗면적 \times 높이환산값$
$= \dfrac{\pi ab}{4} \times (l + \dfrac{l_1 + l_2}{3})$

a, b : 타원 단면의 가로, 세로길이
$l$ : 몸통높이
$l_1, l_2$ : 탱크 양 끝단 높이

② 한쪽은 볼록하고 다른 한쪽은 오목한 것

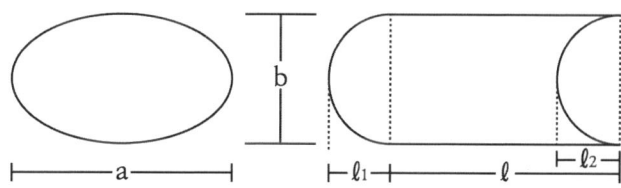

$V = 윗면적 \times 높이환산값$
$= \dfrac{\pi ab}{4} \times (l + \dfrac{l_1 - l_2}{3})$

a, b : 타원 단면의 가로, 세로길이
$l$ : 몸통높이
$l_1, l_2$ : 탱크 양 끝단 높이

(2) 원통형 탱크의 내용적

① 횡으로 설치한 것

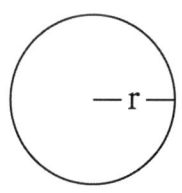 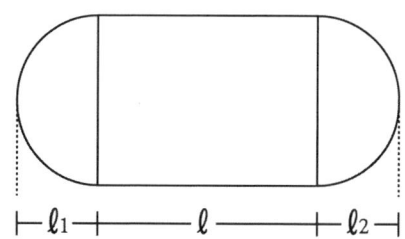

$$V = 윗면적 \times 높이환산값 = \pi r^2 \times (l + \frac{l_1 + l_2}{3})$$

r : 원지름 길이
l : 몸통높이
$l_1$, $l_2$ : 탱크 양 끝단 높이

② 종으로 설치한 것

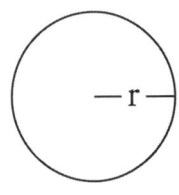
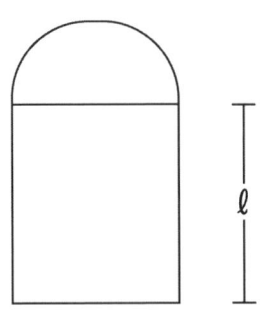

$$V = 윗면적 \times 높이 = \pi r^2 \times l$$

r : 원지름 길이
l : 몸통높이

## 2 탱크의 공간용적

(1) 일반 탱크의 공간용적

탱크의 내용적의 5/100 이상 10/100 이하

(2) 소화설비(소화약제 방출구를 탱크 안의 윗부분에 설치하는 소화설비)를 설치하는 탱크의 공간용적

탱크의 공간용적은 당해 소화설비의 소화약제 방출구 아래의 0.3 m 이상 1 m 미만 사이의 면으로부터 윗부분의 용적

(3) 암반탱크 공간용적 기준

내용적 1 / 100 또는 탱크 내에서 용출하는 7일간 지하수 용출량 중 더 큰 용적

## 3 탱크 용량 산정

탱크 용량 = 탱크 내용적 - 탱크 공간용적

## 06 설치허가취소와 사용정지 및 벌칙

### 1 제조소등 설치허가의 취소와 사용정지

(1) 시·도지사는 제조소등의 관계인이 다음 어느 하나에 해당하는 때에는 허가를 취소하거나 6월 이내의 기간을 정하여 제조소등의 전부 또는 일부의 사용정지를 명할 수 있다.

① 변경허가를 받지 아니하고 제조소등의 위치·구조 또는 설비를 변경한 때
② 완공검사를 받지 아니하고 제조소등을 사용하거나 안전조치 이행명령을 따르지 아니한 때
③ 수리·개조 또는 이전의 명령을 위반한 때
④ 위험물안전관리자를 선임하지 아니한 때
⑤ 대리자를 지정하지 아니한 때
⑥ 정기점검을 하지 아니한 때
⑦ 정기검사를 받지 아니한 때
⑧ 저장·취급기준 준수명령을 위반한 때

(2) 시·도지사는 제조소등에 대한 사용의 정지가 그 이용자에게 심한 불편을 주거나 그 밖에 공익을 해칠 우려가 있는 때에는 사용정지처분에 갈음하여 2억 원 이하의 과징금을 부과할 수 있다.

### 2 벌칙

(1) 제조소등에서 위험물을 유출·방출 또는 확산 시

| 구분 | 징역 |
| --- | --- |
| 사람의 생명·신체 또는 재산에 대하여 위험을 발생시킨 자 | 1년 이상 10년 이하의 징역 |
| 사람을 상해에 이르게 한 자 | 무기 또는 3년 이상의 징역 |
| 사망에 이르게 한 자 | 무기 또는 5년 이상의 징역 |

(2) 업무상 과실로 제조소등에서 위험물을 유출·방출 또는 확산 시

| 구분 | 징역 또는 벌금 |
| --- | --- |
| 죄를 범한 자 | 7년 이하의 금고 또는 7천만 원 이하의 벌금 |
| 사람을 사상에 이르게 한 자 | 10년 이하의 징역 또는 금고나 1억 원 이하의 벌금 |

(3) 5년 이하의 징역 또는 1억 원 이하의 벌금

　제조소등의 설치허가를 받지 아니하고 제조소등을 설치한 자

(4) 3년 이하의 징역 또는 3천만 원 이하의 벌금

　저장소 또는 제조소등이 아닌 장소에서 지정수량 이상의 위험물을 저장 또는 취급한 자

(5) 1년 이하의 징역 또는 1천만 원 이하의 벌금

　① 정기점검을 하지 아니하거나 정기검사를 받지 아니한 관계인
　② 자체소방대를 두지 아니한 관계인

(6) 1천500만 원 이하의 벌금

　① 위험물의 저장 또는 취급에 관한 중요기준에 따르지 아니한 자
　② 변경허가를 받지 아니하고 제조소등을 변경한 자
　③ 제조소등의 완공검사를 받지 아니하고 위험물을 저장·취급한 자
　④ 안전관리자를 선임하지 아니한 관계인

(7) 1천 만 원 이하의 벌금

　① 위험물의 취급에 관한 안전관리와 감독을 하지 아니한 자
　② 위험물의 운반에 관한 중요기준에 따르지 아니한 자
　③ 요건을 갖추지 아니한 위험물운반자 또는 규정을 위반한 위험물운송자

(8) 500만 원 이하의 과태료

　① 위험물의 저장 또는 취급에 관한 세부기준을 위반한 자
　② 위험물의 운반에 관한 세부기준을 위반한 자 또는 위험물의 운송에 관한 기준을 따르지 아니한 자
　※ 과태료는 시·도지사, 소방본부장 또는 소방서장이 부과·징수한다.

# 위험물안전관리 감독 및 행정처리

**01** 옥외저장소에서 저장할 수 없는 위험물은? (단, 시·도 조례에서 별도로 정하는 위험물 또는 국제해상위험물규칙에 적합한 용기에 수납된 위험물은 제외한다)

① 과산화수소 ② 아세톤
③ 에탄올 ④ 황

**해설**

[옥외저장소 저장 가능 4류 위험물]
- 제1석유류(인화점 0 ℃ 이상)
- 알코올류
- 제2~4석유류
- 동식물류
→ 아세톤(1석유류, 인화점 -18 ℃) 불가

**02** 질산나트륨을 저장하고 있는 옥내저장소(내화구조의 격벽으로 완전히 구획된 실이 2 이상 있는 경우에는 동일한 실)에 함께 저장하는 것이 법적으로 허용되는 것은? (단, 위험물을 유별로 정리하여 서로 1 m 이상의 간격을 두는 경우이다)

① 적린 ② 인화성 고체
③ 동식물유류 ④ 과염소산

**해설**

[옥내저장소 질산나트륨(1류) 저장]
- 1 m 이상거리일 때 1류와 저장 가능 물질
  6류 위험물, 3류 위험물(황린만), 1류(알칼리금속과산화물 제외), 5류 위험물
- 과염소산(6류) : 질산나트륨과 저장 가능

**03** 위험물안전관리법령상 옥내저장소의 안전거리를 두지 않을 수 있는 경우는?

① 지정수량 20배 이상의 동식물유류
② 지정수량 20배 미만의 특수인화물
③ 지정수량 20배 미만의 제4석유류
④ 지정수량 20배 이상의 제5류 위험물

**해설**

[옥내저장소 안전거리를 두지 않을 경우]
- 지정수량 20배 미만 4석유류·동식물유 저장
- 제6류 위험물 저장

정답 01 ② 02 ④ 03 ③

**04** 자체소방대에 두어야 하는 화학소방자동차 중 포수용액을 방사하는 화학소방자동차는 전체 법정 화학소방자동차 대수의 얼마 이상으로 하여야 하는가?

① 1/3 　② 2/3
③ 1/5 　④ 2/5

**해설**

[화학소방자동차 대수]
포수용액을 방사하는 화학소방자동차는 전체의 2/3 이상으로 한다.

**05** 위험물안전관리법령상 이동저장탱크(압력탱크)에 대해 실시하는 수압시험은 용접부에 대한 어떤 시험으로 대신할 수 있는가?

① 비파괴시험과 기밀시험
② 비파괴시험과 충수시험
③ 충수시험과 기밀시험
④ 방폭시험과 충수시험

**해설**

이동저장탱크 수압시험은 비파괴시험과 기밀시험으로 대체 가능

**06** 다음은 위험물안전관리법령에 관한 내용이다. ( )에 알맞은 수치의 합은?

- 위험물안전관리자를 선임한 제조소 등의 관계인은 그 안전관리자를 해임하거나 안전관리자가 퇴직당한 때에는 해임하거나 퇴직한 날부터 ( )일 이내에 다시 안전관리자를 선임하여야 한다.
- 제조소등의 관계인은 당해 제조소등의 용도를 폐지한 때에는 총리령이 정하는 바에 따라 제조소등의 용도를 폐지한 날부터 ( )일 이내에 시·도지사에게 신고하여야 한다.

① 30 　② 44
③ 49 　④ 62

**해설**

[안전관리자 선임기간과 용도폐지]
- 안전관리자 해임·퇴직 시
  해임·퇴직한 날부터 30일 이내 재선임
- 제조소 용도 폐지
  폐지한 날부터 14일 이내 시·도지사 또는 소방서장에게 신고

**07** 위험물안전관리법령상 다음 암반탱크의 공간 용적은 얼마인가?

가. 암반탱크의 내용적 100억 L
나. 탱크 내에 용출하는 1일 지하수의 양 2천만 L

① 2천만 리터 　② 2억 리터
③ 1억 4천만 리터 　④ 100억 리터

정답 04 ② 05 ① 06 ② 07 ③

**해설**

[암반탱크 공간용적 계산]
- 내용적 1/100와 7일간 지하수 용출량 중 더 큰 용적을 공간용적으로 한다.
- 가 : 100억 × 1/100 = 1억
  나 : 2천만 × 7 = 1억 4천만

**08** 주유취급소의 표지 및 게시판의 기준에서 "위험물 주유취급소" 표지와 "주유 중 엔진정지" 게시판의 바탕색을 차례대로 옳게 나타낸 것은?

① 백색, 백색  ② 백색, 황색
③ 황색, 백색  ④ 황색, 황색

**해설**

[주유취급소 표지 및 게시판 색상 기준]
- "위험물 주유취급소" 표지
  - 백색바탕·흑색문자
- "주유 중 엔진정지" 표지
  - 황색바탕·흑색문자

**09** 위험물안전관리법령상 다음 보기의 ( ) 안에 알맞은 수치는?

> 이동저장탱크부터 위험물을 저장 또는 취급하는 탱크에 인화점이 ( )℃ 미만인 위험물을 주입할 때에는 이동탱크저장소의 원동기를 정지시킬 것

① 40  ② 50
③ 60  ④ 70

**해설**

탱크에 인화점이 40℃ 미만인 위험물 주입 시 원동기 열에 의해 가연성 기체가 발생할 수 있어 이동탱크저장소 원동기 정지

**10** 제4류 위험물을 저장하는 이동탱크저장소의 탱크 용량이 19,000 L일 때 탱크의 칸막이는 최소 몇 개를 설치해야 하는가?

① 2  ② 3
③ 4  ④ 5

**해설**

[이동저장탱크 칸막이]
- 4,000 L마다 강철판으로 구획
- 19,000 L는 5개로 나눠 4개 칸막이 필요

**11** 위험물안전관리법령상 제4류 위험물 옥외저장탱크의 대기밸브부착 통기관은 몇 kPa 이하의 압력차이로 작동할 수 있어야 하는가?

① 2  ② 3
③ 4  ④ 5

**해설**

[옥외저장탱크 대기밸브부착 통기관]
5 kPa 이하로 작동 가능해야 한다.

정답 ● 08 ② 09 ① 10 ③ 11 ④

**12** 위험물 지하탱크저장소의 탱크전용실 설치 기준으로 틀린 것은?

① 철근콘크리트 구조의 벽은 두께 0.3 m 이상으로 한다.
② 지하저장탱크와 탱크전용실의 안쪽과의 사이는 50 cm 이상의 간격을 유지한다.
③ 철근콘크리트 구조의 바닥은 두께 0.3 m 이상으로 한다.
④ 벽, 바닥 등에 적정한 방수 조치를 강구한다.

해설
[지하탱크저장소 탱크전용실 설치 기준]
② 지하저장탱크와 탱크전용실 안쪽 사이 0.1 m 이상 간격 유지

**13** 위험물안전관리법령상 옥외탱크저장소의 위치·구조 및 설비의 기준에서 간막이 둑을 설치할 경우 그 용량의 기준으로 옳은 것은?

① 간막이 둑 안에 설치된 탱크의 용량의 110 % 이상일 것
② 간막이 둑 안에 설치된 탱크의 용량 이상일 것
③ 간막이 둑 안에 설치된 탱크의 용량의 10 % 이상일 것
④ 간막이 둑 안에 설치된 탱크의 간막이 둑 높이 이상 부분의 용량 이상일 것

해설
[옥외탱크저장소 간막이 둑 기준]
- 설치 기준 : 1,000만 L 이상인 옥외저장탱크에 탱크마다 설치
- 높이 : 0.3 m 이상
- 용량 : 탱크용량의 10 % 이상

**14** 지정수량 이상의 위험물을 차량으로 운반하는 경우에는 차량에 설치하는 표지의 색상에 관한 내용으로 옳은 것은?

① 흑색바탕에 청색의 반사도료로 "위험물"이라고 표기할 것
② 흑색바탕에 황색의 반사도료로 "위험물"이라고 표기할 것
③ 적색바탕에 흰색의 반사도료로 "위험물"이라고 표기할 것
④ 적색바탕에 흑색의 반사도료로 "위험물"이라고 표기할 것

해설
[지정수량 이상 위험물 표지색상]
흑색바탕에 황색반사도료로 "위험물" 표기

정답 12 ② 13 ③ 14 ②

**15** 표준관입시험 및 평판재하시험을 실시하여야 하는 특정옥외저장탱크의 지반의 범위는 기초의 외측이 지표면과 접하는 선의 범위 내에 있는 지반으로서 지표면으로부터 깊이 몇 m까지로 하는가?

① 10  ② 15
③ 20  ④ 25

해설

[지반 범위]
표준관입시험 및 평판재하시험을 실시하여야 하는 특정옥외저장탱크의 지반은 지표면으로부터 15 m까지

**16** 위험물안전관리법령상 지정수량의 3천배 초과, 4천 배 이하의 위험물을 저장하는 옥외탱크저장소에 확보하여야 하는 보유공지의 너비는 얼마인가?

① 6 m 이상  ② 9 m 이상
③ 12 m 이상  ④ 15 m 이상

해설

[옥외탱크저장소 보유공지]

| 지정수량 배수 | 공지의 너비 |
| --- | --- |
| 500배 이하 | 3 m 이상 |
| 500 ~ 1,000배 | 5 m 이상 |
| 1,000 ~ 2,000배 | 9 m 이상 |
| 2,000 ~ 3,000배 | 12 m 이상 |
| 3,000 ~ 4,000배 | 15 m 이상 |

| 지정수량 배수 | 공지의 너비 |
| --- | --- |
| 4,000배 초과 | • 탱크 지름과 높이 중 큰 것 이상<br>• 최소 15m 이상<br>• 최대 30m 이하 |

※ 지정수량 배수 표기방법 : ~초과 ~이하

**17** 위험물안전관리법령상 연소의 우려가 있는 위험물제조소의 외벽의 기준으로 옳은 것은?

① 개구부가 없는 불연재료의 벽으로 하여야 한다.
② 개구부가 없는 내화구조의 벽으로 하여야 한다.
③ 출입구 외의 개구부가 없는 불연재료의 벽으로 하여야 한다.
④ 출입구 외의 개구부가 없는 내화구조의 벽으로 하여야 한다.

해설

[위험물제조소 방화구획]
• 건축물(벽·기둥·바닥·보·지붕·서까래) : 불연재료
• 출입구 외 개구부 없는 외벽 : 내화구조

정답 15 ② 16 ④ 17 ④

**18** 위험물안전관리법령에서 정하는 제조소와의 안전거리의 기준이 다음 중 가장 큰 것은?

① 「고압가스 안전관리법」의 규정에 의하여 허가를 받거나 신고를 하여야 하는 고압가스저장시설
② 사용전압이 35,000 V를 초과하는 특고압가공전선
③ 병원, 학교, 극장
④ 「문화유산의 보존 및 활용에 관한 법률」 및 「자연유산의 보존 및 활용에 관한 법률」의 규정에 의한 유형문화재와 기념물 중 지정문화재

**해설**

[위험물제조소 안전거리]

| 시설종류 | 안전거리 |
|---|---|
| 지정문화유산 및 천연기념물 등 | 50 m 이상 |
| 병원·학교·극장 | 30 m 이상 |
| 고압가스·액화석유가스 | 20 m 이상 |
| 주거용 건축물 | 10 m 이상 |
| 전압 35,000 V 초과 특고압전선 | 5 m 이상 |
| 전압 7,000 ~ 35,000 V 특고압전선 | 3 m 이상 |

**19** 위험물안전관리법령에서는 위험물을 제조 외의 목적으로 취급하기 위한 장소와 그에 따른 취급소의 구분을 4가지로 정하고 있다. 다음 중 법령에서 정한 취급소의 구분에 해당되지 않는 것은?

① 주유취급소  ② 특수취급소
③ 일반취급소  ④ 이송취급소

**해설**

[위험물 취급소 종류]
이송·주유·일반·판매 취급소

암 이주일판매 : 이 주일 동안 판매

**20** 제3류 위험물 중 금수성 물질의 위험물 제조소에 설치하는 주의사항 게시판의 색상 및 표시 내용으로 옳은 것은?

① 청색바탕-백색문자, "물기엄금"
② 청색바탕-백색문자, "물기주의"
③ 백색바탕-청색문자, "물기엄금"
④ 백색바탕-청색문자, "물기주의"

**해설**

[금수성 물질 게시판 색상 및 표시]
• 주의사항 : 물기엄금
• 색상 : 청색바탕 및 백색문자

정답 18 ④　19 ②　20 ①

**21** 제5류 위험물제조소에 설치하는 표지 및 주의사항을 표시한 게시판의 바탕색상을 각각 옳게 나타낸 것은?

① 표지 : 백색
   주의사항을 표시한 게시판 : 백색
② 표지 : 백색
   주의사항을 표시한 게시판 : 적색
③ 표지 : 적색
   주의사항을 표시한 게시판 : 백색
④ 표지 : 적색
   주의사항을 표시한 게시판 : 적색

**해설**
[제5류 위험물 표지 및 주의사항 색상]
• 제조소 표지 : 백색바탕, 흑색문자
• 주의사항 게시판 : 적색바탕, 백색문자

**22** 위험물제조소등의 안전거리의 단축기준과 관련해서 $H \leq pD^2 + a$인 경우 방화상 유효한 담의 높이는 2 m 이상으로 한다. 다음 중 a에 해당되는 것은?

① 인근 건축물의 높이(m)
② 제조소등의 외벽의 높이(m)
③ 제조소등과 공작물과의 거리(m)
④ 제조소등과 방화상 유효한 담과의 거리(m)

**해설**
[안전거리 단축에 필요한 담 높이]
• $H \leq pD^2 + a$인 경우 2 m 이상 담 높이
• H : 인근 건축물·공작물 높이
  p : 상수
  D : 제조소등과 건축물·공작물 사이거리
  a : 제조소등의 외벽 높이

**23** 위험물제조소의 배출설비의 배출능력은 1시간당 배출장소 용적의 몇 배 이상인 것으로 해야 하는가? (단, 전역방식의 경우는 제외한다)

① 5
② 10
③ 15
④ 20

**해설**
[제조소 건축물 배출설비의 배출능력]
• 국소방식 : 시간당 배출장소 용적 20배
• 전역방식 : 바닥면적 1 $m^2$당 18 $m^3$

# Part 04

## 과년도 기출문제

## 2024 1회

### 1과목 일반화학

**01** 질량수가 39인 K의 중성자 수와 전자 수는 각각 몇 개인가? (단, K의 원자번호는 19이다)

① 중성자수 20, 전자수 19
② 중성자수 39, 전자수 20
③ 중성자수 19, 전자수 19
④ 중성자수 19, 전자수 39

**해설**

[물질의 질량수]
- 칼륨 질량수 = 원자번호 + 중성자
  = 19 + 중성자 = 39
- 중성자 수 = 20
- 원자번호(양성자 수) = 전자 수

**02** 100 mL 메스플라스크로 10 ppm 용액 100 mL를 만들려고 한다. 1,000 ppm 용액 몇 mL를 취해야 하는가?

① 0.1 mL
② 1 mL
③ 10 mL
④ 100 mL

**해설**

[용액부피계산]
- 1 ppm : 물 1 kg당 물질 1 mg
- $N_1 \times V_1 = N_2 \times V_2$
  $10 \times 100$ mL $= 1,000 \times V_2$
  $V_2 = 1$ mL

**03** 어떤 기체의 확산속도가 $SO_2$(g)의 2배이다. 이 기체의 분자량은 얼마인가? (단, S의 원자량은 32, O의 원자량은 16이다)

① 8
② 16
③ 32
④ 64

**해설**

[확산속도 비]
- $\dfrac{V_1}{V_2} = \sqrt{\dfrac{M_2}{M_1}} = 2$ (1 : 미지기체, 2 : $SO_2$)
- $M_1 = 1/4 M_2 = 1/4 \times 64 = 16$

**04** 1패럿의 전기량으로 물을 전기분해하였을 때 생성되는 산소기체의 부피는 0 ℃, 1기압에서 몇 L인가?

① 5.6 L
② 11.2 L
③ 22.4 L
④ 44.8 L

**정답** 01 ① 02 ② 03 ② 04 ①

### 해설

[산소 부피 계산]
- 1패러데이 = 1 g당량 물질 생성
- $O_2$는 -2가 2개로 총 4 g당량이 1 mol
- 산소부피 = 0.25 mol × 22.4 L = 5.6 L

**05** 어떤 원소의 바닥상태의 전자배치는 2p 궤도함수에 4개의 전자가 채워져 있다. 이 원소의 최외각전자와 짝짓지 않은 전자수는?

① 2개, 4개
② 4개, 2개
③ 6개, 4개
④ 6개, 2개

### 해설

[전자배열 파악]

| 1s | 2s | 2p | | |
|---|---|---|---|---|
| ↑↓ | ↑↓ | ↑↓ | ↑ | ↑ |

- 원자번호 8번, 산소
- 2p 궤도함수(오비탈) : $1s^2 2s^2 2p^4$
  → 최외각전자 개수 6개, 짝짓지 않은 전자 수 2개

**06** 사방황과 고무상황을 구분하는 방법으로 옳은 것은?

① 색으로 구분한다.
② $CS_2$에 녹여서 구분한다.
③ 연소 시 나타나는 불꽃색으로 구분한다.
④ 연소 시 생성되는 물질로 구분한다.

### 해설

[황(S)]
- 황색결정으로, 물에 녹지 않는다.
- 사방황(8면체), 단사황(바늘모양), 고무상황(비결정성)의 3가지 동소체가 존재한다.
  → 고무상황을 제외한 나머지 황은 이황화탄소($CS_2$)에 녹는다.

**07** 에틸렌($C_2H_4$)을 원료로 하지 않는 것은?

① 아세트산
② 염화비닐
③ 에탄올
④ 메탄올

### 해설

[메탄올($CH_3OH$)]
- 탄소 1개를 가지는 물질
- 탄소 2개인 에틸렌($C_2H_4$) 원료로 불가능

정답 ● 05 ④  06 ②  07 ④

## 08 다이클로로벤젠의 구조이성질체수는 몇 개인가?

① 5개
② 4개
③ 3개
④ 2개

> **해설**

[다이클로로벤젠($C_6H_4Cl_2$) 구조이성질체]

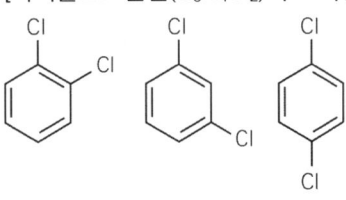

총 3가지 이성질체가 있다.

## 09 같은 주기에서 원자번호가 증가할수록 감소하는 것은?

① 이온화에너지
② 비금속성
③ 원자반지름
④ 전기음성도

> **해설**

[주기율표 성질]
- 오른쪽으로 갈수록 감소하는 성질
  금속성 · 전자방출성 · 원자반지름

## 10 1기압에서 2 L의 부피를 차지하는 어떤 기체를 온도 변화 없이 압력을 4기압으로 높였을 때 기체의 부피는?

① 0.5 L
② 2.0 L
③ 4.0 L
④ 8.0 L

> **해설**

[압력변화에 따른 부피계산]
- 보일의 법칙 : 압력과 부피 곱은 일정
- $P_1V_1 = P_2V_2$
  $1 \times 2 = 4 \times V_2$
- $V_2 = 0.5$ L

## 11 $KMnO_4$에서 $Mn$의 산화수는 얼마인가?

① +3
② +5
③ +7
④ +9

> **해설**

[산화수 계산]
- O : -2
- K(1족) : +1
- 산화수 = + 1 + Mn + ( - 2 × 4) = 0
  Mn = +7

**12** 수소분자 1 mol에 포함된 양성자 수와 같은 것은?

① $O_2 \frac{1}{4} mol$ 중의 양성자 수

② NaCl 1 mol 중의 이온 총수

③ 수소 원자 $\frac{1}{2} mol$ 중의 원자 수

④ $CO_2$ 1 mol 중의 원자 수

**해설**

[양성자 수]
- 수소 분자 $H_2$ 양성자 수
  2개 × 1 mol × 6.02 × $10^{23}$ 개/mol
  = 1.204 × $10^{24}$ 개

① $O_2 \frac{1}{4} mol$ 양성자 수

  (8×2)개 × $\frac{1}{4} mol$ × 6.02 × $10^{23}$ 개/mol
  = 2.408 × $10^{24}$ 개

② NaCl 1 mol 해리 : NaCl → $Na^+$ + $Cl^-$
  이온 총수 : 2 mol × 6.02 × $10^{23}$ 개/mol
              = 1.204 × $10^{24}$ 개

③ H $\frac{1}{2} mol$ 원자 수

  $\frac{1}{2} mol$ × 6.02 × $10^{23}$ 개/mol
  = 3.01 × $10^{23}$ 개

④ $CO_2$ 3 mol 원자 수
  3 mol × 6.02 × $10^{23}$ 개/mol
  = 6.02 × $10^{23}$ 개

**13** 다음 화합물 수용액 농도가 모두 0.5m일 때 끓는점이 가장 높은 것은?

① $C_6H_{12}O_6$(포도당)

② $C_{12}H_{22}O_{11}$(설탕)

③ $NaCl$(염화나트륨)

④ $CaCl_2$(염화칼슘)

**해설**

[화합물 수용액의 끓는점]
- 용해되는 입자가 많아지면 끓는점은 높아진다.
- 포도당과 설탕과 같은 비전해질은 용해되어도 입자수가 변하지 않는다.
- 염화나트륨(NaCl) 해리 : NaCl → $Na^+$ + $Cl^-$
- 염화칼륨($CaCl_2$) 해리 : $CaCl_2$ → $Ca^{2+}$ + $2Cl^-$

**14** 28 wt% 황산용액의 비중은 1.84이다. 이 황산용액의 몰농도(M)는 얼마인가?

① 2.86 M

② 5.26 M

③ 10.51 M

④ 51.52 M

**해설**

[황산($H_2SO_4$) 몰농도 계산]
- 1 L 순수 황산 질량 = 1840 g × 0.28
                    = 515.2 g
- 몰수 = 515.2/98(분자량) = 5.26 mol
- 몰농도 = 5.26 mol/1 L = 17.8 M

**정답** 12 ② 13 ④ 14 ②

**15** $_{93}Np$ 방사성 원소가 $\beta$선을 1회 방출한 경우 생성되는 원소는?

① $_{90}Th$
② $_{91}Pa$
③ $_{92}U$
④ $_{94}Pu$

**해설**

[$\alpha$선과 $\beta$선]
- $\alpha$선 : 원자번호 2 감소, 원자량 4 감소
  $\beta$선 : 원자번호 1 증가
- Np 원자번호 = 93 → 93 + 1 = 94

**16** 다음 중 이온반지름이 가장 작은 것은?

① $S^{2-}$
② $Cl^-$
③ $K^+$
④ $Ca^{2+}$

**해설**

[주기율표 성질]
오른쪽으로 갈수록 감소하는 성질
→ 금속성·전자방출성·원자반지름

**17** 표준상태에서 수소($H_2$) 22.4 L를 질소($N_2$)와 완전히 반응시킬 때 생성되는 암모니아($NH_3$)는 몇 g인가?

① 5.7g
② 11.3g
③ 17.0g
④ 34.0g

**해설**

[암모니아 생성반응]
- $N_2 + 3H_2 \rightarrow 2NH_3$(1 : 3 : 2 반응)
- 표준상태일 때 22.4 L는 1 mol(아보가드로 법칙)
- $N_2 : O_2 : NH_3$
  $\frac{1}{3}$ mol : 1 mol : $\frac{2}{3}$ mol
- 생성되는 암모니아
  $\frac{2}{3}$ mol × 17 g/mol(분자량) = 11.33 g

**18** 산·염기 지시약인 페놀프탈레인의 pH 변색범위는?

① 2.0 ~ 4.0
② 4.0 ~ 6.0
③ 6.0 ~ 8.0
④ 8.0 ~ 10.0

**해설**

[페놀프탈레인 지시색]
- 염기성 : 적색
- 산성·중성 : 무색
- pH 7 이하는 산성, pH 7 이상은 염기성

정답 15 ④  16 ④  17 ②  18 ④

**19** 이산화황이 산화제로 작용하는 화학반응은?

① $SO_2 + H_2O \rightarrow H_2SO_4$
② $SO_2 + NaOH \rightarrow NaHSO_3$
③ $SO_2 + 2H_2S \rightarrow 3S + 2H_2O$
④ $SO_2 + Cl_2 + 2H_2O \rightarrow H_2SO_4 + 2HCl$

해설

[산화제 찾기]
- O를 잃거나 H를 얻는 물질
- ③ $SO_2$는 산소를 잃어 환원되므로 산화제

TIP
- 산화제 : 남을 산화시켜 자신은 환원되는 물질
- 환원제 : 남을 환원시켜 자신은 산화되는 물질

**20** 산성 산화물에 해당하는 것은?

① $CaO$
② $Na_2O$
③ $CO_2$
④ $MgO$

해설

[산화물 구분]
- 산성 산화물 : 비금속 + 산소
  염기성 산화물 : 금속 + 산소
- $CO_2$ : 비금속 + 산소로 산성 화합물

## 2과목  화재예방과 소화방법

**21** 제3종 분말소화약제를 화재면에 방출 시 부착성이 좋은 막을 형성하여 연소에 필요한 산소의 유입을 차단하기 때문에 연소를 중단시킬 수 있다. 그러한 막을 구성하는 물질은 무엇인가?

① $H_3PO_4$
② $PO_4$
③ $HPO_3$
④ $P_2O_5$

해설

[3종 분말소화약제]
메타인산($HPO_3$)를 만들어 방진효과에 의해 A·B·C급 화재에 적응성 있음

**22** 다음 중 소화약제가 아닌 것은?

① $CF_3Br$
② $NaHCO_3$
③ $C_4F_{10}$
④ $N_2H_4$

해설

[$N_2H_4$(하이드라진)]
4류 위험물(제 2석유류)로 소화약제가 아니다.

정답  19 ③  20 ③  21 ③  22 ④

**23** 제1류 위험물 중 알칼리금속의 과산화물 화재에 적응성이 있는 소화약제는?

① 인산염류분말 소화약제
② 이산화탄소 소화약제
③ 탄소수소염류 분말소화약제
④ 할로젠화합물 소화약제

**해설**

[제1류 위험물 소화방법]
- 냉각소화(알칼리금속의 과산화물 제외)
- 무기(알칼리금속) 과산화물 : 질식소화(탄산수소염류·건조사·팽창질석·팽창진주암)

**24** 드라이아이스 1 kg이 완전히 기화하면 약 몇 몰의 이산화탄소가 되겠는가?

① 22.7 mol
② 51.3 mol
③ 230 mol
④ 515 mol

**해설**

[이산화탄소($CO_2$) 몰수 계산]
- 분자량 = 12 + 16×2 = 44
- 1 kg / 44 = 0.0227 kmol = 22.7 mol

**25** 인화점이 38 ℃ 이상인 제4류 위험물 취급을 주된 작업내용으로 하는 장소에 스프링클러 설비를 설치하는 경우 확보해야 하는 1분당 방사밀도는 몇 $L/m^2$ 이상이어야 하는가? (단, 살수기준면적은 $250 m^2$ 이다)

① 8.1 $L/m^2$    ② 12.2 $L/m^2$
③ 15.5 $L/m^2$   ④ 16.3 $L/m^2$

**해설**

[스프링클러설비 방사밀도]
스프링클러 방사밀도별 4류 적응성

| 살수면적($m^2$) | 분당 방사밀도($L/m^2$) ||
| --- | --- | --- |
| | 인화점 38 ℃ 미만 | 인화점 38 ℃ 이상 |
| 279 미만 | 16.3 이상 | 12.2 이상 |
| 279 이상 372 미만 | 15.5 이상 | 11.8 이상 |
| 372 이상 465 미만 | 13.9 이상 | 9.8 이상 |
| 465 이상 | 12.2 이상 | 8.1 이상 |

**26** 위험물 안전관리법령상 전기설비에 적응성이 없는 소화설비는?

① 포소화설비
② 불활성가스소화설비
③ 물분무소화설비
④ 할로젠화합물소화설비

**정답** 23 ③  24 ①  25 ②  26 ①

해설

[전기화재 소화]
- 대부분 주수소화 불가능
- 포소화설비
  포원액 + 물로 구성되어 전기설비의 적응성 없음
  보충 물분무소화설비도 물이지만 작은 입자로 분무하기 때문에 전기설비에도 적응성이 있다.

**27** 위험물 안전관리법령에서 정한 물분무 소화설비의 설치 기준에서 물분무소화설비의 방사구역은 몇 $m^2$ 이상으로 하여야 하는가? (단, 방호대상물의 표면적이 150 $m^2$ 이상인 경우이다)

① 75
② 100
③ 150
④ 350

해설

[물분무소화설비 방사구역]
- 150 $m^2$ 이상 : 150 $m^2$ 로 산정
- 150 $m^2$ 미만 : 당해 표면적으로 산정

**28** 위험물 안전관리법령상 소화설비의 설치 기준에서 제조소등에 전기설비(전기배선, 조명기구 등은 제외)가 설치된 경우에는 해당 장소의 면적 몇 $m^2$마다 소형수동식소화기를 1개 이상 설치하여야 하는가?

① 50
② 75
③ 100
④ 150

해설

[전기설비 소화기 설치 기준]
면적 100 $m^2$마다 소형수동식소화기 1개

**29** 분말소화약제의 착색 색상으로 옳은 것은?

① $NH_4H_2PO_4$ : 담홍색
② $NH_4H_2PO_4$ : 백색
③ $KHCO_3$ : 담홍색
④ $KHCO_3$ : 백색

해설

[분말소화약제 착색 색상]

| 소화약제 | 주성분 | 적응화재 | 분말색 |
|---|---|---|---|
| 제1약제 | 탄산수소나트륨 | BC | 백색 |
| 제2약제 | 탄산수소칼륨 | BC | 담회색 |
| 제3약제 | 인산암모늄 | ABC | 담홍색 |
| 제4약제 | 탄산수소칼륨 + 요소 | BC | 회색 |

암 백담사 홍어회

정답 27 ③  28 ③  29 ①

**30** 다음 중 메틸에틸케톤(에틸메틸케톤)의 화재를 나타내는 것은?

① A급 화재
② B급 화재
③ C급 화재
④ D급 화재

**해설**

[화재 분류]
- 메틸에틸케톤($CH_3COC_2H_5$)
  : 4류 위험물 제1석유류
- A : 일반 화재
- B : 유류 화재
- C : 전기 화재
- D : 금속 화재

<sub>암</sub> 일류전금

**31** 다량의 비수용성 제4류 위험물의 화재 시 물로 소화하는 것이 적합하지 않은 이유는?

① 가연성 가스를 발생한다.
② 연소면을 확대한다.
③ 인화점이 내려간다.
④ 물이 열분해된다.

**해설**

[4류 위험물 소화방법]
- 질식소화(이산화탄소·할로젠화합물·분말·포 소화약제)

  TIP 4류 위험물은 주수소화 시 연소면이 확대되어 위험성 증가

- 수용성 물질 : 알코올포(내알코올포) 소화약제를 사용하여 질식소화

  TIP 수용성 물질이 수분을 흡수해 포가 깨져 소멸

**32** 마그네슘 분말이 이산화탄소 소화약제 반응하여 생성될 수 있는 유독성 기체의 분자량은?

① 26
② 28
③ 32
④ 44

**해설**

[마그네슘과 이산화탄소 반응]
- $2\,Mg + CO_2 \rightarrow 2\,MgO + C$
- 발생한 C가 산소와 불완전연소를 일으켜 유독성 가스 CO(일산화탄소)를 발생
- CO(일산화탄소)의 분자량
  12+16 = 28 g/mol

정답 30 ② 31 ② 32 ②

## 33 가연성 가스의 폭발범위에 대한 일반적인 설명으로 틀린 것은?

① 가스의 온도가 높아지면 폭발범위는 넓어진다.
② 폭발한계농도 이하에서 폭발성 혼합가스를 생성한다.
③ 공기 중에서보다 산소 중에서 폭발범위가 넓어진다.
④ 가스압이 높아지면 하한값은 크게 변하지 않으나 상한값은 높아진다.

**[해설]**
[가연성 가스 폭발범위]
② 폭발성 가스는 폭발범위 내에서 발생

## 34 위험물 안전관리법령상 제3류 위험물 중 금수성 물질에 적응성이 있는 소화기는?

① 할로젠화합물소화기
② 인산염류분말소화기
③ 이산화탄소소화기
④ 탄산수소염류 분말소화기

**[해설]**
[금수성 물질(3류) 소화방법]
탄산수소염류 분말소화설비 · 건조사 · 팽창질석 · 팽창진주암

## 35 고체의 일반적인 연소형태에 속하지 않는 것은?

① 표면연소
② 확산연소
③ 자기연소
④ 증발연소

**[해설]**
[고체 연소형태]
- 표면연소 : 목탄(숯) · 코크스 · 금속분
- 분해연소 : 목재 · 종이 · 석탄 · 플라스틱
- 자기연소 : 제5류 위험물
- 증발연소 : 황 · 나프탈렌 · 양초(파라핀)

암 표분자증

## 36 외벽이 내화구조인 위험물저장소 건축물의 연면적이 1,500 m²인 경우 소요단위는?

① 6
② 10
③ 13
④ 14

**[해설]**
[소요단위 계산]
- 1 소요단위 기준

| 구분 | 내화구조 | 비내화구조 |
|---|---|---|
| 제조소취급소 | 연면적 100 m² | 연면적 50 m² |
| 저장소 | 연면적 150 m² | 연면적 75 m² |
| 위험물 | 지정수량 10배 | |

- 소요단위 = 1,500 m² / 150 m² = 10 소요단위

**정답** 33 ② 34 ④ 35 ② 36 ②

**37** 과산화칼륨이 다음 〈보기〉의 물질과 반응할 때 발생하는 기체가 같은 것끼리 짝지은 것은?

[보기]
물, 이산화탄소, 아세트산, 염산

① 물, 이산화탄소
② 물, 아세트산
③ 이산화탄소, 염산
④ 물, 염산

**해설**

[과산화칼륨($K_2O_2$) 반응]
- 물과 반응
  $K_2O_2 + H_2O \rightarrow 2\,KOH + 0.5\,O_2$
- 이산화탄소와 반응
  $K_2O_2 + CO_2 \rightarrow K_2CO_3 + 0.5\,O_2$
- 초산(아세트산)과 반응
  $K_2O_2 + 2\,CH_3COOH \rightarrow 2\,CH_3COOK + H_2O_2$
- 염산과 반응
  $K_2O_2 + 2\,HCl \rightarrow 2\,KCl + H_2O_2$
- 과산화칼륨($K_2O_2$)이 물 및 이산화탄소 반응 시 산소($O_2$)를 방출한다.
- 과산화칼륨($K_2O_2$)이 아세트산 및 염산 반응 시 과산화수소($H_2O_2$)를 방출한다.

**38** 올바른 소화기 사용법으로 가장 거리가 먼 것은?

① 적응화재에 사용할 것
② 방출거리보다 먼 거리에서 사용할 것
③ 바람을 등지고 사용할 것
④ 양옆으로 비로 쓸 듯이 골고루 사용할 것

**해설**

[소화기 사용법]
- 손잡이를 잡은 상태에서 소화기를 들고 소화기 밑바닥을 손으로 받쳐 든다.
  → 바람을 등지고 화점 부근으로 접근하고 안전핀을 뽑는다.
  → 노즐이 화점을 향하게 하여 손잡이를 눌러 골고루 방사한다.
  → 소화가 완벽하게 되었는지 다시 확인한다.
- ② 성능에 따라 불 가까이에 접근해서 사용해야 한다. 즉, 방출거리 내에서만 사용이 가능하다.

**39** 옥내소화전설비의 기준에서 '시동표시등'을 옥내소화전함 내부에 설치할 때 그 색상은 무엇으로 하는가?

① 적색
② 황색
③ 백색
④ 녹색

해설
[옥내소화전]
- 가압송수장치의 시동을 알리는 표시등은 적색으로 하고 옥내소화전함의 내부 또는 그 직근의 장소에 설치할 것. 다만 다음 기준에 따른 적색의 표시등을 점멸시키는 것에 의하여 가압송수장치의 시동을 알리는 것이 가능한 경우 및 자체소방대를 둔 제조소등으로서 가압송수장치의 기동장치를 기동용 수압개폐장치로 사용하는 경우에는 시동표시등을 설치하지 아니할 수 있다.
- 옥내소화전함의 상부의 벽면에 적색의 표시등을 설치하되, 당해 표시등의 부착면과 15°이상의 각도가 되는 방향으로 10 m 떨어진 곳에서 용이하게 식별이 가능하도록 할 것

**40** 다음은 제4류 위험물의 소화방법을 설명한 것이다. 소화효과가 가장 떨어지는 것은?

① 산화프로필렌 : 알코올형 포로 질식소화한다.
② 아세톤 : 수성막포를 이용해 질식소화한다.
③ 이황화탄소 : 탱크 또는 용기 내부에서 연소하고 있는 경우에는 물을 사용하여 질식소화한다.
④ 다이에틸에터 : 이산화탄소소화설비를 이용하여 질식소화한다.

해설
[제4류 위험물 소화방법]
② 수성막포를 수용성인 아세톤에 사용 시 포가 깨져 소멸한다.

## 3과목 위험물의 성질과 취급

**41** 어떤 공장에서 아세톤과 메탄올을 18 L 용기에 각각 10개, 등유를 200 L 드럼으로 3드럼을 저장하고 있다면 각각의 지정수량 배수의 총합은?

① 1.3
② 1.5
③ 2.3
④ 2.5

해설
[지정수량 배수 계산]
- 4류 위험물 지정수량
  아세톤(1석유류 수용성) : 400 L
  메탄올(알코올류) : 400 L
  등유(2석유류 비수용성) : 1,000 L
- 지정수량 배수
  = (18×20) / 400 + (200×3) / 1,000
  = 1.5

**42** 다음 중 제5류 위험물에 해당하지 않는 것은?

① 나이트로셀룰로오스
② 나이트로글리세린
③ 나이트로벤젠
④ 질산메틸

정답 40 ② 41 ② 42 ③

2024년 1회

> **해설**

[제5류 위험물]
③ 나이트로벤젠 : 4류 위험물 중 제3석유류
TIP '벤젠'이 들어가면 제4류 위험물

> **해설**

[위험물 취급소 종류]
이송·주유·일반·판매 취급소
암 이주일판매 : 이 주일 동안 판매

**43** 다음 물질 중 증기비중이 가장 작은 것은 어느 것인가?

① 이황화탄소
② 아세톤
③ 아세트알데하이드
④ 다이에틸에터

**45** 아세톤에 관한 설명 중 틀린 것은?

① 무색의 액체로서 특이한 냄새를 가지고 있다.
② 가연성이며, 비중은 1.5보다 작다.
③ 화재 발생 시 이산화탄소나 할로젠화합물에 의한 소화가 가능하다.
④ 물에 녹지 않는다.

> **해설**

[증기비중 계산]

증기비중 = $\dfrac{증기분자량}{공기분자량(29)}$

① 이황화탄소(분자량 76) : 76 / 29 = 2.62
② 아세톤(분자량 58) : 58 / 29 = 2
③ 아세트알데하이드(분자량 44) : 44 / 29 = 1.52
④ 다이에틸에터(분자량 74) : 74 / 29 = 2.55

> **해설**

[아세톤($CH_3COCH_3$)]
• 사슬구조로 지방족 화합물
• 4류 위험물 제1석유류 수용성

**46** 위험물 안전관리법령상 제조소에서 위험물을 취급하는 건축물의 구조 중 내화구조로 해야 할 필요가 있는 것은?

① 연소의 우려가 있는 기둥
② 바닥
③ 연소의 우려가 있는 외벽
④ 계단

**44** 위험물안전관리법령상 취급소에 해당되지 않는 것은?

① 주유취급소
② 특수취급소
③ 일반취급소
④ 이송취급소

정답 ● 43 ③  44 ②  45 ④  46 ③

### 해설

[위험물제조소 방화구획]
- 건축물(벽·기둥·바닥·보·지붕·서까래) : 불연재료
- 출입구 외 개구부 없는 외벽 : 내화구조

---

**47** 위험물제조소등에 "화기주의"라고 표시한 게시판을 설치하는 경우 제 몇 류 위험물의 제조소인가?

① 제1류 위험물
② 제2류 위험물
③ 제4류 위험물
④ 제5류 위험물

### 해설

[위험물제조소등 게시판 주의사항]

| 위험물 종류 | 주의사항 내용 |
| --- | --- |
| • 2류 위험물 중 인화성 고체<br>• 3류 위험물 중 자연발화성 물질<br>• 4류 위험물<br>• 5류 위험물 | 화기엄금 |
| • 2류 위험물(인화성 고체 제외) | 화기주의 |
| • 1류 위험물 중 알칼리금속과산화물<br>• 3류 위험물 중 금수성 물질 | 물기엄금 |

---

**48** 위험물의 취급 중 소비에 관한 기준으로 틀린 것은?

① 열처리작업은 위험물이 위험한 온도에 이르지 않도록 하여 실시해야 한다.
② 담금질작업은 위험물이 위험한 온도에 이르지 않도록 하여 실시해야 한다.
③ 분사도장작업은 방화상 유효한 격벽 등으로 구획한 안전한 장소에서 해야 한다.
④ 버너를 사용하는 경우에는 버너의 역화를 유지하고 위험물이 넘치지 않도록 해야 한다.

### 해설

[위험물 소비 기준]
④ 버너를 사용하는 경우에 버너의 역화를 방지하고 위험물이 넘치지 아니하도록 하여야 한다.

---

**49** 물과 접촉하면 위험한 물질로만 나열된 것은?

① $CH_3CHO$, $CaC_2$, $NaClO_4$
② $K_2O_2$, $K_2Cr_2O_7$, $CH_3CHO$
③ $K_2O_2$, $Na$, $CaC_2$
④ $Na$, $K_2Cr_2O_7$, $NaClO_4$

### 해설

[물과 반응하는 위험물]
- 1류(알칼리금속 과산화물), 2류(철분, 금속분, 마그네슘), 3류(금수성 물질)
- ③ $K_2O_2$(1류, 알칼리금속과산화물), $Na$(3류, 금수성 물질), $CaC_2$(3류, 금수성 물질)

---

정답 47 ② 48 ④ 49 ③

**50** 다음은 위험물 안전관리법령에서 정한 아세트알데하이드등을 취급하는 제조소의 특례에 관한 내용이다. ( ) 안에 해당하지 않는 물질은?

> 아세트알데하이드등을 취급하는 설비는 ( )·( )·( )·Mg 또는 이들을 성분으로 하는 합금으로 만들지 아니할 것

① Ag
② Hg
③ Cu
④ Fe

해설
[아세트알데하이드·산화프로필렌 반응물질]
수은(Hg)·은(Ag)·구리(Cu)·마그네슘(Mg)과 반응하므로 사용 불가

**51** 위험물 안전관리법령에서 정한 위험물의 지정수량으로 틀린 것은?

① 적린 : 100 kg
② 황화인 : 100 kg
③ 다이크로뮴산칼륨 : 500 kg
④ 금속분 : 500 kg

해설
[2류 위험물 지정수량]
- 적린·황화인·황 : 100 kg
- 철분·마그네슘·금속분 : 500 kg
- 인화성 고체 : 1,000 kg

**52** 다음 위험물 중 물에 잘 녹는 것은?

① 적린
② 황
③ 벤젠
④ 글리세린

해설
[수용성 물질]
- 적린·황·벤젠 : 비수용성 물질
- 글리세린 : 수용성 물질로 물에 잘 녹음

**53** 메틸에틸케톤(에틸메틸케톤)의 저장 또는 취급 시 유의할 점으로 가장 거리가 먼 것은?

① 통풍을 잘 시킬 것
② 인화점보다 높은 온도에 보관할 것
③ 직사일광을 피할 것
④ 용기를 밀전·밀봉할 것

해설
[메틸에틸케톤 저장]
② 인화점보다 낮은 온도에 보관할 것(찬 곳에 저장할 것)

정답 50 ④ 51 ③ 52 ④ 53 ②

**54** 옥외탱크저장소에서 취급하는 위험물의 최대수량에 따른 보유공지 너비가 틀린 것은? (단, 원칙적인 경우에 한한다)

① 지정수량 500배 이하 : 3m 이상
② 지정수량 500초과 1,000배 이하 : 5m 이상
③ 지정수량 1,000배 초과 2,000배 이하 : 9m 이상
④ 지정수량 2,000배 초과 3,000배 이하 : 15m 이상

**해설**

[옥외탱크저장소 보유공지]

| 지정수량 배수 | 공지의 너비 |
| --- | --- |
| 500배 이하 | 3 m 이상 |
| 500 ~ 1,000배 | 5 m 이상 |
| 1,000 ~ 2,000배 | 9 m 이상 |
| 2,000 ~ 3,000배 | 12 m 이상 |
| 3,000 ~ 4,000배 | 15 m 이상 |
| 4,000배 초과 | • 탱크 지름과 높이 중 큰 것 이상<br>• 최소 15 m 이상<br>• 최대 30 m 이하 |

※ 지정수량 배수 표기방법 : ~초과 ~이하

**55** 질산칼륨의 성질에 대한 설명 중 틀린 것은?

① 물에 잘 녹는다.
② 화재 시 주수소화가 가능하다.
③ 열분해하면 산소를 발생한다.
④ 비중은 1보다 작다.

**해설**

[질산염류(1류) 성질]
① 무색 또는 백색 고체
② 물에 잘 녹는다.
③ 물에 녹을 때 질산이 있으면 흡열반응
④ 과염소산염류는 위험도 I 로 질산염류보다 위험성이 크다.

**56** 다음 중 물과 접촉 시 유독성의 가스는 발생하지 않지만 가연성이 증가하는 것은?

① 나트륨    ② 적린
③ 황린      ④ 인화칼슘

**해설**

[나트륨과 물 반응]
• $Na + H_2O \rightarrow NaOH + 0.5 H_2$
• 수소 : 유독성은 없지만 가연성 가스

**57** 과염소산과 과산화수소의 공통된 성질이 아닌 것은?

① 비중이 1보다 크다.
② 물에 녹지 않는다.
③ 산화제이다.
④ 산소를 포함한다.

**해설**

[과염소산·과산화수소(제6류)]
제6류 위험물은 모두 물에 잘 녹는다.

정답 54 ④  55 ④  56 ①  57 ②

**58** 위험물 지하저장탱크의 탱크전용실의 설치 기준으로 틀린 것은?

① 철근콘크리트 구조의 벽은 두께 0.3 m 이상으로 한다.
② 지하저장탱크와 탱크전용실의 안쪽과의 사이는 50 cm 이상의 간격을 유지한다.
③ 철근콘크리트 구조의 바닥은 두께 0.3 m 이상으로 한다.
④ 벽, 바닥 등에 적정한 방수조치를 강구한다.

해설

[지하탱크저장소 탱크전용실 설치 기준]
② 지하저장탱크와 탱크전용실 안쪽 사이 0.1 m 이상 간격 유지

**59** 위험물 안전관리법령에서 정의한 철분의 정의로 옳은 것은?

① "철분"이라 함은 철의 분말로서 53 μm의 표준체를 통과하는 것이 50 wt% 미만인 것을 제외한다.
② "철분"이라 함은 철의 분말로서 53 μm의 표준체를 통과하는 것이 53 wt% 미만인 것을 제외한다.
③ "철분"이라 함은 철의 분말로서 53 μm의 표준체를 통과하는 것이 50 vol% 미만인 것을 제외한다.
④ "철분"이라 함은 철의 분말로서 53 μm의 표준체를 통과하는 것이 53 vol% 미만인 것을 제외한다.

해설

[철분의 정의]
① 철의 분말로서 53마이크로미터의 표준체를 통과하는 것으로 50중량퍼센트 미만인 것은 제외

**60** 벤젠에 진한 질산과 진한 황산의 혼산을 반응시켜 얻어지는 화합물은?

① 피크린산
② 아닐린
③ 트라이나이트로톨루엔
④ 나이트로벤젠

해설

[벤젠 반응]
진한 질산·황산 반응해 나이트로벤젠 생성

TIP 진한 질산·황산과 반응한 물질은 나이트로화한다.

정답 58 ② 59 ① 60 ④

# 2024 2회

### 1과목 일반화학

**01** 화학물 수용액 농도가 모두 0.5 m일 때 다음 중 끓는점이 가장 높은 것은?

① $C_6H_{12}O_6$(포도당)
② $C_{12}H_{22}O_{11}$(설탕)
③ $NaCl$(염화나트륨)
④ $CaCl_2$(염화칼슘)

**해설**

[끓는점오름]
- 수용액에 녹은 몰수비례로 끓는점 증가
- 포도당과 설탕 : 수용액에서 이온화 안 됨
- 염화칼슘 : $Ca^{2+}$와 2 $Cl^-$ 총 3개로 분해
- 염화나트륨 : $Na^+$와 $Cl^-$ 총 2개로 분해
→ 염화칼슘이 끓는점이 가장 높다.

**02** 축합중합반응에 의하여 나일론 66을 제조할 때 사용되는 물질은?

① 헥사메틸렌다이아민 +아디프산
② 아이소프렌 + 아세트산
③ 멜라민 + 클로로벤젠
④ 염화비닐 + 폴리에틸렌

**해설**

[나일론-66 제조]
① 헥사메틸렌다이아민 + 아디프산 축합중합으로 제조

**03** 미지농도의 황산 용액 20 mL를 중화하는 데 0.1 M NaOH 용액 20 mL가 소모되었다. 이 황산의 농도는 몇 M인가?

① 0.025
② 0.05
③ 0.1
④ 0.5

**해설**

[중화반응에서 농도계산]
- 반응식
$H_2SO_4 + 2NaOH \rightarrow Na_2(SO_4) + 2H_2O$
H 몰수 = OH 몰수(중화반응)
- OH 몰수 = 0.1 M(0.1 mol / L) × 0.02 L
= 0.002 mol
- $\dfrac{\dfrac{0.002}{2} mol}{0.02 L} = 0.05\,M$

정답 01 ④  02 ①  03 ②

**04** 다음과 같은 순서로 커지는 성질이 아닌 것은?

$$F_2 < Cl_2 < Br_2 < I_2$$

① 구성원자의 전기음성도
② 녹는점
③ 끓는점
④ 구성원자의 반지름

**해설**

[할로젠 원소 성질]
F ≪ Cl ≪ Br ≪ I 순으로
• 녹는점·끓는점·반지름크기 증가
• 전기음성도·반응력 감소

**05** 산소의 산화수가 가장 큰 것은?

① $O_2$
② $KClO_4$
③ $H_2SO_4$
④ $H_2O_2$

**해설**

[산소의 산화수]
• 다른 원소와 결합 시 : -2 또는 -1
• O(산소)만으로 결합 : 0($O_2$)

**06** 황이 산소와 결합하여 $SO_2$를 만들 때에 대한 설명으로 옳은 것은?

① 황은 환원된다.
② 황은 산화된다.
③ 불가능한 반응이다.
④ 산소는 산화되었다.

**해설**

[황과 산소 결합]
• $S + O_2 \to SO_2$
• ② 황(S)이 산소를 얻어 산화

**07** 다음 물질 중 이온결합하고 있는 것은?

① 얼음
② 흑연
③ 다이아몬드
④ 염화나트륨

**해설**

[이온결합]
금속양이온과 비금속음이온의 결합

**08** $H_2O$가 $H_2S$보다 끓는점이 높은 이유는?

① 이온결합을 하고 있기 때문에
② 수소결합을 하고 있기 때문에
③ 공유결합을 하고 있기 때문에
④ 분자량이 적기 때문에

### 해설

[물의 비등점(끓는점)]
- $H_2O$와 다른 $H_2O$가 서로 수소결합
- 수소결합하여 물 분자 간 결합력이 강해져 비등점(끓는점)이 높아진다.

**09** Alkyne 탄화수소의 일반식은?

① $C_nH_{2n+2}$
② $C_nH_{2n}$
③ $C_nH_{2n-2}$
④ $C_nH_{2n+1}$

### 해설

[알카인(Alkyne)]
- 삼중 결합으로 불포화탄화수소
- 일반식 : $C_nH_{2n-2}$

**10** 나이트로벤젠에 촉매를 사용하고 수소와 혼합하여 환원시켰을 때 얻어지는 물질은?

①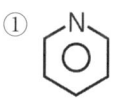
②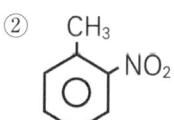
③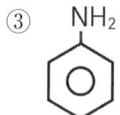
④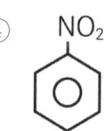

### 해설

[아닐린($C_6H_5NH_2$) 특징]
- 나이트로벤젠을 환원시켜 만든다.

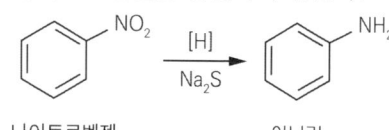

- $CaOCl_2$ 용액에서 붉은색을 띤다.

**11** 커플링 반응 시 생성되는 작용기는?

① $-NH_2$
② $-CH_3$
③ $-COOH$
④ $-N=N-$

### 해설

[작용기]
- 커플링 반응이란 주로 방향족화합물과의 반응을 통해 아조기($-N=N-$)를 포함하고 있는 아조화합물을 생성하는 반응을 말한다.
- 아민기($-NH_2$), 메틸기($-CH_3$), 카복실기($-COOH$)

**12** 표준상태를 기준으로 수소 2.24 L가 염소와 완전히 반응했다면 생성된 염화수소의 부피는 몇 L인가?

① 2.24 L
② 4.48 L
③ 22.4 L
④ 44.8 L

해설

[표준상태 기체부피 계산]
- 반응식 $H_2 + Cl_2 \rightarrow 2HCl$(염화수소)
- $H_2$ 2.24 L는 HCl 4.48 L 생성
- 기체부피와 몰수는 비례관계

**13** 다음에서 설명하는 법칙은 무엇인가?

> 화학반응에서 엔탈피의 변화는 초기상태와 최종상태 사이만으로 결정되며 반응하는 과정 동안의 경로와 무관하다.

① 아보가드로의 법칙
② 라울의 법칙
③ 헤스의 법칙
④ 돌턴의 부분압력 법칙

해설

[헤스의 법칙]
반응 전과 반응 후 상태가 결정되면 반응경로와 상관없이 반응열 총량은 일정

**14** 염기성 산화물에 해당하는 것은?

① MgO
② PbO
③ SnO
④ ZnO

해설

[산화물 구분]
- 산성 산화물 : 비금속 + 산소
- 염기성 산화물 : 금속 + 산소

**15** 27 ℃에서 500 mL에 9 g의 비전해질을 녹인 용액의 삼투압은 6.9기압이었다. 이 물질의 분자량은 약 얼마인가?

① 6 g/mol
② 64 g/mol
③ 220 g/mol
④ 640 g/mol

해설

[삼투압 계산]
- 삼투압은 이상기체방정식으로 계산 가능
- $PV = nRT$

$$\text{몰수 } n = \frac{PV}{RT} = \frac{6.9 \times 0.5}{0.082 \times (27+273)}$$

$$= 0.14\, mol$$

- $n = \dfrac{W}{M}$

$$\therefore \frac{9\,g}{0.14\,mol} = 64.29\,g/mol$$

정답 12 ② 13 ③ 14 ① 15 ②

**16** 탄소와 수소와 산소로 구성된 화합물 15 g을 연소하였더니 22 g의 $CO_2$와 9 g의 $H_2O$가 생성되었다. 화합물에 포함된 산소는 몇 g인가?

① 4.5 g　　② 8 g
③ 8.5 g　　④ 11 g

**해설**

[화합물]

- $CO_2$의 몰수 = $\dfrac{22\,g}{44\,g/mol}$ = 0.5 mol

  탄소의 질량 = 12 g/mol × 0.5 mol = 6g

- $H_2O$의 몰수 = $\dfrac{9\,g}{18\,g/mol}$ = 0.5 mol

  수소의 질량 = 1 g/mol × 1 mol = 1g

- 산소의 질량 = 16 - (6+1) = 8 g

**17** 원자에서 복사되는 빛은 선 스펙트럼을 만드는데 이것으로부터 알 수 있는 사실은?

① 빛에 의한 광전자의 방출
② 빛이 파동의 성질을 가지고 있다는 사실
③ 전자껍질의 에너지의 불연속성
④ 원자핵 내부의 구조

**해설**

[원자의 선 스펙트럼]
③ 전자껍질 에너지 준위에 따라 선이 표시

**18** 산화·환원에 대한 설명으로 옳지 않은 것은?

① 전자를 잃게 되면 산화가 된다.
② 전자를 얻게 되면 환원이 된다.
③ 산화제는 자기자신이 산화된다.
④ 산화제는 자기자신이 환원된다.

**해설**

[산화제와 환원제]
- 산화제 : 남을 산화시켜 자신은 환원되는 물질
- 환원제 : 남을 환원시켜 자신은 산화되는 물질

**19** pH가 4인 용액을 1,000배 묽힌 용액의 pH는 얼마인가?

① 3
② 4
③ 5
④ 6 < pH < 7

**해설**

[pH 계산]
- pH = $-\log[H^+]$ = 4
- $H^+$ 농도 $10^{-4}$ M $10^3$배 희석해 $10^{-7}$ M
- 따라서 pH = 7이지만 산성용액을 희석했으므로 7보다 적은 6 ≪ pH ≪ 7

정답　16 ②　17 ③　18 ③　19 ④

**20** $CO(g) + 2H_2(g) \rightarrow CH_3OH(g)$의 반응에서 평형상수(K)를 구하는 식은?

① $K = \dfrac{[CH_3OH]}{[CO][2H_2]}$

② $K = \dfrac{[CH_3OH]}{[CO][H_2]^2}$

③ $K = \dfrac{[CO][2H_2]}{[CH_3OH]}$

④ $K = \dfrac{[CO][H_2]^2}{[CH_3OH]}$

**해설**

[평형상수]
- $aA + bB \rightarrow cC$
- 평형상수 $K = \dfrac{[C몰수]^c}{[A몰수]^a[B몰수]^b}$

## 2과목 화재예방과 소화방법

**21** 4류 위험물을 취급하는 제조소에서 지정수량의 몇 배 이상을 취급할 경우 자체소방대를 설치하여야 하는가?

① 1,000배
② 2,000배
③ 3,000배
④ 4,000배

**해설**

[자체소방대 운용 기준]
③ 제4류 위험물 지정수량 3천 배 이상 저장·취급하는 '일반 취급소·제조소'에 자체소방대를 둔다.

**22** 특정옥외탱크저장소라 함은 옥외탱크저장소 중 저장 또는 취급하는 액체위험물의 최대수량이 얼마 이상의 것을 말하는가?

① 50만 L 이상
② 100만 L 이상
③ 150만 L 이상
④ 200만 L 이상

**해설**

[액체 위험물 최대수량(옥외탱크저장소)]
- 특정 : 100만 L 이상
- 준특정 : 50만 L 이상 100만 L 미만

**23** 위험물 안전관리법령상 제2류 위험물인 철분에 적응성이 있는 소화설비는?

① 포소화설비
② 탄산수소염류 분말소화설비
③ 할로젠화합물 소화설비
④ 스프링클러설비

**해설**
[철분에 적응성 있는 소화설비]
탄산수소염류 분말소화설비 · 건조사 · 팽창질석 · 팽창진주암

**25** 위험물 안전관리법령상 제3류 위험물 중 금수성 물질에 적응성이 있는 소화기는 다음 중 어느 것인가?

① 할로젠화합물소화설비
② 인산염류분말소화설비
③ 이산화탄소소화기
④ 탄산수소염류 분말소화기

**해설**
[금수성 물질(3류) 소화방법]
탄산수소염류 분말소화설비 · 건조사 · 팽창질석 · 팽창진주암

**24** 공기포 발포배율을 측정하기 위해 중량 340 g, 용량 1,800 mL의 포수집용기에 가득히 포를 채취하여 측정한 용기의 무게가 540 g이었다면 발포배율은? (단, 포 수용액의 비중은 1로 가정한다)

① 3배
② 5배
③ 7배
④ 9배

**해설**
[발포배율 계산]
발포배율 = 포수용액총량 / 포무게
= 1,800 g / (540 - 340) = 9배

**26** 위험물제조소등에 설치하는 포소화설비의 기준에 따르면 포헤드방식의 포헤드는 방호대상물의 표면적 1 m²당 방사량이 몇 L/min 이상의 비율로 계산한 양의 포수용액을 표준방사량으로 방사할 수 있도록 설치하여야 하는가?

① 3.5
② 4
③ 6.5
④ 9

**해설**
[포헤드방식]
• 헤드 수 : 9 m²당 1개 이상
• 방사량 : 1 m²당 6.5 L/min 이상

정답 ● 23 ② 24 ④ 25 ④ 26 ③

**27** 다음 〈보기〉의 위험물 중 제1류 위험물의 지정수량을 모두 합한 값은?

[보기]
퍼옥소이황산염류, 과아이오딘산,
과염소산, 아염소산염류

① 350 kg
② 650 kg
③ 950 kg
④ 1,200 kg

**해설**

[지정수량]
- 퍼옥소이황산염류(1류) : 300 kg
- 과아이오딘산(1류) : 300 kg
- 과염소산(6류) : 300 kg
- 아염소산염류(1류) : 50 kg
- 1류 지정수량 합 = 300 kg + 300 kg + 50 kg
                  = 650 kg

**28** 위험물제조소는 「문화유산의 보존 및 활용에 관한 법률」 및 「자연유산의 보존 및 활용에 관한 법률」에 의한 유형문화재로부터 몇 m 이상의 안전거리를 두어야 하는가?

① 20
② 30
③ 40
④ 50

**해설**

[위험물제조소 안전거리]

| 시설종류 | 안전거리 |
|---|---|
| 지정문화유산 및 천연기념물 등 | 50 m 이상 |
| 병원·학교·극장 | 30 m 이상 |
| 고압가스·액화석유가스 | 20 m 이상 |
| 주거용 건축물 | 10 m 이상 |
| 전압 35,000 V 초과 특고압전선 | 5 m 이상 |
| 전압 7,000 ~ 35,000 V 특고압전선 | 3 m 이상 |

**29** 발화점에 대한 설명으로 가장 옳은 것은?

① 외부에서 점화했을 때 발화하는 최저온도
② 외부에서 점화했을 때 발화하는 최고온도
③ 외부에서 점화하지 않더라도 발화하는 최저온도
④ 외부에서 점화하지 않더라도 발화하는 최고온도

**해설**

[발화점]
③ 점화원 없이 불이 붙는 최저온도

**보충** 인화점
점화원이 점화해 불 붙는 최저온도

**정답** 27 ②   28 ④   29 ③

**30** 가연물의 주된 연소형태에 대한 설명으로 옳지 않은 것은?

① 황의 주된 연소형태는 증발연소이다.
② 목재의 연소형태는 분해연소이다.
③ 양초의 주된 연소형태는 자기연소이다.
④ 목탄의 주된 연소형태는 표면연소이다.

**해설**

[고체 연소형태]
- 표면연소 : 목탄(숯)·코크스·금속분
- 분해연소 : 목재·종이·석탄·플라스틱
- 자기연소 : 제5류 위험물
- 증발연소 : 황·나프탈렌·양초(파라핀)

표문자증

**31** 위험물 안전관리법령상 분말소화설비의 기준에서 가압용 또는 축압용 가스로 사용하도록 지정한 것은?

① 일산화탄소
② 이산화탄소
③ 헬륨
④ 아르곤

**해설**

[분말소화설비 가압·축압용 가스]
질소·이산화탄소

**32** 위험물안전관리법령상 물분무소화설비의 제어밸브는 바닥으로부터 어느 위치에 설치하여야 하는가?

① 0.5 m 이상 1.5 m 이하
② 0.8 m 이상 1.5 m 이하
③ 1 m 이상 1.5 m 이하
④ 1.5 m 이상

**해설**

[소화설비의 제어밸브]
제어밸브는 바닥으로부터 0.8 m 이상 1.5 m 이하에 설치해야 한다.

**33** 폐쇄형 스프링클러헤드는 설치장소의 평상시 최고주위온도에 따라서 결정된 표시온도의 것을 사용해야 한다. 설치장소의 최고주위온도가 28 ℃ 이상 39 ℃ 미만일 때 표시온도는?

① 58 ℃ 미만
② 58 ℃ 이상 79 ℃ 미만
③ 79 ℃ 이상 121 ℃ 미만
④ 121 ℃ 이상 162 ℃ 미만

정답 30 ③ 31 ② 32 ② 33 ②

해설

[폐쇄형 스프링클러 주위온도와 표시온도]

| 최고주위온도(℃) | 표시온도(℃) |
|---|---|
| 28 미만 | 58 미만 |
| 28 이상 39 미만 | 58 이상 79 미만 |
| 39 이상 64 미만 | 79 이상 121 미만 |
| 64 이상 106 미만 | 121 이상 162 미만 |
| 106 이상 | 162 이상 |

**34** 위험물제조소등에 설치하는 옥내소화전설비가 설치된 건축물에 옥내소화전이 1층에 5개, 2층에 6개가 설치되어 있다. 이때 수원의 수량은 몇 m³ 이상으로 하여야 하는가?

① $19\ m^3$
② $29\ m^3$
③ $39\ m^3$
④ $47\ m^3$

해설

[옥내소화전 수원량]
- 옥내소화전 1개에 대한 수원량 : 7.8 m³
- 옥내소화전 5개 이상일 경우 : 5개로 계산
- 총 수원량 = 5개 × 7.8 m³ = 39 m³

**35** 위험물안전관리법령에 따른 이동식 할로젠화물소화설비 기준에 의하면 20 ℃에서 노즐이 할론 2402를 방사할 경우 1분당 몇 kg의 소화약제를 방사할 수 있어야 하는가?

① 35
② 40
③ 45
④ 50

해설

[이동식 할로젠소화설비 분당 방사량]
- 할론 2402 : 45 kg 이상
- 할론 1211 : 40 kg 이상
- 할론 1301 : 35 kg 이상

**36** 할로젠화합물의 화학식의 Halon 번호가 올바르게 연결된 것은?

① $CH_2ClBr$ - Halon 1211
② $CF_2ClBr$ - Halon 104
③ $C_2F_4Br_2$ - Halon 2402
④ $CF_3Br$ - Halon 1011

해설

[할로젠화합물 소화약제 화학식]
C F Cl Br 순으로 숫자 배열
- 할론 1301 : $C_1F_3Cl_0Br_1I_0 = CF_3Br$
- 할론 1211 : $C_1F_2Cl_1Br_1I_0 = CF_2ClBr$
- 할론 2402 : $C_2F_4Cl_0Br_2I_0 = C_2F_4Br_2$

정답 ● 34 ③  35 ③  36 ③

## 37 제1종 분말소화약제의 주성분은?

① $NaHCO_3$
② $KHCO_3$
③ $NH_4H_2PO_4$
④ $KHCO_3$, $(NH_2)_2CO$

**해설**

[분말소화약제 착색 색상]

| 소화약제 | 주성분 | 적응화재 | 분말색 |
|---|---|---|---|
| 제1약제 | 탄산수소나트륨 | BC | 백색 |
| 제2약제 | 탄산수소칼륨 | BC | 담회색 |
| 제3약제 | 인산암모늄 | ABC | 담홍색 |
| 제4약제 | 탄산수소칼륨+요소 | BC | 회색 |

암 백담사 홍어회

## 38 할로젠화합물소화기의 구성 성분이 아닌 것은?

① F
② He
③ Cl
④ Br

**해설**

[할로젠화합물소화기의 구성 성분]
최외각전자 7개 할로젠원소(F, Cl, Br, I)와 탄소(C)로 구성되어 있는 증발성 액체 소화약제

## 39 위험물의 운반용기 재질 중 액체 위험물의 외장용기로 적절하지 않은 것은?

① 유리
② 플라스틱상자
③ 나무상자
④ 파이버판상자

**해설**

[운반용기 재질]
• ① 유리 : 내장용기로만 사용 가능
• 나무·파이버판·플라스틱 : 내·외장용기로 모두 사용 가능

## 40 피리딘 20,000 리터에 대한 소화설비의 소요단위는?

① 5단위    ② 10단위
③ 15단위   ④ 100단위

**해설**

[소요단위 계산]
• 피리딘 : 제1석유류 수용성 물질
  지정수량 : 400 L
• 소요단위 = 20,000/(400 × 10) = 5단위

정답 ● 37 ① 38 ② 39 ① 40 ①

**3과목** 위험물의 성질과 취급

**41** 다음 중 물과 접촉했을 때 위험성이 가장 높은 것은?

① S
② $CH_3COOH$
③ $C_2H_5OH$
④ K

**해설**

[금속칼륨과 물 반응]
- $K + H_2O \rightarrow KOH + 0.5\,H_2$
- 가연성 가스 $H_2$가 발생해 위험

**42** 산화프로필렌에 대한 설명으로 틀린 것은?

① 무색의 휘발성 액체이고, 물에 녹는다
② 인화점이 상온 이하이므로 가연성 증기발생을 억제하여 보관해야 한다
③ 은, 마그네슘 등의 금속과 반응하여 폭발성 혼합물을 생성한다.
④ 증기압이 낮고 연소범위가 좁아서 위험성이 높다.

**해설**

[산화프로필렌($CH_3CHOCH_2$)]
④ 특수인화물로 증기압이 높고, 연소범위가 넓어 위험하다.

**43** 위험물을 지정수량이 큰 것부터 작은 순서로 올바르게 나열한 것은?

① 브로민산염류 > 황화인 > 아염소산염류
② 브로민산염류 > 아염소산염류 > 황화인
③ 황화인 > 아염소산염류 > 브로민산염류
④ 브로민산염류 > 아염소산염류 > 황화인

**해설**

[위험물 지정수량]
- 브로민산염류 : 300 kg
- 황화인 : 100 kg
- 염소산칼륨 : 50 kg

**44** 동식물유류에 대한 설명 중 틀린 것은?

① 아이오딘가가 클수록 자연발화의 위험이 크다.
② 아마인유는 불건성유이므로 자연발화의 위험이 낮다
③ 동식물유류는 제4류 위험물에 속한다
④ 아이오딘가가 130 이상인 것은 건성유이므로 저장할 때 주의한다.

정답 ● 41 ④  42 ④  43 ①  44 ②

**해설**

[동식물유류]
- 아이오딘값이 클수록 자연발화위험 높음
- 건성유 : 동식물유 중 아이오딘값 130 이상으로 동유·해바라기유·아마인유·들기름 등이 있다.

암 동해아들

**45** 금속칼륨의 일반적인 성질에 대한 설명으로 틀린 것은?

① 칼로 자를 수 있는 무른 경금속이다.
② 에탄올과 반응하여 산소를 발생한다.
③ 물과 반응하여 가연성 기체를 발생한다.
④ 물보다 가벼운 은백색의 금속이다.

**해설**

[금속칼륨 특징]
- ② 에탄올과 반응하여 수소를 발생한다.
- 에탄올 반응식
$2K + 2C_2H_5OH \rightarrow 2C_2H_5OK + H_2$

**46** 다음 위험물 중 물과 접촉했을 때 연소범위 하한이 2.5 vol%인 가연성 가스가 발생하는 것은?

① 인화칼슘
② 과산화칼륨
③ 나트륨
④ 탄화칼슘

**해설**

[탄화칼슘 ($CaC_2$) 반응]
- 아세틸렌의 연소범위 2.5 ~ 81 vol%
- $CaC_2$(탄화칼슘) + $2H_2O$
  $\rightarrow Ca(OH)_2 + C_2H_2$(아세틸렌)

**47** 다음과 같은 성질을 갖는 위험물로 예상할 수 있는 것은?

- 지정수량 : 400 L
- 증기비중 : 2.07
- 인화점 : 12 ℃
- 녹는점 : -89.5 ℃

① 메탄올
② 벤젠
③ 아이소프로필알코올
④ 휘발유

**해설**

[아이소프로필알코올 [$(CH_3)_2CHOH$] 특징]
- 지정수량 : 400 L
- 증기비중 : $(12 \times 3 + 1 \times 8 + 16)/29 = 2.07$

**48** 어떤 공장에서 아세톤과 메탄올을 18 L 용기에 각각 10개, 등유를 200 L 드럼으로 3드럼을 저장하고 있다면 각각의 지정수량 배수의 총합은 얼마인가?

① 1.3
② 1.5
③ 2.3
④ 2.5

정답 45 ② 46 ④ 47 ③ 48 ②

**해설**

[지정수량 배수 계산]
- 4류 위험물 지정수량
  아세톤(1석유류 수용성) : 400 L
  메탄올(알코올류) : 400 L
  등유(2석유류 비수용성) : 1,000 L
- 지정수량 배수
  = (18×20) / 400 + (200×3) / 1,000
  = 1.5

**49** 저장·수송할 때 타격 및 마찰에 의한 폭발을 막기 위해 물이나 알코올로 습면시켜 취급하는 위험물은?

① 나이트로셀룰로오스
② 과산화메틸에틸케톤
③ 글리세린
④ 에틸렌글라이콜

**해설**

[나이트로셀룰로오스(5류)]
함수알코올에 습면시켜 저장하는 위험물

TIP ② 과산화벤조일은 수분함유 시 폭발위험이 감소하기는 하나 물과 알코올에 저장하지는 않는다.

**50** 다음 중 $K_2O_2$와 $CaO_2$의 공통적인 성질인 것은?

① 주황색의 결정이다.
② 알코올에 잘 녹는다.
③ 가열하면 산소를 방출하며 분해한다.
④ 초산과 반응하여 수소를 발생한다.

**해설**

[무기과산화물 공통 성질]
- $K_2O_2$(과산화칼륨, 1류), $CaO_2$(과산화칼슘, 1류) : 알칼리금속의 과산화물
- 물과 만나 산소를 발생

TIP 1류 : 열분해하여 산소 발생
알칼리금속과산화물(1류) : 열분해, 물과 만나 산소를 내놓으므로 주수소화 불가능

**51** 과염소산의 운반용기 외부에 표시해야 하는 주의사항은?

① 물기엄금
② 화기엄금
③ 충격주의
④ 가연물접촉주의

**해설**

[제6류 위험물 운반용기 외부표시]
'가연물접촉금지' 표시

## 52 트라이에틸알루미늄의 소화약제로서 다음 중 가장 적당한 것은?

① 마른 모래, 팽창질석
② 물, 수성막포
③ 할로젠화합물, 단백포
④ 이산화탄소, 강화액

**해설**

[트라이에틸알루미늄[$(C_2H_5)_3Al$]과 물 반응]
- $(C_2H_5)_3Al + 3H_2O \rightarrow Al(OH)_3 + 3C_2H_6$
- 물과 반응 시 에테인가스($C_2H_6$) 발생
- 제3류 위험물 소화방법 : 질식소화(자연발화성 물질(황린) 제외)

## 53 위험물 안전관리법령상 제1류 위험물 중 알칼리금속의 과산화물의 운반용기 외부에 표시하여야 하는 주의사항을 모두 올바르게 나타낸 것은?

① "화기엄금", "충격주의" 및 "가연물접촉주의"
② "화기·충격주의", "물기엄금" 및 "가연물접촉주의"
③ "화기주의" 및 "물기엄금"
④ "화기엄금" 및 "충격주의"

**해설**

[알칼리금속과산화물(1류) 운반용기 표기]
② "화기·충격주의", "물기엄금", "가연물접촉주의"

## 54 제4류 위험물 중 비수용성 인화성 액체 탱크화재 시 물을 뿌려 소화하는 것은 적당하지 않다고 한다. 그 이유로서 가장 적당한 것은?

① 인화점이 낮아진다.
② 가연성 가스가 발생한다.
③ 화재면(연소면)이 확대된다.
④ 발화점이 낮아진다.

**해설**

[4류 위험물 소화방법]
- 질식소화(이산화탄소·할로젠화합물·분말·포 소화약제)

  TIP 4류 위험물은 주수소화 시 연소면이 확대되어 위험성 증가

- 수용성 물질 : 알코올포(내알코올포) 소화약제를 사용하여 질식소화

  TIP 수용성 물질이 수분을 흡수해 포가 깨져 소멸

## 55 다음 위험물 중 산화성 고체가 아닌 것은?

① 무기과산화물
② 과아이오딘산
③ 퍼옥소이황산염류
④ 금속의 수소화물

**해설**

[물질 분류]
④ 금속의 수소화물 : 3류 위험물

**56** 질산에틸에 대한 설명으로 틀린 것은?

① 향기를 갖는 무색의 액체이다.
② 물에는 녹지 않으나, 에터에 녹는다.
③ 휘발성 물질로, 증기 비중은 공기보다 작다.
④ 비점 이상으로 가열하면 폭발의 위험이 있다.

해설

[질산에틸($C_2H_5ONO_2$)]
- 무색투명한 액체로 향긋한 냄새와 단맛을 가지고 있다
- 물에는 안 녹으나, 알코올, 에터 등 유기용제에는 녹는다.
- ③ 휘발성이 크고 폭발하기 쉽지만, 증기 비중은 공기보다 크다.

**57** 다음 중 인화점이 가장 낮은 위험물은 어느 것인가?

① 다이에틸에터
② 아세트알데하이드
③ 산화프로필렌
④ 벤젠

해설

[제4류 위험물 인화점]
- 다이에틸에터 : -45 ℃
- 아세트알데하이드 : -38 ℃
- 산화프로필렌 : -37 ℃
- 벤젠 : -11 ℃

**58** 적린에 대한 설명으로 옳은 것은?

① 발화방지를 위해 염소산칼륨과 함께 보관한다.
② 물과 격렬하게 반응하여 열을 발생한다.
③ 공기 중에 방치하면 자연발화한다.
④ 산화제와 혼합한 경우 마찰·충격에 의해서 발화한다.

해설

[적린(2류) 특징]
① 산소발생하는 염소산칼륨(1류)와 보관 시 발화위험 증가
② 2류(철분·마그네슘·금속분 제외)는 물과 반응하지 않는다.
③ 공기 중에서 마찰·충격을 받아 발화
④ 산화제와 혼합한 경우 마찰·충격에 의해서 발화한다.

**59** 위험물 안전관리법령상 물분무 소화설비가 적응성이 있는 위험물은?

① 알칼리금속의 과산화물
② 금속분, 마그네슘
③ 금수성 물질
④ 인화성 고체

해설

[물분무소화설비 적응성]
- 인화성 고체(제2류) : 주수소화 가능
- ①, ②, ③ : 탄산수소염류 소화약제나 팽창질석, 팽창진주암, 모래로만 소화 가능

정답 56 ③ 57 ① 58 ④ 59 ④

**60** 피크린산에 대한 설명으로 틀린 것은?

① 폭발에 대비하여 철, 구리로 만든 용기에 저장한다.
② 알코올, 벤젠에 녹는다.
③ 화재 발생 시 다량의 물로 주수소화할 수 있다.
④ 단독으로는 충격·마찰에 둔감한 편이다.

해설

[트라이나이트로페놀
(피크린산, TNP, $C_6H_2OH(NO_2)_3$) 성질]
① 철과 구리 등 금속과 반응 시 위험성이 커지므로 금속재질용기 사용금지

정답 ● 60 ①

# 2024 3회

## 1과목 일반화학

**01** 헥세인($C_6H_{14}$)의 구조이성질체의 수는 몇 개인가?

① 3개
② 4개
③ 5개
④ 9개

**해설**

[구조이성질체]
- 여러 원소로 이루어져 구조가 달라 성질이 다른 물질
- 헥산 ($C_6H_{14}$)은 이성질체 5개이다.

**02** 기체 A 5 g은 27 ℃, 380 mmHg에서 부피가 6,000 mL이다. 이 기체의 분자량(g/mol)은 약 얼마인가? (단, 이상기체로 가정한다)

① 24
② 41
③ 64
④ 123

**해설**

[분자량 계산]
- 몰수 계산

$$n = \frac{PV}{RT}$$

$$= \frac{380 \times \frac{1\,[atm]}{760\,[mmHg]} \times 6\,[L]}{0.082\,[\frac{atm\,L}{mol\,K}] \times (27+273)\,[K]}$$

$$= 0.122\,mol$$

- 분자량 $= \dfrac{5\,g}{0.122\,mol} = 41\,g/mol$

**03** 다음 중 수용액의 pH가 가장 작은 것은?

① 0.01N HCl
② 0.1N HCl
③ 0.01N $CH_3COOH$
④ 0.1N $NaOH$

**해설**

[pH 크기]
- $H^+$ 수가 많을수록 pH는 작다.
- ② 0.1 N로 $H^+$가 많아 pH가 가장 낮다.

정답 01 ③  02 ②  03 ②

## 04 수용액에서 산성의 세기가 가장 큰 것은?

① HF
② HCl
③ HBr
④ HI

**해설**

[할로젠원소]
- 전기음성도는 F ≫ Cl ≫ Br ≫ I 순으로 강함
- 산의 세기는 I ≫ Br ≫ Cl ≫ F 순으로 강함
- $H^+$ 이온을 많이 내놓을수록 강산

## 05 95wt% 황산의 비중은 1.84이다. 이 황산의 몰농도(M)는 약 얼마인가?

① 8.9
② 9.4
③ 17.8
④ 18.8

**해설**

[황산($H_2SO_4$) 몰농도 계산]
- 1 L 순수 황산 질량 = 1840 g × 0.95
  = 1748 g
- 몰수 = 1748 / 98(분자량) = 17.8 mol
- 몰농도 = 17.8 mol / 1 L = 17.8 M

## 06 다음 중 $H_2O$가 $H_2S$보다 비등점이 높은 이유는 무엇인가?

① 이온결합을 하고 있기 때문에
② 수소결합을 하고 있기 때문에
③ 공유결합을 하고 있기 때문에
④ 분자량이 적기 때문에

**해설**

[물의 비등점(끓는점)]
- $H_2O$와 다른 $H_2O$가 서로 <u>수소결합</u>을 한다.
- 수소결합하여 물 분자 간 결합력이 강해져 비등점(끓는점)이 높아진다.

## 07 질소 2몰과 산소 3몰의 혼합기체가 나타나는 전압력이 10기압일 때 질소의 분압은 얼마인가?

① 2기압
② 4기압
③ 8기압
④ 10기압

**해설**

[질소의 분압 계산]
- 질소 몰분율 = $\dfrac{2}{2+3}$ = 0.4
- 돌턴의 분압 법칙 : 이상기체의 혼합기체 압력(전압)은 각 성분기체가 단독으로 존재할 때의 압력(분압)의 총합과 같다.
- 질소의 분압 : 0.4 × 10 = 4기압

정답 ● 04 ④  05 ③  06 ②  07 ②

**08** $CuCl_2$의 용액에 5A 전류를 1시간 동안 흐르게 하면 몇 g의 구리가 석출되는가? (단, Cu의 원자량은 63.54이며, 전자 1개의 전하량은 $1.602 \times 10^{-19}$ C이다.

① 3.17
② 4.83
③ 5.93
④ 6.35

**해설**

[전기분해 물질 석출량 계산]
- 전자 1 mol의 전하량
  $(1.602 \times 10^{-19}$ C/개)
  $\times (6.022 \times 10^{23}$ 개/1 mol)
  = 96472.22 C/mol
- 1 g당량 1 mol 석출에 96472.22 C 필요
  $Cu^{2+}$ 1 mol ⇒ 96472.22×2 C 필요
- 몰수 = (5 A × 3600 s) / (96472.22 × 2)
       = 0.093 mol
- 석출질량 = 0.093 × 63.54 = 5.91 g

**09** 2차 알코올을 산화시켜서 얻어지며, 환원성이 없는 물질은?

① $CH_3COCH_3$
② $C_2H_5OC_2H_5$
③ $CH_3OH$
④ $CH_3OCH_3$

**해설**

[2차 알코올 산화]
- 2차 알코올 : $-CH_3$가 2개 붙은 알코올
- $(CH_3)_2CHOH$(2차 알코올) 산화반응
  $(CH_3)_2CHOH \rightarrow \underline{CH_3COCH_3(아세톤)}$

**10** 수성 가스(Water Gas)의 주성분을 올바르게 나타낸 것은?

① $CO_2, CH_4$
② $CO, H_2$
③ $CO_2, H_2, O_2$
④ $H_2, H_2O$

**해설**

[수성 가스 성분]
일산화탄소(CO) + 수소($H_2$)

**11** 다음 중 양쪽성 산화물에 해당하는 것은 어느 것인가?

① $NO_2$
② $Al_2O_3$
③ $MgO$
④ $Na_2O$

**해설**

[양쪽성 산화물]
Al · Zn · Sn · Pb + 산소의 결합물질

**12** 한 분자 내에 배위결합과 이온결합을 동시에 가지고 있는 것은?

① $NH_4Cl$
② $C_6H_6$
③ $CH_3OH$
④ $NaCl$

정답 ● 08 ③  09 ①  10 ②  11 ②  12 ①

> **해설**

[분자결합 구분]
- 배위결합
  비공유전자쌍 물질이 비공유전자쌍을 이온에게 공유하는 결합
- 이온결합
  양이온과 음이온이 만나 결합
- ① NH₃와 H⁺가 만나 배위결합
  NH₄⁺와 Cl⁻ 만나 이온결합

**13** 다음의 반응 중 평형상태가 압력의 영향을 받지 않는 것은?

① N₂ + O₂ ↔ 2 NO
② NH₃ + HCl ↔ NH₄Cl
③ 2 CO + O₂ ↔ 2 CO₂
④ 2 NO₂ ↔ N₂O₄

> **해설**

[평형상태의 압력]
- 반응 전 후 몰수의 영향을 받는다.
- ① N₂ + O₂ ↔ 2 NO은 반응 전후 몰수가 같아 압력의 영향을 받지 않는다.

**14** 벤조산은 무엇을 산화하면 얻을 수 있는가?

① 톨루엔
② 나이트로벤젠
③ 트라이나이트로톨루엔
④ 페놀

> **해설**

[톨루엔의 산화]
톨루엔이 H₂ 잃고 O₂ 얻어 벤조산 생성

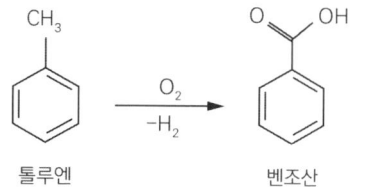

톨루엔 → 벤조산

**15** 다음 중 질소를 포함하는 물질은?

① 프로필렌
② 에틸렌
③ 나일론
④ 염화바이닐

> **해설**

[나일론]
아미드결합(O = C - NH)을 포함한 물질

**16** 저마늄(Ge)이 화학반응을 하면 어떤 원소의 최외각전자와 같아지게 되는가?

① Sn
② O
③ Kr
④ Mg

**해설**

[주기율표의 족]
- 저마늄(Ge) : 4주기 4족 원소
- ① 주석(Sn) : 5주기 4족 원소
  ② 산소(O) : 2주기 6족 원소
  ③ 크립톤(Kr) : 4주기 8족 원소
  ④ 마그네슘(Mg) : 3주기 2족 원소

**17** 유기고체물질을 합성하여 여러 번 세척한 후 얻은 물질이 순수한지 확인하는 방법은?

① 녹는점을 측정한다.
② 전기전도도를 측정한다.
③ 눈으로 확인한다.
④ 광학현미경으로 관찰한다.

**해설**

[순물질]
순물질은 녹는점(융점)과 끓는점(비점)이 일정하다.

**18** 나이트로벤젠에 촉매를 사용하고 수소와 혼합하여 환원시켰을 때 얻어지는 물질은?

①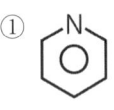
②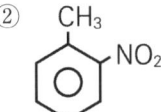
③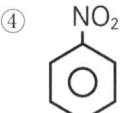
④

**해설**

[아닐린($C_6H_5NH_2$) 특징]
- 나이트로벤젠을 환원시켜 만든다.

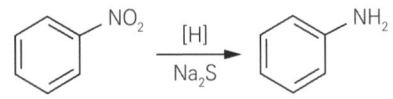

- $CaOCl_2$ 용액에서 붉은 보라색을 띤다.

**19** 금속(M)산화물의 질량이 3.04 g이고, 환원된 물질의 질량은 2.08 g, 금속(M)의 원자량은 52일 때 금속(M)산화물의 화학식은?

① $MO$
② $M_2O_3$
③ $M_2O$
④ $M_2O_7$

정답 ● 16 ③  17 ①  18 ③  19 ②

## 해설

[금속산화물 화학식]

- 금속(M)의 몰수 = $\dfrac{2.08\,g}{52\,g/mol} = 0.04\,mol$
- 산소
  질량 = 3.04 - 2.08 = 0.96 g
  몰수 = $\dfrac{0.96\,g}{16\,g/mol} = 0.06\,mol$
- 금속(M)산화물의 금속(M)과 산소 비율
  0.04 : 0.06 = 2 : 3

**20** $ns^2np^3$의 전자구조를 가지는 것은?

① Li, Na, K
② Be, Mg, Ca
③ N, P, As
④ C, Si, Ge

## 해설

[$ns^2\,np^3$ 전자구조를 가지는 원소]
최외각전자 5개 원소(N, P, As, Sb)

## 2과목   화재예방과 소화방법

**21** 다음 물질의 화재 시 내알코올포를 쓰지 못하는 것은?

① 아세트알데하이드
② 알킬리튬
③ 아세톤
④ 에탄올

## 해설

[내알코올포]
- 수용성 물질에 효과가 있는 포
- ② 알킬리튬은 비수용성이므로 사용 불가

**22** 제3종 분말소화약제를 화재면에 방출 시 부착성이 좋은 막을 형성하여 연소에 필요한 산소의 유입을 차단하기 때문에 연소를 중단시킬 수 있다. 그러한 막을 구성하는 물질은?

① $HPO_3$
② $PH_3$
③ $H_3PO_4$
④ $P_2O_5$

## 해설

[3종 분말소화약제]
메타인산($HPO_3$)를 만들어 방진효과에 의해 A·B·C급 화재에 적응성 있음

정답  20 ③  21 ②  22 ①

**23** 가연물의 주된 연소형태에 대한 설명으로 옳지 않은 것은?

① 황의 연소형태는 증발연소이다.
② 목재의 연소형태는 분해연소이다.
③ 에터의 연소형태는 표면연소이다.
④ 숯의 연소형태는 표면연소이다.

**해설**

[고체 연소형태]
- 표면연소 : 목탄(숯)·코크스·금속분
- 분해연소 : 목재·종이·석탄·플라스틱
- 자기연소 : 제5류 위험물
- 증발연소 : 황·나프탈렌·양초(파라핀)

**24** 제1석유류를 저장 또는 취급하는 장소에 있어서 집유설비에 유분리장치도 함께 설치하여야 한다. 이때 제1석유류는 20℃의 물 100g에 용해되는 양이 몇 g 미만인가?

① 5
② 0.5
③ 1
④ 10

**해설**

[인화성 고체, 제1석유류 또는 알코올류의 옥외저장소 특례]
- 인화성 고체, 제1석유류 또는 알코올류를 저장 또는 취급하는 장소에는 당해 위험물을 적당한 온도로 유지하기 위한 살수설비 등을 설치하여야 한다.
- 제1석유류 또는 알코올류를 저장 또는 취급하는 장소의 주위에는 배수구 및 집유설비를 설치하여야 한다. 이 경우 제1석유류(온도 20℃의 물 100 g에 용해되는 양이 1 g 미만인 것에 한함)를 저장 또는 취급하는 장소에 있어서는 집유설비에 유분리장치를 설치하여야 한다.

**25** 불활성가스소화약제 중 IG-541의 구성성분이 아닌 것은?

① $N_2$
② Ar
③ He
④ $CO_2$

**해설**

[불활성가스소화약제]
- IG-100 : $N_2$ 100 %
- IG-55 : $N_2$ 50 % + Ar 50 %
- IG-541 : $N_2$ 52 % + Ar 40 % + $CO_2$ 8 %

**26** 가연성 고체위험물의 화재에 대한 설명으로 틀린 것은?

① 적린과 황은 물에 의한 냉각소화를 한다.
② 금속분, 철분, 마그네슘이 연소하고 있을 때에는 주수해서는 안 된다.
③ 금속분, 철분, 마그네슘, 황화인은 마른모래, 팽창질석 등으로 소화를 한다.
④ 금속분, 철분, 마그네슘의 연소 시에는 수소와 유독가스가 발생하므로 충분한 안전거리를 확보해야 한다.

정답 ● 23 ③ 24 ③ 25 ③ 26 ④

해설

[제2류 위험물 화재 특징]
④ 금속분, 철분, 마그네슘은 연소 후 금속산화물 생성한다.
예) $2Mg + O_2 \rightarrow 2MgO$

**27** 위험물 안전관리법령상 옥외소화전설비는 모든 옥외소화전을 동시에 사용할 경우 각 노즐선단의 방수압력을 얼마 이상이어야 하는가?

① 100 kPa   ② 170 kPa
③ 350 kPa   ④ 520 kPa

해설

[옥외소화전]
- 방사압 : 350 kPa 이상
- 방수량 : 450 L/min 이상

**28** 위험물 안전관리법령에 따르면 옥외소화전의 개폐밸브 및 호스접속구는 지반면으로부터 몇 m 이하의 높이에 설치해야 하는가?

① 1.5   ② 2.5
③ 3.5   ④ 4.5

해설

[옥외소화전 개폐밸브·호스접속구 높이]
1.5 m 이하

보충) 옥내소화전도 1.5 m 이하로 동일

**29** 위험물 안전관리법령상 옥외소화전이 5개 설치된 제조소등에서 옥외소화전의 수원의 수량은 얼마 이상이어야 하는가?

① 14 m³   ② 35 m³
③ 54 m³   ④ 78 m³

해설

[옥외소화전 수원량 계산]
- 옥외소화전 개당 수원량 = 13.5 m³
- 총 수원량 = 13.5 m³ × 4개 = 54 m³

**30** 벼락으로부터 재해를 예방하기 위하여 위험물안전관리법령상 피뢰설비를 설치하여야 하는 위험물제조소의 기준은? (단, 제6류 위험물을 취급하는 위험물제조소는 제외한다)

① 모든 위험물을 취급하는 제조소
② 지정수량 5배 이상의 위험물을 취급하는 제조소
③ 지정수량 10배 이상의 위험물을 취급하는 제조소
④ 지정수량 20배 이상의 위험물을 취급하는 제조소

해설

[위험물제조소의 피뢰설비]
지정수량의 10배 이상의 위험물을 취급하는 제조소(제6류 위험물을 취급하는 위험물제조소 제외)에는 피뢰침을 설치하여야 한다.

정답  27 ③  28 ①  29 ③  30 ③

**31** 위험물제조소등의 스프링클러설비의 기준에 있어 개방형 스프링클러헤드는 스프링클러헤드의 반사판으로부터 하방 및 수평방향으로 각각 몇 m의 공간을 보유하여야 하는가?

① 하방 0.3 m, 수평방향 0.45 m
② 하방 0.3 m, 수평방향 0.3 m
③ 하방 0.45 m, 수평방향 0.45 m
④ 하방 0.45 m, 수평방향 0.3 m

**해설**

[개방형 스프링클러헤드 반사판]
하방 0.45 m, 수평방향 0.3 m 공간 보유

**32** 위험물안전관리법령상 제1석유류를 저장하는 옥외탱크저장소 중 소화난이도등급 Ⅰ에 해당하는 것은? (단, 지중탱크 또는 해상탱크가 아닌 경우이다)

① 액표면적이 10 m²인 것
② 액표면적이 20 m²인 것
③ 지반면으로부터 탱크 옆판 상단까지가 4 m인 것
④ 지반면으로부터 탱크 옆판 상단까지가 6 m인 것

**해설**

[소화난이도등급 Ⅰ에 해당하는 옥외탱크저장소]
- 액표면적이 40 m² 이상인 것
- 지반면으로부터 탱크 옆판의 상단까지 높이가 6 m 이상인 것
- 제6류 위험물을 저장하는 것 및 고인화점위험물만을 100 ℃ 미만의 온도에서 저장하는 것은 제외

**33** 위험물제조소등에 옥내소화전설비를 압력수조를 이용한 가압송수장치로 설치하는 경우 압력수조의 최소압력은 몇 MPa인가? (단, 소방용 호스의 마찰손실수두압은 3.2 MPa, 배관의 마찰손실수두압은 2.2 MPa, 낙차의 환산수두압은 1.79 MPa이다)

① 5.4
② 3.99
③ 7.19
④ 7.54

**해설**

[옥내소화전 압력수조 최소압력계산]
$P = P_1 + P_2 + P_3 + 0.35 \text{ MPa}$
$= 3.2 + 2.2 + 1.79 + 0.35$
$= 7.54 \text{ MPa}$

$P_1$ : 호스 마찰손실압
$P_2$ : 배관 마찰손실압
$P_3$ : 낙차 환산수두압

**34** 표준관입시험 및 평판재하시험을 실시하여야 하는 특정 옥외저장탱크의 지반의 범위는 기초의 외측이 지표면과 접하는 선의 범위 내에 있는 지반으로서 지표면으로부터 깊이 몇 m까지로 하는가?

① 10
② 15
③ 20
④ 25

**해설**

[지반 범위]
표준관입시험 및 평판재하시험을 실시하여야 하는 특정옥외저장탱크의 지반은 지표면으로부터 15 m까지

**35** 다음 중 알칼리금속염으로 구성된 소화약제는?

① 단백포소화약제
② 알코올형포소화약제
③ 계면활성제 소화약제
④ 강화액 소화약제

**해설**

[강화액소화기]
물의 침투력을 강화하기 위해 탄산칼륨 ($K_2CO_3$, 염류) 첨가한 소화기

**36** 연소의 3요소를 모두 포함하는 것은?

① 과염소산, 산소, 불꽃
② 마그네슘분말, 연소열, 수소
③ 아세톤, 수소, 산소
④ 불꽃, 아세톤, 질산암모늄

**해설**

[연소의 3요소]
- 과염소산(1류)·산소·질산암모늄(1류) : 산소공급원
- 마그네슘분말(2류)·수소·아세톤 : 연소하는 대상인 가연물
- 불꽃·연소열 : 점화원

**37** 위험물제조소의 환기설비의 설치 기준으로 옳지 않은 것은?

① 환기구는 지붕 위 또는 지상 2 m 이상의 높이에 설치할 것
② 급기구는 바닥면적 150 $m^2$마다 1개 이상으로 할 것
③ 환기는 강제배기방식으로 할 것
④ 급기구는 낮은 곳에 설치하고 인화방지망을 설치할 것

**해설**

[환기설비]
③ 환기는 자연배기방식으로 할 것

정답 34 ② 35 ④ 36 ④ 37 ③

**38** 다음 중 제조소 및 일반취급소에 설치하는 자동화재탐지설비의 설치 기준으로 틀린 것은? (단, 예외는 없음)

① 하나의 경계구역은 600 m²이하로 하고, 한 변의 길이는 50 m 이하로 한다.
② 주요한 출입구에서 내부 전체를 볼 수 있는 경우 경계구역은 1,000 m² 이하로 할 수 있다.
③ 2개 층을 하나의 경계구역으로 할 수 있다.
④ 비상전원을 설치하여야 한다.

**해설**
[자동화재탐지설비]
③ 경계구역은 건축물 그 밖의 공작물의 2 이상의 층에 걸치지 아니할 것

**39** 분말소화약제 중 칼륨과 탄산수소이온이 결합한 소화약제의 색상으로 옳은 것은?

① 백색　　② 담회색
③ 담홍색　④ 회색

**해설**
[분말소화약제 착색 색상]

| 소화약제 | 주성분 | 적응화재 | 분말색 |
| --- | --- | --- | --- |
| 제1약제 | 탄산수소나트륨 | BC | 백색 |
| 제2약제 | 탄산수소칼륨 | BC | 담회색 |
| 제3약제 | 인산암모늄 | ABC | 담홍색 |
| 제4약제 | 탄산수소칼륨+요소 | BC | 회색 |

암 백담사 홍어회

**40** 질식효과가 주된 소화작용이 아닌 소화약제는?

① 할론소화약제
② 포소화약제
③ 이산화탄소 소화약제
④ IG 100

**해설**
[소화약제 주된 소화효과]
① 할론소화약제 : 부촉매효과
② 포소화약제 : 질식소화
③ 이산화탄소소화약제 : 질식소화
④ 불활성가스소화약제 : 질식소화

정답　38 ③　39 ②　40 ①

## 3과목 위험물의 성질과 취급

**41** 다음 물질을 적셔서 얻은 헝겊을 대량으로 쌓아두었을 경우 자연발화의 위험성이 가장 큰 것은?

① 아마인유
② 땅콩기름
③ 야자유
④ 올리브유

**해설**

[건성유]
- 아이오딘값 130 이상
- 자연발화 위험성 매우 높음
- 동유·해바라기유·아마인유·들기름

암 동해아들

**42** 제2류 위험물과 제5류 위험물의 공통적인 성질은?

① 가연성 물질
② 강한 산화제
③ 액체 물질
④ 산소 함유

**해설**

[2·5류 위험물 공통점]
① 2류(가연성 고체)와 5류(자기반응성 물질)은 모두 탈 수 있는 가연성 물질

**43** 다음 중 $KClO_4$에 관한 설명으로 옳지 못한 것은?

① 순수한 것은 황색의 사방정계 결정이다.
② 비중은 약 2.52이다.
③ 녹는점은 약 610 ℃이다.
④ 열분해하면 산소와 염화칼륨으로 분해된다.

**해설**

[과염소산칼륨($KClO_4$)]
- 열분해(500 ℃) : $KClO_4 \rightarrow KCl + 2O_2$
① 무색, 무취의 사방정계 결정이다.

**44** 위험물안전관리법상 다음 내용의 ( ) 안에 알맞은 수치는?

> 이동저장탱크로부터 위험물을 저장 또는 취급하는 탱크에 인화점이 ( ) ℃ 미만인 위험물을 주입할 때에는 이동탱크저장소의 원동기를 정지시킬 것

① 40  ② 50
③ 60  ④ 70

**해설**

[인화점]
탱크에 인화점이 40 ℃ 미만인 위험물 주입 시 원동기 열에 의해 가연성 기체가 발생할 수 있어 이동탱크저장소 원동기 정지

정답 41 ① 42 ① 43 ① 44 ①

**45** 제5류 위험물 중 나이트로화합물에서 나이트로기(Nitro Group)를 올바르게 나타낸 것은?

① $-NO$
② $-NO_2$
③ $-NO_3$
④ $-NON_3$

**해설**

[나이트로기]
- 결합모양 : $-NO_2$
- 나이트로화합물 : 5류 위험물 중 $-NO_2$ 2개 이상 결합한 물질

**46** 최대 아세톤 150톤을 옥외탱크저장소에 저장할 경우 보유공지의 너비는 몇 m이상으로 하여야 하는가? (단, 아세톤의 비중은 0.79이다)

① 3
② 5
③ 9
④ 12

**해설**

[옥외탱크저장소 보유공지]

| 지정수량 배수 | 공지의 너비 |
|---|---|
| 500배 이하 | 3 m 이상 |
| 500 ~ 1,000배 | 5 m 이상 |
| 1,000 ~ 2,000배 | 9 m 이상 |
| 2,000 ~ 3,000배 | 12 m 이상 |
| 3,000 ~ 4,000배 | 15 m 이상 |
| 4,000배 초과 | • 탱크 지름과 높이 중 큰 것 이상<br>• 최소 15 m 이상<br>• 최대 30 m 이하 |

※ 지정수량 배수 표기방법 : ~초과 ~이하
- 아세톤 지정수량 배수(지정수량 400 L)
  아세톤 부피 = 150,000 kg ÷ 0.79 L/kg
  = 190,000 L
  지정수량 배수 = 190,000 / 400 = 475배
- 500배 이하로 공지너비 3 m 이상

**47** 자연발화를 방지하는 방법으로 가장 거리가 먼 것은?

① 통풍이 잘되게 할 것
② 열의 축적을 용이하지 않게 할 것
③ 저장실의 온도를 낮게 할 것
④ 습도를 높게 할 것

**해설**

[자연발화 방지]
④ 자연발화는 습도를 낮춰 방지한다.

정답 ● 45 ② 46 ① 47 ④

**48** 제5류 위험물의 제조소에 설치하는 주의사항 게시판에서 게시판의 바탕 및 문자의 색을 올바르게 나타낸 것은?

① 청색바탕에 백색문자
② 백색바탕에 청색문자
③ 백색바탕에 적색문자
④ 적색바탕에 백색문자

**해설**
[제5류 위험물 표지 및 주의사항 색상]
- 제조소 표지 - <u>백색바탕</u>, 흑색문자
- 주의사항 게시판 - <u>적색바탕</u>, 백색문자

**49** 다음 중 적린과 황린의 공통점이 아닌 것은?

① 화재 발생 시 물을 이용한 소화가 가능하다.
② 이황화탄소에 잘 녹는다.
③ 연소 시 $P_2O_5$의 흰 연기가 생긴다.
④ 구성원소는 P이다.

**해설**
[적린(P)과 황린($P_4$)]
② 적린은 물, 이황화탄소에는 녹지 않으나 브로민화인($PBr_3$)에는 녹는다.
황린은 물에는 녹지 않고, 이황화탄소에는 잘 녹는다.

**50** $C_5H_5N$에 대한 설명으로 틀린 것은?

① 순수한 것은 무색이고, 악취가 나는 액체이다.
② 상온에서 인화의 위험이 있다.
③ 물에 녹는다.
④ 강한 산성을 나타낸다.

**해설**
[피리딘($C_5H_5N$) 특징]
- 무색에 악취가 난다.
- 인화점 20℃로 상온에서 인화 위험이 있다.
- 제1석유류 수용성으로 물에 잘 녹는다.
- ④ 약한 알칼리성이다.

**51** 다음 중 이황화탄소의 액면 위에 물을 채워두는 이유로 가장 적합한 것은?

① 자연분해를 방지하기 위해
② 화재 발생 시 물로 소화를 하기 위해
③ 불순물을 물에 용해시키기 위해
④ 가연성 증기의 발생을 방지하기 위해

**해설**
[이황화탄소]
- 가연성 기체가 발생하는 물질
- ④ 비중이 큰 액체로 물 밑에 저장해 가연성 기체 방지

정답 48 ④  49 ②  50 ④  51 ④

**52** 다음은 제4류 위험물에 해당하는 물품의 소화방법을 설명한 것이다. 소화효과가 가장 떨어지는 것은?

① 산화프로필렌 : 알코올형 포로 질식소화한다.
② 아세톤 : 수성막포를 이용해 질식소화한다.
③ 이황화탄소 : 탱크 또는 용기 내부에서 연소하고 있는 경우에는 물을 사용하여 질식소화한다.
④ 다이에틸에터 : 이산화탄소 소화설비를 이용하여 질식소화한다.

**해설**
[제4류 위험물 소화방법]
② 수성막포를 수용성인 아세톤에 사용 시 포가 깨져 소멸한다.

**53** 다음 중 인화점이 가장 낮은 위험물은 어느 것인가?

① 글리세린  ② 아세톤
③ 피리딘   ④ 아닐린

**해설**
[제4류 위험물 인화점]
- 글리세린 : 111℃
- 아세톤 : -18℃
- 피리딘 : 20℃
- 아닐린 : 75℃

**54** 제1류 위험물과 제6류 위험물의 공통적인 성질은?

① 환원성 물질로 환원시킨다.
② 환원성 물질로 산화시킨다.
③ 산화성 물질로 산화시킨다.
④ 산화성 물질로 환원시킨다.

**해설**
[1류(산화성 고체), 6류(산화성 액체)]
③ 산소를 내어 다른 물질을 산화하고, 자신은 환원되는 산화성 물질

**55** 위험물 안전관리법령에서 정한 제1류 위험물이 아닌 것은?

① 수소화칼륨
② 질산나트륨
③ 질산칼륨
④ 질산암모늄

**해설**
[물질 분류]
① 수소화칼륨 : 3류 위험물

정답 ● 52 ② 53 ② 54 ③ 55 ①

**56** 위험물의 지정수량이 큰 것부터 작은 순서로 올바르게 나열된 것은?

① 브로민산염류 > 황화인
　> 염소산칼륨
② 브로민산염류 > 염소산칼륨
　> 황화인
③ 황화인 > 염소산칼륨
　> 브로민산염류
④ 황화인 > 브로민산염류
　> 염소산칼륨

**해설**

[위험물 지정수량]
- 브로민산염류 : 300 kg
- 황화인 : 100 kg
- 염소산칼륨 : 50 kg

**57** 제6류 위험물인 질산에 대한 설명으로 틀린 것은?

① 강산이다.
② 물과 접촉 시 발열한다.
③ 가연성 물질이다.
④ 분해 시 산소를 발생한다.

**해설**

[질산 특징]
③ 불연성으로 산소를 함유하고 있는 산화성 액체이다.

**58** 다음 물질 중 발화점이 가장 낮은 것은?

① 황
② 적린
③ 황린
④ 삼황화인

**해설**

[발화점 비교]
- 황 : 232 ℃
- 적린 : 260 ℃
- 황린 : 34 ℃
- 삼황화인 : 100 ℃

**59** 다음 중 증기비중이 가장 큰 것은?

① 벤젠
② 아세톤
③ 아세트알데하이드
④ 톨루엔

**해설**

[증기비중 계산]

증기비중 = $\dfrac{증기분자량}{공기분자량(29)}$

① 벤젠(분자량 78) : $\dfrac{78}{29} = 2.69$

② 아세톤(분자량 58) : $\dfrac{58}{29} = 2$

③ 아세트알데하이드(분자량 44) : $\dfrac{44}{29} = 1.52$

④ 톨루엔(분자량 92) : $\dfrac{92}{29} = 3.17$

정답 ● 56 ① 57 ③ 58 ③ 59 ④

**60** 금속 칼륨의 일반적인 성질에 대한 설명으로 틀린 것은?

① 칼로 자를 수 있는 무른 금속이다.
② 에탄올과 반응하여 조연성 기체(산소)를 발생한다.
③ 물과 반응하여 가연성 기체를 발생한다.
④ 물보다 가벼운 은백색의 금속이다.

해설

[칼륨 성질]
② 에탄올·물과 만나 가연성 기체 $H_2$ 발생

# 2023 1회

## 1과목 일반화학

**01** 분자 운동에너지와 분자 간의 인력에 의하여 물질의 상태변화가 일어난다. 다음 그림에서 (a), (b)의 변화는?

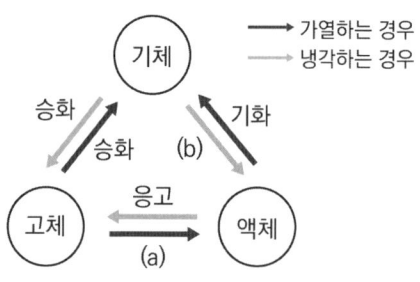

① (a) 융해, (b) 기화
② (a) 융해, (b) 액화
③ (a) 승화, (b) 기화
④ (a) 승화, (b) 액화

**해설**

[물질의 상태변화]
- 물리적 변화

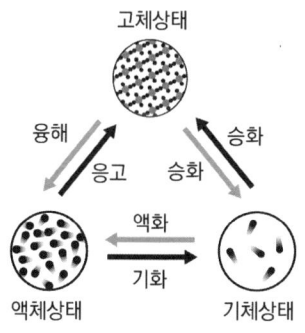

**02** 프로페인 1 kg을 완전연소시키기 위해서 표준상태의 산소가 약 몇 m³ 필요한가?

① 1.27  ② 1.53
③ 2.04  ④ 2.55

**해설**

[프로페인 연소 시 산소량]
- $C_3H_8 + 5O_2 \rightarrow 3CO_2 + 4H_2O$
- 프로페인 몰수 = 1 kg / (36 + 8) = 0.023
- 필요산소 = 0.023 kmol × 5배
  × 22.4 m³ / kmol = 2.58 m³

**03** 어떤 물질 1 g을 증발시켰더니 그 부피가 0 ℃, 2 atm일 때 600 mL인 경우 물질의 분자량은? (다만 증발한 기체는 이상기체라 가정한다)

① 0.02  ② 0.05
③ 18.66  ④ 23.57

**해설**

[분자량 계산]
- 몰수 계산

$$n = \frac{PV}{RT} = \frac{2\,[atm] \times 0.6\,[L]}{0.082\,[\frac{atm\,L}{mol\,K}] \times 273\,[K]} = 0.054\,mol$$

- 분자량 = $\frac{1\,g}{0.054\,mol}$ = 18.52 g / mol

정답 ● 01 ② 02 ④ 03 ③

**04** 원자 A가 이온 $A^{2+}$로 되었을 때의 전자수와 원자 B가 이온 $B^{3-}$으로 되었을 때의 전자수가 같았다면 B의 원자번호를 n이라고 할 때 A의 원자번호는?

① n - 5   ② n - 1
③ n+1    ④ n+5

**해설**

[원자번호]
- 원자번호 = 양성자수 = 전자수
- B의 원자번호 = n
- $A^{2+}$ 전자수 = $B^{3-}$ 전자수 = n + 3
- A의 원자번호 = (n + 3) + 2
  $\qquad\qquad$ = n + 5

**05** 다음 반응식에서 브뢴스테드의 산·염기 개념을 대입했을 때 산에 해당하는 것은?

$$H_2O + NH_3 \leftrightarrow OH^- + NH_4^+$$

① $H_2O$, $OH^-$   ② $H_2O$, $NH_4^+$
③ $NH_3$, $OH^-$   ④ $NH_3$, $NH_4^+$

**해설**

[브뢴스테드 산·염기]
- H 잃으면 산, H 얻으면 염기
- ② $H_2O$ : $OH^-$ 되어 H 잃으므로 산
  $NH_4^+$ : $NH_3$ 되어 H 잃으므로 산

**06** 20 ℃에서 80 %가 해리된 0.1N HCl의 pH는 얼마인가?

① 0.10    ② 1.00
③ 1.10    ④ 2.00

**해설**

[pH 계산]
1) pH = - log [ $H^+$ ]
2) HCl에 $H^+$ 몰수
   pH = - log [ 0.1 M × 0.8 ] = 1.1

TIP $H^+$와 $OH^-$는 전기적으로 1가로 N(노르말농도)와 M(몰농도)가 같다.

**07** 95 wt% 황산의 비중은 1.84이다. 이 황산의 몰농도는 약 얼마인가?

① 9.48    ② 17.84
③ 18.78   ④ 19.34

**해설**

[황산($H_2SO_4$) 몰농도 계산]
- 1 L 순수 황산 질량 = 1840 g × 0.95
  $\qquad\qquad\qquad\quad$ = 1748 g
- 몰수 = 1748/98(분자량) = 17.8 mol
- 몰농도 = 17.8 mol/1 L = 17.8 M

정답 ▶ 04 ④  05 ②  06 ③  07 ②

## 08 다음 밑줄 친 원소의 산화수가 가장 큰 것은?

① $\underline{N}H_4^+$      ② $\underline{N}O_3^-$
③ $O\underline{H}^-$      ④ $\underline{S}O_4^{2-}$

**해설**

[산화수 계산]
① $NH_4^+$ : H는 +1로 계산
    $N + (+1 \times 4) = +1$, $N = -3$
② $NO_3^-$ : O는 -2로 계산
    $N + (-2 \times 3) = -1$, $N = +5$
③ $OH^-$ : H는 +1로 계산
    $O + 1 = -1$, $O = -2$
④ $SO_4^{2-}$ : O는 -2로 계산
    $S + (-2 \times 4) = -2$, $S = +6$

## 09 다음 핵 화학반응식에서 산소의 원자번호는?

$$N + He(\alpha) \rightarrow O + H$$

① 6      ② 7
③ 8      ④ 9

**해설**

[α 붕괴]
- 질량수 : 4 감소
- 양성자수 : 2 감소
- 핵붕괴 이후 생성된 O의 원자번호
 N의 원자번호(7번) - 2 = 6

## 10 볼타전지에 관한 설명으로 틀린 것은?

① 이온화 경향이 큰 쪽의 물질이 음극이다.
② 양극에서는 방전 산화반응이 일어난다.
③ 전자는 도선을 따라 음극에서 양극으로 이동한다.
④ 전류의 방향은 전자의 이동방향과 반대이다.

**해설**

[볼타 전지]
- 아연판과 구리판을 이용한 전지
- 아연판이 (-)극, 구리판이 (+)극
- ② 아연이 반응성이 더 좋으므로 전자를 내어 (-)극이 된 아연판이 산화 반응

## 11 다음 중 극성분자에 해당하는 것은?

① $CO_2$      ② $CCl_4$
③ $Cl_2$      ④ $NH_3$

**해설**

[비극성 분자]
- 결합원자의 전기음성도(당기는 힘)가 달라 결합 시 치우침이 발생하는 분자
- ④ $NH_3$는 N 원자에 비공유 전자쌍이 존재하여 치우침이 생기고 삼각뿔형의 분자구조를 갖는다.

정답 08 ④ 09 ① 10 ② 11 ④

**12** $ns^2 np^5$의 전자구조를 가지지 않는 것은?

① F  ② Cl
③ He  ④ I

**해설**

[$ns^2 np^5$ 전자구조를 가지는 원소]
최외각전자 7개 할로젠원소(F, Cl, Br, I)

**13** 일정한 온도하에서 물질 A와 B가 반응을 할 때 A의 농도만 2배로 하면 반응속도가 2배가 되고, B의 농도만 2배로 하면 반응속도가 4배로 된다. 이 반응의 속도식은? (단, 반응 속도 상수는 k이다)

① $v = k[A][B]^2$  ② $v = k[A]^2[B]$
③ $v = k[A][B]$  ④ $v = k[A][B]^4$

**해설**

[반응속도 계산]
- 물질A : 농도와 1 : 1 비례해 $[A]^1$
- 물질B : 농도와 제곱에 비례해 $[B]^2$

따라서 $v = k[A][B]^2$

**14** $H_2O$가 $H_2S$보다 끓는점이 더 높은 이유는?

① 이온결합을 하고 있기 때문에
② 수소결합을 하고 있기 때문에
③ 공유결합을 하고 있기 때문에
④ 분자량이 적기 때문에

**해설**

[물의 비등점]
- $H_2O$와 다른 $H_2O$가 서로 수소결합
- 수소결합하여 물 분자 간 결합력이 강해져 비등점(끓는점)이 높아진다.

**15** 에탄올 20.0 g과 물 40.0 g을 함유한 용액에서 에탄올의 몰분율은 약 얼마인가?

① 0.090  ② 0.164
③ 0.444  ④ 0.896

**해설**

[에탄올 몰분율 계산]
- 에탄올($C_2H_5OH$) 분자량 : 46
  물($H_2O$) 분자량 : 18
- 에탄올 몰분율
  $= \dfrac{20/46}{20/46 + 40/18} = 0.164$

**16** 다음 중 벤젠고리를 함유하고 있는 것은?

① 아세틸렌
② 아세톤
③ 메테인
④ 아닐린

> 해설

[벤젠고리]
- 아닐린($C_6H_5NH_2$)
  구조식 :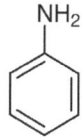

- 육각형의 벤젠고리 모양을 가지므로 방향족(벤젠족)

**17** 메테인 16 g 중에는 C가 몇 mol 포함되었는가?

① 0.5 　　② 1
③ 4 　　　④ 16

> 해설

[몰수 계산]
- $CH_4$ 분자량 : 16
- 16 g $CH_4$ = 1 mol $CH_4$이므로 C 1mol

**18** 어떤 기체가 딘소원자 1개당 2개의 수소원자를 함유하고, 0 ℃, 1 atm일 때 밀도가 1.25 g/L인 기체에 해당하는 것은?

① $CH_2$ 　　② $C_2H_4$
③ $C_3H_6$ 　　④ $C_4H_8$

> 해설

[기체 분자량 계산]
- 기체밀도 = 분자량 / 22.4 L
- 미지기체 분자량 = 1.25 g / L × 22.4
  = 28
- 분자량 28은 $C_2H_4$(에틸렌)

**19** 어떤 기체의 확산속도는 $SO_2$의 2배이다. 이 기체의 분자량은 얼마인가? (단, $SO_2$의 분자량은 64이다)

① 4 　　② 8
③ 16 　　④ 32

> 해설

[확산속도의 비]
- $\dfrac{V_1}{V_2} = \sqrt{\dfrac{M_2}{M_1}} = 2$ (1 : 미지기체, 2 : $SO_2$)
- $M_1 = 1/4 M_2 = 1/4 \times 64 = 16 \text{ g/mol}$

**20** 같은 주기에서 원자번호가 증가할수록 감소하는 것은?

① 이온화에너지　② 원자 반지름
③ 비금속성　　　④ 전기음성도

> 해설

[주기율표 성질]
오른쪽으로 갈수록 감소하는 성질
→ 금속성 · 전자방출성 · 원자반지름

정답　17 ②　18 ②　19 ③　20 ②

**2과목** 화재예방과 소화방법

**21** 다이에틸에터 2,000 L와 아세톤 4,000 L를 옥내저장소에 저장하고 있다면 총 소요단위는 얼마인가?

① 5　　　　② 6
③ 50　　　④ 60

**해설**

[소요단위 계산]
- 소요단위 = 지정수량 × 10
- 지정수량
  다이에틸에터(특수인화물) : 50 L
  아세톤(제1석유류 수용성) : 400 L
- 총 소요단위
  = (2,000/500) + (4,000/4,000) = 5

**22** 분말소화약제의 착색 색상으로 옳은 것은?

① $NH_4H_2PO_4$ : 담홍색
② $NH_4H_2PO_4$ : 백색
③ $KHCO_3$ : 담홍색
④ $KHCO_3$ : 백색

**해설**

[분말소화약제 착색 색상]

| 소화약제 | 주성분 | 적응화재 | 분말색 |
|---|---|---|---|
| 제1약제 | 탄산수소나트륨 | BC | 백색 |
| 제2약제 | 탄산수소칼륨 | BC | 담회색 |
| 제3약제 | 인산암모늄 | ABC | 담홍색 |
| 제4약제 | 탄산수소칼륨+요소 | BC | 회색 |

🔔 백담사 홍어회

**23** 다음 중 중유의 주된 연소형태는?

① 표면연소
② 분해연소
③ 증발연소
④ 자기연소

**해설**

[4류 위험물 연소형태]
- 증발연소 : 특수인화물·제1석유류·알코올류·제2석유류
- 분해연소 : 제3석유류·제4석유류·동식물유
- ② 중유(제3석유류) : 분해연소

**24** 다음 중 착화점에 대한 설명으로 가장 옳은 것은?

① 연소가 지속될 수 있는 최저온도
② 점화원과 접촉했을 때 발화되는 최저온도
③ 외부의 점화원 없이 발화하는 최저온도
④ 액체가연물에서 증기가 발생할 때의 온도

**해설**

[발화점(착화점)]
③ 점화원 없이 불이 붙는 최저온도

보충 인화점
점화원이 점화해 불 붙는 최저온도

**25** 분말소화약제인 탄산수소나트륨 10 kg이 1기압, 270 ℃에서 방사되었을 때 발생하는 이산화탄소의 양은 약 몇 m³인가?

① 2.65
② 3.65
③ 18.22
④ 36.44

**해설**

[제1종 분말소화약제]
- 반응식
  $2NaHCO_3 \rightarrow Na_2CO_3 + H_2O + CO_2$
  $NaHCO_3$와 $CO_2$는 2 : 1 비율
- 분자량
  $NaHCO_3 = 23 + 1 + 12 + 16 \times 3 = 84$
- $CO_2$ 몰수 = 10 kg / 84 × 1/2
  = 0.0595 kmol
- $CO_2$ 부피
  = 59.5 mol × 22.4 L × (270+273)/(0+273)
  = 2.65 m³

**26** 위험물제조소에서 옥내소화전이 1층에 4개, 2층에 6개가 설치되어 있을 때 수원의 수량은 몇 L 이상이 되도록 설치하여야 하는가?

① 13,000
② 15,600
③ 39,000
④ 46,800

**해설**

[옥내소화전 수원량]
- 옥내소화전 1개에 대한 수원량 : 7.8 m³
- 옥내소화전 5개 이상일 때 : 5개로 계산
- 총 수원량 = 5개 × 7.8 m³ = 39 m³
  = 39,000 L

정답 24 ③  25 ①  26 ③

**27** 다음 중 화재 시 다량의 물에 의한 냉각소화가 가장 효과적인 것은?

① 금속의 수소화물
② 알칼리금속과산화물
③ 유기과산화물
④ 금속분

해설
[주수(냉각)소화 적응성]
③ 유기과산화물(5류) : 물과 반응하지 않으므로 주수소화가 가능하다.

**28** 폭굉유도거리[DID]가 짧아지는 요건에 해당하지 않는 것은?

① 정상연소속도가 큰 혼합가스일 경우
② 관 속에 방해물이 없거나 관경이 큰 경우
③ 압력이 높을 경우
④ 점화원의 에너지가 클 경우

해설
[폭굉유도거리(DID)]
• 정의 : 완만한 연소에서 폭굉으로 전이되는 시간적인 거리
• 폭굉유도거리가 짧아지는 경우
 → 정상연소속도가 큰 혼합가스일수록
 → 압력이나 점화에너지가 클수록
 → 관속에 방해물이 있거나 관경이 좁을수록

**29** 다음 중 BLEBE 현상에 대한 설명으로 가장 옳은 것은?

① 기름탱크에서의 수증기 폭발현상
② 비등상태의 액화가스가 기화하여 팽창하고 폭발하는 현상
③ 화재 시 기름 속의 수분이 급격히 증발하여 기름거품이 되고, 팽창해서 기름탱크에서 밖으로 내뿜어져 나오는 현상
④ 원유, 중유 등 고점도의 기름 속에 수증기를 포함한 볼형태의 물방울이 형성되어 탱크 밖으로 넘치는 현상

해설
[블래비(BLEBE) 현상]
• 비등상태의 액화가스가 기화하여 팽창하고 폭발하는 현상

**30** 불활성가스소화약제 중 IG-541의 성분을 옳게 나열한 것은?

① 질소 100 %
② 질소 52 %, 이산화탄소 40 %, 아르곤 8%
③ 질소 52 %, 아르곤 40 %, 이산화탄소 8 %
④ 질소 52 %, 아르곤 40 %, 일산화탄소 8%

정답 27 ③  28 ②  29 ②  30 ③

해설
[불활성가스소화약제]
- IG - 100 : $N_2$ 100 %
- IG - 55 : $N_2$ 50 % + Ar 50 %
- IG - 541 : $N_2$ 52 % + Ar 40 % + $CO_2$ 8 %

**31** 할로젠화합물 소화약제의 조건으로 옳은 것은?

① 비점이 높을 것
② 기화되기 쉬울 것
③ 공기보다 가벼울 것
④ 연소되기 좋을 것

해설
[할로젠화합물 소화약제]
② 기화하여 열을 흡수해 냉각효과가 있으므로 기화하기 쉬워야 한다.

**32** 다음 중 증발잠열이 가장 큰 것은?

① 물
② 할론1301
③ 사염화탄소
④ 이산화탄소

해설
물은 높은 증발잠열로 냉각소화에 쓰인다.

**33** 위험물안전관리법령상 포소화설비의 고정포 방출구를 설치한 위험물탱크에 부속하는 보조포소화전에서 3개의 노즐을 동시에 사용할 경우 각각의 노즐선단에서의 분당 방사량은 몇 L/min 이상이어야 하는가?

① 80    ② 130
③ 260    ④ 400

해설
[고정포방출구]
- 방사압력 : 0.35 MPa 이상
- 방사량 : 400 L/min 이상
- 보조포소화전의 수용액량
  호스접속구(최대 3개) × 400 L/min × 20min 이상

**34** 폐쇄형 스프링클러헤드는 설치장소의 평상시 최고주위온도에 따라서 결정된 표시온도의 것을 사용하여야 한다. 설치장소의 최고 주위온도가 28 ℃일 때 표시온도는?

① 58 ℃ 미만
② 58 ℃ 이상 79 ℃ 미만
③ 79 ℃ 이상 121 ℃ 미만
④ 121 ℃ 이상 162 ℃ 미만

정답  31 ②  32 ①  33 ④  34 ②

해설

[폐쇄형 스프링클러 주위온도와 표시온도]

| 최고주위온도(℃) | 표시온도(℃) |
|---|---|
| 28 미만 | 58 미만 |
| 28 이상 39 미만 | 58 이상 79 미만 |
| 39 이상 64 미만 | 79 이상 121 미만 |
| 64 이상 106 미만 | 121 이상 162 미만 |
| 106 이상 | 162 이상 |

해설

[기타 소화설비의 능력단위]

| 소화설비 | 용량[L] | 능력단위 |
|---|---|---|
| 소화전용 물통 | 8 | 0.3 |
| 수조(물통 3개 포함) | 80 | 1.5 |
| 수조(물통 6개 포함) | 190 | 2.5 |
| 마른 모래(삽 1개 포함) | 50 | 0.5 |
| 팽창질석·진주암(삽 1개 포함) | 160 | 1.0 |

**35** 자연발화가 잘 일어나는 조건이 아닌 것은?

① 주위 습도가 높을 것
② 열전도율이 클 것
③ 주위 온도가 높을 것
④ 표면적이 넓을 것

해설

[자연발화 발생조건]
- 습도를 높일 것
- 열전도율을 낮출 것
- 주위 온도가 높을 것
- 표면적이 넓을 것

TIP 열전도율이 높으면 열이 잘 빠져나가 자연발화하기 어려움

**36** 위험물안전관리법령상 간이소화용구(기타 소화설비)인 팽창질석은 삽을 상비한 경우 몇 L가 능력단위 1.0인가?

① 50  ② 100
③ 80  ④ 160

**37** 위험물제조소 등에 펌프를 이용한 가압송수장치를 사용하는 옥내소화전을 설치하는 경우 펌프의 전양정은 몇 MPa인가? (단, 소방용 호스의 마찰손실수두압은 3.2 MPa, 배관의 마찰손실수두압은 2.2 MPa, 낙차의 환산수두압은 1.79 MPa이다)

① 5.4  ② 3.99
③ 7.19  ④ 7.54

해설

[옥내소화전 가압송수장치의 전양정]

$H = H_1 + H_2 + H_3 + 0.35 \text{ MPa}$
$= 3.2 + 2.2 + 1.76 + 0.35 = 7.54 \text{ MPa}$

$H_1$ : 호스 마찰손실
$H_2$ : 배관 마찰손실
$H_3$ : 낙차 환산수두

TIP 전양정 공식에 35 m는 옥내소화전 토출압력 0.35 MPa을 수두(물의 높이)로 변환한 값

정답 ● 35 ② 36 ④ 37 ④

**38** 소화효과에 대한 설명으로 옳지 않은 것은?

① 산소공급원 차단에 의한 소화는 제거효과이다.
② 가연물질의 온도를 떨어뜨려서 소화하는 것은 냉각효과이다.
③ 입으로 바람을 불어 촛불을 끄는 것은 제거효과이다.
④ 물에 의한 소화는 냉각효과이다.

**해설**

[소화효과]
① 산소공급원 차단에 의한 소화는 질식효과이다.

**39** 할로젠화합물 소화약제 중 HFC-23의 화학식은?

① $CF_3I$
② $CHF_3$
③ $CF_3CH_2CF_3$
④ $C_4F_{10}$

**해설**

[HFC-23 화학식 구하기]
23에 90을 더한 113은 각각 C H F의 숫자이므로 $C_1H_1F_3$ = $CHF_3$

**40** 다음 중 이산화탄소 소화약제에 대한 설명으로 틀린 것은?

① 장기간 저장하여도 부패, 변질 또는 분해를 일으키지 않는다.
② 한랭지에서 동결의 우려가 없고, 전기절연성이 있다.
③ 밀폐된 지역에서 방출 시 인명피해의 위험이 있다.
④ 표면화재보다는 심부화재에 적응력이 뛰어나다.

**해설**

[이산화탄소 소화약제]
④ 표면과 심부화재 모두 적응성이 있지만 표면화재에 더 효과적이다.

정답 38 ① 39 ② 40 ④

### 3과목　위험물의 성질과 취급

**41** 염소산칼륨이 고온으로 가열되었을 때 가장 거리가 먼 현상은?

① 분해한다.
② 염소를 발생한다.
③ 산소를 발생한다.
④ 염화칼륨이 생성된다.

**해설**
[염소산칼륨 열분해 생성물질]
- 열분해식 $KClO_3 \rightarrow KCl + 1.5\, O_2$
- 염소산칼륨($KClO_3$) : 열분해 시 산소와 염화칼륨 생성

**42** 적린이 공기 중에서 연소할 때 생성되는 물질은?

① $P_2O$ 　　② $PO_2$
③ $PO_3$ 　　④ $P_2O_5$

**해설**
[적린 연소생성물]
- 적린 $2P + 2.5O_2 \rightarrow \underline{P_2O_5}$

**43** 황린에 대한 설명으로 틀린 것은?

① 비중은 약 1.82이다.
② 물속에 보관한다.
③ 저장 시 pH를 9 정도로 유지한다.
④ 연소 시 포스핀 가스를 발생한다.

**해설**
[황린의 반응식]
- 연소 : $P_4 + 5O_2 \rightarrow 2P_2O_5$(오산화인)

**44** 탄화칼슘과 물이 반응하였을 때 생성되는 가스는?

① $C_2H_2$ 　　② $C_2H_4$
③ $C_2H_6$ 　　④ $CH_4$

**해설**
[탄화칼슘과 물 반응]
- $CaC_2 + 2H_2O \rightarrow Ca(OH)_2 + \underline{C_2H_2}$
- 아세틸렌($C_2H_2$) 발생

**45** 위험물안전관리법령상 제1석유류를 취급하는 위험물제조소의 건축물의 지붕에 대한 설명으로 옳은 것은?

① 항상 불연재료로 하여야 한다.
② 항상 내화구조로 하여야 한다.
③ 가벼운 불연재료가 원칙이지만, 예외적으로 내화구조로 할 수 있는 경우가 있다.
④ 내화구조가 원칙이지만, 예외적으로 가벼운 불연재료로 할 수 있는 경우가 있다.

**정답** 41 ② 42 ④ 43 ④ 44 ① 45 ③

해설

[위험물제조소 방화구획]
- 건축물(벽·기둥·바닥·보·지붕·서까래) : 불연재료
- 지붕은 폭발력이 위로 방출될 정도의 가벼운 불연재료로 덮어야 한다. 다만 위험물을 취급하는 건축물이 다음 경우에는 그 지붕을 내화구조로 할 수 있다.
  가. 제2류 위험물(분말상태의 것과 인화성 고체 제외), 제4류 위험물 중 제4석유류·동식물유류 또는 제6류 위험물을 취급하는 건축물인 경우
  나. 밀폐형 구조의 건축물인 경우

**46** 다음 위험물 중 혼재가 가능한 위험물은?

① 과염소산칼륨 - 황린
② 질산메틸 - 경유
③ 마그네슘 - 알킬알루미늄
④ 탄화칼슘 - 나이트로글리세린

해설

[혼재 가능한 위험물]
질산메틸(5류)과 경유(4류)는 혼재 가능

보충 혼재 가능 위험물

| 1↓ | 6 |   | 혼재 가능 |
| 2↓ | 5↑ | 4 | 혼재 가능 |
| 3→ | 4↑ |   | 혼재 가능 |

암 1 2 3 4 5 6 적은 후 4 추가

**47** 셀룰로이드의 자연발화 형태를 가장 옳게 나타낸 것은?

① 잠열에 의한 발화
② 미생물에 의한 발화
③ 분해열에 의한 발화
④ 흡착열에 의한 발화

해설

[셀룰로이드(나이트로셀룰로오스, 5류)]
자연발화 형태 : 분해열로 인해 발화

**48** 휘발유를 저장하던 이동저장탱크에 탱크의 상부로부터 등유나 경유를 주입할 때 액표면적이 주입관의 선단을 넘는 높이가 될 때까지 그 주입관 내의 유속을 몇 m/s 이하로 하여야 하는가?

① 1  ② 2
③ 3  ④ 5

해설

휘발유 탱크 등유·경유 주입 시 액표면이 주입관 선단높이를 넘을 때까지 1 m/s 이하로 유지한다.

정답 46 ② 47 ③ 48 ①

**49** 위험물안전관리법령상 위험등급 Ⅰ의 위험물이 아닌 것은?

① 염소산염류
② 황화인
③ 알킬리튬
④ 과염소산

해설
황화인(2류) : 위험등급 Ⅱ

**50** 다음 ( ) 안에 알맞은 수치와 용어를 옳게 나열한 것은?

> 이황화탄소의 옥외저장탱크는 벽 및 바닥의 두께가 ( )m 이상이고, 누수가 되지 아니하는 철근콘크리트의 ( )에 넣어 보관하여야 한다.

① 0.2, 수조
② 0.1, 수조
③ 0.2, 진공탱크
④ 0.1, 진공탱크

해설
[옥외탱크저장소의 옥외저장탱크]
이황화탄소의 옥외저장탱크는 벽 및 바닥의 두께가 0.2 m 이상이고 누수가 되지 아니하는 철근콘크리트의 수조에 넣어 보관하여야 한다. 이 경우 보유공지·통기관 및 자동계량장치는 생략할 수 있다.

**51** 과산화수소의 운반용기의 외부에 표시하여야 하는 주의사항은?

① 표시 없음
② 화기엄금
③ 가연물 접촉주의
④ 화기·충격주의

해설
[제6류 위험물 운반용기 외부표시]
'가연물접촉주의' 표시

**52** 다음 ( ) 안에 알맞은 용어는?

> "지정수량"이라 함은 위험물의 종류별로 위험성을 고려하여 ( )이(가) 정하는 수량으로서 규정에 의한 제조소등의 설치허가 등에 있어서 최저의 기준이 되는 수량을 말한다.

① 대통령령
② 행정안전부령
③ 소방본부장
④ 시·도지사

해설
[지정수량의 정의]
"지정수량"이라 함은 위험물의 종류별로 위험성을 고려하여 대통령이 정하는 수량으로서 규정에 의한 제조소등의 설치허가 등에 있어서 최저의 기준이 되는 수량을 말한다.

정답  49 ②  50 ①  51 ③  52 ①

**53** 그림과 같은 타원형 탱크의 내용적은 약 몇 m³인가?

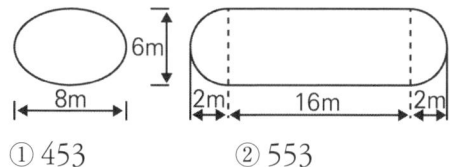

① 453
② 553
③ 653
④ 753

해설

[타원형 탱크 내용적]
$V =$ 면적 × 높이환산값
$= \dfrac{\pi ab}{4} \times (l + \dfrac{l_1 + l_2}{3})$
$= \dfrac{\pi \times 8 \times 6}{4} \times (16 + \dfrac{2+2}{3}) = 653\,m^3$

**54** 충격마찰에 예민하고 폭발위력이 큰 물질로 뇌관의 첨장약으로 사용되는 것은?

① 나이트로글라이콜
② 나이트로셀룰로오스
③ 테트릴
④ 질산메틸

해설

[테트릴]
- 제5류 위험물 중 나이트로화합물
- 충격과 마찰에 예민하고 폭발력이 커 뇌관의 첨장약으로 사용

**55** 다음 ( ) 안에 알맞은 수치는? (단, 인화점이 200 ℃ 이상인 위험물은 제외한다)

옥외저장탱크의 지름이 15 m 미만인 경우에 방유제는 탱크의 옆판으로부터 탱크 높이의 ( ) 이상 이격하여야 한다.

① $\dfrac{1}{2}$
② $\dfrac{1}{3}$
③ $\dfrac{1}{4}$
④ $\dfrac{2}{3}$

해설

[방유제]
- 옥외저장탱크의 지름에 따라 그 탱크의 옆판으로부터 다음에 정하는 거리를 유지
  ① 지름이 15 m 미만인 경우
     탱크 높이의 $\dfrac{1}{3}$ 이상
  ② 지름이 15 m 이상인 경우
     탱크 높이의 $\dfrac{1}{2}$ 이상

**56** 위험물안전관리법령상 제3류 위험물 중 금수성 물질 이외의 것에 적응성이 있는 소화설비는?

① 할로젠화합물소화설비
② 불활성가스소화설비
③ 포소화설비
④ 분말소화설비

정답 ● 53 ③ 54 ③ 55 ② 56 ③

> **해설**

[금수성 물질(3류) 소화방법]
- 탄산수소염류 분말소화설비·건조사·팽창질석·팽창진주암
- 다만 금수성 물질 이외의 것(자연발화성, 황린)은 주수를 통한 냉각소화 가능

**57** 위험물 간이탱크저장소의 간이저장탱크 수압시험기준으로 옳은 것은?

① 50 kPa의 압력으로 7분간의 수압시험
② 50 kPa의 압력으로 10분간의 수압시험
③ 70 kPa의 압력으로 7분간의 수압시험
④ 70 kPa의 압력으로 10분간의 수압시험

> **해설**

[간이저장탱크 수압시험]
- 간이저장탱크는 두께 3.2 mm 이상의 강판으로 흠이 없도록 제작하고, 70 kPa의 압력으로 10분간의 수압시험을 실시하여 새거나 변형되지 아니하여야 한다.

**58** 위험물안전관리법령상 위험물의 운반용기 외부에 표시해야 할 사항이 아닌 것은? (단, 용기의 용적은 10 L이며, 원칙적인 경우에 한한다)

① 위험물의 화학명
② 위험물의 지정수량
③ 위험물의 품명
④ 위험물의 수량

> **해설**

[위험물 운반용기의 외부 표시사항]
화학명·품명·수량·위험등급·주의사항 등

**59** 제조소에서 취급하는 위험물의 최대수량이 지정수량의 20배인 경우 보유공지의 너비는?

① 3 m 이상    ② 5 m 이상
③ 3 m 이하    ④ 5 m 이하

> **해설**

[제조소 보유공지]
- 지정수량 10배 이하 : 3 m 이상
- 지정수량 10배 초과 : 5 m 이상

**60** 위험물안전관리법령에 근거한 위험물 운반 및 수납 시 주의사항에 대한 설명 중 틀린 것은?

① 위험물을 수납하는 용기는 위험물이 누출되지 않게 밀봉시켜야 한다.
② 온도 변화로 가스 발생 우려가 있는 것은 가스 배출구를 설치한 운반용기에 수납할 수 있다.
③ 액체위험물은 운반용기 내용적의 98% 이하의 수납률로 수납하되, 55℃의 온도에서 누설되지 아니하도록 충분한 공간 용적을 유지하도록 하여야 한다.
④ 고체위험물은 운반용기 내용적의 98% 이하의 수납률로 수납하여야 한다.

**해설**

[위험물 운반 및 수납 시 주의사항]
④ 고체 위험물은 내용적 95% 이하로 수납

정답 60 ④

# 2023 2회

## 1과목 일반화학

**01** 벤젠에 수소원자 한 개는 $-CH_3$기로, 또 다른 수소원자 한 개는 $-OH$기로 치환되었다면 이성질체수는 몇 개인가?

① 1  ② 2
③ 3  ④ 4

**해설**

[이성질체 보유 물질]
• 크레졸($C_7H_8O$)

| o - 크레졸 | m - 크레졸 | p - 크레졸 |
|---|---|---|
| CH₃, OH | CH₃, OH | CH₃, OH |

총 3가지 이성질체가 있다.

**02** 유기화합물을 질량 분석한 결과 C 84 %, H 16 %의 결과를 얻었다. 다음 중 이 물질에 해당하는 실험식은?

① $C_5H$  ② $C_2H_2$
③ $C_7H_8$  ④ $C_7H_{16}$

**해설**

[유기화합물을 구성하는 비율]
• 유기화합물 100 g이라고 가정
• 탄소 : $\dfrac{84\,g}{12\,g/mol} = 7\,mol$
• 수소 : $\dfrac{16\,g}{1\,g/mol} = 16\,mol$
• 유기화합물의 실험식  C : H = 7 : 16

**03** 포화탄화수소에 해당하는 것은?

① 톨루엔
② 에틸렌
③ 프로페인
④ 아세틸렌

**해설**

[프로페인($C_3H_8$)]
알칸기로 단일결합으로 된 포화 탄화수소

**04** 분자량의 무게가 4배이면 확산속도는 몇 배인가?

① 0.5배  ② 1배
③ 2배  ④ 4배

정답  01 ③  02 ④  03 ③  04 ①

### 해설

[확산속도 법칙]

- $\dfrac{V_1}{V_2} = \sqrt{\dfrac{M_2}{M_1}}$

- $4M_1 = M_2$가 되었으므로 $0.5V_1 = V_2$

---

**05** 다이크로뮴산칼륨($K_2Cr_2O_7$)에서 크로뮴($Cr$)의 산화수는?

① 2
② 4
③ 6
④ 8

### 해설

[산화수 계산]

- O : -2로 계산
- $2 \times Cr + 7 \times (-2) = -2$
  $Cr = +6$

---

**06** 비활성 기체 원자 Ar과 같은 전자배치를 가지고 있는 것은?

① $Na^+$
② $Li^+$
③ $Al^{3+}$
④ $S^{2-}$

### 해설

[전자껍질]

- 최외각껍질에 배치된 전자의 개수가 7인 원소가 할로젠족이다.

① $^{11}Na$    1s 2s 2p 3s
     [↑↓][↑↓][↑↓ ↑↓ ↑↓][↑]
$Na^+$ : $1s^2\ 2s^2 2p^6$

② $^3Li$    1s 2s
     [↑↓][↑]
$Li^+$ : $1s^2$

③ $^{13}Al$    1s 2s 2p 3s 3p
     [↑↓][↑↓][↑↓ ↑↓ ↑↓][↑↓][↑]
$Al^{3+}$ : $1s^2\ 2s^2 2p^6$

④ $^{16}S$    1s 2s 2p 3s 3p
     [↑↓][↑↓][↑↓ ↑↓ ↑↓][↑↓][↑↓ ↑ ↑]
$S^{2-}$ : $1s^2\ 2s^2 2p^6\ 3s^2 3p^6$

---

**07** 알루미늄이온($Al^{3+}$) 한 개에 대한 설명으로 틀린 것은?

① 질량수는 27이다.
② 양성자수는 13이다.
③ 중성자수는 13이다.
④ 전자수는 10이다.

### 해설

[알루미늄이온($Al^{3+}$)]

- 원자번호 13번(양성자수 = 원자번호)
- 양성자 13개 중성자 14개를 가진다.
- 질량수 계산
  양성자수 + 중성자수 = 13 + 14 = 27
- 전자수 = 13 - 3 = 10

---

정답 ● 05 ③   06 ④   07 ③

**08** 같은 주기에서 원자번호가 증가할수록 감소하는 것은?

① 이온화에너지
② 원자반지름
③ 비금속성
④ 전기음성도

**해설**
[주기율표 성질]
오른쪽으로 갈수록 감소하는 성질
: ② 금속성 · 전자방출성 · 원자반지름

**09** 물 200 g에 A물질 2.9 g을 녹인 용액의 빙점은? (단, 물의 어는점내림 상수는 1.86 ℃ · kg/mol이고, A물질의 분자량은 58이다)

① -0.465 ℃
② -0.932 ℃
③ -1.871 ℃
④ -2.453 ℃

**해설**
[어는점내림]

- 온도 변화 $\Delta T = \dfrac{Kn}{m} = \dfrac{1.86 \times 2.9/58}{0.2}$
  $= 0.465$ ℃
- 용액어는점 = 0 - 0.465 = -0.465 ℃

K : 어는점내림 상수
n : 용질의 몰수(w/M),
m : 물의 질량

**10** 다음 중 비공유전자쌍을 가장 많이 가지고 있는 것은?

① $CH_4$
② $NH_3$
③ $H_2O$
④ $CO_2$

**해설**
[비공유 전자쌍]

| | |
|---|---|
| $CH_4$<br>비공유전자쌍 : 0개 | H-C-H (H 위아래) |
| $NH_3$<br>비공유전자쌍 : 1개 | :N-H (H 위아래) |
| $H_2O$<br>비공유전자쌍 : 2개 | H-Ö-H |
| $CO_2$<br>비공유전자쌍 : 4개 | Ö=C=Ö |

**11** 다음 화학반응에서 밑줄 친 원소가 산화된 것은?

① $H_2 + \underline{Cl}_2 \rightarrow 2HCl$
② $2\underline{Zn} + O_2 \rightarrow 2ZnO$
③ $2KBr + \underline{Cl}_2 \rightarrow 2KCl + Br_2$
④ $2\underline{Ag}^+ + Cu \rightarrow 2Ag + Cu^{2+}$

정답 08 ② 09 ① 10 ④ 11 ②

### 해설
[산화와 환원]
- ② Zn은 산소를 얻어 ZnO가 되어 산화됨
- 산화 : 산소 얻음, 전자·수소 잃음
- 환원 : 산소 잃음, 전자·수소 얻음

### 해설
[완충용액]
- 산·염기를 가했을 때 pH 변화 없는 용액
- $CH_3COONa$와 $CH_3COOH$가 대표적인 완충용액

**12** 표준상태를 기준으로 수소 2.24 L가 염소와 완전히 반응했다면 생성된 염화수소의 부피는 몇 L인가?

① 2.24
② 4.48
③ 22.4
④ 44.8

### 해설
[표준상태 기체부피 계산]
- 반응식 $H_2 + Cl_2 \rightarrow 2HCl$(염화수소)
- $H_2$ 2.24 L는 HCl 4.48 L 생성
- 기체부피와 몰수는 비례관계

**13** 다음 중 완충용액에 해당하는 것은?

① $CH_3COONa$와 $CH_3COOH$
② $NH_4Cl$와 $HCl$
③ $CH_3COONa$와 $NaOH$
④ $HCOONa$와 $Na_2SO_4$

**14** 산성 산화물에 해당하는 것은?

① CaO
② $Na_2O$
③ $CO_2$
④ MgO

### 해설
[산화물 구분]
- – 산성 산화물 : 비금속 + 산소
  – 염기성 산화물 : 금속 + 산소
- $CO_2$ : 비금속 + 산소로 산성 화합물

**15** 어떤 주어진 양의 기체의 부피가 21 ℃, 1.4 atm에서 250 mL이다. 온도가 49 ℃로 상승되었을 때의 부피가 300 mL라고 하면 이때의 압력은 약 얼마인가?

① 1.35 atm
② 1.28 atm
③ 1.21 atm
④ 1.16 atm

### 해설

[기체 압력계산]

• 보일 - 샤를 법칙 : $\dfrac{P_1 V_1}{T_1} = \dfrac{P_2 V_2}{T_2}$

$\dfrac{1.4 \times 250}{(21+273)} = \dfrac{P_2 \times 300}{(49+273)}$

• $P_2 = 1.28\, atm$

**16** 다음 중 배수비례의 법칙이 성립되는 화합물을 나열한 것은?

① $CH_4$, $CCl_4$  ② $SO_2$, $SO_3$
③ $H_2O$, $H_2S$  ④ $NH_3$, $BH_3$

### 해설

[배수비례 법칙]

• 원소 2개로 된 화합물 2종류를 비교할 때 한 원소에 결합질량비는 일정정수비
• ② $SO_2$와 $SO_3$ : S에 산소질량비 2 : 3이 성립하므로 배수비례법칙 적용

**17** Rn은 α선 및 β선을 2번씩 방출하고 다음과 같이 변했다. 마지막 Po의 원자번호는 얼마인가? (단, Rn의 원자번호는 86, 원자량은 222이다)

$$Rn \xrightarrow{\alpha} Po \xrightarrow{\alpha} Pb \xrightarrow{\beta} Bi \xrightarrow{\beta} Po$$

① 78  ② 81
③ 84  ④ 87

### 해설

[α선과 β선]

• α선 : 원자번호 2 감소, 원자량 4 감소
  β선 : 원자번호 1 증가
• Po 원자번호 = 86 - 2 - 2 + 1 + 1 = 84

**18** 다음 중 가수분해가 되지 않는 염은 어느 것인가?

① $NaCl$
② $NH_4Cl$
③ $CH_3COONa$
④ $CH_3COONH_4$

### 해설

[가수분해]

• 강염기와 강산 결합물은 가수분해 불가
• ① $NaCl$ : 강염기( $Na^+$ ) + 강산( $Cl^-$ )

**19** 물 450 g에 NaOH 80 g이 녹아 있는 용액에서 NaOH의 몰분율은?

① 0.074  ② 0.178
③ 0.200  ④ 0.450

### 해설

[NaOH 몰분율 계산]

• 분자량
  NaOH : 40
  $H_2O$ : 18

• 몰분율 = $\dfrac{80/40}{80/40 + 450/18} = 0.074$

정답 ● 16 ② 17 ③ 18 ① 19 ①

**20** 황이 산소와 결합하여 $SO_2$를 만들 때에 대한 설명으로 옳은 것은?

① 황은 환원된다.
② 황은 산화된다.
③ 불가능한 반응이다.
④ 산소는 산화되었다.

**해설**

[황과 산소 결합]
- $S + O_2 \rightarrow SO_2$
- ② 황(S)이 산소를 얻어 산화

## 2과목  화재예방과 소화방법

**21** 위험물저장소 건축물의 외벽이 내화구조인 것은 연면적 얼마를 1소요단위로 하는가?

① $50\ m^2$   ② $75\ m^2$
③ $100\ m^2$  ④ $150\ m^2$

**해설**

[1 소요단위 기준]

| 구분 | 내화구조 | 비내화구조 |
| --- | --- | --- |
| 제조소취급소 | 연면적 100 m² | 연면적 50 m² |
| 저장소 | 연면적 150 m² | 연면적 75 m² |
| 위험물 | 지정수량 10배 | |

**22** 다음 중 이황화탄소의 액면 위에 물을 채워두는 이유로 가장 적합한 것은?

① 자연분해를 방지하기 위해
② 화재 발생 시 물로 소화를 하기 위해
③ 불순물을 물에 용해시키기 위해
④ 가연성 증기의 발생을 방지하기 위해

**해설**

[이황화탄소]
- 가연성 기체 발생하는 물질
- 비중이 큰 액체로 물 밑에 저장해 가연성 기체 방지

정답 ● 20 ②  21 ④  22 ④

**23** 위험물안전관리법령상 제1석유류를 저장하는 옥외탱크저장소 중 소화난이도 등급 I에 해당하는 것은? (단, 지중탱크 또는 해상탱크가 아닌 경우이다)

① 액표면적이 10 m²인 것
② 액표면적이 20 m²인 것
③ 지반면으로부터 탱크 옆판 상단까지가 4 m인 것
④ 지반면으로부터 탱크 옆판 상단까지가 6 m인 것

**해설**

[소화난이도 I 옥외탱크저장소]
- 액표면적이 40 m² 이상인 것
- 지반면으로부터 탱크 옆판의 상단까지 높이가 6 m 이상인 것
- 제6류 위험물을 저장하는 것 및 고인화점위험물만을 100 ℃ 미만의 온도에서 저장하는 것은 제외

**24** 위험물안전관리법령상 제6류 위험물에 적응성이 있는 소화설비는?

① 옥내소화전설비
② 불활성가스소화설비
③ 할로젠화합물소화설비
④ 탄산수소염류 분말소화설비

**해설**

[제6류 위험물 적응성 있는 소화설비]
- 자체적으로 산소를 함유해 질식소화가 불가하다.
- 주수소화로 옥내소화전이 적응성 있다.

**25** 다음 중 수소화나트륨 저장창고에 화재가 발생하였을 때 주수소화가 부적합한 이유로 옳은 것은?

① 발열반응을 일으키고 수소를 발생한다.
② 수화반응을 일으키고 수소를 발생한다.
③ 중화반응을 일으키고 수소를 발생한다.
④ 중합반응을 일으키고 수소를 발생한다.

**해설**

[주수소화 불가능 물질]
NaH(수소화나트륨) : 금수성 물질로 주수소화 시 가연성 기체인 수소 발생

**26** 일반적으로 고급 알코올 황산에스터염을 기포제로 사용하며 냄새가 없는 황색의 액체로서 밀폐 또는 준밀폐 구조물의 화재 시 고팽창포를 사용하여 화재를 진압할 수 있는 포소화약제는?

① 단백포소화약제
② 합성계면활성제 소화약제
③ 알코올형포소화약제
④ 수성막포소화약제

**해설**

[합성계면활성제포]
고급알코올황산에스터염을 사용하는 포

TIP '고급' 단어 사용 시 합성계면활성제포

**정답** 23 ④  24 ①  25 ①  26 ②

**27** 위험물안전관리법령상 분말소화설비의 기준에서 가압용 또는 축압용 가스로 사용이 가능한 가스로만 이루어진 것은?

① 산소, 질소
② 이산화탄소, 산소
③ 산소, 아르곤
④ 질소, 이산화탄소

**해설**

[분말소화설비 가압·축압용 가스]
질소·이산화탄소

**28** 분말소화약제 중 열분해 시 부착성이 있는 유리상의 메타인산이 생성되는 것은?

① $Na_3PO_4$
② $(NH_4)_3PO_4$
③ $NaHCO_3$
④ $NH_4H_2PO_4$

**해설**

[제3종 분말소화약제]
- $NH_4H_2PO_4 \rightarrow HPO_3 + NH_3 + H_2O$
- 분해 시 $HPO_3$(메타인산) 생성

**29** 할로젠화합물의 화학식의 Halon 번호가 올바르게 연결된 것은?

① $CH_2ClBr$ - Halon 1211
② $CF_2ClBr$ - Halon 104
③ $C_2F_4Br_2$ - Halon 2402
④ $CF_3Br$ - Halon 1301

**해설**

[할로젠화합물 소화약제 명명법]
- 숫자 순서대로 C F Cl Br을 나타냄
  ④ $CF_3Br$ : Halon 1301

**30** 다음 제1류 위험물 중 물과의 접촉이 가장 위험한 것은?

① 아염소산나트륨
② 과산화나트륨
③ 과염소산나트륨
④ 다이크로뮴산암모늄

**해설**

[물과 접촉하면 안 되는 위험물]
과산화나트륨(알칼리금속과산화물, 1류)
→ 물 접촉 시 산소가 발생하므로 질식소화

정답  27 ④  28 ④  29 ④  30 ②

**31** 위험물안전관리법령에서 정한 다음의 소화설비 중 능력단위가 가장 큰 것은?

① 팽창진주암 160 L(삽 1개 포함)
② 수조 80 L(소화전용 물통 3개 포함)
③ 마른 모래 50 L(삽 1개 포함)
④ 팽창질석 160 L(삽 1개 포함)

해설

[기타 소화설비 능력단위]

| 소화설비 | 용량[L] | 능력 단위 |
|---|---|---|
| 소화전용 물통 | 8 | 0.3 |
| 수조(물통 3개 포함) | 80 | 1.5 |
| 수조(물통 6개 포함) | 190 | 2.5 |
| 마른 모래(삽 1개 포함) | 50 | 0.5 |
| 팽창질석·진주암 (삽 1개 포함) | 160 | 1.0 |

**32** 위험물 안전관리법령상 이산화탄소 소화기가 적응성이 있는 위험물은?

① 트라이나이트로톨루엔
② 과산화나트륨
③ 철분
④ 인화성 고체

해설

[이산화탄소소화기 적응성]
- 인화성 고체(2류) : 질식소화하는 이산화탄소소화기 가능
- ① : 냉각소화
- ②, ③ : 탄산수소염류 소화약제나 팽창질석, 팽창진주암, 모래만 소화 가능

**33** 양초(파라핀)의 연소형태는?

① 표면연소
② 분해연소
③ 자기연소
④ 증발연소

해설

[고체 연소형태]
- 표면연소 : 목탄(숯)·코크스·금속분
- 분해연소 : 목재·종이·석탄·플라스틱
- 자기연소 : 제5류 위험물
- 증발연소 : 황·나프탈렌·양초(파라핀)

**34** 다음은 분말소화약제의 분해반응식이다. ( ) 안에 알맞은 것은?

$$2NaHCO_3 \rightarrow (\quad) + CO_2 + H_2O$$

① $2NaCO$
② $2NaCO_2$
③ $Na_2CO_3$
④ $Na_2CO_4$

해설

[제1종 분말소화약제]
$2NaHCO_3 \rightarrow (Na_2CO_3) + CO_2 + H_2O$

정답 31 ② 32 ④ 33 ④ 34 ③

**35** 제5류 위험물의 화재 시 일반적인 조치사항으로 알맞은 것은?

① 분말소화약제를 이용한 질식소화가 효과적이다.
② 할로젠화합물소화약제를 이용한 냉각소화가 효과적이다.
③ 이산화탄소를 이용한 질식소화가 효과적이다.
④ 다량의 주수에 의한 냉각소화가 효과적이다.

해설
[제5류 위험물 소화방법]
④ 자기반응성 물질로 스스로 산소를 가지고 발화해 질식소화보다 냉각소화

**36** 인화알루미늄의 화재 시 주수소화를 하면 발생하는 가연성 기체는?

① 아세틸렌
② 메테인
③ 포스겐
④ 포스핀

해설
[인화알루미늄과 물 반응]
• $AlP + 3H_2O \rightarrow Al(OH)_3 + PH_3$
• 가연성 기체 포스핀($PH_3$) 발생

**37** 제6류 위험물인 질산에 대한 설명으로 틀린 것은?

① 강산이다.
② 물과 접촉 시 발열한다.
③ 불연성 물질이다.
④ 열분해 시 수소를 발생한다.

해설
[질산(제6류 위험물, 산화성 액체)]
④ 열분해 시 산소를 발생한다.

**38** 위험물제조소등에 설치하는 포소화설비에 있어서 포헤드방식의 포헤드는 방호대상물의 표면적($m^2$) 얼마당 1개 이상의 헤드를 설치하여야 하는가?

① 3
② 6
③ 9
④ 12

해설
[포헤드방식]
• 헤드 수 : 9 $m^2$당 1개 이상
• 방사량 : 1 $m^2$당 6.5 L/min 이상

정답 35 ④  36 ④  37 ④  38 ③

**39** 위험물제조소의 환기설비의 설치 기준으로 옳지 않은 것은?

① 환기구는 지붕 위 또는 지상 2 m 이상의 높이에 설치할 것
② 급기구는 바닥면적 150 $m^2$마다 1개 이상으로 할 것
③ 환기는 자연배기방식으로 할 것
④ 급기구는 높은 곳에 설치하고 인화방지망을 설치할 것

해설

[환기설비]
④ 급기구를 아래에 설치해 위로 자연배기되도록 하며 인화방지망을 설치한다.

**40** 분말소화약제인 탄산수소나트륨 10 kg이 1기압, 270 ℃에서 방사되었을 때 발생하는 이산화탄소의 양은 약 몇 $m^3$인가?

① 2.65
② 3.65
③ 18.22
④ 36.44

해설

[제1종 분말소화약제]
• 반응식
$2NaHCO_3 \rightarrow Na_2CO_3 + H_2O + CO_2$
$NaHCO_3$와 $CO_2$는 2 : 1 비율
• 분자량
$NaHCO_3 = 23 + 1 + 12 + 16 \times 3 = 84$
• $CO_2$ 몰수 = 10 kg / 84 × 1/2
          = 0.0595 kmol
• $CO_2$ 부피
 = 59.5 mol × 22.4 L × (270 +273)/(0+273)
 = 2.65 $m^3$

정답 ● 39 ④   40 ①

**3과목** 위험물의 성질과 취급

**41** 위험물안전관리법령에 따른 위험물제조소의 안전거리 기준으로 틀린 것은?

① 주택으로부터 10 m 이상
② 학교, 병원, 극장으로부터 30 m 이상
③ 유형문화재와 기념물 중 지정문화재로부터는 70 m 이상
④ 고압가스등을 저장·취급하는 시설로부터는 20 m 이상

**해설**

[위험물제조소 안전거리]

| 시설종류 | 안전거리 |
|---|---|
| 지정문화유산 및 천연기념물 등 | 50 m 이상 |
| 병원·학교·극장 | 30 m 이상 |
| 고압가스·액화석유가스 | 20 m 이상 |
| 주거용 건축물 | 10 m 이상 |
| 전압 35,000 V 초과 특고압전선 | 5 m 이상 |
| 전압 7,000 ~ 35,000 V 특고압전선 | 3 m 이상 |

**42** 다음 중 탄화칼슘과 물이 반응하였을 때 생성 가스는 어느 것인가?

① $C_2H_2$
② $C_2H_4$
③ $C_2H_6$
④ $CH_4$

**해설**

[탄화칼슘 ($CaC_2$) 반응]
- 연소범위 2.5 ~ 81 vol%
- $CaC_2$(탄화칼슘) + $2H_2O$
  → $Ca(OH)_2$ + $C_2H_2$(아세틸렌)

**43** 과산화수소의 성질 및 취급방법에 관한 설명 중 틀린 것은?

① 햇빛에 의하여 분해한다.
② 인산, 요산 등의 분해방지 안정제를 넣는다.
③ 저장용기는 공기가 통하지 않게 마개로 꼭 막아둔다
④ 에탄올에 녹는다.

**해설**

[과산화수소 성질]
③ 스스로 분해하여 산소가 발생하는 물질로 밀폐 시 압력 증가로 용기 파손의 위험이 있다.

**44** 트라이나이트로페놀의 성질에 대한 설명 중 틀린 것은?

① 폭발에 대비하여 철, 구리로 만든 용기에 저장한다.
② 휘황색을 띤 침상결정이다.
③ 비중이 약 1.8로 물보다 무겁다.
④ 단독으로는 충격, 마찰에 둔감한 편이다.

정답 ● 41 ③  42 ①  43 ③  44 ①

**해설**

[트라이나이트로페놀(5류) 성질]
① 금속과 반응 시 트라이나이트로페놀 이성질체인 피크린산염을 생성해 위험성 증가

**45** 위험물 운반용기 외부에 수납하는 위험물의 종류에 따라 표시하는 주의사항을 올바르게 연결한 것은?

① 염소산칼륨 – 물기주의
② 철분 – 물기주의
③ 아세톤 – 화기엄금
④ 질산 – 화기엄금

**해설**

[운반용기의 주의사항]

| 위험물 유별 | 위험물 종류 | 주의사항 내용 |
|---|---|---|
| 1류 위험물 | 알칼리금속의 과산화물 | 화기·충격주의, 물기엄금, 가연물접촉주의 |
| | 그 밖의 것 | 화기·충격주의, 가연물접촉주의 |
| 2류 위험물 | 철분·금속분·마그네슘 | 화기주의, 물기엄금 |
| | 인화성 고체 | 화기엄금 |
| | 그 밖의 것 | 화기주의 |
| 3류 위험물 | 자연발화성 물질 | 화기엄금, 공기접촉엄금 |
| | 금수성 물질 | 물기엄금 |
| 4류 위험물 | | 화기엄금 |
| 5류 위험물 | | 화기엄금, 충격주의 |
| 6류 위험물 | | 가연물접촉주의 |

**46** 다음과 같은 타원형 탱크의 내용적은 약 몇 m³인가?

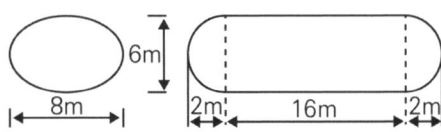

① 453
② 553
③ 653
④ 753

**해설**

[타원형 탱크 내용적]
$V$ = 면적 × 높이 환산값
$= \dfrac{\pi ab}{4} \times (l + \dfrac{l_1 + l_2}{3})$
$= \dfrac{\pi \times 8 \times 6}{4} \times (16 + \dfrac{2+2}{3}) = 653\,m^3$

**47** 위험물안전관리법령상 제4류 위험물 옥외저장탱크의 대기밸브부착 통기관은 몇 kPa 이하의 압력 차이로 작동할 수 있어야 하는가?

① 2    ② 3
③ 4    ④ 5

**해설**

[옥외저장탱크 대기밸브부착 통기관]
5 kPa 이하로 작동이 가능해야 한다.

## 48 위험물 안전관리법령상 운반 시 적재하는 위험물에 차광성이 있는 피복으로 가리지 않아도 되는 것은?

① 제2류 위험물 중 철분
② 제4류 위험물 중 특수인화물
③ 제5류 위험물
④ 제6류 위험물

**해설**

[차광성 피복]
- 차광성 피복을 사용해야 하는 위험물
  1류 · 3류(자연발화성 물질) · 4류(특수인화물) · 5류 · 6류 위험물
- 방수성 피복을 사용해야 하는 위험물
  1류(알칼리금속 과산화물) · 2류(철분, 마그네슘, 금속분) · 3류(금수성 물질) 위험물

## 49 위험물 안전관리법령상 제1석유류에 속하지 않는 것은?

① $CH_3COCH_3$
② $C_6H_6$
③ $CH_3COC_2H_5$
④ $CH_3COOH$

**해설**

[4류 위험물 제1석유류]
- 1석유류 비수용성 : 휘발유, 벤젠, 톨루엔, 사이클로헥세인, 메틸에틸케톤, 초산메틸, 초산에틸
  ① 아세톤($CH_3COCH_3$)
  ② 벤젠($C_6H_6$)
  ③ 메틸에틸케톤($CH_3COC_2H_5$)
  ④ 초산($CH_3COOH$) : 2석유류(수용성)

## 50 위험물 안전관리법령상 위험물 운반 시에 혼재가 금지된 위험물로 이루어진 것은? (단, 지정수량의 1/10 초과이다)

① 과산화나트륨과 황
② 황과 과산화벤조일
③ 황린과 휘발유
④ 과염소산과 과산화나트륨

**해설**

[혼재할 수 있는 위험물류]
① 과산화나트륨(1류)과 황(3류) 혼재 불가

**보충** 혼재 가능 위험물

| 1↓ | 6 |  | 혼재 가능 |
| 2↓ | 5↑ | 4 | 혼재 가능 |
| 3→ | 4↑ |  | 혼재 가능 |

**암** 1 2 3 4 5 6 적은 후 4 추가

정답 48 ① 49 ④ 50 ①

**51** 다음 중 오황화인에 관한 설명으로 옳은 것은?

① 물과 반응하면 불연성 기체가 발생된다.
② 담황색 결정으로서 흡습성과 조해성이 있다.
③ $P_5S_2$로 표현되며 물에 녹지 않는다.
④ 공기 중에서 자연발화 한다.

해설

[오황화인 특징]
① 물과 반응해 황화수소(가연성) 발생
② 담황색 결정으로 흡습성·조해성 있음
③ $P_2S_5$(오황화인)으로 표현
④ 자연발화하지 않는다.

**52** 가솔린 저장량이 2,000 L일 때 소화설비 설치를 위한 소요단위는?

① 1
② 2
③ 3
④ 4

해설

[소요단위 계산]
- 가솔린 (1석유류) 지정수량 : 200 L
- 1 소요단위 = 지정수량 × 10 = 2,000 L

**53** 다음 중 동식물유류에 대한 설명으로 틀린 것은?

① 아이오딘화 값이 작을수록 자연발화의 위험성이 높아진다.
② 아이오딘화 값이 130이상인 것은 건성유이다.
③ 건성유에는 아마인유, 들기름 등이 있다.
④ 인화점이 물의 비점보다 낮은 것도 있다.

해설

[동식물유류 아이오딘값]
① 아이오딘값이 크면 자연발화 위험성 상승

TIP 건성유
아이오딘값 130 이상으로 자연발화위험 높음
동유·해바라기유·아마인유·들기름 등이 있다.
암 동해아들

**54** 다음 A ~ C 물질 중 위험물 안전관리법령상 제6류 위험물에 해당하는 것은 모두 몇 개인가?

A. 비중 1.49인 질산
B. 비중 1.7인 과염소산
C. 물 60 g + 과산화수소 40 g 혼합수용액

① 1개   ② 2개
③ 3개   ④ 없음

> **해설**

[제6류 위험물 조건]
- 질산 : 비중 1.49 이상인 것
- 과염소산 : 조건 없이 6류 위험물
- 과산화수소 : 36 중량% 이상
  (조건 ⓒ = 40 / 100 = 40 %)
→ 보기 모두 해당

**55** 휘발유를 저장하던 이동저장탱크에 탱크의 상부로부터 등유나 경유를 주입할 때 액표면이 주입관의 선단을 넘는 높이가 될 때까지 그 주입관 내의 유속을 몇 m/s 이하로 해야 하는가?

① 1
② 2
③ 3
④ 5

> **해설**

휘발유 탱크 등유·경유 주입 시 액표면이 주입관 선단높이를 넘을 때까지 1 m/s 이하로 유지한다.

**56** 다음 위험물 중 물에 가장 잘 녹는 것은?

① 적린
② 황
③ 벤젠
④ 아세톤

> **해설**

[수용성 물질]
- 적린·황·벤젠 : 비수용성 물질
- 아세톤 : 수용성 물질로 물에 잘 녹음

**57** 위험물 안전관리법령에 근거한 위험물 운반 및 수납 시 주의사항 설명 중 틀린 것은?

① 위험물을 수납하는 용기는 위험물이 누설되지 않게 밀봉시켜야 한다.
② 온도 변화로 가스가 발생해 운반용기 안의 압력이 상승할 우려가 있는 경우(발생한 가스가 위험성이 있는 경우 제외)에는 가스 배출구가 설치된 운반용기에 수납할 수 있다.
③ 액체위험물은 운반용기 내용적의 98 % 이하의 수납률로 수납하되 55 ℃의 온도에서 누설되지 아니하도록 충분한 공간용적을 유지하도록 해야 한다.
④ 고체위험물은 운반용기 내용적의 98 % 이하의 수납률로 수납하여야 한다.

> **해설**

[위험물 운반 및 수납 시 주의사항]
④ 고체 위험물은 내용적 95 % 이하로 수납

**58** 황린을 공기를 차단하고 몇 ℃ 정도로 가열하면 적린이 되는가?

① 150  ② 260
③ 300  ④ 360

해설

[적린(P)]
- 연소반응 : 2P + 2.5$O_2$ → $P_2O_5$(오산화인)
- 황린($P_4$)과 연소생성물(오산화인)이 동일하므로 동소체이다.
- 황린을 밀폐용기 중에서 260℃로 장시간 가열하면 적린이 된다.

**59** 다음 중 제2석유류에 해당하는 위험물은?

① 염화아세틸
② 콜로디온
③ 아크릴산
④ 염화벤조일

해설

[4류 위험물 제2석유류]
- 2석유류 비수용성 : 등유, 경유, 크실렌(자일렌), 클로로벤젠, 스틸렌(스타이렌), 부틸알코올
- 2석유류 수용성 : 포름산, 아세트산, 하이드라진, 아크릴산
- ① 염화아세틸 : 제1석유류 비수용성
- ② 콜로디온 : 제1석유류 비수용성
- ③ 아크릴산 : 제2석유류 수용성
- ④ 염화벤조일 : 제3석유류 비수용성

**60** 다음 중 인화점이 가장 낮은 위험물은 어느 것인가?

① 다이에틸에터
② 아세트알데하이드
③ 산화프로필렌
④ 아이소펜테인

해설

[제4류 위험물 인화점]
- 다이에틸에터 : -45℃
- 아세트알데하이드 : -38℃
- 산화프로필렌 : -37℃
- 아이소펜테인 : -51℃

정답  58 ②  59 ③  60 ④

# 2023년 4회

## 1과목 일반화학

**01** 다음 중 전자배치가 다른 것은?

① Ar
② $F^-$
③ $Na^+$
④ Ne

**해설**

[전자배치]

① $_{18}$Ar

Ar : $1s^2\ 2s^2 2p^6\ 3s^2 3p^6$

② $_9$F

$F^-$ : $1s^2\ 2s^2 2p^6$

③ $_{11}$Na

$Na^+$ : $1s^2\ 2s^2 2p^6$

④ $_{10}$Ne

Ne : $1s^2\ 2s^2 2p^6$

**02** 물 36 g을 모두 증발시키면 수증기가 차지하는 부피는 표준상태를 기준으로 몇 L인가?

① 11.2
② 22.4
③ 33.6
④ 44.8

**해설**

[기체 부피 계산]

- 물($H_2O$) 몰수

$$\frac{36\,g}{18\,g/mol} = 2\,mol$$

- 1기압 0℃ 1 mol 부피 : 22.4 L
- 22.4 L/mol × 2 mol = 44.8 L

**TIP** R을 이용한 이상기체방정식으로 풀어도 무방

$$V = \frac{nRT}{P} = \frac{2 \times 0.082 \times (0+273)}{1}$$
$$= 44.77\,L$$

**03** 물 500 g중에 설탕($C_{12}H_{22}O_{11}$) 171 g이 녹아 있는 설탕물의 몰랄농도는?

① 2.0
② 1.5
③ 1.0
④ 0.5

정답 01 ① 02 ④ 03 ③

### 해설

[설탕물 몰랄농도 계산]
- 설탕 분자량 = $12 \times 12 + 1 \times 22 + 16 \times 11 = 342$
- 몰랄농도(1 mol / 용매질량 kg) 계산
  = $(171\,g / 342)$ mol $\div 0.5$ kg
  = 1 m

**04** 다음 밑줄 친 원소 중 산화수가 +5인 것은?

① $Na_2\underline{Cr}_2O_7$
② $K_2\underline{S}O_4$
③ $K\underline{N}O_3$
④ $\underline{Cr}O_3$

### 해설

[산화수 계산]
- O : -2    H : +1
  K, Na : +1    C : +4    N : -3
- ① $Na_2Cr_2O_7$
  $(1 \times 2) + (2 \times Cr) + (-2 \times 7) = 0$
  Cr = +6
- ② $K_2SO_4$ : $+1 \times 2 + S + (-2 \times 4) = 0$
  S = +6
- ③ $KNO_3$ : $+1 + N + (-2 \times 3) = 0$
  $\underline{N = +5}$
- ④ $CrO_3$ : $+ Cr + (-2 \times 3) = 0$
  Cr = +6

**05** $H_2S + I_2 \rightarrow 2HI + S$에서 $I_2$의 역할은?

① 산화제이다.
② 환원제이다.
③ 산화제이면서 환원제이다.
④ 촉매역할을 한다.

### 해설

[산화제와 환원제]
- 산화제 : 남을 산화시켜 자신은 환원되는 물질
- 환원제 : 남을 환원시켜 자신은 산화되는 물질
- ① $I_2$는 수소를 얻어 환원되므로 산화제

**06** 다음 중 수용액의 pH가 가장 작은 것은?

① 0.01N HCl
② 0.1N HCl
③ 0.01N $CH_3COOH$
④ 0.1N NaOH

### 해설

[pH 크기]
- $H^+$ 수가 많을수록 pH는 작다.
- ② 0.1 N로 $H^+$가 많아 pH가 가장 작다.

정답 04 ③  05 ①  06 ②

## 07 최외각전자가 2개 또는 8개로서 불활성인 것은?

① Na과 Br
② N와 Cl
③ C와 B
④ He와 Ne

**해설**

[최외각 전자에 따른 분류]
- 최외각 전자 2개·8개 : 18족 불활성 기체
- He(2개), Ne(8개), Ar(8개) 등

## 08 다음의 반응에서 환원제로 쓰인 것은?

$$MnO_2 + 4HCl \rightarrow MnCl_2 + 2H_2O + Cl_2$$

① $Cl_2$
② $MnCl_2$
③ $HCl$
④ $MnO_2$

**해설**

[환원제 찾기]
- H를 잃거나 O를 얻는 물질
- ③ HCl : H 잃고 $Cl_2$가 되므로 환원제

TIP
- 산화제 : 남을 산화시켜 자신은 환원되는 물질
- 환원제 : 남을 환원시켜 자신은 산화되는 물질

## 09 $CH_4$ 16g중에는 C가 몇 mol 포함되었는가?

① 1        ② 4
③ 16      ④ 22.4

**해설**

[몰수 계산]
- $CH_4$ 분자량 : 16
- 16 g $CH_4$ = 1 mol $CH_4$이므로 C 1 mol

## 10 포화탄화수소에 해당하는 것은?

① 톨루엔
② 에틸렌
③ 프로페인
④ 아세틸렌

**해설**

[프로페인($C_3H_8$)]
알칸기로 단일결합으로 된 포화 탄화수소

## 11 다음 화합물의 0.1 mol 수용액 중에서 가장 약한 산성을 나타내는 것은?

① $H_2SO_4$
② $HCl$
③ $CH_3COOH$
④ $HNO_3$

정답  07 ④  08 ③  09 ①  10 ③  11 ③

**해설**

[3대 강산성 물질]
황산($H_2SO_4$)·염산(HCl)·질산($HNO_3$)

암 황여지

**해설**

[할로젠 원소 성질]
F ≪ Cl ≪ Br ≪ I 순으로
- 녹는점·끓는점·반지름크기 증가
- 전기음성도·반응력 감소

**12** $[OH^-] = 1 \times 10^{-5} mol/L$인 용액의 pH와 액성으로 옳은 것은?

① pH = 5, 산성
② pH = 5, 알칼리성
③ pH = 9, 산성
④ pH = 9, 알칼리성

**해설**

[pH 계산]
- $[H^+] = 10^{-14} / [OH^-] = 10^{-14} / 10^{-5} = 10^{-9}$
- pH = $-\log[H^+] = -\log[10^{-9}]$ = 9 알칼리성

**14** 30 wt%인 진한 HCl의 비중은 1.1이다. 진한 HCl의 몰농도는 얼마인가? (단, HCl의 화학식량은 36.5이다)

① 7.21
② 9.04
③ 11.36
④ 13.08

**해설**

[HCl 몰농도 계산]
- 1 L 수용액 기준
  수용액 1.1 kg × 30 wt% = 330 g HCl
- HCl 몰수 = 330 g / 36.5 = 9.04 mol
- 몰농도 = 9.04 mol / 1 L = 9.04 M

**13** 다음과 같은 순서로 커지는 성질이 아닌 것은?

$$F_2 < Cl_2 < Br_2 < I_2$$

① 구성원자의 전기음성도
② 녹는점
③ 끓는점
④ 구성원자의 반지름

**15** 다음 물질 중 동소체의 관계가 아닌 것은 어느 것인가?

① 흑연과 다이아몬드
② 산소와 오존
③ 수소와 중수소
④ 황린과 적린

정답 ● 12 ④  13 ①  14 ②  15 ③

**해설**

[동소체]
- 원소 하나로 이루어져 구조가 달라 성질이 다르지만 생성물이 같은 물질
- ① 흑연과 다이아몬드 : 같은 원소 C로 성질이 다르지만 연소 후 같은 $CO_2$ 발생
- ② 산소와 오존 : 같은 원소 O로 성질이 다르지만 연소 후 같은 $O_2$ 발생
- ③ <u>수소와 중수소</u> : 같은 H지만 질량수가 다른 동위원소
- ④ 황린과 적린 : 같은 P로 성질이 다르지만 연소 후 오산화인($P_2O_5$) 발생

**16** 이상기체상수 R값이 0.082라면 그 단위로 옳은 것은?

① $\dfrac{atm \cdot mol}{L \cdot K}$

② $\dfrac{mmHg \cdot mol}{L \cdot K}$

③ $\dfrac{atm \cdot L}{mol \cdot K}$

④ $\dfrac{mmHg \cdot L}{mol \cdot K}$

**해설**

[이상기체상수 R]
R = 0.082 atm·L / mol·K
  = 8.314 Pa·m³ / mol·K

**17** 산(Acid)의 성질을 설명한 것 중 틀린 것은?

① 수용액 속에서 $H^+$를 내는 화합물이다.
② pH 값이 작을수록 강산이다.
③ 금속과 반응하여 수소를 발생하는 것이 많다.
④ 붉은색 리트머스 종이를 푸르게 변화시킨다.

**해설**

[리트머스 종이 특징]
④ 리트머스 종이 : 산과 만나 붉어지고 염기와 만나 푸르게 변한다.

**18** 황산구리(ⅱ)수용액을 전기분해할 때 63.5 g의 구리를 석출시키는 데 필요한 전기량은 몇 F인가? (단, Cu의 원자량은 63.5이다)

① 0.635 F
② 1 F
③ 2 F
④ 63.5 F

**해설**

[구리석출 전기량 계산]
1 g당량물질 1 mol 석출 : 96500 C 필요
$Cu^{2+}$ 1 mol ⇒ 96500 × 2 C = 2 F

정답 16 ③  17 ④  18 ③

**19** 다음 중 파장이 가장 짧으면서 투과력이 가장 강한 것은?

① $\alpha$선
② $\beta$선
③ $\gamma$선
④ X선

**해설**

[방사선 파장]
$\gamma$선은 높은 에너지를 가진 파장으로 파장 중 투과력이 가장 강하다.

**20** 다음 물질 1 g을 1 kg의 물에 녹였을 때 빙점강하가 가장 큰 것은? (단, 빙점강하 상수값(어는점내림 상수)은 동일하다고 가정한다)

① $CH_3OH$
② $C_2H_5OH$
③ $C_3H_5(OH)_3$
④ $C_6H_{12}O_6$

**해설**

[빙점강하(어는점내림)]
- 용액 속에 녹은 용질 몰수가 많을수록 빙점강하가 크다.
- ① $CH_3OH$ : 가장 분자량이 작아 같은 질량 기준 가장 많은 몰수를 가져 빙점강하가 크다.

### 2과목    화재예방과 소화방법

**21** 가연물의 주된 연소형태에 대한 설명으로 옳지 않은 것은?

① 황의 연소형태는 증발연소이다.
② 목재의 연소형태는 분해연소이다.
③ 에터의 연소형태는 표면연소이다.
④ 숯의 연소형태는 표면연소이다.

**해설**

[고체 연소형태]
- 표면연소 : 목탄(숯)·코크스·금속분
- 분해연소 : 목재·종이·석탄·플라스틱
- 자기연소 : 제5류 위험물
- 증발연소 : 황·나프탈렌·양초(파라핀)

**22** 할로젠화합물인 Halon 1301의 분자식은?

① $CH_3Br$
② $CCl_4$
③ $CF_2Br_2$
④ $CF_3Br$

**해설**

[할로젠화합물 소화약제 화학식]
C F Cl Br 순으로 숫자를 매겨 1301은
$C_1F_3Cl_0Br_1$ = $\underline{CF_3Br}$이다.

**정답** 19 ③   20 ①   21 ③   22 ④

**23** 위험물제조소등에 설치하는 옥내소화전 설비의 설명 중 틀린 것은?

① 개폐밸브 및 호스접속구는 바닥으로부터 1.5 m 이하에 설치할 것
② 함의 표면에 "소화전"이라고 표시할 것
③ 축전지설비는 설치된 벽으로부터 0.2 m 이상 이격할 것
④ 비상전원의 용량은 45분 이상일 것

**해설**

[옥내소화전설비의 축전지설비]
- 축전지설비는 설치된 실의 벽으로부터 0.1 m 이상 이격할 것
- 축전지설비를 동일실에 2 이상 설치하는 경우에는 축전지설비의 상호 간격은 0.6 m 이상 이격할 것
- 축전지설비는 물이 침투할 우려가 없는 장소에 설치할 것
- 축전지설비를 설치한 실에는 옥외로 통하는 유효한 환기설비를 설치할 것
- 충전장치와 축전지를 동일실에 설치하는 경우에는 충전장치를 강제의 함에 수납하고 당해 함의 전면에 폭 1 m 이상의 공지를 보유할 것

**24** 위험물제조소등에 설치하는 옥내소화전 설비가 설치된 건축물에 옥내소화전이 1층에 5개, 2층에 6개가 설치되어 있다. 이때 수원의 수량은 몇 $m^3$ 이상으로 하여야 하는가?

① 19
② 29
③ 39
④ 47

**해설**

[옥내소화전 수원량]
- 옥내소화전 1개에 대한 수원량 : 7.8 $m^3$
- 옥내소화전 5개 이상일 경우 : 5개로 계산
- 총 수원량 = 5개 × 7.8 $m^3$ = 39 $m^3$

**25** C급 화재에 가장 적응성이 있는 소화설비는?

① 봉상강화액소화기
② 포소화기
③ 이산화탄소소화기
④ 스프링클러설비

**해설**

[전기화재 소화]
- 대부분 주수소화 불가능
- 포소화설비 : 포원액 + 물로 구성되어 전기설비의 적응성 없음

보충 물분무소화설비도 물이지만 작은 입자로 분무하기 때문에 전기설비에도 적응성이 있다.

정답 23 ③  24 ③  25 ③

**26** 다음 중 가연물이 될 수 있는 것은 어느 것인가?

① $CS_2$
② $H_2O_2$
③ $CO_2$
④ He

**해설**

[가연물]
- 가연물이 될 수 없는 물질 : 완전산화물질, 비활성 기체, 질소(산화 반응 시 흡열반응)

**27** 다음 중 물을 소화약제로 사용하는 장점이 아닌 것은?

① 구하기 쉽다.
② 취급이 간편하다.
③ 기화잠열이 크다.
④ 피연소물질에 대한 피해가 없다.

**해설**

[소화약제로써 물의 장점]
- 기화잠열이 크므로 효과적으로 열 제거
- 가격이 저렴하고 구하기 용이

**28** 위험물안전관리법령상 마른 모래(삽 1개 포함) 50 L의 능력단위는?

① 0.3
② 0.5
③ 1.0
④ 1.5

**해설**

[기타 소화설비 능력단위]

| 소화설비 | 용량 [L] | 능력단위 |
| --- | --- | --- |
| 소화전용 물통 | 8 | 0.3 |
| 수조(물통 3개 포함) | 80 | 1.5 |
| 수조(물통 6개 포함) | 190 | 2.5 |
| 마른 모래(삽 1개 포함) | 50 | 0.5 |
| 팽창질석·진주암 (삽 1개 포함) | 160 | 1.0 |

**29** 화재 발생 시 물을 사용하여 소화할 수 있는 물질은?

① $K_2O_2$
② $CaC_2$
③ $Al_4C_3$
④ $P_4$

**해설**

[주수소화 가능 물질]
$P_4$(황린) : 물과 반응하지 않으므로 주수소화가 가능하다.

정답 26 ① 27 ④ 28 ② 29 ④

**30** 위험물제조소등에 설치하는 옥외소화전설비에 있어서 옥외소화전함은 옥외소화전으로부터 보행거리 몇 m 이하의 장소에 설치하는가?

① 2 m
② 3 m
③ 5 m
④ 10 m

**해설**

[옥외소화전 보행거리 기준]
옥외소화전과 옥외소화전함까지 보행거리 5 m 이하 장소에 설치

**31** 화재 발생 시 소화방법으로 공기를 차단하는 것이 효과가 있으며, 연소물질을 제거하거나 액체를 인화점 이하로 냉각시켜 소화할 수도 없는 위험물은?

① 제1류 위험물
② 제4류 위험물
③ 제5류 위험물
④ 제6류 위험물

**해설**

[유별 위험물 소화방법]
- 제2·5·6류 위험물 : 대부분 주수소화
- 제4류 위험물 : 질식소화가 주된 소화
  TIP '인화점'이 나오면 4류 위험물을 떠올린다.

**32** 위험물 안전관리법령상 전기설비에 적응성이 없는 소화설비는?

① 포소화설비
② 불활성가스소화설비
③ 물분무소화설비
④ 할로젠화합물소화설비

**해설**

[전기화재 소화]
- 대부분 주수소화 불가능
- 물분무설비 : 물이지만 작은 입자로 분무하기 때문에 전기설비에 적응성이 있다.

**33** 강화액소화기에 대한 설명으로 옳은 것은?

① 물의 유동성을 크게 하기 위한 유화제를 첨가한 소화기이다.
② 물의 표면장력을 강화한 소화기이다.
③ 산·알칼리 액을 주성분으로 한다.
④ 물의 소화효과를 높이기 위해 염류를 첨가한 소화기이다.

**해설**

[강화액소화기]
④ 물의 침투력을 강화하기 위해 탄산칼륨($K_2CO_3$, 염류) 첨가한 소화기

정답 30 ③ 31 ② 32 ① 33 ④

**34** 위험물 안전관리법령에서 정한 물분무 소화설비의 설치 기준에서 물분무 소화설비의 방사구역은 몇 m² 이상으로 하여야 하는가? (단, 방호대상물의 표면적이 150 m² 이상인 경우이다)

① 75
② 100
③ 150
④ 350

해설
[물분무소화설비 방사구역]
• 150 m² 이상 : 150 m²로 산정
• 150 m² 미만 : 당해 표면적으로 산정

**35** 제3종 분말소화약제에 대한 설명으로 틀린 것은?

① A급을 제외한 모든 화재에 적응성이 있다.
② 주성분은 $NH_4H_2PO_4$의 분자식으로 표현된다.
③ 제1인산암모늄이 주성분이다.
④ 담홍색(또는 황색)으로 착색되어 있다.

해설
[제3종 분말소화약제]

| 소화약제 | 주성분 | 적응화재 | 분말색 |
|---|---|---|---|
| 제1약제 | 탄산수소나트륨 | BC | 백색 |
| 제2약제 | 탄산수소칼륨 | BC | 담회색 |
| 제3약제 | 인산암모늄 | ABC | 담홍색 |
| 제4약제 | 탄산수소칼륨+요소 | BC | 회색 |

**36** 위험물제조소등의 스프링클러설비의 기준에 있어 개방형 스프링클러헤드는 스프링클러헤드의 반사판으로부터 하방 및 수평방향으로 각각 몇 m의 공간을 보유하여야 하는가?

① 하방 0.3 m, 수평방향 0.45 m
② 하방 0.3 m, 수평방향 0.3 m
③ 하방 0.45 m, 수평방향 0.45 m
④ 하방 0.45 m, 수평방향 0.3 m

해설
[개방형 스프링클러헤드 반사판]
하방 0.45 m, 수평방향 0.3 m 공간 보유

정답 34 ③ 35 ① 36 ④

**37** 제1종 분말소화약제가 1차 열분해되어 표준상태를 기준으로 2 m³의 탄산가스가 생성되었다. 몇 kg의 탄산수소나트륨이 사용되었는가? (단, 나트륨의 원자량은 23이다)

① 15
② 18.75
③ 56.25
④ 75

**해설**

[제1종 분말소화약제]
- 반응식
  $2\,NaHCO_3 \rightarrow Na_2CO_3 + H_2O + CO_2$
- 분자량
  $NaHCO_3 = 23+1+12+16 \times 3 = 84$
- $NaHCO_3$ 질량계산 (표준상태)
  $CO_2$ 2m³ 생성 → $NaHCO_3$ 4m³ 소모
  4 [m³] × 1 [kmol] / 22.4 [m³]
  × 84 [kg/kmol] = 15 kg

**38** 적린과 오황화인의 공통 연소생성물은?

① $SO_2$　　② $H_2S$
③ $P_2O_5$　　④ $H_3PO_4$

**해설**

[적린과 황화인 연소생성물]
- 적린 $2P + 2.5O_2 \rightarrow \underline{P_2O_5}$
- 오황화인 $P_2S_5 + 7.5O_2 \rightarrow 5SO_2 + \underline{P_2O_5}$

**39** 위험물 안전관리법령상 소화설비의 설치 기준에서 제조소등에 전기설비(전기배선, 조명기구 등은 제외)가 설치된 경우에는 해당 장소의 면적 몇 m²마다 소형수동식소화기를 1개 이상 설치하여야 하는가?

① 50
② 75
③ 100
④ 150

**해설**

[전기설비 소화기 설치 기준]
면적 <u>100 m²</u>마다 소형수동식소화기 1개

**40** 다음 〈보기〉에서 열거한 위험물의 지정수량을 모두 합산한 값은?

[보기]
과아이오딘산, 과아이오딘산염류,
과염소산, 과염소산염류

① 450 kg　　② 500 kg
③ 950 kg　　④ 1,200 kg

**해설**

[지정수량]
- 과아이오딘산 : 300 kg
- 과아이오딘산염류 : 300 kg
- 과염소산 : 300 kg
- 과염소산염류 : 50 kg
- 지정수량 합 = 300 + 300 + 300 + 50
  = 950 kg

정답 ● 37 ① 38 ③ 39 ③ 40 ③

### 3과목　위험물의 성질과 취급

**41** 위험물의 저장법으로 옳지 않은 것은?

① 금속나트륨은 석유 속에 저장한다.
② 황린은 물속에 저장한다.
③ 질화면은 물 또는 알코올에 적셔서 저장한다.
④ 알루미늄분은 분진 발생 방지를 위해 물에 적셔서 저장한다.

**해설**
[알루미늄분(2류)]
분진 발생으로 분진 폭발이 가능하나 물과 만나 수소가 발생하기 때문에 물에 적셔서 저장하면 안 된다.

**42** 위험물 안전관리법령에 따르면 보냉장치가 없는 이동저장탱크에 저장하는 아세트알데하이드의 온도는 몇 ℃ 이하로 유지하여야 하는가?

① 30
② 40
③ 50
④ 60

**해설**
[다이에틸에터 등 이동저장탱크 저장온도]
- 보냉장치 O : 비점 이하
- 보냉장치 × : 40℃ 이하

**43** 소화난이도 등급 Ⅱ의 옥외탱크저장소에 설치하여야 하는 대형수동식소화기는 몇 개 이상인가?

① 1
② 2
③ 3
④ 4

**해설**
[소화난이도Ⅱ 옥외탱크저장소 소화설비]
방사능력 범위 내에 공작물 및 위험물이 포함되도록 대형수동식소화기를 설치하고, 당해 위험물의 소요단위의 $\frac{1}{5}$에 해당하는 능력단위의 소형수동식소화기를 설치하여야 한다.

**44** 제4류 위험물 중 제1석유류에 속하는 것으로만 나열한 것은?

① 아세톤, 휘발유, 톨루엔, 사이안화수소
② 이황화탄소, 다이에틸에터, 아세트알데하이드
③ 메탄올, 에탄올, 뷰탄올, 벤젠
④ 중유, 크레오소트유, 실린더유, 의산에틸

**정답** 　41 ④　42 ②　43 ①　44 ①

**해설**

[4류 위험물 제1석유류 구분]
① 아세톤($CH_3COCH_3$), 휘발유,
  톨루엔($C_6H_5CH_3$), 사이안화수소(HCN)
  : 제1석유류
② 이황화탄소($CS_2$), 다이에틸에터($C_2H_5OC_2H_5$),
  아세트알데하이드($CH_3CHO$) : 특수인화물
③ 메탄올($CH_3OH$), 에탄올($C_2H_5OH$) : 알코올류
  뷰탄올($C_4H_9OH$) : 제2석유류
  벤젠($C_6H_6$) : 제1석유류
④ 중유, 크레오소트유 : 제3석유류
  실린더유 : 제4석유류
  의산에틸($HCOOC_2H_5$) : 제1석유류

**45** 다음 중 황린을 밀폐용기 속에서 260 ℃로 가열하여 얻은 물질은 연소시킬 때 주로 생성되는 물질은?

① $P_2O_5$
② $CO_2$
③ $PO_2$
④ CuO

**해설**

[석린(P)]
- 연소반응 : $2P + 2.5O_2 \rightarrow P_2O_5$(오산화인)
- 황린($P_4$)과 연소생성물(오산화인)이 동일하므로 동소체이다.
- 황린을 밀폐용기 중에서 260 ℃로 장시간 가열하면 적린이 된다.

**46** 염소산칼륨의 성질이 아닌 것은?

① 황산과 반응하여 이산화염소를 발생한다.
② 상온에서 고체이다.
③ 알코올보다는 글리세린에 더 잘 녹는다.
④ 환원력이 강하다.

**해설**

[염소산칼륨]
④ 강한 산화제이며 열분해하여 염화칼륨을 발생한다.

**47** 금속나트륨이 물과 작용하면 위험한 이유로 옳은 것은?

① 물과 반응하여 과염소산을 생성하므로
② 물과 반응하여 염산을 생성하므로
③ 물과 반응하여 수소를 방출하므로
④ 물과 반응하여 산소를 방출하므로

**해설**

[나트륨 성질]
③ 알코올이나 물과 반응해 수소($H_2$) 발생

정답 ● 45 ① 46 ④ 47 ③

**48** 어떤 공장에서 아세톤과 메탄올을 18 L 용기에 각각 10개, 등유를 200 L 드럼으로 3드럼을 저장하고 있다면 각각의 지정수량 배수의 총합은 얼마인가?

① 1.3
② 1.5
③ 2.3
④ 2.5

**해설**

[지정수량 배수 계산]
- 4류 위험물 지정수량
  아세톤(1석유류 수용성) : 400 L
  메탄올(알코올류) : 400 L
  등유(제2석유류 비수용성) : 1000 L
- 지정수량 배수
  = (18 × 20) / 400 + (200 × 3) / 1000
  = 1.5

**49** 삼황화인과 오황화인의 공통 연소생성물을 모두 나타낸 것은?

① $H_2S, SO_2$
② $P_2O_5, H_2S$
③ $SO_2, P_2O_5$
④ $H_2S, SO_2, P_2O_5$

**해설**

[황화인 연소생성물]
- 삼황화인 $P_4S_3 + 8O_2 \rightarrow 3\underline{SO_2} + 2\underline{P_2O_5}$
- 오황화인 $P_2S_5 + 7.5O_2 \rightarrow 5\underline{SO_2} + \underline{P_2O_5}$

**50** 위험물 안전관리법령상 위험등급 Ⅰ의 위험물이 아닌 것은?

① 염소산염류
② 황화인
③ 알킬리튬
④ 과산화수소

**해설**

황화인(2류) : 위험등급 Ⅱ

**51** 다음 물질 중 지정수량이 400 L인 것은?

① 폼산메틸
② 벤젠
③ 톨루엔
④ 벤즈알데하이드

**해설**

[지정수량]
① 폼산메틸(제1석유류 수용성) : 400 L
② 벤젠(제1석유류 비수용성) : 200 L
③ 톨루엔(제1석유류 비수용성) : 200 L
④ 벤즈알데하이드(제2석유류 비수용성) : 1,000L

정답 ▶ 48 ② 49 ③ 50 ② 51 ①

**52** 다음과 같은 물질이 서로 혼합되었을 때 발화 또는 폭발의 위험성이 가장 높은 것은 어느 것인가?

① 벤조일퍼옥사이드와 질산
② 이황화탄소와 증류수
③ 금속나트륨과 석유
④ 금속칼륨과 유동성 파라핀

해설
[혼합가능 위험물]
① 벤조일퍼옥사이드(5류)와 질산(6류)는 혼합해 저장할 수 없다.

**53** 염소산나트륨이 열분해하였을 때 발생하는 기체는?

① 나트륨
② 염화수소
③ 염소
④ 산소

해설
[염소산나트륨(1류) 열분해]
• $NaClO_3 \rightarrow NaCl + 1.5O_2$
• 모든 1류 위험물은 열분해 시 산소 발생

**54** 자기반응성 물질의 일반적인 성질로 옳지 않은 것은?

① 강산류와의 접촉은 위험하다.
② 연소속도가 대단히 빨라서 폭발성이 있다.
③ 물질자체가 산소를 함유하고 있어 내부 연소를 일으키기 쉽다.
④ 물과 격렬하게 반응하여 폭발성 가스를 발생한다.

해설
[자기반응성 물질(5류)의 성질]
④ 주수소화하는 위험물로 물과 반응하지 않는다.

**55** 벤젠에 대한 설명으로 옳지 않은 것은?

① 물보다 비중값이 작지만 증기비중값은 공기보다 크다
② 공명구조를 가지고 있는 포화탄화수소이다.
③ 연소 시 검은 연기가 심하게 발생한다.
④ 겨울철에 응고된 고체상태에서도 인화의 위험이 있다.

해설
[벤젠의 성질]
② 벤젠고리구조를 가져 불포화탄화수소

정답 52 ① 53 ④ 54 ④ 55 ②

**56** 제5류 위험물 중 상온(25 ℃)에서 동일한 물리적 상태(고체, 액체, 기체)로 존재하는 것으로만 나열된 것은?

① 나이트로글리세린, 나이트로셀룰로오스
② 질산메틸, 나이트로글리세린
③ 트라이나이트로톨루엔, 질산메틸
④ 나이트로글라이콜, 트라이나이트로톨루엔

해설

[5류 위험물 물리적 상태 분류]
② 질산메틸과 나이트로글리세린 : 둘 다 액체
　　　　TIP 5류 위험물 대부분은 고체이다.
질산에스터류(질산, 나이트로가 들어감)는 '셀룰로오스' 단어가 들어간 물질 빼고 모두 액체

**57** 자연발화의 위험성이 제일 높은 것은?

① 야자유
② 올리브유
③ 아마인유
④ 피마자유

해설

[자연발화 위험성]
• 건성유 : 동식물유 중 아이오딘값 130 이상 동유·해바라기유·아마인유·들기름 등
　　　　　　　　　　　　　　암 동해아들

**58** 위험물제조소는 「문화유산의 보존 및 활용에 관한 법률」 및 「자연유산의 보존 및 활용에 관한 법률」에 의한 유형문화재로부터 몇 m 이상의 안전거리를 두어야 하는가?

① 20　　② 30
③ 40　　④ 50

해설

[위험물제조소 안전거리]

| 시설종류 | 안전거리 |
|---|---|
| 지정문화유산 및 천연기념물 등 | 50 m 이상 |
| 병원·학교·극장 | 30 m 이상 |
| 고압가스·액화석유가스 | 20 m 이상 |
| 주거용 건축물 | 10 m 이상 |
| 전압 35,000 V 초과 특고압전선 | 5 m 이상 |
| 전압 7,000 ~ 35,000 V 특고압전선 | 3 m 이상 |

**59** 다음 중 제3류 위험물에 해당하는 것을 고르시오.

① 염소화규소화합물
② 염소화아이소사이아누르산
③ 금속의 아지화합물
④ 질산구아니딘

해설

[위험물 분류]
① 염소화규소화합물 : 제3류 위험물
② 염소화아이소사이아누르산 : 제1류 위험물
③ 금속의 아지화합물 : 제5류 위험물
④ 질산구아니딘 : 제5류 위험물

정답　56 ②　57 ③　58 ④　59 ①

## 60 다음 중 제1류 위험물의 일반적인 성질이 아닌 것은?

① 불연성 물질들이다.
② 유기화합물들이다.
③ 산화성 고체로서 강산화제이다.
④ 알칼리금속의 과산화물은 물과 작용하여 발열한다.

**해설**

[제1류 위험물]
② 탄소를 포함한 가연성의 물질인 유기화합물이 아니라 탄소를 포함하지 않은 무기화합물로 분류된다.

정답 60 ②

위·험·물·산·업·기·사

**필기 기출문제**

# 2022 1회

**1과목** 일반화학

**01** 물 200 g에 A물질 2.9 g을 녹인 용액의 빙점은? (단, 물의 어는점내림 상수는 1.86 ℃·kg/mol이고, A물질의 분자량은 58이다)

① -0.465 ℃  ② -0.932 ℃
③ -1.871 ℃  ④ -2.453 ℃

**해설**

[어는점내림]
• 온도 변화
$$\Delta T = \frac{Kn}{m} = \frac{1.86 \times 2.9/58}{0.2} = 0.465 \text{ ℃}$$
• 용액어는점 = 0 - 0.465 = -0.465 ℃
  K : 어는점내림 상수
  n : 용질의 몰수(w/M), m : 물의 질량

**02** d 오비탈이 수용할 수 있는 최대 전자의 총수는?

① 6   ② 8
③ 10  ④ 14

**해설**

[오비탈 최대 전자 개수]
• s 오비탈 : 2개
• p 오비탈 : 6개
• d 오비탈 : 10개

**03** $Ca^{2+}$ 이온의 전자배치를 옳게 나타낸 것은?

① $1s^2\ 2s^2\ 2p^6\ 3s^2\ 3p^6\ 3d^2$
② $1s^2\ 2s^2\ 2p^6\ 3s^2\ 3p^6\ 4s^2$
③ $1s^2\ 2s^2\ 2p^6\ 3s^2\ 3p^6\ 4s^2\ 3d^2$
④ $1s^2\ 2s^2\ 2p^6\ 3s^2\ 3p^6$

**해설**

[$Ca^{2+}$의 전자배치]
원자번호 20번에서 전자 2개를 잃은 상태
$1s^2\ 2s^2\ 2p^6\ 3s^2\ 3p^6\ 4s^2$
→ $\underline{1s^2\ 2s^2\ 2p^6\ 3s^2\ 3p^6}$

**04** 0 ℃, 1기압에서 1g의 수소가 들어 있는 용기에 산소 32 g을 넣었을 때 용기의 총 내부 압력은? (단, 온도는 일정하다)

① 1기압   ② 2기압
③ 3기압   ④ 4기압

**해설**

[내부 압력 계산]
• $H_2$ 몰수 1 g / 2 (분자량) = 0.5 mol ⇒ 1기압
• $O_2$ 몰수 32 g / 32 = 1 mol ⇒ 2기압
• 총 내부 압력 = 1기압 + 2기압 = 3기압

**정답** 01 ① 02 ③ 03 ④ 04 ③

**05** 지방이 글리세린과 지방산으로 되는 것과 관련이 깊은 반응은?

① 에스터화  ② 가수분해
③ 산화      ④ 아미노화

**해설**

[가수분해]
지방에 물을 가해 글리세린·지방산 생성

**06** 다음 그래프는 어떤 고체물질의 온도에 따른 용해도 곡선이다. 이 물질의 포화용액을 80 ℃에서 0 ℃로 내렸더니 20 g의 용질이 석출되었다. 80 ℃에서 이 포화용액의 질량은 몇 g인가?

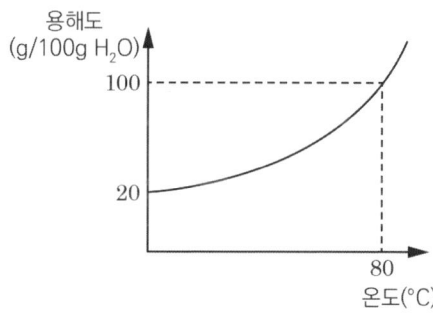

① 50 g    ② 75 g
③ 100 g   ④ 150 g

**해설**

[포화용액 성분계산]
- 100 g 80 ℃ 용매 기준 용액량 = 200 g
  100 g 20 ℃ 용매 기준 용액량 = 120 g
  즉, 80 ℃에서 20 ℃ 냉각 시 80 g 석출
- 20 g 석출일 경우 1/4이므로 미지 80 ℃ 용액 질량 = 200 ÷ 4 = 50 g

**07** 프로페인 1 kg을 완전연소시키기 위해 표준상태의 산소가 약 몇 $m^3$가 필요한가?

① 2.55   ② 5
③ 7.55   ④ 10

**해설**

[프로페인 연소 시 산소량]
- $C_3H_8 + 5O_2 \rightarrow 3CO_2 + 4H_2O$
- 프로페인 몰수 = 1 kg / (36 + 8) = 0.023
- 필요산소 = 0.023 kmol × 5배 × 22.4 $m^3$ / kmol = 2.58 $m^3$

**08** 불꽃 반응 결과 노란색을 나타내는 미지의 시료를 녹인 용액에 $AgNO_3$ 용액을 넣으니 백색침전이 생겼다. 이 시료의 성분은?

① $Na_2SO_4$   ② $CaCl_2$
③ NaCl         ④ KCL

**해설**

[NaCl 특징]
- $AgNO_3$ 용액과 만나 백색침전(앙금)
- 불꽃반응색 : 노란색

정답 ● 05 ②  06 ①  07 ①  08 ③

**09** 순수한 옥살산($C_2H_2O_4 \cdot 2H_2O$) 결정 6.3 g을 물에 녹여서 500 mL의 용액을 만들었다. 이 용액의 농도는 몇 M인가?

① 0.1　　② 0.2
③ 0.3　　④ 0.4

> 해설

[용액 몰농도 계산]
- 순수 옥살산 질량
 $= 6.3 \times \dfrac{(24+2+64)}{(24+2+64)+2\times 18} = 4.5g$
- 순수 옥살산 몰수 = 4.5 g / 90 (분자량)
 = 0.05 mol
- 몰농도 = 0.05 mol / 0.5 L = 0.1 M

**10** 금속은 열, 전기를 잘 전도한다. 이와 같은 물리적 특성을 갖는 가장 큰 이유는?

① 금속의 원자 반지름이 크다.
② 자유전자를 가지고 있다.
③ 비중이 대단히 크다.
④ 이온화에너지가 매우 크다.

> 해설

[금속 특징]
② 자유전자가 열과 전기를 전달해주어 전기·열 전도성이 높다.

**11** 물 450 g에 NaOH 80 g이 녹아 있는 용액에서 NaOH의 몰분율은? (단, Na의 원자량은 23이다)

① 0.074　　② 0.178
③ 0.200　　④ 0.450

> 해설

NaOH 몰분율 계산·분자량
NaOH : 40
$H_2O$ : 18
- 몰분율 = $\dfrac{80/40}{80/40 + 450/18} = 0.074$

**12** 벤젠의 유도체인 TNT의 구조식을 옳게 나타낸 것은?

① $CH_3$기가 있는 벤젠에 $O_2N$, $NO_2$, $NO_2$가 결합된 구조

② $SO_3H$기가 있는 벤젠에 $O_2N$, $NO_2$, $NO_2$가 결합된 구조

③ $OH$기가 있는 벤젠에 $NO_2$, $NO_2$, $NO_2$가 결합된 구조

정답　09 ①　10 ②　11 ①　12 ①

④

[구조: 벤젠 고리에 NH₂, NO₂ 3개가 붙은 물질]

**해설**

[트라이나이트로톨루엔(TNT)]
③ -CH₃가 붙은 톨루엔에 -O₂ 3개가 붙은 물질

**13** A는 B 이온과 반응하나 C 이온과는 반응하지 않고, D는 C 이온과 반응한다고 할 때 A, B, C, D의 환원력 세기를 큰 것부터 차례대로 나타낸 것은? (단, A, B, C, D는 모두 금속이다)

① A > B > D > C
② D > C > A > B
③ C > D > B > A
④ B > A > C > D

**해설**

[미지금속 환원력비교]
• 반응성이 좋을수록 환원력이 강함
• 환원력 비교
  A는 B와 반응 A ≫ B
  A는 C와 무반응 A ≪ C
  D는 C와 반응 D ≫ C
  → D ≫ C ≫ A ≫ B

**14** 다음의 반응 중 평형상태가 압력의 영향을 받지 않는 것은?

① $N_2 + O_2 \leftrightarrow 2\,NO$
② $NH_3 + HCl \leftrightarrow NH_4Cl$
③ $2\,CO + O_2 \leftrightarrow 2\,CO_2$
④ $2\,NO_2 \leftrightarrow N_2O_4$

**해설**

[평형상태의 압력]
• 반응 전 후 몰수의 영향을 받는다.
• ① $N_2 + O_2 \leftrightarrow 2\,NO$은 반응 전 후 몰수가 같아 압력의 영향을 받지 않는다.

**15** 반투막을 이용하여 콜로이드 입자를 전해질이나 작은 분자로부터 분리 정제하는 것을 무엇이라 하는가?

① 틴들현상　② 브라운 운동
③ 투석　　　④ 전기영동

**해설**

[투석]
반투막에 콜로이드보다 작은 물질은 통과하고 콜로이드물질은 남아 서로 분리되는 현상

정답 13 ② 14 ① 15 ③

**16** 다음 중 양쪽성 산화물에 해당하는 것은?

① $NO_2$   ② $Al_2O_3$
③ $MgO$   ④ $Na_2O$

해설

[양쪽성 산화물]
Al · Zn · Sn · Pb + 산소의 결합물질

**17** 수성 가스(Water Gas)의 주성분을 옳게 나타낸 것은?

① $CO_2$, $CH_4$   ② $CO$, $H_2$
③ $CO_2$, $H_2$, $O_2$   ④ $H_2$, $H_2O$

해설

[수성 가스 성분]
일산화탄소(CO) + 수소($H_2$)

**18** 황의 산화수가 나머지 셋과 다른 하나는?

① $Ag_2S$   ② $H_2SO_4$
③ $SO_4^{2-}$   ④ $Fe_2(SO_4)_3$

해설

[산화수 계산]
① $Ag_2S$ : Ag는 +1로 계산
  $1 \times 2 + S = 0$, $S = -2$
② $H_2SO_4$ : H는 +1, O는 -로 계산
  $1 \times 2 + S + (-2 \times 4) = 0$, $S = +6$
③ $SO_4^{2-}$ : O는 -로 계산
  $S + (-2 \times 4) = -2$, $S = +6$
④ $Fe_2(SO_4)_3$ : Fe는 +3, O는 -로 계산
  $3 \times 2 + 3 \times S + (-2 \times 4 \times 3)$
  $= 0$, $S = +6$

**19** 시약의 보관방법을 옳지 않은 것은?

① Na : 석유 속에 보관
② NaOH : 공기 잘 통하는 곳에 보관
③ $P_4$(흰인) : 물속에 보관
④ $HNO_3$ : 갈색병에 보관

해설

[시약 보관방법]
② NaOH : 공기에 녹아 조해성이 있어 공기와 접촉을 피해 보관

**20** 일반적으로 환원제가 될 수 있는 물질이 아닌 것은?

① 수소를 내기 쉬운 물질
② 전자를 잃기 쉬운 물질
③ 산소와 화합하기 쉬운 물질
④ 발생기의 산소를 내는 물질

해설

[산화제와 환원제]
• 산화제 : 남을 산화시켜 자신은 환원되는 물질
• 환원제 : 남을 환원시켜 자신은 산화되는 물질
⇒ ④ 산소를 내어 자신은 환원 다른 물질 산화

TIP 산화 : 산소 얻음, 전자 · 수소를 잃음
환원 : 산소 잃음, 전자 · 수소를 얻음

정답 16 ② 17 ② 18 ① 19 ② 20 ④

## 2과목    화재예방과 소화방법

**21** 다음 위험물의 저장창고에 화재가 발생하였을 때 소화방법으로 주수소화가 적당하지 않은 것은?

① $NaClO_3$    ② S
③ NaH    ④ TNT

**해설**

[주수소화 불가능 물질]
NaH(수소화나트륨) : 금수성 물질로 주수소화 시 가연성 기체인 수소 발생

**22** 탄소, 산소, 수소로 이루어진 유기화합물 15 g이 완전연소하여 $CO_2$ 22 g $H_2O$ 9 g이 생성됐을 때 이 유기화합물 내에 산소 몰수는?

① 1    ② 0.5
③ 2    ④ 3

**해설**

[유기화합물 내의 몰수 계산]
- 생성물 분석
  $CO_2$ 몰수 = 22 g / 44 = 0.5 mol
  $H_2O$ 몰수 = 9 g / 18 = 0.5 mol
  C : 0.5 mol, H : 1 mol, O : 1.5 mol
- 반응물 분석
  $O_2$ 질량 = 생성물 - 유기화합물
           = 22 + 9 - 15 = 16 g
  $O_2$ 몰수 = 16 g / 32
           = 0.5 mol이므로 O 몰수
           = 1 mol

- 유기화합물 구성
  C : 0.5 mol, H : 1 mol, O : 0.5 mol
- 반응식 : $CH_2O + O_2 \rightarrow CO_2 + H_2O$

**23** 다음 위험물의 저장창고에서 화재가 발생하였을 때 주수에 의한 냉각소화가 적절치 않은 위험물은?

① $NaClO_3$    ② $Na_2O_2$
③ $NaNO_3$    ④ $NaBrO_3$

**해설**

[냉각(주수)소화 적응성]
② $Na_2O_2$(과산화나트륨, 1류) : 알칼리금속과산화물로 주수소화 시 산소가 발생하여 위험도가 상승한다.

**24** 이산화탄소가 불연성인 이유를 옳게 설명한 것은?

① 산소와의 반응이 느리기 때문이다.
② 산소와 반응하지 않기 때문이다.
③ 착화되어도 곧 불이 꺼지기 때문이다.
④ 산화반응이 일어나도 열 발생이 없기 때문이다.

**해설**

[이산화탄소 특징]
② 산소와 반응하지 않아 불연성이다.

정답   21 ③   22 ②   23 ②   24 ②

**25** 위험물안전관리법령에 따른 옥내소화전설비의 기준에서 펌프를 이용한 가압송수장치의 경우 펌프의 전양정(H)을 구하는 식으로 옳은 것은? (단, $h_1$은 소방용 호스의 마찰손실수두, $h_2$는 배관의 마찰손실수두, $h_3$는 낙차이며, $h_1$, $h_2$, $h_3$의 단위는 모두 m이다)

① $H = h_1 + h_2 + h_3$
② $H = h_1 + h_2 + h_3 + 0.35 \text{ m}$
③ $H = h_1 + h_2 + h_3 + 35 \text{ m}$
④ $H = h_1 + h_2 + 0.35 \text{ m}$

**해설**

[옥내소화전 가압송수장치의 전양정]
$H = H_1 + H_2 + H_3 + 35 \text{ m}$

$H_1$ : 호스 마찰손실
$H_2$ : 배관 마찰손실
$H_3$ : 낙차 환산수두

**26** 위험물안전관리법령상 위험물 저장·취급 시 화재 또는 재난을 방지하기 위하여 자체소방대를 두어야 하는 경우가 아닌 것은?

① 지정수량의 3천 배 이상의 제4류 위험물을 저장·취급하는 제조소
② 지정수량의 3천 배 이상의 제4류 위험물을 저장·취급하는 일반취급소
③ 지정수량의 2천 배의 제4류 위험물을 취급하는 일반취급소와 지정수량이 1천배의 제4류 위험물을 취급하는 제조소가 동일한 사업소에 있는 경우
④ 지정수량의 3천 배 이상의 제4류 위험물을 저장·취급하는 옥외탱크저장소

**해설**

[자체소방대 운용기준]
④ 제4류 위험물 지정수량 3천 배 이상 저장·취급하는 '일반 취급소·제조소'에 자체소방대를 둔다.

**27** 위험물안전관리법령상 옥내소화전설비의 기준으로 옳지 않은 것은?

① 소화전함은 화재 발생 시 화재 등에 의한 피해의 우려가 많은 장소에 설치하여야 한다.
② 호스접속구는 바닥으로부터 1.5 m 이하의 높이에 설치한다.
③ 가압송수장치의 시동을 알리는 표시등은 적색으로 한다.
④ 별도의 정해진 조건을 충족하는 경우는 가압송수장치의 시동표시등을 설치하지 않을 수 있다.

**해설**

[옥내소화전설비 기준]
① 소화전함은 안전한 곳에 설치해야 한다.

**28** 다음 중 보통의 포소화약제보다 알코올형 포소화약제가 더 큰 소화효과를 볼 수 있는 대상물질은?

① 경유　　② 메틸알코올
③ 등유　　④ 가솔린

**해설**
[(내)알코올포소화약제]
수용성 물질(알코올)에 대한 소화효과 크다.

**29** 스프링클러 설비의 장점이 아닌 것은?

① 소화약제가 물이므로 소화약제의 비용이 절감된다.
② 초기 시공비가 매우 적게 든다.
③ 화재 시 사람의 조작 없이 작동이 가능하다.
④ 초기화재의 진화에 효과적이다.

**해설**
[스프링클러 설비 특징]
② 설비 설치 초기에는 많은 비용이 필요하다.

**30** 전기설비에 화재가 발생하였을 경우에 위험물 안전관리법령상 적응성을 가지는 소화설비는?

① 물분무소화설비
② 포소화기
③ 봉상강화액소화기
④ 건조사

**해설**
[전기화재 소화]
• 대부분 주수소화 불가능
• 물분무설비 : 물이지만 작은 입자로 분무하기 때문에 전기설비에 적응성이 있다.

**31** 경보 설비는 지정 수량 몇 배 이상의 위험물을 저장, 취급하는 제조소등에 설치하는가?

① 2　　② 4
③ 8　　④ 10

**해설**
[경보설비 설치 기준]
• 지정수량 10배 위험물 저장·취급 시
• 지정수량 100배일 때 자동화재탐지설비

**32** 폐쇄형 스프링클러헤드 부착장소의 평상시의 최고 주위온도가 39 ℃ 이상 64 ℃ 미만일 때 표시온도의 범위로 옳은 것은?

① 58 ℃ 이상 79 ℃ 미만
② 79 ℃ 이상 121 ℃ 미만
③ 121 ℃ 이상 162 ℃ 미만
④ 162 ℃ 이상

정답 28 ② 29 ② 30 ① 31 ④ 32 ②

해설

[폐쇄형 스프링클러 주위온도와 표시온도]

| 최고주위온도(℃) | 표시온도(℃) |
|---|---|
| 28 미만 | 58 미만 |
| 28 이상 39 미만 | 58 이상 79 미만 |
| 39 이상 64 미만 | 79 이상 121 미만 |
| 64 이상 106 미만 | 121 이상 162 미만 |
| 106 이상 | 162 이상 |

**33** 소화기에 'B-2'라고 표시되어 있었다. 이 표시의 의미를 가장 옳게 나타낸 것은?

① 일반화재에 대한 능력단위 2단위에 적용되는 소화기
② 일반화재에 대한 무게단위 2단위에 적용되는 소화기
③ 유류화재에 대한 능력단위 2단위에 적용되는 소화기
④ 유류화재에 대한 무게단위 2단위에 적용되는 소화기

해설

[소화기 B-2]
B : 유류화재, 2 : 능력단위 2

**34** 위험물안전관리법령상 옥내소화전설비의 기준에서 옥내소화전이 개폐밸브 및 호스접속구의 바닥면으로부터 설치 높이 기준으로 옳은 것은?

① 1.2 m 이하  ② 1.2 m 이상
③ 1.5 m 이하  ④ 1.5 m 이상

해설

[옥내소화전 개폐밸브·호스접속구 높이]
1.5 m 이하
옥외소화전도 1.5 m 이하로 동일

**35** 가연성 가스나 증기의 농도를 연소한계(하한) 이하로 하여 소화하는 방법은?

① 희석소화  ② 제거소화
③ 질식소화  ④ 냉각소화

해설

[희석소화]
가연성 가스·증기 농도를 연소한계 이하로 하여 소화

보충 가연물을 직접 제거하는 것은 제거소화

**36** 다음 중 증발잠열이 가장 큰 것은?

① 아세톤  ② 사염화탄소
③ 이산화탄소  ④ 물

해설

물은 높은 증발잠열로 냉각소화에 쓰인다.

정답 33 ③  34 ③  35 ①  36 ④

**37** 최소 착화에너지를 측정하기 위해 콘덴서를 이용하여 불꽃 방전 실험을 하고자 한다. 콘덴서의 전기용량을 C, 방전전압을 V, 전기량을 Q라 할 때 착화에 필요한 최소 전기에너지 E를 옳게 나타낸 것은?

① $E = \frac{1}{2}CQ^2$
② $E = \frac{1}{2}C^2V$
③ $E = \frac{1}{2}QV^2$
④ $E = \frac{1}{2}CV^2$

**해설**
[전기에너지 공식]
$E = \frac{1}{2}QV = \frac{1}{2}CV^2$

**38** 자연발화가 잘 일어나는 조건에 해당하지 않는 것은?

① 주위 습도가 높을 것
② 열진도율이 클 것
③ 주위 온도가 높을 것
④ 표면적이 넓을 것

**해설**
[자연발화 발생 조건]
• 습도를 높일 것
• 열전도율을 낮출 것
• 주위 온도가 높을 것
• 표면적이 넓을 것

TIP 발화는 습도가 낮아야 발생한다고 생각하기 쉽지만, 자연발화는 주변 습도가 높아야 잘 일어난다.

**39** 대통령령이 정하는 제조소등의 관계인은 그 제조소등에 대하여 연 몇 회 이상 정기점검을 실시해야 하는가? (단, 특정옥외탱크저장소의 정기점검은 제외한다)

① 1  ② 2
③ 3  ④ 4

**해설**
[제조소등 정기점검]
연 1회 이상

**40** 다음 중 자연발화의 원인으로 가장 거리가 먼 것은?

① 기화열에 의한 발열
② 산화열에 의한 발열
③ 분해열에 의한 발열
④ 흡착열에 의한 발열

**해설**
[자연발화 원인]
① 기화열 : 흡열반응으로 발화원인이 안 된다.

정답 ● 37 ④  38 ②  39 ①  40 ①

### 3과목  위험물의 성질과 취급

**41** 위험물안전관리법령상 위험물의 지정수량이 틀리게 짝지어진 것은?

① 다이크로뮴산염류 - 500 kg
② 적린 - 100 kg
③ 철분 - 500 kg
④ 금속분 - 500 kg

**해설**

[지정수량]
① 다이크로뮴산염류 (1류) : 1,000 kg

**42** 다음 중 위험물 지하저장탱크의 시설기준 중 고려해야 할 사항은?

① 보유공지
② 안전거리
③ 탱크용량
④ 주변시설

**해설**

[지하저장탱크 설계기준]
- 지하탱크 저장소는 안전거리 및 보유공지 규제를 받지 않는다.
- 지하에 매설하기 때문에 주변시설에 영향을 받지 않는다.

**43** 위험물안전관리법령상 제6류 위험물에 해당하는 물질로서 햇빛에 의해 갈색의 연기를 내며 분해할 위험이 있으므로 갈색병에 보관해야 하는 것은?

① 질산  ② 황산
③ 염산  ④ 과산화수소

**해설**

[질산 분해방지]
햇빛에 분해되어 갈색 연기가 발생하며 갈색병에 보관한다.
과산화수소도 갈색병에 보관한다.

**44** 트라이나이트로페놀의 성질에 대한 설명 중 틀린 것은?

① 폭발에 대비하여 철, 구리로 만든 용기에 저장한다.
② 휘황색을 띤 침상결정이다.
③ 비중이 약 1.8로 물보다 무겁다.
④ 단독으로는 테트릴보다 충격, 마찰에 둔감한 편이다.

**해설**

[트라이나이트로페놀(5류) 성질]
① 금속과 반응 시 트라이나이트롤페놀 이성질체인 피크린산염을 생성해 위험성 증가

정답 ● 41 ① 42 ③ 43 ① 44 ①

**45** 동식물유류에 대한 설명으로 틀린 것은

① 건성유는 자연발화 위험성이 높다.
② 불포화도가 높을수록 아이오딘가가 크며 산화되기 쉽다.
③ 아이오딘값이 130 이하인 것이 건성유이다.
④ 1기압에서 인화점이 섭씨 250도 미만이다.

해설

[동식물유류(4류 위험물)]
① 아이오딘값이 높은 건성유는 자연발화 위험이 있다.
② 불포화도가 크면 아이오딘가가 크다.
③ 건성유는 아이오딘값 130 이상이다.
④ 인화점은 250 ℃ 미만이다.

**46** 위험물안전관리법령상 위험물의 운반에 관한 기준에서 적재하는 위험물의 성질에 따라 직사일광으로부터 보호하기 위하여 차광성이 있는 피복으로 가려야 하는 위험물은?

① S
② Mg
③ $C_6H_6$
④ $HClO_4$

해설

[과염소산($HClO_4$) 적재]
6류 위험물로 차광성 피복으로 가려야 함
• 차광성 피복을 사용해야 하는 위험물
 1류·3류 (자연발화성 물질)·4류 (특수인화물)·5류·6류

• 방수성 피복을 사용해야 하는 위험물
 1류 (알칼리금속 과산화물)·2류 (철분, 마그네슘, 금속분)·3류 (금수성 물질)

**47** 위험물제조소등의 안전거리의 단축기준과 관련해서 H≤p D2 + a인 경우 방화상 유효한 담의 높이는 2 m 이상으로 한다. 다음 중 a에 해당되는 것은?

① 인근 건축물의 높이(m)
② 제조소등의 외벽의 높이(m)
③ 제조소등과 공작물과의 거리(m)
④ 제조소등과 방화상 유효한 담과의 거리(m)

해설

[안전거리 단축에 필요한 담 높이]
• H ≤ p D2 + a인 경우 2 m 이상 담 높이
• H : 인근 건축물·공작물 높이, p : 상수
 D : 제조소등과 건축물·공작물 사이거리
 <u>a : 제조소등의 외벽 높이</u>

**48** 황의 연소생성물과 그 특성을 옳게 나타낸 것은?

① $SO_2$, 유독가스
② $SO_2$, 청정가스
③ $H_2S$, 유독가스
④ $H_2S$, 청정가스

정답  45 ③  46 ④  47 ②  48 ①

**해설**

[황의 연소반응]

S + O₂ → SO₂(이산화황, 유독가스)

---

**49** 다음 중 C₅H₅N에 대한 설명으로 틀린 것은?

① 순수한 것은 무색이고, 악취가 나는 액체이다.
② 상온에서 인화의 위험이 있다.
③ 물에 녹는다.
④ 강한 산성을 나타낸다.

**해설**

[피리딘(C₅H₅N) 특징]
- 무색에 악취가 난다.
- 인화점 20 ℃로 상온에서 인화 위험이 있다.
- 제1석유류 수용성으로 물에 잘 녹는다.
- ④ 약한 알칼리성이다.

---

**50** 금속칼륨 20 kg, 금속나트륨 40 kg, 탄화칼슘 600 kg 각각의 지정수량 배수의 총합은 얼마인가?

① 2    ② 4
③ 6    ④ 8

**해설**

[지정수량 계산]
- 지정수량
  금속칼륨 : 10 kg
  금속나트륨 : 10 kg
  탄화칼슘 : 300 kg
- 지정수량 배수 총합 = (20/10) + (40/10) + (600/300) = 8

---

**51** 옥외탱크저장소에서 취급하는 위험물의 최대수량에 따른 보유 공지너비가 틀린 것은? (단, 원칙적인 경우에 한한다)

① 지정수량 500배 이하 - 3 m 이상
② 지정수량 500배 초과 1,000배 이하 - 5 m 이상
③ 지정수량 1,000배 초과 2,000배 이하 - 9 m 이상
④ 지정수량 2,000배 초과 3,000배 이하 - 15 m 이상

**해설**

[제4류 위험물 옥외탱크저장소 보유공지]
지정수량 배수 공지의 너비

| 지정수량 배수 | 공지의 너비 |
| --- | --- |
| 500배 이하 | 3 m 이상 |
| 500 ~ 1,000배 | 5 m 이상 |
| 1,000 ~ 2,000배 | 9 m 이상 |
| 2,000 ~ 3,000배 | 12 m 이상 |
| 3,000 ~ 4,000배 | 15 m 이상 |
| 4,000배 초과 | • 탱크 지름과 높이 중 큰 것 이상<br>• 최소 15 m 이상<br>• 최대 30 m 이하 |

※ 지정수량 배수 표기방법 : ~초과 ~이하

정답 49 ④  50 ④  51 ④

**52** 벤젠에 진한 질산과 진한 황산의 혼산을 반응시켜 얻어지는 화합물은?

① 피크린산  ② 아닐린
③ TNT  ④ 나이트로벤젠

**해설**

[벤젠 반응]
- 진한 질산·황산 반응해 나이트로벤젠 생성
- 진한 질산·황산과 반응한 물질은 나이트로화 한다.

**53** 충격 마찰에 예민하고 폭발 위력이 큰 물질로 뇌관의 첨장약으로 사용되는 것은?

① 나이트로글라이콜
② 나이트로셀룰로오스
③ 테트릴
④ 질산메틸

**해설**

[테트릴]
- 제5류 위험물 중 나이트로화합물
- 충격과 마찰에 예민하고, 폭발력이 커 뇌관의 침장약으로 사용

**54** 다음에서 설명하는 위험물을 옳게 나타낸 것은?

- 지정수량은 2,000 L이다.
- 로켓 연료, 플라스틱 발포제 등으로 사용된다.
- 암모니아와 비슷한 냄새가 나고, 녹는점은 약 2 ℃이다.

① $N_2H_4$  ② $C_6H_5CH = CH_2$
③ $NH_4ClO_4$  ④ $C_6H_5Br$

**해설**

[$N_2H_4$(4류 중 제2석유류 수용성)]
- 지정수량 : 2,000 L
- 암모니아와 비슷한 냄새, 녹는점 2 ℃

**55** 취급하는 장치가 구리나 마그네슘으로 되어 있을 때 반응을 일으켜서 폭발성의 아세틸라이드를 생성하는 물질은?

① 이황화탄소
② 아이소프로필알코올
③ 산화프로필렌
④ 아세톤

**해설**

[수은·은·구리·마그네슘 사용금지물질]
- 아세트알데하이드·산화프로필렌
- 아세틸라이드 생성 : 산화프로필렌

정답  52 ④  53 ③  54 ①  55 ③

**56** 제5류 위험물 제조소에 설치하는 표지 및 주의사항을 표시한 게시판의 바탕색 상을 각각 옳게 나타낸 것은?

① 표지 : 백색
  주의사항을 표시한 게시판 : 백색
② 표지 : 백색
  주의사항을 표시한 게시판 : 적색
③ 표지 : 적색
  주의사항을 표시한 게시판 : 백색
④ 표지 : 적색
  주의사항을 표시한 게시판 : 적색

**해설**
[제5류 위험물 표지 및 주의사항 색상]
- 제조소 표지 – 백색바탕, 흑색문자
- 주의사항 게시판 – <u>적색바탕</u>, 백색문자

**57** 위험물안전관리법령상 과산화수소가 제6류 위험물에 해당하는 농도 기준으로 옳은 것은?

① 36 wt% 이상
② 36 vol% 이상
③ 1.49 wt% 이상
④ 1.49 vol% 이상

**해설**
[6류 위험물 조건]
- <u>과산화수소 : 36 wt% 이상</u>
- 질산 : 비중 1.49 이상
- 과염소산 : 조건 없이 위험물

**58** 다음의 2가지 물질을 혼합하였을 때 위험성이 증가하는 경우가 아닌 것은?

① 과망가니즈산칼륨 + 황산
② 나이트로셀룰로오스 + 알코올수용액
③ 질산나트륨 + 유기물
④ 질산 + 에틸알코올

**해설**
[물질혼합에 대한 위험도]
- 나이트로셀룰로오스 : 물이나 알코올에 저장하므로 알코올과 반응 안 함
- ① 1류 위험물 + 황산(가연물)
  ② 5류 위험물(고체) + 수용성 물질
  ③ 1류 위험물 + 유기물(가연물)
  ④ 6류 위험물 + 4류 위험물

**59** 다음은 위험물의 성질을 설명한 것이다. 위험물과 그 위험물의 성질을 모두 옳게 연결한 것은?

> A. 건조 질소와 상온에서 반응한다.
> B. 물과 작용하면 가연성 가스를 발생한다.
> C. 물과 작용하면 수산화칼슘을 발생한다.
> D. 비중이 1 이상이다.

① K – A, B, C
② $Ca_3P_2$ – B, C, D
③ Na – A, C, D
④ $CaC_2$ – A, B, D

**정답** 56 ② 57 ① 58 ② 59 ②

**해설**

[위험물 성질 구분]
K(칼륨) - B
$Ca_3P_2$(인화칼슘) - B, C, D
Na - B
$CaC_2$ - B, C, D

## 60 위험물안전관리법령상 위험물 운반 시에 혼재가 금지된 위험물로 이루어진 것은? (단, 지정수량의 1/10 초과이다)

① 과산화나트륨과 황
② 황과 과산화벤조일
③ 황린과 휘발유
④ 과염소산과 과산화나트륨

**해설**

[혼재할 수 있는 위험물류]
① 과산화나트륨 (1류)와 황 (3류) 혼재 불가

보충 혼재 가능 위험물

| | | | |
|---|---|---|---|
| 1↓ | 6 | | 혼재 가능 |
| 2↓ | 5↑ | 4 | 혼재 가능 |
| 3→ | 4↑ | | 혼재 가능 |

암 1 2 3 4 5 6 적은 후 4 추가

정답 60 ①

## 2022년 2회

### 1과목 일반화학

**01** 산화에 의하여 카르보닐기를 가진 화합물을 만들 수 있는 것은?

① $CH_3-CH_2-CH_2-COOH$
② $CH_3-CH-CH_3$
　　　　$|$
　　　　$OH$
③ $CH_3-CH_2-CH_2-OH$
④ $CH_2-CH_2$
　　$|$　　$|$
　　$OH$　$OH$

**해설**

[카르보닐기(케톤) 산화과정]
- 케톤 형태 : $R_1-C=O-R_2$
- 알콜기를 포함해 $H_2$를 잃어(산화) 케톤이 되는 것은 ②번

**02** 다음 화합물들 가운데 기하학적 이성질체를 가지고 있는 것은?

① $CH_2=CH_2$
② $CH_3-CH_2-CH_2-OH$
③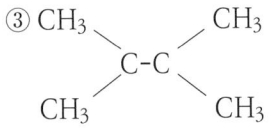
④ $CH_3-CH=CH-CH_3$

**해설**

[기하이성질체]
④에서 한쪽 C에 결합된 H와 $CH_3$의 자리를 바꿔주면 대칭이 되기도, 되지 않기도 한다. 이를 기하학적 이성질체라 한다.

**03** 페놀 수산기(-OH)의 특성에 대한 설명으로 옳은 것은?

① 수용액이 강알칼리성이다.
② -OH기가 하나 더 첨가되면 물에 대한 용해도가 작아진다.
③ 카르복실산과 반응하지 않는다.
④ $FeCl_3$ 용액과 정색반응을 한다.

**해설**

[작용기]
④ 페놀의 OH : $FeCl_3$와 보라색 정색반응

**04** 다음 화합물 가운데 환원성이 없는 것은?

① 젖당
② 과당
③ 설탕
④ 엿당

정답 01 ② 02 ④ 03 ④ 04 ③

> **해설**

[환원성 물질]
- 알데하이드기를 가져 산화하려는 물질
- 젖당·과당·엿당 : 환원성 물질
- 설탕 : 알데하이드기가 없어 환원성 없음

## 05
98 % $H_2SO_4$ 50 g에서 $H_2SO_4$에 포함된 산소 원자수는?

① $3 \times 10^{23}$개
② $6 \times 10^{23}$개
③ $9 \times 10^{23}$개
④ $1.2 \times 10^{24}$개

> **해설**

[산소 원자수 계산]
- 황산 몰수 : $(50 \times 0.98)/(2 + 32 + 16 \times 4)$
  $= 0.5$ mol
- O는 $H_2SO_4$에 4배수가 있다.
- 산소 원자수 $= 0.5 \times 4 \times 6.02 \times 10^{23}$
  $= 1.2 \times 10^{24}$개

## 06
다음의 평형계에서 압력을 증가시키면 반응에 어떤 영향이 나타나는가?

$$N_2 (g) + 3H_2 (g) \rightleftarrows 2NH_3 (g)$$

① 오른쪽으로 진행
② 왼쪽으로 진행
③ 무변화
④ 왼쪽과 오른쪽으로 모두 진행

> **해설**

[평형계에서 압력]
- 생성물(오른쪽) 만들어지는 반응이 몰수가 적어지므로 오른쪽 반응 진행
- 압력 증가 : 몰수가 적어지는 반응 진행
- 압력 감소 : 몰수가 많아지는 반응 진행

## 07
어떤 기체가 탄소원자 1개당 2개의 수소원자를 함유하고 0 ℃, 1기압에서 밀도가 1.25 g/L일 때 이 기체에 해당하는 것은?

① $CH_2$
② $C_2H_4$
③ $C_3H_6$
④ $C_4H_8$

> **해설**

[기체 분자량 계산]
- 기체밀도 = 분자량/22.4 L
- 미지기체 분자량 = 1.25 g/L × 22.4 = 28
- 분자량 28은 $C_2H_4$(에틸렌)

## 08
볼타전지의 기전력은 약 1.3 V인데 전류가 흐르기 시작하면 곧 0.4 V로 된다. 이러한 현상을 무엇이라 하는가?

① 감극
② 소극
③ 분극
④ 충전

> **해설**

[분극현상]
볼타전지에서 수소기체가 반응하며 전압을 떨어뜨리는 현상

정답 ● 05 ④  06 ①  07 ②  08 ③

**09** 다음 반응식 중 흡열 반응을 나타내는 것은?

① $CO + 0.5\,O_2 \rightarrow CO_2 + 68\,kcal$
② $N_2 + O_2 \rightarrow 2NO + 42\,kcal$
③ $C + O_2 \rightarrow CO_2 - 94\,kcal$
④ $H_2 + 0.5\,O_2 - 58\,kcal \rightarrow H_2O$

**해설**

[흡열, 발열반응]
①, ②, ④ : 반응 후 열량이 방출되므로 발열반응
③ : 반응 후 열량이 줄어들어 흡열반응

**10** 나일론(Nylon 6, 6)에는 다음 어느 결합이 들어 있는가?

① $-S-S-$
② $-O-$
③ $\begin{array}{c}O\\\parallel\\-C-O-\end{array}$
④ $\begin{array}{cc}O & H\\\mid & \mid\\-C-N-\end{array}$

**해설**

[나일론]
아미드결합(O = C - NH)을 포함한 물질

**11** 염화철(Ⅲ)($FeCl_3$) 수용액과 반응하여 정색반응을 일으키지 않는 것은?

①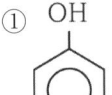
②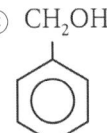
③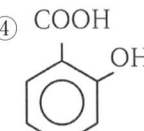
④ COOH / OH (벤젠고리)

**해설**

[정색반응]
② 벤젠에 -OH가 없는 물질은 염화철(Ⅲ)을 만나 정색반응하지 않음

**12** 다음 물질 중 $SP^3$ 혼성 궤도 함수와 가장 관계가 있는 것은?

① $CH_4$    ② $BeCl_2$
③ $BF_3$    ④ $HF$

**해설**

[혼성 궤도 함수]
• SP(선형) : $BeCl_2$, HF 등
• SP2(평면형) : $BF_3$, $SO_3$ 등
• SP3(입체형) : $CH_4$, $NH_3$, $H_2O$ 등

**13** 지시약으로 사용되는 페놀프탈레인 용액은 산성에서 어떤 색을 띠는가?

① 적색　　② 청색
③ 무색　　④ 황색

> 해설

[페놀프탈레인 지시색]
- 염기성 : 적색
- 산성·중성 : 무색

**14** 다음 중 산성 산화물에 해당하는 것은?

① BaO　　② $CO_2$
③ CaO　　④ MgO

> 해설

[산화물 구분]
- 산성 산화물($CO_2$) : 비금속 + 산소
- 염기성 산화물 : 금속 + 산소

**15** 자철광 제조법으로 빨갛게 달군 철에 수증기를 통할 때의 반응식으로 옳은 것은?

① $3Fe + 4H_2O \rightarrow Fe_3O_4 + 4H_2$
② $2Fe + 3H_2O \rightarrow Fe_2O_3 + 3H_2$
③ $Fe + H_2O \rightarrow FeO + H_2$
④ $Fe + 2H_2O \rightarrow FeO_2 + 2H_2$

> 해설

[자철광($Fe_3O_4$) 제조법]
① $3Fe + 4H_2O \rightarrow Fe_3O_4$ (자철광) $+ 4H_2$

**16** 질산나트륨의 물 100 g에 대한 용해도는 80 ℃에서 148 g, 20 ℃에서 88 g이다. 80 ℃의 포화용액 100 g을 70 g으로 농축시켜서 20 ℃로 냉각시키면 약 몇 g의 질산나트륨이 석출되는가?

① 29.4　　② 40.3
③ 50.6　　④ 59.7

> 해설

[포화용액 석출량 계산]
1) 80 ℃ 포화 용질 비율 = $\dfrac{148}{148+100}$
2) 80 ℃ 100 g용액 속 용질의 질량

　$100 \times \dfrac{148}{248} = 59.7 g$

　물의 양 = 100 - 59.7 = 40.3 g
3) 70 g으로 농축 (물 30 g 증발) 시
　물의 양 = 10.3 g
4) 20 ℃ 70 g에서 석출량

　최내 $10.3 \times \dfrac{88}{100} = 9.1 g$ 녹으므로

　석출량 = 59.7 - 9.1 = 50.6 g

정답 ● 13 ③　14 ②　15 ①　16 ③

**17** 다음 물질 중 벤젠고리를 함유하고 있는 것은?

① 아세틸렌　　② 아세톤
③ 메테인　　　④ 아닐린

> **해설**

[벤젠고리]
- 아닐린($C_6H_5NH_2$)

구조식 :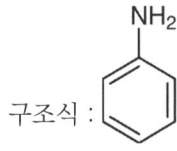

- 육각형의 벤젠고리 모양을 가지므로 방향족(벤젠족)

**18** 수소 5 g과 산소 24 g의 연소반응 결과 생성된 수증기는 0 ℃, 1기압에서 몇 L 인가?

① 11.2　　② 16.8
③ 33.6　　④ 44.8

> **해설**

[수증기 생성반응]
- 반응식 : $2H_2 + O_2 \rightarrow 2H_2O$
- 수소와 산소 반응 몰수 계산
  수소 : 5 g / 2 = 2.5 mol
  산소 : 24 g / 32 = 0.75 mol
  2 : 1 비율로 반응하므로 $H_2$ 1.5 mol
  $O_2$ 0.75 mol 반응, $H_2O$ 1.5 mol 생성
- 수증기 부피 계산
  1.5 mol × 22.4 L/mol(표준상태)
  = 33.6 L

**19** $H_2S + I_2 \rightarrow 2HI + S$ 에서 $I_2$의 역할은?

① 산화제이다.
② 환원제이다.
③ 산화제이면서 환원제이다.
④ 촉매역할을 한다.

> **해설**

[산화제와 환원제]
- 산화제 : 남을 산화시켜 자신은 환원되는 물질
- 환원제 : 남을 환원시켜 자신은 산화되는 물질
- $I_2$는 H를 얻어 HI로 환원되므로 산화제

**20** 결합력이 큰 것부터 작은 순서로 나열한 것은?

① 공유결합 > 수소결합 > 반데르발스결합
② 수소결합 > 공유결합 > 반데르발스결합
③ 반데르발스결합 > 수소결합 > 공유결합
④ 수소결합 > 반데르발스결합 > 공유결합

> **해설**

[결합력 세기]
공유결합(원자 내 결합) ≫ 수소결합(강한 분자 간 결합) ≫ 반데르발스결합 (일반 분자 간 결합)

**정답** 17 ④　18 ③　19 ①　20 ①

## 2과목    화재예방과 소화방법

**21** 위험물을 저장하기 위해 제작한 이동저장탱크의 내용적이 20,000 L인 경우 위험물 허가를 위해 산정할 수 있는 이 탱크의 최대용량은 지정수량의 몇 배인가? (단, 저장하는 위험물은 수용성 제2석유류이며, 비중은 0.8, 차량의 최대적재량은 15톤이다)

① 21배　　② 18.75배
③ 12배　　④ 9.375배

**해설**

[탱크 최대용량 지정수량 배수계산]
- 탱크최대용량 계산
  15,000 [kg] ÷ 0.8 [kg/L] = 18,750 L
- 제2석유류 비수용성 지정수량 : 1,000 L
- 지정수량 배수 = 18,750 / 1,000
  　　　　　　 = 18.75배

**22** 액체 상태의 물이 1기압, 100 ℃ 수증기로 변하면 체적이 약 몇 배 증가하는가?

① 530 ~ 540
② 900 ~ 1,100
③ 1,600 ~ 1,700
④ 2,300 ~ 2,400

**해설**

[$H_2O$ 부피변화]
기화할 때 부피 <u>1,600 ~ 1,700</u>배 증가

**23** 위험물안전관리법령상 톨루엔의 화재에 적응성이 있는 소화방법은?

① 무상수(霧狀水)소화기에 의한 소화
② 무상강화액소화기에 의한 소화
③ 봉상수(棒狀水)소화기에 의한 소화
④ 봉상강화액소화기에 의한 소화

**해설**

[물을 사용하는 4류 위험물 소화방법]
- 대체로 물은 4류 위험물 적응성 없음
- 예외 : <u>무상강화액소화기</u>·물분무소화설비 가능

**24** 제1인산암모늄 분말 소화약제의 색상과 적응화재를 옳게 나타낸 것은?

① 백색, BC급
② 담홍색, BC급
③ 백색, ABC급
④ 담홍색, ABC급

**해설**

분말소화약제 착색 색상

| 소화약제 | 주성분 | 적응화재 | 분말색 |
|---|---|---|---|
| 제1약제 | 탄산수소나트륨 | BC | 백색 |
| 제2약제 | 탄산수소칼륨 | BC | 담회색 |
| 제3약제 | 인산암모늄 | ABC | 담홍색 |
| 제4약제 | 탄산수소칼륨 + 요소 | BC | 회색 |

암   백담사 홍어회

**25** 위험물안전관리법령상 소화설비의 설치기준에서 제조소등에 전기설비(전기배선, 조명기구 등은 제외)가 설치된 경우에는 해당 장소의 면적 몇 m²마다 소형수동식소화기를 1개 이상 설치하여야 하는가?

① 50  ② 75
③ 100  ④ 150

해설

[전기설비 소화기 설치 기준]
면적 100 m²마다 소형수동식소화기 1개

**26** 위험물안전관리법령상 제6류 위험물에 적응성이 있는 소화설비는?

① 옥외소화전설비
② 불활성가스소화설비
③ 할로젠화합물소화설비
④ 분말소화설비(탄산수소염류)

해설

[6류 위험물 적응성 있는 소화설비]
• 자체적으로 산소를 함유해 질식소화가 불가하다.
• 주수소화로 옥외소화전이 적응성 있다.

**27** 주된 소화효과가 산소공급원의 차단에 의한 소화가 아닌 것은?

① 포소화기
② 건조사
③ $CO_2$ 소화기
④ Halon 1211 소화기

해설

[할로젠화합물소화설비]
Halon 1211 주된 소화효과
: 활성라디칼을 제거하는 부촉매효과

**28** 고체의 일반적인 연소형태에 속하지 않는 것은?

① 표면연소
② 확산연소
③ 자기연소
④ 증발연소

해설

[고체 연소형태]
표면·분해·자기·증발연소

암 표분자증

정답  25 ③  26 ①  27 ④  28 ②

**29** 제4류 위험물의 저장 및 취급 시 화재예방 및 주의사항에 대한 일반적인 설명으로 틀린 것은?

① 증기의 누출에 유의할 것
② 증기는 낮은 곳에 체류하기 쉬우므로 조심할 것
③ 전도성이 좋은 석유류는 정전기 발생에 유의할 것
④ 서늘하고 통풍이 양호한 곳에 저장할 것

**해설**

[4류 위험물 저장 및 취급]
③ 4류 위험물은 부도체로 전도성이 없어 정전기가 발생한다.

**30** 위험물취급소의 건축물 연면적이 500 m²인 경우 소요단위는? (단, 외벽은 내화구조이다)

① 2단위　　② 5단위
③ 10단위　　④ 50단위

**해설**

[소요단위 계산]
- 1 소요단위 기준

| 구분 | 내화구조 | 비내화구조 |
|---|---|---|
| 제조소 취급소 | 연면적 100 m² | 연면적 50 m² |
| 저장소 | 연면적 150 m² | 연면적 75 m² |
| 위험물 | 지정수량 10배 | |

- 소요단위 = 500 m² / 100 m²
　　　　　= 5 소요단위

**31** $C_6H_6$ 화재의 소화약제로서 적합하지 않은 것은?

① 인산염류분말
② 이산화탄소
③ 할로젠화합물
④ 물(봉상수)

**해설**

[4류 위험물 소화방법]
질식소화(이산화탄소·할로젠화합물·분말·포 소화약제)

**32** 위험물안전관리법령상 옥내소화전설비의 비상전원은 자가발전설비 또는 축전지 설비로 옥내소화전 설비를 유효하게 몇 분 이상 작동할 수 있어야 하는가?

① 10분　　② 20분
③ 45분　　④ 60분

**해설**

[옥내소화전 비상전원]
45분 이상 작동이 가능해야 한다.
　　보충 옥외소화전도 마찬가지로 45분 이상

**33** 피리딘 20,000 리터에 대한 소화설비의 소요단위는?

① 5단위  ② 10단위
③ 15단위  ④ 100단위

해설

[소요단위 계산]
• 피리딘 : 제1석유류 수용성 물질
  지정수량 : 400 L
• 소요단위 = 20,000 / 400×10 = 5단위

**34** 위험물안전관리법령에서 정한 제3류 위험물에 있어서 화재예방법 및 화재 시 조치방법에 대한 설명으로 틀린 것은?

① 칼륨과 나트륨은 금수성 물질로 물과 반응하여 가연성 기체를 발생한다.
② 알킬알루미늄은 알킬기의 탄소수에 따라 주수 시 발생하는 가연성 기체의 종류가 다르다.
③ 탄화칼슘은 물과 반응하여 폭발성의 아세틸렌가스를 발생한다.
④ 황린은 물과 반응하여 유독성의 포스핀 가스를 발생한다.

해설

[황린(3류) 화재예방 및 조치]
④ 물과 반응하지 않아 수조 속에 저장

**35** 가연성 물질이 공기 중에서 연소할 때의 연소형태에 대한 설명으로 틀린 것은?

① 공기와 접촉하는 표면에서 연소가 일어나는 것을 표면연소라 한다.
② 황의 연소는 표면연소이다.
③ 산소공급원을 가진 물질 자체가 연소하는 것을 자기연소라 한다.
④ TNT의 연소는 자기연소이다.

해설

[연소형태]
• 표면연소 : 목탄 (숯)·코크스·금속분
• 분해연소 : 목재·종이·석탄·플라스틱
• 자기연소 : 제5류 위험물
• 증발연소 : 황·나프탈렌·양초
• ② 황은 증발연소이다.

**36** 다음 보기에서 열거한 위험물의 지정수량을 모두 합산한 값은?

| 과아이오딘산, 과아이오딘산염류, 과염소산, 과염소산염류 |
|---|

① 450 kg  ② 500 kg
③ 950 kg  ④ 1200 kg

해설

[지정수량]
• 과아이오딘산 : 300 kg
• 과아이오딘산염류 : 300 kg
• 과염소산 : 300 kg

- 과염소산염류 : 50 kg
- 지정수량 합 = 300 + 300 + 300 + 50
  = 950 kg

**37** 벼락으로부터 재해를 예방하기 위하여 위험물안전관리법령상 피뢰설비를 설치하여야 하는 위험물제조소의 기준은? (단, 제6류 위험물을 취급하는 위험물제조소는 제외한다.)

① 모든 위험물을 취급하는 제조소
② 지정수량 5배 이상의 위험물을 취급하는 제조소
③ 지정수량 10배 이상의 위험물을 취급하는 제조소
④ 지정수량 20배 이상의 위험물을 취급하는 제조소

**해설**

[피뢰설비]
지정수량 10배 이상 위험물을 취급하는 위험물제조소에 설치

**38** 보관 시 인산 등의 분해방지 안정제를 첨가하는 제6류 위험물에 해당하는 것은?

① 황산  ② 과산화수소
③ 질산  ④ 염산

**해설**

[과산화수소 분해방지]
- 햇빛에 분해되므로 갈색병에 보관
- 인산·요산을 넣어 분해방지

**39** 소화약제 제조 시 사용되는 성분이 아닌 것은?

① 에틸렌글라이콜
② 탄산칼륨
③ 인산이수소암모늄
④ 인화알루미늄

**해설**

[소화약제 성분]
④ 인화알루미늄 (3류) : 위험물

TIP 에틸렌글라이콜도 4류 위험물이지만 소화약제에 소량 첨가한다.

**40** 다음 위험물의 저장창고에 화재가 발생하였을 때 소화방법으로 주수소화가 적당하지 않은 것은?

① $NaClO_3$  ② S
③ NaH  ④ TNT

**해설**

[주수소화 불가능 물질]
NaH(수소화나트륨) : 금수성 물질로 주수 소화 시 가연성 기체인 수소 발생

정답 ● 37 ③  38 ②  39 ④  40 ③

### 3과목  위험물의 성질과 취급

**41** 물과 접촉되었을 때 연소범위의 하한값이 2.5 vol%인 가연성 가스가 발생하는 것은?

① 금속나트륨　② 인화칼슘
③ 과산화칼륨　④ 탄화칼슘

**해설**

[탄화칼슘($CaC_2$) 반응]
- 아세틸렌 연소범위 : 2.5 ~ 81 vol%
- $CaC_2$(탄화칼슘) + $2H_2O$
  → $Ca(OH)_2$ + $C_2H_2$(아세틸렌)

**42** 위험물안전관리법령에 따른 제1류 위험물과 제6류 위험물의 공통적 성질로 옳은 것은?

① 산화성 물질이며, 다른 물질을 환원시킨다.
② 환원성 물질이며, 다른 물질을 환원시킨다.
③ 산화성 물질이며, 다른 물질을 산화시킨다.
④ 환원성 물질이며, 다른 물질을 산화시킨다.

**해설**

[1류 (산화성 고체), 6류 (산화성 액체)]
③ 산소를 내어주어 다른 물질을 산화하고, 자신은 환원되는 산화성 물질

**43** 위험물의 취급 중 소비에 관한 기준으로 틀린 것은?

① 열처리 작업은 위험물이 위험한 온도에 이르지 아니하도록 하여 실시하여야 한다.
② 담금질 작업은 위험물이 위험한 온도에 이르지 아니하도록 하여 실시하여야 한다.
③ 분사도장 작업은 방화상 유효한 격벽 등으로 구획한 안전한 장소에서 하여야 한다.
④ 버너를 사용하는 경우에는 버너의 역화를 유지하고 위험물이 넘치지 아니하도록 하여야 한다.

**해설**

[위험물 소비 기준]
④ 버너를 사용하는 경우에 버너의 역화를 방지하고 위험물이 넘치지 아니하도록 하여야 한다.

**44** 위험물안전관리법령상의 지정수량이 나머지 셋과 다른 하나는?

① 질산에스터류
② 나이트로소화합물
③ 다이아조화합물
④ 하이드라진 유도체

정답  41 ④　42 ③　43 ④　44 ①

해설

[5류 위험물 지정수량]
① 질산에스터류 : 10 kg
②, ③, ④ : 200 kg

**45** 염소산칼륨의 성질에 대한 설명 중 옳지 않은 것은?

① 비중은 약 2.3으로 물보다 무겁다.
② 강산과의 접촉은 위험하다.
③ 열분해하면 산소와 염화칼륨이 생성된다.
④ 냉수에도 매우 잘 녹는다.

해설

[염소산칼륨 성질]
④ 냉수와 알코올에 안 녹고, 온수와 글리세린에 잘 녹는다.

**46** 옥내탱크저장소에서 탱크 상호 간에는 얼마 이상의 간격을 두어야 하는가? (단, 탱크의 점검 및 보수에 지장이 없는 경우는 제외한다)

① 0.5 m
② 0.7 m
③ 1.0 m
④ 1.2 m

해설

[옥내저장탱크 간격]
• 옥내저장탱크 상호 간 : 0.5 m 이상
• 탱크와 탱크전용실 안쪽 면 : 0.5 m 이상

**47** 피크린산에 대한 설명으로 틀린 것은?

① 화재 발생 시 다량의 물로 주수소화할 수 있다.
② 트라이나이트로페놀이라고도 한다.
③ 알코올, 아세톤에 녹는다.
④ 플라스틱과 반응하므로 철 또는 납의 금속용기에 저장해야 한다.

해설

[트라이나이트로페놀(피크린산)]
④ 금속과 반응 시 트라이나이트로페놀 이성질체인 피크린산염을 생성해 위험성 증가

**48** 다음 물질 중 증기비중이 가장 작은 것은?

① 이황화탄소
② 아세톤
③ 아세트알데하이드
④ 다이에틸에터

해설

[증기비중 계산]

증기비중 = $\dfrac{증기분자량}{공기분자량(29)}$

① 이황화탄소(분자량 76) : 76 / 29 = 2.62
② 아세톤(분자량 58) : 58 / 29 = 2
③ 아세트알데하이드(분자량 44) : 44 / 29 = 1.52
④ 다이에틸에터(분자량 74) : 74 / 29 = 2.55

정답 ● 45 ④  46 ①  47 ④  48 ③

**49** 그림과 같은 위험물 탱크에 대한 내용적 계산방법으로 옳은 것은?

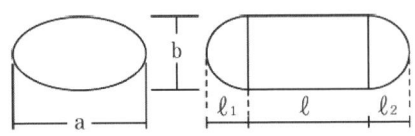

① $\dfrac{\pi ab}{3}(l + \dfrac{l_1 + l_2}{3})$

② $\dfrac{\pi ab}{4}(l + \dfrac{l_1 + l_2}{3})$

③ $\dfrac{\pi ab}{4}(l + \dfrac{l_1 + l_2}{4})$

④ $\dfrac{\pi ab}{3}(l + \dfrac{l_1 + l_2}{4})$

**해설**

[위험물탱크 내용적 계산]
V = 면적 × 높이환산값
$= \dfrac{\pi ab}{4}(l + \dfrac{l_1 + l_2}{3})$

**50** 위험물안전관리법령상 제4류 위험물 옥외저장탱크의 대기밸브부착 통기관은 몇 kPa 이하의 압력 차이로 작동할 수 있어야 하는가?

① 2　　② 3
③ 4　　④ 5

**해설**

[옥외저장탱크 대기밸브부착 통기관]
5 kPa 이하로 작동이 가능해야 한다.

**51** 위험물안전관리법령에 따라 특정옥외저장탱크를 원통형으로 설치하고자 한다. 지반면으로부터의 높이가 16 m일 때 이 탱크가 받는 풍하중은 1 m²당 얼마 이상으로 계산하여야 하는가? (단, 강풍을 받을 우려가 있는 장소에 설치하는 경우는 제외한다)

① 0.7640 kN　　② 1.2348 kN
③ 1.6464 kN　　④ 2.348 kN

**해설**

[옥외저장탱크 풍하중 계산]
풍하중(kN/m²) = $0.588K\sqrt{H}$
(K : 원통형 0.7, 그 외 1.0 적용)

**52** 인화칼슘이 물과 반응하여 발생하는 기체는?

① 포스겐　　② 포스핀
③ 메테인　　④ 이산화황

**해설**

[인화칼슘과 물의 반응]
- $Ca_3P_2 + 6H_2O \rightarrow 3Ca(OH)_2 + 3PH_3$
- 인화칼슘과 물이 만나 $PH_3$(포스핀) 생성

**53** 다이에틸에터 중의 과산화물을 검출할 때 그 검출시약과 정색반응의 색이 옳게 짝지어진 것은?

① 아이오딘화칼륨용액 – 적색
② 아이오딘화칼륨용액 – 황색
③ 브로민화칼륨용액 – 무색
④ 브로민화칼륨용액 – 청색

해설
[다이에틸에터 과산화물 검출]
아이오딘화칼륨 10 % 용액을 반응시켜 황색이 되면 과산화물이 있음을 알 수 있다.

**54** 위험물안전관리법령상 지정수량의 10배를 초과하는 위험물을 취급하는 제조소에 확보하여야 하는 보유공지의 너비의 기준은?

① 1 m 이상   ② 3 m 이상
③ 5 m 이상   ④ 7 m 이상

해설
[제조소 보유공지]
• 지정수량 10배 이하 : 3 m 이상
• 지정수량 10배 초과 : 5 m 이상

**55** 위험물제조소등에 설치된 옥외소화전설비는 모든 옥외소화전(설치개수가 4개 이상인 경우는 4개의 옥외소화전)을 동시에 사용할 경우에 각 노즐선단의 방수압력은 몇 kPa 이상이어야 하는가?

① 250   ② 300
③ 350   ④ 450

해설
[옥외소화전]
• 방사압 : 350 kPa 이상
• 방수량 : 450 L/min 이상

**56** 휘발유의 일반적인 성질에 대한 설명으로 틀린 것은?

① 인화점은 0 ℃보다 낮다.
② 액체비중은 1보다 작다.
③ 증기비중은 1보다 작다.
④ 연소범위는 약 1.4 ~ 7.6 %이다.

해설
[휘발유 특징]
• 인화점 : - 43 ~ - 38 ℃
• 비중 : 액체는 1 이하 증기는 1 이상
• 연소범위 : 1.4 ~ 7.6 %

정답  53 ②  54 ③  55 ③  56 ③

**57** 위험물제조소의 표지의 크기 규격으로 옳은 것은?

① 0.2 m × 0.4 m
② 0.3 m × 0.3 m
③ 0.3 m × 0.6 m
④ 0.6 m × 0.2 m

**해설**

[위험물제조소 주의사항 표지]
• 크기 : 가로 0.6 m, 세로 0.3 m 이상
• 제조소표지 : 백색바탕, 흑색문자

**58** $KClO_4$에 관한 설명으로 옳지 못한 것은?

① 순수한 것은 황색의 사방정계결정이다.
② 비중은 약 2.52이다.
③ 녹는점은 약 610℃이다.
④ 열분해하면 산소와 염화칼륨으로 분해된다.

**해설**

[과염소산칼륨]
• 무색, 무취 사방정계결정
• 비중 : 2.52
• 녹는점 : 610 ℃
• 열분해 : $KClO_4 \rightarrow KCl + 2O_2$

**59** 위험물안전관리법령상 간이탱크저장소의 위치·구조 및 설비의 기준에서 간이저장탱크 1개의 용량은 몇 L 이하이어야 하는가?

① 300
② 600
③ 1000
④ 1200

**해설**

[간이탱크저장소 용량]
600 L 이하

**60** 물과 반응하였을 때 발생하는 가연성 가스의 종류가 나머지 셋과 다른 하나는?

① 탄화리튬($Li_2C_2$)
② 탄화마그네슘($MgC_2$)
③ 탄화칼슘($CaC_2$)
④ 탄화알루미늄($Al_4C_3$)

**해설**

[탄화알루미늄($Al_4C_3$)과 물 반응]
• $Al_4C_3 + 12H_2O \rightarrow 4Al(OH)_3 + 3CH_4$
• 반응 시 메테인가스($CH_4$) 발생
• ①, ②, ③ : 물과 아세틸렌($C_2H_2$) 발생

정답 57 ③  58 ①  59 ②  60 ④

## 2022년 4회

### 1과목 일반화학

**01** 구리와 묽은 질산을 반응시키면 주로 발생하는 기체는?

① 일산화질소  ② 이산화탄소
③ 이산화황   ④ 이황화탄소

**해설**

[묽은 질산과 구리 반응]
- 반응식
  $3Cu + 8HNO_3 \rightarrow 3Cu(NO_3)_2 + 4H_2O + 2NO$

**02** 0.1N HCl 1 mL를 9 mL의 증류수에 희석하였다. 이용액의 pH 값은 얼마인가?

① 1  ② 2
③ 3  ④ 4

**해설**

[pH 계산]
1) pH = $-\log[H^+]$
2) HCl에 $H^+$ 몰수
   0.1 N × (1 + 9) mL = 0.1 N × 0.01 L
   = 0.001 mol
3) pH = $-\log[0.001 M] = 3$

**03** 탄산 음료수의 병마개를 열면 거품이 솟아오르는 이유는 어떤 법칙으로 설명할 수 있는가?

① 르샤틀리에의 법칙
② 샤를의 법칙
③ 보일의 법칙
④ 헨리의 법칙

**해설**

[헨리의 법칙]
- 기체 부분압력과 기체용해도는 비례
- 탄산음료 뚜껑을 열면 내부 높은 압력이 줄어들며, 기체용해도가 줄어 녹아 있는 탄산가스가 거품이 되어 나온다.

**04** 다음 밑줄 친 원소 중 산화수가 +5인 것은?

① $H_3\underline{P}O_4$
② $K\underline{Mn}O_4$
③ $K_2\underline{Cr}_2O_7$
④ $K_3[\underline{Fe}(CN)_6]$

**정답** 01 ①  02 ③  03 ④  04 ①

**해설**

[산화수 계산]
- O: -2, H: +1, K: +1, C: +4, N: -3
- ① $H_3PO_4$ : +3 + P + (-2 × 4) = 0
  P = +5
  ② $KMnO_4$ : +1 + Mn + (-2 × 4) = 0
  Mn = +7
  ③ $K_2Cr_2O_7$
  (1 × 2) + 2 × Cr + (-2 × 7) = 0
  Cr = +6
  ④ $K_3[Fe(CN)_6]$
  (1 × 3) + Fe + (+4 - 3) × 6 = 0
  Fe = -9

**05** 벤젠에 진한 질산과 진한 황산의 혼산을 반응시켜 얻어지는 화합물은?
① 피크르산
② 아닐린
③ TNT
④ 나이트로벤젠

**해설**

[벤젠 반응]
진한 질산·황산 반응해 <u>나이트로벤젠</u> 생성
TIP 진한 질산·황산과 반응한 물질은 나이트로화

**06** $CH_4$ 16 g 중에는 C가 몇 mol이 포함되었는가?
① 1   ② 4
③ 16  ④ 22.4

**해설**

[몰수 계산]
- $CH_4$ 분자량 : 16
- 16 g $CH_4$ = 1 mol $CH_4$이므로 C 1 mol

**07** AgCl의 용해도는 용해도는 0.0016 g/L 이다. 이 AgCl의 용해도곱(Solubility Product)은 약 얼마인가? (단, 원자량은 각각 Ag 108, Cl 35.5이다)
① $1.24 × 10^{-10}$   ② $2.24 × 10^{-10}$
③ $1.12 × 10^{-5}$    ④ $4 × 10^{-4}$

**해설**

[AgCl 용해도 곱 계산]
- AgCl 분해 시 $Ag^+$와 $Cl^-$ 생성 (1 : 1)
- 몰 농도 = 0.0016 g / (108 + 35.5)
  = $1.115 × 10^{-5}$ mol / L
- 용해도곱
  = $[Ag^+]$몰수비 × $[Cl^-]$몰수비
  = $[1.115 × 10^{-5}]^1 × [1.115 × 10^{-5}]^1$
  = $1.24 × 10^{-10}$

정답 ● 05 ④  06 ①  07 ①

**08** 다음은 표준 수소전극과 짝지어 얻은 반쪽반응 표준환원 전위값이다. 이들 반쪽 전지를 짝지었을 때 얻어지는 전지의 표준 전위차 E°는?

$$Cu^{2+} + 2e^- \rightarrow Cu \quad E° = + 0.34 V$$
$$Ni^{2+} + 2e^- \rightarrow Ni \quad E° = - 0.23 V$$

① + 0.11 V   ② - 0.11 V
③ + 0.57 V   ④ - 0.57 V

**해설**

[전위차 계산]
- Ni(니켈)이 Cu(구리)보다 반응성이 좋으므로 이온화한다.
- $Cu^{2+} + 2e^- \rightarrow Cu \quad E°= + 0.34 V$
  $+\ Ni \rightarrow Ni^{2+} + 2e- \quad E°= + 0.23 V$
  $Cu^{2+} + Ni \rightarrow Ni^{2+} + Cu \quad E°= +0.57 V$

보충 반응성 순서
칼륨 ≫ 칼슘 ≫ 나트륨 ≫ 마그네슘 ≫ 알루미늄 ≫ 아연 ≫ 철 ≫ 리튬 ≫ 주석 ≫ 납 ≫ 수소 ≫ 구리 ≫ 수은 ≫ 은 ≫ 백금 ≫ 금
암 칼카나마 알아철리 주납수구 수은백금

**09** 20 %의 소금물을 전기분해하여 수산화나트륨 1몰을 얻는 데는 1 A의 전류를 몇 시간 통해야 하는가?

① 13.4   ② 26.8
③ 53.6   ④ 104.2

**해설**

[소금물 전기분해 시 전류량]
수산화나트륨(NaOH) 1 mol 생성
: 1 g당량이므로 96500 C 필요
전하량 = 96500 C = 1 A (C / S) × t
t = 96500 s = 26.8 h

TIP 1 mol을 얻는다는 게 목적이므로 소금물 20 %는 신경 쓰지 않아도 된다.

**10** 다음 중 암모니아성 질산은 용액과 반응하여 은거울을 만드는 것은?

① $CH_3CH_2OH$   ② $CH_3OCH_3$
③ $CH_3COCH_3$   ④ $CH_3CHO$

**해설**

[아세트세트알데하이드($CH_3CHO$)]
- 환원력이 강하여 은거울반응과 펠링용액반응을 한다.
- 은거울반응과 펠링용액반응은 환원력이 강한 알데하이드나 그 외에 포르밀기를 가진 화합물을 검출하는 데 사용한다.

**11** 표준 상태에서 기체 A 1 L의 무게는 1.964 g이다. A의 분자량은?

① 44   ② 16
③ 4    ④ 2

정답 08 ③  09 ②  10 ④  11 ①

> **해설**

[표준상태 분자량 계산]
- 표준상태 기체 1 mol 부피 : 22.4 L
- 분자량 = 1.964 g / (1 / 22.4) mol
  = 44 g / mol

**12** 프로페인 1 kg을 완전연소시키기 위해 표준상태의 산소가 약 몇 m³가 필요한가?

① 2.55　　② 5
③ 7.55　　④ 10

> **해설**

[프로페인 연소 시 산소량]
- $C_3H_8 + 5O_2 \rightarrow 3CO_2 + 4H_2O$
- 프로페인 몰수 = 1 kg / (36 + 8) = 0.023
- 필요산소 = 0.023 kmol × 5배
  × 22.4 m³/kmol = 2.58 m³

**13** 다음 중 $FeCl_3$과 반응하면 색깔이 담회색으로 되는 현상을 이용해서 검출하는 것은?

① $CH_3OH$　　② $C_6H_5OH$
③ $C_6H_5NH_2$　　④ $C_6H_5CH_3$

> **해설**

[페놀($C_6H_5OH$)의 정색반응]
② $FeCl_3$와 만나 담회색 정색반응

**14** 다음 중 방향족 탄화수소가 아닌 것은?

① 에틸렌　　② 톨루엔
③ 아닐린　　④ 안트라센

> **해설**

[방향족 화합물]
- 벤젠고리구조를 가지는 화합물
- 에틸렌($C_2H_4$) : 사슬구조이므로 지방족 화합물

**15** 다음 중 금속 이온화 경향이 큰 것부터 작은 순으로 옳게 나열된 것은?

① Ag, Fe, Zn, Pb
② Ca, Al, Sn, Cu
③ K, Mg, Pb, Na
④ Au, Pt, Ag, Cu

> **해설**

[금속 이온화 경향]
칼륨 ≫ 칼슘 ≫ 나트륨 ≫ 마그네슘 ≫ 알루미늄 ≫ 아연 ≫ 철 ≫ 리튬 ≫ 주석 ≫ 납 ≫ 수소 ≫ 구리 ≫ 수은 ≫ 은 ≫ 백금 ≫ 금

암 칼카나마 알아철리 주납수구 수은백금

정답 12 ①　13 ②　14 ①　15 ②

**16** 질소와 수소로 암모니아를 합성하는 반응의 화학반응식은 다음과 같다. 암모니아의 생성률을 높이기 위한 조건은?

$$N_2 + 3H_2 \rightarrow 2NH_3 + 22.1\text{kcal}$$

① 온도와 압력을 낮춘다.
② 온도는 낮추고, 압력은 높인다.
③ 온도를 높이고, 압력은 낮춘다.
④ 온도와 압력을 높인다.

해설

[평형반응에서 생성률]
• $NH_3$를 생성하기 위해 오른쪽반응 진행
• 압력 : 물질 수가 적어지므로 압력 증가
• 온도 : 오른쪽반응이 발열반응이므로 온도 감소

**17** 순수한 옥살산($C_2H_2O_4 \cdot 2H_2O$) 결정 6.3 g을 물에 녹여서 500 mL의 용액을 만들었다. 이 용액의 농도는 몇 M인가?

① 0.1　　② 0.2
③ 0.3　　④ 0.4

해설

[용액 몰농도 계산]
• 순수 옥살산 질량
 $= 6.3 \times \dfrac{(24+2+64)}{(24+2+64)+2\times 18} = 4.5g$
• 순수 옥살산 몰수 = 4.5 g / 90 (분자량)
　　　　　　　　　= 0.05 mol
• 몰농도 = 0.05 mol / 0.5 L = 0.1 M

**18** 할로젠족 원소의 전자배치를 나타낸 것은?

① $1s^2 2s^2$
② $1s^2 2s^2 2p^5$
③ $1s^2 2s^2 2p^6$
④ $1s^2 2s^2 2p^6 3s^2 3p^2$

해설

[전자껍질]
• K, L, M 순으로 전자가 쌓인다.
• 최외각껍질에 배치된 전자의 개수가 7인 원소가 할로젠족이다.

**19** 다음 중 파장이 가장 짧으면서 투과력이 가장 강한 것은?

① $\alpha$선　　② $\beta$선
③ $\gamma$선　　④ X선

해설

[방사선 파장]
$\gamma$선은 높은 에너지를 가진 파장으로 파장 중 투과력이 가장 강하다.

정답 16 ② 17 ① 18 ② 19 ③

**20** 다음 반응식에 관한 사항 중 옳은 것은?

$$SO_2 + 2H_2S \rightarrow 2H_2O + 3S$$

① $SO_2$는 산화제로 작용
② $H_2S$는 산화제로 작용
③ $SO_2$는 촉매로 작용
④ $H_2S$는 촉매로 작용

**해설**

[산화제와 환원제]
- 산화제 : 남을 산화시켜 자신은 환원되는 물질
- 환원제 : 남을 환원시켜 자신은 산화되는 물질
- ① $SO_2$는 산소를 잃어 환원되므로 산화제

---

**2과목** 화재예방과 소화방법

**21** 위험물안전관리법령상 이산화탄소소화설비 저장용기의 설치 기준으로 틀린 것은?

① 온도가 40 ℃ 이하이고, 온도 변화가 적은 장소에 설치할 것
② 저장용기의 외면에 소화약제의 종류와 양, 제조년도 및 제조자를 표시할 것
③ 직사일광 및 빗물이 침투할 우려가 적은 장소에 설치할 것
④ 방호구역 내의 장소에 설치할 것

**해설**

[이산화탄소소화설비 저장용기의 설치]
④ 안전하도록 방호구역 바깥에 설치

**22** 액체 상태의 물이 1기압, 100 ℃ 수증기로 변하면 체적이 약 몇 배 증가하는가?

① 530 ~ 540
② 900 ~ 1,100
③ 1,600 ~ 1,700
④ 2,300 ~ 2,400

**해설**

[$H_2O$ 부피변화]
기화할 때 부피 1,600 ~ 1,700배 증가

**23** 마그네슘에 화재가 발생하여 물을 주수하였다. 그에 대한 설명으로 옳은 것은?

① 냉각소화효과에 의해서 화재가 진압된다.
② 주수된 물이 증발하여 질식소화효과에 의해서 화재가 진압된다.
③ 수소가 발생하여 폭발 및 화재 확산의 위험성이 증가한다.
④ 물과 반응하여 독성 가스를 발생한다.

해설

[마그네슘(2류 위험물)]
③ 금속물질로 물과 닿으면 수소 발생

**24** 위험물제조소에서 옥내소화전이 1층에 4개, 2층에 6개가 설치되어 있을 때 수원의 수량은 몇 L 이상이 되도록 설치하여야 하는가?

① 13,000  ② 15,600
③ 39,000  ④ 46,800

해설

[옥내소화전 수원량]
• 옥내소화전 1개에 대한 수원량 : 7.8 $m^3$
• 옥내소화전 5개 이상일 경우 : 5개로 계산
• 총 수원량 = 5개 × 7.8 $m^3$ = 39 $m^3$
　　　　　　= 39,000 L

**25** 연면적 1,000 $m^2$이고 외벽이 내화구조인 위험물취급소의 소화설비 소요단위는 얼마인가?

① 5   ② 10
③ 20  ④ 100

해설

[소요단위 계산]
• 1 소요단위 기준

| 구분 | 내화구조 | 비내화구조 |
|---|---|---|
| 제조소 취급소 | 연면적 100 $m^2$ | 연면적 50 $m^2$ |
| 저장소 | 연면적 150 $m^2$ | 연면적 75 $m^2$ |
| 위험물 | 지정수량 10배 | |

• 소요단위 = 1000 / 100 = 10 소요단위

**26** 클로로벤젠 300,000 L의 소요단위는 얼마인가?

① 20   ② 30
③ 200  ④ 300

해설

[소요단위 계산]
• 소요단위 = 지정수량 × 10
• 클로로벤젠 지정수량 = 1,000 L
• 총 소요단위 = 300,000 / 10,000 = 30

정답  23 ③  24 ③  25 ②  26 ②

**27** 위험물안전관리법령상 전역방출방식의 분말소화설비에서 분사헤드의 방사압력은 몇 MPa 이상이어야 하는가?

① 0.1  ② 0.5
③ 1    ④ 3

해설
[분말소화설비 헤드 방사압]
전역·국소 방출방식 모두 0.1 MPa 이상

**28** 알코올 화재 시 수성막포소화약제는 내알코올포소화약제에 비하여 소화효과가 낮다. 그 이유로서 가장 타당한 것은?

① 소화약제와 섞이지 않아서 연소면을 확대하기 때문
② 알코올은 포와 반응하여 가연성 가스를 발생하기 때문
③ 알코올이 연료로 사용되어 불꽃의 온도가 올라가기 때문
④ 수용성 알코올로 인해 포가 소멸되기 때문

해설
[수성막포소화약제]
④ 수용성 화재 사용 시 포가 깨져 소멸

**29** 할로젠화합물 중 $CH_3I$에 해당하는 할론번호는?

① 103      ② 1301
③ 13001    ④ 10001

해설
[할론명명법]
• C F Cl Br I 순으로 숫자배열
• $CH_3I$ : 수소 제외 후 C, I를 적어 10001

**30** 이산화탄소가 불연성인 이유를 옳게 설명한 것은?

① 산소와의 반응이 느리기 때문이다.
② 산소와 반응하지 않기 때문이다.
③ 착화되어도 곧 불이 꺼지기 때문이다.
④ 산화반응이 일어나도 열 발생이 없기 때문이다.

해설
[이산화탄소 특징]
② 산소와 반응하지 않아 불연성이다.

정답 ● 27① 28④ 29④ 30②

**31** 전기불꽃 에너지 공식에서 ( )에 알맞은 것은? (단, Q는 전기량, V는 방전전압, C는 전기용량을 나타낸다)

$$E = \frac{1}{2}(\ ) = \frac{1}{2}(\ )$$

① QV, CV
② QC, CV
③ QV, CV$^2$
④ QC, QV$^2$

**해설**

[전기에너지 공식]

$$E = \frac{1}{2}QV = \frac{1}{2}CV^2$$

**32** 주된 연소형태가 분해연소인 것은?

① 금속분
② 황
③ 목재
④ 피크르산

**해설**

[연소형태]
- 표면연소 : 목탄(숯)·코크스·금속분
- 분해연소 : 목재·종이·석탄·플라스틱
- 자기연소 : 제5류 위험물
- 증발연소 : 황·나프탈렌·양초
- ③ 목재는 분해연소이다.

**33** 분말 소화약제를 종별로 주성분을 바르게 연결한 것은?

① 1종 분말약제 - 탄산수소나트륨
② 2종 분말약제 - 인산암모늄
③ 3종 분말약제 - 탄산수소칼륨
④ 4종 분말약제 - 탄산수소칼륨 + 인산암모늄

**해설**

[분말약제 주성분]
- 1종 : 탄산수소나트륨($NaHCO_3$)
- 2종 : 탄산수소칼륨($KHCO_3$)
- 3종 : 인산암모늄($NH_4H_2PO_4$)
- 4종 : 탄산수소칼륨($KHCO_3$) + 요소($(NH_2)_2CO$)

**34** 수소의 공기 중 연소 범위에 가장 가까운 값을 나타내는 것은?

① 2.5 ~ 82.0 vol%
② 5.3 ~ 13.9 vol%
③ 4.0 ~ 74.5 vol%
④ 12.5 ~ 55.0 vol%

**해설**

[수소의 연소범위]
4 ~ 75 vol%

정답 ● 31 ③  32 ③  33 ①  34 ③

**35** 제1석유류를 저장하는 옥외탱크저장소에 특형 포방출구를 설치하는 경우, 방출률은 액표면적 $1\ m^2$당 1분에 몇 리터 이상이어야 하는가?

① 9.5L   ② 8.0L
③ 6.5L   ④ 3.7L

**해설**

[옥외탱크저장소 포방출량($1\ m^2$/min)]
1~4형 포방출구 4 L, 특형 포방출구 8 L

**36** 자연발화가 잘 일어나는 조건에 해당하지 않는 것은?

① 주위 습도가 높을 것
② 열전도율이 클 것
③ 주위 온도가 높을 것
④ 표면적이 넓을 것

**해설**

[자연발화 발생 조건]
- 습도를 높일 것
- 열전도율을 낮출 것
- 주위 온도가 높을 것
- 표면적이 넓을 것

TIP 발화는 습도가 낮아야 발생한다고 생각하기 쉽지만, 자연발화는 주변 습도가 높아야 잘 일어난다.

**37** 인화알루미늄의 화재 시 주수소화를 하면 발생하는 가연성 기체는?

① 아세틸렌   ② 메탄
③ 포스겐     ④ 포스핀

**해설**

[인화알루미늄과 물 반응]
- $AlP + 3H_2O \rightarrow Al(OH)_3 + PH_3$
- 가연성 기체 포스핀($PH_3$) 발생

**38** 경보설비를 설치하여야 하는 장소에 해당되지 않는 것은?

① 지정수량 100배 이상의 제3류 위험물을 저장·취급하는 옥내저장소
② 옥내주유취급소
③ 연면적 $500\ m^2$이고, 취급하는 위험물의 지정수량이 100배인 제조소
④ 지정수량 10배 이상의 제4류 위험물을 저장·취급하는 이동탱크저장소

**해설**

[경보설비]
- 종류 : 자동화재탐지설비, 비상방송·경비설비, 확성장치
- 설치 기준 : 지정수량 10배 이상 저장·취급하는 것(이동탱크저장소 제외)

정답 ▶ 35 ② 36 ② 37 ④ 38 ④

**39** 위험물안전관리법령상 전역방출방식 또는 국소방출방식의 분말소화설비의 기준에서 가압식의 분말소화설비에는 얼마 이하의 압력으로 조정할 수 있는 압력조정기를 설치하여야 하는가?

① 2.0 MPa  ② 2.5 MPa
③ 3.0 MPa  ④ 5 MPa

해설

[가압식 분말소화설비 압력조정기]
2.5 MPa 이하에서 조정가능해야 한다.

**40** 위험물안전관리법령상 제5류 위험물에 적응성 있는 소화설비는?

① 분말을 방사하는 대형소화기
② $CO_2$를 방사하는 소형소화기
③ 할로젠화합물을 방사하는 대형소화기
④ 스프링클러설비

해설

[제5류 위험물 소화방법]
④ 자기반응성 물질로 스스로 산소를 가지고 발화해 질식소화보다 냉각소화

### 3과목  위험물의 성질과 취급

**41** 물과 접촉하였을 때 에테인이 발생되는 물질은?

① $CaC_2$
② $(C_2H_5)_3Al$
③ $C_6H_3(NO_2)_3$
④ $C_2H_5ONO_2$

해설

[트라이에틸알루미늄[$(C_2H_5)_3Al$]과 물 반응]
- $(C_2H_5)_3Al + 3H_2O \rightarrow Al(OH)_3 + 3\underline{C_2H_6}$
- 물과 반응해 에테인($C_2H_6$) 생성

**42** 오황화인이 물과 작용해서 발생하는 기체는?

① 이황화탄소
② 황화수소
③ 포스겐가스
④ 인화수소

해설

[오황화인과 물 반응]
- $P_2S_5 + 8H_2O \rightarrow 5H_2S + 2H_3PO_4$
- 반응 시 황화수소($H_2S$)와 인산($H_3PO_4$) 발생

정답 39 ② 40 ④ 41 ② 42 ②

**43** 금속나트륨에 대한 설명으로 옳은 것은?

① 청색 불꽃을 내며 연소한다.
② 경도가 높은 중금속에 해당한다.
③ 녹는점이 100 ℃ 보다 낮다.
④ 25 % 이상의 알코올수용액에 저장한다.

**해설**

[나트륨(3류)]
① 황색 불꽃을 내며 연소한다.
② 경도가 낮은 경금속에 해당한다.
③ <u>녹는점 : 97.8 ℃</u>
④ 석유 속에 보관한다.

**44** 고체위험물은 운반용기 내용적의 몇 % 이하의 수납율로 수납하여야 하는가?

① 90   ② 95
③ 98   ④ 99

**해설**

[운반용기 수납률]
• 액체 : 내용적의 98 % 이하
• 고체 : 내용적의 95 % 이하

**45** 위험물안전관리법령상 지정수량의 10배를 초과하는 위험물을 취급하는 제조소에 확보하여야 하는 보유공지의 너비의 기준은?

① 1 m 이상   ② 3 m 이상
③ 5 m 이상   ④ 7 m 이상

**해설**

[제조소 보유공지]
• 지정수량 10배 이하 : 3 m 이상
• <u>지정수량 10배 초과 : 5 m 이상</u>

**46** 다음과 같이 위험물을 저장할 경우 각각의 지정수량 배수의 총합은 얼마인가?

- 클로로벤젠 : 1,000 L
- 동식물유류 : 5,000 L
- 제 4석유류 : 12,000 L

① 2.5   ② 3.0
③ 3.5   ④ 4.0

**해설**

[지정수량 배수 계산]
• 지정수량
 클로로벤젠 1,000 L
 동식물유류 10,000 L
 제4석유류 6,000 L
• 지정수량 배수
 = (1,000/1,000) + (5,000/10,000)
  + (12,000/6,000) = 3.5 배수

**정답** 43 ③  44 ②  45 ③  46 ③

**47** 위험물안전관리법령상 위험물 운반 시에 혼재가 금지된 위험물로 이루어진 것은? (단, 지정수량의 1/10 초과이다)

① 과산화나트륨과 황
② 황과 과산화벤조일
③ 황린과 휘발유
④ 과염소산과 과산화나트륨

해설

[혼재할 수 있는 위험물류]
① 과산화나트륨(1류)와 황(3류) 혼재 불가

보충 혼재 가능 위험물

| 1↓ | 6 |  | 혼재 가능 |
| 2↓ | 5↑ | 4 | 혼재 가능 |
| 3→ | 4↑ |  | 혼재 가능 |

암 1 2 3 4 5 6 적은 후 4 추가

**48** 다음 중 위험물안전관리법령상 제2석유류에 해당되는 것은?

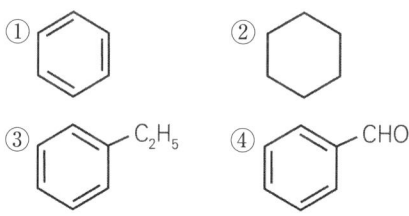

해설

[제2석유류]
① 벤젠 : 제1석유류
② 사이클로헥세인 : 제1석유류
③ 에틸벤젠 : 제1석유류
④ 벤즈알데하이드 : 제2석유류

**49** 그림과 같은 타원형 탱크의 내용적은 약 몇 $m^3$인가?

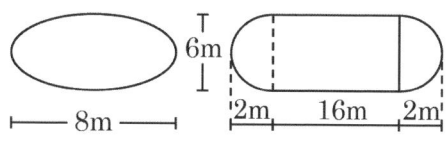

① 453
② 553
③ 653
④ 753

해설

[타원형 탱크 내용적]
$V$ = 면적 × 높이환산값
$= \dfrac{\pi ab}{4} \times (l + \dfrac{l_1 + l_2}{3})$
$= \dfrac{\pi \times 8 \times 6}{4} \times (16 + \dfrac{2+2}{3}) = 653\, m^3$

**50** 동식물유류에 대한 설명으로 틀린 것은?

① 아이오딘화 값이 작을수록 자연발화의 위험성이 높아진다.
② 아이오딘화 값이 130 이상인 것은 건성유이다.
③ 건성유에는 아마인유, 들기름 등이 있다.
④ 인화점이 물의 비점보다 낮은 것도 있다.

해설

[동식물유류 아이오딘값]
① 아이오딘값이 크면 자연발화 위험성 상승

TIP 건성유
아이오딘값 130 이상으로 자연발화위험 높음
동유·해바라기유·아마인유·들기름 등이 있다.

암 동해아들

정답 47 ① 48 ④ 49 ③ 50 ①

**51** 금속칼륨의 보호액으로 적당하지 않는 것은?

① 유동파라핀
② 등유
③ 경유
④ 에탄올

해설
[칼륨 보호액]
• 등유·경유·유동파라핀 등에 보관
• 에탄올과 반응해 가연성의 수소기체 발생

**52** 위험물안전관리법령상 위험물의 지정수량이 틀리게 짝지어진 것은?

① 다이크로뮴산염류 - 500 kg
② 적린 - 100 kg
③ 철분 - 500 kg
④ 금속분 - 500 kg

해설
[지정수량]
① 다이크로뮴산염류 (1류) : 1,000 kg

**53** 위험물안전관리법령에서는 위험물을 제조 외의 목적으로 취급하기 위한 장소와 그에 따른 취급소의 구분을 4가지로 정하고 있다. 다음 중 법령에서 정한 취급소의 구분에 해당되지 않는 것은?

① 주유취급소
② 특수취급소
③ 일반취급소
④ 이송취급소

해설
[위험물 취급소 종류]
이송·주유·일반·판매 취급소

암기 이주일판매 : 이 주일 동안 판매

**54** 다음 중 $C_5H_5N$에 대한 설명으로 틀린 것은?

① 순수한 것은 무색이고 악취가 나는 액체이다.
② 상온에서 인화의 위험이 있다.
③ 물에 녹는다.
④ 강한 산성을 나타낸다.

해설
[피리딘($C_5H_5N$) 특징]
• 무색에 악취가 난다.
• 인화점 20 ℃로 상온에서 인화 위험이 있다.
• 제1석유류 수용성으로 물에 잘 녹는다.
• ④ 약한 알칼리성이다.

정답 51 ④  52 ①  53 ②  54 ④

**55** 다음은 위험물안전관리법령상 제조소등에서의 위험물의 저장 및 취급에 관한 기준 중 저장 기준의 일부이다. ( ) 안에 알맞은 것은?

> 옥내저장소에 있어서 위험물은 규정에 의한 바에 따라 용기에 수납하여 저장하여야 한다. 다만 ( )과 별도의 규정에 의한 위험물에 있어서는 그러지 아니하다.

① 동식물유류
② 덩어리 상태의 황
③ 고체 상태의 알코올
④ 고화된 제4석유류

**해설**
[용기에 저장할 필요 없는 위험물]
덩어리상태 황·화약류 위험물

**해설**
[옥외탱크저장소 보유공지]

| 지정수량 배수 | 공지의 너비 |
| --- | --- |
| 500배 이하 | 3 m 이상 |
| 500 ~ 1,000배 | 5 m 이상 |
| 1,000 ~ 2,000배 | 9 m 이상 |
| 2,000 ~ 3,000배 | 12 m 이상 |
| 3,000 ~ 4,000배 | 15 m 이상 |
| 4,000배 초과 | • 탱크 지름과 높이 중 큰 것 이상<br>• 최소 15 m 이상<br>• 최대 30 m 이하 |

※ 지정수량 배수 표기방법 : ~초과 ~이하
• 아세톤 지정수량 배수(지정수량 400 L)
  아세톤 부피 = 150,000 kg ÷ 0.79 L/kg
  = 190,000 L
  지정수량 배수 = 190,000 / 400 = 475배
• 500배 이하로 공지너비 3 m 이상

**56** 최대 아세톤 150톤을 옥외탱크저장소에 저장할 경우 보유공지의 너비는 몇 m 이상으로 하여야 하는가? (단, 아세톤의 비중은 0.79이다)

① 3
② 5
③ 9
④ 12

**57** 아염소산나트륨이 완전 열분해하였을 때 발생하는 기체는?

① 산소
② 염화수소
③ 수소
④ 포스겐

**해설**
[아염소산나트륨($NaClO_2$) 열분해]
• $NaClO_2 \rightarrow NaCl + O_2$
• 열분해 시 산소($O_2$) 발생

정답 ● 55 ② 56 ① 57 ①

**58** 제2류 위험물과 제5류 위험물의 공통적인 성질은?

① 가연성 물질이다.
② 강한 산화제이다.
③ 액체 물질이다.
④ 산소를 함유한다.

해설
[제2·5류 위험물 공통점]
① 2류(가연성 고체)와 5류(자기반응성 물질)은 모두 탈 수 있는 가연성 물질

**59** 위험물안전관리법령상 제4류 위험물의 위험등급에 대한 설명으로 옳은 것은?

① 특수인화물은 위험등급 Ⅰ, 알코올류는 위험등급 Ⅱ이다.
② 특수인화물과 제1석유류는 위험등급 Ⅰ이다.
③ 특수인화물은 위험등급 Ⅰ, 그 이외에는 위험등급 Ⅱ이다.
④ 제2석유류는 위험등급 Ⅱ이다.

해설
[제4류 위험물 위험등급]
• 위험등급 Ⅰ : 특수인화물
• 위험등급 Ⅱ : 제1석유류·알코올류
• 위험등급 Ⅲ : 제2~4석유류·동식물유

**60** 위험물안전관리법령상 제1류 위험물 중 알칼리금속의 과산화물의 운반용기 외부에 표시하여야 하는 주의사항을 모두 나타낸 것은?

① "화기엄금", "충격주의" 및 "가연물접촉주의"
② "화기·충격주의", "물기엄금" 및 "가연물접촉주의"
③ "화기주의" 및 "물기엄금"
④ "화기엄금" 및 "물기엄금"

해설
[알칼리금속과산화물(1류) 운반용기 표기]
② "화기·충격주의", "물기엄금", "가연물접촉주의"

# 2021년 1회

## 1과목 일반화학

**01** 탄화알루미늄과 물이 만나 생성되는 물질은?

① 메테인  ② 아세틸렌
③ 수소   ④ 이산화탄소

**해설**

[탄화알루미늄($Al_4C_3$)과 물 반응]
- $Al_4C_3 + 12H_2O \rightarrow 4Al(OH)_3 + 3CH_4$
- 반응 시 메테인가스($CH_4$) 발생

**02** 질량수 52인 크로뮴의 중성자 수와 전자 수는 각각 몇 개인가? (단, 크로뮴의 원자번호는 24이다)

① 중성자 수 24, 전자 수 24
② 중성자 수 24, 전자 수 52
③ 중성자 수 28, 전자 수 24
④ 중성자 수 52, 전자 수 24

**해설**

[크로뮴(Cr) 원자]
- 원자번호 = 양성자 수
- 질량수 = 중성자 수 + 양성자 수 = 52
- 중성자 수 = 28
- 전자 수 = 24(양성자 수와 동일)

**03** 다음 화합물 가운데 환원성이 없는 것은?

① 젖당  ② 과당
③ 설탕  ④ 엿당

**해설**

[환원성 물질]
- 알데하이드기를 가져 산화하려는 물질
- 젖당·과당·엿당 : 환원성 물질
- 설탕 : 알데하이드기가 없어 환원성 없음

**04** A는 B 이온과 반응하나 C 이온과는 반응하지 않고, D는 C 이온과 반응한다고 할 때 A, B, C, D의 환원력 세기를 큰 것부터 차례대로 나타낸 것은? (단, A, B, C, D는 모두 금속이다)

① A > B > D > C
② D > C > A > B
③ C > D > B > A
④ B > A > C > D

정답  01 ①  02 ③  03 ③  04 ②

> **해설**

[미지금속 환원력 비교]
- 반응성이 좋을수록 환원력이 강함
- 환원력 비교
  A는 B와 반응 A ≫ B
  A는 C와 무반응 A ≪ C
  D는 C와 반응 D ≫ C
  → D ≫ C ≫ A ≫ B

**05** 1패러데이(Faraday)의 전기량으로 물을 전기분해하였을 때 생성되는 기체 중 산소 기체는 0℃, 1기압에서 몇 L인가?

① 5.6　　② 11.2
③ 22.4　　④ 44.8

> **해설**

[산소부피 계산]
- 1패러데이 = 1 g당량 물질 생성
- $O_2$는 -2가 2개로 총 4 g당량이 1 mol
- 산소부피 = 0.25 mol × 22.4 L = 5.6 L

**06** 수소기체 1.2 mol과 염소 2 mol이 반응했다면 생성된 염화수소는 몇 mol인가?

① 2　　② 2.4
③ 3　　④ 4.8

> **해설**

[염화수소(HCl) 몰수 계산]
- 생성 반응식 : $H_2 + Cl_2 \rightarrow 2HCl$
- 수소와 염소는 1 : 1 반응
  수소 1.2 mol과 염소 1.2 mol이 반응
- $H_2$ : HCl = 1 : 2 비율이므로 염화수소 2.4 mol 생성

**07** Si 원자의 전자배치를 옳게 나타낸 것은?

① $1s^2 2s^2 2p^6 3s^2 3p^6 3d^2$
② $1s^2 2s^2 2p^6 3s^2 3p^6 4s^2$
③ $1s^2 2s^2 2p^6 3s^2 3p^6 4s^2 3d^2$
④ $1s^2 2s^2 2p^6 3s^2 3p^2$

> **해설**

[Si(규소)의 전자배치]
원자번호 14번이고, 전자배치규칙에 따라
④ $1s^2 2s^2 2p^6 3s^2 3p^2$

**08** 탄소, 산소, 수소로 이루어진 유기화합물 15 g이 완전연소하여 $CO_2$ 22 g $H_2O$ 9 g이 생성됐을 때 이 유기화합물 내에 산소 몰수는?

① 1　　② 0.5
③ 2　　④ 3

정답 → 05 ①　06 ②　07 ④　08 ②

> 해설

[유기화합물 내의 몰수 계산]
- 생성물 분석
  $CO_2$ 몰수 = 22 g/44 = 0.5 mol
  $H_2O$ 몰수 = 9 g/18 = 0.5 mol
  C : 0.5 mol, H : 1 mol, O : 1.5 mol
- 반응물 분석
  $O_2$ 질량 = 생성물 − 유기화합물
  = 22 + 9 − 15 = 16 g
  $O_2$ 몰수 = 16 g / 32 = 0.5 mol이므로
  O 몰수 = 1 mol
- 유기화합물 구성
  C : 0.5 mol, H : 1 mol, O : 0.5 mol
- 반응식 : $CH_2O + O_2 \rightarrow CO_2 + H_2O$

**09** 다음의 그래프는 어떤 고체물질의 용해도 곡선이다. 100 ℃ 포화용액(비중 1.4) 100 mL를 20 ℃의 포화용액으로 만들려면 몇 g의 물을 더 가해야 하는가?

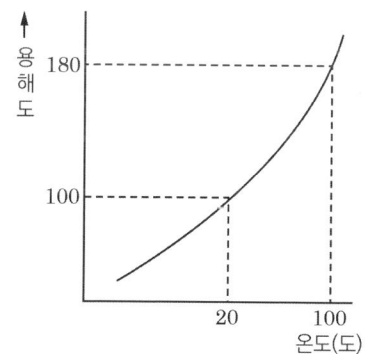

① 20 g   ② 40 g
③ 60 g   ④ 80 g

> 해설

[포화용액 성분계산]
1) 100 ℃ 포화용질 비율
   $= \dfrac{180}{180 + 100(물)}$
   20 ℃ 포화 용질 비율
   $= \dfrac{100}{100 + 100(물)}$
2) 100 ℃ 포화용액(비중 1.4)
- 100 mL 질량 $100 \times 1.4 = 140 g$
- 용질의 질량 $140 \times \dfrac{180}{280} = 90 g$
- 물의 질량 $140 - 90 = 50 g$
3) 20 ℃ 포화용액
- 용질 90 g에 대한 포화용액질량 $x$
  $x \times \dfrac{100g}{200g}(용질비율) = 90g$
  $x = 180g$
- 포화 물 질량 $180 - 90 = 90\ g$
4) 초기 물 50 g에 40 g을 넣어 포화용액 생성

> 암 포화용액 내에 용질의 비율
> $= \dfrac{용질의\ 질량}{포화용액질량(용질+용매)}$

**10** 질산칼륨을 물에 용해시키면 용액의 온도가 떨어진다. 다음 사항 중 옳지 않은 것은?

① 용해시간과 용해도는 무관하다.
② 질산칼륨의 용해 시 열을 흡수한다.
③ 온도가 상승할수록 용해도는 증가한다.
④ 질산칼륨 포화용액을 냉각시키면 불포화용액이 된다.

정답 09 ② 10 ④

해설

[고체 용해도(질산칼륨)]
④ 냉각 시 용해도 감소 : 과포화용액이 됨

TIP 기체 용해도
온도와 반비례해 냉각 시
용해도가 증가(탄산음료)

**11** 다음 물질 중 비점이 약 197 ℃인 무색 액체이고, 약간 단맛이 있으며 부동액의 원료로 사용하는 것은?

① 톨루엔  ② 아세톤
③ 실린더유  ④ 에틸렌글라이콜

해설

[에틸렌글라이콜($C_2H_4(OH)_2$)]
- 비점 : 197 ℃
- 단맛이 나며, 부동액 원료로 쓰임

**12** 작용기 −$NH_2$가 붙은 물질은?

① 페놀  ② 아닐린
③ 톨루엔  ④ 벤젠설폰산

해설

[아닐린($C_6H_5NH_2$)]
- 구조식
- 벤젠에 −H 대신 −$NH_2$로 치환된 물질

**13** 다음 중 양쪽성 산화물에 해당하는 것은?

① $NO_2$  ② $Al_2O_3$
③ $MgO$  ④ $Na_2O$

해설

[양쪽성 산화물]
Al · Zn · Sn · Pb + 산소의 결합물질

**14** 다음 물질의 수용액을 같은 전기량으로 전기분해해서 금속을 석출한다고 가정할 때 석출되는 금속의 질량이 가장 많은 것은? (단, 괄호 안의 값은 석출되는 금속의 원자량이다)

① $CuSO_4$(Cu = 64)
② $NiSO_4$(Ni = 59)
③ $AgNO_3$(Ag = 108)
④ $Pb(NO_3)_2$(Pb = 207)

해설

[1g당량 계산]
- $Cu^{2+}$ : 64 / 2 = 32 g
- $Ni^{2+}$ : 59 / 2 = 29.5 g
- $Ag^+$ : 108 / 1 = <u>108 g</u>
- $Pb^{2+}$ : 207 / 2 = 103.5 g

정답: 11 ④  12 ②  13 ②  14 ③

**15** 주기율표에서 제2주기에 있는 원소 성질 중 왼쪽에서 오른쪽으로 갈수록 감소하는 것은?

① 원자핵의 하전량
② 원자의 전자의 수
③ 원자 반지름
④ 전자껍질의 수

해설

[주기율표 성질]
오른쪽으로 갈수록 감소하는 성질
→ 금속성·전자방출성·원자반지름

**16** 반응열은 그 반응의 시작과 끝 상태만으로 결정되며, 도중의 경로에는 관계하지 않는다는 법칙은?

① 라울의 법칙
② 아보가드로의 법칙
③ 헤스의 법칙
④ 아르키메데스의 법칙

해설

[헤스의 법칙]
반응 전과 반응 후 상태가 결정되면 반응경로와 상관없이 반응열 총량은 일정

**17** 다음 중 비전해질인 물질은?

① $C_2H_5OH$   ② NaCl
③ $CH_3COOH$  ④ HCl

해설

[비전해질 물질]
• 물에서 이온으로 분리되지 않는 물질
• 물분자 그대로 녹기 때문에 비전해질

**18** 어떤 기체의 분자량이 4배가 되었을 때 이 기체의 속도는 몇 배가 되는가?

① 0.5   ② 1
③ 2     ④ 4

해설

[확산속도 법칙]
• $\dfrac{V_1}{V_2} = \sqrt{\dfrac{M_2}{M_1}}$
• $4M_1 = M_2$가 되었으므로 $0.5V_1 = V_2$

**19** $CO + 2H_2 \rightarrow CH_3OH$ 반응에서 평형상수 K는?

① $K = \dfrac{[CH_3OH]}{[CO][H_2]}$

② $K = \dfrac{[CO][H_2]}{[CH_3OH]}$

③ $K = \dfrac{[CH_3OH]}{[CO][H_2]^2}$

④ $K = \dfrac{[CO][H_2]^2}{[CH_3OH]}$

정답  15 ③  16 ③  17 ①  18 ①  19 ③

해설

[평형상수]
- $aA + bB \rightarrow cC$
- 평형상수 $K = \dfrac{[C몰수]^c}{[A몰수]^a[B몰수]^b}$

**20** 알칼리금속의 일반적인 특징에 대한 설명으로 옳지 않은 것은?

① 칼로 잘릴 정도로 무르다.
② 칼륨은 칼슘보다 1차 이온화에너지가 높다.
③ 원자번호가 클수록 반응성이 강하다.
④ 전자를 잃어 양이온으로 이온화한다.

해설

[알칼리금속의 이온화에너지]
- 1차 이온화에너지
  - 같은 주기 : 7족 원소가 가장 크고 1족 원소가 가장 작다.
  - 같은 족 : 아래 쪽으로 갈수록 작고, 위쪽으로 갈수록 크다.
- ② 칼륨(1족)과 칼슘(2족)은 같은 4주기로 칼슘이 1차 이온화에너지가 더 크다.

## 2과목 화재예방과 소화방법

**21** 위험물안전관리법령에 따른 옥내소화전설비의 기준에서 펌프를 이용한 가압송수장치의 경우 펌프의 전양정 H는 소정의 산식에 의한 수치 이상이어야 한다. 전양정 H를 구하는 식으로 옳은 것은? (단, $h_1$은 소방용 호스의 마찰손실수두, $h_2$는 배관의 마찰손실수두, $h_3$는 낙차이며, $h_1$, $h_2$, $h_3$의 단위는 모두 m이다)

① $H = h_1 + h_2 + h_3$
② $H = h_1 + h_2 + h_3 + 0.35\ m$
③ $H = h_1 + h_2 + h_3 + 35\ m$
④ $H = h_1 + h_2 + 0.35\ m$

해설

[옥내소화전 가압송수장치의 전양정]
$H = h_1 + h_2 + h_3 + 35\ m$ 이상

TIP 전양정 공식에 35 m는 옥내소화전 토출압력 0.35 MPa을 수두(물의 높이)로 변환한 값

**22** 다음 중 소화약제가 아닌 것은?

① $CF_3Br$  ② $NaHCO_3$
③ $C_4F_{10}$  ④ $NH_4NO_3$

해설

[$NH_4NO_3$(질산암모늄)]
제1류 위험물로 소화약제가 아니다.

**23** 할로젠화합물 소화약제의 조건으로 옳은 것은?

① 비점이 높을 것
② 기화되기 쉬울 것
③ 공기보다 가벼울 것
④ 연소성이 좋을 것

해설

[할로젠화합물 소화약제]
② 기화하여 열을 흡수해 냉각효과가 있으므로 기화하기 쉬워야 한다.

**24** 일반적으로 고급알코올황산에스터염을 기포제로 사용하며 냄새가 없는 황색의 액체로서 밀폐 또는 준밀폐 구조물의 화재 시 고팽창포로 사용하여 화재를 진압할 수 있는 포소화약제는?

① 단백포소화약제
② 합성계면활성제포소화약제
③ 알코올형포소화약제
④ 수성막포소화약제

해설

[합성계면활성제포]
고급알코올황산에스터염 사용하는 포
TIP '고급' 단어 사용 시 합성계면활성제포

**25** 특정옥외탱크저장소라 함은 옥외탱크저장소 중 저장 또는 취급하는 액체 위험물의 최대수량이 얼마 이상의 것을 말하는가?

① 50만 리터 이상
② 100만 리터 이상
③ 150만 리터 이상
④ 200만 리터 이상

해설

[액체 위험물 최대수량(옥외탱크저장소)]
• 특정 : 100만 L 이상
• 준특정 : 50만 L 이상 100만 L 미만

**26** 위험물안전관리법령상 위험물제조소의 위험물을 취급하는 건축물의 구성부분 중 반드시 내화구조로 하여야 하는 것은?

① 연소의 우려가 있는 기둥
② 바닥
③ 연소의 우려가 있는 외벽
④ 계단

해설

[위험물제조소 방화구획]
• 건축물(벽·기둥·바닥·보·지붕·서까래)
 : 불연재료
• 출입구 외 개구부 없는 외벽 : 내화구조

정답 23 ② 24 ② 25 ② 26 ③

**27** 위험물안전관리법령상 옥내소화전설비의 기준에서 옥내소화전이 개폐밸브 및 호스접속구의 바닥면으로부터 설치 높이 기준으로 옳은 것은?

① 1.2 m 이하
② 1.2 m 이상
③ 1.5 m 이하
④ 1.5 m 이상

해설

[옥내소화전 개폐밸브·호스접속구 높이]
1.5 m 이하

보충 옥외소화전도 1.5 m 이하로 동일

**28** 위험물안전관리법령상 포소화설비가 적응성이 있는 위험물은?

① 알칼리금속과산화물
② 금속분·마그네슘
③ 금수성 물질
④ 인화성 고체

해설

[포소화설비 적응성]
• 포약제 : 물 + 포원액으로 구성
• ①, ②, ③ : 탄산수소염류 소화약제나 팽창질석, 팽창진주암, 모래로만 소화 가능

**29** 질소함유량 약 11 %의 나이트로셀룰로오스를 장뇌와 알코올에 녹여 교질 상태로 만든 것을 무엇이라고 하는가?

① 셀룰로이드
② 펜트리트
③ TNT
④ 나이트로글라이콜

해설

[TNT(트라이나이트로톨루엔)]
나이트로셀룰로오스(질소 11 %)를 장뇌와 알코올에 녹여 교질 상태로 만드는 것

**30** $K_2O_2$가 다음과 조건의 물질과 반응하였을 때 생성물이 같은 물질끼리 묶인 것은?

$$H_2O \quad CO_2 \quad CH_3COOH \quad HCl$$

① $H_2O$, $CH_3COOH$
② $H_2O$, $CO_2$, $HCl$
③ $CH_3COOH$, $HCl$
④ $CO_2$, $CH_3COOH$, $HCl$

해설

[과산화칼륨 ($K_2O_2$) 반응]
• 물과 반응
  $K_2O_2 + H_2O \rightarrow 2\,KOH + 0.5\,O_2$
• 이산화탄소와 반응
  $K_2O_2 + CO_2 \rightarrow K_2CO_3 + 0.5\,O_2$
• 초산과 반응
  $K_2O_2 + 2\,CH_3COOH$
  $\rightarrow 2\,CH_3COOK + H_2O_2$
• 염산과 반응
  $K_2O_2 + 2\,HCl \rightarrow 2\,KCl + H_2O_2$
• ③ 초산, 염산 : 과산화수소($H_2O_2$) 생성

## 31 자연발화가 잘 일어나는 조건에 해당하지 않는 것은?

① 주위 습도가 높을 것
② 열전도율이 클 것
③ 주위 온도가 높을 것
④ 표면적이 넓을 것

**해설**

[자연발화 발생 조건]
- 습도를 높일 것
- 열전도율을 낮출 것
- 주위 온도가 높을 것
- 표면적이 넓을 것

TIP 발화는 습도가 낮아야 발생한다고 생각하기 쉽지만, 자연발화는 주변 습도가 높아야 잘 일어난다.

## 32 프로페인 2 m³이 완전연소할 때 필요한 이론 공기량은 약 몇 m³인가? (단, 공기 중 산소농도는 21 vol%이다)

① 23.81
② 35.72
③ 47.62
④ 71.43

**해설**

[프로페인 연소 시 필요 공기량]
- $C_3H_8 + 5O_2 \rightarrow 3CO_2 + 4H_2O$
- 프로페인 2 m³에 산소 10 m³ 필요
- 이론공기량 = 10 m³ × 100 / 21
  = 47.62 m³

## 33 알코올 화재 시 수성막포소화약제는 내알코올포소화약제에 비하여 소화효과가 낮다. 그 이유로서 가장 타당한 것은?

① 소화약제와 섞이지 않아서 연소면을 확대하기 때문에
② 알코올은 포와 반응하여 가연성 가스를 발생하기 때문에
③ 알코올이 연료로 사용되어 불꽃의 온도가 올라가기 때문에
④ 수용성 알코올로 인해 포가 소멸되기 때문에

**해설**

[수용성 물질 화재에서 수성막포]
- ④ 수용성 물질이 수분을 흡수해 포가 깨져 소멸
- 알코올은 대표적인 수용성 물질

## 34 제5류 위험물의 화재 시 일반적인 조치사항으로 알맞은 것은?

① 분말소화약제를 이용한 질식소화가 효과적이다.
② 할로젠화합물 소화약제를 이용한 냉각소화가 효과적이다.
③ 이산화탄소를 이용한 질식소화가 효과적이다.
④ 다량의 주수에 의한 냉각소화가 효과적이다.

정답 31 ② 32 ③ 33 ④ 34 ④

> **해설**

[제5류 위험물 소화방법]
④ 자기반응성 물질로 스스로 산소를 가지고 발화해 질식소화보다 냉각소화

**35** 마그네슘 분말의 화재 시 이산화탄소 소화약제는 소화적응성이 없다. 그 이유로 가장 적합한 것은?

① 분해반응에 의하여 산소가 발생하기 때문이다.
② 가연성의 일산화탄소 또는 탄소가 생성되기 때문이다.
③ 분해반응에 의하여 수소가 발생하고 이 수소는 공기 중의 산소와 폭명반응을 하기 때문이다.
④ 가연성의 아세틸렌가스가 발생하기 때문이다.

> **해설**

[마그네슘 분말 소화약제]
② 이산화탄소와 만나 1차로 탄소 생성, 2차로 일산화탄소를 생성해 사용 불가

**36** 산성과 반응해 $H_2$가 발생하고, 이산화탄소와 반응해 유독성 기체를 발생하며, 염소와 잘 반응하는 물질은 무엇인가?

① 마그네슘  ② 톨루엔
③ 적린     ④ 메탄올

> **해설**

[마그네슘(Mg) 반응]
- $Mg + 2HCl(산성) \rightarrow MgCl_2 + H_2$
- $Mg + CO_2 \rightarrow MgO + CO$
- $Mg + 2Cl \rightarrow MgCl_2$

**37** 위험물안전관리법령상 분말소화설비의 기준에서 가압용 또는 축압용 가스로 알맞은 것은?

① $O_2$    ② $CO_2$
③ $CH_4$   ④ $C_2H_2$

> **해설**

[분말소화설비 가압·축압용 가스]
질소·이산화탄소

**38** 인화점이 70 ℃ 이상인 제4류 위험물을 저장·취급하는 소화난이도등급 I의 옥외탱크저장소(지중탱크 또는 해상탱크 외의 것)에 설치하는 소화설비는?

① 스프링클러소화설비
② 물분무소화설비
③ 간이소화설비
④ 분말소화설비

> **해설**

[소화난이도 I 옥외탱크저장소 소화설비]
- 황만 저장·취급 : 물분무소화설비
- 인화점 70 ℃ 이상 제4류 위험물 : <u>물분무소화설비</u>·고정식 포소화설비
- 그 밖 : 고정식 포소화설비

정답 ● 35 ② 36 ① 37 ② 38 ②

**39** 불활성가스소화약제 중 IG-541의 구성성분이 아닌 것은?

① $N_2$  ② Ar
③ Ne  ④ $CO_2$

**해설**

[불활성가스소화약제]
- IG - 100 : $N_2$ 100 %
- IG - 55 : $N_2$ 50 % + Ar 50 %
- IG - 541 : $N_2$ 52 % + Ar 40 % + $CO_2$ 8 %

**40** 소화기와 주된 소화효과가 질식소화가 아닌 것은?

① 포소화기
② 분말소화기
③ 탄산가스소화기
④ 할로젠화합물소화기

**해설**

[소화기 주된 소화효과]
① 포소화기 : 질식효과
② 분말소화기 : 질식소화
③ 탄산가스소화기 : 질식소화
④ 할로젠화합물소화기 : 부촉매소화

### 3과목 | 위험물의 성질과 취급

**41** 금속 칼륨에 관한 설명 중 틀린 것은?

① 연해서 칼로 자를 수가 있다.
② 물속에 넣을 때 서서히 녹아 탄산칼륨이 된다.
③ 공기 중에서 빠르게 산화하여 피막을 형성하고 광택을 잃는다.
④ 등유, 경유 등의 보호액에 저장한다.

**해설**

[금속칼륨 특징]
② 물과 격렬히 반응해 수소기체($H_2$) 발생

**42** 제5류 위험물에 해당하지 않는 것은?

① 나이트로셀룰로오스
② 나이트로글리세린
③ 나이트로벤젠
④ 질산메틸

**해설**

[제5류 위험물]
③ 나이트로벤젠 : 4류 위험물 중 제3석유류

TIP '벤젠'이 들어가면 제4류 위험물

### 43. 금수성 물질로만 나열된 것은?

① CH₃CHO, CaC₂, NaClO₄
② K₂O₂, K₂Cr₂O₇, CH₃CHO
③ Ca, Na, CaC₂
④ Na, K₂Cr₂O₇, NaClO₄

**해설**

[금수성 물질(3류)]
① $CH_3CHO$(4류), $CaC_2$(3류), $NaClO_4$(1류)
② $K_2O_2$(1류), $K_2Cr_2O_7$(1류), $CH_3CHO$(4류)
③ <u>$Ca$(3류), $Na$(3류), $CaC_2$(3류)</u>
④ $Na$(3류), $K_2Cr_2O_7$(1류), $NaClO_4$(1류)

### 44. 위험물안전관리법령상 위험물의 지정수량이 틀리게 짝지어진 것은?

① 다이크로뮴산염류 – 500 kg
② 적린 – 100 kg
③ 철분 – 500 kg
④ 금속분 – 500 kg

**해설**

[지정수량]
① 다이크로뮴산염류 (1류) : 1,000 kg

### 45. 다음 물질 중 증기비중이 가장 작은 것은?

① 이황화탄소
② 아세톤
③ 아세트알데하이드
④ 다이에틸에터

**해설**

[증기비중 계산]

$$증기비중 = \frac{증기분자량}{공기분자량(29)}$$

① 이황화탄소(분자량 76) : 76 / 29 = 2.62
② 아세톤(분자량 58) : 58 / 29 = 2
③ <u>아세트알데하이드(분자량 44)</u>
  : 44 / 29 = 1.52
④ 다이에틸에터( 분자량 74)
  : 74 / 29 = 2.55

### 46. 가솔린 저장량이 10,000 L일 때 소화설비 설치를 위한 소요단위는?

① 5
② 4
③ 3
④ 2

**해설**

[소요단위 계산]
• 가솔린(1석유류) 지정수량 : 200 L
• 1 소요단위 = 지정수량 × 10 = 2,000 L
• 총 소요단위 = 10,000 L/2,000 = 5단위

**정답** 43 ③  44 ①  45 ③  46 ①

**47** 다음 중 위험물 지하저장탱크의 시설기준 중 고려해야 할 사항은?

① 보유공지  ② 안전거리
③ 탱크용량  ④ 주변시설

해설

[지하저장탱크 설계기준]
- 지하탱크 저장소는 안전거리 및 보유공지 규제를 받지 않는다.
- 지하에 매설하기 때문에 주변시설에 영향을 받지 않는다.

**48** 다음은 위험물안전관리법령에서 정한 아세트알데하이드등을 취급하는 제조소의 특례에 관한 내용이다. ( ) 안에 해당하지 않는 물질은?

아세트알데하이드등을 취급하는 설비는 ( )·( )·( )·마그네슘 또는 이들을 성분으로 하는 합금으로 만들지 아니할 것

① Ag  ② Hg
③ Cu  ④ Fe

해설

[아세트알데하이드·산화프로필렌 반응물질]
수은(Hg)·은(Ag)·구리(Cu)·마그네슘(Mg)과 반응하므로 사용 불가

**49** 오황화인에 관한 설명으로 옳은 것은?

① 물과 반응하면 불연성 기체가 발생된다.
② 담황색 결정으로서 흡습성과 조해성이 있다.
③ $P_5S_2$로 표현되며 물에 녹지 않는다.
④ 공기 중 상온에서 쉽게 자연발화한다.

해설

[오황화인 특징]
① 물과 반응해 황화수소(가연성) 발생
② 담황색 결정으로 흡습성·조해성 있음
③ $P_2O_5$(오황화인)으로 표현
④ 자연발화하지 않음

**50** 다음 중 황린이 자연발화하기 쉬운 가장 큰 이유는?

① 끓는점이 낮고 증기의 비중이 작기 때문에
② 산소와 결합력이 강하고 착화온도가 낮기 때문에
③ 녹는점이 낮고 상온에서 액체로 되어 있기 때문에
④ 인화점이 낮고 가연성 물질이기 때문에

### 해설
[황린($P_4$) 특징]
- 3류 위험물 중 자연발화성 물질
- ② 산소와 결합력 강하고 착화온도 34 ℃로 낮아 상온에서 자연발화하기 쉽다.

**51** 과산화수소의 성질 또는 취급방법에 관한 설명 중 틀린 것은?

① 햇빛에 의하여 분해한다.
② 인산, 요산 등의 분해방지 안정제를 넣는다.
③ 공기와의 접촉은 위험하므로 저장용기는 밀전(密栓)하여야 한다.
④ 에탄올에 녹는다.

### 해설
[과산화수소 성질]
③ 스스로 분해하여 산소 발생하는 물질로 밀폐시 압력증가로 용기 파손 위험 있다.

**52** 위험물안전관리법령상 제1류 위험물 중 알칼리금속의 과산화물의 운반용기 외부에 표시하여야 하는 주의사항을 모두 나타낸 것은?

① "화기엄금", "충격주의" 및 "가연물접촉주의"
② "화기·충격주의", "물기엄금" 및 "가연물접촉주의"
③ "화기주의" 및 "물기엄금"
④ "화기엄금" 및 "물기엄금"

### 해설
[알칼리금속과산화물(1류) 운반용기 표기]
② "화기·충격주의", "물기엄금", "가연물접촉주의"

**53** 다음 중 물과 접촉 시 유독성의 가스를 발생하지는 않지만 화재의 위험성이 증가하는 것은?

① 인화칼슘  ② 황린
③ 적린    ④ 나트륨

### 해설
[나트륨과 물 반응]
- $Na + H_2O \rightarrow NaOH + 0.5H_2$
- 수소 : 유독성은 없지만 가연성 가스

**54** 다음은 위험물안전관리법령에서 정한 제조소등에서의 위험물의 저장 및 취급에 관한 기준 중 위험물의 유별 저장·취급의 공통기준에 관한 내용이다. ( ) 안에 알맞은 것은?

> ( )은 불티·불꽃·고온체와의 접근이나 과열·충격 또는 마찰을 피하여야 한다.

① 제2류 위험물   ② 제4류 위험물
③ 제5류 위험물   ④ 제6류 위험물

정답 51 ③  52 ②  53 ④  54 ③

> **해설**
>
> [제5류 위험물 저장·취급의 공통기준]
> 불티·불꽃·고온체와의 접근이나 과열·충격 또는 마찰을 피하여야 한다.

**55** 삼황화인과 오황화인의 공통연소생성물을 모두 나타낸 것은?

① $H_2S$, $SO_2$
② $P_2O_5$, $H_2S$
③ $SO_2$, $P_2O_5$
④ $H_2S$, $SO_2$, $P_2O_5$

> **해설**
>
> [황화인 연소생성물]
> - 삼황화인 $P_4S_3 + 8O_2 \rightarrow 3\underline{SO_2} + 2\underline{P_2O_5}$
> - 오황화인 $P_2S_5 + 7.5O_2 \rightarrow 5\underline{SO_2} + \underline{P_2O_5}$

**56** 지정수량에 따른 제4류 위험물 옥외탱크저장소 주위의 보유공지 너비의 기준으로 틀린 것은?

① 지정수량의 500배 이하 - 3m 이상
② 지정수량의 500배 초과 1,000배 이하 - 5 m 이상
③ 지정수량의 1,000배 초과 2,000배 이하 - 9 m 이상
④ 지정수량의 2,000배 초과 3,000배 이하 -15 m 이상

> **해설**
>
> [옥외탱크저장소 보유공지]
>
> | 지정수량 배수 | 공지의 너비 |
> | --- | --- |
> | 500배 이하 | 3 m 이상 |
> | 500 ~ 1,000배 | 5 m 이상 |
> | 1,000 ~ 2,000배 | 9 m 이상 |
> | 2,000 ~ 3,000배 | 12 m 이상 |
> | 3,000 ~ 4,000배 | 15 m 이상 |
> | 4,000배 초과 | • 탱크 지름과 높이 중 큰 것 이상<br>• 최소 15 m 이상<br>• 최대 30 m 이하 |
>
> ※ 지정수량 배수 표기방법 : ~초과 ~이하

**57** 위험물안전관리법령에서는 위험물을 제조 외의 목적으로 취급하기 위한 장소와 그에 따른 취급소의 구분을 4가지로 정하고 있다. 다음 중 법령에서 정한 취급소의 구분에 해당되지 않는 것은?

① 주유취급소
② 특수취급소
③ 일반취급소
④ 이송취급소

> **해설**
>
> [위험물 취급소 종류]
> 이송·주유·일반·판매 취급소
>   이주일판매 : 이 주일 동안 판매

정답 55 ③  56 ④  57 ②

**58** 위험물의 취급 중 소비에 관한 기준으로 틀린 것은?

① 열처리 작업은 위험물이 위험한 온도에 이르지 아니하도록 하여 실시하여야 한다.
② 담금질 작업은 위험물이 위험한 온도에 이르지 아니하도록 하여 실시하여야 한다.
③ 분사도장 작업은 방화상 유효한 격벽 등으로 구획한 안전한 장소에서 하여야 한다.
④ 버너를 사용하는 경우에는 버너의 역화를 유지하고 위험물이 넘치지 아니하도록 하여야 한다.

해설

[위험물 소비 기준]
④ 버너를 사용하는 경우에 버너의 역화를 방지하고 위험물이 넘치지 아니하도록 하여야 한다.

**59** 질산염류의 일반적인 성질에 대한 설명으로 옳은 것은?

① 무색 액체이다.
② 물에 잘 녹는다.
③ 물에 녹을 때 흡열반응을 나타내는 물질은 없다.
④ 과염소산염류보다 충격, 가열에 불안정하여 위험성이 크다.

해설

[질산염류(1류) 성질]
① 무색 또는 백색 고체이다.
② 물에 잘 녹는다.
③ 물에 녹을 때 질산이 있으면 흡열반응
④ 과염소산염류는 위험도 I 로 질산염류보다 위험성이 크다.

**60** 어떤 공장에서 아세톤과 메탄올을 18 L 용기에 각각 10개, 등유를 200 L 드럼으로 3드럼을 저장하고 있다면 각각의 지정수량 배수의 총합은 얼마인가?

① 1.3  ② 1.5
③ 2.3  ④ 2.5

해설

[지정수량 배수 계산]
• 4류 위험물 지정수량
  아세톤(1석유류 수용성) : 400 L
  메탄올(알코올류) : 400 L
  등유(2석유류 비수용성) : 1000 L
• 지정수량 배수
  = (18×20) / 400 + (200×3) / 1000
  = 1.5

# 2021 2회

## 1과목  일반화학

**01** 0.1 M 아세트산 용액의 해리도를 구하면 약 얼마인가? (단, 아세트산 해리상수는 $1.8 \times 10^{-5}$)

① $1.8 \times 10^{-5}$   ② $1.8 \times 10^{-2}$
③ $1.3 \times 10^{-5}$   ④ $1.3 \times 10^{-2}$

**해설**

[해리도 계산]

해리도 $= \sqrt{\dfrac{해리상수}{몰농도}} = \sqrt{\dfrac{1.8 \times 10^{-5}}{0.1}}$
$= 0.013$

**02** 실제기체는 어떤 상태일 때 이상기체 방정식에 잘 맞는가?

① 온도가 높고 압력이 높을 때
② 온도가 낮고 압력이 낮을 때
③ 온도가 높고 압력이 낮을 때
④ 온도가 낮고 압력이 높을 때

**해설**

[이상기체 방정식]
- 부피가 매우 클 때 실제기체는 이상기체처럼 행동한다.
- 부피는 온도와 비례, 압력과 반비례해 온도 높고 압력 낮을수록 이상기체화

**03** 0 ℃의 얼음 20 g을 100 ℃의 수증기로 만드는 데 필요한 열량은? (단, 융해열은 80 cal/g, 기화열은 539 cal/g이다)

① 3,600 cal   ② 11,600 cal
③ 12,380 cal  ④ 14,380 cal

**해설**

[열량 계산(현열·잠열)]
현열 $Q_1 = mC\Delta T = 20 \times 1 \times (100 - 0)$
$= 2,000$ cal
잠열 $Q_2 = m\gamma_1 + m\gamma_2$
$= 20 \times 80 + 20 \times 539$
$= 12,380$ cal
총열량 $Q_t = Q_1 + Q_2 = 2,000 + 12,380$
$= 14,380$ cal

$m$ : 질량(g)
$\gamma_1$ : 융해잠열(cal/g)
$\gamma_2$ : 기화잠열(cal/g)
$C$ : 비열(cal/g·K), $\Delta T$ : 온도 변화(K)

정답  01 ④   02 ③   03 ④

**04** 분자식이 같으면서도 구조가 다른 유기 화합물을 무엇이라고 하는가?

① 이성질체　② 동소체
③ 동위원소　④ 방향족화합물

> **해설**
>
> [이성질체]
> 같은 분자식이나 성질, 구조가 다른 물질
>
> 암 동소체
> 같은 원소지만 배열이 달라 성질이 다른 반면 소생성물은 같은 물질

**05** 다음 금속의 쌍으로 전기화학 전지를 만들 때 외부 전류가 화살표 방향으로 흐르는 것은?

① Fe → Ag　② Zn → Cu
③ Au → Fe　④ Zn → Ag

> **해설**
>
> [반응성에 의한 전지 내 전류]
> - 전자 방향 : (-)극 → (+)극
>   전류 방향 : (+)극 → (-)극
> - 금속류 반응 시 반응성이 높은 물질이 낮은 물질에게 전자를 내어준다.
>   ① Fe : (-)극 , Ag : (+)극
>   ② Zn : (-)극 , Cu : (+)극
>   ③ Au : (+)극 , Fe : (-)극
>   ④ Zn : (-)극 , Ag : (+)극
>
> 보충 반응성 순서
> 칼륨 ≫ 칼슘 ≫ 나트륨 ≫ 마그네슘 ≫ 알루미늄 ≫ 아연 ≫ 철 ≫ 리튬 ≫ 주석 ≫ 납 ≫ 수소 ≫ 구리 ≫ 수은 ≫ 은 ≫ 백금 ≫ 금
> 암 칼카나마 알아철리 주납수구 수은백금

**06** 다음 중 배수비례의 법칙이 성립하는 화합물을 나열한 것은?

① $CH_4$, $CCl_4$
② $SO_2$, $SO_3$
③ $H_2O$, $H_2S$
④ $SN_3$, $BH_3$

> **해설**
>
> [배수비례 법칙]
> - 원소 2개로 된 화합물 2종류를 비교할 때 한 원소에 결합질량비는 일정정수비
> - ② $SO_2$와 $SO_3$ : S에 산소질량비 2 : 3이 성립하므로 배수비례법칙 적용

**07** 농도를 모르는 20 mL의 황산 용액을 중화시키려면 0.2 N의 NaOH 용액이 10 mL가 필요하다. 황산의 몰농도는 몇 M인가?

① 0.05　② 0.10
③ 0.01　④ 0.02

> **해설**
>
> [중화반응에서 농도계산]
> - $N_1 \times V_1 = N_2 \times V_2$
>   (1 : $H_2SO_4$, 2 : NaOH)
>   $N_1 \times 20$ mL = 0.2 N × 10 mL
>   황산 노르말농도 $N_1$ = 0.1 N
> - 황산은 2가이므로 0.1 N = 0.05 M

**08** 농도 단위에서 [N]의 의미를 가장 옳게 나타낸 것은?

① 용액 100 g 속에 녹아 있는 용질의 g 수
② 용액 1 L 속에 녹아 있는 산 염기의 g 당량수
③ 용액 1 L 속에 녹아 있는 용질의 몰수
④ 용매 1000 g 속에 녹아 있는 용질의 몰수

**해설**

[노르말 농도(N)]
- 용액 1 L 속 녹아 있는 용질 g당량수
- $g$당량 = 몰수(mol) × 전자가

**09** 다음 중 $KMnO_4$의 Mn의 산화수는?

① +1　　② +3
③ +5　　④ +7

**해설**

[산화수 계산]
- O : -2
- K (1족) : +1
- 산화수 = +1 + Mn + (-2×4) = 0
  Mn = +7

**10** 다음 중 1족 알칼리 금속의 반응성이 큰 순서대로 나열된 것은?

① Cs ≫ Rb ≫ K ≫ Na ≫ Li
② Li ≫ Na ≫ K ≫ Rb ≫ Cs
③ K ≫ Na ≫ Rb ≫ Cs ≫ Li
④ Na ≫ K ≫ Rb ≫ Cs ≫ Li

**해설**

[알칼리금속 반응성]
- 원자번호가 커질수록 반응성 증가
- Cs (55번) ≫ Rb (37번) ≫ K (19번) ≫ Na (11번) ≫ Li (3번)

**11** 2M $Ca(OH)_2$ 용액 200 mL를 만들고자 할 때 50% $Ca(OH)_2$ 용액은 몇 g이 필요한가? (단, Ca의 원자량은 40이다)

① 59.2　　② 29.6
③ 79.2　　④ 148

**해설**

[특정농도 용액 제조]
- 2M $Ca(OH)_2$ 내에 몰수

$$\text{몰농도} = \frac{\text{몰 수}}{\text{용액의 양}} = \frac{m}{0.2L} = 2M$$

몰수 $m = 0.4 mol$

- 50 % $Ca(OH)_2$ 계산
  용질량 $w = 0.4 \times (40 + 2 \times 17) = 29.6\,g$
  50% 용액이므로 $29.6 \times \frac{100\%}{50\%} = 59.2\,g$

정답 ● 08 ② 09 ④ 10 ① 11 ①

2021년 2회

**12** 질산은 용액에 담갔을 때 은(Ag)이 석출되지 않는 것은?

① 백금  ② 납
③ 구리  ④ 아연

**해설**

[은(Ag) 석출]
- 반응성 순서
  아연 ≫ 납 ≫ 구리 ≫ 은(Ag) ≫ 백금
- 백금이 은(Ag)보다 반응성이 적으므로 은이 이온화상태를 유지한다.

**보충** 반응성 순서
칼륨 ≫ 칼슘 ≫ 나트륨 ≫ 마그네슘 ≫ 알루미늄 ≫ 아연 ≫ 철 ≫ 리튬 ≫ 주석 ≫ 납 ≫ 수소 ≫ 구리 ≫ 수은 ≫ 은 ≫ 백금 ≫ 금

**암** 칼카나마 알아철리 주납수구 수은백금

**13** 다음 (  ) 안에 알맞은 것을 차례대로 옳게 나열한 것은?

> 납축전지는 ㈀ 극은 납으로, ㈁ 극은 이산화납으로 되어 있는데 방전시키면 두 극이 다 같이 회백색의 ㈂ 로 된다. 따라서 용액 속의 ㈃ 은 소비되고 용액의 비중이 감소한다.

① ㈀ +, ㈁ -, ㈂ $PbSO_4$, ㈃ $H_2SO_4$
② ㈀ -, ㈁ +, ㈂ $PbSO_4$, ㈃ $H_2SO_4$
③ ㈀ +, ㈁ -, ㈂ $H_2SO_4$, ㈃ $PbSO_4$
④ ㈀ -, ㈁ +, ㈂ $H_2SO_4$, ㈃ $PbSO_4$

**해설**

[납축전지]
- 충전 시 : 황산($H_2SO_4$) 내에 (+)판 과산화납($PbO_2$), (-)판 납(Pb)
- 방전 시 : 양극판이 황산납($PbSO_4$)이 되고 그 과정에서 물($H_2O$)이 생성, 황산($H_2SO_4$)이 소비된다.

**14** 쌍극자 모멘트의 합이 0인 것으로만 나열된 것은?

① $H_2O$, $CS_2$  ② $NH_3$, HCl
③ HF, $H_2S$  ④ $C_6H_6$, $CH_4$

**해설**

[쌍극자 모멘트]
- 양전하와 음전하가 치우친 정도의 값
- 비극성일 때 쌍극자 모멘트가 0이다.
벤젠($C_6H_6$)과 메테인($CH_4$)은 비극성

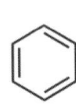

벤젠          메테인

**15** Rn은 α선 및 β선을 2번씩 방출하고 다음과 같이 변했다. 마지막 Po의 원자번호는 얼마인가? (단, Rn의 원자번호는 86, 원자량은 222이다)

$$Rn \xrightarrow{a} Po \xrightarrow{a} Pb \xrightarrow{\beta} Bi \xrightarrow{\beta} Po$$

① 78  ② 81
③ 84  ④ 87

**해설**

[α선과 β선]
- α선 : 원자번호 2 감소, 원자량 4 감소
  β선 : 원자번호 1 증가
- Po 원자번호 = 86 - 2 - 2 + 1 + 1 = 84

**16** 일반적으로 환원제가 될 수 있는 물질이 아닌 것은?

① 수소를 내기 쉬운 물질
② 전자를 잃기 쉬운 물질
③ 산소와 화합하기 쉬운 물질
④ 발생기의 산소를 내는 물질

**해설**

[산화제와 환원제]
- 산화제 : 남을 산화시켜 자신은 환원되는 물질
- 환원제 : 남을 환원시켜 자신은 산화되는 물질
⇒ ④ 산소를 내어 자신은 환원 다른 물질 산화
  TIP 산화 : 산소 얻음, 전자·수소를 잃음
       환원 : 산소 잃음, 전자·수소를 얻음

**17** 물($H_2O$)의 끓는점이 황화수소($H_2S$)의 끓는점보다 높은 이유는?

① 분자량이 작기 때문에
② 수소결합 때문에
③ pH가 높기 때문에
④ 극성 결합 때문에

**해설**

[물의 비등점]
- $H_2O$와 다른 $H_2O$가 서로 수소결합
- 수소결합하여 물 분자 간 결합력이 강해져 비등점(끓는점)이 높아진다.

**18** 다음 중 침전을 형성하는 조건은?

① 이온곱 > 용해도곱
② 이온곱 = 용해도곱
③ 이온곱 < 용해도곱
④ 이온곱 + 용해도곱 = 1

**해설**

[침전]
- 이온곱 ≫ 용해도곱 상태일 때 침전 발생
- 이온곱 : 용질이 실제 녹은 양의 값
- 용해도곱 : 포화상태일 때 녹는 용질 값

정답 ● 15 ③  16 ④  17 ②  18 ①

**19** 다음 반응식에서 산화된 성분은?

$$MnO_2 + 4HCl \rightarrow MnCl_2 + 2H_2O + Cl_2$$

① Mn  　　② O
③ H  　　　④ Cl

해설
[산화된 성분 찾기]
- 산화 : H를 잃거나 O를 얻는 물질
- ④ Cl : HCl에서 H를 잃어 Cl이 되었으므로 산화되었다.

**20** 다이클로로벤젠의 구조이성질체의 수는 몇 개인가?

① 5  　　　② 4
③ 3  　　　④ 2

해설
[디클로로벤젠($C_6H_4Cl_2$) 구조이성질체]
총 3가지 이성질체가 있다.

---

**2과목**　　화재예방과 소화방법

**21** 소화기와 주된 소화효과가 질식소화가 아닌 것은?

① 포소화기
② 분말소화기
③ 탄산가스소화기
④ 할로젠화합물소화기

해설
[소화기 주된 소화효과]
① 포소화기 : 질식효과
② 분말소화기 : 질식소화
③ 탄산가스소화기 : 질식소화
④ 할로젠화합물소화기 : 부촉매소화

**22** 하론 2402를 소화약제로 사용하는 이동식 할로젠화물소화설비는 20 ℃의 온도에서 하나의 노즐마다 분당 방사되는 소화약제의 양(kg)을 얼마 이상으로 하여야 하는가?

① 5  　　　② 35
③ 45  　　④ 50

해설
[이동식 할로겐소화설비 분당 방사량]
- 할론 2402 : 45 kg 이상
- 할론 1211 : 40 kg 이상
- 할론 1301 : 35 kg 이상

정답　19 ④　20 ③　21 ④　22 ③

**23** 위험물제조소등에 설치하는 옥외소화전설비에 있어서 옥외소화전함은 옥외소화전으로부터 보행거리 몇 m 이하의 장소에 설치하는가?

① 2  ② 3
③ 5  ④ 10

해설
[옥외소화전 보행거리 기준]
옥외소화전과 옥외소화전함까지 보행거리 5 m 이하 장소에 설치

**24** 강화액소화기에 대한 설명으로 옳은 것은?

① 물의 유동성을 크게 하기 위한 유화제를 첨가한 소화기이다.
② 물의 표면장력을 강화한 소화기이다.
③ 산 알칼리 액을 주성분으로 한다.
④ 물의 소화효과를 높이기 위해 염류를 첨가한 소화기이다.

해설
[강화액소화기]
④ 물의 침투력을 강화하기 위해 탄산칼륨($K_2CO_3$, 염류) 첨가한 소화기

**25** 인화성 액체의 화재의 분류로 옳은 것은?

① A급 화재   ② B급 화재
③ C급 화재   ④ D급 화재

해설
[화재 분류]
• A : 일반 화재
• B : 유류 화재
• C : 전기 화재
• D : 금속 화재 일류전금

암 일류전금

**26** 마그네슘에 화재가 발생하여 물을 주수하였다. 그에 대한 설명으로 옳은 것은?

① 냉각소화효과에 의해서 화재가 진압된다.
② 주수된 물이 증발하여 질식소화효과에 의해서 화재가 진압된다.
③ 수소가 발생하여 폭발 및 화재 확산의 위험성이 증가한다.
④ 물과 반응하여 독성 가스를 발생한다.

해설
[마그네슘(2류 위험물)]
③ 금속물질로 물과 닿으면 수소 발생

정답  23 ③  24 ④  25 ②  26 ③

**27** 종별 분말소화약제에 대한 설명으로 틀린 것은?

① 제1종은 탄산수소나트륨을 주성분으로 한 분말
② 제2종은 탄산수소나트륨과 탄산칼슘을 주성분으로 한 분말
③ 제3종은 제1인산암모늄을 주성분으로 한 분말
④ 제4종은 탄산수소칼륨과 요소와의 반응물을 주성분으로 한 분말

> 해설

[분말약제 주성분]
- 1종 탄산수소나트륨($NaHCO_3$)
- 2종 탄산수소칼륨($KHCO_3$)
- 3종 인산암모늄($NH_4H_2PO_4$)
- 4종 탄산수소칼륨($KHCO_3$) + 요소($(NH_2)_2CO$)

**28** 위험물안전관리법령상 제3류 위험물 중 금수성 물질 이외의 것에 적응성이 있는 소화설비는?

① 할로젠화합물소화약제
② 불활성가스소화설비
③ 포소화설비
④ 분말소화설비

> 해설

[포소화설비]
- 포약제 : 물 + 포원액으로 구성
- 황린(자연발화설 물질) : 냉각소화하는 물질로 포소화설비가 적응성이 있음

**29** 자연발화가 일어날 수 있는 조건으로 가장 옳은 것은?

① 주위의 온도가 낮을 것
② 표면적이 작을 것
③ 열전도율이 작을 것
④ 발열량이 작을 것

> 해설

[자연발화의 발생 조건]
- 습도를 높일 것
- 열전도율을 낮출 것
- 주위 온도가 높을 것
- 표면적이 넓을 것

**30** 화재 예방을 위하여 이황화탄소는 액면 자체 위에 물을 채워주는데 그 이유로 가장 타당한 것은?

① 공기와 접촉하면 발생하는 불쾌한 냄새를 방지하기 위하여
② 발화점을 낮추기 위하여
③ 불순물을 물에 용해시키기 위하여
④ 가연성 증기의 발생을 방지하기 위하여

정답 27 ② 28 ③ 29 ③ 30 ④

> **해설**

[이황화탄소]
- 가연성 기체가 발생하는 물질
- ④ 비중이 큰 액체로 물 밑에 저장해 가연성 기체 방지

**31** 위험물안전관리법령상 제3류 위험물 중 금수성 물질에 적응성이 있는 소화기는?

① 할로젠화합물 소화기
② 인산염류분말소화기
③ 이산화탄소소화기
④ 탄산수소염류분말소화기

> **해설**

[금수성 물질(3류) 소화방법]
탄산수소염류 분말소화설비 · 건조사 · 팽창질석 · 팽창진주암

**32** 불활성가스소화약제 중 IG-541의 구성성분이 아닌 것은?

① $N_2$   ② Ar
③ He     ④ $CO_2$

> **해설**

[불활성가스소화약제]
- IG-100 : $N_2$ 100 %
- IG-55 : $N_2$ 50 % + Ar 50 %
- IG-541 : $N_2$ 52 % + Ar 40 % + $CO_2$ 8 %

**33** 물이 일반적인 소화약제로 사용될 수 있는 특징에 대한 설명 중 틀린 것은?

① 증발잠열이 크기 때문에 냉각시키는 데 효과적이다.
② 물을 사용한 봉상수 소화기는 A급, B급 및 C급 화재의 진압에 적응성이 뛰어나다.
③ 비교적 쉽게 구해 이용 가능하다.
④ 펌프, 호스 등을 이용하여 이송이 비교적 용이하다.

> **해설**

[소화약제로서의 물]
② 봉상수(비교적 입자가 큰) 소화기는 B(유류) · C(전기)급 화재에 적응성이 없다.

> TIP 무상수 소화기 : A · C급 화재 적응성 있음
> 무상강화액소화기 : A · B · C 모두 적응성 있음

**34** 위험물안전관리법령상 물분무등소화설비에 포함되지 않는 것은?

① 포소화설비
② 분말소화설비
③ 스프링클러설비
④ 불활성가스소화설비

> **해설**

[물분무등소화설비 종류]
- 물분무소화설비
- 포소화설비
- 불활성가스소화설비
- 할로젠화합물소화설비
- 분말소화설비

> TIP 스프링클러, 옥내 · 외소화전을 제외한 모든 소화설비는 물분무등소화설비

정답 31 ④  32 ③  33 ②  34 ③

## 35 불활성가스소화설비에 의한 소화적응성이 없는 것은?

① $C_3H_5(ONO_2)_3$
② $C_6H_4(CH_3)_2$
③ $CH_3COCH_3$
④ $C_2H_5OC_2H_5$

**해설**

[불활성가스소화설비 적응성]
① $C_3H_5(ONO_2)_3$(나이트로글리세린, 제5류) 스스로 산소를 제공할 수 있어 불활성 가스소화(질식소화) 불가

## 37 질식효과를 위해 포의 성질로서 갖추어야 할 조건으로 가장 거리가 먼 것은?

① 기화성이 좋을 것
② 부착성이 있을 것
③ 유동성이 좋을 것
④ 바람 등에 견디고 응집성과 안정성이 있을 것

**해설**

[포소화약제의 조건]
포가 기화성이 좋으면 덮힌 포가 날아가 산소차단효과(질식효과)가 약해진다.

## 36 위험물안전관리법령에서 정한 물분무소화설비의 설치 기준에서 물분무소화설비의 방사구역은 몇 m² 이상으로 하여야 하는가? (단, 방호대상물의 표면적이 150 이상인 경우이다)

① 75
② 100
③ 150
④ 350

**해설**

[물분무소화설비 방사구역]
- 방호대상물 표면적 150 m² 이상 : 150 m²로 산정
- 방호대상물 표면적 150 m² 미만 : 당해 표면적으로 산정

## 38 위험물안전관리법령상 전역방출방식의 분말소화설비에서 분사헤드의 방사압력은 몇 MPa 이상이어야 하는가?

① 0.1
② 0.5
③ 1
④ 3

**해설**

[분말소화설비 헤드 방사압]
전역·국소 방출방식 모두 0.1 MPa 이상

**정답** 35 ① 36 ③ 37 ① 38 ①

**39** 위험물안전관리법령상 위험물제조소의 위험물을 취급하는 건축물의 구성부분 중 반드시 내화구조로 하여야 하는 것은?

① 연소의 우려가 있는 기둥
② 바닥
③ 연소의 우려가 있는 외벽
④ 계단

**해설**

[위험물제조소 방화구획]
- 건축물(벽·기둥·바닥·보·지붕·서까래) : 불연재료
- 출입구 외 개구부 없는 외벽 : 내화구조

**40** 위험물취급소의 건축물 연면적이 500 m²인 경우 소요단위는? (단, 외벽은 내화구조이다)

① 2단위    ② 5단위
③ 10단위   ④ 50단위

**해설**

[소요단위 계산]
- 1 소요단위 기준

| 구분 | 내화구조 | 비내화구조 |
|---|---|---|
| 제조소 취급소 | 연면적 100 m² | 연면적 50 m² |
| 저장소 | 연면적 150 m² | 연면적 75 m² |
| 위험물 | 지정수량 10배 | |

- 소요단위 = 500 m² / 100 m²
         = 5 소요단위

## 3과목   위험물의 성질과 취급

**41** 연소반응을 위한 산소 공급원이 될 수 없는 것은?

① 과망가니즈산칼륨
② 염소산칼륨
③ 탄화칼슘
④ 질산칼륨

**해설**

[산소 공급원]
- 탄화칼슘 : 제3류 위험물(금수성 물질)로 산소 공급원이 아닌 가연물
- ①, ②, ④는 제1류 위험물로 산소공급원

**42** 다음과 같이 위험물을 저장할 경우 각각의 지정수량 배수의 총합은 얼마인가?

- 클로로벤젠 : 1,000 L
- 동식물유류 : 5,000 L
- 제4석유류 : 12,000 L

① 2.5    ② 3.0
③ 3.5    ④ 4.0

**해설**

[지정수량 배수 계산]
- 지정수량
  클로로벤젠 1,000 L
  동식물유류 10,000 L
  제4석유류 6,000 L

• 지정수량 배수
= (1,000 / 1,000) + (5,000 / 10,000)
+ (12,000 / 6,000) = 3.5 배수

**43** 질산염류의 일반적인 성질에 대한 설명으로 옳은 것은?

① 무색 액체이다.
② 물에 잘 녹는다.
③ 물에 녹을 때 흡열반응을 나타내는 물질은 없다.
④ 과염소산염류보다 충격, 가열에 불안정하여 위험성이 크다.

**해설**

[질산염류(1류) 성질]
① 무색 또는 백색 고체이다.
② 물에 잘 녹는다.
③ 질산암모늄은 흡열반응
④ 과염소산염류는 위험도 I 로 질산염류보다 위험성이 크다.

**44** 제5류 위험물에 해당하지 않는 것은?

① 나이트로셀룰로오스
② 나이트로글리세린
③ 나이트로벤젠
④ 질산메틸

**해설**

[제5류 위험물]
③ 나이트로벤젠 : 4류 위험물 중 제3석유류
TIP '벤젠'이 들어가면 제4류 위험물

**45** 위험물 주유취급소의 주유 및 급유 공지의 바닥에 대한 기준으로 옳지 않은 것은?

① 주위 지면보다 낮게 할 것
② 표면을 적당하게 경사지게 할 것
③ 배수구, 집유설비를 할 것
④ 유분리장치를 할 것

**해설**

[주유취급소 바닥 기준]
① 기름누수 시 고이지 않도록 주위 지면보다 높게 해야 한다.

**46** 제3류 위험물 중 금수성 물질의 위험물 제조소에 설치하는 주의사항 게시판의 색상 및 표시 내용으로 옳은 것은?

① 청색바탕 – 백색문자, "물기엄금"
② 청색바탕 – 백색문자, "물기주의"
③ 백색바탕 – 청색문자, "물기엄금"
④ 백색바탕 – 청색문자, "물기주의"

**해설**

[금수성 물질 게시판 색상 및 표시]
• 주의사항 : 물기엄금
• 색상 : 청색바탕 및 백색문자

정답  43 ②  44 ③  45 ①  46 ①

**47** 이동저장탱크로부터 위험물을 저장 또는 취급하는 탱크에 인화점이 몇 ℃ 미만인 위험물을 주입할 때에는 이동탱크저장소의 원동기를 정지시켜야 하는가?

① 21
② 40
③ 71
④ 200

**해설**
탱크에 인화점이 40 ℃ 미만인 위험물 주입 시 원동기 열에 의해 가연성 기체가 발생할 수 있어 이동탱크저장소 원동기 정지

**48** 위험물을 저장 또는 취급하는 탱크의 용량 산정방법에 관한 설명으로 옳은 것은?

① 탱크의 내용적에서 공간용적을 뺀 용적으로 한다.
② 탱크의 공간용적에서 내용적을 뺀 용적으로 한다.
③ 탱크의 공간용적에 내용적을 더한 용적으로 한다.
④ 탱크의 볼록하거나 오목한 부분을 뺀 용적으로 한다.

**해설**
[탱크용량 산정]
① 탱크용량 = 내용적 - 공간용적

**49** 삼황화인과 오황화인의 공통 연소생성물을 모두 나타낸 것은?

① $H_2S$, $SO_2$
② $P_2O_5$, $H_2S$
③ $SO_2$, $P_2O_5$
④ $H_2S$, $SO_2$, $P_2O_5$

**해설**
[황화인 연소생성물]
• 삼황화인 $P_4S_3 + 8O_2 \rightarrow 3SO_2 + 2P_2O_5$
• 오황화인 $P_2S_5 + 7.5O_2 \rightarrow 5SO_2 + P_2O_5$

**50** 다음 중 조해성이 있는 황화인만 모두 선택하여 나열한 것은?

$P_4S_3$, $P_2S_5$, $P_4S_7$

① $P_4S_3$, $P_2S_5$
② $P_4S_3$, $P_4S_7$
③ $P_2S_5$, $P_4S_7$
④ $P_4S_3$, $P_2S_5$, $P_4S_7$

**해설**
[황화인의 조해성]
• 조해성 : 수분을 흡수해 녹는 성질
• $P_2S_5 \cdot P_4S_7$만 조해성이 있음

정답 47 ② 48 ① 49 ③ 50 ③

## 51
그림과 같은 위험물을 저장하는 탱크의 내용적은 약 몇 m³인가? (단, r은 10 m, L은 25 m이다)

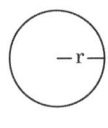 

① 3,612
② 4,754
③ 5,812
④ 7,854

**해설**

[탱크 내용적 계산]
$V = \pi r^2 \times L = \pi \times 10^2 \times 25 = 7,854 \, m^3$

## 52
다음 위험물 중 인화점이 가장 높은 것은?

① 메탄올
② 휘발유
③ 아세트산메틸
④ 메틸에틸케톤

**해설**

[제4류 위험물 인화점 구분]
① 메탄올 : 알코올류
②, ③, ④ : 제1석유류로 알코올류보다 낮음

TIP 인화점을 외우지 말고 석유류 구분을 외워 풀이

## 53
제4류 위험물을 저장하는 이동탱크저장소의 탱크 용량이 19,000 L일 때 탱크의 칸막이는 최소 몇 개를 설치해야 하는가?

① 2
② 3
③ 4
④ 5

**해설**

[이동저장탱크 칸막이]
• 4,000 L마다 강철판으로 구획
• 19,000 L는 5개로 나눠 4개 칸막이 필요

## 54
물과 접촉하였을 때 에탄이 발생되는 물질은?

① $CaC_2$
② $(C_2H_5)_3Al$
③ $C_6H_3(NO_2)_3$
④ $C_2H_5ONO_2$

**해설**

[트라이에틸알루미늄[$(C_2H_5)_3Al$]과 물 반응]
• $(C_2H_5)_3Al + 3H_2O \rightarrow Al(OH)_3 + 3C_2H_6$
• 물과 반응해 에테인($C_2H_6$) 생성

## 55
제1류 위험물 중 무기과산화물 150 kg, 질산염류 300 kg, 다이크로뮴산염류 3000 kg을 저장하고 있다. 각각 지정수량의 배수의 총합은 얼마인가?

① 5
② 6
③ 7
④ 8

**해설**

[지정수량 배수 계산]
- 지정수량
  무기과산화물 : 50 kg
  질산염류 : 300 kg
  다이크로뮴산염류 : 1,000 kg
- 지정수량 배수총합
  = 150/50 + 300/300 + 3,000/1,000
  = 7

**56** 아세트알데하이드의 저장 시 주의할 사항으로 틀린 것은?

① 구리나 마그네슘 합금 용기에 저장한다.
② 화기를 가까이 하지 않는다.
③ 용기의 파손에 유의한다.
④ 찬 곳에 저장한다.

**해설**

[아세트알데하이드 주의사항]
① 산화프로필렌과 함께 수은·은·구리·마그네슘 용기와 반응해 사용 불가

**57** 위험물을 지정수량이 큰 것부터 작은 순서로 옳게 나열한 것은?

① 나이트로글리세린 > 브로민산칼륨 > 벤조일퍼옥사이드
② 나이트로글리세린 > 벤조일퍼옥사이드 > 브로민산칼륨
③ 브로민산칼륨 > 벤조일퍼옥사이드 > 나이트로글리세린
④ 브로민산칼륨 > 나이트로글리세린 > 벤조일퍼옥사이드

**해설**

[위험물 지정수량 비교]
- 브로민산칼륨(브로민산염류, 1류) : 300 kg
- 나이트로글리세린(질산에스터류, 5류) : 10 kg
- 벤조일퍼옥사이드(유기과산화물, 5류) : 100 kg
→ 나이트로글리세린 ≫ 벤조일퍼옥사이드 ≫ 브로민산염류

**58** 위험물안전관리법령에서 정하는 제조소와의 안전거리의 기준이 다음 중 가장 큰 것은?

①「고압가스 안전관리법」의 규정에 의하여 허가를 받거나 신고를 하여야 하는 고압가스저장시설
② 사용전압이 35,000 V를 초과하는 특고압가공전선
③ 병원, 학교, 극장
④「문화유산의 보존 및 활용에 관한 법률」및「자연유산의 보존 및 활용에 관한 법률」의 규정에 의한 유형문화재와 기념물 중 지정문화재

정답 56 ① 57 ④ 58 ④

**해설**

[위험물제조소 안전거리]

| 시설종류 | 안전거리 |
|---|---|
| 지정문화유산 및 천연기념물 등 | 50 m 이상 |
| 병원·학교·극장 | 30 m 이상 |
| 고압가스·액화석유가스 | 20 m 이상 |
| 주거용 건축물 | 10 m 이상 |
| 전압 35,000 V 초과 특고압전선 | 5 m 이상 |
| 전압 7,000 ~ 35,000 V 특고압전선 | 3 m 이상 |

**59** 제조소등의 관계인은 당해 제조소등의 용도를 폐지한 때에는 총리령이 정하는 바에 따라 제조소등의 용도를 폐지한 날부터 며칠 이내에 시·도지사에게 신고하여야 하는가?

① 5일  ② 7일
③ 14일  ④ 21일

**해설**

제조소등의 용도를 폐지한 날부터 14일 이내 시·도지사에게 신고

**60** 제4류 위험물 중 제1석유류를 저장, 취급하는 장소에서 정전기를 방지하기 위한 방법으로 볼 수 없는 것은?

① 가급적 습도를 낮춘다.
② 주위 공기를 이온화시킨다.
③ 위험물 저장, 취급설비를 접지시킨다.
④ 사용기구 등은 도전성 재료를 사용한다.

**해설**

[정전기 제거방법]
- 접지
- 상대습도 70 % 이상
- 공기 이온화

정답 ● 59 ③  60 ①

## 2021 4회

**1과목** 일반화학

**01** 다음 중 파장이 가장 짧으면서 투과력이 가장 강한 것은?

① $\alpha$선  ② $\beta$선
③ $\gamma$선  ④ X선

**해설**

[방사선 파장]
$\gamma$선은 높은 에너지를 가진 파장으로 파장 중 투과력이 가장 강하다.

**02** 질량수 52인 크로뮴의 중성자수와 전자수는 각각 몇 개인가? (단, 크로뮴의 원자번호는 24이다)

① 중성자수 24, 전자 수 24
② 중성자수 24, 전자 수 52
③ 중성자수 28, 전자 수 24
④ 중성자수 52, 전자 수 24

**해설**

[크로뮴(Cr) 원자]
• 원자번호 = 양성자수
• 질량수 = 중성자수 + 양성자수 = 52
• 중성자수 = 28
• 전자수 = 24(양성자수와 동일)

**03** 금속의 특징에 대한 설명 중 틀린 것은?

① 고체 금속은 연성과 전성이 있다.
② 고체상태에서 결정구조를 형성한다.
③ 반도체, 절연체에 비하여 전기전도도가 크다.
④ 상온에서 모두 고체이다.

**해설**

[금속의 특징]
④ 대부분 금속은 고체이지만 수은(Hg)은 금속이자 액체이다.

**04** 다음 화학반응 중 $H_2O$가 염기로 작용한 것은?

① $CH_3COOH + H_2O \rightarrow CH_3COO^- + H_3O^+$
② $NH_3 + H_2O \rightarrow NH_4^+ + OH^-$
③ $CO_3^{2-} + 2H_2O \rightarrow H_2CO_3 + 2OH^-$
④ $Na_2O + H_2O \rightarrow 2NaOH$

**해설**

[산과 염기]
• 염기 : 수소·전자를 얻거나 산소를 잃는 물질
• ① $H_2O \rightarrow H_3O^+$가 되었으므로 염기이다.

**정답** 01 ③  02 ③  03 ④  04 ①

**05** 25 g의 암모니아가 과잉의 황산과 반응하여 황산암모늄이 생성될 때 생성된 황산암모늄의 양은 약 얼마인가? (단, 황산암모늄의 몰질량은 132 g/mol이다)

① 82 g      ② 86 g
③ 92 g      ④ 97 g

**해설**

[암모니아와 황산 반응식]
- $2NH_3 + H_2SO_4 \rightarrow (NH_4)_2SO_4$ (황산암모늄)
- 암모니아 몰수 = 25 g / 17 = 1.47 mol
- 황산암모늄 생성몰수 = 1.47 × 1/2 mol
- 황산암모늄 질량 = 1.47 × 0.5 × 132 = 97 g

**06** 다음 물질 중 $C_2H_2$와 첨가반응이 일어나지 않는 것은?

① 염소      ② 수은
③ 브로민      ④ 아이오딘

**해설**

[첨가반응]
- 다중결합(이중·삼중)물질에 다른 물질이 첨가되어 결합하는 것
- 첨가물질 종류 : H, 할로젠원소 F·Cl·Br·I 등

TIP 수은을 제외한 3가지가 모두 성질이 비슷한 할로젠원소이므로 수은임을 예측할 수 있음

**07** 3가지 기체 물질 A, B, C가 일정한 온도에서 다음과 같은 반응을 하고 있다. 평형에서 A, B, C가 각각 1몰, 2몰, 4몰이라면 평형상수 K의 값은?

$$A + 3B \rightarrow 2C + 열$$

① 0.5      ② 2
③ 3      ④ 4

**해설**

[평형상수]
- 반응식 $aA + bB \rightarrow cC$
- 평형상수

$$K = \frac{[C몰수]^c}{[A몰수]^a [B몰수]^b} = \frac{4^2}{1^1 \times 2^3} = 2$$

**08** 표준상태에서 기체 A 1 L 무게는 1.964 g이다. A의 분자량은?

① 44      ② 16
③ 4      ④ 2

**해설**

[표준상태 분자량 계산]
- 표준상태 기체 1 mol 부피 : 22.4 L
- 분자량 = 1.964 g / (1 / 22.4) mol
        = 44 g / mol

정답   05 ④   06 ②   07 ②   08 ①

## 09 다음 보기의 벤젠 유도체 가운데 벤젠의 치환반응으로부터 직접 유도할 수 없는 것은?

> ⓐ -Cl
> ⓑ -OH
> ⓒ -SO₃H

① ⓐ
② ⓑ
③ ⓒ
④ ⓐ, ⓑ, ⓒ

**해설**

[벤젠의 치환반응]
ⓐ -Cl이 직접 치환해 클로로벤젠($C_6H_5Cl$) 생성
ⓑ -OH 연결된 페놀($C_6H_5OH$)은 큐멘을 산화시켜 만들며 직접 치환 아님
ⓒ -SO₃H가 직접 치환해 벤젠설폰산 ($C_6H_5SO_3H$)를 생성

## 10 다음 중 비극성 분자는 어느 것인가?

① HF
② $H_2O$
③ $NH_3$
④ $CH_4$

**해설**

[비극성 분자]
- 분자결합 시 결합 치우침이 없는 분자
- ④ $CH_4$는 중앙 C에 대해 사방으로 H가 결합한 모양이므로 극성(치우침)이 없는 비극성

## 11 다음 반응속도 식에서 2차 반응인 것은?

① $V = k[A]^{0.5}[B]^{0.5}$
② $V = k[A][B]$
③ $V = [A][B]^2$
④ $V = k[A]^2[B]^2$

**해설**

[반응속도 식의 차수]
- 모든 반응차수의 합
- ② $V = k[A][B]$ A와 B 모두 1차로 총 2차

## 12 불꽃 반응 시 담회색을 나타내는 금속은?

① Li
② K
③ Na
④ Ba

**해설**

[금속 불꽃반응 색7상]
① Li : 적색
② K : 담회색
③ Na : 황색
④ Ba : 황록색

## 13 벤조산은 무엇을 산화하면 얻을 수 있는가?

① 톨루엔
② 나이트로벤젠
③ 트라이나이트로톨루엔
④ 페놀

정답 09 ② 10 ④ 11 ② 12 ② 13 ①

## 해설

[톨루엔의 산화]

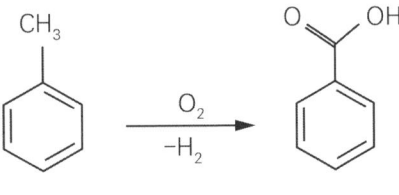

톨루엔이 $H_2$ 잃고 $O_2$ 얻어 벤조산 생성

**14** 발연황산이란 무엇인가?

① $H_2SO_4$의 농도가 98 % 이상인 거의 순수한 황산
② 황산과 염산을 1 : 3의 비율로 혼합한 것
③ $SO_3$을 황산에 흡수시킨 것
④ 일반적인 황산을 총괄하는 것

## 해설

[발연황산]
- 흰 연기를 발생하는 황산
- $SO_3$(삼산화황)을 황산에 흡수시켜 만듦

**15** 콜로이드 용액을 친수콜로이드와 소수콜로이드로 구분할 때 소수콜로이드에 해당하는 것은?

① 녹말  ② 아교
③ 단백질  ④ 수산화철(Ⅲ)

## 해설

[소수콜로이드]
- 물과 친화성이 적은 미립자
- 종류 : 수산화철·수산화알루미늄 등

**16** $NH_4Cl$에서 배위결합을 하고 있는 부분을 옳게 설명한 것은?

① $NH_3$의 N-H 결합
② $NH_3$와 $H^+$과의 결합
③ $NH_4^+$과 $Cl^-$과의 결합
④ $H^+$과 $Cl^-$과의 결합

## 해설

[배위결합]
비공유전자쌍 물질이 비공유전자쌍을 이온에게 공유하는 결합
② $NH_3$와 $H^+$과의 결합

$$H-\underset{\underset{H}{|}}{\overset{\overset{H}{|}}{N}}: + H^+ \longrightarrow \left[H-\underset{\underset{H}{|}}{\overset{\overset{H}{|}}{N}}-H\right]^+$$

$NH_3$ (암모니아)  $H^+$ (수소이온)  $NH_4^+$ (암모늄이온)

정답 14 ③  15 ④  16 ②

**17** 다음 물질 중 비점이 약 197 ℃인 무색 액체이고, 약간 단맛이 있으며, 부동액의 원료로 사용하는 것은?

① 톨루엔  ② 아세톤
③ 실린더유  ④ 에틸렌글라이콜

**해설**

[에틸렌글라이콜[$C_2H_4(OH)_2$]]
- 비점 : 197 ℃
- 단맛이 나며, 부동액 원료로 쓰임

**18** 1패러데이(Faraday)의 전기량으로 물을 전기분해하였을 때 생성되는 기체 중 산소 기체는 0 ℃, 1기압에서 몇 L인가?

① 5.6  ② 11.2
③ 22.4  ④ 44.8

**해설**

[산소 부피 계산]
- 1 패러데이 = 1 g당량 물질 생성
- $O_2$ : -가 2개로 총 4 g당량이 1 mol
- 산소부피 = 0.25 mol × 22.4 L = 5.6 L

**19** 다음 화학 반응에서 설명하기 어려운 것은?

$$2H_2\,(g) + O_2\,(g) \rightarrow 2H_2O\,(g)$$

① 반응물질 및 생성물질의 부피 비
② 일정 성분비의 법칙
③ 반응물질 및 생성물질의 몰수 비
④ 배수비례의 법칙

**해설**

[배수비례 법칙]
- 두 원소가 화합물을 만들 때, 한 원소 일정질량과 결합하는 다른 원소의 질량은 간단한 정수비를 가지는 법칙
- 위 $H_2O$ 정수비를 비교할 대상이 없으므로 배수비례의 법칙 설명 불가

**20** 다음 중 $FeCl_3$과 반응하면 색깔이 담회색으로 되는 현상을 이용해서 검출하는 것은?

① $CH_3OH$  ② $C_6H_5OH$
③ $C_6H_5NH_2$  ④ $C_6H_5CH_3$

**해설**

[페놀($C_6H_5OH$)의 정색반응]
② $FeCl_3$와 만나 담회색 정색반응

### 2과목    화재예방과 소화방법

**21** 위험물제조소에서 옥내소화전이 1층에 4개, 2층에 6개가 설치되어 있을 때 수원의 수량은 몇 L 이상이 되도록 설치하여야 하는가?

① 13,000    ② 15,600
③ 39,000    ④ 46,800

**해설**

[옥내소화전 수원량]
- 옥내소화전 1개에 대한 수원량 : 7.8 m³
- 옥내소화전 5개 이상일 경우 : 5개로 계산
- 총 수원량 = 5개 × 7.8 m³ = 39 m³ = 39,000 L

**22** 제4류 위험물의 소화방법에 대한 설명 중 틀린 것은?

① 공기차단에 의한 질식소화가 효과적이다.
② 물분무소화도 적응성이 있다.
③ 수용성인 가연성액체의 화재에는 수성막포에 의한 소화가 효과적이다.
④ 비중이 물보다 작은 위험물의 경우는 주수소화가 효과가 떨어진다.

**해설**

[4류 위험물 소화방법]
③ 4류 중 수용성 물질 화재에 수성막포 사용 시 수분을 흡수해 포가 깨져 소멸

**23** 다음 위험물을 보관하는 창고에 화재가 발생하였을 때 물을 사용하여 소화하면 위험성이 증가하는 것은?

① 질산암모늄
② 탄화칼슘
③ 과염소산나트륨
④ 셀룰로이드

**해설**

[탄화칼슘($CaC_2$)과 물 반응]
- $CaC_2 + 2H_2O \rightarrow Ca(OH)_2 + C_2H_2$
- 반응 시 아세틸렌($C_2H_2$) 발생

**24** 1기압, 100 ℃에서 물 36 g이 모두 기화되었다. 생성된 기체는 약 몇 L인가?

① 11.2
② 22.4
③ 44.8
④ 61.2

**해설**

[기체 부피 계산]
- 1기압 0 ℃ 1 mol 부피 : 22.4 L
- 물($H_2O$) 36 g = 2 mol $H_2O$ = 44.8 L
- 1기압 100 ℃ 기준(샤를의 법칙 적용)
  44.8 × (100 + 273) / (0 + 273) = 61.2 L

**정답**   21 ③   22 ③   23 ②   24 ④

## 25 이산화탄소 소화기의 장·단점에 대한 설명으로 틀린 것은?

① 밀폐된 공간에서 사용 시 질식으로 인명피해가 발생할 수 있다.
② 전도성이어서 전류가 통하는 장소에서의 사용은 위험하다.
③ 자체의 압력으로 방출할 수가 있다.
④ 소화 후 소화약제에 의한 오손이 없다.

**해설**

[이산화탄소 소화약제]
② 비전도성으로 전기화재에 유효하다.

## 26 위험물안전관리법령상 이동탱크저장소에 의한 위험물의 운송 시 위험물운송자가 위험물안전카드를 휴대하지 않아도 되는 물질은?

① 휘발유
② 과산화수소
③ 경유
④ 벤조일퍼옥사이드

**해설**

[위험물안전카드 소지]
• 4류 : 특수인화물·제1석유류를 제외하면 위험물안전카드 소지하지 않아도 됨
• ③ 경유 : 2석유류로 휴대하지 않아도 됨

## 27 다음 중 소화약제가 아닌 것은?

① $CF_3Br$
② $NaHCO_3$
③ $C_4F_{10}$
④ $NH_4NO_3$

**해설**

[$NH_4NO_3$(질산암모늄)]
제1류 위험물로 소화약제가 아니다.

## 28 과산화나트륨의 화재 시 적응성이 있는 소화설비로만 나열된 것은?

① 포소화기, 건조사
② 건조사, 팽창질석
③ 이산화탄소소화기, 건조사, 팽창질석
④ 포소화기, 건조사, 팽창질석

**해설**

[과산화나트륨에 적응성 있는 소화설비]
탄산수소염류 분말소화설비·건조사·팽창질석·팽창진주암

## 29 자연발화가 일어나는 물질과 대표적인 에너지원의 관계로 옳지 않은 것은?

① 셀룰로이드 - 흡착열에 의한 발열
② 활성탄 - 흡착열에 의한 발열
③ 퇴비 - 미생물에 의한 발열
④ 먼지 - 미생물에 의한 발열

정답 25 ② 26 ③ 27 ④ 28 ② 29 ①

> 해설

[자연발화(셀룰로이드)]
셀룰로이드(나이트로셀룰로오스, 5류) : 분해열에 의해 자연발화하는 물질

**30** 물통 또는 수조를 이용한 소화가 공통적으로 적응성이 있는 위험물은 제 몇 류 위험물인가?

① 제2류 위험물   ② 제3류 위험물
③ 제4류 위험물   ④ 제5류 위험물

> 해설

[물통·수조 소화 적응성 있는 위험물류]
- 제5류(자기반응성 물질) : 주로 주수소화
- 제2·3류 : 금속물질이 포함(H 발생)해 주수소화불가
- 제4류 : 연소면 확대로 주수소화 불가

**31** 가연성 물질이 공기 중에서 연소할 때의 연소형태에 대한 설명으로 틀린 것은?

① 공기와 접촉하는 표면에서 연소가 일어나는 것을 표면연소라 한다.
② 황의 연소는 표면연소이다.
③ 산소공급원을 가진 물질 자체가 연소하는 것을 자기연소라 한다.
④ TNT의 연소는 자기연소이다.

> 해설

[연소형태]
- 표면연소 : 목탄(숯)·코크스·금속분
- 분해연소 : 목재·종이·석탄·플라스틱
- 자기연소 : 제5류 위험물
- 증발연소 : 황·나프탈렌·양초
- ② 황은 증발연소이다.

**32** 위험물제조소등의 스프링클러설비의 기준에 있어 개방형 스프링클러헤드는 스프링클러헤드의 반사판으로부터 하방 및 수평방향으로 각각 몇 m의 공간을 보유하여야 하는가?

① 하방 0.3 m, 수평방향 0.45 m
② 하방 0.3 m, 수평방향 0.3 m
③ 하방 0.45 m, 수평방향 0.45 m
④ 하방 0.45 m, 수평방향 0.3 m

> 해설

[개방형 스프링클러헤드 반사판]
하방 0.45 m, 수평방향 0.3 m 공간 보유

**33** 제1류 위험물 중 알칼리금속의 과산화물을 저장 또는 취급하는 위험물제조소에 표시하여야 하는 주의사항은?

① 화기엄금　② 물기엄금
③ 화기주의　④ 물기주의

**해설**
[알칼리금속 과산화물(1류)]
1류 위험물 중 유일하게 물과 반응해 산소를 내므로 물기엄금 표시

**34** 수소의 공기 중 연소 범위에 가장 가까운 값을 나타내는 것은?

① 2.5 ~ 82.0 vol%
② 5.3 ~ 13.9 vol%
③ 4.0 ~ 74.5 vol%
④ 12.5 ~ 55.0 vol%

**해설**
[수소의 연소범위]
4 ~ 75 vol%

암 수사치료

**35** 마그네슘 분말이 이산화탄소 소화약제와 반응하여 생성될 수 있는 유독기체의 분자량은?

① 28　② 32
③ 40　④ 44

**해설**
[마그네슘과 $CO_2$ 반응 시 생성물]
- $Mg + CO_2 \rightarrow MgO + CO$
- 유독기체 일산화탄소(CO) 분자량 = 28

**36** 위험물제조소등에 설치하는 이동식 불활성가스소화설비의 소화약제량은 하나의 노즐마다 몇 kg 이상으로 하여야 하는가?

① 30　② 50
③ 60　④ 90

**해설**
[이동식 불활성가스소화설비]
소화약제량 : 노즐당 90 kg 이상

**37** 이산화탄소 소화약제의 소화작용을 옳게 나열한 것은?

① 질식소화, 부촉매소화
② 부촉매소화, 제거소화
③ 부촉매소화, 냉각소화
④ 질식소화, 냉각소화

**해설**
[이산화탄소 소화약제 소화작용]
④ 질식소화·냉각소화

정답　33 ②　34 ③　35 ①　36 ④　37 ④

**38** 위험물안전관리법령상 이동식 불활성가스소화설비의 호스접속구는 모든 방호대상물에 대하여 당해 방호 대상물의 각 부분으로부터 하나의 호스접속구까지의 수평거리가 몇 이하가 되도록 설치하여야 하는가?

① 5　　　② 10
③ 15　　　④ 20

해설
[이동식 불활성가스소화설비 호스접결구]
방호대상물로부터 수평거리 15 m 이하

**39** 위험물안전관리법령상 제4류 위험물의 위험등급에 대한 설명으로 옳은 것은?

① 특수인화물은 위험등급 Ⅰ, 알코올류는 위험등급 Ⅱ이다.
② 특수인화물과 제1석유류는 위험등급 Ⅰ이다.
③ 특수인화물은 위험등급 Ⅰ, 그 이외에는 위험등급 Ⅱ이다.
④ 제2석유류는 위험등급 Ⅱ이다.

해설
[제4류 위험물 위험등급]
- 위험등급 Ⅰ : 특수인화물
- 위험등급 Ⅱ : 제1석유류·알코올류
- 위험등급 Ⅲ : 제2~4석유류·동식물유

**40** 다이에틸에터 2,000 L와 아세톤 4,000 L를 옥내저장소에 저장하고 있다면 총 소요단위는 얼마인가?

① 5　　　② 6
③ 50　　　④ 60

해설
[소요단위 계산]
- 소요단위 = 지정수량 × 10
- 지정수량
  다이에틸에터(특수인화물) : 50 L
  아세톤(제1석유류 수용성) : 400 L
- 총 소요단위 = (2,000 / 500) + (4,000 / 4,000) = 5

정답 → 38 ③　39 ①　40 ①

**3과목**    위험물의 성질과 취급

**41** 위험물제조소 건축물의 구조 기준이 아닌 것은?

① 출입구에는 갑종방화문 또는 을종방화문을 설치할 것
② 지붕은 폭발력이 위로 방출될 정도의 가벼운 불연재료로 덮을 것
③ 벽·기둥·바닥·보·서까래 및 계단을 불연재료로 출입구 외의 개구부가 없는 내화구조의 벽으로 하여야 한다.
④ 산화성 고체, 가연성 고체 위험물을 취급하는 건축물의 바닥은 위험물이 스며들지 못하는 재료를 사용할 것

해설

[위험물제조소 건축물 구조 기준]
- ④ 고체위험물은 바닥에 스며들지 못함
- 액체위험물일 때 스며들지 못하는 재료 사용

**42** 이동저장탱크에 저장할 때 불연성 가스를 봉입하여야 하는 위험물은?

① 메틸에틸케톤퍼옥사이드
② 아세트알데하이드
③ 아세톤
④ 트라이나이트로톨루엔

해설

[이동저장탱크 저장]
알킬알루미늄 등·아세트알데하이드 등은 불활성 기체(불연성 기체)와 봉입

**43** 산화제와 혼합되어 연소할 때 자외선을 많이 포함하는 불꽃을 내는 것은?

① 셀룰로이드
② 나이트로셀룰로오스
③ 마그네슘
④ 글리세린

해설

[마그네슘 연소]
고온의 불꽃과 자외선을 포함한 빛이 나옴

**44** 위험물안전관리법령에서 정의한 철분의 정의로 옳은 것은?

① "철분"이라 함은 철의 분말로서 53마이크로미터의 표준체를 통과하는 것이 50중량퍼센트 미만인 것은 제외한다.
② "철분"이라 함은 철의 분말로서 50마이크로미터의 표준체를 통과하는 것이 53중량퍼센트 미만인 것은 제외한다.
③ "철분"이라 함은 철의 분말로서 53마이크로미터의 표준체를 통과하는 것이 50부피퍼센트 미만인 것은 제외한다.

정답   41 ④   42 ②   43 ③   44 ①

④ "철분"이라 함은 철의 분말로서 50 마이크로미터의 표준체를 통과하는 것이 53부피퍼센트 미만인 것은 제외한다.

**해설**

[철분의 정의]
① 철의 분말로서 <u>53마이크로미터</u>의 표준체를 통과하는 것으로 <u>50중량퍼센트</u> 미만인 것은 제외

**45** 위험물안전관리법령상 옥외탱크저장소의 위치·구조 및 설비의 기준에서 간막이 둑을 설치할 경우 그 용량의 기준으로 옳은 것은?

① 간막이 둑 안에 설치된 탱크의 용량의 110 % 이상일 것
② 간막이 둑 안에 설치된 탱크의 용량 이상일 것
③ 간막이 둑 안에 설치된 탱크의 용량의 10 % 이상일 것
④ 간막이 둑 안에 설치된 탱크의 간막이 둑 높이 이상 부분의 용량 이상일 것

**해설**

[옥외탱크저장소 간막이 둑 기준]
- 설치 기준 : 1,000만 L 이상인 옥외저장탱크에 탱크마다 설치
- 높이 : 0.3 m 이상
- 용량 : <u>탱크용량의 10 % 이상</u>

**46** 메틸에틸케톤의 저장 또는 취급 시 유의할 점으로 가장 거리가 먼 것은?

① 통풍을 잘 시킬 것
② 찬 곳에 저장할 것
③ 직사일광을 피할 것
④ 저장 용기에는 증기 배출을 위해 구멍을 설치할 것

**해설**

[메틸에틸케톤 저장]
④ 제4류 위험물로 가연성 가스가 나오므로 가스가 새지 않도록 밀봉해야 된다.

**47** 그림과 같은 타원형 탱크의 내용적은 약 몇 m³인가?

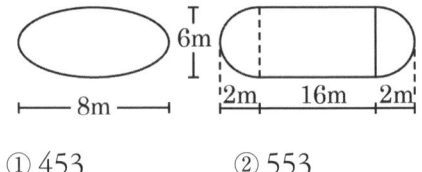

① 453
② 553
③ 653
④ 753

**해설**

[타원형 탱크 내용적]
$$V = 면적 \times 높이환산값 = \frac{\pi ab}{4} \times (l + \frac{l_1 + l_2}{3})$$
$$= \frac{\pi \times 8 \times 6}{4} \times (16 + \frac{2+2}{3}) = 653 \, m^3$$

정답 ● 45 ③  46 ④  47 ③

**48** 위험물 제조소의 배출설비의 배출능력은 1시간당 배출장소 용적의 몇 배 이상인 것으로 해야 하는가? (단, 전역방식의 경우는 제외한다)

① 5
② 10
③ 15
④ 20

**해설**
[제조소 건축물 배출설비의 배출능력]
- 국소방식 : 시간당 배출장소 용적 20배
- 전역방식 : 바닥면적 1 $m^2$당 18 $m^3$

**49** 위험물안전관리법령상 위험물의 운반에 관한 기준에 따르면 위험물은 규정에 의한 운반 용기에 법령에서 정한 기준에 따라 수납하여 적재하여야 한다. 다음 중 적용 예외의 경우에 해당하는 것은? (단, 지정수량의 2배인 경우이며, 위험물을 동일 구내에 있는 제조소등의 상호간에 운반하기 위하여 적재하는 경우는 제외한다)

① 덩어리 상태의 황을 운반하기 위하여 적재하는 경우
② 금속분을 운반하기 위하여 적재하는 경우
③ 삼산화크로뮴을 운반하기 위하여 적재하는 경우
④ 염소산나트륨을 운반하기 위하여 적재하는 경우

**해설**
[용기에 저장할 필요 없는 위험물]
덩어리상태 황·화약류 위험물

**50** 제4류 위험물인 동식물유류의 취급방법이 잘못된 것은?

① 액체의 누설을 방지하여야 한다.
② 화기 접촉에 의한 인화에 주의하여야 한다.
③ 아마인유는 섬유 등에 흡수되어 있으면 매우 안정하므로 취급하기 편리하다.
④ 가열할 때 증기는 인화되지 않도록 조치하여야 한다.

**해설**
[동식물유 취급 방법]
- 건성유 : 동식물유 중 아이오딘값 130 이상으로 자연발화위험이 높다. 동유·해바라기유·아마인유·들기름 등이 있다.
  🔑 동해아들
- ③ 아마인유는 불안정하여 섬유에 흡수시키면 매우 위험하다.

정답 ● 48 ④  49 ①  50 ③

**51** 위험물안전관리법령상 옥내저장소의 안전거리를 두지 않을 수 있는 경우는?

① 지정수량 20배 이상의 동식물유류
② 지정수량 20배 미만의 특수인화물
③ 지정수량 20배 미만의 제4석유류
④ 지정수량 20배 이상의 제5류 위험물

**해설**

[옥내저장소 안전거리를 두지 않을 경우]
• 지정수량 20배 미만 4석유류·동식물유 저장
• 제6류 위험물 저장

**52** 다음 제4류 위험물 중 연소범위가 가장 넓은 것은?

① 아세트알데하이드
② 산화프로필렌
③ 휘발유
④ 아세톤

**해설**

[위험물별 연소범위]
① 아세트알데하이드 : 4.1 ~ 57%
② 산화프로필렌 : 2.5 ~ 38.5 %
③ 휘발유 : 1.4 ~ 7.6 %
④ 아세톤 : 2.6 ~ 12.8 %

**53** 다음 중 위험물 중 가연성 액체를 옳게 나타낸 것은?

$$HNO_3, HClO_4, H_2O_2$$

① $HClO_4$, $HNO_3$
② $HNO_3$, $H_2O_2$
③ $HNO_3$, $HClO_4$, $H_2O_2$
④ 모두 가연성이 아님

**해설**

[가연성 물질]
• 산소를 받아 연소하는 물질
• 보기 모두 산소를 내는 산화성 물질(6류)

**54** 다음 중 위험물안전관리법령상 제2석유류에 해당되는 것은?

①
②
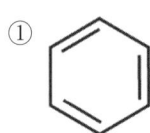
③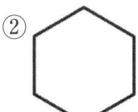
④

정답 51 ③  52 ①  53 ③  54 ④

**해설**

[제2석유류]
① 벤젠 : 제1석유류
② 사이클로헥세인 : 제1석유류
③ 에틸벤젠 : 제1석유류
④ 벤즈알데하이드 : 제2석유류

**55** 위험물안전관리법령상 유별을 달리하는 위험물의 혼재기준에서 제6류 위험물과 혼재할 수 있는 위험물의 유별에 해당하는 것은? (단, 지정수량의 1/10을 초과하는 경우이다)

① 제1류
② 제2류
③ 제3류
④ 제4류

**해설**

[혼재 가능 위험물]
• 6류와 혼재 가능한 위험물 : 제1류

보충 혼재 가능 위험물

| 1↓ | 6 | | 혼재 가능 |
| 2↓ | 5↑ | 4 | 혼재 가능 |
| 3→ | 4↑ | | 혼재 가능 |

암 1 2 3 4 5 6 적은 후 4 추가

**56** 능력단위가 1 단위의 팽창질석(삽 1개 포함)은 용량이 몇 L인가?

① 160
② 130
③ 90
④ 60

**해설**

[기타 소화설비의 능력단위]

| 소화설비 | 용량 [L] | 능력 단위 |
|---|---|---|
| 소화전용 물통 | 8 | 0.3 |
| 수조(물통 3개 포함) | 80 | 1.5 |
| 수조(물통 6개 포함) | 190 | 2.5 |
| 마른 모래(삽 1개 포함) | 50 | 0.5 |
| 팽창질석·진주암 (삽 1개 포함) | 160 | 1.0 |

**57** 다음 중 제1류 위험물의 과염소산염류에 속하는 것은?

① $KClO_3$
② $NaClO_4$
③ $HClO_4$
④ $NaClO_2$

**해설**

[1류 위험물 산소 수 분류방법]
• $NaClO_2$ : '아' 염소산나트륨
• $NaClO_3$ : 염소산나트륨
• $NaClO_4$ : '과' 염소산나트륨

TIP 염소산 분류
$O_2$는 '아' 붙고, $O_3$는 그대로, $O_4$는 '과' 붙음

정답 55 ① 56 ① 57 ②

**58** 물과 반응하였을 때 발생하는 가연성 가스의 종류가 나머지 셋과 다른 하나는?

① 탄화리튬   ② 탄화마그네슘
③ 탄화칼슘   ④ 탄화알루미늄

해설

[탄화알루미늄($Al_4C_3$)과 물 반응]
- $Al_4C_3 + 12H_2O \rightarrow 4Al(OH)_3 + 3CH_4$
- 반응 시 메테인가스 ($CH_4$) 발생
- ①, ②, ③ : 물과 아세틸렌($C_2H_2$) 발생

**59** 위험물의 취급 중 소비에 관한 기준으로 틀린 것은?

① 열처리 작업은 위험물이 위험한 온도에 이르지 아니하도록 하여 실시하여야 한다.
② 담금질 작업은 위험물이 위험한 온도에 이르지 아니하도록 하여 실시하여야 한다.
③ 분사도장 작업은 방화상 유효한 격벽 등으로 구획한 안전한 장소에서 하여야 한다.
④ 버너를 사용하는 경우에는 버너의 역화를 유지하고 위험물이 넘치지 아니하도록 하여야 한다.

해설

[위험물 소비기준]
④ 버너를 사용하는 경우에 버너의 <u>역화를 방지하</u>고 위험물이 넘치지 아니하도록 하여야 한다.

**60** 인화칼슘의 성질이 아닌 것은?

① 적갈색의 고체이다.
② 물과 반응하여 포스핀가스를 발생한다.
③ 물과 반응하여 유독한 불연성 가스를 발생한다.
④ 산과 반응하여 포스핀 가스를 발생한다.

해설

[인화칼슘($Ca_3P_2$) 성질]
③ 물과 반응해 가연성 포스핀($PH_3$) 발생

정답 ● 58 ④   59 ④   60 ③

위·험·물·산·업·기·사

필기 기출문제

# 2020 1, 2회

**1과목** 일반화학

**01** 구리줄을 불에 달구어 약 50 °C 정도의 메탄올에 담그면 자극성 냄새가 나는 기체가 발생한다. 이 기체는 무엇인가?

① 폼알데하이드
② 아세트알데하이드
③ 프로판
④ 메틸에터

**해설**

[메탄올($CH_3OH$) 산화반응]
- 달군 구리과 메탄올이 만나 산화반응
  $CH_3OH$(메탄올) → HCHO(폼알데하이드) → HCOOH(포름산)
- 반응해 자극성냄새의 폼알데하이드 생성

**02** 다음과 같은 기체가 일정한 온도에서 반응을 하고 있다. 평형에서 기체 A, B, C가 각각 1몰, 2몰, 4몰이라면 평형상수 K의 값은 얼마인가?

| A + 3B → 2C + 열 |
|---|

① 0.5
② 2
③ 3
④ 4

**해설**

[평형상수]
- 반응식 $aA + bB \rightarrow cC$
- 평형상수 $K = \dfrac{[C몰수]^c}{[A몰수]^a[B몰수]^b}$

$= \dfrac{4^2}{1^1 \times 2^3} = 2$

**03** "기체의 확산속도는 기체의밀도(또는 분자량)의 제곱근에 반비례한다"라는 법칙과 연관성이 있는 것은?

① 미지의 기체 분자량을 측정에 이용할 수 있는 법칙이다.
② 보일 - 샤를이 정립한 법칙이다.
③ 기체상수 값을 구할 수 있는 법칙이다.
④ 이 법칙은 기체상태방정식으로 표현된다.

**해설**

[확산속도 법칙]
- $\dfrac{V_1}{V_2} = \sqrt{\dfrac{M_2}{M_1}}$
- ① 기체속도의 비를 알면 미지기체 분자량을 측정할 수 있게 된다.

**정답** 01 ① 02 ② 03 ①

04 다음 중 파장이 가장 짧으면서 투과력이 가장 강한 것은?

① α선　　② β선
③ γ선　　④ X선

**해설**

[방사선 파장]
γ선은 높은 에너지를 가진 파장으로 파장 중 투과력이 가장 강하다.

05 98 % $H_2SO_4$ 50 g에서 $H_2SO_4$에 포함된 산소 원자 수는?

① $3 \times 10^{23}$개
② $6 \times 10^{23}$개
③ $9 \times 10^{23}$개
④ $1.2 \times 10^{24}$개

**해설**

[산소 원자수 계산]
- 황산 몰수 = $(50 \times 0.98) / (2 + 32 + 16 \times 4)$
  = 0.5 mol
- O는 $H_2SO_4$에 4배수가 있다.
- 산소 원자수 = $0.5 \times 4 \times 6.02 \times 10^{23}$
  = $1.2 \times 10^{24}$개

06 질소와 수소로 암모니아를 합성하는 반응의 화학반응식은 다음과 같다. 암모니아의 생성률을 높이기 위한 조건은?

$$N_2 + 3H_2 \rightarrow 2NH_3 + 22.1 \text{ kcal}$$

① 온도와 압력을 낮춘다.
② 온도는 낮추고, 압력은 높인다.
③ 온도를 높이고, 압력은 낮춘다.
④ 온도와 압력을 높인다.

**해설**

[평형반응에서 생성률]
- $NH_3$를 생성하기 위해 오른쪽반응 진행
- 압력 : 물질 수가 적어지므로 압력 증가
- 온도 : 오른쪽반응이 발열반응이므로 온도 감소

07 다음 그래프는 어떤 고체물질의 온도에 따른 용해도 곡선이다. 이 물질의 포화용액을 80 ℃에서 0 ℃로 내렸더니 20 g의 용질이 석출되었다. 80 ℃에서 이 포화용액의 질량은 몇 g인가?

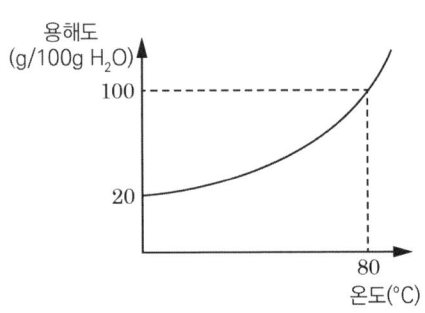

① 50 g　　② 75 g
③ 100 g　　④ 150 g

**해설**

[포화용액 성분계산]
- 100 g 80 ℃ 용매 기준 용액량 = 200 g
  100 g 20 ℃ 용매 기준 용액량 = 120 g
  즉, 80 ℃에서 20 ℃ 냉각 시 80 g 석출
- 20 g 석출일 경우 1/4이므로 미지 80 ℃ 용액 질량 = 200 ÷ 4 = 50 g

**08** 1패러데이(Faraday)의 전기량으로 물을 전기분해하였을 때 생성되는 수소기체는 0 ℃, 1기압에서 얼마의 부피를 갖는가?

① 5.6L  ② 11.2L
③ 22.4L  ④ 44.8L

**해설**

[전기분해 시 생성부피 계산]
- 1F = 1 g당량 물질 1 mol 생성
- 수소기체($H_2$)는 2 g당량이므로 1F으로 0.5 mol 생성
- 수소 부피 = 0.5 × 22.4 L = 11.2 L

**09** 물 200 g에 A 물질 2.9 g을 녹인 용액의 어는점은? (단, 물의 어는점내림 상수는 1.86 ℃·kg/mol이고, A 물질의 분자량은 58이다)

① -0.017 ℃  ② -0.465 ℃
③ 0.932 ℃  ④ -1.871 ℃

**해설**

[어는점내림]
- 온도 변화 $\Delta T = \dfrac{Kn}{m} = \dfrac{1.86 \times 2.9/58}{0.2} = 0.465 ℃$
- 용액어는점 = 0 − 0.465 = −0.465 ℃

K : 어는점내림 상수
n : 용질의 몰수(w/M), m : 물의 질량

**10** 다음 물질 중에서 염기성인 것은?

① $C_6H_5NH_2$  ② $C_6H_5NO_2$
③ $C_6H_5OH$  ④ $C_6H_5COOH$

**해설**

[염기성 물질]
- ① $C_6H_5NH_2$
- $NH_2^+ + H_2O \rightarrow NH_3 + OH^-$
- 물에 녹아 $OH^-$를 내어 염기성 물질

**11** 다음은 표준 수소전극과 짝지어 얻은 반쪽반응 표준환원 전위값이다. 이들 반쪽전지를 짝지었을 때 얻어지는 전지의 표준 전위차 E°는?

$Cu^{2+} + 2e^- \rightarrow Cu \quad E° = +0.34\ V$
$Ni^{2+} + 2e^- \rightarrow Ni \quad E° = -0.23\ V$

① +0.11 V  ② −0.11 V
③ +0.57 V  ④ −0.57 V

정답 08 ②  09 ②  10 ①  11 ③

해설

[전위차 계산]
- Ni(니켈)이 Cu(구리)보다 반응성이 좋으므로 이온화한다.
- $Cu^{2+} + 2e^- \rightarrow Cu \quad E° = +0.34\ V$
  $\underline{+\ Ni \rightarrow Ni^{2+} + 2e^- \quad E° = +0.23\ V}$
  $Cu^{2+} + Ni \rightarrow Ni^{2+} + Cu \quad E° = +0.57\ V$

보충 반응성 순서
칼륨 ≫ 칼슘 ≫ 나트륨 ≫ 마그네슘 ≫ 알루미늄 ≫ 아연 ≫ 철 ≫ 리튬 ≫ 주석 ≫ 납 ≫ 수소 ≫ 구리 ≫ 수은 ≫ 은 ≫ 백금 ≫ 금

암기 칼카나마 알아철리 주납수구 수은백금

**12** 0.01 N $CH_3COOH$의 전리도가 0.01이면 pH는 얼마인가?

① 2  ② 4
③ 6  ④ 8

해설

[pH 계산]
- 전리도 : 이온화되는 정도
- $pH = -\log[H^+] = -\log[0.01\ N \times 0.01]$
  $= 4$

**13** 액체나 기체 안에서 미소 입자가 불규칙적으로 계속 움직이는 것을 무엇이라 하는가?

① 틴들 현상   ② 다이알리시스
③ 브라운 운동  ④ 전기영동

해설

① 틴들 현상 : 큰 콜로이드가 녹은 용액에 빛을 비추면 빛의 진로가 보이는 현상
② 다이알리시스(투석) : 반투막에 큰 입자는 통과 못하고 작은 입자는 통과해 나뉘는 현상
③ 브라운 운동 : 콜로이드 입자가 지속적으로 움직이는 현상
④ 전기영동 : 전극에 전압을 가했을 때 콜로이드 입자가 한쪽 전극으로 이동하는 현상

**14** $ns^2\ np^5$의 전자구조를 가지지 않는 것은?

① F(원자번호 9)
② Cl(원자번호 17)
③ Se(원자번호 34)
④ I(원자번호 53)

해설

[$ns^2\ np^5$ 전자구조를 가지는 원소]
최외각전자 7개 할로젠원소(F, Cl, Br, I)

**15** pH가 2인 용액은 pH가 4인 용액과 비교하면 수소이온농도가 몇 배인 용액이 되는가?

① 100배     ② 2배
③ $10^{-1}$배  ④ $10^{-2}$배

정답 12 ② 13 ③ 14 ③ 15 ①

> 해설

[pH 계산]
- pH = $-\log[H^+]$
- pH 2는 pH 4의 수소농도 $10^2$배

**16** 다음의 반응에서 환원제로 쓰인 것은?

$$MnO_2 + 4HCl \rightarrow MnCl_2 + 2H_2O + Cl_2$$

① $Cl_2$  ② $MnCl_2$
③ HCl  ④ $MnO_2$

> 해설

[환원제 찾기]
- H를 잃거나 O를 얻는 물질
- ③ HCl : H 잃고 $Cl_2$가 되므로 환원제
  - TIP • 산화제 : 남을 산화시켜 자신은 환원되는 물질
    • 환원제 : 남을 환원시켜 자신은 산화되는 물질

**17** 중성원자가 무엇을 잃으면 양이온으로 되는가?

① 중성자  ② 핵전하
③ 양성자  ④ 전자

> 해설

[중성원자 이온화]
전자(-)를 잃어 양이온(+)이 된다.

**18** 2차 알코올을 산화시켜서 얻어지며, 환원성이 없는 물질은?

① $CH_3COCH_3$
② $C_2H_5OC_2H_5$
③ $CH_3OH$
④ $CH_3OCH_3$

> 해설

[2차 알코올 산화]
- 2차 알코올 : $-CH_3$가 2개 붙은 알코올
- $(CH_3)_2CHOH$(2차 알코올) 산화반응
  $(CH_3)_2CHOH \rightarrow CH_3COCH_3$(아세톤)

**19** 다이에틸에터는 에탄올과 진한 황산의 혼합물을 가열하여 제조할 수 있는데 이것을 무슨 반응이라고 하는가?

① 중합 반응
② 축합 반응
③ 산화 반응
④ 에스터화 반응

> 해설

[다이에틸에터($C_2H_5OC_2H_5$) 제조]
- $2C_2H_5OH \rightarrow C_2H_5OC_2H_5 + H_2O$
- 축합 반응 : 황산 첨가 후 탈수 반응

**20** 다음의 금속원소를 반응성이 큰 순서부터 나열한 것은?

> Na, Li, Cs, K, Rb

① Cs>Rb>K>Na>Li
② Li>Na>K>Rb>Cs
③ K>Na>Rb>Cs>Li
④ Na>K>Rb>Cs>Li

**해설**

[1족 원소 반응성]
- 원자번호가 클수록 반응성이 좋다.
- Cs ≫ Rb ≫ K ≫ Na ≫ Li

### 2과목  화재예방과 소화방법

**21** 1기압, 100 ℃에서 물 36 g이 모두 기화되었다. 생성된 기체는 약 몇 L인가?

① 11.2  ② 22.4
③ 44.8  ④ 61.2

**해설**

[기체 부피 계산]
- 1기압 0 ℃ 1 mol 부피 : 22.4 L
- 물($H_2O$) 36 g = 2 mol $H_2O$ = 44.8 L
- 1기압 100 ℃ 기준(샤를의 법칙적용)
  $44.8 \times (100 + 273) / (0 + 273) = 61.2$ L

**22** 위험물안전관리법령상 분말소화설비의 기준에서 가압용 또는 축압용 가스로 알맞은 것은?

① 산소 또는 수소
② 수소 또는 질소
③ 질소 또는 이산화탄소
④ 이산화탄소 또는 산소

**해설**

[분말소화설비 가압·축압용 가스]
질소·이산화탄소

정답 ▶ 20 ① 21 ④ 22 ③

**23** 소화효과에 대한 설명으로 옳지 않은 것은?

① 산소공급원 차단에 의한 소화는 제거효과이다.
② 가연물질의 온도를 떨어뜨려서 소화하는 것은 냉각효과이다.
③ 촛불을 입으로 바람을 불어 끄는 것은 제거효과이다.
④ 물에 의한 소화는 냉각효과이다.

> 해설

[소화효과]
① 산소공급원 차단은 질식소화이다.

**24** 위험물안전관리법령에 따른 옥내소화전설비의 기준에서 펌프를 이용한 가압송수장치의 경우 펌프의 전양정(H)을 구하는 식으로 옳은 것은? (단, $h_1$은 소방용 호스의 마찰손실수두, $h_2$는 배관의 마찰손실수두, $h_3$는 낙차이며, $h_1$, $h_2$, $h_3$의 단위는 모두 m이다)

① $H = h_1 + h_2 + h_3$
② $H = h_1 + h_2 + h_3 + 0.35\ m$
③ $H = h_1 + h_2 + h_3 + 35\ m$
④ $H = h_1 + h_2 + 0.35 m$

> 해설

[옥내소화전 가압송수장치의 전양정]
$H = H_1 + H_2 + H_3 + 35\ m$
$H_1$ : 호스 마찰손실, $H_2$ : 배관 마찰손실
$H_3$ : 낙차 환산수두

**25** 이산화탄소의 특성에 관한 내용으로 틀린 것은?

① 전기의 전도성이 있다.
② 냉각 및 압축에 의하여 액화될 수 있다.
③ 공기보다 약 1.52배 무겁다.
④ 일반적으로 무색, 무취의 기체이다.

> 해설

[이산화탄소 특성]
① 전도성이 없어 전기화재에도 적용가능

**26** 다음 물질의 화재 시 내알코올포를 사용하지 못하는 것은?

① 아세트알데하이드
② 알킬리튬
③ 아세톤
④ 에탄올

> 해설

[내알코올포]
- 수용성 물질에 효과가 있는 포
- ② 알킬리튬은 비수용성이므로 사용 불가

정답 23 ① 24 ③ 25 ① 26 ②

**27** 스프링클러설비에 관한 설명으로 옳지 않은 것은?

① 초기화재 진화에 효과가 있다.
② 살수밀도와 무관하게 제4류 위험물에는 적응성이 없다.
③ 제1류 위험물 중 알칼리금속과산화물에는 적응성이 없다.
④ 제5류 위험물에는 적응성이 있다.

해설

[스프링클러설비 특징]
② 살수밀도에 따라 4류 위험물에도 적응성 있음

[스프링클러 방사밀도별 4류 적응성]

| 살수면적($m^2$) | 분당 방사밀도 ( L/$m^2$) | |
|---|---|---|
| | 인화점 38 ℃ 미만 | 인화점 38 ℃ 이상 |
| 279 미만 | 16.3 이상 | 12.2 이상 |
| 279 이상 372 미만 | 15.5 이상 | 11.8 이상 |
| 372 이상 465 미만 | 13.9 이상 | 9.8 이상 |
| 465 이상 | 12.2 이상 | 8.1 이상 |

**28** 위험물제조소에서 옥내소화전이 1층에 4개, 2층에 6개가 설치되어 있을 때 수원의 수량은 몇 L 이상이 되도록 설치하여야 하는가?

① 13,000
② 15,600
③ 39,000
④ 46,800

해설

[옥내소화전 수원량]
• 옥내소화전 1개에 대한 수원량 : 7.8 $m^3$
• 옥내소화전 5개 이상일 때 : 5개로 계산
• 총 수원량 = 5개 × 7.8 $m^3$ = 39 $m^3$
　　　　　　 = 39,000 L

**29** 다음 중 고체 가연물로서 증발연소를 하는 것은?

① 숯
② 나무
③ 나프탈렌
④ 나이트로셀룰로오스

해설

[고체 연소형태]
• 표면연소 : 목탄(숯)·코크스·금속분
• 분해연소 : 목재·종이·석탄·플라스틱
• 자기연소 : 제5류 위험물
• 증발연소 : 황·나프탈렌·양초(파라핀)

**30** 위험물안전관리법령상 제조소등에서의 위험물의 저장 및 취급에 관한 기준에 따르면 보냉장치가 있는 이동저장탱크에 저장하는 다이에틸에터의 온도는 얼마 이하로 유지하여야 하는가?

① 비점
② 인화점
③ 40℃
④ 30℃

**해설**

[다이에틸에터 등 이동저장탱크 저장온도]
- 보냉장치 ○ : 비점 이하
- 보냉장치 × : 40 ℃ 이하

**31** Halon 1301에 대한 설명 중 틀린 것은?

① 비점은 상온보다 낮다.
② 액체 비중은 물보다 크다.
③ 기체 비중은 공기보다 크다.
④ 100 ℃에서도 압력을 가해 액화시켜 저장할 수 있다.

**해설**

[Halon 1301 특징]
- 임계온도 : 액화 가능한 가장 높은 온도
- ④ 임계온도 66 ℃로 가압하여 액화 불가

**32** 일반적으로 다량의 주수를 통한 소화가 가장 효과적인 화재는?

① A급 화재
② B급 화재
③ C급 화재
④ D급 화재

**해설**

[주수소화 적응성]
- A급(일반화재) : 주로 주수소화
- B·C·D급 : 주수소화 시 위험성 증가

**33** 인화점이 70 ℃ 이상인 제4류 위험물을 저장·취급하는 소화난이도등급 I의 옥외탱크저장소(지중탱크 또는 해상탱크 외의 것)에 설치하는 소화설비는?

① 스프링클러소화설비
② 물분무소화설비
③ 간이소화설비
④ 분말소화설비

**해설**

[소화난이도 I 옥외탱크저장소 소화설비]
- 황만 저장·취급 : 물분무소화설비
- 인화점 70 ℃ 이상 제4류 위험물 : 물분무소화설비·고정식 포소화설비
- 그 밖 : 고정식 포소화설비

정답 ● 30 ① 31 ④ 32 ① 33 ②

## 34 점화원 역할을 할 수 없는 것은?

① 기화열     ② 산화열
③ 정전기불꽃     ④ 마찰열

**해설**

[점화원]
① 기화열 : 흡열반응으로 오히려 냉각소화

## 35 표준상태에서 프로페인 2 m³이 완전연소할 때 필요한 이론 공기량은 약 몇 m³인가? (단, 공기 중 산소농도는 21 vol%이다)

① 23.81     ② 35.72
③ 47.62     ④ 71.43

**해설**

[프로페인 연소 시 필요 공기량]
- 반응식 $C_3H_8 + 5 O_2 \rightarrow 3 CO_2 + 4 H_2O$
- 프로페인 2 m³에 산소 10 m³ 필요
- 이론공기량 = 10 m³ × 100 / 21
  = 47.62 m³

## 36 분말소화약제인 제1인산암모늄의 열분해 반응을 통해 생성되는 물질로 부착성막을 만들어 공기를 차단시키는 역할을 하는 것은?

① $HPO_3$     ② $PH_3$
③ $NH_3$     ④ $P_2O_3$

**해설**

[제3종 분말소화약제]
- 인산암모늄이 열분해하여 소화
- $NH_4H_2PO_4 \rightarrow HPO_3 + NH_3 + H_2O$
  ① $HPO_3$을 생성하여 소화한다.

## 37 $Na_2O_2$와 반응하여 제6류 위험물을 생성하는 것은?

① 아세트산     ② 물
③ 이산화탄소     ④ 일산화탄소

**해설**

[과산화나트륨($Na_2O_2$)와 6류 반응]
- $Na_2O_2 + 2CH_3COOH \rightarrow H_2O_2 + 2CH_3COONa$
- $CH_3COOH$(아세트산)과 반응해 6류 위험물 $H_2O_2$(과산화수소) 생성

**정답** 34 ①   35 ③   36 ①   37 ①

**38** 묽은 질산이 칼슘과 반응하였을 때 발생하는 기체는?

① 산소
② 질소
③ 수소
④ 수산화칼슘

해설

[묽은 질산과 칼슘 반응]
묽은 질산 (산)과 금속은 만나 수소 발생

**39** 과산화수소의 화재예방방법으로 틀린 것은?

① 암모니아의 접촉은 폭발의 위험이 있으므로 피한다.
② 완전히 밀전·밀봉하여 외부 공기와 차단한다.
③ 불투명 용기를 사용하여 직사광선이 닿지 않게 한다.
④ 분해를 막기 위해 분해방지 안정제를 사용한다.

해설

[과산화수소 화재예방]
② 스스로 분해하여 산소를 발생해 밀봉 시 내부 압력 상승으로 용기파손 위험

**40** 소화기와 주된 소화효과가 옳게 짝지어진 것은?

① 포소화기 - 제거소화
② 할로젠화합물소화기 - 냉각소화
③ 탄산가스소화기 - 억제소화
④ 분말소화기 - 질식소화

해설

[소화기와 소화효과]
① 포소화기 : 질식소화
② 할로젠화합물소화기 : 억제소화
③ 탄산가스($CO_2$) 소화기 : 질식소화
④ 분말소화기 : 질식소화

정답  38 ③  39 ②  40 ④

### 3과목　위험물의 성질과 취급

**41** 적린에 대한 설명으로 옳은 것은?

① 발화 방지를 위해 염소산칼륨과 함께 보관한다.
② 물과 격렬하게 반응하여 열을 발생한다.
③ 공기 중에 방치하면 자연발화한다.
④ 산화제와 혼합한 경우 마찰·충격에 의해서 발화한다.

**해설**

[적린(2류) 특징]
① 산소발생하는 염소산칼륨(1류)와 보관 시 발화위험 증가
② 2류(철분·마그네슘·금속분 제외)는 물과 반응하지 않는다.
③ 공기 중에서 마찰·충격을 받아 발화
④ 산화제와 혼합한 경우 마찰·충격에 의해서 발화한다.

**42** 옥내탱크저장소에서 탱크 상호 간에는 얼마 이상의 간격을 두어야 하는가? (단, 탱크의 점검 및 보수에 지장이 없는 경우는 제외한다)

① 0.5 m　② 0.7 m
③ 1.0 m　④ 1.2 m

**해설**

[옥내저장탱크 간격]
• 옥내저장탱크 상호 간 : 0.5 m 이상
• 탱크와 탱크전용실 안쪽 면 : 0.5 m 이상

**43** 주유취급소에서 고정주유설비는 도로경계선과 몇 m 이상 거리를 유지하여야 하는가? (단, 고정주유설비의 중심선을 기점으로 한다)

① 2　② 4
③ 6　④ 8

**해설**

[주유취급소 간격]
고정주유설비와 도로경계선 : 4 m 이상

**44** 인산칼슘의 성질에 대한 설명 중 틀린 것은?

① 적갈색의 괴상고체이다.
② 물과 격렬하게 반응한다.
③ 연소하여 불연성의 포스핀가스를 발생한다.
④ 상온의 건조한 공기 중에서는 비교적 안정하다.

**해설**

[인산칼슘 성질]
• $Ca_3P_2 + 6H_2O \rightarrow 3Ca(OH)_2 + 3PH_3$
• ③ 물이 만나 가연성 $PH_3$(포스핀) 생성

정답　41 ④　42 ①　43 ②　44 ③

**45** 칼륨과 나트륨의 공통 성질이 아닌 것은?

① 물보다 비중 값이 작다.
② 수분과 반응하여 수소를 발생한다.
③ 광택이 있는 무른 금속이다.
④ 지정수량이 50 kg이다.

**해설**

[칼륨과 나트륨]
④ 모두 3류 위험물로 지정수량 10 kg

**46** 다음 중 제1류 위험물에 해당하는 것은?

① 염소산칼륨   ② 수산화칼륨
③ 수소화칼륨   ④ 아이오딘화칼륨

**해설**

[물질 분류]
② 수산화칼륨 : 비위험물
③ 수소화칼륨 : 3류 위험물
④ 아이오딘화칼륨 : 비위험물

**47** 제1류 위험물로서 조해성이 있으며 흑색화약의 원료로 사용하는 것은?

① 염소산칼륨
② 과염소산나트륨
③ 과망가니즈산암모늄
④ 질산칼륨

**해설**

[흑색화약 원료]
• 질산칼륨 + 황 + 숯 혼합
• 그중 1류 위험물은 질산칼륨

**48** 짚, 헝겊 등을 다음의 물질과 적셔서 대량으로 쌓아 두었을 경우 자연발화의 위험성이 가장 높은 것은?

① 동유       ② 야자유
③ 올리브유   ④ 피마자유

**해설**

[자연발화 위험성]
• 건성유 : 동식물유 중 아이오딘값 130 이상으로 자연발화 위험이 크다. 동유·해바라기유·아마인유·들기름 등

   암기 동해아들

**49** 4몰의 나이트로글리세린이 고온에서 열분해·폭발하여 이산화탄소, 수증기, 질소, 산소의 4가지 가스를 생성할 때 발생되는 가스의 총 몰수는?

① 28   ② 29
③ 30   ④ 31

**해설**

[나이트로글리세린 $[C_3H_5(ONO_2)_3]$ 열분해]
• $4C_3H_5(ONO_2)_3$
$\rightarrow 12CO_2 + 10H_2O + 6N_2 + O_2$
• 나이트로글리세린 4몰 열분해 시
  12 + 10 + 6 + 1 = 29 mol 가스를 생성

정답  45 ④  46 ①  47 ④  48 ①  49 ②

**50** 물과 반응하였을 때 발생하는 가연성 가스의 종류가 나머지 셋과 다른 하나는?

① 탄화리튬
② 탄화마그네슘
③ 탄화칼슘
④ 탄화알루미늄

해설

[탄화알루미늄($Al_4C_3$)과 물 반응]
- $Al_4C_3 + 12H_2O \rightarrow 4Al(OH)_3 + 3CH_4$
- 반응 시 메테인가스($CH_4$) 발생
- ①, ②, ③ : 물과 아세틸렌($C_2H_2$) 발생

**51** 트라이나이트로페놀의 성질에 대한 설명 중 틀린 것은?

① 폭발에 대비하여 철, 구리로 만든 용기에 저장한다.
② 휘황색을 띤 침상결정이다.
③ 비중이 약 1.8로 물보다 무겁다.
④ 단독으로는 테트릴보다 충격, 마찰에 둔감한 편이다.

해설

[트라이나이트로페놀(5류) 성질]
① 금속과 반응 시 트라이나이트로페놀 이성질체인 피크린산염을 생성해 위험성 증가

**52** 제4류 위험물 중 제1석유류를 저장, 취급하는 장소에서 정전기를 방지하기 위한 방법으로 볼 수 없는 것은?

① 가급적 습도를 낮춘다.
② 주위 공기를 이온화시킨다.
③ 위험물 저장, 취급설비를 접지시킨다.
④ 사용기구 등은 도전성 재료를 사용한다.

해설

[정전기 제거방법]
- 접지
- 상대습도 70 % 이상
- 공기 이온화

**53** 위험물안전관리법령상 위험물을 취급 중 소비에 관한 기준에 해당하지 않는 것은?

① 분사도장작업은 방화상 유효한 격벽 등으로 구획된 안전한 장소에서 실시할 것
② 버너를 사용하는 경우에는 버너의 역화를 방지할 것
③ 반드시 규격용기를 사용할 것
④ 열처리작업 위험물이 위험한 온도에 이르지 아니하도록 하여 실시할 것

해설

[위험물 취급 중 소비]
③ 필수 규격용기에 대한 기준은 없다.

**54** 제3류 위험물 중 제1석유류란 1기압에서 인화점이 몇 ℃인 것을 말하는가?

① 21℃ 미만  ② 21℃ 이상
③ 70℃ 미만  ④ 70℃ 이상

**해설**

[4류 위험물 분류]
- 특수인화물 : 발화점 100 ℃ 이하, 인화점 -20 ℃ 또는 비점 40 ℃ 이하
- 제1석유류 : 인화점 21 ℃ 미만
- 제2석유류 : 인화점 21 ~ 70 ℃
- 제3석유류 : 인화점 70 ~ 200 ℃
- 제4석유류 : 인화점 200 ~ 250 ℃

**55** 위험물을 저장 또는 취급하는 탱크의 용량 산정방법에 관한 설명으로 옳은 것은?

① 탱크의 내용적에서 공간용적을 뺀 용적으로 한다.
② 탱크의 공간용적에서 내용적을 뺀 용적으로 한다.
③ 탱크의 공간용적에 내용적을 더한 용적으로 한다.
④ 탱크의 볼록하거나 오목한 부분을 뺀 용적으로 한다.

**해설**

[탱크용량 산정]
① 탱크용량 = 내용적 - 공간용적

**56** 주유취급소의 표지 및 게시판의 기준에서 "위험물 주유취급소" 표지와 "주유 중 엔진정지" 게시판의 바탕색을 차례대로 옳게 나타낸 것은?

① 백색, 백색  ② 백색, 황색
③ 황색, 백색  ④ 황색, 황색

**해설**

[주유취급소 표지 및 게시판 색상기준]
- "위험물 주유취급소" 표지 : 백색바탕·흑색문자
- "주유 중 엔진정지" 게시판 : 황색바탕·흑색문자

**57** 제6류 위험물인 과산화수소의 농도에 따른 물리적 성질에 대한 설명으로 옳은 것은?

① 농도와 무관하게 밀도, 끓는점, 녹는점이 일정하다.
② 농도와 무관하게 밀도는 일정하나, 끓는점과 녹는점이 농도에 따라 달라진다.
③ 농도와 무관하게 끓는점, 녹는점은 일정하나, 밀도는 농도에 따라 달라진다.
④ 농도에 따라 밀도, 끓는점, 녹는점이 달라진다.

**해설**

[과산화수소 농도 성질]
농도에 따라 밀도, 끓는점, 녹는점이 달라짐

정답  54 ①  55 ①  56 ②  57 ④

**58** 삼황화인과 오황화인의 공통 연소생성물을 모두 나타낸 것은?

① $H_2S$, $SO_2$
② $P_2O_5$, $H_2S$
③ $SO_2$, $P_2O_5$
④ $H_2S$, $SO_2$, $P_2O_5$

**[해설]**

[황화인 연소생성물]
- 삼황화인 $P_4S_3 + 8O_2 \rightarrow 3\underline{SO_2} + 2\underline{P_2O_5}$
- 오황화인 $P_2S_5 + 7.5O_2 \rightarrow 5\underline{SO_2} + \underline{P_2O_5}$

**59** 다이에틸에터 중의 과산화물을 검출할 때 그 검출시약과 정색반응의 색이 옳게 짝지어진 것은?

① 아이오딘화칼륨용액 - 적색
② 아이오딘화칼륨용액 - 황색
③ 브로민화칼륨용액 - 무색
④ 브로민화칼륨용액 - 청색

**[해설]**

[다이에틸에터 과산화물 검출]
<u>아이오딘화칼륨 10 % 용액</u>을 반응시켜 <u>황색</u>이 되면 과산화물이 있음을 알 수 있다.

**60** 다음 중 3개의 이성질체가 존재하는 물질은?

① 아세톤
② 톨루엔
③ 벤젠
④ 자일렌(크실렌)

**[해설]**

[이성질체 보유 물질]
- 크실렌$[C_6H_4(CH_3)_2]$

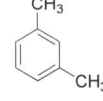 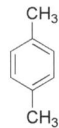

- 총 3개의 이성질체가 존재

## 2020 4회

### 1과목 일반화학

**01** 액체 0.2 g을 기화시켰더니 그 증기의 부피가 97 ℃, 740 mmHg에서 80 mL였다. 이 액체의 분자량에 가장 가까운 값은?

① 40
② 46
③ 78
④ 121

**해설**

[액체 분자량 계산]

- $PV = nRT$ 를 이용, 몰수를 계산하면

$$n = \frac{PV}{RT} = \frac{740 \times \frac{1\,atm}{760} \times 0.08\,L}{0.082\,\frac{atm\,L}{mol\,K} \times (97+273)K}$$

$$= 2.56 \times 10^{-3}$$

- 분자량 = $\dfrac{0.2g}{2.56 \times 10^{-3}} = 78$

**02** 원자량이 56인 금속 M 1.12 g을 산화시켜 실험식이 $M_xO_y$인 산화물 1.60 g을 얻었다. x, y는 각각 얼마인가?

① x = 1, y = 2
② x = 2, y = 3
③ x = 3, y = 2
④ x = 2, y = 1

**해설**

[미지금속 산화반응]

- x M + 0.5y $O_2$ → $M_xO_y$(산화물)
 M 반응몰수 : 1.12 / 56 = 0.02 mol
 $O_2$ 반응몰수 : (1.6 - 1.12) / 32 = 0.015 mol
 0.02 : 0.015 = x : 0.5y = 4 : 3
- M 4몰과 $O_2$ 3몰이 반응하므로
 x = 4 y = 6이지만 최대 약분 값을 사용
- 따라서 x = 2, y = 3

**03** 백금 전극을 사용하여 물을 전기분해할 때 (+)극에서 5.6 L의 기체가 발생하는 동안 (-)극에서 발생하는 기체의 부피는?

① 2.8 L
② 5.6 L
③ 11.2 L
④ 22.4 L

**해설**

[백금 전극 기체부피]

전기분해 시 $H^+$와 $O^{2-}$로 분리

- (+)극 : $O^{2-}$가 $O_2$가 되므로 +4 ⇒ 5.6 L
- (-)극 : -4 전하를 받아 $H^+$가 $H_2$가 되어 $O_2$ 2배 생성 ⇒ 11.2 L

정답 01 ③ 02 ② 03 ③

**04** 방사성 원소인 U(우라늄)이 다음과 같이 변화되었을 때의 붕괴 유형은?

$$^{238}_{92}U \rightarrow ^{234}_{90}Th + ^{4}_{2}He$$

① $\alpha$ 붕괴  ② $\beta$ 붕괴
③ $\gamma$ 붕괴  ④ R 붕괴

**해설**

[$\alpha$ 붕괴]
- 질량수 : 4 감소
- 양성자 수 : 2 감소

**05** 다음 중 방향족 탄화수소가 아닌 것은?

① 에틸렌  ② 톨루엔
③ 아닐린  ④ 안트라센

**해설**

[방향족 화합물]
- 벤젠고리구조를 가지는 화합물
- 에틸렌($C_2H_4$) : 사슬구조이므로 지방족 화합물

**06** 전자배치가 $1s^22s^22p^63s^23p^5$인 원자의 M껍질에는 몇 개의 전자가 들어 있는가?

① 2  ② 4
③ 7  ④ 17

**해설**

[전자껍질]
- K, L, M 순으로 전자가 쌓인다.
- M : 3번 껍질로 $S^2P^5$에서 2 + 5 = 7개

TIP $3S^2$ : 3은 껍질번호, 2는 s 오비탈 내 전자 수 의미

**07** 황산 수용액 400 mL 속에 순황산이 98 g 녹아 있다면 이 용액의 농도는 몇 N인가?

① 3  ② 4
③ 5  ④ 6

**해설**

[황산($H_2SO_4$)용액 농도 계산]
- 몰농도(M) = mol수 / 용액 1 L
  황산 mol수 = 98 g/(2+32+64) = 1 mol
  용액몰농도 = 1 mol / 0.4 L = 2.5 M
- 황산 : 2가 물질로 2 g 당량 = 1 mol
  따라서 용액농도 = 2.5 M = 5 N

정답 04 ① 05 ① 06 ③ 07 ③

## 08 다음 보기의 벤젠 유도체 가운데 벤젠의 치환반응으로부터 직접 유도할 수 없는 것은?

| ⓐ -Cl   ⓑ -OH   ⓒ -$SO_3H$ |
|---|

① ⓐ
② ⓑ
③ ⓒ
④ ⓐ, ⓑ, ⓒ

**해설**

[벤젠의 치환반응]
- ⓐ : -Cl이 직접 치환해 클로로벤젠($C_6H_5Cl$) 생성
- ⓑ : -OH 연결된 페놀($C_6H_5OH$)은 큐멘을 산화시켜 만들며 직접 치환 아님
- ⓒ : -$SO_3H$가 직접 치환해 벤젠설폰산 ($C_6H_5SO_3H$)를 생성

## 09 다음 각 화합물 1 mol이 완전연소할 때 3 mol의 산소를 필요로 하는 것은?

① $CH_3 - CH_3$
② $CH_2 = CH_2$
③ $C_6H_6$
④ $CH \equiv CH$

**해설**

[화합물 연소]
- ② $C_2H_4 + 3O_2 \rightarrow 2CO_2 + 2H_2O$
- 에틸렌 연소 시 산소와 1 : 3 비율 반응

## 10 원자번호가 7인 질소와 같은 족에 해당되는 원소의 원자번호는?

① 15
② 16
③ 17
④ 18

**해설**

[원자번호 계산]
- 같은 족끼리 원자번호 8씩 차이 난다
- 질소 : 15족 7번으로 같은 족은 15번

## 11 1패러데이(Faraday)의 전기량으로 물을 전기분해하였을 때 생성되는 기체 중 산소 기체는 0 ℃, 1기압에서 몇 L인가?

① 5.6
② 11.2
③ 22.4
④ 44.8

**해설**

[산소 부피 계산]
- 1 패러데이 = 1 g당량 물질 생성
- $O_2$ : -2가 2개로 총 4 g당량이 1 mol
- 산소부피 = 0.25 mol × 22.4 L = 5.6 L

정답 08 ② 09 ② 10 ① 11 ①

**12** 다음 화합물 중에서 가장 작은 결합각을 가지는 것은?

① $BF_3$   ② $NH_3$
③ $H_2$    ④ $BeCl_2$

**해설**

[결합각]
- ② 비공유전자쌍에 의해 사이 각 107.5°

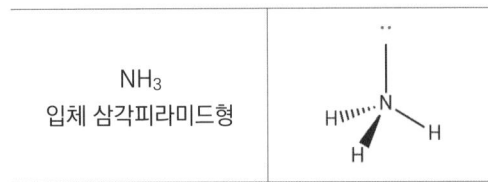

| $NH_3$ 입체 삼각피라미드형 | |

- ①, ③, ④는 모두 평면구조
  ① $BF_3$ : 120°
  ③ $H_2$ : 180°
  ④ $BeCl_2$ : 180°

**13** 지방이 글리세린과 지방산으로 되는 것과 관련이 깊은 반응은?

① 에스터화   ② 가수분해
③ 산화       ④ 아미노화

**해설**

[가수분해]
지방에 물을 가해 글리세린·지방산 생성

**14** $[OH^-] = 1 \times 10^{-5}$ mol/L인 용액의 pH와 액성으로 옳은 것은?

① pH = 5, 산성
② pH = 5, 알칼리성
③ pH = 9, 산성
④ pH = 9, 알칼리성

**해설**

[pH 계산]
- $[H^+] = 10^{-14}/[OH^-] = 10^{-14}/10^{-5}$
  $= 10 - 9$
- $pH = -\log [H^+] = -\log [10^{-9}]$
  $= 9$ 알칼리성

**15** 다음에서 설명하는 법칙은 무엇인가?

> 일정한 온도에서 비휘발성이며, 비전해질인 용질이 녹은 묽은 용액의 증기 압력 내림은 일정량의 용매에 녹아 있는 용질의 몰수에 비례한다.

① 헨리의 법칙
② 라울의 법칙
③ 아보가드로의 법칙
④ 보일 - 샤를의 법칙

**해설**

[라울의 법칙]
비휘발성·비전해질 용질의 녹은 몰수와 증기 압력 내림은 비례

보충 헨리의 법칙 : 액체에 녹는 기체의 양은 기체의 부분압과 비례

정답 12 ② 13 ② 14 ④ 15 ②

**16** 질량수 52인 크로뮴의 중성자 수와 전자 수는 각각 몇 개인가? (단, 크로뮴의 원자번호는 24이다)

① 중성자 수 24, 전자 수 24
② 중성자 수 24, 전자 수 52
③ 중성자 수 28, 전자 수 24
④ 중성자 수 52, 전자 수 24

**해설**

[크로뮴(Cr) 원자]
- 원자번호 = 양성자 수
- 질량수 = 중성자 수 + 양성자 수 = 52
- 중성자 수 = 28
- 전자 수 = 24(양성자 수와 동일)

**18** 일정한 온도하에서 물질 A와 B가 반응을 할 때 A의 농도만 2배로 하면 반응속도가 2배가 되고 B의 농도만 2배로 하면 반응속도가 4배로 된다. 이 경우 반응속도식은? (단, 반응속도 상수는 k이다)

① $v = k[A][B]^2$  ② $v = k[A]^2[B]$
③ $v = k[A][B]^{0.5}$  ④ $v = k[A][B]$

**해설**

[반응속도 계산]
- 물질A : 농도와 1 : 1 비례해 $[A]^1$
- 물질B : 농도와 제곱에 비례해 $[B]^2$
따라서 $v = k[A][B]^2$

**17** 다음 중 물이 산으로 작용하는 반응은?

① $NH_4^+ + H_2O \rightarrow NH_3 + H_3O^+$
② $HCOOH + H_2O \rightarrow HCOO^- + H_3O^+$
③ $CH_3COO^- + H_2O \rightarrow CH_3COOH + OH^-$
④ $HCl + H_2O \rightarrow H_3O^+ + Cl^-$

**해설**

[산과 염기]
- 산 : 수소·전자를 잃거나 산소를 얻는 물질
- ③ $H_2O \rightarrow OH^-$가 되었으므로 산이다.

**19** 다음 물질 1 g당 1 kg의 물에 녹였을 때 빙점강하가 가장 큰 것은? (단, 빙점강하 상수값(어는점내림 상수)은 동일하다고 가정한다)

① $CH_3OH$   ② $C_2H_5OH$
③ $C_3H_5(OH)_3$   ④ $C_6H_{12}O_6$

**해설**

[빙점강하(어는점내림)]
- 용액 속에 녹은 용질 몰수가 많을수록 빙점강하가 크다.
- ① $CH_3OH$ : 가장 분자량이 작아 같은 질량 기준 가장 많은 몰수를 가져 빙점강하가 크다.

정답  16 ③  17 ③  18 ①  19 ①

**20** 다음 밑줄 친 원소 중 산화수가 +5인 것은?

① Na₂<u>Cr</u>₂O₇  ② K₂<u>S</u>O₄
③ K<u>N</u>O₃   ④ <u>Cr</u>O₃

**해설**

[산화수 계산]
- O : -2, H : +1, K, Na : +1, C : +4, N : -3
- ① Na₂Cr₂O₇
  : (1 × 2) + (2 × Cr) + (-2 × 7) = 0
  Cr = +6
- ② K₂SO₄ : +1 × 2 + S + (-2 × 4) = 0
  S = +6
- ③ KNO₃ : + 1 + N + (-2 × 3) = 0
  N = +5
- ④ CrO₃ : + Cr +(-2 × 3) = 0
  Cr = +6

### 2과목  화재예방과 소화방법

**21** 위험물안전관리법령상 이동탱크저장소에 의한 위험물의 운송 시 위험물운송자가 위험물안전카드를 휴대하지 않아도 되는 물질은?

① 휘발유
② 과산화수소
③ 경유
④ 벤조일퍼옥사이드

**해설**

[위험물안전카드 소지]
- 4류 : 특수인화물·제1석유류를 제외하면 위험물안전카드 소지하지 않아도 됨
- ③ 경유 : 2석유류로 휴대하지 않아도 됨

**22** 분말소화약제인 탄산수소나트륨 10 kg이 1기압, 270 ℃에서 방사되었을 때 발생하는 이산화탄소의 양은 약 몇 m³인가?

① 2.65   ② 3.65
③ 18.22  ④ 36.44

정답  20 ③  21 ③  22 ①

**해설**

[제1종 분말소화약제]
- 반응식
  $2 NaHCO_3 \rightarrow Na_2CO_3 + H_2O + CO_2$
  $NaHCO_3$와 $CO_2$는 2 : 1 비율
- 분자량
  $NaHCO_3 = 23 + 1 + 12 + 16 \times 3 = 84$
- $CO_2$ 몰수 = 10 kg / 84 × 1/2
  $= 0.0595$ kmol
- $CO_2$ 부피
  = 59.5 mol × 22.4 L × (270 + 273)
  / (0 + 273) = 2.65 $m^3$

**23** 주된 연소형태가 분해연소인 것은?

① 금속분
② 황
③ 목재
④ 피크르산

**해설**

[고체 연소형태]
- 표면연소 : 목탄(숯)·코크스·금속분
- 분해연소 : 목재·종이·석탄·플라스틱
- 자기연소 : 제5류 위험물
- 증발연소 : 황·나프탈렌·양초(파라핀)

**24** 포소화약제의 종류에 해당되지 않는 것은?

① 단백포소화약제
② 합성계면활성제포소화약제
③ 수성막포소화약제
④ 액표면포소화약제

**해설**

[포소화약제 종류]
- 수성막포소화약제
- 단백포소화약제
- 내알코올포소화약제
- 합성계면활성제포소화약제

**25** 전역방출방식의 할로젠화물소화설비 중 하론 1301을 방사하는 분사헤드의 방사압력은 얼마 이상이어야 하는가?

① 0.1 MPa    ② 0.2 MPa
③ 0.5 MPa    ④ 0.9 MPa

**해설**

[할로젠화합물 소화설비 방사압]
- 할론 2402 : 0.1 MPa
- 할론 1211 : 0.2 MPa
- 할론 1301 : 0.9 MPa

정답 23 ③  24 ④  25 ④

**26** 드라이아이스 1 kg이 완전히 기화하면 약 몇 몰의 이산화탄소가 되겠는가?

① 22.7  ② 51.3
③ 230.1  ④ 515.0

해설

[이산화탄소($CO_2$) 몰수 계산]
- 분자량 = 12 + 16 × 2 = 44
- 1 kg / 44 = 0.0227 kmol = 22.7 mol

**27** 위험물안전관리법령상 전역방출방식 또는 국소방출방식의 분말소화설비의 기준에서 가압식의 분말소화설비에는 얼마 이하의 압력으로 조정할 수 있는 압력조정기를 설치하여야 하는가?

① 2.0 MPa  ② 2.5 MPa
③ 3.0 MPa  ④ 5 MPa

해설

[가압식 분말소화설비 압력조정기]
2.5 MPa 이하에서 조정 가능해야 한다.

**28** 다음 위험물의 저장창고에서 화재가 발생하였을 때 주수에 의한 냉각소화가 적절치 않은 위험물은?

① $NaClO_3$  ② $Na_2O_2$
③ $NaNO_3$  ④ $NaBrO_3$

해설

[냉각(주수)소화 적응성]
② $Na_2O_2$(과산화나트륨, 1류) : 알칼리금속과산화물로 주수소화 시 산소가 발생하여 위험도가 상승한다.

**29** 이산화탄소가 불연성이 이유를 옳게 설명한 것은?

① 산소와의 반응이 느리기 때문이다.
② 산소와 반응하지 않기 때문이다.
③ 착화되어도 곧 불이 꺼지기 때문이다.
④ 산화반응이 일어나도 열 발생이 없기 때문이다.

해설

[이산화탄소 특징]
② 산소와 반응하지 않아 불연성이다.

## 30 특수인화물이 소화설비 기준 적용상 1 소요단위가 되기 위한 용량은?

① 50 L  ② 100 L
③ 250 L  ④ 500 L

**해설**

[특수인화물 소요단위 계산]
- 소요단위 = 지정수량 × 10
- 특수인화물 지정수량 : 50 L
- 1 소요단위 = 50 × 10 = 500 L

## 31 이산화탄소 소화기의 장·단점에 대한 설명으로 틀린 것은?

① 밀폐된 공간에서 사용 시 질식으로 인명피해가 발생할 수 있다.
② 전도성이어서 전류가 통하는 장소에서의 사용은 위험하다.
③ 자체의 압력으로 방출할 수가 있다.
④ 소화 후 소화약제에 의한 오손이 없다.

**해설**

[이산화탄소 소화약제]
② 비전도성으로 전기화재에 유효하다.

## 32 질산의 위험성에 대한 설명으로 옳은 것은?

① 화재에 대한 직·간접적인 위험성은 없으나 인체에 묻으면 화상을 입는다.
② 공기 중에서 스스로 자연발화하므로 공기에 노출되지 않도록 한다.
③ 인화점 이상에서 가연성 증기를 발생하여 점화원이 있으면 폭발한다.
④ 유기물질과 혼합하면 발화의 위험성이 있다.

**해설**

[질산(6류) 특징]
④ 산소를 내어주는 물질로 유기물질과 혼합해 발화한다.

## 33 분말소화기에 사용되는 소화약제의 주성분이 아닌 것은?

① $NH_4H_2PO_4$  ② $Na_2SO_4$
③ $NaHCO_3$  ④ $KHCO_3$

**해설**

[소화약제 주성분]
① $NH_4H_2PO_4$ : 3종 분말소화약제
② $Na_2SO_4$ : 소화약제 아님
③ $NaHCO_3$ : 1종 분말소화약제
④ $KHCO_3$ : 2종 분말소화약제

정답 30 ④  31 ②  32 ④  33 ②

**34** 마그네슘 분말이 이산화탄소 소화약제와 반응하여 생성될 수 있는 유독기체의 분자량은?

① 26　　② 28
③ 32　　④ 44

**해설**
[마그네슘과 $CO_2$ 반응 시 생성물]
- $Mg + CO_2 \rightarrow MgO + CO$
- 유독기체 일산화탄소(CO) 분자량 = 28

**35** 위험물안전관리법령상 알칼리금속과산화물의 화재에 적응성이 없는 소화설비는?

① 건조사
② 물통
③ 탄산수소염류 분말소화설비
④ 팽창질석

**해설**
[알칼리금속과산화물 소화 적응성]
② 물과 만나 산소를 발생해 물통 사용 불가

**36** 위험물제조소의 환기설비 설치 기준으로 옳지 않은 것은?

① 환기구는 지붕위 또는 지상 2 m 이상의 높이에 설치할 것
② 급기구는 바닥면적 150 $m^2$마다 1개 이상으로 할 것
③ 환기는 자연배기방식으로 할 것
④ 급기구는 높은 곳에 설치하고 인화방지망을 설치할 것

**해설**
[환기설비]
④ 급기구를 아래에 설치해 위로 자연배기되도록 하며 인화방지망을 설치한다.

**37** 위험물제조소등에 설치하는 옥외소화전설비에 있어서 옥외소화전함은 옥외소화전으로부터 보행거리 몇 m 이하의 장소에 설치하는가?

① 2　　② 3
③ 5　　④ 10

**해설**
[옥외소화전 보행거리 기준]
옥외소화전과 옥외소화전함까지 보행거리 5 m 이하 장소에 설치

## 38 화재 종류가 옳게 연결된 것은?

① A급 화재 - 유류화재
② B급 화재 - 섬유화재
③ C급 화재 - 전기화재
④ D급 화재 - 플라스틱화재

해설

[화재의 종류]

| 급수 | 명칭(화재) | 색상 |
|---|---|---|
| A | 일반 | 백색 |
| B | 유류 | 황색 |
| C | 전기 | 청색 |
| D | 금속 | 무색 |

## 39 수성막포소화약제에 대한 설명으로 옳은 것은?

① 물보다 비중이 작은 유류의 화재에는 사용할 수 없다.
② 계면활성제를 사용하지 않고 수성의 막을 이용한다.
③ 내열성이 뛰어나고 고온의 화재일수록 효과적이다.
④ 일반적으로 불소계 계면활성제를 사용한다.

해설

[수성막포소화약제]
④ 불소계 계면활성제를 이용해 거품을 만들어 막을 형성하는 소화약제

## 40 다음 중 발화점에 대한 설명으로 가장 옳은 것은?

① 외부에서 점화했을 때 발화하는 최저온도
② 외부에서 점화했을 때 발화하는 최고온도
③ 외부에서 점화하지 않더라도 발화하는 최저온도
④ 외부에서 점화하지 않더라도 발화하는 최고온도

해설

[발화점]
③ 점화원 없이 불이 붙는 최저온도

보충 인화점 : 점화원이 점화해 불 붙는 최저온도

정답 38 ③  39 ④  40 ③

### 3과목    위험물의 성질과 취급

**41** 황린이 자연발화하기 쉬운 이유에 대한 설명으로 가장 타당한 것은?

① 끓는점이 낮고 증기압이 높기 때문에
② 인화점이 낮고 조연성 물질이기 때문에
③ 조해성이 강하고 공기 중의 수분에 의해 쉽게 분해되기 때문에
④ 산소와 친화력이 강하고 발화온도가 낮기 때문에

**해설**

[황린(3류, 자연발화성 물질)]
④ 산소와 쉽게 결합하고 발화온도 34℃로 낮아 자연발화하기 쉬움

**42** 보기 중 칼륨과 트라이에틸알루미늄과 공통 성질을 모두 나타낸 것은?

ⓐ 고체이다.
ⓑ 물과 반응하여 수소를 발생한다.
ⓒ 위험물안전관리법령상 위험등급이 Ⅰ이다.

① ⓐ      ② ⓑ
③ ⓒ      ④ ⓑ, ⓒ

**해설**

[칼륨과 트라이에틸알루미늄 성질]
ⓐ 트라이에틸알루미늄은 액체
ⓑ 트라이에틸알루미늄은 물과 반응해 에테인($C_2H_6$) 발생
ⓒ 공통적으로 위험등급 Ⅰ

**43** 탄화칼슘은 물과 반응하면 어떤 기체가 발생하는가?

① 과산화수소      ② 일산화탄소
③ 아세틸렌      ④ 에틸렌

**해설**

[탄화칼슘과 물 반응]
- $CaC_2 + 2H_2O \rightarrow Ca(OH)_2 + C_2H_2$
- 아세틸렌($C_2H_2$) 발생

**44** 다음 중 물이 접촉되었을 때 위험성(반응성)이 가장 작은 것은?

① $Na_2O_2$      ② $Na$
③ $MgO_2$      ④ $S$

**해설**

[황(S, 2류)]
물과 반응하지 않아 주수소화하는 위험물

**정답** 41 ④   42 ③   43 ③   44 ④

**45** 위험물안전관리법령상 제6류 위험물에 해당하는 물질로서 햇빛에 의해 갈색의 연기를 내며 분해할 위험이 있으므로 갈색병에 보관해야 하는 것은?

① 질산  ② 황산
③ 염산  ④ 과산화수소

해설

[질산 분해방지]
햇빛에 분해되어 갈색 연기가 발생하며, 갈색병에 보관한다.

보충 과산화수소도 갈색병에 보관한다.

**46** 다이에틸에터를 저장, 취급할 때의 주의사항에 대한 설명으로 틀린 것은?

① 장시간 공기와 접촉하고 있으면 과산화물이 생성되어 폭발의 위험이 생긴다.
② 연소범위는 가솔린보다 좁지만 인화점과 착화온도가 낮으므로 주의하여야 한다.
③ 정전기 발생에 주의하여 취급한다.
④ 화재 시 $CO_2$ 소화설비가 적응성이 있다.

해설

[다이에틸에터 저장·취급]
② 가솔린보다 연소범위도 넓고 인화점과 착화온도 모두 낮아 훨씬 위험하다.

**47** 다음 위험물 중 인화점이 약 -37 ℃인 물질로서 구리, 은, 마그네슘 등과 금속과 접촉하면 폭발성 물질인 아세틸라이드를 생성하는 것은?

① $CH_3CHOCH_2$
② $C_2H_5OC_2H_5$
③ $CS_2$
④ $C_6H_6$

해설

[수은·은·구리·마그네슘 사용 금지 물질]
• 아세트알데하이드·산화프로필렌
• 아세틸라이드를 생성하는 것은 산화프로필렌 (① $CH_3CHOCH_2$)

**48** 그림과 같은 위험물 탱크에 대한 내용적 계산방법으로 옳은 것은?

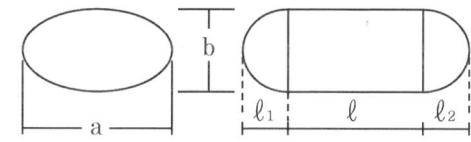

① $\dfrac{\pi ab}{3}(l + \dfrac{l_1 + l_2}{3})$

② $\dfrac{\pi ab}{4}(l + \dfrac{l_1 + l_2}{3})$

③ $\dfrac{\pi ab}{4}(l + \dfrac{l_1 + l_2}{4})$

④ $\dfrac{\pi ab}{3}(l + \dfrac{l_1 + l_2}{4})$

정답  45 ①  46 ②  47 ①  48 ②

해설

[위험물탱크 내용적 계산]
$V =$ 면적 $\times$ 높이환산값
$= \dfrac{\pi ab}{4} \times (l + \dfrac{l_1 + l_2}{3})$

**49** 온도 및 습도가 높은 장소에서 취급할 때 자연발화의 위험이 가장 큰 물질은?

① 아닐린  ② 황화인
③ 질산나트륨  ④ 셀룰로이드

해설

[자연발화 위험성]
④ 셀룰로이드(나이트로셀룰로오스, 제5류)
: 높은 온도에서 자연발화하는 물질

**50** 위험물안전관리법령상 위험물의 취급기준 중 소비에 관한 기준으로 틀린 것은?

① 열처리 작업은 위험물이 위험한 온도에 이르지 아니하도록 하여 실시하여야 한다.
② 담금질 작업은 위험물이 위험한 온도에 이르지 아니하도록 하여 실시하여야 한다.
③ 분사도장 작업은 방화상 유효한 격벽 등으로 구획한 안전한 장소에서 하여야 한다.
④ 버너를 사용하는 경우에는 버너의 역화를 유지하고 위험물이 넘치지 아니하도록 하여야 한다.

해설

[위험물 취급기준]
④ 버너를 사용하는 경우 버너의 역화를 방지하고 위험물이 넘치지 않도록 한다.

**51** 저장·수송할 때 타격 및 마찰에 의한 폭발을 막기 위해 물이나 알코올로 습면시켜 취급하는 위험물은?

① 나이트로셀룰로오스
② 과산화벤조일
③ 글리세린
④ 에틸렌글라이콜

해설

[나이트로셀룰로오스(5류)]
함수알코올에 습면시켜 저장하는 위험물

**TIP** 과산화벤조일은 수분함유 시 폭발위험이 감소하기는 하나 물과 알코올에 저장하지는 않는다.

정답  49 ④  50 ④  51 ①

**52** 제4류 위험물을 저장하는 이동탱크저장소의 탱크 용량이 19,000 L일 때 탱크의 칸막이는 최소 몇 개를 설치해야 하는가?

① 2      ② 3
③ 4      ④ 5

**해설**

[이동저장탱크 칸막이]
- 4,000 L마다 강철판으로 구획
- 19,000 L는 5개로 나눠 <u>4개 칸막이 필요</u>

**53** 위험물안전관리법령상 제4류 위험물 옥외저장탱크의 대기밸브부착 통기관은 몇 kPa 이하의 압력차이로 작동할 수 있어야 하는가?

① 2      ② 3
③ 4      ④ 5

**해설**

[옥외저장탱크 대기밸브부착 통기관]
5 kPa 이하로 작동이 가능해야 한다.

**54** 위험물안전관리법령상 위험물제조소의 위험물을 취급하는 건축물의 구성부분 중 반드시 내화구조로 하여야 하는 것은?

① 연소의 우려가 있는 기둥
② 바닥
③ 연소의 우려가 있는 외벽
④ 계단

**해설**

[위험물제조소 방화구획]
- 건축물(벽·기둥·바닥·보·지붕·서까래) : 불연재료
- <u>출입구 외 개구부 없는 외벽</u> : 내화구조

**55** 물보다 무겁고, 물에 녹지 않아 저장 시 가연성 증기발생을 억제하기 위해 수조 속의 위험물탱크에 저장하는 물질은?

① 다이에틸에터
② 에탄올
③ 이황화탄소
④ 아세트알데하이드

**해설**

[이황화탄소]
- 가연성 기체 발생하는 물질
- 비중이 커 물 밑 저장해 가연성 기체 방지

정답   52 ③   53 ④   54 ③   55 ③

## 56 금속나트륨의 일반적인 성질로 옳지 않은 것은?

① 은백색의 연한 금속이다.
② 알코올 속에 저장한다.
③ 물과 반응하여 수소가스를 발생한다.
④ 물보다 비중이 작다.

**해설**

[나트륨 성질]
② 알코올이나 물과 반응해 수소($H_2$) 발생

## 57 다음 위험물 중에서 인화점이 가장 낮은 것은?

① $C_6H_5CH_3$
② $C_6H_5CHCH_2$
③ $CH_3OH$
④ $CH_3CHO$

**해설**

[4류 위험물 인화점 구분]
① $C_6H_5CH_3$(톨루엔) : 제1석유류
② $C_6H_5CHCH_2$(스타이렌) : 제2석유류
③ $CH_3OH$(메탄올) : 알코올류
④ $CH_3CHO$(아세트알데하이드) : 특수인화물
• 특수인화물인 아세트알데하이드가 가장 인화점이 낮다.

## 58 과염소산칼륨과 적린을 혼합하는 것이 위험한 이유로 가장 타당한 것은?

① 마찰열이 발생하여 과염소산칼륨이 자연발화할 수 있기 때문에
② 과염소산칼륨이 연소하면서 생성된 연소열이 적린을 연소시킬 수 있기 때문에
③ 산화제인 과염소산칼륨과 가연물인 적린이 혼합하면 가열, 충격 등에 의해 연소·폭발할 수 있기 때문에
④ 혼합하면 용해되어 액상 위험물이 되기 때문에

**해설**

[과염소산칼륨(1류)과 적린(2류) 혼합]
③ 산소를 내는 과염소산칼륨과 가연물인 적린과 함께 가열·충격 받으면 연소조건이 만족하여 위험

## 59 1기압 27°C에서 아세톤 58 g을 완전히 기화시키면 부피는 약 몇 L가 되는가?

① 22.4
② 24.6
③ 27.4
④ 58.0

**정답** 56 ② 57 ④ 58 ③ 59 ②

**해설**

[기체 부피 계산]

- 아세톤($CH_3COCH_3$) 몰수

$$\frac{58\,g}{58\,g/mol} = 1\,mol$$

- 1기압 0 ℃ 1 mol 부피 : 22.4 L
- 27 ℃의 부피(샤를의 법칙)

$$V_2 = \frac{V_1 T_2}{T_1} = \frac{22.4 \times (27+273)}{(0+273)} = 24.6\,L$$

TIP R을 이용한 이상기체방정식으로 풀어도 무방

$$V = \frac{nRT}{P} = \frac{1 \times 0.082 \times (27+273)}{1} = 24.6\,L$$

**60** 염소산칼륨에 대한 설명 중 틀린 것은?

① 촉매 없이 가열하면 약 400 ℃에서 분해한다.
② 열분해하여 산소를 방출한다.
③ 불연성 물질이다.
④ 물, 알코올, 에터에 잘 녹는다.

**해설**

[염소산칼륨 특징]
④ 온수와 글리세린에 잘 녹고 찬물과 알코올에 잘 녹지 않는다.

정답 60 ④

# 2019 1회

## 1과목 일반화학

**01** 기체상태의 염화수소는 어떤 화학결합으로 이루어진 화합물인가?

① 극성 공유결합
② 이온 결합
③ 비극성 공유결합
④ 배위 공유결합

**해설**

[염화수소(HCl) 화학결합]
- $H^+$(비금속)와 $Cl^-$(비금속) 결합
- 서로 결합하려는 힘이 달라 한쪽으로 치우치는 극성 공유결합을 한다.

TIP 양이온과 음이온 결합으로 이온결합이라 생각하기 쉬우나 금속 양이온과 비금속 양이온이 결합 시에만 이온결합이다.

**02** 20 %의 소금물을 전기분해하여 수산화나트륨 1몰을 얻는 데는 1 A의 전류를 몇 시간 통해야 하는가?

① 13.4
② 26.8
③ 53.6
④ 104.2

**해설**

[소금물 전기분해 시 전류량]
수산화나트륨(NaOH) 1 mol 생성
: 1 g당량이므로 96500 C 필요
전하량 = 96500 C = 1 A(C / S) × t
t = 96500 s = 26.8 h

TIP 1 mol을 얻는다는 게 목적이므로 소금물 20 %는 신경 쓰지 않아도 된다.

**03** 다음 반응식은 산화 – 환원 반응이다. 산화된 원자와 환원된 원자를 순서대로 옳게 표현한 것은?

$$3Cu + 8HNO_3 \rightarrow 3Cu(NO_3)_2 + 2NO + 4H_2O$$

① Cu, N
② N, H
③ O, Cu
④ N, Cu

**해설**

[산화와 환원된 원자]
- 산화 : 산소 얻음, 전자·수소를 잃음
- 환원 : 산소 잃음, 전자·수소를 얻음
- ① Cu는 전자를 잃어 반응하므로 산화
  N은 $NO_3$ 상태에서 산소 잃고 NO가 되었으므로 환원

**정답** 01 ① 02 ② 03 ①

## 04 메틸알코올과 에틸알코올이 각각 다른 시험관에 들어 있다. 이 두 가지를 구별할 수 있는 실험 방법은?

① 금속 나트륨을 넣어본다.
② 환원시켜 생성물을 비교하여 본다.
③ KOH와 $I_2$의 혼합 용액을 넣고 가열하여 본다.
④ 산화시켜 나온 물질에 은거울 반응시켜 본다.

**해설**

[메틸알코올과 에틸알코올 구분]
③ 에틸알코올만 KOH와 $I_2$ 혼합용액과 황색으로 변하는 아이오딘포름반응(아이오도폼)을 한다.

## 05 다음 물질 중 벤젠고리를 함유하고 있는 것은?

① 아세틸렌  ② 아세톤
③ 메테인    ④ 아닐린

**해설**

[벤젠고리]
• 아닐린($C_6H_5NH_2$)
  구조식 :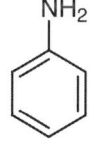

• 육각형의 벤젠고리 모양을 가지므로 방향족(벤젠족)

## 06 분자식이 같으면서도 구조가 다른 유기화합물을 무엇이라고 하는가?

① 이성질체    ② 동소체
③ 동위원소    ④ 방향족화합물

**해설**

[이성질체]
같은 분자식이나 성질, 구조가 다른 물질

> 동소체 : 같은 원소지만 배열이 달라 성질이 다른 반면 연소생성물은 같은 물질

## 07 다음 중 수용액의 pH가 가장 작은 것은?

① 0.01N HCl
② 0.1N HCl
③ 0.01N $CH_3COOH$
④ 0.1N NaOH

**해설**

[pH 크기]
• $H^+$ 수가 많을수록 pH는 작다.
• ② 0.1 N로 $H^+$가 많아 pH가 가장 작다.

**08** 물 500 g 중에 설탕($C_{12}H_{22}O_{11}$) 171 g 이 녹아 있는 설탕물의 몰랄농도(m)는?

① 2.0  ② 1.5
③ 1.0  ④ 0.5

**해설**

[설탕물 몰랄농도 계산]
- 설탕 분자량 = 12 × 12 + 1 × 22 + 16 × 11 = 342
- 몰랄농도(1 mol / 용매질량 kg) 계산
  = (171 g / 342) mol ÷ 0.5 kg
  = 1 m

**09** 다음 중 불균일 혼합물은 어느 것인가?

① 공기   ② 소금물
③ 화강암  ④ 사이다

**해설**

[불균일 혼합물]
- 공기·소금물·사이다는 용매 속에 균일하게 혼합되어 있다.
- ③ 화강암은 각 부분 성분이 달라 불균일 혼합물

**10** 다음은 원소의 원자번호와 원소기호를 표시한 것이다. 전이 원소만으로 나열된 것은?

① $_{20}Ca$, $_{21}Sc$, $_{22}Ti$
② $_{21}Sc$, $_{22}Ti$, $_{29}Cu$
③ $_{26}Fe$, $_{30}Zn$, $_{38}Sr$
④ $_{21}Sc$, $_{22}Ti$, $_{38}Sr$

**해설**

[전이 원소]
- 3 ~ 12족 사이 원소
- ② $_{21}Sc$, $_{22}Ti$, $_{29}Cu$은 모두 전이원소

**TIP** 주기율표를 모두 외우기보다 이 문제 자체를 외우는 것을 추천

**11** 다음 중 동소체 관계가 아닌 것은?

① 적린과 황린
② 산소와 오존
③ 물과 과산화수소
④ 다이아몬드와 흑연

**해설**

[동소체]
- 같은 원소지만 배열이 달라 성질이 다른 반면 연소생성물은 같은 물질
- ③ 물($H_2O$)과 과산화수소($H_2O_2$) : 두 개 원소로 이루어져 있어 동소체 아님

**12** 다음 중 반응이 정반응으로 진행되는 것은?

① $Pb^{2+} + Zn \rightarrow Zn^{2+} + Pb$
② $I_2 + 2\,Cl^- \rightarrow 2\,I^- + Cl_2$
③ $2\,Fe^{3+} + 3\,Cu \rightarrow 3Cu^{2+} + 2\,Fe$
④ $Mg^{2+} + Zn \rightarrow Zn^{2+} + Mg$

**해설**

[정반응 진행]
① Zn(아연)이 Pb(납)보다 반응성이 좋아 아연이 $Zn^{2+}$로 이온화한다.

보충 반응성 순서
칼륨 ≫ 칼슘 ≫ 나트륨 ≫ 마그네슘 ≫ 알루미늄 ≫ 아연 ≫ 철 ≫ 리튬 ≫ 주석 ≫ 납 ≫ 수소 ≫ 구리 ≫ 수은 ≫ 은 ≫ 백금 ≫ 금
암 칼카나마 알아철리 주납수구 수은백금

**13** 물이 브뢴스테드산으로 작용한 것은?

① $HCl + H_2O \rightleftharpoons H_3O^+ + Cl^-$
② $HCOOH + H_2O \rightleftharpoons HCOO^- + H_3O^+$
③ $NH_3 + H_2O \rightleftharpoons NH_4^+ + OH^-$
④ $3Fe + 4H_2O \rightleftharpoons Fe_3O_4 + 4H_2$

**해설**

[브뢴스테드 산·염기]
• H 잃으면 산, H 얻으면 염기
• ③ $H_2O$ : $OH^-$ 되어 H를 잃으므로 산

**14** 수산화칼슘에 염소가스를 흡수시켜 만드는 물질은?

① 표백분   ② 수소화칼슘
③ 염화수소  ④ 과산화칼슘

**해설**

[수산화칼슘 반응]
수산화칼슘 [$Ca(OH)_2$] + 염소가스(Cl) 흡수반응 시 표백분 생성

**15** 질산칼륨 수용액 속에 소량의 염화나트륨이 불순물로 포함되어 있다. 용해도 차이를 이용하여 이 불순물을 제거하는 방법으로 가장 적당한 것은?

① 증류    ② 막 분리
③ 재결정   ④ 전기분해

**해설**

[재결정]
용해도가 작은 물질이 먼저 석출되어 나오는 차이를 이용해 분리한다.

정답  12 ①  13 ③  14 ①  15 ③

**16** 할로젠화 수소의 결합에너지 크기를 비교하였을 때 옳게 표시한 것은?

① HI > HBr > HCl > HF
② HBr > HI > HF > HCl
③ HF > HCl > HBr > HI
④ HCl > HBr > HF > HI

**해설**

[할로젠 분자 결합에너지]
F > Cl > Br > I 순으로 결합에너지가 높다.

**17** 용매분자들이 반투막을 통해서 순수한 용매나 묽은 용액으로부터 좀 더 농도가 높은 용액 쪽으로 이동하는 알짜이동을 무엇이라 하는가?

① 총괄이동   ② 등방성
③ 국부이동   ④ 삼투

**해설**

[삼투현상]
농도가 낮은 쪽의 용매분자들이 농도가 높은 쪽으로 반투막을 통과해 이동하는 현상

**18** 다음 반응식을 이용하여 구한 $SO_2(g)$의 몰 생성열은?

$$S(s) + 1.5O_2(g) \rightarrow SO_3(g)$$
$$\triangle H = -94.5 \text{ kcal}$$
$$2SO_2(s) + O_2(g) \rightarrow 2SO_3(g)$$
$$\triangle H = -47 \text{ kcal}$$

① -71 kcal     ② -47.5 kcal
③ 71 kcal      ④ 47.5 kcal

**해설**

[복합 반응식 생성열 계산]
- 생성열 계산 시 원소를 이용한 식 사용
- $2S + 3O_2 \rightarrow 2SO_3$ ⋯ $\triangle H = -189$
  $+ 2SO_3 \rightarrow 2SO_2 + O_2$ ⋯ $\triangle H = +47$
  $2S + 2O_2 \rightarrow 2SO_2$ ⋯ $\triangle H = -142$
- $S + O_2 \rightarrow SO_2$ ⋯ $\triangle H = \underline{-71 \text{ kcal}}$

**19** 27 ℃에서 부피가 2 L인 고무풍선 속의 수소기체 압력이 1.23 atm이다. 이 풍선 속에 몇 mole의 수소기체가 들어 있는가? (단, 이상기체라고 가정한다)

① 0.01     ② 0.05
③ 0.10     ④ 0.25

**해설**

[수소기체 몰수 계산]

$$n = \frac{PV}{RT} = \frac{1.23\,atm \times 2\,L}{0.082\frac{atm\,L}{mol\,K} \times (27+273)K}$$

$$= 0.1\,mol$$

정답 16 ③  17 ④  18 ①  19 ③

**20** 20 °C에서 600 mL의 부피를 차지하고 있는 기체를 압력의 변화 없이 온도를 40 °C로 변화시키면 부피는 얼마로 변하겠는가?

① 300 mL
② 641 mL
③ 836 mL
④ 1,200 mL

**해설**

[기체의 부피 계산]
- 절대온도와 부피는 비례(샤를의 법칙)

$$\frac{V_1}{T_1} = \frac{V_2}{T_2}$$

- $V_2 = \dfrac{V_1 T_2}{T_1} = \dfrac{600 \times (40+273)}{(20+273)}$
  $= 641\, mL$

### 2과목   화재예방과 소화방법

**21** 클로로벤젠 300,000 L의 소요단위는 얼마인가?

① 20
② 30
③ 200
④ 300

**해설**

[소요단위 계산]
- 소요단위 = 지정수량 × 10
- 클로로벤젠 지정수량 = 1,000 L
- 총 소요단위 = 300,000 / 10,000 = 30

**22** 가연성 물질이 공기 중에서 연소할 때의 연소형태에 대한 설명으로 틀린 것은?

① 공기와 접촉하는 표면에서 연소가 일어나는 것을 표면연소라 한다.
② 황의 연소는 표면연소이다.
③ 산소공급원을 가진 물질 자체가 연소하는 것을 자기연소라 한다.
④ TNT의 연소는 자기연소이다.

**해설**

[연소형태]
- 표면연소 : 목탄(숯)·코크스·금속분
- 분해연소 : 목재·종이·석탄·플라스틱
- 자기연소 : 제5류 위험물
- 증발연소 : 황·나프탈렌·양초
- ② 황은 증발연소이다.

**23** 할로젠화합물 소화약제가 전기화재에 사용될 수 있는 이유에 대한 다음 설명 중 가장 적합한 것은?

① 전기적으로 부도체이다.
② 액체의 유동성이 좋다.
③ 탄산가스와 반응하여 포스겐가스를 만든다.
④ 증기의 비중이 공기보다 작다.

해설
[할로젠 소화약제 전기화재 적응성]
전기가 통하지 않는 부도체로 전기화재에 안전하기 때문에 적응성이 있다.

**24** 소화약제로서 물이 갖는 특성에 대한 설명으로 옳지 않은 것은?

① 유화효과(Emulsification Effect)도 기대할 수 있다.
② 증발잠열이 커서 기화 시 다량의 열을 제거한다.
③ 기화팽창률이 커서 질식효과가 있다.
④ 용융잠열이 커서 주수 시 냉각효과가 뛰어나다.

해설
[소화약제로서 물]
④ 높은 기화잠열(539 cal/g·℃)로 냉각효과가 크다.

**25** 위험물안전관리법령상 정전기를 유효하게 제거하기 위해서는 공기 중의 상대습도를 몇 % 이상 되게 하여야 하는가?

① 40 %  ② 50 %
③ 60 %  ④ 70 %

해설
[정전기 제거방법]
• 접지
• 상대습도 70 % 이상
• 공기 이온화

**26** 벤젠과 톨루엔의 공통점이 아닌 것은?

① 물에 녹지 않는다.
② 냄새가 없다.
③ 휘발성 액체이다.
④ 증기는 공기보다 무겁다.

해설
[벤젠과 톨루엔 공통점]
② 벤젠과 톨루엔은 자극성 냄새를 가진다.

정답 23 ① 24 ④ 25 ④ 26 ②

**27** 제6류 위험물인 질산에 대한 설명으로 틀린 것은?

① 강산이다.
② 물과 접촉 시 발열한다.
③ 불연성 물질이다.
④ 열분해 시 수소를 발생한다.

**해설**

[질산(6류 위험물, 산화성 액체)]
④ 열분해 시 산소를 발생한다.

**28** 제1종 분말소화약제가 1차 열분해되어 표준상태를 기준으로 2 $m^3$의 탄산가스가 생성되었다. 몇 kg의 탄산수소나트륨이 사용되었는가? (단, 나트륨의 원자량은 23이다)

① 15        ② 18.75
③ 56.25     ④ 75

**해설**

[제1종 분말소화약제]
① 반응식
　$2NaHCO_3 \rightarrow Na_2CO_3 + H_2O + CO_2$
② 분자량
　$NaHCO_3 = 23+1+12+16 \times 3 = 84$
③ $NaHCO_3$ 질량계산(표준상태)
　• $CO_2$ 2 $m^3$ 생성 → $NaHCO_3$ 4 $m^3$ 소모
　• 4 $m^3$ × 1 kmol / 22.4 $m^3$
　　　× 84 kg / kmol = 15 kg

**29** 다음 A ~ D 중 분말소화약제로만 나타낸 것은?

A. 탄산수소나트륨
B. 탄산수소칼륨
C. 황산구리
D. 제1인산암모늄

① A, B, C, D    ② A, D
③ A, B, C       ④ A, B, D

**해설**

[분말소화약제 성분]
A. 탄산수소나트륨($NaHCO_3$) : 1종 분말
B. 탄산수소칼륨($KHCO_3$) : 2종 분말
C. 황산구리 : 소화약제 아님
D. 인산암모늄($NH_4H_2PO_4$) : 3종 분말

**30** 이산화탄소소화설비의 소화약제 방출방식 중 전역방출방식 소화설비에 대한 설명으로 옳은 것은?

① 발화위험 및 연소위험이 적고 광대한 실내에서 특정장치나 기계만을 방호하는 방식
② 일정 방호구역 전체에 방출하는 경우 해당 부분의 구획을 밀폐하여 불연성 가스를 방출하는 방식
③ 일반적으로 개방되어 있는 대상물에 대하여 설치하는 방식
④ 사람이 용이하게 소화활동을 할 수 있는 장소에서는 호스를 연장하여 소화활동을 행하는 방식

**해설**

[전역방출방식 소화설비]
② 해당 부분 밀폐 후 방호구역 전체에 소화약제를 방출하는 방식

**31** 알루미늄분의 연소 시 주수소화하면 위험한 이유를 옳게 설명한 것은?

① 물에 녹아 산이 된다.
② 물과 반응하여 유독가스가 발생한다.
③ 물과 반응하여 수소가스가 발생한다.
④ 물과 반응하여 산소가스가 발생한다.

**해설**

[알루미늄분(2류) 주수소화]
③ 물과 만나 수소가 발생해 주수소화가 불가하다.

**32** 인화알루미늄의 화재 시 주수소화를 하면 발생하는 가연성 기체는?

① 아세틸렌  ② 메테인
③ 포스겐   ④ 포스핀

**해설**

[인화알루미늄과 물 반응]
- $AlP + 3H_2O \rightarrow Al(OH)_3 + \underline{PH_3}$
- 가연성 기체 <u>포스핀($PH_3$)</u> 발생

**33** 강화액 소화약제에 소화력을 향상시키기 위하여 첨가하는 물질로 옳은 것은?

① 탄산칼륨   ② 질소
③ 사염화탄소  ④ 아세틸렌

**해설**

[강화액 소화약제]
물의 침투력을 강화하기 위해 <u>탄산칼륨($K_2CO_3$, 염류)</u> 첨가한 쓰는 소화약제

**34** 일반적으로 고급알코올황산에스터염을 기포제로 사용하며, 냄새가 없는 황색의 액체로서 밀폐 또는 준밀폐 구조물의 화재 시 고팽창포로 사용하여 화재를 진압할 수 있는 포소화약제는?

① 단백포소화약제
② 합성계면활성제포소화약제
③ 알코올형포소화약제
④ 수성막포소화약제

**해설**

[합성계면활성제포]
고급알코올황산에스터염을 사용하는 포

TIP 고급 단어 사용 시 합성계면활성제포

정답 31 ③  32 ④  33 ①  34 ②

**35** 전기불꽃 에너지 공식에서 ( )에 알맞은 것은? (단, Q는 전기량, V는 방전전압, C는 전기용량을 나타낸다)

$$E = \frac{1}{2}(\quad) = \frac{1}{2}(\quad)$$

① QV, CV  ② QC, CV
③ QV, CV²  ④ QC, QV²

해설
[전기에너지 공식]
$E = \frac{1}{2}QV = \frac{1}{2}CV^2$

**36** 위험물제조소등의 스프링클러설비의 기준에 있어 개방형 스프링클러헤드는 스프링클러헤드의 반사판으로부터 하방 및 수평방향으로 각각 몇 m의 공간을 보유하여야 하는가?

① 하방 0.3 m, 수평방향 0.45 m
② 하방 0.3 m, 수평방향 0.3 m
③ 하방 0.45 m, 수평방향 0.45 m
④ 하방 0.45 m, 수평방향 0.3 m

해설
[개방형 스프링클러헤드 반사판]
하방 0.45 m, 수평방향 0.3 m 공간 보유

**37** 적린과 오황화인의 공통 연소생성물은?

① $SO_2$  ② $H_2S$
③ $P_2O_5$  ④ $H_3PO_4$

해설
[적린과 황화인 연소생성물]
- 적린 $2P + 2.5O_2 \rightarrow P_2O_5$
- 오황화인 $P_2S_5 + 7.5O_2 \rightarrow 5SO_2 + P_2O_5$

**38** 제1류 위험물 중 알칼리금속과산화물의 화재에 적응성이 있는 소화약제는?

① 인산염류분말
② 이산화탄소
③ 탄산수소염류분말
④ 할로젠화합물

해설
[알칼리금속과산화물 적응성 있는 소화]
탄산수소염류 분말소화설비·건조사·팽창질석·팽창진주암

정답  35 ③  36 ④  37 ③  38 ③

**39** 가연성 가스의 폭발 범위에 대한 일반적인 설명으로 틀린 것은?

① 가스의 온도가 높아지면 폭발 범위는 넓어진다.
② 폭발한계농도 이하에서 폭발성 혼합 가스를 생성한다.
③ 공기 중에서보다 산소 중에서 폭발 범위가 넓어진다.
④ 가스압이 높아지면 하한값은 크게 변하지 않으나 상한값은 높아진다.

**해설**
[가연성 가스 폭발범위]
② 폭발성 가스는 폭발범위 내에서 발생

**40** 위험물제조소등에 설치하는 포소화설비의 기준에 따르면 포헤드방식의 포헤드는 방호대상물의 표면적 1 m²당 방사량이 몇 L/min 이상의 비율로 계산한 양의 포수용액을 표준방사량으로 방사할 수 있도록 설치하여야 하는가?

① 3.5　　② 4
③ 6.5　　④ 9

**해설**
[포헤드방식]
• 헤드 수 : 9 m²당 1개 이상
• 방사량 : 1 m²당 6.5 L/min 이상

**3과목**　위험물의 성질과 취급

**41** 동식물유류에 대한 설명으로 틀린 것은?

① 건성유는 자연발화 위험성이 높다.
② 불포화도가 높을수록 아이오딘가가 크며, 산화되기 쉽다.
③ 아이오딘값이 130 이하인 것이 건성유이다.
④ 1기압에서 인화점이 섭씨 250도 미만이다.

**해설**
[동식물유류(4류 위험물)]
① 아이오딘값이 높은 건성유는 자연발화 위험이 있다.
② 불포화도가 크면 아이오딘가가 크다.
③ 건성유는 아이오딘값 130 이상이다.
④ 인화점은 250 ℃ 미만이다.

**42** 과산화나트륨이 물과 반응할 때의 변화를 가장 옳게 설명한 것은?

① 산화나트륨과 수소를 발생한다.
② 물을 흡수하여 탄산나트륨이 된다.
③ 산소를 방출하며 수산화나트륨이 된다.
④ 서서히 물에 녹아 과산화나트륨의 안정한 수용액이 된다.

정답　39 ②　40 ③　41 ③　42 ③

해설

[과산화나트륨과 물 반응]
- $Na_2O_2 + H_2O \rightarrow 2\,NaOH + 0.5\,O_2$
- ③ 물과 만나 수산화나트륨과 산소를 발생시킨다.

해설

[메틸에틸케톤 취급]
④ 유리 용기에 저장하며 수지, 섬유소 등에 저장 시 가연성 가스가 더 나오기 쉽다.

**43** 다음 중 연소범위가 가장 넓은 위험물은?

① 휘발유　② 톨루엔
③ 에틸알코올　④ 다이에틸에터

해설

[위험물 연소범위]
① 휘발유 : 1.4 ~ 7.6 %
② 톨루엔 : 1.4 ~ 6.7 %
③ 에틸알코올 : 4 ~ 19 %
④ 다이에틸에터 : 1.9 ~ 48 %

**44** 메틸에틸케톤의 취급방법에 대한 설명으로 틀린 것은?

① 쉽게 연소하므로 화기 접근을 금한다.
② 직사광선을 피하고 통풍이 잘 되는 곳에 저장한다.
③ 탈지작용이 있으므로 피부에 접촉하지 않도록 주의한다.
④ 유리 용기를 피하고 수지, 섬유소 등의 재질로 된 용기에 저장한다.

**45** 유기과산화물에 대한 설명으로 틀린 것은?

① 소화방법으로는 질식소화가 가장 효과적이다.
② 벤조일퍼옥사이드, 메틸에틸케톤퍼옥사이드 등이 있다.
③ 저장 시 고온체나 화기의 접근을 피한다.
④ 지정수량은 10 kg이다.

해설

[유기과산화물(5류)]
① 스스로 산소를 내어 반응하므로 질식소화는 효과가 없다.

**46** 위험물안전관리법령상 시·도의 조례가 정하는 바에 따르면 관할소방서장의 승인을 받아 지정수량 이상의 위험물을 임시로 제조소등이 아닌 장소에서 취급할 때 며칠 이내의 기간 동안 취급할 수 있는가?

① 7일　② 30일
③ 90일　④ 180일

정답 ● 43 ④　44 ④　45 ①　46 ③

**[해설]**

**[위험물의 임시 저장·취급]**
지정수량 이상의 위험물을 임시로 제조소등이 아닌 장소에서 임시로 90일 동안 취급이 가능하다.

**[해설]**

**[오황화인($P_2S_5$) 특징]**
① 물과 반응해 가연성 가스 황화수소를 생성한다.
③ $P_2S_5$이며 물에 잘 녹는다.
④ 100℃ 이상에서 발화한다.

**47** 다음 물질 중 인화점이 가장 낮은 것은?

① 톨루엔   ② 아세톤
③ 벤젠     ④ 다이에틸에터

**[해설]**

**[위험물 인화점]**
- ① 톨루엔 : 제1석유류
  ② 아세톤 : 제1석유류
  ③ 벤젠 : 제1석유류
  ④ 다이에틸에터 : 특수인화물
- 특수인화물의 인화점 기준이 가장 낮다.

**49** 물과 접촉하였을 때 에테인이 발생되는 물질은?

① $CaC_2$            ② $(C_2H_5)_3Al$
③ $C_6H_3(NO_2)_3$   ④ $C_2H_5ONO_2$

**[해설]**

**[트라이에틸알루미늄[$(C_2H_5)_3Al$]과 물 반응]**
- $(C_2H_5)_3Al + 3H_2O \rightarrow Al(OH)_3 + 3C_2H_6$
- 물과 반응해 에테인($C_2H_6$) 생성

**48** 오황화인에 관한 설명으로 옳은 것은?

① 물과 반응하면 불연성 기체가 발생된다.
② 담황색 결정으로서 흡습성과 조해성이 있다.
③ $P_2S_5$로 표현되며 물에 녹지 않는다.
④ 공기 중 상온에서 쉽게 자연발화한다.

**50** 아염소산나트륨이 완전 열분해하였을 때 발생하는 기체는?

① 산소    ② 염화수소
③ 수소    ④ 포스겐

**[해설]**

**[아염소산나트륨($NaClO_2$) 열분해]**
- $NaClO_2 \rightarrow NaCl + O_2$
- 열분해 시 산소($O_2$) 발생

정답   47 ④   48 ②   49 ②   50 ①

**51** 위험물안전관리법령에서 정한 위험물의 운반에 대한 설명으로 옳은 것은?

① 위험물을 화물차량으로 운반하면 특별히 규제받지 않는다.
② 승용차량으로 위험물을 운반할 경우에만 운반의 규제를 받는다.
③ 지정수량 이상의 위험물을 운반할 경우에만 운반의 규제를 받는다.
④ 위험물을 운반할 경우 그 양의 다소를 불문하고 운반의 규제를 받는다.

해설
[위험물 운반]
④ 위험물 운반 시 반드시 위험물안전관리법령에 따른 규제를 받는다.

**52** 제6류 위험물의 취급 방법에 대한 설명 중 옳지 않은 것은?

① 가연성 물질과의 접촉을 피한다.
② 지정수량의 1/10을 초과할 경우 제2류 위험물과의 혼재를 금한다.
③ 피부와 접촉하지 않도록 주의한다.
④ 위험물제조소에는 "화기엄금" 및 "물기엄금" 주의사항을 표시한 게시판을 반드시 설치하여야 한다.

해설
[6류 위험물 취급]
④ 6류는 "가연물접촉주의" 표지판만 설치한다.

**53** 제2류 위험물과 제5류 위험물의 공통적인 성질은?

① 가연성 물질이다.
② 강한 산화제이다.
③ 액체 물질이다.
④ 산소를 함유한다.

해설
[2·5류 위험물 공통점]
① 2류(가연성 고체)와 5류(자기반응성 물질)은 모두 탈 수 있는 가연성 물질

**54** 묽은 질산에 녹고, 비중이 약 2.7인 은백색 금속은?

① 아연분　　② 마그네슘분
③ 안티몬분　④ 알루미늄분

해설
[알루미늄(Al)]
• 비중 : 약 2.7
• 특징 : 진한 질산에 안 녹고, 묽은 질산에 녹음

정답　51 ④　52 ④　53 ①　54 ④

**55** 황린에 대한 설명으로 틀린 것은?

① 백색 또는 담황색의 고체이며, 증기는 독성이 있다.
② 물에는 녹지 않고 이황화탄소에는 녹는다.
③ 공기 중에서 산화되어 오산화인이 된다.
④ 녹는점이 적린과 비슷하다.

**해설**

[황린 특징]
④ 녹는점 44 ℃으로 적린(600 ℃)과 다름

**56** 다음은 위험물안전관리법령에서 정한 아세트알데히드 등을 취급하는 제조소의 특례에 관한 내용이다. ( ) 안에 해당하지 않는 물질은?

| 아세트알데히드등을 취급하는 설비는 ( )·( )·( )·마그네슘 또는 이들을 성분으로 하는 합금으로 만들지 아니할 것 |
|---|

① Ag  ② Hg
③ Cu  ④ Fe

**해설**

[아세트알데히드·산화프로필렌 반응물질]
수은(Hg)·은(Ag)·구리(Cu)·마그네슘(Mg)과 반응하므로 사용 불가

**57** 위험물안전관리법령에 근거한 위험물 운반 및 수납 시 주의사항에 대한 설명 중 틀린 것은?

① 위험물을 수납하는 용기는 위험물이 누설되지 않게 밀봉시켜야 한다.
② 온도 변화로 가스가 발생해 운반용기 안의 압력이 상승할 우려가 있는 경우(발생한 가스가 위험성이 있는 경우 제외)에는 가스 배출구가 설치된 운반용기에 수납할 수 있다.
③ 액체 위험물은 운반용기 내용적의 98 % 이하의 수납률로 수납하되 55 ℃의 온도에서 누설되지 아니하도록 충분한 공간 용적을 유지하도록 하여야 한다.
④ 고체 위험물은 운반용기 내용적의 98 % 이하의 수납률로 수납하여야 한다.

**해설**

[위험물 운반 및 수납 시 주의사항]
④ 고체 위험물은 내용적 95 % 이하로 수납

정답 55 ④  56 ④  57 ④

**58** 인화칼슘이 물과 반응하여 발생하는 기체는?

① 포스겐  ② 포스핀
③ 메테인  ④ 이산화황

> 해설

[인화칼슘과 물의 반응]
- $Ca_3P_2 + 6H_2O \rightarrow 3Ca(OH)_2 + 3PH_3$
- 인화칼슘과 물이 만나 $PH_3$(포스핀) 생성

**59** 위험물제조소의 배출설비 기준 중 국소방식의 경우 배출능력은 1시간당 배출장소 용적의 몇 배 이상으로 해야 하는가?

① 10배  ② 20배
③ 30배  ④ 40배

> 해설

[제조소 건축물 배출설비의 배출능력]
- 국소방식 : 시간당 용적 20배 이상
- 전역방식 : 바닥면적 1 $m^2$당 18 $m^3$ 이상

**60** 제1류 위험물 중 무기과산화물 150 kg, 질산염류 300 kg, 다이크로뮴산염류 3000 kg을 저장하고 있다. 각각 지정수량의 배수의 총합은 얼마인가?

① 5  ② 6
③ 7  ④ 8

> 해설

[지정수량 배수 계산]
- 지정수량
  무기과산화물 : 50 kg
  질산염류 : 300 kg
  다이크로뮴산염류 : 1,000 kg
- 지정수량 배수총합
  = 150/50 + 300/300 + 3,000/1,000
  = 7

정답 ● 58 ② 59 ② 60 ③

# 2019 2회

## 1과목 일반화학

**01** NH₄Cl에서 배위결합을 하고 있는 부분을 옳게 설명한 것은?

① $NH_3$의 N - H 결합
② $NH_3$와 $H^+$과의 결합
③ $NH_4^+$과 $Cl^-$
④ $H^+$과 $Cl^-$과의 결합

**해설**

[배위결합]
비공유전자쌍 물질이 비공유전자쌍을 이온에게 공유하는 결합
② $NH_3$와 $H^+$과의 결합

$$H-\underset{H}{\overset{H}{N}}: + H^+ \rightarrow \left[H-\underset{H}{\overset{H}{\underset{|}{N}}}-H\right]^+$$

NH₃       H⁺        NH₄⁺
(암모니아) (수소이온) (암모늄이온)

**02** 자철광 제조법으로 빨갛게 달군 철에 수증기를 통할 때의 반응식으로 옳은 것은?

① $3Fe + 4H_2O \rightarrow Fe_3O_4 + 4H_2$
② $2Fe + 3H_2O \rightarrow Fe_2O_3 + 3H_2$
③ $Fe + H_2O \rightarrow FeO + H_2$
④ $Fe + 2H_2O \rightarrow FeO_2 + 2H_2$

**해설**

[자철광($Fe_3O_4$) 제조법]
① $3Fe + 4H_2O \rightarrow Fe_3O_4$(자철광) + $4H_2$

**03** 불꽃 반응 결과 노란색을 나타내는 미지의 시료를 녹인 용액에 $AgNO_3$ 용액을 넣으니 백색침전이 생겼다. 이 시료의 성분은?

① $Na_2SO_4$   ② $CaCl_2$
③ $NaCl$       ④ $KCL$

**해설**

[NaCl 특징]
• $AgNO_3$ 용액과 만나 백색침전(앙금)
• 불꽃반응색 : 노란색

**04** 다음 화학반응 중 $H_2O$가 염기로 작용한 것은?

① $CH_3COOH + H_2O \rightarrow CH_3COO^- + H_3O^+$
② $NH_3 + H_2O \rightarrow NH_4^+ + OH^-$
③ $CO_3^{2-} + 2H_2O \rightarrow H_2CO_3 + 2OH^-$
④ $Na_2O + H_2O \rightarrow 2NaOH$

**정답** 01 ② 02 ① 03 ③ 04 ①

> **해설**

[산과 염기]
- 염기 : 수소·전자를 얻거나 산소를 잃는 물질
- ① $H_2O \rightarrow H_3O^+$가 되었으므로 염기이다.

**05** AgCl의 용해도는 용해도는 0.0016 g/L이다. 이 AgCl의 용해도곱(Solubility Product)은 약 얼마인가? (단, 원자량은 각각 Ag 108, Cl 35.5이다)

① $1.24 \times 10^{-10}$　　② $2.24 \times 10^{-10}$
③ $1.12 \times 10^{-5}$　　④ $4 \times 10^{-4}$

> **해설**

[AgCl 용해도 곱 계산]
- AgCl 분해 시 $Ag^+$와 $Cl^-$ 생성(1 : 1)
- 몰 농도 = 0.0016 g / (108 + 35.5)
  = $1.115 \times 10^{-5}$ mol / L
- 용해도곱
  = $[Ag^+]^{몰수비} \times [Cl^-]^{몰수비}$
  = $[1.115 \times 10^{-5}]^1 \times [1.115 \times 10^{-5}]^1$
  = $1.24 \times 10^{-10}$

**06** 황이 산소와 결합하여 $SO_2$를 만들 때에 대한 설명으로 옳은 것은?

① 황은 환원된다.
② 황은 산화된다.
③ 불가능한 반응이다.
④ 산소는 산화되었다.

> **해설**

[황과 산소 결합]
- $S + O_2 \rightarrow SO_2$
- ② 황(S)이 산소를 얻어 산화

**07** 다음 화합물 중에서 밑줄 친 원소의 산화수가 서로 다른 것은?

① $\underline{C}Cl_4$　　② $\underline{Ba}O_2$
③ $\underline{S}O_2$　　④ $\underline{O}H^-$

> **해설**

[산화수 계산]
① $CCl_4$ : Cl은 -1로 계산
　C + (-1 × 4) = 0, C = +4
② $BaO_2$ : Ba는 알칼리토금속이므로 +2
③ $SO_2$ : O는 -2로 계산
　S + (-2 × 2) = 0, S = +4
④ $OH^-$ : O는 -2로 계산

＊문제 오류로 정답 없음

정답　05 ①　06 ②　07 정답 없음

**08** 먹물에 아교나 젤라틴을 약간 풀어주면 탄소입자가 쉽게 침전되지 않는다. 이때 가해준 아교는 무슨 콜로이드로 작용하는가?

① 서스펜션　② 소수
③ 복합　　　④ 보호

**해설**

[보호콜로이드]
- 보호작용을 하는 친수콜로이드
- 종류 : 아라비아고무·먹물 속 아교

**09** 황의 산화수가 나머지 셋과 다른 하나는?

① $Ag_2S$　　　② $H_2SO_4$
③ $SO_4^{2-}$　　④ $Fe_2(SO_4)_3$

**해설**

[산화수 계산]
① $\underline{Ag_2S}$ : Ag는 +1로 계산
　$1 \times 2 + S = 0$, $\underline{S = -2}$
② $H_2SO_4$ : H는 +1, O는 -2로 계산
　$1 \times 2 + S + (-2 \times 4) = 0$, $S = +6$
③ $SO_4^{2-}$ : O는 -2로 계산
　$S + (-2 \times 4) = -2$, $S = +6$
④ $Fe_2(SO_4)_3$ : Fe는 +3, O는 -2로 계산
　$3 \times 2 + 3 \times S + (-2 \times 4 \times 3) = 0$, $S = +6$

**10** 메테인에 염소를 작용시켜 클로로포름을 만드는 반응을 무엇이라 하는가?

① 중화반응
② 부가반응
③ 치환반응
④ 환원반응

**해설**

[클로로포름 생성반응]
- 치환반응 : 원자가 작용물질로 치환되는 반응
- 메테인($CH_4$) H 3개가 Cl 3개로 치환되어 클로로포름($CHCl_3$) 생성

**11** $H_2O$가 $H_2S$보다 끓는점이 높은 이유는?

① 이온결합을 하고 있기 때문에
② 수소결합을 하고 있기 때문에
③ 공유결합을 하고 있기 때문에
④ 분자량이 적기 때문에

**해설**

[물의 비등점(끓는점)]
- $H_2O$와 다른 $H_2O$가 서로 <u>수소결합</u>을 한다.
- 수소결합하여 물 분자 간 결합력이 강해져 비등점(끓는점)이 높아진다.

**정답** 08 ④　09 ①　10 ③　11 ②

**12** 황산구리 용액에 10 A의 전류를 1시간 통하면 구리(원자량 = 63.54)를 몇 g 석출하겠는가?

① 7.2 g  ② 11.85 g
③ 23.7 g  ④ 31.77 g

**해설**

[전기분해 물질 석출량 계산]
- 1 g당량 1 mol 석출에 96500 C 필요
  $Cu^{2+}$ 1 mol ⇒ 96500 × 2 C 필요
- 몰수 = (10 A × 3600 s) / (96500 × 2)
  = 0.187 mol
- 석출질량 = 0.187 × 63.54 = 11.85 g

**13** 실제기체는 어떤 상태일 때 이상기체 방정식에 잘 맞는가?

① 온도가 높고 압력이 높을 때
② 온도가 낮고 압력이 낮을 때
③ 온도가 높고 압력이 낮을 때
④ 온도가 낮고 압력이 높을 때

**해설**

[이상기체 방정식]
- 부피가 매우 클 때 실제기체는 이상기체처럼 행동한다.
- 부피는 온도와 비례, 압력과 반비례해 온도가 높고 압력이 낮을수록 이상기체화

**14** 네슬러 시약에 의하여 적갈색으로 검출되는 물질은 어느 것인가?

① 질산이온  ② 암모늄이온
③ 아황산이온  ④ 일산화탄소

**해설**

[네슬러 시약]
- 암모늄이온·암모니아 검출하는 시약
- 적갈색으로 검출

암 네~암적

**15** 산(Acid)의 성질을 설명한 것 중 틀린 것은?

① 수용액 속에서 $H^+$를 내는 화합물이다.
② pH 값이 작을수록 강산이다.
③ 금속과 반응하여 수소를 발생하는 것이 많다.
④ 붉은색 리트머스 종이를 푸르게 변화시킨다.

**해설**

[리트머스 종이 특징]
④ 리트머스 종이 : 산과 만나 붉어지고 염기와 만나 푸르게 변한다.

**16** 다음 반응속도 식에서 2차 반응인 것은?

① $V = k[A]^{0.5}[B]^{0.5}$
② $V = k[A][B]$
③ $V = [A][B]^2$
④ $V = k[A]^2[B]^2$

**해설**

[반응속도 식의 차수]
- 모든 반응차수의 합
- ② $V = k[A][B]$ A와 B 모두 1차로 총 2차

**17** 0.1 M 아세트산 용액의 해리도를 구하면 약 얼마인가? (단, 아세트산 해리상수는 $1.8 \times 10^{-5}$)

① $1.8 \times 10^{-5}$  ② $1.8 \times 10^{-2}$
③ $1.3 \times 10^{-5}$  ④ $1.3 \times 10^{-2}$

**해설**

[해리도 계산]

$$해리도 = \sqrt{\frac{해리상수}{몰농도}} = \sqrt{\frac{1.8 \times 10^{-5}}{0.1}}$$
$$= 0.013$$

**18** 순수한 옥살산($C_2H_2O_4 \cdot 2H_2O$) 결정 6.3 g을 물에 녹여서 500 mL의 용액을 만들었다. 이 용액의 농도는 몇 M인가?

① 0.1  ② 0.2
③ 0.3  ④ 0.4

**해설**

[용액 몰농도 계산]
- 순수 옥살산 질량
$$= 6.3 \times \frac{(24+2+64)}{(24+2+64)+2 \times 18} = 4.5g$$
- 순수 옥살산 몰수 = 4.5 g / 90(분자량)
= 0.05 mol
- 몰농도 = 0.05 mol / 0.5 L = 0.1 M

**19** 비금속원소와 금속원소 사이의 결합은 일반적으로 어떤 결합에 해당되는가?

① 공유결합  ② 금속결합
③ 비금속결합  ④ 이온결합

**해설**

[이온결합]
금속양이온과 비금속음이온의 결합

**20** 화학반응속도를 증가시키는 방법으로 옳지 않은 것은?

① 온도를 높인다.
② 부촉매를 가한다.
③ 반응물 농도를 높게 한다.
④ 반응물 표적을 크게 한다.

**해설**

[화학반응속도]
② 촉매를 가하면 반응속도가 증가, 부촉매를 가하면 반응속도가 감소한다.

정답 ● 16 ② 17 ④ 18 ① 19 ④ 20 ②

## 2과목    화재예방과 소화방법

**21** 위험물안전관리법령상 제6류 위험물에 적응성이 있는 소화설비는?

① 옥내소화전설비
② 불활성가스소화설비
③ 할로젠화합물소화설비
④ 탄산수소염류 분말소화설비

**해설**

[6류 위험물(산화성 액체) 소화]
① 스스로 산소를 뿜어 질식소화는 효과가 없으므로 물을 사용하는 주수소화

**22** 인산염 등을 주성분으로 한 분말소화약제의 착색은?

① 백색
② 담홍색
③ 검은색
④ 회색

**해설**

[분말소화약제 착색 색상]

| 소화약제 | 주성분 | 적응화재 | 분말색 |
|---|---|---|---|
| 제1약제 | 탄산수소나트륨 | BC | 백색 |
| 제2약제 | 탄산수소칼륨 | BC | 담회색 |
| 제3약제 | 인산암모늄 | ABC | 담홍색 |
| 제4약제 | 탄산수소칼륨+요소 | BC | 회색 |

**암** 백담사 홍어회

**23** 위험물안전관리법령상 위험물과 적응성이 있는 소화설비가 잘못 짝지어진 것은?

① K - 탄산수소염류 분말소화설비
② $C_2H_5OC_2H_5$ - 불활성가스소화설비
③ Na - 건조사
④ $CaC_2$ - 물통

**해설**

[위험물 소화설비 적응성]
④ $CaC_2$(3류) : 물과 만나 아세틸렌($C_2H_2$) 가스가 발생하여 물통 사용이 불가

**24** 다음 각 위험물의 저장소에서 화재가 발생하였을 때 물을 사용하여 소화할 수 있는 물질은?

① $K_2O_2$
② $CaC_2$
③ $Al_4C_3$
④ $P_4$

**해설**

[주수소화 가능 물질]
$P_4$(황린) : 물과 반응하지 않으므로 주수소화가 가능하다.

**정답**   21 ①   22 ②   23 ④   24 ④

**25** 위험물안전관리법령상 소화설비의 설치 기준에서 제조소등에 전기설비(전기배선, 조명기구 등은 제외)가 설치된 경우에는 해당 장소의 면적 몇 m²마다 소형수동식소화기를 1개 이상 설치하여야 하는가?

① 50 ② 75
③ 100 ④ 150

해설

[전기설비 소화기 설치 기준]
면적 100 m²마다 소형수동식소화기 1개

**26** 위험물안전관리법령상 이동저장탱크(압력탱크)에 대해 실시하는 수압시험은 용접부에 대한 어떤 시험으로 대신할 수 있는가?

① 비파괴시험과 기밀시험
② 비파괴시험과 충수시험
③ 충수시험과 기밀시험
④ 방폭시험과 충수시험

해설

이동저장탱크 수압시험은 비파괴시험과 기밀시험으로 대체 가능하다.

**27** 다음 보기에서 열거한 위험물의 지정수량을 모두 합산한 값은?

> 과아이오딘산, 과아이오딘산염류, 과염소산, 과염소산염류

① 450 kg ② 500 kg
③ 950 kg ④ 1200 kg

해설

[지정수량]
- 과아이오딘산 : 300 kg
- 과아이오딘산염류 : 300 kg
- 과염소산 : 300 kg
- 과염소산염류 : 50 kg
- 지정수량 합 = 300 + 300 + 300 + 50
   = 950 kg

**28** 다음 중 화재 시 다량의 물에 의한 냉각소화가 가장 효과적인 것은?

① 금속의 수소화물
② 알칼리금속과산화물
③ 유기과산화물
④ 금속분

해설

[주수(냉각)소화 적응성]
③ 유기과산화물(5류) : 물과 반응하지 않으므로 주수소화가 가능하다.

정답 25 ③  26 ①  27 ③  28 ③

**29** 위험물안전관리법령상 옥내소화전설비의 기준으로 옳지 않은 것은?

① 소화전함은 화재 발생 시 화재 등에 의한 피해의 우려가 많은 장소에 설치하여야 한다.
② 호스접속구는 바닥으로부터 1.5 m 이하의 높이에 설치한다.
③ 가압송수장치의 시동을 알리는 표시등은 적색으로 한다.
④ 별도의 정해진 조건을 충족하는 경우는 가압송수장치의 시동표시등을 설치하지 않을 수 있다.

해설
[옥내소화전설비 기준]
① 소화전함은 안전한 곳에 설치해야 한다.

**30** 불활성가스소화약제 중 IG-55의 구성 성분을 모두 나타낸 것은?

① 질소
② 이산화탄소
③ 질소와 아르곤
④ 질소, 아르곤, 아산화탄소

해설
[불활성가스소화약제]
- IG-100 : $N_2$ 100 %
- IG-55 : $N_2$ 50 % + Ar 50 %
- IG-541 : $N_2$ 52 % + Ar 40 % + $CO_2$ 8 %

**31** A·B·C급 화재에 적응성이 있으며 열분해되어 부착성이 좋은 메타인산을 만드는 분말소화약제는?

① 제1종
② 제2종
③ 제3종
④ 제4종

해설
[3종 분말소화약제]
메타인산($HPO_3$)를 만들어 방진효과에 의해 A·B·C급 화재에 적응성 있음

**32** 정전기를 유효하게 제거할 수 있는 설비를 설치하고자 할 때 위험물안전관리법령에서 정한 정전기 제거방법의 기준으로 옳은 것은?

① 공기 중의 상대습도를 70 % 이상으로 하는 방법
② 공기 중의 상대습도를 70 % 미만으로 하는 방법
③ 공기 중의 절대습도를 70 % 이상으로 하는 방법
④ 공기 중의 절대습도를 70 % 미만으로 하는 방법

해설
[정전기 제거방법]
- 접지
- 상대습도 70 % 이상
- 공기 이온화

정답  29 ①  30 ③  31 ③  32 ①

**33** 자연발화가 일어날 수 있는 조건으로 가장 옳은 것은?

① 주위의 온도가 낮을 것
② 표면적이 작을 것
③ 열전도율이 작을 것
④ 발열량이 작을 것

해설
[자연발화의 발생 조건]
- 습도를 높일 것
- 열전도율을 낮출 것
- 주위 온도가 높을 것
- 표면적이 넓을 것

**34** 다음은 제4류 위험물에 해당하는 물품의 소화방법을 설명한 것이다. 소화효과가 가장 떨어지는 것은?

① 산화프로필렌 : 알코올형 포로 질식소화한다.
② 아세톤 : 수성막포를 이용하여 질식소화한다.
③ 이황화탄소 : 탱크 또는 용기 내부에서 연소하고 있는 경우에는 물을 사용하여 질식소화한다.
④ 다이에틸에터 : 이산화탄소소화설비를 이용하여 질식소화한다.

해설
[제4류 위험물 소화방법]
② 수성막포를 수용성인 아세톤에 사용 시 포가 깨져 소멸한다.

**35** 피리딘 20,000리터에 대한 소화설비의 소요단위는?

① 5단위   ② 10단위
③ 15단위  ④ 100단위

해설
[소요단위 계산]
- 피리딘($C_5H_5N$) : 제1석유류 수용성 물질
  지정수량 : 400 L
- 소요단위 = 20,000 / 400 × 10 = 5단위

**36** 위험물제조소등에 설치하는 포소화설비에 있어서 포헤드 방식의 포헤드는 방호대상물의 표면적($m^2$) 얼마당 1개 이상의 헤드를 설치하여야 하는가?

① 3   ② 5
③ 9   ④ 12

해설
[포헤드방식]
- 헤드 수 : 9 $m^2$당 1개 이상
- 방사량 : 1 $m^2$당 6.5 L/min 이상

정답 33 ③  34 ②  35 ①  36 ③

**37** 탄소 1 mol이 완전연소하는 데 필요한 최소 이론공기량은 약 몇 L인가? (단, 0 ℃, 1기압 기준이며, 공기 중 산소의 농도는 21 vol%이다)

① 10.7　　② 22.4
③ 107　　　④ 224

**해설**

[탄소 연소]
- 반응식 $C + O_2 \rightarrow CO_2$
- 탄소 1 mol에 산소 1 mol 필요
- 이론공기 = 1 mol × 100/21 × 22.4 L
　　　　　= 107 L

**38** 위험물제조소에 옥내소화전 설비를 3개 설치하였다. 수원의 양은 몇 m³ 이상이어야 하는가?

① 7.8 m³　　② 9.9 m³
③ 10.4 m³　 ④ 23.4 m³

**해설**

[옥내소화전 수원량]
- 옥내소화전 1개에 대한 수원량 : 7.8 m³
- 총 수원량 = 3개 × 7.8 m³ = 23.4 m³

**39** 위험물안전관리법령상 옥내소화전설비의 비상전원은 자가발전설비 또는 축전지 설비로 옥내소화전 설비를 유효하게 몇 분 이상 작동할 수 있어야 하는가?

① 10분　　② 20분
③ 45분　　④ 60분

**해설**

[옥내소화전 비상전원]
45분 이상 작동이 가능해야 한다.

　보충　옥외소화전도 마찬가지로 45분 이상

**40** 수성막포소화약제를 수용성 알코올 화재 시 사용하면 소화효과가 떨어지는 가장 큰 이유는?

① 유독가스가 발생하므로
② 화염의 온도가 높으므로
③ 알코올은 포와 반응하여 가연성 가스를 발생하므로
④ 알코올이 포 속의 물을 탈취하여 포가 파괴되므로

**해설**

[수성막포소화약제]
④ 수용성 화재 사용 시 포가 깨져 소멸

정답　37 ③　38 ④　39 ③　40 ④

### 3과목   위험물의 성질과 취급

**41** 금속 칼륨에 관한 설명 중 틀린 것은?

① 연해서 칼로 자를 수가 있다.
② 물속에 넣을 때 서서히 녹아 탄산칼륨이 된다.
③ 공기 중에서 빠르게 산화하여 피막을 형성하고 광택을 잃는다.
④ 등유, 경유 등의 보호액에 저장한다.

**해설**
[금속칼륨 특징]
② 물과 격렬히 반응해 수소기체($H_2$) 발생

**42** 과산화수소의 성질에 대한 설명 중 틀린 것은?

① 에터에 녹지 않으며, 벤젠에 녹는다.
② 산화제이지만 환원제로서 작용하는 경우도 있다.
③ 물보다 무겁다.
④ 분해방지 안정제로 인산, 요산 등을 사용할 수 있다.

**해설**
[과산화수소의 특징]
① 수용성으로 에터·물·알코올 등에 잘 녹고 벤젠·석유 등에 녹지 않는다.

**43** 위험물안전관리법령상 $C_6H_2(NO_2)_3OH$의 품명에 해당하는 것은?

① 유기과산화물
② 질산에스터류
③ 나이트로화합물
④ 아조화합물

**해설**
[트라이나이트로페놀 [$C_6H_2(NO_2)_3OH$]]
5류 위험물 중 나이트로화합물이다.

**44** 위험물을 저장 또는 취급하는 탱크의 용량은?

① 탱크의 내용적에서 공간용적을 뺀 용적으로 한다.
② 탱크의 내용적으로 한다.
③ 탱크의 공간용적으로 한다.
④ 탱크의 내용적에 공간용적을 더한 용적으로 한다.

**해설**
[탱크용량 산정]
탱크용량 = 내용적 − 공간용적

정답   41 ②   42 ①   43 ③   44 ①

**45** $P_4S_7$에 고온의 물을 가하면 분해된다. 이때 주로 발생하는 유독물질의 명칭은?

① 아황산　　② 황화수소
③ 인화수소　④ 오산화인

**해설**

[칠황화인($P_4S_7$)과 물 반응]
오황화인과 칠황화인은 물과 만나 유독가스 황화수소($H_2S$)를 생성한다.

**46** 과산화칼륨에 대한 설명으로 옳지 않은 것은?

① 염산과 반응하여 과산화수소를 생성한다.
② 탄산가스와 반응하여 산소를 생성한다.
③ 물과 반응하여 수소를 생성한다.
④ 물과의 접촉을 피하고 밀전하여 저장한다.

**해설**

[과산화칼륨($K_2O_2$, 1류) 특징]
③ 물과 만나 산소($O_2$)를 발생

**47** 염소산칼륨이 고온에서 완전 열분해할 때 주로 생성되는 물질은?

① 칼륨과 물 및 산소
② 염화칼륨과 산소
③ 이염화칼륨과 수소
④ 칼륨과 물

**해설**

[염소산칼륨(1류) 열분해]
- $KClO_3 \rightarrow KCl + 1.5\ O_2$
- 열분해 시 염화칼륨·산소 발생

**48** 위험물안전관리법령상 위험물의 운반에 관한 기준에서 적재하는 위험물의 성질에 따라 직사일광으로부터 보호하기 위하여 차광성이 있는 피복으로 가려야 하는 위험물은?

① S　　　　② Mg
③ $C_6H_6$　　④ $HClO_4$

**해설**

[과염소산($HClO_4$) 적재]
6류 위험물로 차광성 피복으로 가려야 함

　**보충**
- 차광성 피복 사용해야 하는 위험물 : 1류·3류(자연발화성 물질)·4류(특수인화물)·5류·6류
- 방수성 피복 사용해야 하는 위험물 : 1류(알칼리금속 과산화물)·2류(철분, 마그네슘, 금속분)·3류(금수성 물질)

정답 45② 46③ 47② 48④

**49** 연소 시에는 푸른 불꽃을 내며, 산화제와 혼합되어 있을 때 가열이나 충격 등에 의하여 폭발할 수 있으며 흑색화약의 원료로 사용되는 물질은?

① 적린
② 마그네슘
③ 황
④ 아연분

해설

[흑색화약 원료]
• 질산칼륨 + 황 + 숯 혼합
• 그중 연소 시 푸른 불꽃은 황(S)

**50** 다음과 같은 성질을 갖는 위험물로 예상할 수 있는 것은?

• 지정수량 : 400 L
• 증기비중 : 2.07
• 인화점 : 12 ℃
• 녹는점 : -89.5 ℃

① 메탄올
② 벤젠
③ 아이소프로필알코올
④ 휘발유

해설

[아이소프로필알코올[$(CH_3)_2CHOH$] 특징]
• 지정수량 : 400 L
• 증기비중 : (12 × 3+1 × 8 + 16)/29 = 2.07

**51** 제5류 위험물 중 상온(25 ℃)에서 동일한 물리적 상태(고체, 액체, 기체)로 존재하는 것으로만 나열한 것은?

① 나이트로글리세린, 나이트로셀룰로오스
② 질산메틸, 나이트로글리세린
③ 트라이나이트로톨루엔, 질산메틸
④ 나이트로글라이콜, 트라이나이트로톨루엔

해설

[5류 위험물 물리적 상태 분류]
② 질산메틸과 나이트로글리세린 : 둘 다 액체

TIP 5류 위험물 대부분은 고체이다. 질산에스터류(질산, 나이트로가 들어감)는 '셀룰로오스' 단어가 들어간 물질 빼고 모두 액체

**52** 아세톤과 아세트알데하이드에 대한 설명으로 옳은 것은?

① 증기비중은 아세톤이 아세트알데하이드보다 작다.
② 위험물안전관리법령상 품명은 서로 다르지만 지정수량은 같다.
③ 인화점과 발화점 모두 아세트알데하이드가 아세톤보다 낮다.
④ 아세톤의 비중은 물보다 작지만 아세트알데하이드는 물보다 크다.

정답 49 ③ 50 ③ 51 ② 52 ③

> **해설**

[아세톤과 아세트알데하이드]
③ 아세트알데하이드(특수인화물)는 아세톤(알코올류)보다 위험해 인화점과 발화점이 모두 낮다.

**53** 다음 중 특수인화물이 아닌 것은?
① $CS_2$
② $C_2H_5OC_2H_5$
③ $CH_3CHO$
④ HCN

> **해설**

[시안화수소(HCN)]
제1석유류 수용성 물질

**54** 위험물안전관리법령상 주유취급소에서의 위험물 취급기준에 따르면 자동차 등에 인화점 몇 ℃ 미만의 위험물을 주유할 때에는 자동차 등의 원동기를 정지시켜야 하는가? (단, 원칙적인 경우에 한한다)
① 21
② 25
③ 40
④ 80

> **해설**

인화점 40℃ 이하 위험물 주입·주유 시 모두 원동기를 정지시켜야 한다.

**55** $C_2H_5OC_2H_5$의 성질 중 틀린 것은?
① 전기 양도체이다.
② 물에는 잘 녹지 않는다.
③ 유동성의 액체로 휘발성이 크다.
④ 공기 중 장시간 방치 시 폭발성 과산화물을 생성할 수 있다.

> **해설**

[다이에틸에터($C_2H_5OC_2H_5$, 4류) 특성]
① 4류 위험물은 대부분 비전도성이다.

**56** 다음 중 자연발화의 위험성이 제일 높은 것은?
① 야자유
② 올리브유
③ 아마인유
④ 피마자유

> **해설**

[자연발화 위험성]
• 건성유 : 동식물유 중 아이오딘값 130 이상 동유·해바라기유·아마인유·들기름 등

정답 ● 53 ④  54 ③  55 ①  56 ③

**57** 고체위험물은 운반용기 내용적의 몇 % 이하의 수납률로 수납하여야 하는가?

① 90　　② 95
③ 98　　④ 99

> **해설**
> [운반용기 수납률]
> • 액체 : 내용적의 98 % 이하
> • 고체 : 내용적의 95 % 이하

**58** 황린이 연소할 때 발생하는 가스와 수산화나트륨 수용액과 반응하였을 때 발생하는 가스를 차례대로 나타낸 것은?

① 오산화인, 인화수소
② 인화수소, 오산화인
③ 황화수소, 수소
④ 수소, 황화수소

> **해설**
> [황린의 반응식]
> • 연소 : $P_4 + 5O_2 \rightarrow 2P_2O_5$(오산화인)
> • 황린과 수산화나트륨 반응
>   $P_4 + 3NaOH + 3H_2O$
>   $\rightarrow 3NaH_2PO_2 + PH_3$(포스핀, 인화수소)

**59** 제4류 위험물의 일반적인 성질에 대한 설명 중 가장 거리가 먼 것은?

① 인화되기 쉽다.
② 인화점, 발화점이 낮은 것은 위험하다.
③ 증기는 대부분 공기보다 가볍다.
④ 액체비중은 대체로 물보다 가볍고 물에 녹기 어려운 것이 많다.

> **해설**
> [4류 위험물 성질]
> ③ 액체는 물보다 가볍지만 인화성 증기는 공기보다 무겁다.

**60** 위험물안전관리법령상 지정수량의 10배를 초과하는 위험물을 취급하는 제조소에 확보하여야 하는 보유공지의 너비의 기준은?

① 1 m 이상　　② 3 m 이상
③ 5 m 이상　　④ 7 m 이상

> **해설**
> [제조소 보유공지]
> • 지정수량 10배 이하 : 3 m 이상
> • 지정수량 10배 초과 : 5 m 이상

정답　57 ②　58 ①　59 ③　60 ③

## 2019 4회

### 1과목 일반화학

**01** n그램(g)의 금속을 묽은 염산에 완전히 녹였더니 m몰의 수소가 발생하였다. 이 금속의 원자가를 2가로 하면 이 금속의 원자량은?

① n/m  ② 2n/m
③ n/2m  ④ 2m/n

**해설**

[금속의 원자량]
- $X + 2HCl \rightarrow XCl_2 + H_2$
  수소 m몰 생성하는 데 금속 X m몰 소요
- 금속 원자량 = 질량/몰수 = n / m

**02** 질산나트륨의 물 100 g에 대한 용해도는 80 ℃에서 148 g, 20 ℃에서 88 g이다. 80 ℃의 포화용액 100 g을 70 g으로 농축시켜서 20 ℃로 냉각시키면 약 몇 g의 질산나트륨이 석출되는가?

① 29.4  ② 40.3
③ 50.6  ④ 59.7

**해설**

[포화용액 석출량 계산]

① 80 ℃ 포화 용질 비율 = $\dfrac{148}{148+100}$

② 80 ℃ 100 g용액 속 용질의 질량
   $100 \times \dfrac{148}{248} = 59.7g$,
   물의 양 = $100 - 59.7 = 40.3g$

③ 70 g으로 농축(물 30 g 증발) 시
   물의 양 = $10.3g$

④ 20 ℃ 70 g에서 석출량
   최대 $10.3 \times \dfrac{88}{100} = 9.1g$ 녹으므로
   석출량 = $59.7 - 9.1 = 50.6g$

**03** 다음과 같은 경향성을 나타내지 않는 것은?

$$Li < Na < K$$

① 원자번호
② 원자반지름
③ 제1차 이온화에너지
④ 전자 수

정답 01 ① 02 ③ 03 ③

### 해설

[주기율표 1족 원소 특징]
- 종류 : Li · Na · K 등
- Li ≪ Na ≪ K 순으로
  원자번호 · 원자반지름 · 전자 수 상승
  이온화에너지 감소

> 보충 1차 이온화에너지 : 이온화를 위해 첫 번째 전자를 떼는 데 필요한 에너지

**04** 금속은 열, 전기를 잘 전도한다. 이와 같은 물리적 특성을 갖는 가장 큰 이유는?

① 금속의 원자 반지름이 크다.
② 자유전자를 가지고 있다.
③ 비중이 대단히 크다.
④ 이온화에너지가 매우 크다.

### 해설

[금속 특징]
② 자유전자가 열과 전기를 전달해주어 전기 · 열 전도성이 높다.

**05** 어떤 원자핵에서 양성자의 수가 3이고, 중성자의 수가 2일 때 질량수는 얼마인가?

① 1  ② 3
③ 5  ④ 7

### 해설

[질량수 계산]
양성자 수 + 중성자 수 = 3 + 2 = 5

**06** 상온에서 1 L의 순수한 물에는 $H^+$과 $OH^-$가 각각 몇 g 존재하는가? (단, H의 원자량은 $1.008 \times 10^{-7}$ g/mol)

① $1.008 \times 10^{-7}$, $17.008 \times 10^{-7}$
② $1000 \times 1/18$, $1000 \times 17/18$
③ $18.016 \times 10^{-7}$, $18.016 \times 10^{-7}$
④ $1.008 \times 10^{-14}$, $17.008 \times 10^{-14}$

### 해설

[물 속 이온질량 계산]
- 순수한 물 pH = 7
- $[H^+] = 10^{-7}$ mol / L
  $H^+$ 질량 = $10^{-7}$ mol × $1.008 \times 10^{-7}$
  = $1.008 \times 10^{-14}$
  $OH^-$ 질량 = $10^{-7}$ mol × $(1.008+16) \times 10^{-7}$
  = $17.008 \times 10^{-14}$

H 원자량은 1.008 g / mol로 주어야 하나 $1.008 \times 10^{-7}$로 주어져 의도된 답(①)으로 나오지 않아 문제오류

정답 04 ② 05 ③ 06 ①

**07** 프로페인 1 kg을 완전연소시키기 위해 표준상태의 산소가 약 몇 m³가 필요한가?

① 2.55　　② 5
③ 7.55　　④ 10

> **해설**
>
> [프로페인 연소 시 산소량]
> - $C_3H_8 + 5\,O_2 \rightarrow 3\,CO_2 + 4\,H_2O$
> - 프로페인 몰수 = 1 kg / (36 + 8) = 0.023
> - 필요산소 = 0.023 kmol × 5배 × 22.4 m³ / kmol = 2.58 m³

**08** 다음의 염을 물에 녹일 때 염기성을 띠는 것은?

① $Na_2CO_3$　　② $CaCl$
③ $NH_4Cl$　　④ $(NH_4)_2SO_4$

> **해설**
>
> [산성과 염기성 분류]
> ① Na + CO₃ : 강염기 + 약산
> ② Ca + Cl : 강염기 + 강산
> ③ NH₄ + Cl : 약염기 + 강산
> ④ NH₄ + SO₄ : 약염기 + 강산
>
> TIP 단일 원소는 강산·강염기, 2가지 원소가 결합되면 약산·약염기이다.
> 예외로 SO₄는 강산이다

**09** 콜로이드 용액을 친수콜로이드와 소수콜로이드로 구분할 때 소수콜로이드에 해당하는 것은?

① 녹말　　② 아교
③ 단백질　　④ 수산화철(Ⅲ)

> **해설**
>
> [소수콜로이드]
> - 물과 친화성이 적은 미립자
> - 종류 : 수산화철·수산화알루미늄 등

**10** 기하이성질체 때문에 극성 분자와 비극성 분자를 가질 수 있는 것은?

① $C_2H_4$　　② $C_2H_3Cl$
③ $C_2H_2Cl_2$　　④ $C_2HCl_3$

> **해설**
>
> [기하이성질체 극성구분]
> ③ $C_2H_2Cl_2$에서 Cl와 H 자리 변경으로 기하이성질체이며, 대칭일 때 비극성, 비대칭일 때 극성을 띤다.

**11** 메테인에 염소를 작용시켜 클로로포름을 만드는 반응을 무엇이라 하는가?

① 중화반응　　② 부가반응
③ 치환반응　　④ 환원반응

정답 ● 07 ①　08 ①　09 ④　10 ③　11 ③

> **해설**
>
> [클로로포름 생성반응]
> - 치환반응 : 원자가 작용물질로 치환되는 반응
> - 메테인($CH_4$) H 3개가 Cl 3개로 치환되어 클로로포름($CHCl_3$) 생성

**12** 제3주기에서 음이온이 되기 쉬운 경향성은? (단, 0족(18족)기체는 제외한다)

① 금속성이 큰 것
② 원자의 반지름이 큰 것
③ 최외각 전자 수가 많은 것
④ 염기성 산화물을 만들기 쉬운 것

> **해설**
>
> [이온화 경향성]
> ③ 최외각 전자가 많을수록 전자를 얻어 전자껍질(8개)을 가득 채우려 해 음이온 경향성이 높다.

**13** 황산구리(II) 수용액을 전기분해할 때 63.5 g의 구리를 석출시키는 데 필요한 전기량은 몇 F인가? (단, Cu의 원자량은 63.5이다)

① 0.635F
② 1F
③ 2F
④ 63.5F

> **해설**
>
> [구리석출 전기량 계산]
> 1 g당량물질 1 mol 석출 : 96500 C 필요
> $Cu^{2+}$ 1 mol ⇒ 96500 × 2C = 2F

**14** 수성 가스(Water Gas)의 주성분을 옳게 나타낸 것은?

① $CO_2$, $CH_4$
② CO, $H_2$
③ $CO_2$, $H_2$, $O_2$
④ $H_2$, $H_2O$

> **해설**
>
> [수성 가스 성분]
> 일산화탄소(CO) + 수소($H_2$)

**15** 다음은 열역학 제 몇 법칙에 대한 내용인가?

> 0 K(절대영도)에서 물질의 엔트로피는 0이다.

① 열역학 제0법칙
② 열역학 제1법칙
③ 열역학 제2법칙
④ 열역학 제3법칙

> **해설**
>
> [열역학 제3법칙]
> 0 K(절대영도)에 가까워지면 엔트로피는 0에 수렴하고 절대영도에 절대 도달할 수 없다는 법칙

**정답** 12 ③ 13 ③ 14 ② 15 ④

**16** 다음과 같은 구조를 가진 전지를 무엇이라 하는가?

$$(-) Zn \parallel H_2SO_4 \parallel Cu (+)$$

① 볼타전지  ② 다이엘전지
③ 건전지    ④ 납축전지

해설

[볼타전지]
황산용액($H_2SO_4$)에 아연판(Zn)과 구리판(Cu)을 연결한 전지

**17** 20 ℃에서 NaCl 포화용액을 잘 설명한 것은? (단, 20 ℃에서 NaCl의 용해도는 36이다)

① 용액 100 g 중에 NaCl이 36 g 녹아 있을 때
② 용액 100 g 중에 NaCl이 136 g 녹아 있을 때
③ 용액 136 g 중에 NaCl이 36 g 녹아 있을 때
④ 용액 136 g 중에 NaCl이 136 g 녹아 있을 때

해설

[포화용액]
• 용해도 : 용매 100 g당 최대 녹는 용질량
• NaCl 36 g이 용매 100 g에 녹아 있어
  포화용액질량 = 100 + 36 = 136 g
• ③ 용액 136 g 중 NaCl 36 g 녹아 있다.

**18** 다음 중 $KMnO_4$의 Mn의 산화수는?

① +1    ② +3
③ +5    ④ +7

해설

[산화수 계산]
• O : -2
• K(1족) : +1
• 산화수 = + 1 + Mn + (-2 × 4) = 0
  Mn = +7

**19** 다음 중 배수비례의 법칙이 성립되지 않는 것은?

① $H_2O$와 $H_2O_2$
② $SO_2$와 $SO_3$
③ $N_2O$와 NO
④ $O_2$와 $O_3$

해설

[배수비례 법칙]
• 원소 2개로 된 화합물 2종류를 비교할 때 한 원소에 결합질량비는 일정정수비
• $O_2 \cdot O_3$ : 단일 원소로 배수비례 미적용

정답  16 ①  17 ③  18 ④  19 ④

**20** [H⁺]=2 × 10⁻⁶M인 용액의 pH는 약 얼마인가?

① 5.7  ② 4.7
③ 3.7  ④ 2.7

**해설**

[pH 계산]
$pH = -\log[H^+] = -\log[2 \times 10^{-6}] = 5.7$

## 2과목 화재예방과 소화방법

**21** 자연발화가 잘 일어나는 조건에 해당하지 않는 것은?

① 주위 습도가 높을 것
② 열전도율이 클 것
③ 주위 온도가 높을 것
④ 표면적이 넓을 것

**해설**

[자연발화 발생 조건]
- 습도를 높일 것
- 열전도율을 낮출 것
- 주위 온도가 높을 것
- 표면적이 넓을 것

TIP 열전도율이 높으면 열이 잘 빠져나가 자연발화하기 어려움

**22** 제조소 건축물로 외벽이 내화구조인 것의 1소요단위는 연면적이 몇 m²인가?

① 50  ② 100
③ 150  ④ 1000

**해설**

[소요단위 계산]
- 1 소요단위 기준

| 구분 | 내화구조 | 비내화구조 |
|---|---|---|
| 제조소<br>취급소 | 연면적 100 m² | 연면적 50 m² |
| 저장소 | 연면적 150 m² | 연면적 75 m² |
| 위험물 | 지정수량 10배 | |

정답 20 ① 21 ② 22 ②

## 23. 종별 분말소화약제에 대한 설명으로 틀린 것은?

① 제1종은 탄산수소나트륨을 주성분으로 한 분말
② 제2종은 탄산수소나트륨과 탄산칼슘을 주성분으로 한 분말
③ 제3종은 제1인산암모늄을 주성분으로 한 분말
④ 제4종은 탄산수소칼륨과 요소와의 반응물을 주성분으로 한 분말

**해설**

[분말약제 주성분]
- 1종 탄산수소나트륨($NaHCO_3$)
- 2종 탄산수소칼륨($KHCO_3$)
- 3종 인산암모늄($NH_4H_2PO_4$)
- 4종 탄산수소칼륨($KHCO_3$) + 요소($(NH_2)_2CO$)

## 24. 위험물제조소등에 펌프를 이용한 가압송수장치를 사용하는 옥내소화전을 설치하는 경우 펌프의 전양정은 몇 m인가? (단, 소방용 호스의 마찰손실수두는 6 m, 배관의 마찰손실수두는 1.7 m, 낙차는 32 m이다)

① 56.7  ② 74.7
③ 64.7  ④ 39.87

**해설**

[옥내소화전 가압송수장치의 전양정]

$H = H_1 + H_2 + H_3 + 35\ m$
$= 6 + 1.7 + 32 + 35 = 74.7\ m$

- $H_1$ : 호스 마찰손실
- $H_2$ : 배관 마찰손실
- $H_3$ : 낙차 환산수두

## 25. 자체소방대에 두어야 하는 화학소방자동차 중 포수용액을 방사하는 화학소방자동차는 전체 법정 화학소방자동차 대수의 얼마 이상으로 하여야 하는가?

① 1/3  ② 2/3
③ 1/5  ④ 2/5

**해설**

[화학소방자동차 대수]
포수용액을 방사하는 화학소방자동차는 전체의 2/3 이상으로 한다.

## 26. 제1인산암모늄 분말 소화약제의 색상과 적응화재를 옳게 나타낸 것은?

① 백색, BC급
② 담홍색, BC급
③ 백색, ABC급
④ 담홍색, ABC급

**정답** 23 ② 24 ② 25 ② 26 ④

**해설**

[분말소화약제 착색 색상]

| 소화약제 | 주성분 | 적응화재 | 분말색 |
|---|---|---|---|
| 제1약제 | 탄산수소<br>나트륨 | BC | 백색 |
| 제2약제 | 탄산수소<br>칼륨 | BC | 담회색 |
| 제3약제 | 인산<br>암모늄 | ABC | 담홍색 |
| 제4약제 | 탄산수소<br>칼륨+요소 | BC | 회색 |

암 백담사 홍어회

**27** 과산화수소 보관 장소에 화재가 발생하였을 때 소화방법으로 틀린 것은?

① 마른모래로 소화한다.
② 환원성 물질을 사용하여 중화 소화한다.
③ 연소의 상황에 따라 분무주수도 효과가 있다.
④ 다량의 물을 사용하여 소화할 수 있다.

**해설**

[과산화수소(6류) 소화방법]
② 환원성 물질이 과산화수소에게 산소를 받으면 연소할 수 있어 소화 불가

**28** 할로젠화합물 소화약제의 구비조건과 거리가 먼 것은?

① 전기절연성이 우수할 것
② 공기보다 가벼울 것
③ 증발 잔유물이 없을 것
④ 인화성이 없을 것

**해설**

[할로젠화합물 소화약제 구비조건]
② 공기보다 무거워 가라앉아 소화한다.

**29** 강화액 소화기에 대한 설명으로 옳은 것은?

① 물의 유동성을 강화하기 위한 유화제를 첨가한 소화기이다.
② 물의 표면장력을 강화하기 위해 탄소를 첨가한 소화기이다.
③ 산·알칼리 액을 주성분으로 하는 소화기이다.
④ 물의 소화효과를 높이기 위해 염류를 첨가한 소화기이다.

**해설**

[강화액 소화기]
④ 소화효과를 높이기 위해 염류($K_2CO_3$)를 첨가해 사용하는 소화기이다.

**30** 불활성가스소화약제 중 IG-541의 구성성분이 아닌 것은?

① 질소   ② 브로민
③ 아르곤  ④ 이산화탄소

**해설**

[불활성가스소화약제]
- IG-100 : $N_2$ 100 %
- IG-55 : $N_2$ 50 % + Ar 50 %
- IG-541 : $N_2$ 52 % + Ar 40 % + $CO_2$ 8 %

**31** 연소의 주된 형태가 표면 연소에 해당하는 것은?

① 석탄   ② 목탄
③ 목재   ④ 황

**해설**

[고체 연소형태]
- 표면연소 : 목탄(숯)·코크스·금속분
- 분해연소 : 목재·종이·석탄·플라스틱
- 자기연소 : 제5류 위험물
- 증발연소 : 황·나프탈렌·양초(파라핀)

**32** 마그네슘 분말의 화재 시 이산화탄소 소화약제는 소화적응성이 없다. 그 이유로 가장 적합한 것은?

① 분해반응에 의하여 산소가 발생하기 때문이다.
② 가연성의 일산화탄소 또는 탄소가 생성되기 때문이다.
③ 분해반응에 의하여 수소가 발생하고 이 수소는 공기 중의 산소와 폭명반응을 하기 때문이다.
④ 가연성의 아세틸렌가스가 발생하기 때문이다.

**해설**

[마그네슘 분말 소화약제]
② 이산화탄소와 만나 1차로 탄소 생성, 2차로 일산화탄소를 생성해 사용 불가

**33** 분말소화약제 중 열분해 시 부착성이 있는 유리상의 메타인산이 생성되는 것은?

① $Na_3PO_4$   ② $(NH_4)_3PO_4$
③ $NaHCO_3$   ④ $NH_4H_2PO_4$

**해설**

[제3종 분말소화약제]
- $NH_4H_2PO_4 \rightarrow HPO_3 + NH_3 + H_2O$
- 분해 시 $HPO_3$(메타인산) 생성

정답  30 ② 31 ② 32 ② 33 ④

**34** 제3류 위험물의 소화방법에 대한 설명으로 옳지 않은 것은?

① 제3류 위험물은 모두 물에 의한 소화가 불가능하다.
② 팽창질석은 제3류 위험물에 적응성이 있다.
③ K, Na의 화재 시에는 물을 사용할 수 없다.
④ 할로젠화합물소화설비는 제3류 위험물에 적응성이 없다.

**해설**

[제3류 위험물 소화방법]
① 3류 중 자연발화성 물질(황린)을 제외하고 모두 주수소화 불가능

**35** 이산화탄소 소화기 사용 중 소화기 방출구에서 생길 수 있는 물질은?

① 포스겐
② 일산화탄소
③ 드라이아이스
④ 수소가스

**해설**

[이산화탄소 소화기]
방출 시 입구에 온도와 압력이 떨어져 고체인 드라이아이스 생성

**36** 위험물제조소에 옥내소화전을 각층에 8개씩 설치하도록 할 때 수원의 최소 수량은 얼마인가?

① $13\ m^3$   ② $20.8\ m^3$
③ $39\ m^3$   ④ $62.4\ m^3$

**해설**

[옥내소화전 수원량]
- 옥내소화전 1개에 대한 수원량 : $7.8\ m^3$
- 옥내소화전 5개 이상일 경우 : 5개로 계산
- 총 수원량 = 5개 × $7.8\ m^3$ = $39\ m^3$

**37** 위험물안전관리법령상 위험물 저장·취급 시 화재 또는 재난을 방지하기 위하여 자체소방대를 두어야 하는 경우가 아닌 것은?

① 지정수량의 3천 배 이상의 제4류 위험물을 저장·취급하는 제조소
② 지정수량의 3천 배 이상의 제4류 위험물을 저장·취급하는 일반취급소
③ 지정수량의 2천 배의 제4류 위험물을 취급하는 일반취급소와 지정수량이 1천배의 제4류 위험물을 취급하는 제조소가 동일한 사업소에 있는 경우
④ 지정수량의 3천 배 이상의 제4류 위험물을 저장·취급하는 옥외탱크저장소

정답 ● 34 ① 35 ③ 36 ③ 37 ④

해설

[자체소방대 운용기준]
④ 제4류 위험물 지정수량 3천 배 이상 저장·취급하는 '일반 취급소·제조소'에 자체소방대를 둔다.

## 38 경보설비를 설치하여야 하는 장소에 해당되지 않는 것은?

① 지정수량 100배 이상의 제3류 위험물을 저장·취급하는 옥내저장소
② 옥내주유취급소
③ 연면적 500 m²이고, 취급하는 위험물의 지정수량이 100배인 제조소
④ 지정수량 10배 이상의 제4류 위험물을 저장·취급하는 이동탱크저장소

해설

[경보설비]
- 종류 : 자동화재탐지설비, 비상방송·경비설비, 확성장치
- 설치 기준 : 지정수량 10배 이상 저장·취급하는 것(이동탱크저장소 제외)

## 39 위험물안전관리법령상 옥내소화전설비에 관한 기준에 대해 다음 ( )에 알맞은 수치를 옳게 나열한 것은?

> 위험물안전관리법령상 옥내소화전설비는 각 층을 기준으로 하여 당해 층의 모든 옥내소화전을 동시에 사용할 경우 각 노즐선단의 방수압력이 ( ⓐ ) kPa 이상이고, 방수량이 1분당 ( ⓑ ) L 이상의 성능이 되도록 할 것

① ⓐ 350, ⓑ 260
② ⓐ 450, ⓑ 260
③ ⓐ 350, ⓑ 450
④ ⓐ 450, ⓑ 450

해설

[옥내소화전]
- 방사압 : ⓐ 350 kPa
- 방수량 : ⓑ 260 L / min

보충 옥외소화전은 방사압은 350 kpa로 같고 방수량만 450 L / min으로 다르다.

## 40 제1류 위험물 중 알칼리금속의 과산화물을 저장 또는 취급하는 위험물제조소에 표시하여야 하는 주의사항은?

① 화기엄금
② 물기엄금
③ 화기주의
④ 물기주의

해설

[알칼리금속 과산화물(1류)]
1류 위험물 중 유일하게 물과 반응해 산소를 내므로 물기엄금 표시

정답 ● 38 ④ 39 ① 40 ②

### 3과목  위험물의 성질과 취급

**41** 물과 접촉하면 위험한 물질로만 나열된 것은?

① $CH_3CHO$, $CaC_2$, $NaClO_4$
② $K_2O_2$, $K_2Cr_2O_7$, $CH_3CHO$
③ $K_2O_2$, $Na$, $CaC_2$
④ $Na$, $K_2Cr_2O_7$, $NaClO_4$

**해설**

[물과 반응하는 위험물]
- 1류(알칼리금속 과산화물), 2류(철분, 금속분, 마그네슘), 3류(금수성 물질)
- ③ $K_2O_2$(1류, 알칼리금속과산화물), $Na$(3류, 금수성 물질), $CaC_2$(3류, 금수성 물질)

**42** 위험물안전관리법령상 지정수량의 각각 10배를 운반할 때 혼재할 수 있는 위험물은?

① 과산화나트륨과 과염소산
② 과망가니즈산칼륨과 적린
③ 질산과 알코올
④ 과산화수소와 아세톤

**해설**

[혼재할 수 있는 위험물류]
① 과산화나트륨(1류)·과염소산(6류) 혼재 가능

보충  혼재 가능 위험물

| 1↓ | 6 |   | 혼재 가능 |
| 2↓ | 5↑ | 4 | 혼재 가능 |
| 3→ | 4↑ |   | 혼재 가능 |

암  1 2 3 4 5 6 적은 후 4 추가

**43** 다음 중 위험물의 저장 또는 취급에 관한 기술상의 기준과 관련하여 시·도의 조례에 의해 규제를 받는 경우는?

① 등유 2,000 L를 저장하는 경우
② 중유 3,000 L를 저장하는 경우
③ 윤활유 5,000 L를 저장하는 경우
④ 휘발유 400 L를 저장하는 경우

**해설**

[위험물 저장·취급에 대한 규제]
- 지정수량 이상 : 위험물안전관리법
  지정수량 미만 : 시·도 조례
- 지정수량
  ① 등유(2석유류 비수용성) : 1,000 L
  ② 중유(3석유류 비수용성) : 3,000 L
  ③ <u>윤활유(4석유류) : 6,000 L</u>
     - 지정수량 미만
  ④ 휘발유(1석유류 비수용성) : 200 L

정답  41 ③  42 ①  43 ③

**44** 위험물제조소등의 안전거리의 단축기준과 관련해서 H≤p D² + a인 경우 방화상 유효한 담의 높이는 2 m 이상으로 한다. 다음 중 a에 해당되는 것은?

① 인근 건축물의 높이(m)
② 제조소등의 외벽의 높이(m)
③ 제조소등과 공작물과의 거리(m)
④ 제조소등과 방화상 유효한 담과의 거리(m)

> 해설
>
> [안전거리 단축에 필요한 담 높이]
> - H ≤ p D² + a인 경우 2 m 이상 담 높이
> - H : 인근 건축물·공작물 높이, p : 상수
>   D : 제조소등과 건축물·공작물 사이거리
>   <u>a : 제조소등의 외벽 높이</u>

**45** 위험물제조소는 「문화유산의 보존 및 활용에 관한 법률」 및 「자연유산의 보존 및 활용에 관한 법률」에 의한 유형문화재로부터 몇 m 이상의 안전거리를 두어야 하는가?

① 20 m   ② 30 m
③ 40 m   ④ 50 m

> 해설
>
> [위험물제조소 안전거리]
>
> | 시설종류 | 안전거리 |
> |---|---|
> | 지정문화유산 및 천연기념물 등 | 50 m 이상 |
> | 병원·학교·극장 | 30 m 이상 |
> | 고압가스·액화석유가스 | 20 m 이상 |
> | 주거용 건축물 | 10 m 이상 |
> | 전압 35,000 V 초과 특고압전선 | 5 m 이상 |
> | 전압 7,000 ~ 35,000 V 특고압전선 | 3 m 이상 |

**46** 황화인에 대한 설명으로 틀린 것은?

① 고체이다.
② 가연성 물질이다.
③ $P_4S_3$, $P_2S_5$ 등의 물질이 있다.
④ 물질에 따른 지정수량은 50 kg, 100 kg 등이 있다.

> 해설
>
> [황화인 특징]
> ④ 황화인 지정수량 : 100 kg으로 통일

정답  44 ②   45 ④   46 ④

2019년 4회

**47** 아세트알데하이드의 저장 시 주의할 사항으로 틀린 것은?

① 구리나 마그네슘 합금 용기에 저장한다.
② 화기를 가까이 하지 않는다.
③ 용기의 파손에 유의한다.
④ 찬 곳에 저장한다.

해설
[아세트알데하이드 주의사항]
① 산화프로필렌과 함께 수은·은·구리·마그네슘 용기와 반응해 사용 불가

**48** 질산과 과염소산의 공통 성질로 옳은 것은?

① 강한 산화력과 환원력이 있다.
② 물과 접촉하면 반응이 없으므로 화재 시 주수소화가 가능하다.
③ 가연성이 없으며 가연물 연소 시에 소화를 돕는다.
④ 모두 산소를 함유하고 있다.

해설
[질산과 과염소산(6류 위험물)]
④ 산화성 액체로 산소를 함유하고 있다.

**49** 가솔린에 대한 설명 중 틀린 것은?

① 비중은 물보다 작다.
② 증기비중은 공기보다 크다.
③ 전기에 대한 도체이므로 정전기 발생으로 인한 화재를 방지해야 한다.
④ 물에는 녹지 않지만 유기용제에 녹고 유지 등을 녹인다.

해설
[가솔린(4류 위험물)특징]
③ 4류 위험물은 부도체로 전기가 흐르지 않아 정전기를 방지해야 한다.

**50** 위험물을 적재, 운반할 때 방수성 덮개를 하지 않아도 되는 것은?

① 알칼리금속의 과산화물
② 마그네슘
③ 나이트로화합물
④ 탄화칼슘

해설
- 차광성 피복을 사용해야 하는 위험물
  1류·3류(자연발화성 물질)·4류(특수인화물)·5류·6류
- 방수성 피복 사용해야 하는 위험물
  1류(알칼리금속 과산화물)·2류(철분, 마그네슘, 금속분)·3류(금속성 물질)
- ③ 5류 위험물이므로 방수성 덮개 불필요

정답  47 ①  48 ④  49 ③  50 ③

**51** 질산암모늄이 가열분해하여 폭발이 되었을 때 발생되는 물질이 아닌 것은?

① 질소    ② 물
③ 산소    ④ 수소

**해설**
[질산암모늄 분해]
- $NH_4NO_3 \rightarrow N_2 + 0.5O_2 + 2H_2O$
- 분해 시 수소($H_2$)는 생성하지 않는다.

**52** 다음 중 과망가니즈산칼륨과 혼촉하였을 때 위험성이 가장 낮은 물질은?

① 물    ② 다이에틸에터
③ 글리세린    ④ 염산

**해설**
[과망가니즈산칼륨(1류 위험물, 산화성 고체)]
1류 위험물 : 물과 반응하지 않아(알칼리금속과산화물 제외) 물과의 위험성이 낮다.

**53** 오황화인이 물과 작용해서 발생하는 기체는?

① 이황화탄소    ② 황화수소
③ 포스겐가스    ④ 인화수소

**해설**
[오황화인과 물 반응]
- $P_2S_5 + 8H_2O \rightarrow 5H_2S + 2H_3PO_4$
- 반응 시 황화수소($H_2S$)와 인산($H_3PO_4$) 발생

**54** 제5류 위험물에 해당하지 않는 것은?

① 나이트로셀룰로오스
② 나이트로글리세린
③ 나이트로벤젠
④ 질산메틸

**해설**
[제5류 위험물]
③ 나이트로벤젠 : 4류 위험물 중 제3석유류
TIP '벤젠'이 들어가면 제4류 위험물

**55** 질산칼륨에 대한 설명 중 틀린 것은?

① 무색의 결정 또는 백색분말이다.
② 비중이 약 0.81, 녹는점은 약 200 ℃이다.
③ 가열하면 열분해하여 산소를 방출한다.
④ 흑색화약의 원료로 사용된다.

**해설**
[질산칼륨(1류) 특징]
② 비중 2.1, 녹는점 400 ℃이다.

정답 51 ④  52 ①  53 ②  54 ③  55 ②

**56** 가연성 물질이며, 산소를 다량 함유하고 있기 때문에 자기연소가 가능한 물질은?

① $C_6H_2CH_3(NO_2)_3$
② $CH_3COC_2H_5$
③ $NaClO_4$
④ $HNO_3$

**해설**

[산소를 함유한 가연성 물질]
- 5류 위험물 : 산소를 함유해 자기연소하는 자기반응성 물질
- ① $C_6H_2CH_3(NO_2)_3$ : 트라이나이트로톨루엔이므로 5류 위험물

**57** 어떤 공장에서 아세톤과 메탄올을 18 L 용기에 각각 10개, 등유를 200 L 드럼으로 3드럼을 저장하고 있다면 각각의 지정수량 배수의 총합은 얼마인가?

① 1.3  ② 1.5
③ 2.3  ④ 2.5

**해설**

[지정수량 배수 계산]
- 4류 위험물 지정수량
  아세톤(1석유류 수용성) : 400 L
  메탄올(알코올류) : 400 L
  등유(2석유류 비수용성) : 1,000 L
- 지정수량 배수
  = (18 × 20) / 400 + (200 × 3) / 1,000
  = 1.5

**58** 위험물안전관리법령상 제4류 위험물 중 1기압에서 인화점이 21 ℃인 물질은 제 몇 석유류에 해당하는가?

① 제1석유류  ② 제2석유류
③ 제3석유류  ④ 제4석유류

**해설**

[4류 위험물 분류]
- 특수인화물 : 발화점 100 ℃ 이하, 인화점 -20 ℃ 또는 비점 40 ℃ 이하
- 제1석유류 : 인화점 21 ℃ 미만
- 제2석유류 : 인화점 21 ~ 70 ℃
- 제3석유류 : 인화점 70 ~ 200 ℃
- 제4석유류 : 인화점 200 ~ 250 ℃

**59** 다음 중 증기비중이 가장 큰 물질은?

① $C_6H_6$          ② $CH_3OH$
③ $CH_3COC_2H_5$   ④ $C_3H_5(OH)_3$

**해설**

[증기비중 비교]
- 증기비중 = $\dfrac{분자량}{29(공기분자량)}$
- 분자량이 큰 물질이 증기비중 크다
  ① $C_6H_6$ : 분자량 78
  ② $CH_3OH$ : 분자량 32
  ③ $CH_3COC_2H_5$ : 분자량 72
  ④ $C_3H_5(OH)_3$ : 분자량 92

정답 ▶ 56 ① 57 ② 58 ② 59 ④

**60** 금속칼륨의 성질에 대한 설명으로 옳은 것은?

① 중금속류에 속한다.
② 이온화경향이 큰 금속이다.
③ 물 속에 보관한다.
④ 고광택을 내므로 장식용으로 많이 쓰인다.

해설

[칼륨(K) 성질]
① 가벼운 경금속에 속한다.
② 1족에 속하는 원소로 전자를 잃어 양이온이 되려는 이온화경향이 큰 금속이다.
③ 물과 격렬히 반응해 물에 보관하지 않는다.
④ 광택이 있으나 불안정해 장식용에 안 쓰인다.

정답 60 ②

위·험·물·산·업·기·사

필기 기출문제

# 2018 1회

**1과목** 일반화학

**01** 1기압에서 2 L의 부피를 차지하는 어떤 이상기체를 온도의 변화 없이 압력을 4기압으로 하면 부피는 얼마가 되겠는가?

① 8 L  ② 2 L
③ 1  ④ 0.5 L

**해설**

[압력변화에 따른 부피계산]
- 보일의 법칙 : 압력과 부피 곱은 일정
- $P_1V_1 = P_2V_2$
  $1 \times 2 = 4 \times V_2$
- $V_2 = 0.5$ L

**02** 반투막을 이용하여 콜로이드 입자를 전해질이나 작은 분자로부터 분리 정제하는 것을 무엇이라 하는가?

① 틴들현상  ② 브라운 운동
③ 투석  ④ 전기영동

**해설**

[투석]
반투막에 콜로이드보다 작은 물질은 통과하고 콜로이드물질은 남아 서로 분리되는 현상

**03** 불순물로 식염을 포함하고 있는 NaOH 3.2 g을 물에 녹여 100 mL로 한 다음 그중 50 mL를 중화하는 데 1 N의 염산이 20 mL 필요했다. 이 NaOH의 농도(순도)는 약 몇 wt%인가?

① 10  ② 20
③ 33  ④ 50

**해설**

[물질농도 계산]
- H 몰수 = OH 몰수(중화반응)
- H 몰수 = 1 M(1 mol / L) × 0.02 L
  = 0.02 mol(50 mL 용액 중화)
- 100 mL 용액 속 OH 몰수
  = 0.02 mol × 2 = 0.04 mol
- NaOH 분자량 = 23+16+1 = 40
  100 wt%일 때 NaOH 몰수
  = 3.2 g / 40 = 0.08 mol
  ⇒ 필요한 몰수 0.04 mol의 2배
- NaOH 순도는 50 wt%

정답 01 ④  02 ③  03 ④

## 04 지시약으로 사용되는 페놀프탈레인 용액은 산성에서 어떤 색을 띠는가?

① 적색　　② 청색
③ 무색　　④ 황색

**해설**

[페놀프탈레인 지시색]
- 염기성 : 적색
- 산성·중성 : 무색

## 05 다음 중 배수비례의 법칙이 성립하는 화합물을 나열한 것은?

① $CH_4$, $CCl_4$
② $SO_2$, $SO_3$
③ $H_2O$, $H_2S$
④ $SN_3$, $BH_3$

**해설**

[배수비례 법칙]
- 원소 2개로 된 화합물 2종류를 비교할 때 한 원소에 결합질량비는 일정정수비
- ② $SO_2$와 $SO_3$ : S에 산소질량비 2 : 3이 성립하므로 배수비례법칙 적용

## 06 결합력이 큰 것부터 작은 순서로 나열한 것은?

① 공유결합 > 수소결합 > 반데르발스결합
② 수소결합 > 공유결합 > 반데르발스결합
③ 반데르발스결합 > 수소결합 > 공유결합
④ 수소결합 > 반데르발스결합 > 공유결합

**해설**

[결합력 세기]
공유결합(원자 내 결합) ≫ 수소결합(강한 분자 간 결합) ≫ 반데르발스결합(일반 분자 간 결합)

암기　공수반

## 07 다음 중 $CH_3COOH$와 $C_2H_5OH$의 혼합물에 소량의 진한 황산을 가하여 가열하였을 때 주로 생성되는 물질은?

① 아세트산에틸　　② 메탄산에틸
③ 글리세롤　　　　④ 나이에틸에터

**해설**

[아세트산과 에틸알코올 탈수반응]
- 진한 황산을 촉매첨가 시 탈수반응 발생
  $CH_3COOH + C_2H_5OH$
  　　$\rightarrow CH_3COOC_2H_5 + H_2O$
- 아세트산에틸($CH_3COOC_2H_5$)이 생성

**정답**　04 ③　05 ②　06 ①　07 ①

## 08 다음 중 비극성 분자는 어느 것인가?

① HF　　　　② H$_2$O
③ NH$_3$　　　④ CH$_4$

**해설**

[비극성 분자]
- 분자결합 시 결합 치우침이 없는 분자
- ④ CH$_4$는 중앙 C에 대해 사방으로 H가 결합한 모양이므로 극성(치우침)이 없는 비극성

## 09 구리를 석출하기 위해 CuSO$_4$ 용액에 0.5F의 전기량을 흘렸을 때 약 몇 g의 구리가 석출되겠는가? (단, 원자량은 Cu 64, S 32, O 16이다)

① 16　　　　② 32
③ 64　　　　④ 128

**해설**

[구리 석출량 계산]
- 0.5F = 0.5 g당량 석출하는 전기량
- 1 molCu : 2 g당량이므로 0.25 mol 석출
- Cu$^{2+}$석출량 = 0.25 mol × 64(원자량)
　　　　　　　= 16 g

## 10 다음 물질 중 비점이 약 197 ℃인 무색 액체이고, 약간 단맛이 있으며 부동액의 원료로 사용하는 것은?

① CH$_3$CHCl$_2$
② CH$_3$COCH$_3$
③ (CH$_3$)$_2$CO
④ C$_2$H$_4$(OH)$_2$

**해설**

[에틸렌글라이콜[C$_2$H$_4$(OH)$_2$]]
- 비점 : 197 ℃
- 단맛이 나며, 부동액 원료로 쓰임

## 11 다음 중 양쪽성 산화물에 해당하는 것은?

① NO$_2$　　　② Al$_2$O$_3$
③ MgO　　　 ④ Na$_2$O

**해설**

[양쪽성 산화물]
Al · Zn · Sn · Pb + 산소의 결합물질

정답　08 ④　09 ①　10 ④　11 ②

**12** 다음 중 아르곤(Ar)과 같은 전자 수를 갖는 양이온과 음이온으로 이루어진 화합물은?

① NaCl      ② MgO
③ KF      ④ CaS

**해설**

[화합물 전자 수]
- 아르곤 전자 수 = 18개(원자번호 18번)
- ① NaCl : 10($Na^+$) + 18($Cl^-$)
  ② MgO : 10($Mg^{2+}$) + 10($O^{2-}$)
  ③ KF : 18($K^+$) + 10($F^-$)
  ④ CaS : 18($Ca^{2+}$) + 18($S^{2-}$)
- CaS 양·음이온 모두 18개

**13** 다음 중 방향족 화합물이 아닌 것은?

① 톨루엔      ② 아세톤
③ 크레졸      ④ 아닐린

**해설**

[방향족 화합물]
- 벤젠고리구조를 가지는 화합물
- 아세톤($CH_3COCH_3$) : 사슬구조이므로 지방족 화합물

**14** 산소의 산화수가 가장 큰 것은?

① $O_2$      ② $KClO_4$
③ $H_2SO_4$      ④ $H_2O_2$

**해설**

[산소의 산화수]
- 다른 원소와 결합 시 : -2 또는 -1
- O(산소)만으로 결합 : 0($O_2$)

**15** 에탄올 20.0 g과 물 40.0 g을 함유한 용액에서 에탄올의 몰분율은 약 얼마인가?

① 0.090      ② 0.164
③ 0.444      ④ 0.896

**해설**

[에탄올 몰분율 계산]
- 에탄올($C_2H_5OH$) 분자량 : 46
  물($H_2O$) 분자량 : 18
- 에탄올 몰분율
  $= \dfrac{20/46}{20/46 + 40/18} = 0.164$

정답   12 ④   13 ②   14 ①   15 ②

**16** 다음 중 밑줄 친 원자의 산화수 값이 나머지 셋과 다른 하나는?

① $\underline{Cr}_2O_7^{2-}$     ② $H_3\underline{P}O_4$
③ $H\underline{N}O_3$     ④ $H\underline{Cl}O_3$

**해설**

[산화수 계산]
① $Cr_2O_7^{2-}$ : (2 Cr) + (-2 × 7) = -2
    Cr = +6
② $H_3PO_4$ : (3 × 1) + P + (-2 × 4) = 0
    P = +5
③ $HNO_3$ : 1 + N + (-2 × 3) = 0
    N = +5
④ $HClO_3$ : 1 + Cl + (-2 × 3) = 0
    Cl = +5

**17** 어떤 금속(M) 8 g을 연소시키니 11.2 g의 산화물이 얻어졌다. 이 금속의 원자량이 140이라면 이 산화물의 화학식은?

① $M_2O_3$     ② $MO$
③ $MO_2$     ④ $M_2O_7$

**해설**

[미지금속M 연소반응식]
- M + a $O_2$ → $MO_{2a}$(산화물)
   M 몰수 : 8 / 140 = 0.05714 mol
   $O_2$ 몰수 : (11.2 - 8) / 32 = 0.1 mol
   0.05714 : 0.1 = 1 : 0.1 / 0.05714
                  = 1 : 1.75
- M 1몰과 $O_2$ 1.75몰이 반응해 a = 1.75
- 산화물 = $MO_{3.5}$ = $M_2O_7$

**18** 다음 중 전리도가 가장 커지는 경우는?

① 농도와 온도가 일정할 때
② 농도가 진하고 온도가 높을수록
③ 농도가 묽고 온도가 높을수록
④ 농도가 진하고 온도가 낮을수록

**해설**

[전리도(이온화도)]
- 물질이 용액에서 이온화되는 정도
- <u>농도가 묽고 온도가 높아야 전리도 상승</u>

**19** Rn은 $\alpha$선 및 $\beta$선을 2번씩 방출하고 다음과 같이 변했다. 마지막 Po의 원자번호는 얼마인가? (단, Rn의 원자번호는 86, 원자량은 222이다)

$$Rn \xrightarrow{\alpha} Po \xrightarrow{\alpha} Pb \xrightarrow{\beta} Bi \xrightarrow{\beta} Po$$

① 78     ② 81
③ 84     ④ 87

**해설**

[$\alpha$선과 $\beta$선]
- $\alpha$선 : 원자번호 2 감소, 원자량 4 감소
   $\beta$선 : 원자번호 1 증가
- Po 원자번호 = 86 - 2 - 2 + 1 + 1 = 84

**정답** 16 ①   17 ④   18 ③   19 ③

**20** 어떤 기체의 확산속도가 $SO_2(g)$의 2배이다. 이 기체의 분자량은 얼마인가?
(단, 원자량은 S = 32, O = 16이다)

① 8　　　　　② 16
③ 32　　　　　④ 64

**해설**

[확산속도 비]

- $\dfrac{V_1}{V_2} = \sqrt{\dfrac{M_2}{M_1}} = 2$ (1 : 미지기체, 2 : $SO_2$)
- $M_1 = 1/4 M_2 = 1/4 \times 64 = 16$

## 2과목　화재예방과 소화방법

**21** 위험물안전관리법령상 제3류 위험물 중 금수성 물질에 적응성이 있는 소화기는?

① 할로젠화합물소화기
② 인산염류분말소화기
③ 이산화탄소소화기
④ 탄산수소염류분말소화기

**해설**

[금수성 물질(3류) 소화방법]
<u>탄산수소염류 분말소화설비</u> · 건조사 · 팽창질석 · 팽창진주암

**22** 할로젠화합물 소화약제 중 HFC – 23의 화학식은?

① $CF_3I$　　　　② $CHF_3$
③ $CF_3CH_2CF_3$　④ $C_4F_{10}$

**해설**

[HFC – 23 화학식 구하기]
23에 90을 더한 113은 각각 C H F의 숫자이므로 $C_1H_1F_3$ = <u>$CHF_3$</u>

정답 ● 20 ② 21 ④ 22 ②

**23** 질식효과를 위해 포의 성질로서 갖추어야 할 조건으로 가장 거리가 먼 것은?

① 기화성이 좋을 것
② 부착성이 있을 것
③ 유동성이 좋을 것
④ 바람 등에 견디고 응집성과 안정성이 있을 것

**해설**

[포소화약제의 조건]
포가 기화성이 좋으면 덮힌 포가 날아가 산소차단효과(질식효과)가 약해진다.

**24** 인화성 액체의 화재의 분류로 옳은 것은?

① A급 화재  ② B급 화재
③ C급 화재  ④ D급 화재

**해설**

[화재 분류]
- A : 일반 화재
- B : 유류 화재
- C : 전기 화재
- D : 금속 화재           암 일류전금

**25** 수소의 공기 중 연소 범위에 가장 가까운 값을 나타내는 것은?

① 2.5 ~ 82.0 vol%
② 5.3 ~ 13.9 vol%
③ 4.0 ~ 74.5 vol%
④ 12.5 ~ 55.0 vol%

**해설**

[수소의 연소범위]
4 ~ 75 vol%           암 수사치료

**26** 마그네슘 분말이 이산화탄소 소화약제와 반응하여 생성될 수 있는 유독기체의 분자량은?

① 28    ② 32
③ 40    ④ 44

**해설**

[마그네슘과 $CO_2$ 반응 시 생성물]
- $Mg + CO_2 \rightarrow MgO + CO$
- 유독기체 일산화탄소(CO) 분자량 = 28

정답 23 ① 24 ② 25 ③ 26 ①

**27** 위험물안전관리법령상 옥내소화전 설비의 설치 기준에 따르면 수원의 수량은 옥내소화전이 가장 많이 설치된 층의 옥내소화전 설치개수(설치개수가 5개 이상인 경우는 5개)에 몇 $m^3$를 곱한 양 이상이 되도록 설치하여야 하는가?

① 2.3
② 2.6
③ 7.8
④ 13.5

**해설**

[옥내소화전 개당 수원량]
개당 수원량 = 260 L / min × 30 min
= 7,800 L = 7.8 $m^3$

**28** 물이 일반적인 소화약제로 사용될 수 있는 특징에 대한 설명 중 틀린 것은?

① 증발잠열이 크기 때문에 냉각시키는데 효과적이다.
② 물을 사용한 봉상수 소화기는 A급, B급 및 C급 화재의 진압에 적응성이 뛰어나다.
③ 비교적 쉽게 구해 이용 가능하다.
④ 펌프, 호스 등을 이용하여 이송이 비교적 용이하다.

**해설**

[소화약제로서의 물]
② 봉상수(비교적 입자가 큰) 소화기는 B(유류)·C(전기)급 화재에 적응성이 없다.

TIP 무상수 소화기 : A·C급 화재 적응성 있음
무상강화액소화기 : A·B·C 모두 적응성 있음

**29** $CO_2$에 대한 설명으로 옳지 않은 것은?

① 무색, 무취 기체로서 공기보다 무겁다.
② 물에 용해 시 약 알칼리성을 나타낸다.
③ 농도에 따라서 질식을 유발할 위험성이 있다.
④ 상온에서도 압력을 가해 액화시킬 수 있다.

**해설**

[$CO_2$ 특징]
• 비금속(C) + 산소(O)로 산성 화합물
• ② 물에 녹아 약산성을 띤다.

**30** 물리적 소화에 의한 소화효과(소화방법)에 속하지 않는 것은?

① 제거효과
② 질식효과
③ 냉각효과
④ 억제효과

정답 27 ③  28 ②  29 ②  30 ④

해설

[소화효과 구분]
- 억제소화 : 활성라디칼 제거해 소화
- 그 외 모든 소화 : 물리적 소화

**31** 위험물안전관리법령상 간이소화용구(기타소화설비)인 팽창질석은 삽을 상비한 경우 몇 L가 능력단위 1.0인가?

① 70 L  ② 100 L
③ 130 L  ④ 160 L

해설

[기타 소화설비의 능력단위]

| 소화설비 | 용량[L] | 능력단위 |
|---|---|---|
| 소화전용 물통 | 8 | 0.3 |
| 수조(물통 3개 포함) | 80 | 1.5 |
| 수조(물통 6개 포함) | 190 | 2.5 |
| 마른 모래(삽 1개 포함) | 50 | 0.5 |
| 팽창질석·진주암 (삽 1개 포함) | 160 | 1.0 |

**32** 위험물안전관리법령상 소화설비의 구분에서 물분무등소화설비에 속하는 것은?

① 포소화설비
② 옥내소화전설비
③ 스프링클러설비
④ 옥외소화전설비

해설

[물분무등소화설비 종류]
- 물분무소화설비
- 포소화설비
- 불활성가스소화설비
- 할로젠화합물소화설비
- 분말소화설비

TIP 스프링클러, 옥내·외소화전을 제외한 모든 소화설비는 물분무등소화설비

**33** 가연성 고체 위험물의 화재에 대한 설명으로 틀린 것은?

① 적린과 황은 물에 의한 냉각소화를 한다.
② 금속분, 철분, 마그네슘이 연소하고 있을 때에는 주수해서는 안 된다.
③ 금속분, 철분, 마그네슘, 황화인은 마른 모래 팽창질석 등으로 소화를 한다.
④ 금속분, 철분, 마그네슘의 연소 시에는 수소와 유독가스가 발생하므로 충분한 안전거리를 확보해야 한다.

해설

[제2류 위험물 화재 특징]
④ 금속분, 철분, 마그네슘은 연소 후 금속산화물 생성한다.

예 $2Mg + O_2 \rightarrow 2MgO$

정답 31 ④  32 ①  33 ④

**34** 과산화칼륨이 다음과 같이 반응하였을 때 공통적으로 포함된 물질(기체)의 종류가 나머지 셋과 다른 하나는?

① 가열하여 열분해하였을 때
② 물($H_2O$)과 반응하였을 때
③ 염산(HCl)과 반응하였을 때
④ 이산화탄소($CO_2$)와 반응하였을 때

해설

[과산화염류 반응]
- 열분해·물·이산화탄소 : 산소 발생
- 염산(HCl) : 과산화수소($H_2O_2$) 발생

**35** 다음 중 보통의 포소화약제보다 알코올형 포소화약제가 더 큰 소화효과를 볼 수 있는 대상물질은?

① 경유
② 메틸알코올
③ 등유
④ 가솔린

해설

[(내)알코올 포소화약제]
수용성 물질(알코올)에 대한 소화효과 크다

**36** 연소의 3요소 중 하나에 해당하는 역할이 나머지 셋과 다른 위험물은?

① 과산화수소  ② 과산화나트륨
③ 질산칼륨    ④ 황린

해설

[연소의 3요소]
- 과산화수소(6류)·과산화나트륨(1류)·질산칼륨(1류) : 산소공급원
- 황린(3류) : 연소하는 대상인 가연물

**37** 위험물안전관리법령상 전역방출방식 또는 국소방출방식의 불활성가스소화설비 저장용기의 설치 기준으로 틀린 것은?

① 온도가 40℃ 이하이고, 온도 변화가 적은 장소에 설치할 것
② 저장용기의 외면에 소화약제의 종류와 양, 제조년도 및 제조자를 표시할 것
③ 직사일광 및 빗물이 침투할 우려가 적은 장소에 설치할 것
④ 방호구역 내의 장소에 설치할 것

해설

[불활성가스소화설비 저장용기의 설치]
④ 안전하도록 방호구역 바깥에 설치

정답 ▶ 34 ③  35 ②  36 ④  37 ④

**38** 칼륨, 나트륨, 탄화칼슘의 공통점으로 옳은 것은?

① 연소생성물이 동일하다.
② 화재 시 대량의 물로 소화한다.
③ 물과 반응하면 가연성 가스를 발생한다.
④ 위험물안전관리법령에서 정한 지정수량이 같다.

**해설**
① 연소생성물은 각각 다르다.
② 물로 소화 시 칼륨·나트륨은 수소, 탄화칼슘은 아세틸렌이 발생한다.
④ 지정수량은 칼륨·나트륨 10 kg, 탄화칼슘 300 kg이다.

**39** 공기포 발포배율을 측정하기 위해 중량 340 g, 용량 1,800 mL의 포 수집 용기에 가득히 포를 채취하여 측정한 용기의 무게가 540 g이었다면 발포배율은? (단, 포 수용액의 비중은 1로 가정한다)

① 3배   ② 5배
③ 7배   ④ 9배

**해설**
[발포배율 계산]
발포배율 = 포수용액총량 / 포무게
 = 1,800 g / (540 − 340) = 9배

**40** 위험물안전관리법령상 위험물저장소 건축물의 외벽이 내화구조인 것은 연면적 얼마를 1소요단위로 하는가?

① 50 m²   ② 75 m²
③ 100 m²  ④ 150 m²

**해설**
[1소요단위 기준]

| 구분 | 내화구조 | 비내화구조 |
|---|---|---|
| 제조소 취급소 | 연면적 100 m² | 연면적 50 m² |
| 저장소 | 연면적 150 m² | 연면적 75 m² |
| 위험물 | 지정수량 10배 | |

정답 ● 38 ③  39 ④  40 ④

## 3과목 위험물의 성질과 취급

**41** 취급하는 장치가 구리나 마그네슘으로 되어 있을 때 반응을 일으켜서 폭발성의 아세틸라이트를 생성하는 물질은?

① 이황화탄소
② 아이소프로필알코올
③ 산화프로필렌
④ 아세톤

해설

[수은·은·구리·마그네슘 사용 금지 물질]
- 아세트알데하이드·산화프로필렌
- 아세틸라이드 생성 : 산화프로필렌

**42** 휘발유를 저장하던 이동저장탱크에 탱크의 상부로부터 등유나 경유를 주입할 때 액표면이 주입관의 선단을 넘는 높이가 될 때까지 그 주입관 내의 유속을 몇 m/s 이하로 하여야 하는가?

① 1　　② 2
③ 3　　④ 5

해설

휘발유 탱크 등유·경유 주입 시 액표면이 주입관 선단높이를 넘을 때까지 1 m/s 이하로 유지한다.

**43** 과산화벤조일에 대한 설명으로 틀린 것은?

① 벤조일퍼옥사이드라고도 한다.
② 상온에서 고체이다.
③ 산소를 포함하지 않는 환원성 물질이다.
④ 희석제를 첨가하여 폭발성을 낮출 수 있다.

해설

[과산화벤조일(5류, 자기반응성 물질)]
③ 산소를 포함해 스스로 반응할 수 있는 물질

**44** 이황화탄소를 물속에 저장하는 이유로 가장 타당한 것은?

① 공기와 접촉하면 즉시 폭발하므로
② 가연성 증기의 발생을 방지하므로
③ 온도의 상승을 방지하므로
④ 불순물을 물에 용해시키므로

해설

[이황화탄소]
- 가연성 기체 발생하는 물질
- 비중이 큰 액체로 물 밑에 저장해 가연성 기체 방지

**45** 다음 중 황린의 연소생성물은?

① 삼황화인  ② 인화수소
③ 오산화인  ④ 오황화인

해설

[황린($P_4$) 연소생성물]
- $P_4 + 5\,O_2 \rightarrow 2\,P_2O_5$
- 황린 연소 시 $P_2O_5$(오산화인) 발생

**46** 위험물안전관리법령상 위험물의 지정수량이 틀리게 짝지어진 것은?

① 황화인 - 50 kg
② 적린 - 100 kg
③ 철분 - 500 kg
④ 금속분 - 500 kg

해설

황화인 지정수량 : 100 kg

**47** 다음 중 아이오딘값이 가장 작은 것은?

① 아마인유  ② 들기름
③ 정어리기름  ④ 야자유

해설

[아이오딘값 비교]
- 건성유 : 동식물유 중 아이오딘값 130 이상 동유·해바라기유·아마인유·들기름·정어리기름 등  [암] 동해아들
- 야자유 : 아이오딘값 100 이하 불건성유

**48** 다음 제4류 위험물 중 연소범위가 가장 넓은 것은?

① 아세트알데하이드
② 산화프로필렌
③ 휘발유
④ 아세톤

해설

① 아세트알데하이드 : 4.1 ~ 57 %
② 산화프로필렌 : 2.5 ~ 38.5 %
③ 휘발유 : 1.4 ~ 7.6 %
④ 아세톤 : 2.6 ~ 12.8 %

**49** 다음 위험물 중 보호액으로 물을 사용하는 것은?

① 황린  ② 적린
③ 루비듐  ④ 오황화인

해설

[황린 보호액]
- 물과 반응하지 않아 보호액으로 사용
- 소화할 때에도 주수소화

정답 45 ③  46 ①  47 ④  48 ①  49 ①

## 50 다음 위험물의 지정수량 배수의 총합은?

- 휘발유 : 2,000 L
- 경유 : 4,000 L
- 등유 : 40,000 L

① 18　　② 32
③ 46　　④ 54

**해설**

[지정수량 배수계산]
- 지정수량
  - 휘발유(제1석유류) : 200 L
  - 경유·등유(제2석유류) : 1,000 L
- 지정수량 배수 = 2,000/200
  　　　　　　＋ 44,000/1,000 = 54

## 51 위험물안전관리법령상 옥내저장소의 안전거리를 두지 않을 수 있는 경우는?

① 지정수량 20배 이상의 동식물유류
② 지정수량 20배 미만의 특수인화물
③ 지정수량 20배 미만의 제4석유류
④ 지정수량 20배 이상의 제5류 위험물

**해설**

[옥내저장소 안전거리를 두지 않을 경우]
- 지정수량 20배 미만 4석유류·동식물유 저장
- 제6류 위험물 저장

## 52 질산염류의 일반적인 성질에 대한 설명으로 옳은 것은?

① 무색 액체이다.
② 물에 잘 녹는다.
③ 물에 녹을 때 흡열반응을 나타내는 물질은 없다.
④ 과염소산염류보다 충격, 가열에 불안정하여 위험성이 크다.

**해설**

[질산염류(1류) 성질]
① 무색 또는 백색 고체
② 물에 잘 녹는다.
③ 물에 녹을 때 질산이 있으면 흡열반응
④ 과염소산염류는 위험도 I 로 질산염류보다 위험성이 크다.

## 53 위험물안전관리법령에 따른 질산에 대한 설명으로 틀린 것은?

① 지정수량은 300 kg이다.
② 위험등급은 I 이다.
③ 농도가 36 wt% 이상인 것에 한하여 위험물로 간주된다.
④ 운반 시 제1류 위험물과 혼재할 수 있다.

**해설**

[질산 특징]
③ 질산은 비중 1.49 이상일 시 6류 위험물
　　TIP 36 wt% 이상일 시 위험물은 과산화수소

정답　50 ④　51 ③　52 ②　53 ③

## 54 과산화수소 용액의 분해를 방지하기 위한 방법으로 가장 거리가 먼 것은?

① 햇빛을 차단한다.
② 암모니아를 가한다.
③ 인산을 가한다.
④ 요산을 가한다.

**해설**

[과산화수소 분해방지]
• 햇빛에 분해되므로 갈색병에 보관
• 인산·요산을 넣어 분해방지

## 55 금속칼륨의 보호액으로 적당하지 않는 것은?

① 유동파라핀  ② 등유
③ 경유      ④ 에탄올

**해설**

[칼륨 보호액]
• 등유·경유·유동파라핀 등에 보관
• 에탄올과 반응해 가연성의 수소기체 발생

## 56 휘발유의 일반적인 성질에 대한 설명으로 틀린 것은?

① 인화점은 0℃보다 낮다.
② 액체비중은 1보다 작다.
③ 증기비중은 1보다 작다.
④ 연소범위는 약 1.4 ~ 7.6 %이다.

**해설**

[휘발유 특징]
• 인화점 : -43 ~ -38℃
• 비중 : 액체는 1 이하 증기는 1 이상
• 연소범위 : 1.4 ~ 7.6 %

## 57 인화칼슘이 물과 반응하였을 때 발생하는 기체는?

① 수소    ② 산소
③ 포스핀  ④ 포스겐

**해설**

[인화칼슘과 물 반응]
• $Ca_3P_2 + 6 H_2O \rightarrow 3 Ca(OH)_2 + 3 PH_3$
• 인화칼슘과 물이 만나 $PH_3$(포스핀) 생성

**정답** 54 ② 55 ④ 56 ③ 57 ③

**58** 다음 위험물안전관리법령에서 정한 지정수량이 가장 작은 것은?

① 염소산염류
② 브로민산염류
③ 나이트로화합물
④ 금속의 인화물

**해설**

[지정수량]
- 염소산염류(1류) : 50 kg
- 브로민산염류(1류) : 300 kg
- 나이트로화합물(5류) : 200 kg
- 금속 인화물(3류) : 300 kg

**59** 다음 중 발화점이 가장 높은 것은?

① 등유         ② 벤젠
③ 다이에틸에터  ④ 휘발유

**해설**

[발화점 비교]
① 등유 : 220 ℃
② 벤젠 : 562 ℃
③ 다이에틸에터 : 180 ℃
④ 휘발유 : 300 ℃

**60** 제조소에서 위험물을 취급함에 있어서 정전기를 유효하게 제거할 수 있는 방법으로 가장 거리가 먼 것은?

① 접지에 의한 방법
② 공기 중의 상대습도를 70 % 이상으로 하는 방법
③ 공기를 이온화하는 방법
④ 부도체 재료를 사용하는 방법

**해설**

[정전기 제거방법]
- 접지
- 상대습도 70 % 이상
- 공기 이온화
- 부도체는 전하가 축적되어 정전기 발생

정답 58 ① 59 ② 60 ④

## 2018 2회

### 1과목 일반화학

**01** A는 B 이온과 반응하나 C 이온과는 반응하지 않고, D는 C 이온과 반응한다고 할 때 A, B, C, D의 환원력 세기를 큰 것부터 차례대로 나타낸 것은? (단, A, B, C, D는 모두 금속이다)

① A > B > D > C
② D > C > A > B
③ C > D > B > A
④ B > A > C > D

**해설**

[미지금속 환원력 비교]
- 반응성이 좋을수록 환원력이 강함
- 환원력 비교
  A는 B와 반응 A ≫ B
  A는 C와 무반응 A ≪ C
  D는 C와 반응 D ≫ C
  → D ≫ C ≫ A ≫ B

**02** 1패러데이(Faraday)의 전기량으로 물을 전기분해하였을 때 생성되는 기체 중 산소 기체는 0 ℃, 1기압에서 몇 L인가?

① 5.6   ② 11.2
③ 22.4   ④ 44.8

**해설**

[산소 부피 계산]
- 1패러데이 = 1 g당량 물질 생성
- $O_2$는 -2가 2개로 총 4 g당량이 1 mol
- 산소부피 = 0.25 mol × 22.4 L = 5.6 L

**03** 메테인에 직접 염소를 작용시켜 클로로포름을 만드는 반응을 무엇이라 하는가?

① 환원반응   ② 부가반응
③ 치환반응   ④ 탈수소반응

**해설**

[클로로포름 생성반응]
- 치환반응 : 원자가 작용물질로 치환되는 반응
- 메테인($CH_4$) H 3개가 Cl 3개로 치환되어 클로로포름($CHCl_3$) 생성

정답  01 ②  02 ①  03 ③

## 04 다음 물질 중 감광성이 가장 큰 것은?

① HgO　　② CuO
③ $NaNO_3$　　④ AgCl

**해설**

[감광성]
- 빛에 의해 변화하는 성질
- AgCl : 빛에 의해 검게 변하는 물질로 감광성이 크다.

## 05 다음 중 산성 산화물에 해당하는 것은?

① BaO　　② $CO_2$
③ CaO　　④ MgO

**해설**

[산화물 구분]
- 산성 산화물($CO_2$) : 비금속 + 산소
- 염기성 산화물 : 금속 + 산소

## 06 배수비례의 법칙이 적용 가능한 화합물을 옳게 나열한 것은?

① CO, $CO_2$
② $HNO_3$, $HNO_2$
③ $H_2SO_4$, $H_2SO_3$
④ $O_2$, $O_3$

**해설**

[배수비례 법칙]
- 원소 2개로 된 화합물 2종류를 비교할 때 한 원소에 결합질량비는 일정정수비
- ① CO와 $CO_2$는 C에 대해 산소질량비 1 : 2가 성립하므로 배수비례법칙 적용

## 07 엿당을 포도당으로 변화시키는 데 필요한 효소는?

① 말테이스　　② 아밀레이스
③ 지마아제　　④ 라이페이스

**해설**

[효소]
- 말테이스(말타아제) : 엿당 ⇒ 포도당
- 아밀레이스(아밀라아제) : 녹말 ⇒ 엿당
- 치마아제 : 단당류 ⇒ 알코올
- 라이페이스(리파아제) : 지방 ⇒ 글리세린, 지방산

## 08 다음 중 가수분해가 되지 않는 염은?

① NaCl　　② $NH_4Cl$
③ $CH_3COONa$　　④ $CH_3COONH_4$

**해설**

[가수분해]
- 강염기와 강산 결합물은 가수분해 불가
- ① NaCl : 강염기($Na^+$) + 강산($Cl^-$)

정답　04 ④　05 ②　06 ①　07 ①　08 ①

**09** 다음의 반응 중 평형상태가 압력의 영향을 받지 않는 것은?

① $N_2 + O_2 \leftrightarrow 2\,NO$
② $NH_3 + HCl \leftrightarrow NH_4Cl$
③ $2\,CO + O_2 \leftrightarrow 2\,CO_2$
④ $2\,NO_2 \leftrightarrow N_2O_4$

**해설**

[평형상태의 압력]
- 반응 전 후 몰수의 영향을 받는다.
- ① $N_2 + O_2 \leftrightarrow 2\,NO$은 반응 전후 몰수가 같아 압력의 영향을 받지 않는다.

**10** 공업적으로 에틸렌을 $PdCl_2$ 촉매하에 산화시킬 때 주로 생성되는 물질은?

① $CH_3OCH_3$   ② $CH_3CHO$
③ $HCOOH$   ④ $C_3H_7OH$

**해설**

[에틸렌 산화반응]
에틸렌($C_2H_4$) 산화가 $PdCl_2$ 촉매하에 진행되면 아세트알데하이드($\underline{CH_3CHO}$) 생성

**11** 다음과 같은 전자배치를 갖는 원자 A와 B에 대한 설명으로 옳은 것은?

A : $1S^2 2S^2 2P^6 3S^2$
B : $1S^2 1S^2 2P^6 3S^1 3P^1$

① A와 B는 다른 종류의 원자이다.
② A는 홑원자이고, B는 이원자 상태인 것을 알 수 있다.
③ A와 B는 동위원소로서 전자배열이 다르다.
④ A에서 B로 변할 때 에너지를 흡수한다.

**해설**

[전자배치(오비탈)]
- 쌓음원리 : 더 낮은 에너지를 가진 오비탈에 전자가 먼저 쌓이며 안정
- ① A와 B는 같은 전자 수를 가진 원자로 같은 물질
- ② A와 B 모두 홑원자 상태
- ③ A와 B는 전자배열만 다를 뿐 질량수는 같은 물질로 동위원소 아님
- ④ 에너지가 낮은 s 오비탈부터 채운 A는 낮은 에너지, 에너지가 높은 p 오비탈부터 채운 B는 높은 에너지를 가져 <u>A에서 B로 변할 때 에너지 흡수</u>

**12** 다음 중 1N–NaOH 100 mL 수용액으로 10 wt% 수용액을 만들려고 할 때의 방법으로 가장 적합한 것은?

① 36 mL의 증류수 혼합
② 40 mL의 증류수 혼합
③ 60 mL의 수분 증발
④ 64 mL의 수분 증발

**해설**

[수용액 제조]
- 1N - NaOH 100 mL 내 NaOH 질량
  = 1N × 0.1 L × 40 = 4 g
- 필요수용액질량 m × 10 wt% = 4 g
  m = 40 g
  필요 물의 질량 = 40 g - 4 g = 36 g
- 100 mL 물중 36 mL를 얻으려면 <u>64 mL 수분 증발</u>

**13** 다음 반응식에 관한 사항 중 옳은 것은?

$$SO_2 + 2H_2S \rightarrow 2H_2O + 3S$$

① $SO_2$는 산화제로 작용
② $H_2S$는 산화제로 작용
③ $SO_2$는 촉매로 작용
④ $H_2S$는 촉매로 작용

**해설**

[산화제와 환원제]
- 산화제 : 남을 산화시켜 자신은 환원되는 물질
- 환원제 : 남을 환원시켜 자신은 산화되는 물질
- ① $SO_2$는 산소를 잃어 환원되므로 산화제

**14** 주기율표에서 3주기 원소들의 일반적인 물리·화학적 성질 중 오른쪽으로 갈수록 감소하는 성질들로만 이루어진 것은?

① 비금속성, 전자흡수성, 이온화에너지
② 금속성, 전자방출성, 원자반지름
③ 비금속성, 이온화에너지, 전자친화도
④ 전자친화도, 전자흡수성, 원자반지름

**해설**

[주기율표 성질]
오른쪽으로 갈수록 감소하는 성질
: ② 금속성·전자방출성·원자반지름

**15** 30 wt%인 진한 HCl의 비중은 1.1이다. 진한 HCl의 몰농도는 얼마인가? (단, HCl의 화학식량은 36.5이다)

① 7.21  ② 9.04
③ 11.36  ④ 13.08

**해설**

[HCl 몰농도 계산]
- 1 L 수용액 기준
  수용액 1.1 kg × 30 wt% = 330 g HCl
- HCl 몰수 = 330 g / 36.5 = 9.04 mol
- 몰농도 = 9.04 mol / 1 L = 9.04 M

정답  12 ④  13 ①  14 ②  15 ②

**16** 방사성 원소에서 방출되는 방사선 중 전기장의 영향을 받지 않아 휘어지지 않는 선은?

① $\alpha$선   ② $\beta$선
③ $\gamma$선   ④ $\alpha$, $\beta$, $\gamma$선

**해설**

[$\gamma$선 성질]
투과력이 가장 강한 방사선으로 전기장에 영향을 받지 않아 휘지 않는다.

**17** 다음 중 산성염으로만 나열된 것은?

① $NaHSO_4$, $Ca(HCO_3)$
② $Ca(OH)Cl$, $Cu(OH)Cl$
③ $NaCl$, $Cu(OH)Cl$
④ $Ca(OH)Cl$, $CaCl_2$

**해설**

[산성염]
- H와 금속이 결합된 물질
- ① $NaHSO_4$, $Ca(HCO_3)$와 같이 H를 포함한 금속결합물

**18** 어떤 기체의 확산 속도는 $SO_2$의 2배이다. 이 기체의 분자량은 얼마인가? (단, $SO_2$의 분자량은 64이다)

① 4   ② 8
③ 16   ④ 32

**해설**

[확산속도의 비]

- $\dfrac{V_1}{V_2} = \sqrt{\dfrac{M_2}{M_1}} = 2$ (1 : 미지기체, 2 : $SO_2$)
- $M_1 = 1/4 M_2 = 1/4 \times 64 = 16 g/mol$

**19** 다음 중 물의 끓는점을 높이기 위한 방법으로 가장 타당한 것은?

① 순수한 물을 끓인다.
② 물을 저으면서 끓인다.
③ 감압하에 끓인다.
④ 밀폐된 그릇에서 끓인다.

**해설**

[물의 끓는점]
④ 밀폐된 그릇에서 물을 끓이면 내부압력이 증가하며, 끓는점이 상승한다.

**20** 한 분자 내에 배위결합과 이온결합을 동시에 가지고 있는 것은?

① $NH_4Cl$  ② $C_6H_6$
③ $CH_3OH$  ④ $NaCl$

해설

[분자결합 구분]
- 배위결합
  비공유전자쌍 물질이 비공유전자쌍을 이온에게 공유하는 결합
- 이온결합
  양이온과 음이온이 만나 결합
- ① $NH_3$와 $H^+$가 만나 배위결합
  $NH_4^+$와 $Cl^-$ 만나 이온결합

2과목　　화재예방과 소화방법

**21** 어떤 가연물의 착화에너지가 24 cal일 때 이것을 일에너지의 단위로 환산하면 약 몇 Joule인가?

① 24  ② 42
③ 84  ④ 100

해설

[에너지 단위 변환]
- 4.18 J = 1 cal
- 0.24 cal = 1 J
- 24 cal = 24 × 4.18 = 100 J

**22** 위험물제조소등에 옥내소화전설비를 압력수조를 이용한 가압송수장치로 설치하는 경우 압력수조의 최소압력은 몇 MPa인가? (단, 소방용 호스의 마찰손실수두압은 3.2 MPa, 배관의 마찰손실수두압은 2.2 MPa, 낙차의 환산수두압은 1.79 MPa이다)

① 5.4  ② 3.99
③ 7.19  ④ 7.54

정답　20 ①　21 ④　22 ④

**해설**

[옥내소화전 압력수조 최소압력계산]

$P = P_1 + P_2 + P_3 + 0.35$ MPa
$= 3.2 + 2.2 + 1.79 + 0.35$
$= 7.54$ MPa

- $P_1$ : 호스 마찰손실압
- $P_2$ : 배관 마찰손실압
- $P_3$ : 낙차 환산수두압

**23** 다이에틸에터 2,000 L와 아세톤 4,000 L를 옥내저장소에 저장하고 있다면 총 소요단위는 얼마인가?

① 5　　② 6
③ 50　　④ 60

**해설**

[소요단위 계산]
- 소요단위 = 지정수량 × 10
- 지정수량
  다이에틸에터(특수인화물) : 50 L
  아세톤(제1석유류 수용성) : 400 L
- 총 소요단위
  = (2,000 / 500) + (4,000 / 4,000) = 5

**24** 연소이론에 대한 설명으로 가장 거리가 먼 것은?

① 착화온도가 낮을수록 위험성이 크다.
② 인화점이 낮을수록 위험성이 크다.
③ 인화점이 낮은 물질은 착화점도 낮다.
④ 폭발 한계가 넓을수록 위험성이 크다.

**해설**

[연소이론]
③ 인화점과 착화점은 비례하지 않음

**25** 위험물안전관리법령상 염소산염류에 대해 적응성이 있는 소화설비는?

① 탄산수소염류 분말소화설비
② 포소화설비
③ 불활성가스소화설비
④ 할로젠화합물소화설비

**해설**

[염소산염류 적응성 있는 소화설비]
- 염소산염류
  물과 반응하지 않아 주로 주수소화한다.
- 포소화약제 = 물 + 포원액이므로 염소산염류 위험물에 적응성 있다.

**26** 분말소화약제의 착색 색상으로 옳은 것은?

① $NH_4H_2PO_4$ : 담홍색
② $NH_4H_2PO_4$ : 백색
③ $KHCO_3$ : 담홍색
④ $KHCO_3$ : 백색

**해설**

[분말소화약제 착색 색상]

| 소화약제 | 주성분 | 적응화재 | 분말색 |
|---|---|---|---|
| 제1약제 | 탄산수소 나트륨 | BC | 백색 |
| 제2약제 | 탄산수소 칼륨 | BC | 담회색 |
| 제3약제 | 인산 암모늄 | ABC | 담홍색 |
| 제4약제 | 탄산수소 칼륨+요소 | BC | 회색 |

암기 백담사 홍어회

**27** 불활성가스소화설비에 의한 소화적응성이 없는 것은?

① $C_3H_5(ONO_2)_3$  ② $C_6H_4(CH_3)_2$
③ $CH_3COCH_3$    ④ $C_2H_5OC_2H_5$

**해설**

[불활성가스소화설비 적응성]
① $C_3H_5(ONO_2)_3$(나이트로글리세린, 제5류) : 스스로 산소를 제공할 수 있어 불활성 가스소화(질식소화) 불가

**28** 벤젠에 관한 일반적 성질로 틀린 것은?

① 무색투명한 휘발성 액체로 증기는 마취성과 독성이 있다.
② 불을 붙이면 그을음을 많이 내고 연소한다.
③ 겨울철에는 응고하여 인화의 위험이 없지만, 상온에서는 액체 상태로 인화의 위험이 높다.
④ 진한 황산과 질산으로 나이트로화시키면 나이트로벤젠이 된다.

**해설**

[벤젠의 성질]
③ 어는점 5.5 ℃ 인화점 -11 ℃로 응고 상태로 인화 위험성 존재

**29** 다음은 위험물안전관리법령상 위험물제조소등에 설치하는 옥내소화전설비의 설치표시 기준 중 일부이다. ( )에 알맞은 수치를 차례로 옳게 나타낸 것은?

옥내소화전함의 상부 벽면에 적색 표시등을 설치하되, 당해 표시등의 부착면과 ( ) 이상의 각도가 되는 방향으로 ( ) 떨어진 곳에서 용이하게 식별이 가능하도록 할 것

① 5°, 5 m   ② 5°, 10 m
③ 15°, 5 m  ④ 15°, 10 m

정답 26 ① 27 ① 28 ③ 29 ④

**해설**

[옥내소화전설비의 설치표시]
표시등 부착면과 (15°) 이상 각도 방향으로(10 m) 떨어진 곳에서 식별 가능

**해설**

[할로젠화합물 소화설비 방사압]
- 할론 2402 : 0.1 MPa
- 할론 1211 : 0.2 MPa
- 할론 1301 : 0.9 MPa

**30** 벤조일퍼옥사이드의 화재 예방상 주의사항에 대한 설명 중 틀린 것은?

① 열, 충격 및 마찰에 의해 폭발할 수 있으므로 주의한다.
② 진한 질산, 진한 황산과의 접촉을 피한다.
③ 비활성의 희석제를 첨가하면 폭발성을 낮출 수 있다.
④ 수분과 접촉하면 폭발의 위험이 있으므로 주의한다.

**해설**

[벤조일퍼옥사이드 화재예방 주의사항]
④ 5류 위험물로 물과 반응하지 않아 주수소화하는 위험물이다.

**31** 전역방출방식의 할로젠화물 소화설비의 분사헤드에서 Halon 1211을 방사하는 경우의 방사압력은 얼마 이상으로 하여야 하는가?

① 0.1 MPa  ② 0.2 MPa
③ 0.5 MPa  ④ 0.9 MPa

**32** 이산화탄소 소화약제의 소화작용을 옳게 나열한 것은?

① 질식소화, 부촉매소화
② 부촉매소화, 제거소화
③ 부촉매소화, 냉각소화
④ 질식소화, 냉각소화

**해설**

[이산화탄소 소화약제 소화작용]
④ 질식소화 · 냉각소화

**33** 금속나트륨의 연소 시 소화방법으로 가장 적절한 것은?

① 팽창질석을 사용하여 소화한다.
② 분무상의 물을 뿌려 소화한다.
③ 이산화탄소를 방사하여 소화한다.
④ 물로 적힌 헝겊으로 피복하여 소화한다.

**해설**

[금속나트륨(3류) 소화방법]
탄산수소염류 분말소화설비 · 건조사 · 팽창질석 · 팽창진주암으로만 소화

**정답** 30 ④  31 ②  32 ④  33 ①

**34** 이산화탄소소화기에 대한 설명으로 옳은 것은?

① C급 화재에는 적응성이 없다.
② 다량의 물질이 연소하는 A급 화재에 가장 효과적이다.
③ 밀폐되지 않은 공간에서 사용할 때 가장 소화효과가 좋다.
④ 방출용 동력이 별도로 필요치 않다.

**해설**
[이산화탄소소화기 특징]
④ 내부압력으로 방출해 동력이 필요 없다.

**35** 위험물안전관리법령상 제5류 위험물에 적응성 있는 소화설비는?

① 분말을 방사하는 대형소화기
② $CO_2$를 방사하는 소형소화기
③ 할로젠화합물을 방사하는 대형소화기
④ 스프링클러설비

**해설**
[5류 위험물 적응성 있는 소화설비]
④ 물과 반응하지 않아 주수소화가 가능해 스프링클러설비의 적응성이 있다.

**36** 다음 중 자연발화의 원인으로 가장 거리가 먼 것은?

① 기화열에 의한 발열
② 산화열에 의한 발열
③ 분해열에 의한 발열
④ 흡착열에 의한 발열

**해설**
[자연발화 원인]
① 기화열 : 흡열반응으로 발화원인이 안 된다.

**37** 과산화나트륨 저장 장소에서 화재가 발생하였다. 과산화나트륨을 고려하였을 때 다음 중 가장 적합한 소화약제는?

① 포소화약제　　② 할로젠화합물
③ 건조사　　　　④ 물

**해설**
[과산화나트륨에 적응성 있는 소화약제]
탄산수소염류 분말소화설비·건조사·팽창질석·팽창진주암

정답　34 ④　35 ④　36 ①　37 ③

**38** 10 ℃의 물 2 g을 100 ℃의 수증기로 만드는 데 필요한 열량은?

① 180 cal  ② 340 cal
③ 719 cal  ④ 1,258 cal

**해설**

[물 열량계산]
현열 $Q = mC\triangle T = 2 \times 1 \times (100 - 10)$
　　　　　　$= 180$ cal
잠열 $Q = m\gamma = 2 \times 539 = 1,078$ cal
열량 $Q_T = Q_1 + Q_2 = 180 + 1,078$
　　　　　$= 1,258$ cal
　　　　　　　m : 질량(g), $\gamma$ : 기화잠열(cal / g)
　　　　　　　C : 비열(cal / g·K), $\triangle T$ : 온도 변화(K)

**40** 불활성가스소화약제 중 IG-541의 구성성분이 아닌 것은?

① $N_2$　　② Ar
③ Ne　　④ $CO_2$

**해설**

[불활성가스소화약제]
- IG - 100 : $N_2$ 100 %
- IG - 55 : $N_2$ 50 % + Ar 50 %
- IG - 541 : $N_2$ 52 % + Ar 40 % + $CO_2$ 8 %

**39** 위험물안전관리법령상 마른모래(삽 1개 포함) 50 L의 능력단위는?

① 0.3　　② 0.5
③ 1.0　　④ 1.5

**해설**

[기타 소화설비 능력단위]

| 소화설비 | 용량 [L] | 능력단위 |
|---|---|---|
| 소화전용 물통 | 8 | 0.3 |
| 수조(물통 3개 포함) | 80 | 1.5 |
| 수조(물통 6개 포함) | 190 | 2.5 |
| 마른 모래(삽 1개 포함) | 50 | 0.5 |
| 팽창질석·진주암(삽 1개 포함) | 160 | 1.0 |

정답 ● 38 ④　39 ②　40 ③

### 3과목 위험물의 성질과 취급

**41** 위험물안전관리법령상 위험물의 운반에 관한 기준에 따르면 위험물은 규정에 의한 운반 용기에 법령에서 정한 기준에 따라 수납하여 적재하여야 한다. 다음 중 적용 예외의 경우에 해당하는 것은? (단, 지정수량의 2배인 경우이며, 위험물을 동일구내에 있는 제조소등의 상호간에 운반하기 위하여 적재하는 경우는 제외한다)

① 덩어리 상태의 황을 운반하기 위하여 적재하는 경우
② 금속분을 운반하기 위하여 적재하는 경우
③ 삼산화크로뮴을 운반하기 위하여 적재하는 경우
④ 염소산나트륨을 운반하기 위하여 적재하는 경우

**해설**
[용기에 저장할 필요 없는 위험물]
덩어리상태 황·화약류 위험물

**42** 제4류 위험물인 동식물유류의 취급 방법이 잘못된 것은?

① 액체의 누설을 방지하여야 한다.
② 화기 접촉에 의한 인화에 주의하여야 한다.
③ 아마인유는 섬유 등에 흡수되어 있으면 매우 안정하므로 취급하기 편리하다.
④ 가열할 때 증기는 인화되지 않도록 조치하여야 한다.

**해설**
[동식물유 취급 방법]
• 건성유 : 동식물유 중 아이오딘값 130 이상으로 자연발화위험이 높다. 동유·해바라기유·아마인유·들기름 등이 있다. 암 동해아들
• ③ 아마인유는 불안정하여 섬유에 흡수시키면 매우 위험하다.

**43** 다음 중 메탄올의 연소범위에 가장 가까운 것은?

① 약 1.4 ~ 5.6 vol%
② 약 7.3 ~ 36 vol%
③ 약 20.3 ~ 66 vol%
④ 약 42.0 ~ 77 vol%

**해설**
[메탄올 연소범위]
약 7.3 ~ 36 vol%

암 메칠삼육

정답 41 ① 42 ③ 43 ②

**44** 금속 과산화물을 묽은 산에 반응시켜 생성되는 물질로서 석유와 벤젠에 불용성이고, 표백작용과 살균작용을 하는 것은?

① 과산화나트륨  ② 과산화수소
③ 과산화벤조일  ④ 과산화칼륨

**해설**

[과산화수소 특징]
- 금속과산화물과 산을 반응시켜 생성
- 수용성으로 표백·살균작용한다.

**45** 연소범위가 약 2.5 ~ 38.5 vol%로 구리, 은, 마그네슘과 접촉 시 아세틸라이드를 생성하는 물질은?

① 아세트알데하이드
② 알킬알루미늄
③ 산화프로필렌
④ 콜로디온

**해설**

[산화프로필렌]
수은·은·구리·마그네슘과 반응해 아세틸라이드를 생성한다.

보충 수은·은·구리·마그네슘 반응하는 물질 : 산화프로필렌, 아세트알데하이드

**46** 제5류 위험물 제조소에 설치하는 표지 및 주의사항을 표시한 게시판의 바탕색상을 각각 옳게 나타낸 것은?

① 표지 : 백색
   주의사항을 표시한 게시판 : 백색
② 표지 : 백색
   주의사항을 표시한 게시판 : 적색
③ 표지 : 적색
   주의사항을 표시한 게시판 : 백색
④ 표지 : 적색
   주의사항을 표시한 게시판 : 적색

**해설**

[제5류 위험물 표지 및 주의사항 색상]
- 제조소 표지 – 백색바탕, 흑색문자
- 주의사항 게시판 – 적색바탕, 백색문자

**47** 최대 아세톤 150톤을 옥외탱크저장소에 저장할 경우 보유공지의 너비는 몇 m 이상으로 하여야 하는가? (단, 아세톤의 비중은 0.79이다)

① 3   ② 5
③ 9   ④ 12

정답  44 ②  45 ③  46 ②  47 ①

### 해설

[옥외탱크저장소 보유공지]

| 지정수량 배수 | 공지의 너비 |
|---|---|
| 500배 이하 | 3 m 이상 |
| 500~1,000배 | 5 m 이상 |
| 1,000~2,000배 | 9 m 이상 |
| 2,000~3,000배 | 12 m 이상 |
| 3,000~4,000배 | 15 m 이상 |
| 4,000배 초과 | • 탱크 지름과 높이 중 큰 것 이상<br>• 최소 15 m 이상<br>• 최대 30 m 이하 |

※ 지정수량 배수 표기방법 : ~초과 ~이하
- 아세톤 지정수량 배수(지정수량 400 L)
  아세톤 부피 = 150,000 kg ÷ 0.79 L/kg
  = 190,000 L
  지정수량 배수 = 190,000 / 400 = 475배
- 500배 이하로 공지너비 3 m 이상

### 48 위험물이 물과 접촉하였을 때 발생하는 기체를 옳게 연결한 것은?

① 인화칼슘 – 포스핀
② 과산화칼륨 – 아세틸렌
③ 나트륨 – 산소
④ 탄화칼슘 – 수소

### 해설

[물과 접촉 시 생성물]
① 인화칼슘 – 포스핀($PH_3$)
② 과산화칼륨 – 산소
③ 나트륨 – 수소
④ 탄화칼슘 – 아세틸렌

### 49 다음 위험물 중 물에 가장 잘 녹는 것은?

① 적린  ② 황
③ 벤젠  ④ 아세톤

### 해설

[수용성 물질]
- 적린·황·벤젠 : 비수용성 물질
- 아세톤 : 수용성 물질로 물에 잘 녹음

### 50 다음 위험물 중 가열 시 분해온도가 가장 낮은 물질은?

① $KClO_3$  ② $Na_2O_2$
③ $NH_4ClO_4$  ④ $KNO_3$

### 해설

[1류 위험물 분해온도]
① $KClO_3$(염소산칼륨) : 400 ℃
② $Na_2O_2$(과산화나트륨) : 460 ℃
③ $NH_4ClO_4$(과염소산암모늄) : 130 ℃
④ $KNO_3$(질산칼륨) : 400 ℃

정답 48 ① 49 ④ 50 ③

**51** 제5류 위험물 중 나이트로화합물에서 나이트로기(Nitro Group)를 옳게 나타낸 것은?

① -NO
② -NO$_2$
③ -NO$_3$
④ -NON$_3$

> 해설

[나이트로기]
- 결합모양 : -NO$_2$
- 나이트로화합물 : 5류 위험물 중 -NO$_2$ 2개 이상 결합한 물질

**52** 다음 2가지 물질을 혼합하였을 때 그로 인한 발화 또는 폭발의 위험성이 가장 낮은 것은?

① 아염소산나트륨과 싸이오황산나트륨(티오황산나트륨)
② 질산과 이황화탄소
③ 아세트산과 과산화나트륨
④ 나트륨과 등유

> 해설

[나트륨 보호액]
등유·경유·유동파라핀 등에 보관

**53** 다음 중 황린이 자연발화하기 쉬운 가장 큰 이유는?

① 끓는점이 낮고, 증기의 비중이 작기 때문에
② 산소와 결합력이 강하고, 착화온도가 낮기 때문에
③ 녹는점이 낮고, 상온에서 액체로 되어 있기 때문에
④ 인화점이 낮고, 가연성 물질이기 때문에

> 해설

[황린(P$_4$) 특징]
- 3류 위험물 중 자연발화성 물질
- ② 산소와 결합력 강하고 착화온도 34℃로 낮아 상온에서 자연발화하기 쉽다.

**54** 위험물안전관리법령에 따른 위험물 저장기준으로 틀린 것은?

① 이동탱크저장소에는 설치허가증과 운송허가증을 비치하여야 한다.
② 지하저장탱크의 주된 밸브는 위험물을 넣거나 빼낼 때 외에는 폐쇄하여야 한다.
③ 아세트알데하이드를 저장하는 이동저장탱크에는 탱크 안에 불활성 가스를 봉입하여야 한다.
④ 옥외저장탱크 주위에 설치된 방유제의 내부에 물이나 유류가 괴었을 경우에는 즉시 배출하여야 한다.

정답 51 ② 52 ④ 53 ② 54 ①

**해설**

[위험물 저장 기준]
① 이동탱크저장소에는 완공검사필증과 운송허가증을 비치한다.

**55** 위험물의 저장 및 취급에 대한 설명으로 틀린 것은?

① $H_2O_2$ : 직사광선을 차단하고 찬 곳에 저장한다.
② $MgO_2$ : 습기의 존재하에서 산소를 발생하므로 특히 방습에 주의한다.
③ $NaNO_3$ : 조해성이 있으므로 습기에 주의한다.
④ $K_2O_2$ : 물과 반응하지 않으므로 물 속에 저장한다.

**해설**

[위험물 저장·취급]
④ $K_2O_2$(과산화칼륨, 1류) : 물과 만나 산소를 발생해 물기엄금

**56** 위험물안전관리법령상 제5류 위험물 중 질산에스터류에 해당하는 것은?

① 나이트로벤젠
② 나이트로셀룰로오스
③ 트라이나이트로페놀
④ 트라이나이트로톨루엔

**해설**

[5류 위험물 중 질산에스터]
① 나이트로벤젠 : 4류 위험물 중 제3석유류
② 나이트로셀룰로오스 : 5류 위험물 중 질산에스터
③ 트라이나이트로페놀 : 5류 위험물 중 나이트로화합물
④ 트라이나이트로톨루엔 : 5류 위험물 중 나이트로화합물

**57** 옥내저장소에서 위험물 용기를 겹쳐 쌓는 경우에 있어서 제4류 위험물 중 제3석유류만을 수납하는 용기를 겹쳐 쌓을 수 있는 높이는 최대 몇 m인가?

① 3
② 4
③ 5
④ 6

**해설**

[옥내저장소 위험물 용기를 겹쳐 쌓는 높이]
• 기계로 하역하는 구조 : 6 m 이하
• 4류(3·4석유류, 동식물유) : 4 m 이하
• 그 외의 위험물 : 3 m 이하
• 용기를 선반에 저장하는 경우 : 제한 없음

정답 55 ④  56 ②  57 ②

**58** 연면적 1,000 m²이고, 외벽이 내화구조인 위험물취급소의 소화설비 소요단위는 얼마인가?

① 5  ② 10
③ 20  ④ 100

**해설**

[소요단위 계산]
- 1 소요단위 기준

| 구분 | 내화구조 | 비내화구조 |
|------|----------|------------|
| 제조소 취급소 | 연면적 100 m² | 연면적 50 m² |
| 저장소 | 연면적 150 m² | 연면적 75 m² |
| 위험물 | 지정수량 10배 | |

- 소요단위 = 1000 / 100 = 10 소요단위

**59** 다음 중 물에 대한 용해도가 가장 낮은 물질은?

① $NaClO_3$  ② $NaClO_4$
③ $KClO_4$  ④ $NH_4ClO_4$

**해설**

[1류 위험물 용해도 구분]
- 용해도 높은 물질 : Na · $NH_4$ 함유
- 용해도 낮은 물질 : K 함유
- ③ K를 함유하고 있어 용해도가 낮다.

**60** 위험물안전관리법령상 다음의 ( ) 안에 알맞은 수치는?

> 이동저장탱크부터 위험물을 저장 또는 취급하는 탱크에 인화점이 ( )℃ 미만인 위험물을 주입할 때에는 이동탱크저장소의 원동기를 정지시킬 것

① 40  ② 50
③ 60  ④ 70

**해설**

[이동탱크저장소]
탱크에 인화점이 40℃ 미만인 위험물 주입 시 원동기 열에 의해 가연성 기체가 발생할 수 있어 이동탱크저장소 원동기 정지

정답 ● 58 ② 59 ③ 60 ①

# 2018 4회

## 1과목 일반화학

**01** 물 450 g에 NaOH 80 g이 녹아 있는 용액에서 NaOH의 몰분율은? (단, Na의 원자량은 23이다)

① 0.074　　② 0.178
③ 0.200　　④ 0.450

**해설**

[NaOH 몰분율 계산]

- 분자량
  NaOH : 40
  $H_2O$ : 18

- 몰분율 = $\dfrac{80/40}{80/40 + 450/18}$ = 0.074

**02** 다음 할로젠족 분자 중 수소와의 반응성이 가장 높은 것은?

① $Br_2$　　② $F_2$
③ $Cl_2$　　④ $I_2$

**해설**

[할로젠 분자 반응성]
F ≫ Cl ≫ Br ≫ I 순으로 반응성이 높다.

**03** 1몰의 질소와 3몰의 수소를 촉매와 같이 용기 속에 밀폐하고 일정한 온도로 유지하였더니 반응물질의 50 %가 암모니아로 변하였다. 이때의 압력은 최초 압력의 몇 배가 되는가? (단, 용기의 부피는 변하지 않는다)

① 0.5　　② 0.75
③ 1.25　　④ 변하지 않는다.

**해설**

[암모니아 생성반응]

- $N_2 + 3 O_2 \rightarrow 2 NH_3$ (1 : 3 : 2 반응)
- 반응 전 몰수 : $N_2$ 1 mol, $O_2$ 3 mol
  반응 후 몰수 : 50 % 반응하므로
  $N_2$ 0.5 mol, $O_2$ 1.5 mol 반응
  $NH_3$ 1 mol 생성
- 총 몰수는 반응 전 4 mol 반응 후 3 mol
- 부피·온도 일정할 시 몰수·압력은 비례하므로 압력은 3 / 4 = 0.75배

**정답** 01 ①　02 ②　03 ②

**04** 다음 pH 값에서 알칼리성이 가장 큰 것은?

① pH = 1　　② pH = 6
③ pH = 8　　④ pH = 13

**해설**

[pH 구분]
- pH 7 이하는 산성 pH 7 이상은 염기성
- 숫자가 커질수록 염기성(알칼리)이 강함

**05** 다음 화합물 가운데 환원성이 없는 것은?

① 젖당　　② 과당
③ 설탕　　④ 엿당

**해설**

[환원성 물질]
- 알데하이드기를 가져 산화하려는 물질
- 젖당·과당·엿당 : 환원성 물질
- 설탕 : 알데하이드기가 없어 환원성 없음

**06** 주기율표에서 제2주기에 있는 원소 성질 중 왼쪽에서 오른쪽으로 갈수록 감소하는 것은?

① 원자핵의 하전량
② 원자의 전자의 수
③ 원자 반지름
④ 전자껍질의 수

**해설**

[주기율표 성질]
오른쪽으로 갈수록 감소하는 성질
→ 금속성·전자방출성·원자반지름

**07** 95 wt% 황산의 비중은 1.84이다. 이 황산의 몰 농도는 약 얼마인가?

① 4.5　　② 8.9
③ 17.8　　④ 35.6

**해설**

[황산($H_2SO_4$) 몰농도 계산]
- 1 L 순수 황산 질량 = 1840 g × 0.95
  　　　　　　　　　= 1748 g
- 몰수 = 1748 / 98(분자량) = 17.8 mol
- 몰농도 = 17.8 mol / 1 L = 17.8 M

**08** 우유의 pH는 25 ℃에서 6.4이다. 우유 속의 수소이온농도는?

① $1.98 \times 10^{-7}$ M　　② $2.98 \times 10^{-7}$ M
③ $3.98 \times 10^{-7}$ M　　④ $4.98 \times 10^{-7}$ M

**해설**

[수소이온농도 계산]
- pH = 6.4 = $-\log [H^+]$
- $[H^+] = 10^{-6.4} = 3.98 \times 10^{-7}$

**정답** 04 ④　05 ③　06 ③　07 ③　08 ③

**09** 20개의 양성자와 20개의 중성자를 가지고 있는 것은?

① Zr   ② Ca
③ Ne   ④ Zn

해설

[Ca(칼슘)]
- 원자번호 20번(양성자 수 = 원자번호)
- 양성자 20개 중성자 20개를 가진다.

**10** 벤젠의 유도체인 TNT의 구조식을 옳게 나타낸 것은?

① $CH_3$기가 붙은 벤젠에 $O_2N$-, $NO_2$(2,4,6-위치)
② $SO_3H$기가 붙은 벤젠에 $O_2N$-, $NO_2$(2,4,6-위치)
③ $OH$기가 붙은 벤젠에 $NO_2$(2,4,6-위치)
④ $NH_2$기가 붙은 벤젠에 $O_2N$-, $NO_2$(2,4,6-위치)

해설

[트라이나이트로톨루엔(TNT)]
① -$CH_3$가 붙은 톨루엔에 -$NO_2$ 3개가 붙은 물질

**11** 다음 물질 중 동소체의 관계가 아닌 것은?

① 흑연과 다이아몬드
② 산소와 오존
③ 수소와 중수소
④ 황린과 적린

해설

[동소체]
- 원소 하나로 이루어져 구조가 달라 성질이 다르지만 생성물이 같은 물질
- ① 흑연과 다이아몬드 : 같은 원소 C로 성질이 다르지만 연소 후 같은 $CO_2$ 발생
  ② 산소와 오존 : 같은 원소 O로 성질이 다르지만 연소 후 같은 $O_2$ 발생
  ③ <u>수소와 중수소</u> : 같은 H지만 질량수가 다른 동위원소
  ④ 황린과 적린 : 같은 P로 성질이 다르지만 연소 후 오산화인($P_2O_5$) 발생

**12** 헥세인($C_6H_{14}$)의 구조이성질체의 수는 몇 개인가?

① 3개   ② 4개
③ 5개   ④ 9개

해설

[구조이성질체]
- 여러 원소로 이루어져 구조가 달라 성질이 다른 물질
- 헥세인($C_6H_{14}$)은 이성질체 5개이다.

정답 09 ② 10 ① 11 ③ 12 ③

**13** 다음과 같은 반응에서 평형을 왼쪽으로 이동시킬 수 있는 조건은?

$$A_2(g) + 2B_2(g) \rightleftharpoons 2AB_2(g) + 열$$

① 압력감소, 온도 감소
② 압력증가, 온도 증가
③ 압력감소, 온도 증가
④ 압력증가, 온도 감소

**해설**

[평형반응에서 반응이동]
- 압력 : 왼쪽반응수가 많으므로 압력 감소
- 온도 : 오른쪽반응이 발열반응이므로 왼쪽반응은 흡열반응, 즉 온도 증가

**14** 이상기체상수 R값이 0.082라면 그 단위로 옳은 것은?

① $\dfrac{atm \cdot mol}{L \cdot K}$   ② $\dfrac{mmHg \cdot mol}{L \cdot K}$
③ $\dfrac{atm \cdot L}{mol \cdot K}$   ④ $\dfrac{mmHg \cdot L}{mol \cdot K}$

**해설**

[이상기체상수 R]
R = 0.082 atm·L / mol·K
 = 8.314 Pa·m³ / mol·K

**15** $K_2Cr_2O_7$에서 Cr의 산화수는?

① +2   ② +4
③ +6   ④ +8

**해설**

[산화수 계산]
- K는 +1, O는 -2로 계산
- $K_2Cr_2O_7$ : (1 × 2) + (2 × Cr) + (-2 × 7) = 0
  Cr = +6

**16** NaOH 1 g이 250 mL 메스플라스크에 녹아 있을 때 NaOH 수용액의 농도는?

① 0.1N   ② 0.3N
③ 0.5N   ④ 0.7N

**해설**

[NaOH 수용액 농도계산]
- NaOH 몰수 = 1 g / 40 = 0.025 mol
- 몰농도 = 0.025 mol / 0.25 L = 0.1 M

  TIP $Na^+$처럼 1 g당량 = 1 mol인 물질은 N = M

정답   13 ③   14 ③   15 ③   16 ①

**17** 방사능 붕괴의 형태 중 $^{226}_{88}Ra$이 α 붕괴할 때 생기는 원소는?

① $^{222}_{86}Rn$    ② $^{232}_{90}Th$
③ $^{231}_{91}Pa$   ④ $^{238}_{92}U$

**해설**

[α 붕괴]
- 질량수 : 4 감소
- 양성자 수 : 2 감소

**18** pH = 9인 수산화나트륨 용액 100 mL 속에는 나트륨이온이 몇 개 들어 있는가? (단, 아보가드로수는 6.02 × 10²³이다)

① 6.02 × 10⁹개
② 6.02 × 10¹⁷개
③ 6.02 × 10¹⁸개
④ 6.02 × 10²¹개

**해설**

[나트륨이온 개수 계산]
- pH = -log [H⁺] = 9
  [H⁺] = 10⁻⁹
  [OH⁻] = 10⁻¹⁴ × [H⁺] = 10⁻⁵ M
  OH⁻ 몰 = 10⁻⁵ M × 0.1 L = 10⁻⁶ mol
- 나트륨이온 개수 = 10⁻⁶ × 6.02 × 10²³
  = 6.02 × 10¹⁷개

  **TIP** 아보가드로가 1 mol에 입자 6.02 × 10²³개가 있다 하여 '아보가드로 수'라고 한다.

**19** 다음 반응식에서 산화된 성분은?

$$MnO_2 + 4HCl \rightarrow MnCl_2 + 2H_2O + Cl_2$$

① Mn    ② O
③ H     ④ Cl

**해설**

[산화된 성분 찾기]
- 산화 : H를 잃거나 O를 얻는 물질
- ④ Cl : HCl에서 H를 잃어 Cl이 되었으므로 산화되었다.

**20** 다음 중 기하이성질체가 존재하는 것은?

① $C_5H_{12}$
② $CH_3CH = CHCH_3$
③ $C_3H_7Cl$
④ $CH \equiv CH$

**해설**

[기하이성질체]
②에서 한쪽 C에 결합된 H와 CH₃의 자리를 바꿔주면 대칭이 되기도, 안 되기도 한다. 이를 기하학적 이성질체라 한다.

정답 17 ① 18 ② 19 ④ 20 ②

## 2과목    화재예방과 소화방법

**21** 가연물에 대한 일반적인 설명으로 옳지 않은 것은?

① 주기율표에서 0족의 원소는 가연물이 될 수 없다.
② 활성화 에너지가 작을수록 가연물이 되기 쉽다.
③ 산화 반응이 완결된 산화물은 가연물이 아니다.
④ 질소는 비활성 기체이므로 질소의 산화물은 존재하지 않는다.

**[해설]**

[가연물]
- ④ 질소는 비활성 기체지만 산소와 반응
  → $NO_2$(이산화질소)를 생성
- 비활성 기체로 분류되는 이유 : $NO_2$ 생성과정이 흡열반응이기 때문

**22** 포소화설비의 가압송수 장치에서 압력수조의 압력 산출 시 필요 없는 것은?

① 낙차의 환산 수두압
② 배관의 마찰손실 수두압
③ 노즐선의 마찰손실 수두압
④ 소방용 호스의 마찰손실 수두압

**[해설]**

[가압송수장치 압력수조 압력산출]
$P = P_1 + P_2 + P_3 + 0.35$ MPa
- $P_1$ : 호스 마찰손실압
- $P_2$ : 배관 마찰손실압
- $P_3$ : 낙차 환산수두압

**23** 위험물안전관리법령상 제6류 위험물에 적응성이 있는 소화설비는?

① 옥외소화전설비
② 불활성가스소화설비
③ 할로젠화합물소화설비
④ 분말소화설비(탄산수소염류)

**[해설]**

[6류 위험물 적응성 있는 소화설비]
- 자체적으로 산소를 함유해 질식소화가 불가하다.
- 주수소화로 옥외소화전이 적응성 있다.

## 24 메탄올에 대한 설명으로 틀린 것은?

① 무색투명한 액체이다.
② 완전연소하면 $CO_2$와 $H_2O$가 생성된다.
③ 비중 값이 물보다 작다.
④ 산화하면 포름산을 거쳐 최종적으로 폼알데하이드가 된다.

해설
[메탄올($CH_3OH$) 산화반응]
④ $H_2$를 잃고 폼알데하이드(HCHO) 거쳐 O를 얻어 포름산(폼산, HCOOH)이 된다.

## 25 물을 소화약제로 사용하는 가장 큰 이유는?

① 물은 가연물과 화학적으로 결합하기 때문에
② 물은 분해되어 질식성 가스를 방출하기 때문에
③ 물은 기화열이 커서 냉각 능력이 크기 때문에
④ 물은 산화성이 강하기 때문에

해설
[소화약제로써 물]
③ 높은 기화열로 냉각효과가 크다

## 26 위험물안전관리법령에서 정한 다음의 소화설비 중 능력단위가 가장 큰 것은?

① 팽창진주암 160 L(삽 1개 포함)
② 수조 80 L(소화전용 물통3개 포함)
③ 마른 모래 50 L(삽 1개 포함)
④ 팽창질석 160 L(삽 1개 포함)

해설
[기타 소화설비 능력단위]

| 소화설비 | 용량 [L] | 능력단위 |
|---|---|---|
| 소화전용 물통 | 8 | 0.3 |
| 수조(물통 3개 포함) | 80 | 1.5 |
| 수조(물통 6개 포함) | 190 | 2.5 |
| 마른 모래(삽 1개 포함) | 50 | 0.5 |
| 팽창질석·진주암(삽 1개 포함) | 160 | 1.0 |

## 27 "Halon 1301"에서 각 숫자가 나타내는 것을 틀리게 표시한 것은?

① 첫째자리 숫자 "1" - 탄소의 수
② 둘째자리 숫자 "3" - 불소(플루오린)의 수
③ 셋째자리 숫자 "0" - 아이오딘의 수
④ 넷째자리 숫자 "1" - 브로민의 수

해설
[할로젠화합물 소화약제 명명법]
• 숫자 순서대로 C F Cl Br을 나타냄
• ③ 1301의 0은 염소(Cl)의 수

정답 24 ④  25 ③  26 ②  27 ③

**28** 고체가연물의 일반적인 연소형태에 해당하지 않는 것은?

① 등심연소  ② 증발연소
③ 분해연소  ④ 표면연소

**해설**
[고체 연소형태]
표면·분해·자기·증발연소

**29** 금속분의 화재 시 주수소화를 할 수 없는 이유는?

① 산소가 발생하기 때문에
② 수소가 발생하기 때문에
③ 질소가 발생하기 때문에
④ 이산화탄소가 발생하기 때문에

**해설**
[금속과 물 반응]
금속은 물과 반응해 $H_2$(수소기체) 발생

**30** 다음 중 제6류 위험물의 안전한 저장·취급을 위해 주의할 사항으로 가장 타당한 것은?

① 가연물과 접촉시키지 않는다.
② 0 ℃ 이하에서 보관한다.
③ 공기와의 접촉을 피한다.
④ 분해방지를 위해 금속분을 첨가하여 저장한다.

**해설**
[6류 위험물(산화성 액체) 주의사항]
① 스스로 산소 발생해 가연물 접촉엄금

**31** 제1종 분말소화 약제의 소화효과에 대한 설명으로 가장 거리가 먼 것은?

① 열분해 시 발생하는 이산화탄소와 수증기에 의한 질식효과
② 열분해 시 흡열반응에 의한 냉각효과
③ $H^+$ 이온에 의한 부촉매효과
④ 분말 운무에 의한 열방사의 차단효과

**해설**
[제1종 분말소화약제 소화효과]
③ $Na^+$ 이온에 의한 부촉매효과

정답  28 ①  29 ②  30 ①  31 ③

**32** 표준관입시험 및 평판재하시험을 실시하여야 하는 특정옥외저장탱크의 지반의 범위는 기초의 외측이 지표면과 접하는 선의 범위 내에 있는 지반으로서 지표면으로부터 깊이 몇 m까지로 하는가?

① 10
② 15
③ 20
④ 25

해설

[지반 범위]
표준관입시험 및 평판재하시험을 실시하여야 하는 특정옥외저장탱크의 지반은 지표면으로부터 15 m까지

**33** 위험물안전관리법령상 제2류 위험물 중 철분의 화재에 적응성이 있는 소화설비는?

① 물분무소화설비
② 포소화설비
③ 탄산수소염류분말소화설비
④ 할로젠화합물소화설비

해설

[철분(2류)에 적응성 있는 소화설비]
탄산수소염류 분말소화설비 · 건조사 · 팽창질석 · 팽창진주암

**34** 주된 소화효과가 산소공급원의 차단에 의한 소화가 아닌 것은?

① 포소화기
② 건조사
③ $CO_2$ 소화기
④ Halon 1211 소화기

해설

[할로젠화합물 소화설비]
Halon 1211 주된 소화효과
: 활성라디칼을 제거하는 부촉매효과

**35** 위험물제조소등에 설치하는 이동식 불활성가스소화설비의 소화약제 양은 하나의 노즐마다 몇 kg 이상으로 하여야 하는가?

① 30
② 50
③ 60
④ 90

해설

[이동식 불활성가스소화설비]
소화약제량 : 노즐당 90 kg 이상

정답  32 ②  33 ③  34 ④  35 ④

**36** 위험물안전관리법령상 옥외소화전설비의 옥외소화전이 3개 설치되었을 경우 수원의 수량은 몇 m³ 이상이 되어야 하는가?

① 7
② 20.4
③ 40.5
④ 100

해설

[옥외소화전 수원량 계산]
- 옥외소화전 개당 수원량 = 13.5 m³
- 총 수원량 = 13.5 m³ × 3개 = 40.5 m³

**37** 알코올 화재 시 수성막 포소화약제는 알코올형포소화약제에 비하여 소화효과가 낮다. 그 이유로서 가장 타당한 것은?

① 소화약제와 섞이지 않아서 연소면을 확대하기 때문에
② 알코올은 포와 반응하여 가연성 가스를 발생하기 때문에
③ 알코올이 연료로 사용되어 불꽃의 온도가 올라가기 때문에
④ 수용성 알코올로 인해 포가 파괴되기 때문에

해설

[수용성 물질 화재에서 수성막포]
- ④ 수용성 물질이 수분 흡수해 포가 깨져 소멸
- 알코올은 대표적인 수용성 물질

**38** 위험물의 취급을 주된 작업내용으로 하는 다음의 장소에 스프링클러설비를 설치할 경우 확보하여야 하는 1분당 방사밀도는 몇 L/m² 이상이어야 하는가? (단, 내화구조의 바닥 및 벽에 의하여 2개의 실로 구획되고, 각 실의 바닥면적은 500 m²이다)

- 취급하는 위험물 : 제4류 중 제3석유류
- 위험물을 취급하는 장소의 바닥면적 : 1,000 m²

① 8.1
② 12.2
③ 13.9
④ 16.3

해설

[스프링클러설비 방사밀도]

스프링클러 방사밀도별 4류 적응성

| 살수면적(m²) | 분당 방사밀도(L/m²) | |
|---|---|---|
| | 인화점 38℃ 미만 | 인화점 38℃ 이상 |
| 279 미만 | 16.3 이상 | 12.2 이상 |
| 279 이상 372 미만 | 15.5 이상 | 11.8 이상 |
| 372 이상 465 미만 | 13.9 이상 | 9.8 이상 |
| 465 이상 | 12.2 이상 | 8.1 이상 |

- 살수기준면적 = 1,000 / 2 = 500 m²
- 제3석유류 : 인화점 70℃ 이상

정답 36 ③ 37 ④ 38 ①

**39** 다음 중 소화약제가 아닌 것은?

① $CF_3Br$  ② $NaHCO_3$
③ $C_4F_{10}$  ④ $N_2H_4$

해설
[$N_2H_4$(하이드라진)]
제4류 위험물로 소화약제가 아니다.

**40** 열의 전달에 있어서 열전달면적과 열전도도가 각각 2배로 증가한다면, 다른 조건이 일정한 경우 전도에 의해 전달되는 열의 양은 몇 배가 되는가?

① 0.5배  ② 1배
③ 2배  ④ 4배

해설
[열전달]
• 열량 $Q = -\dfrac{kA}{l}\Delta T$
• 열전달면적 A ⇒ 2A
  열전도도 k ⇒ 2k이면 열량 Q는 4배

3과목　위험물의 성질과 취급

**41** 위험물안전관리법령상 과산화수소가 제6류 위험물에 해당하는 농도 기준으로 옳은 것은?

① 36 wt% 이상
② 36 vol% 이상
③ 1.49 wt% 이상
④ 1.49 vol% 이상

해설
[6류 위험물 조건]
• 과산화수소 : 36 wt% 이상
• 질산 : 비중 1.49 이상
• 과염소산 : 조건 없이 위험물

**42** 나이트로소화합물의 성질에 관한 설명으로 옳은 것은?

① -NO기를 가진 화합물이다.
② 나이트로기를 3개 이하로 가진 화합물이다.
③ -$NO_2$기를 가진 화합물이다.
④ N=N기를 가진 화합물이다.

해설
[나이트로소화합물(5류 위험물)]
• ① -NO기를 가진 화합물
• -$NO_2$기를 가지면 나이트로화합물

**43** 동식물유의 일반적인 성질로 옳은 것은?

① 자연발화의 위험은 없지만 점화원에 의해 쉽게 인화한다.
② 대부분 비중 값이 물보다 크다.
③ 인화점이 100℃보다 높은 물질이 많다.
④ 아이오딘값이 50 이하인 건성유는 자연발화 위험이 높다.

해설
[동식물유 성질]
① 아이오딘값이 높은 건성유는 자연발화 위험이 있다.
② 비중이 물보다 작은 유류이다.
③ 인화점이 대부분 100℃ 이상이다.
④ 건성유는 아이오딘값 130 이상이다.

**44** 운반할 때 빗물의 침투를 방지하기 위하여 방수성이 있는 피복으로 덮어야 하는 위험물은?

① TNT          ② 이황화탄소
③ 과염소산      ④ 마그네슘

해설
[방수성 피복이 필요한 위험물]
• 물이 닿으면 안 되는 물질들
• 마그네슘은 물과 만나 수소기체 발생

**45** 연소생성물로 이산화황이 생성되지 않는 것은?

① 황린          ② 삼황화인
③ 오황화인      ④ 황

해설
[연소 시 이산화황 생성물질]
• 황화인(삼황화인·오황화인)
• 황
• 황린($P_4$)은 오산화인($P_2O_5$)만 생성

**46** 다음 중 인화점이 가장 낮은 것은?

① 실린더유      ② 가솔린
③ 벤젠          ④ 메틸알코올

해설
[인화점 구분]
① 실린더유 : 200 ~ 250℃
② 가솔린(휘발유) : -43 ~ -38℃
③ 벤젠 : -11℃
④ 메틸알코올 : 11℃

정답  43 ③   44 ④   45 ①   46 ②

**47** 적린의 성상에 관한 설명 중 옳은 것은?

① 물과 반응하여 고열을 발생한다.
② 공기 중에 방치하면 자연발화한다.
③ 강산화제와 혼합하면 마찰·충격에 의해서 발화할 위험이 있다.
④ 이황화탄소, 암모니아 등에 매우 잘 녹는다.

**해설**

[적린(2류)의 특징]
③ 가연성 고체로 산소를 내는 산화성 물질과 함께 마찰·충격을 받으면 발화한다.

**48** 위험물 지하탱크저장소의 탱크전용실 설치 기준으로 틀린 것은?

① 철근콘크리트 구조의 벽은 두께 0.3 m 이상으로 한다.
② 지하저장탱크와 탱크전용실의 안쪽과의 사이는 50cm 이상의 간격을 유지한다.
③ 철근콘크리트 구조의 바닥은 두께 0.3 m 이상으로 한다.
④ 벽, 바닥 등에 적정한 방수 조치를 강구한다.

**해설**

[지하탱크저장소 탱크전용실 설치 기준]
② 지하저장탱크와 탱크전용실 안쪽 사이 0.1 m 이상 간격 유지

**49** 제1류 위험물에 관한 설명으로 틀린 것은?

① 조해성이 있는 물질이 있다.
② 물보다 비중이 큰 물질이 많다.
③ 대부분 산소를 포함하는 무기화합물이다.
④ 분해하여 방출된 산소에 의해 자체 연소한다.

**해설**

[제1류 위험물(산화성 고체)]
④ 산소만 방출하는 산화성 물질로 불연성이다.

**50** 탄화칼슘이 물과 반응했을 때 반응식을 옳게 나타낸 것은?

① 탄화칼슘 + 물 → 수산화칼슘 + 수소
② 탄화칼슘 + 물 → 수산화칼슘 + 아세틸렌
③ 탄화칼슘 + 물 → 칼슘 + 수소
④ 탄화칼슘 + 물 → 칼슘 + 아세틸렌

**해설**

[탄화칼슘과 물 반응]
- $CaC_2 + 2H_2O \rightarrow Ca(OH)_2 + C_2H_2$
- ② 탄화칼슘 + 물 → 수산화칼슘 + 아세틸렌

**정답** 47 ③  48 ②  49 ④  50 ②

**51** 제4석유류를 저장하는 옥내탱크저장소의 기준으로 옳은 것은? (단, 단층건축물에 탱크전용실을 설치하는 경우이다)

① 옥내저장탱크의 용량은 지정수량의 40배 이하일 것
② 탱크전용실은 벽, 기둥, 바닥, 보를 내화구조로 할 것
③ 탱크전용실에는 창을 설치하지 아니할 것
④ 탱크전용실에 펌프설비를 설치하는 경우에는 그 주위에 0.2 m 이상의 높이로 턱을 설치할 것

> 해설

[제4석유류 옥내탱크저장소 용량]
① 위험물 지정수량 40배 이하

**52** 위험물안전관리법령에 따른 제4류 위험물 중 제1석유류에 해당하지 않는 것은?

① 등유　　　② 벤젠
③ 메틸에틸케톤　④ 톨루엔

> 해설

[4류 위험물 구분]
① 등유 : 제2석유류

**53** 다음 중 물과 반응하여 산소를 발생하는 것은?

① $KClO_3$　　② $Na_2O_2$
③ $KClO_4$　　④ $CaC_2$

> 해설

[$Na_2O_2$(과산화나트륨)]
- $Na_2O_2 + H_2O \rightarrow 2\,NaOH + 0.5\,O_2$
- 물과 만나 산소 발생

**54** 벤젠에 대한 설명으로 틀린 것은?

① 물보다 비중값이 작지만, 증기비중값은 공기보다 크다.
② 공명구조를 가지고 있는 포화탄화수소이다.
③ 연소 시 검은 연기가 심하게 발생한다.
④ 겨울철에 응고된 고체상태에서도 인화의 위험이 있다.

> 해설

[벤젠의 성질]
② 벤젠고리구조를 가져 불포화탄화수소

정답　51 ①　52 ①　53 ②　54 ②

## 55 다음 물질 중 증기비중이 가장 작은 것은?

① 이황화탄소
② 아세톤
③ 아세트알데하이드
④ 다이에틸에터

**해설**

[증기비중 계산]

$$증기비중 = \frac{증기분자량}{공기분자량(29)}$$

① 이황화탄소(분자량 76) : 76 / 29 = 2.62
② 아세톤(분자량 58) : 58 / 29 = 2
③ 아세트알데하이드(분자량 44) : 44 / 29 = 1.52
④ 다이에틸에터(분자량 74) : 74 / 29 = 2.55

## 56 인화칼슘이 물 또는 염산과 반응하였을 때 공통적으로 생성되는 물질은?

① $CaCl_2$
② $Ca(OH)_2$
③ $PH_3$
④ $H_2$

**해설**

[인화칼슘($Ca_3P_2$) 반응]

- 물과 반응
  $Ca_3P_2 + 6H_2O \rightarrow 3Ca(OH)_2 + 2PH_3$
- 염산과 반응
  $Ca_3P_2 + 6HCl \rightarrow 3CaCl_2 + 2PH_3$
- 공통적으로 $PH_3$(포스핀) 발생

## 57 질산나트륨 90 kg, 황 70 kg, 클로로벤젠 2,000 L, 각각의 지정수량의 배수의 총합은?

① 2
② 3
③ 4
④ 5

**해설**

[지정수량 배수 계산]

- 지정수량
  질산나트륨 : 300 kg
  황 : 100 kg
  클로로벤젠(제2석유류) : 1,000 L
- 총 배수
  = 90/300 + 70/100 + 2,000/1,000 = 3

## 58 외부의 산소공급이 없어도 연소하는 물질이 아닌 것은?

① 알루미늄의 탄화물
② 과산화벤조일
③ 유기과산화물
④ 질산에스터

**해설**

[산소공급 없이 연소하는 물질]

- 5류 위험물의 특징
- ① 알루미늄 탄화물(3류)는 산소를 공급해야 연소

**정답** 55 ③  56 ③  57 ②  58 ①

**59** 위험물 제조소의 배출설비의 배출능력은 1시간당 배출장소 용적의 몇 배 이상인 것으로 해야 하는가? (단, 전역방식의 경우는 제외한다)

① 5
② 10
③ 15
④ 20

**해설**

[제조소 건축물 배출설비의 배출능력]
- 국소방식 : 시간당 배출장소 용적 20배
- 전역방식 : 바닥면적 1 m²당 18 m³

**60** 위험물안전관리법령에서 정한 위험물의 지정수량으로 틀린 것은?

① 적린 : 100 kg
② 황화인 : 100 kg
③ 마그네슘 : 100 kg
④ 금속분 : 500 kg

**해설**

[2류 위험물 지정수량]
- 적린·황화인·황 : 100 kg
- 철분·마그네슘·금속분 : 500 kg
- 인화성 고체 : 1,000 kg

정답 ● 59 ④ 60 ③

# 2017 1회

### 1과목 일반화학

**01** 비누화 값이 작은 지방에 대한 설명으로 옳은 것은?

① 분자량이 작으며, 저급 지방산의 에스터이다.
② 분자량이 작으며, 고급 지방산의 에스터이다.
③ 분자량이 크며, 저급 지방산의 에스터이다.
④ 분자량이 크며, 고급 지방산의 에스터이다.

**해설**

[비누화 값]
- 작다 : 분자량 크고, 고급 지방산 에스터
- 크다 : 분자량 작고, 저급 지방산 에스터

**02** 다음 화합물 수용액 농도가 모두 0.5M일 때 끓는 점이 가장 높은 것은?

① $C_6H_{12}O_6$(포도당)
② $C_{12}H_{22}O_{11}$(설탕)
③ $CaCl_2$(염화칼슘)
④ $NaCl$(염화나트륨)

**해설**

[끓는점오름]
- 수용액에 녹은 몰수비례로 끓는점 증가
- 포도당과 설탕 : 수용액에서 이온화 안 됨
- 염화칼슘 : $Ca^{2+}$와 2 $Cl^-$ 총 3개로 분해
- 염화나트륨 : $Na^+$와 $Cl^-$ 총 2개로 분해
→ 염화칼슘이 끓는점이 가장 높다.

**03** $CH_4$ 16 g 중에는 C가 몇 mol이 포함되었는가?

① 1
② 4
③ 16
④ 22.4

**해설**

[몰수 계산]
- $CH_4$ 분자량 : 16
- 16 g $CH_4$ = 1 mol$CH_4$이므로 C 1 mol

**04** 포화 탄화수소에 해당하는 것은?

① 톨루엔
② 에틸렌
③ 프로페인
④ 아세틸렌

**해설**

[프로페인($C_3H_8$)]
알칸기로 단일결합으로 된 포화 탄화수소

**정답** 01 ④  02 ③  03 ①  04 ③

05 염화철(Ⅲ)(FeCl₃) 수용액과 반응하여 정색반응을 일으키지 않는 것은?

① OH (페놀)
② CH₂OH (벤질알코올)
③ CH₃ / OH (크레졸)
④ COOH / OH (살리실산)

해설

[정색반응]
② 벤젠에 -OH가 없는 물질은 염화철(Ⅲ)을 만나 정색반응하지 않음

06 기체 A 5 g은 27 ℃, 380 mmHg에서 부피가 6,000 mL이다. 이 기체의 분자량(g/mol)은 약 얼마인가? (단, 이상기체로 가정한다)

① 24   ② 41
③ 64   ④ 123

해설

[분자량 계산]
• 몰수 계산

$$n = \frac{PV}{RT}$$

$$= \frac{380 \times \frac{1\,[atm]}{760\,[mmHg]} \times 6\,[L]}{0.082\,[\frac{atm\,L}{mol\,K}] \times (27+273)\,[K]}$$

$$= 0.122\,mol$$

• 분자량 = $\frac{5\,g}{0.122\,mol} = 41\,g/mol$

07 다음 이원자 분자 중 결합에너지 값이 가장 큰 것은?

① $H_2$   ② $N_2$
③ $O_2$   ④ $F_2$

해설

[분자의 결합에너지]
• 다중결합 중 삼중결합이 가장 크다.
• $N_2$는 삼중결합하여 결합에너지 가장 강함
  N ≡ N

08 p 오비탈에 대한 설명 중 옳은 것은?

① 원자핵에서 가장 가까운 오비탈이다.
② s 오비탈보다는 약간 높은 모든 에너지 준위에서 발견된다.
③ X, Y의 2방향을 축으로 한 원형 오비탈이다.
④ 오비탈의 수는 3개, 들어갈 수 있는 최대 전자 수는 6개이다.

정답  05 ②  06 ②  07 ②  08 ④

**해설**

[p 오비탈]
- 오비탈 수 3개
- ④ 오비탈당 전자 최대 2개로 총 6개

> TIP ② 같은 껍질 내에 p 오비탈이 s 오비탈보다 높은 에너지 준위를 가지지만 다른 껍질과 비교 시 s 오비탈이 p 오비탈보다 에너지 준위가 높을 수 있다.

**09** 황산구리 결정 $CuSO_4 \cdot 5H_2O$ 25 g을 100 g의 물에 녹였을 때 몇 wt% 농도의 황산구리($CuSO_4$) 수용액이 되는가? (단, $CuSO_4$ 분자량은 160이다)

① 1.28 %  ② 1.60 %
③ 12.8 %  ④ 16.0 %

**해설**

[중량% 계산]
- 순수 황산구리 질량
  $= 25 \times \dfrac{160}{160 + 5 \times 18(\text{물 분자량})} = 16\,g$
- 중량 % $= \dfrac{16\,g}{(100+25)g} \times 100 = 12.8\%$

**10** 다음 분자 중 가장 무거운 분자의 질량은 가장 가벼운 분자의 몇 배인가? (단, Cl의 원자량은 35.5이다)

| $H_2$ | $Cl_2$ | $CH_4$ | $CO_2$ |

① 4배   ② 22배
③ 30.5배 ④ 35.5배

**해설**

[분자량 비교]
- $H_2$ : $1 \times 2 = 2$
- $Cl_2$ : $35.5 \times 2 = 71$
- $CH_4$ : $12 + 1 \times 4 = 16$
- $CO_2$ : $12 + 16 \times 2 = 44$

배수 = $Cl_2 / H_2$ = 71 / 2 = 35.5배

**11** pH가 2인 용액은 pH가 4인 용액과 비교하면 수소이온농도가 몇 배인 용액이 되는가?

① 100배   ② 2배
③ $10^{-1}$배  ④ $10^{-2}$배

**해설**

[pH 계산]
- pH = $-\log [H^+]$
- pH 2는 pH 4의 수소농도 $10^2$배

**12** C - C - C - C을 뷰테인이라고 한다면 C = C - C - C의 명명은? (단, C와 결합된 원소는 H이다)

① 1 - 부텐   ② 2 - 부텐
③ 1, 2 - 부텐   ④ 3, 4 - 부텐

해설

[명명법]
- 뷰테인($C_4H_{10}$)에 수소가 빠져 부텐($C_4H_8$)
- 첫 번째 자리에 이중결합이므로 <u>1 - 부텐</u>

**13** 일정한 온도하에서 물질 A와 B가 반응할 때 A의 농도만 2배로 하면 반응속도가 2배가 되고 B의 농도만 2배로 하면 반응속도가 4배로 된다. 이 반응 속도식은? (단, 반응속도 상수는 k이다)

① v = k[A][B]$^2$   ② v = k[A]$^2$[B]
③ v = k[A][B]$^{0.5}$   ④ v = k[A][B]

해설

[반응속도 계산]
- 물질 A : 농도와 1 : 1 비례해 [A]$^1$
- 물질 B : 농도와 제곱에 비례해 [B]$^2$
따라서 V = k [A][B]$^2$

**14** 액체 공기에서 질소 등을 분리하여 산소를 얻는 방법은 다음 중 어떤 성질을 이용한 것인가?

① 용해도   ② 비등점
③ 색상   ④ 압축율

해설

[액체 공기 분리]
온도를 올려 끓는점(비등점)이 낮은 물질부터 분리해 산소를 얻는다.

**15** $KMnO_4$에서 Mn의 산화수는 얼마인가?

① +3   ② +5
③ +7   ④ +9

해설

[산화수 계산]
- O : -2
- K(1족) : +1
- 산화수 = + 1 + Mn + (-2 × 4) = 0
Mn = +7

정답  12 ①   13 ①   14 ②   15 ③

**16** $CH_3COOH \rightarrow CH_3COO^- + H^+$의 반응식에서 전리평형상수 K는 다음과 같다. K값을 변화시키기 위한 조건으로 옳은 것은?

$$K = \frac{[CH_3COO^-][H^+]}{[CH_3COOH]}$$

① 온도를 변화시킨다.
② 압력을 변화시킨다.
③ 농도를 변화시킨다.
④ 촉매양을 변화시킨다.

**해설**

[평형상수 변화요인]
평형상수는 오직 온도에 의해서 변화한다.

**17** 25 ℃에서 $Cd(OH)_2$ 염의 물용해도는 $1.7 \times 10^{-5}$ mol / L다. $Cd(OH)_2$ 염의 용해도곱상수, $K_{sp}$를 구하면 약 얼마인가?

① $2.0 \times 10^{-14}$
② $2.2 \times 10^{-12}$
③ $2.4 \times 10^{-10}$
④ $2.6 \times 10^{-8}$

**해설**

[$Cd(OH)_2$ 용해도 곱상수]
- $Cd(OH)_2$ 분해 시 $Cd^{2+}$와 $2OH^-$ 생성
- $K_{sp} = [Cd^{2+}]^{몰수비} \times [2\,OH^-]^{몰수비}$
  $= [1.7 \times 10^{-5}]^1 \times [2 \times 1.7 \times 10^{-5}]^2$
  $= 1.97 \times 10^{-14}$

**18** 다음 중 완충용액에 해당하는 것은?

① $CH_3COONa$와 $CH_3COOH$
② $NH_4Cl$와 $HCl$
③ $CH_3COONa$와 $NaOH$
④ $HCOONa$와 $Na_2SO_4$

**해설**

[완충용액]
- 산·염기 가했을 때 pH변화 없는 용액
- $CH_3COONa$와 $CH_3COOH$가 대표적인 완충용액

**19** 다음 물질의 수용액을 같은 전기량으로 전기분해해서 금속을 석출한다고 가정할 때 석출되는 금속의 질량이 가장 많은 것은? (단, 괄호 안의 값은 석출되는 금속의 원자량이다)

① $CuSO_4$(Cu = 64)
② $NiSO_4$(Ni = 59)
③ $AgNO_3$(Ag = 108)
④ $Pb(NO_3)_2$(Pb = 207)

**해설**

[1 g당량 계산]
- $Cu^{2+}$ : 64 / 2 = 32 g
- $Ni^{2+}$ : 59 / 2 = 29.5 g
- $Ag^+$ : 108 / 1 = 108 g
- $Pb^{2+}$ : 207 / 2 = 103.5 g

정답 16 ① 17 ① 18 ① 19 ③

**20** 모두 염기성 산화물로만 나타낸 것은?

① CaO, Na$_2$O
② K$_2$O, SO$_2$
③ CO$_2$, SO$_3$
④ Al$_2$O$_3$, P$_2$O$_5$

해설

[산화물 구분]
- 산성 산화물 : 비금속 + 산소
- 염기성 산화물 : 금속 + 산소
- ① CaO, Na$_2$O은 둘 다 금속 산화물

**2과목** 화재예방과 소화방법

**21** 양초(파라핀)의 연소형태는?

① 표면연소   ② 분해연소
③ 자기연소   ④ 증발연소

해설

[고체 연소형태]
- 표면연소 : 목탄(숯)·코크스·금속분
- 분해연소 : 목재·종이·석탄·플라스틱
- 자기연소 : 제5류 위험물
- 증발연소 : 황·나프탈렌·양초(파라핀)

암 표분자증

**22** 소화약제의 종류에 해당하지 않는 것은?

① CF$_2$BrCl       ② NaHCO$_3$
③ NH$_4$BrO$_3$   ④ CF$_3$Br

해설

[소화약제 종류]
① CF$_2$BrCl : 할로젠화합물소화약제
② NaHCO$_3$ : 제1종 분말소화약제
③ NH$_4$BrO$_3$ : 제1류 위험물
④ CF$_3$Br : 할로젠화합물소화약제

정답  20 ①   21 ④   22 ③

**23** 분말소화약제의 분해반응식이다. ( ) 안에 알맞은 것은?

$$2NaHCO_3 \rightarrow (\quad) + CO_2 + H_2O$$

① 2NaCO
② 2NaCO$_2$
③ Na$_2$CO$_3$
④ Na$_2$CO$_4$

**해설**
[제1종 분말소화약제]
$2NaHCO_3 \rightarrow$ (Na$_2$CO$_3$) $+ CO_2 + H_2O$

**24** 제4류 위험물을 취급하는 제조소에서 지정수량의 몇 배 이상을 취급할 경우 자체소방대를 설치하여야 하는가?

① 1,000배
② 2,000배
③ 3,000배
④ 4,000배

**해설**
[제4류 위험물 제조소의 자체소방대]
위험물 지정수량 3,000배 이상

**25** 특정옥외탱크저장소라 함은 옥외탱크저장소 중 저장 또는 취급하는 액체 위험물의 최대수량이 얼마 이상의 것을 말하는가?

① 50만 리터 이상
② 100만 리터 이상
③ 150만 리터 이상
④ 200만 리터 이상

**해설**
[액체 위험물 최대수량(옥외탱크저장소)]
• 특정 : 100만 L 이상
• 준특정 : 50만 L 이상 100만 L 미만

**26** 다량의 비수용성 제4류 위험물의 화재 시 물로 소화하는 것이 적합하지 않은 이유는?

① 가연성 가스를 발생한다.
② 연소면을 확대한다.
③ 인화점이 내려간다.
④ 물이 열분해한다.

**해설**
[제4류 위험물 화재]
② 주수소화 시 물이 가라앉아 연소면 확대

정답 • 23 ③  24 ③  25 ②  26 ②

**27** 폐쇄형 스프링클러헤드 부착장소의 평상시의 최고 주위온도가 39 ℃ 이상 64 ℃ 미만일 때 표시온도의 범위로 옳은 것은?

① 58 ℃ 이상 79 ℃ 미만
② 79 ℃ 이상 121 ℃ 미만
③ 121 ℃ 이상 162 ℃ 미만
④ 162 ℃ 이상

해설

[폐쇄형 스프링클러 주위온도와 표시온도]

| 최고주위온도(℃) | 표시온도(℃) |
|---|---|
| 28 미만 | 58 미만 |
| 28 이상 39 미만 | 58 이상 79 미만 |
| 39 이상 64 미만 | 79 이상 121 미만 |
| 64 이상 106 미만 | 121 이상 162 미만 |
| 106 이상 | 162 이상 |

**28** 과산화나트륨의 화재 시 적응성이 있는 소화설비로만 나열된 것은?

① 포소화기, 건조사
② 건조사, 팽창질석
③ 이산화탄소소화기, 건조사, 팽창질석
④ 포소화기, 건조사, 팽창질석

해설

[과산화나트륨에 적응성 있는 소화설비]
탄산수소염류 분말소화설비 · 건조사 · 팽창질석 · 팽창진주암

**29** 위험물제조소에 옥내소화전이 가장 많이 설치된 층의 옥내소화전 설치개수가 2개이다. 위험물안전관리법령의 옥내소화전설비 설치 기준에 의하면 수원의 수량은 얼마 이상이 되어야 하는가?

① 7.8 m³    ② 15.6 m³
③ 20.6 m³   ④ 78 m³

해설

[옥내소화전 수원량]
• 옥내소화전 1개에 대한 수원량 : 7.8 m³
• 총 수원량 = 2개 × 7.8 m³ = 15.6 m³

**30** 제2류 위험물의 일반적인 특징에 대한 설명으로 가장 옳은 것은?

① 비교적 낮은 온도에서 연소하기 쉬운 물질이다.
② 위험물 자체 내에 산소를 갖고 있다.
③ 연소속도가 느리지만 지속적으로 연소한다.
④ 대부분 물보다 가볍고, 물에 잘 녹는다.

해설

[제2류 위험물(가연성 고체)]
① 가연성 물질로 낮은 온도에서 쉽게 연소

**31** 위험물안전관리법령상 지정수량의 3천 배 초과 4천 배 이하의 위험물을 저장하는 옥외탱크저장소에 확보하여야 하는 보유공지의 너비는 얼마인가?

① 6 m 이상   ② 9 m 이상
③ 12 m 이상  ④ 15 m 이상

해설
[옥외탱크저장소 보유공지]

| 지정수량 배수 | 공지의 너비 |
|---|---|
| 500배 이하 | 3 m 이상 |
| 500 ~ 1,000배 | 5 m 이상 |
| 1,000 ~ 2,000배 | 9 m 이상 |
| 2,000 ~ 3,000배 | 12 m 이상 |
| 3,000 ~ 4,000배 | 15 m 이상 |
| 4,000배 초과 | • 탱크 지름과 높이 중 큰 것 이상<br>• 최소 15 m 이상<br>• 최대 30 m 이하 |

※ 지정수량 배수 표기방법 : ~초과 ~이하

**32** 불활성가스소화약제 중 IG-541의 구성 성분을 옳게 나타낸 것은?

① 헬륨, 네온, 아르곤
② 질소, 아르곤, 이산화탄소
③ 질소, 이산화탄소, 헬륨
④ 헬륨, 네온, 이산화탄소

해설
[불활성가스소화약제]
• IG-100 : $N_2$ 100 %
• IG-55 : $N_2$ 50 % + Ar 50 %
• IG-541 : $N_2$ 52 % + Ar 40 % + $CO_2$ 8 %

**33** 다음 소화설비 중 능력 단위가 1.0인 것은?

① 삽 1개를 포함한 마른모래 50 L
② 삽 1개를 포함한 마른모래 150 L
③ 삽 1개를 포함한 팽창질석 100 L
④ 삽 1개를 포함한 팽창질석 160 L

해설
[기타 소화설비 능력단위]

| 소화설비 | 용량 [L] | 능력단위 |
|---|---|---|
| 소화전용 물통 | 8 | 0.3 |
| 수조(물통 3개 포함) | 80 | 1.5 |
| 수조(물통 6개 포함) | 190 | 2.5 |
| 마른 모래(삽 1개 포함) | 50 | 0.5 |
| 팽창질석·진주암<br>(삽 1개 포함) | 160 | 1.0 |

**34** 포소화약제와 분말소화약제의 공통적인 주요 소화효과는?

① 질식효과   ② 부촉매효과
③ 제거효과   ④ 억제효과

정답  31 ④  32 ②  33 ④  34 ①

> **해설**

[질식소화 소화약제]
- 포소화약제
- 분말소화약제
- 불활성가스소화약제 등

**35** 위험물안전관리법령상 제2류 위험물인 철분에 적응성이 있는 소화설비는?

① 포소화설비
② 탄산수소염류 분말소화설비
③ 할로젠화합물소화설비
④ 스프링클러설비

> **해설**

[철분에 적응성 있는 소화설비]
탄산수소염류 분말소화설비 · 건조사 · 팽창질석 · 팽창진주암

TIP 탄산수소염류 분말소화설비 · 건조사 · 팽창질석 · 팽창진주암만 사용해 소화 가능한 위험물 : 과산화염류(1류) · 철분 · 금속분 · 마그네슘(2류) · 3류 위험물(황린제외)

**36** 일반적으로 다량의 주수를 통한 소화가 가장 효과적인 화재는?

① A급 화재    ② B급 화재
③ C급 화재    ④ D급 화재

> **해설**

[주수소화 적응성]
- A급(일반) 화재 : 주수소화(냉각)
- B ~ D급 화재 : 질식소화

**37** 프로페인 2 m³이 완전연소할 때 필요한 이론 공기량은 약 몇 m³인가? (단, 공기 중 산소농도는 21 vol%이다)

① 23.81    ② 35.72
③ 47.62    ④ 71.43

> **해설**

[프로페인 연소 시 필요 공기량]
- $C_3H_8 + 5\,O_2 \rightarrow 3\,CO_2 + 4\,H_2O$
- 프로페인 2 m³에 산소 10 m³ 필요
- 이론공기량 = 10 m³ × 100 / 21
  = 47.62 m³

**38** 트라이에틸알루미늄이 습기와 반응할 때 발생되는 가스는?

① 수소       ② 아세틸렌
③ 에테인     ④ 메테인

> **해설**

[트라이에틸알루미늄과 물 반응]
- $(C_2H_5)_3Al + 3\,H_2O \rightarrow Al(OH)_3 + 3\,C_2H_6$
- 물과 반응 시 에테인가스($C_2H_6$) 발생

정답 ● 35 ② 36 ① 37 ③ 38 ③

**39** 화재예방 시 자연발화를 방지하기 위한 일반적인 방법으로 옳지 않은 것은?

① 통풍을 방지한다.
② 저장실의 온도를 낮춘다.
③ 습도가 높은 장소를 피한다.
④ 열의 축적을 막는다.

해설
[자연발화 방지]
① 가스 배출을 위해 통풍이 잘 되게 한다.

**40** 탄산수소칼륨 소화약제가 열분해 반응 시 생성되는 물질이 아닌 것은?

① $K_2CO_3$
② $CO_2$
③ $H_2O$
④ $KNO_3$

해설
[탄산수소칼륨 열분해]
• $2KHCO_3 \rightarrow K_2CO_3 + CO_2 + H_2O$
• 열분해 시 $KNO_3$는 발생 안함

### 3과목  위험물의 성질과 취급

**41** 다음 중 조해성이 있는 황화인만 모두 선택하여 나열한 것은?

$P_4S_3, P_2S_5, P_4S_7$

① $P_4S_3, P_2S_5$
② $P_4S_3, P_4S_7$
③ $P_2S_5, P_4S_7$
④ $P_4S_3, P_2S_5, P_4S_7$

해설
[황화인의 조해성]
• 조해성 : 수분을 흡수해 녹는 성질
• $P_2S_5 \cdot P_4S_7$만 조해성이 있음

**42** 위험물제조소등의 안전거리의 단축기준과 관련해서 $H \leq pD^2 + a$인 경우 방화상 유효한 담의 높이는 2 m 이상으로 한다. 다음 중 a에 해당되는 것은?

① 인근 건축물의 높이(m)
② 제조소등의 외벽의 높이(m)
③ 제조소등과 공작물과의 거리(m)
④ 제조소등과 방화상 유효한 담과의 거리(m)

해설
[안전거리 단축에 필요한 담 높이]
• $H \leq pD^2 + a$인 경우 2 m 이상 담 높이
• H : 인근 건축물·공작물 높이, p : 상수
  D : 제조소등과 건축물·공작물 사이거리
  a : 제조소등의 외벽 높이

정답 39① 40④ 41③ 42②

## 43 위험물안전관리법령상 위험등급 I의 위험물이 아닌 것은?

① 염소산염류  ② 황화인
③ 알킬리튬  ④ 과산화수소

**해설**

황화인(2류) : 위험등급 II

## 44 옥외탱크저장소에서 취급하는 위험물의 최대수량에 따른 보유 공지너비가 틀린 것은? (단, 원칙적인 경우에 한한다)

① 지정수량 500배 이하 – 3 m 이상
② 지정수량 500배 초과 1,000배 이하 – 5 m 이상
③ 지정수량 1,000배 초과 2,000배 이하 – 9 m 이상
④ 지정수량 2,000배 초과 3,000배 이하 – 15 m 이상

**해설**

[제4류 위험물 옥외탱크저장소 보유공지]

| 지정수량 배수 | 공지의 너비 |
|---|---|
| 500배 이하 | 3 m 이상 |
| 500 ~ 1,000배 | 5 m 이상 |
| 1,000 ~ 2,000배 | 9 m 이상 |
| 2,000 ~ 3,000배 | 12 m 이상 |
| 3,000 ~ 4,000배 | 15 m 이상 |
| 4,000배 초과 | • 탱크 지름과 높이 중 큰 것 이상<br>• 최소 15 m 이상<br>• 최대 30 m 이하 |

※ 지정수량 배수 표기방법 : ~초과 ~이하

## 45 다음 물질 중 지정수량이 400 L인 것은?

① 포름산메틸  ② 벤젠
③ 톨루엔  ④ 벤즈알데하이드

**해설**

[지정수량]
① 포름산메틸(폼산메틸, 제1석유류 수용성) : 400 L
② 벤젠(제1석유류 비수용성) : 200 L
③ 톨루엔(제1석유류 비수용성) : 200 L
④ 벤즈알데하이드(제2석유류 비수용성) : 1,000 L

정답 43 ② 44 ④ 45 ①

**46** 그림과 같은 타원형 탱크의 내용적은 약 몇 m³인가?

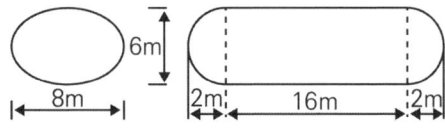

① 453　　② 553
③ 653　　④ 753

> 해설

[타원형 탱크 내용적]

$V = 면적 \times 높이환산값$

$= \dfrac{\pi ab}{4} \times (l + \dfrac{l_1 + l_2}{3})$

$= \dfrac{\pi \times 8 \times 6}{4} \times (16 + \dfrac{2+2}{3}) = 653\,m^3$

**47** 벤젠에 진한 질산과 진한 황산의 혼산을 반응시켜 얻어지는 화합물은?

① 피크르산　　② 아닐린
③ TNT　　④ 나이트로벤젠

> 해설

[벤젠 반응]

진한 질산·황산 반응해 나이트로벤젠 생성

TIP 진한 질산·황산과 반응한 물질은 나이트로화한다.

**48** 가솔린 저장량이 2,000 L일 때 소화설비 설치를 위한 소요단위는?

① 1　　② 2
③ 3　　④ 4

> 해설

[소요단위 계산]
- 가솔린(1석유류) 지정수량 : 200 L
- 1 소요단위 = 지정수량 × 10 = 2,000 L

**49** 질산암모늄에 관한 설명 중 틀린 것은?

① 상온에서 고체이다.
② 폭약의 제조 원료로 사용할 수 있다.
③ 흡습성과 조해성이 있다.
④ 물과 반응하여 발열하고 다량의 가스를 발생한다.

> 해설

[질산암모늄]
④ 물에 녹아 흡열반응하고 가스 미발생

**50** 옥외저장소에서 저장할 수 없는 위험물은? (단, 시·도 조례에서 별도로 정하는 위험물 또는 국제해상위험물규칙에 적합한 용기에 수납된 위험물은 제외한다)

① 과산화수소　　② 아세톤
③ 에탄올　　④ 황

정답 ● 46 ③　47 ④　48 ①　49 ④　50 ②

> 해설

[옥외저장소 저장 가능 4류 위험물]
- 제1석유류(인화점 0 ℃ 이상)
- 알코올류
- 제2~4석유류
- 동식물류
→ 아세톤(1석유류, 인화점 -18 ℃) 불가

**51** 금속칼륨의 일반적인 성질로 옳지 않은 것은?

① 은백색의 연한 금속이다.
② 알코올 속에 저장한다.
③ 물과 반응하여 수소가스를 발생한다.
④ 물보다 가볍다.

> 해설

[금속칼륨 저장]
② 알코올과 만나 수소가 발생하여 저장할 수 없다.

**52** 다음과 같은 물질이 서로 혼합되었을 때 발화 또는 폭발의 위험성이 가장 높은 것은?

① 벤조일퍼옥사이드와 질산
② 이황화탄소와 증류수
③ 금속나트륨과 석유
④ 금속칼륨과 유동성 파라핀

> 해설

[혼합가능 위험물]
① 벤조일퍼옥사이드(5류)와 질산(6류)는 혼합해 저장할 수 없다.

**53** 산화프로필렌 300 L, 메탄올 400 L, 벤젠 200 L를 저장하고 있는 경우 각각 지정수량배수의 총합은 얼마인가?

① 4  ② 6
③ 8  ④ 10

> 해설

[지정수량배수 계산]
- 지정수량 산화프로필렌 : 50 L
  메탄올 : 400 L
  벤젠 : 200 L
- 지정수량배수
  = 300/50 + 400/400 + 200/200 = 8

정답 → 51 ② 52 ① 53 ③

**54** 위험물안전관리법령상 은, 수은, 동, 마그네슘 및 이의 합금으로 된 용기를 사용하여서는 안 되는 물질은?

① 이황화탄소
② 아세트알데하이드
③ 아세톤
④ 다이에틸에터

해설
[수은·은·구리·마그네슘 사용 금지 물질]
아세트알데하이드·산화프로필렌

**55** 동식물유류에 대한 설명으로 틀린 것은?

① 아이오딘화 값이 작을수록 자연발화의 위험성이 높아진다.
② 아이오딘화 값이 130 이상인 것은 건성유이다.
③ 건성유에는 아마인유, 들기름 등이 있다.
④ 인화점이 물의 비점보다 낮은 것도 있다.

해설
[동식물유류 아이오딘값]
① 아이오딘값이 크면 자연발화 위험성 상승
   TIP 건성유 : 아이오딘값 130 이상으로 자연발화위험 높음.
   동유·해바라기유·아마인유·들기름 등이 있다.
   암 동해아들

**56** 셀룰로이드의 자연발화 형태를 가장 옳게 나타낸 것은?

① 잠열에 의한 발화
② 미생물에 의한 발화
③ 분해열에 의한 발화
④ 흡착열에 의한 발화

해설
[셀룰로이드(나이트로셀룰로오스, 5류)]
자연발화 형태 : 분해열로 인해 발화

**57** 염소산칼륨에 대한 설명으로 옳은 것은?

① 강한 산화제이며 열분해하여 염소를 발생한다.
② 폭약의 원료로 사용된다.
③ 점성이 있는 액체이다.
④ 녹는점이 700 ℃ 이상이다.

해설
[염소산칼륨]
- 산소공급원으로 폭약의 원료
- ① 강한 산화제이며 열분해하여 염화칼륨을 발생한다.
  ③ 고체이다.
  ④ 녹는점은 400 ℃ 이상이다.

정답 54 ② 55 ① 56 ③ 57 ②

**58** 탄화칼슘에 대한 설명으로 틀린 것은?

① 화재 시 이산화탄소소화기가 적응성이 있다.
② 비중은 약 2.2로 물보다 무겁다.
③ 질소 중에서 고온으로 가열하면 $CaCN_2$가 얻어진다.
④ 물과 반응하면 아세틸렌가스가 발생한다.

**해설**

[탄화칼슘]
이산화탄소와 반응하여 탄소·일산화탄소 생성
→ ① 이산화탄소소화기 적응성 없음

**59** 다음 중 물과 접촉했을 때 위험성이 가장 큰 것은?

① 금속칼륨  ② 황린
③ 과산화벤조일  ④ 다이에틸에터

**해설**

[금속칼륨과 물 반응]
• $K + H_2O \rightarrow KOH + 0.5\,H_2$
• 가연성 가스 $H_2$가 발생해 위험

**60** 과산화수소의 저장방법으로 옳은 것은?

① 분해를 막기 위해 하이드라진을 넣고 완전히 밀전하여 보관한다.
② 분해를 막기 위해 하이드라진을 넣고 가스가 빠지는 구조로 마개를 하여 보관한다.
③ 분해를 막기 위해 요산을 넣고 완전히 밀전하여 보관한다.
④ 분해를 막기 위해 요산을 넣고 가스가 빠지는 구조로 마개를 하여 보관한다.

**해설**

[과산화수소 저장방법]
• 구멍 난 마개로 가스배출 구조로 저장
• 분해를 막는 안정제 인산·요산과 보관

정답  58 ①  59 ①  60 ④

# 2017 2회

## 1과목 일반화학

**01** 산성 산화물에 해당하는 것은?

① CaO　　② Na₂O
③ CO₂　　④ MgO

**해설**

[산화물 구분]
- - 산성 산화물 : 비금속 + 산소
  - 염기성 산화물 : 금속 + 산소
- $CO_2$ : 비금속 + 산소로 산성 화합물

**02** 다음 화합물의 0.1 mol 수용액 중에서 가장 약한 산성을 나타내는 것은?

① H₂SO₄　　② HCl
③ CH₃COOH　　④ HNO₃

**해설**

[3대 강산성 물질]
황산($H_2SO_4$)·염산(HCl)·질산($HNO_3$)

암 황여지

**03** 다음 반응식에서 브뢴스테드의 산·염기 개념으로 볼 때 산에 해당하는 것은?

$$H_2O + NH_3 \rightarrow OH^- + NH_4^+$$

① NH₃와 NH₄⁺　　② NH₃와 OH⁻
③ H₂O와 OH⁻　　④ H₂O와 NH₄⁺

**해설**

[브뢴스테드 산·염기]
- H 잃으면 산, H 얻으면 염기
- ④ $H_2O$ : $OH^-$ 되어 H 잃으므로 산
  $NH_4^+$ : $NH_3$ 되어 H 잃으므로 산

**04** 같은 몰 농도에서 비전해질 용액은 전해질 용액보다 비등점 상승도의 변화추이가 어떠한가?

① 크다.
② 작다.
③ 같다.
④ 전해질 여부와 무관하다.

**해설**

[비등점 상승]
- 녹아 있는 몰수에 비례하여 상승
- 비전해질 : 이온화 안하여 전해질보다 몰수 적음 → 비등점 변화 작음

정답　01 ③　02 ③　03 ④　04 ②

## 05 다음 화학반응식 중 실제로 반응이 오른쪽으로 진행되는 것은?

① $2KI + F_2 \rightarrow 2KF + I_2$
② $2KBr + I_2 \rightarrow 2KI + Br_2$
③ $2KF + Br_2 \rightarrow 2KBr + F_2$
④ $2KCl + Br_2 \rightarrow 2KBr + Cl_2$

**해설**

[할로젠원소 반응성]
- F ≫ Cl ≫ Br ≫ I 순으로 강함
- ① F가 반응성이 강해 오른쪽반응 진행

## 06 나일론(Nylon 6, 6)에는 다음 어느 결합이 들어 있는가?

① -S-S-
② -O-
③ $-\overset{O}{\overset{\|}{C}}-O-$
④ $-\overset{O}{\overset{\|}{C}}-\overset{H}{\overset{|}{N}}-$

**해설**

[나일론]
아미드결합(O = C - NH)을 포함한 물질

## 07 0.1N $KMnO_4$ 용액 500 mL를 만들려면 $KMnO_4$ 몇 g이 필요한가? (단, 원자량은 K : 39, Mn : 55, O : 16이다)

① 15.8 g  ② 7.9 g
③ 1.58 g  ④ 0.89 g

**해설**

$KMnO_4$는 산성에서 5 g당량, 염기성에서 3 g당량인데 문제에 해당 내용이 없어 모두 정답처리

## 08 황산구리 수용액을 Pt 전극을 써서 전기분해하여 음극에서 63.5 g의 구리를 얻고자 한다. 10 A의 전류를 약 몇 시간 흐르게 하여야 하는가? (단, 구리의 원자량은 63.5이다)

① 2.36  ② 5.36
③ 8.16  ④ 9.16

**해설**

[전기분해 시간 계산]
- 1 g당량 1 mol 석출에 96,500 C 필요
  $Cu^{2+}$ 1 mol ⇒ 96,500 × 2 C
- 총 전하량 = 96,500 × 2 = 10 A × t
  t = 96,500 × 2 / 10 = 19,300 s = 5.36 h

**정답** 05 ①  06 ④  07 모두 정답  08 ②

**09** 물 2.5 L 중에 어떤 불순물이 10 mg 함유되어 있다면 약 몇 ppm으로 나타낼 수 있는가?

① 0.4  ② 1
③ 4    ④ 40

**해설**

[ppm 계산]
- 1 ppm : 용액 1 kg당 물질 1 mg
- 10 mg / 2.5 kg = 4 ppm

**10** 표준상태에서 기체 A 1 L의 무게는 1.964 g이다. A의 분자량은?

① 44  ② 16
③ 4   ④ 2

**해설**

[표준상태 분자량 계산]
- 표준상태 기체 1 mol 부피 : 22.4 L
- 분자량 = 1.964 g / (1 / 22.4) mol
         = 44 g / mol

**11** $C_3H_8$ 22.0 g을 완전연소시켰을 때 필요한 공기의 부피는 약 얼마인가? (단, 0 ℃, 1기압 기준이며, 공기 중의 산소량은 21 %이다)

① 56 L   ② 112 L
③ 224 L  ④ 267 L

**해설**

[연소반응식 이론공기 계산(표준상태)]
- $C_3H_8$ 분자량 : 12 × 3 + 1 × 8 = 44
- $C_3H_8 + 5\ O_2 \rightarrow 3\ CO_2 + 4\ H_2O$
- 공기부피 = (22 / 44) mol$C_3H_8$ × 5배 × (100 / 21) × 22.4 L / mol = 267 L

**12** 화약제조에 사용되는 물질인 질산칼륨에서 N의 산화수는 얼마인가?

① +1  ② +3
③ +5  ④ +7

**해설**

[산화수 계산]
- O : -2로 계산
- K(1족) : +1로 계산
- $KNO_3$ : + 1 + N + (-2 × 3) = 0
  N = +5

**13** 이온결합 물질의 일반적인 성질에 관한 설명 중 틀린 것은?

① 녹는점이 비교적 높다.
② 단단하며 부스러지기 쉽다.
③ 고체와 액체 상태에서 모두 도체이다.
④ 물과 같은 극성용매에 용해되기 쉽다.

**해설**

[이온결합 물질]
③ 액체 이온화 시 도체지만 고체는 부도체

정답  09 ③  10 ①  11 ④  12 ③  13 ③

**14** 전형 원소 내에서 원소의 화학적 성질이 비슷한 것은?

① 원소의 족이 같은 경우
② 원소의 주기가 같은 경우
③ 원자번호가 비슷한 경우
④ 원자의 전자 수가 같은 경우

**해설**

[주기율표의 족]
- 같은 족 = 같은 최외각전자 수
- ② 최외각전자 수는 화학적 성질 결정

**15** 볼타 전지에 관한 설명으로 틀린 것은?

① 이온화 경향이 큰 쪽의 물질이 (-)극이다.
② (+)극에서는 방전 산화 반응이 일어난다.
③ 전자는 도선을 따라 (-)극에서 (+)극으로 이동한다.
④ 전류의 방향은 전자의 이동 방향과 반대이다.

**해설**

[볼타 전지]
- 아연판과 구리판을 이용한 전지
- 아연판이 (-)극, 구리판이 (+)극
- ② 아연이 반응성이 더 좋으므로 전자내어 (-)극이 된 아연판이 산화 반응

**16** 탄소와 모래를 전기로에 넣어서 가열하면 연마제로 쓰이는 물질이 생성된다. 이에 해당하는 것은?

① 카보런덤   ② 카바이드
③ 카본블랙   ④ 규소

**해설**

① 카보런덤 : 탄소와 규소(모래)가 결합
② 카바이드 : 탄소와 칼슘의 결합(탄화칼슘)

**17** 어떤 금속 1.0 g을 묽은 황산에 넣었더니 표준상태에서 560 mL의 수소가 발생하였다. 이 금속의 원자가는 얼마인가? (단, 금속의 원자량은 40으로 가정한다)

① 1가   ② 2가
③ 3가   ④ 4가

**해설**

[금속 원자가 계산]
- $H_2$ 0.56 L / 22.4 = 0.025 mol 생성
- X금속 1 / 40 = 0.025 mol 반응
- 금속과 수소는 1 : 1 비율이므로 반응식
  $X + H_2SO_4 \rightarrow XSO_4 + H_2$
  → $SO_4^{2-}$와 결합하므로 +2가

정답  14 ①  15 ②  16 ①  17 ②

## 18 불꽃 반응 시 담회색을 나타내는 금속은?

① Li  ② K
③ Na  ④ Ba

**해설**

[금속 불꽃반응 색상]
① Li : 적색
② K : 담회색
③ Na : 황색
④ Ba : 황록색

## 19 다음 화학식의 IUPAC 명명법에 따른 올바른 명명법은?

$$CH_3 - CH_2 - CH - CH_2 - CH_3$$
$$|$$
$$CH_3$$

① 3 - 메틸펜탄
② 2, 3, 5 - 트라이메틸 헥세인
③ 아이소뷰테인
④ 1, 4 - 헥세인

**해설**

C 5개가 단일결합되어 있는 펜탄 세 번째 탄소에 메틸기가 붙어 3 - 메틸펜탄

## 20 주기율표에서 원소를 차례대로 나열할 때 기준이 되는 것은?

① 원자의 부피
② 원자핵의 양성자 수
③ 원자가 전자 수
④ 원자 반지름이 크기

**해설**

[주기율표 번호]
주기율표 번호 = 양성자 수

정답 18② 19① 20②

2017년 2회

**2과목** 화재예방과 소화방법

**21** 포소화약제의 혼합 방식 중 포원액을 송수관에 압입하기 위하여 포원액용 펌프를 별도로 설치하여 혼합하는 방식은?

① 라인 프로포셔너 방식
② 프레셔 프로포셔너 방식
③ 펌프 프로포셔너 방식
④ 프레셔 사이드 프로포셔너 방식

해설
[프레셔 사이드 프로포셔너 방식]
토출관에 '압입기'를 설치해 포소화약제 '압입용 펌프'로 포소화약제를 압입시켜 혼합

**22** 할로젠화합물 소화약제의 조건으로 옳은 것은?

① 비점이 높을 것
② 기화되기 쉬울 것
③ 공기보다 가벼울 것
④ 연소성이 좋을 것

해설
[할로젠화합물 소화약제]
② 기화하여 열을 흡수해 냉각효과가 있으므로 기화하기 쉬워야 한다.

**23** 자연발화가 일어나는 물질과 대표적인 에너지원의 관계로 옳지 않은 것은?

① 셀룰로이드 - 흡착열에 의한 발열
② 활성탄 - 흡착열에 의한 발열
③ 퇴비 - 미생물에 의한 발열
④ 먼지 - 미생물에 의한 발열

해설
[자연발화(셀룰로이드)]
셀룰로이드(나이트로셀룰로오스, 5류)
: 분해열에 의해 자연발화하는 물질

**24** 소화기와 주된 소화효과가 옳게 짝지어진 것은?

① 포소화기 - 제거소화
② 할로젠화합물소화기 - 냉각소화
③ 탄산가스소화기 - 억제소화
④ 분말소화기 - 질식소화

해설
[소화기 주된 소화효과]
① 포소화기 : 질식효과
② 할로젠화합물소화기 : 부촉매소화
③ 탄산가스소화기 : 질식소화
④ 분말소화기 : 질식소화

정답  21 ④  22 ②  23 ①  24 ④

**25** 위험물안전관리법령상 물분무등소화설비에 포함되지 않는 것은?

① 포소화설비
② 분말소화설비
③ 스프링클러설비
④ 불활성가스소화설비

해설

[물분무등소화설비 종류]
- 물분무소화설비
- 포소화설비
- 불활성가스소화설비
- 할로젠화합물소화설비
- 분말소화설비

TIP 스프링클러, 옥내·외소화전을 제외한 모든 소화설비는 물분무등소화설비

**26** 위험물에 화재가 발생하였을 경우 물과의 반응으로 인해 주수소화가 적당하지 않은 것은?

① $CH_3ONO_2$　② $KClO_3$
③ $Li_2O_2$　　④ P

해설

[과산화염류(1류)와 물 반응]
③ $Li_2O_2$ : 물과 만나 조연성인 산소 발생

**27** 과염소산 1몰을 모두 기체로 변화하였을 때 질량은 1기압, 50 ℃를 기준으로 몇 g인가? (단, Cl의 원자량은 35.5이다)

① 5.4　　② 22.4
③ 100.5　④ 224

해설

[과염소산($HClO_4$) 질량]
- 질량보존법칙에 의해 기체로 변해도 질량은 상태변화에 따라 변하지 않음
- $1(H) + 35.5(Cl) + 16 \times 4(O_4)$
  = 100.5 g

**28** 다음에서 설명하는 소화약제에 해당하는 것은?

- 무색, 무취이며 비전도성이다.
- 증기상태의 비중은 약 1.5이다.
- 임계온도는 약 31 ℃이다.

① 탄산수소나트륨
② 이산화탄소
③ 할론 1301
④ 황산알루미늄

해설

[이산화탄소 특징]
- 무색·무취
- 비전도성
- 비중 : 1.5
- 임계온도 : 31 ℃

정답　25 ③　26 ③　27 ③　28 ②

**29** 자연발화에 영향을 주는 인자로 가장 거리가 먼 것은?

① 수분　　　② 증발열
③ 발열량　　④ 열전도율

**해설**
[자연발화 인자]
증발열 : 흡열작용으로 주변 온도를 낮춘다.

**30** 위험물안전관리법령상 소화설비의 적응성에서 이산화탄소소화기가 적응성이 있는 것은?

① 제1류 위험물　② 제3류 위험물
③ 제4류 위험물　④ 제5류 위험물

**해설**
[이산화탄소소화기 적응성]
4류 위험물은 스스로 산소를 내지 못해 이산화탄소소화기 질식소화가 적응성이 있다.

**31** 경보 설비는 지정 수량 몇 배 이상의 위험물을 저장, 취급하는 제조소등에 설치하는가?

① 2　　② 4
③ 8　　④ 10

**해설**
[경보설비 설치 기준]
• 지정수량 10배 위험물 저장·취급 시
• 지정수량 100배일 때 자동화재탐지설비

**32** 탄화칼슘 60,000 kg을 소요단위로 산정하면?

① 10단위　　② 20단위
③ 30단위　　④ 40단위

**해설**
[소요단위 계산]
• 탄화칼슘(3류) : 지정수량 300 kg
• 1 소요단위 = 지정수량 × 10 = 3,000 kg
• 총 소요단위 = 60,000 kg / 3,000 kg
　　　　　　= 20 단위

**33** 고체의 일반적인 연소형태에 속하지 않는 것은?

① 표면연소　　② 확산연소
③ 자기연소　　④ 증발연소

**해설**
[고체 연소형태]
표면·분해·자기·증발연소

암기 표분자증

정답　29 ②　30 ③　31 ④　32 ②　33 ②

## 34 주된 연소형태가 표면연소인 것은?

① 황
② 종이
③ 금속분
④ 나이트로셀룰로오스

**해설**

[고체 연소형태]
- 표면연소 : 목탄(숯)·코크스·금속분
- 분해연소 : 목재·종이·석탄·플라스틱
- 자기연소 : 제5류 위험물
- 증발연소 : 황·나프탈렌·양초(파라핀)

## 35 위험물의 화재위험에 대한 설명으로 옳은 것은?

① 인화점이 높을수록 위험하다.
② 착화점이 높을수록 위험하다.
③ 착화에너지가 작을수록 위험하다.
④ 연소열이 작을수록 위험하다.

**해설**

[위험물의 화재위험]
- 인화점·착화점·착화에너지 : 작을수록 위험
- 연소열 : 클수록 위험

## 36 외벽이 내화구조인 위험물저장소 건축물의 연면적이 1,500 m²인 경우 소요단위는?

① 6   ② 10
③ 13  ④ 14

**해설**

[소요단위 계산]
- 1 소요단위 기준

| 구분 | 내화구조 | 비내화구조 |
|---|---|---|
| 제조소<br>취급소 | 연면적 100 m² | 연면적 50 m² |
| 저장소 | 연면적 150 m² | 연면적 75 m² |
| 위험물 | 지정수량 10배 | |

- 소요단위 = 1,500 m² / 150 m²
         = 10 소요단위

## 37 중유의 주된 연소 형태는?

① 표면연소   ② 분해연소
③ 증발연소   ④ 자기연소

**해설**

[4류 위험물 연소형태]
- 증발연소 : 특수인화물·제1석유류·알코올류·제2석유류
- 분해연소 : 제3석유류·제4석유류·동식물유
- ② 중유(제3석유류) : 분해연소

정답 ● 34 ③  35 ③  36 ②  37 ②

**38** 제5류 위험물의 화재 시 일반적인 조치사항으로 알맞은 것은?

① 분말소화약제를 이용한 질식소화가 효과적이다.
② 할로젠화합물 소화약제를 이용한 냉각소화가 효과적이다.
③ 이산화탄소를 이용한 질식소화가 효과적이다.
④ 다량의 주수에 의한 냉각소화가 효과적이다.

**[해설]**
[제5류 위험물 소화방법]
④ 자기반응성 물질로 스스로 산소를 가지고 발화해 질식소화보다 냉각소화

**39** Halon 1301에 해당하는 화학식은?

① $CH_3Br$   ② $CF_3Br$
③ $CBr_3F$   ④ $CH_3Cl$

**[해설]**
[할로젠화합물 소화약제 화학식]
C F Cl Br 순으로 숫자를 매겨 1301은
$C_1F_3Cl_0Br_1$ = $\underline{CF_3Br}$이다.

**40** 소화약제의 열분해반응식으로 옳은 것은?

① $NH_4H_2PO_4$
   $\rightarrow HPO_3 + NH_3 + H_2O$
② $2\,KNO_3 \rightarrow 2\,KNO_2 + O_2$
③ $KClO_4 \rightarrow KCl + 2\,O_2$
④ $2\,CaHCO_3 \rightarrow 2\,CaO + H_2CO_3$

**[해설]**
[소화약제 열분해반응식]
① 제3종 분말소화설비 열분해반응식
② 제1류 위험물 열분해반응식
③ 제1류 위험물 열분해반응식
④ 비위험물 분해반응식

## 3과목    위험물의 성질과 취급

**41** 금속칼륨 20 kg, 금속나트륨 40 kg, 탄화칼슘 600 kg 각각의 지정수량 배수의 총합은 얼마인가?

① 2
② 4
③ 6
④ 8

**해설**

[지정수량 계산]
- 지정수량
  금속칼륨 : 10 kg
  금속나트륨 : 10 kg
  탄화칼슘 : 300 kg
- 지정수량 배수 총합
  = (20/10) + (40/10) + (600/300) = 8

**42** 다음 중 $C_5H_5N$에 대한 설명으로 틀린 것은?

① 순수한 것은 무색이고, 악취가 나는 액체이다.
② 상온에서 인화의 위험이 있다.
③ 물에 녹는다.
④ 강한 산성을 나타낸다.

**해설**

[피리딘($C_5H_5N$) 특징]
- 무색에 악취가 난다.
- 인화점 20 ℃로 상온에서 인화 위험이 있다.
- 제1석유류 수용성으로 물에 잘 녹는다.
- ④ 약한 알칼리성이다.

**43** 물에 녹지 않고 물보다 무거우므로 안전한 저장을 위해 물속에 저장하는 것은?

① 다이에틸에터
② 아세트알데하이드
③ 산화프로필렌
④ 이황화탄소

**해설**

[이황화탄소]
- 가연성 기체 발생하는 물질
- 비중이 큰 액체로, 물 밑에 저장하여 가연성 기체 방지

**44** 알루미늄의 연소생성물을 옳게 나타낸 것은?

① $Al_2O_3$
② $Al(OH)_3$
③ $Al_2O_3$, $H_2O$
④ $Al(OH)_3$, $H_2O$

**해설**

[알루미늄(Al) 연소]
- $2Al + 1.5O_2 \rightarrow Al_2O_3$
- 연소반응 후 산화알루미늄($Al_2O_3$) 생성

정답 ● 41 ④   42 ④   43 ④   44 ①

**45** 다음 물질을 적셔서 얻은 헝겊을 대량으로 쌓아 두었을 경우 자연발화의 위험성이 가장 큰 것은?

① 아마인유  ② 땅콩기름
③ 야자유  ④ 올리브유

해설
[건성유]
- 아이오딘값 130 이상
- 자연발화 위험성 매우 높음
- 동유·해바라기유·아마인유·들기름

동해아들

**46** 염소산나트륨이 열분해하였을 때 발생하는 기체는?

① 나트륨  ② 염화수소
③ 염소  ④ 산소

해설
[염소산나트륨(1류) 열분해]
- $NaClO_3 \rightarrow NaCl + 1.5\,O_2$
- 모든 1류 위험물은 열분해 시 산소 발생

**47** 트라이나이트로페놀의 성질에 대한 설명 중 틀린 것은?

① 폭발에 대비하여 철, 구리로 만든 용기에 저장한다.
② 휘황색을 띤 침상결정이다.
③ 비중이 약 1.8로 물보다 무겁다.
④ 단독으로는 테트릴보다 충격, 마찰에 둔감한 편이다.

해설
[트라이나이트로페놀 성질]
① 철과 구리 등 금속과 반응 시 위험성이 커지므로 금속재질용기 사용금지

**48** 그림과 같은 위험물을 저장하는 탱크의 내용적은 약 몇 m³인가? (단, r은 10 m, L은 25 m이다)

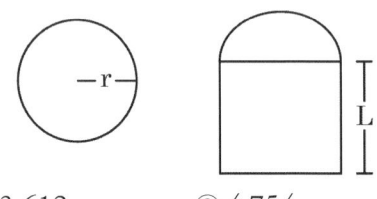

① 3,612  ② 4,754
③ 5,812  ④ 7,854

해설
[탱크 내용적 계산]
$V = \pi r^2 \times L = \pi \times 10^2 \times 25 = 7,854\,m^3$

**49** 충격 마찰에 예민하고 폭발 위력이 큰 물질로 뇌관의 첨장약으로 사용되는 것은?

① 나이트로글라이콜
② 나이트로셀룰로오스
③ 테트릴
④ 질산메틸

**해설**

[테트릴]
- 제5류 위험물 중 나이트로화합물
- 충격과 마찰에 예민하고 폭발력이 커 뇌관의 첨장약으로 사용

**50** 다음은 위험물안전관리법령상 제조소등에서의 위험물의 저장 및 취급에 관한 기준 중 저장 기준의 일부이다. ( ) 안에 알맞은 것은?

> 옥내저장소에 있어서 위험물은 규정에 의한 바에 따라 용기에 수납하여 저장하여야 한다. 다만 ( )과 별도의 규정에 의한 위험물에 있어서는 그러지 아니하다.

① 동식물유류
② 덩어리 상태의 황
③ 고체 상태의 알코올
④ 고화된 제4석유류

**해설**

[용기에 저장할 필요 없는 위험물]
덩어리상태 황·화약류 위험물

**51** 메틸에틸케톤의 저장 또는 취급 시 유의할 점으로 가장 거리가 먼 것은?

① 통풍을 잘 시킬 것
② 찬 곳에 저장할 것
③ 직사일광을 피할 것
④ 저장 용기에는 증기 배출을 위해 구멍을 설치할 것

**해설**

[메틸에틸케톤 저장]
④ 제4류 위험물로 가연성 가스가 나오므로 가스가 새지 않도록 밀봉해야 된다.

**52** 과산화수소의 성질 또는 취급방법에 관한 설명 중 틀린 것은?

① 햇빛에 의하여 분해한다.
② 인산, 요산 등의 분해방지 안정제를 넣는다.
③ 공기와의 접촉은 위험하므로 저장용기는 밀전(密栓)하여야 한다.
④ 에탄올에 녹는다.

**해설**

[과산화수소 성질]
③ 스스로 분해하여 산소가 발생하는 물질로 밀폐 시 압력 증가로 용기 파손의 위험이 있다.

정답  49 ③  50 ②  51 ④  52 ③

**53** 마그네슘리본에 불을 붙여 이산화탄소 기체 속에 넣었을 때 일어나는 현상은?

① 즉시 소화된다.
② 연소를 지속하며 유독성의 기체를 발생한다.
③ 연소를 지속하며 수소기체를 발생한다.
④ 산소를 발생하며 서서히 소화된다.

**해설**
[마그네슘과 이산화탄소 반응]
- $2Mg + CO_2 \rightarrow 2MgO + C$
- 발생한 C가 산소와 불완전연소를 일으켜 유독성 가스 CO(일산화탄소)를 발생

**54** 금속나트륨에 대한 설명으로 옳은 것은?

① 청색 불꽃을 내며 연소한다.
② 경도가 높은 중금속에 해당한다.
③ 녹는점이 100 ℃보다 낮다.
④ 25 % 이상의 알코올수용액에 저장한다.

**해설**
[나트륨(3류)]
① 황색 불꽃을 내며 연소한다.
② 경도가 낮은 경금속에 해당한다.
③ 녹는점 : 97.8 ℃
④ 석유 속에 보관한다.

**55** 염소산칼륨의 성질에 대한 설명 중 옳지 않은 것은?

① 비중은 약 2.3으로 물보다 무겁다.
② 강산과의 접촉은 위험하다.
③ 열분해하면 산소와 염화칼륨이 생성된다.
④ 냉수에도 매우 잘 녹는다.

**해설**
[염소산칼륨 성질]
④ 냉수와 알코올에 안 녹고, 온수와 글리세린에 잘 녹는다.

**56** 위험물안전관리법령상 유별을 달리하는 위험물의 혼재기준에서 제6류 위험물과 혼재할 수 있는 위험물의 유별에 해당하는 것은? (단, 지정수량의 1/10을 초과하는 경우이다)

① 제1류   ② 제2류
③ 제3류   ④ 제4류

**해설**
[혼재 가능 위험물]
- 6류와 혼재 가능한 위험물 : 제1류

보충 혼재 가능 위험물

| 1↓ | 6 |   | 혼재 가능 |
|---|---|---|---|
| 2↓ | 5↑ | 4 | 혼재 가능 |
| 3→ | 4↑ |   | 혼재 가능 |

암 1 2 3 4 5 6 적은 후 4 추가

정답 53 ② 54 ③ 55 ④ 56 ①

**57** 자기반응성 물질의 일반적인 성질로 옳지 않은 것은?

① 강산류와의 접촉은 위험하다.
② 연소속도가 대단히 빨라서 폭발이 있다.
③ 물질 자체가 산소를 함유하고 있어 내부연소를 일으키기 쉽다.
④ 물과 격렬하게 반응하여 폭발성 가스를 발생한다.

**해설**
[자기반응성 물질(5류)의 성질]
④ 주수소화하는 위험물로 물과 반응하지 않는다.

**58** 다음 중 에틸알코올의 인화점(℃)에 가장 가까운 것은?

① -4 ℃   ② 3 ℃
③ 13 ℃   ④ 27 ℃

**해설**
[에틸알코올 인화점]
13 ℃

**59** 자연발화를 방지하는 방법으로 가장 거리가 먼 것은?

① 통풍이 잘 되게 할 것
② 열의 축적을 용이하지 않게 할 것
③ 저장실의 온도를 낮게 할 것
④ 습도를 높게 할 것

**해설**
[자연발화 방지]
④ 자연발화는 습도를 낮춰 방지한다.

**60** 다음 중 일반적인 연소의 형태가 나머지 셋과 다른 하나는?

① 나프탈렌   ② 코크스
③ 양초       ④ 황

**해설**
[고체 연소형태]
• 표면연소 : 목탄(숯)·코크스·금속분
• 분해연소 : 목재·종이·석탄·플라스틱
• 자기연소 : 제5류 위험물
• 증발연소 : 황·나프탈렌·양초

정답 57 ④  58 ③  59 ④  60 ②

위·험·물·산·업·기·사

# 2017  4회

**1과목**  일반화학

**01** 금속의 특징에 대한 설명 중 틀린 것은?

① 고체 금속은 연성과 전성이 있다.
② 고체상태에서 결정구조를 형성한다.
③ 반도체, 절연체에 비하여 전기전도도가 크다.
④ 상온에서 모두 고체이다.

**해설**

[금속의 특징]
④ 대부분 금속은 고체이지만 수은(Hg)은 금속이자 액체이다.

**02** [$OH^-$] = 1 × $10^{-5}$ mol/L인 용액의 pH와 액성으로 옳은 것은?

① pH = 5, 산성
② pH = 5, 알칼리성
③ pH = 9, 산성
④ pH = 9, 알칼리성

**해설**

[pH 계산]
- [$H^+$] = $10^{-14}$ / [$OH^-$] = $10^{-14}$ / $10^{-5}$
  = $10^{-9}$
- pH = -log [$H^+$] = -log [$10^{-9}$]
  = 9 알칼리성

**03** 다음 물질 1 g을 각각 1 kg의 물에 녹였을 때 빙점강하가 가장 큰 것은?

① $CH_3OH$
② $C_2H_5OH$
③ $C_3H_5(OH)_3$
④ $C_6H_{12}O_6$

**해설**

[빙점강하(어는점내림)]
- 용액 속에 녹은 용질 몰수가 많을수록 빙점강하가 크다.
- ① $CH_3OH$ : 가장 분자량이 작으므로 같은 질량 기준 가장 많은 몰수를 가져 빙점강하가 크다.

**04** 다음 중 침전을 형성하는 조건은?

① 이온곱 > 용해도곱
② 이온곱 = 용해도곱
③ 이온곱 < 용해도곱
④ 이온곱 + 용해도곱 = 1

**해설**

[침전]
- 이온곱 ≫ 용해도곱 상태일 때 침전 발생
- 이온곱 : 용질이 실제 녹은 양의 값
- 용해도곱 : 포화상태일 때 녹는 용질 값

**정답** 01 ④  02 ④  03 ①  04 ①

## 05 다음 물질 중 산성이 가장 센 물질은?

① 아세트산　② 벤젠설폰산
③ 페놀　　　④ 벤조산

**해설**

[벤젠설폰산(벤젠술폰산)]
벤젠고리에 H 대신 $SO_3H$가 붙은 물질로 강산

## 06 다음 중 두 물질을 섞었을 때 용해성이 가장 낮은 것은?

① $C_6H_6$과 $H_2O$
② $NaCl$과 $H_2O$
③ $C_2H_5OH$과 $H_2O$
④ $C_2H_5OH$과 $CH_3OH$

**해설**

[물질 간 용해성]
- ① $C_6H_6$(벤젠)은 비극성
  $H_2O$(물)은 극성으로 섞이지 않음
- ②, ③, ④ : 모두 극성

## 07 공기 중에 포함되어 있는 질소와 산소의 부피비는 0.79 : 0.21이므로 질소와 산소의 분자 수의 비도 0.79 : 0.21이다. 이와 관계있는 법칙은?

① 아보가드로 법칙
② 일정 성분비 법칙
③ 배수비례 법칙
④ 질량보존 법칙

**해설**

[아보가드로 법칙]
표준상태(0 ℃ 1기압) 부피와 몰수는 비례

## 08 어떤 기체가 탄소원자 1개당 2개의 수소원자를 함유하고 0°C, 1기압에서 밀도가 1.25 g/L일 때 이 기체에 해당하는 것은?

① $CH_2$　　② $C_2H_4$
③ $C_3H_6$　　④ $C_4H_8$

**해설**

[기체 분자량 계산]
- 기체밀도 = 분자량 / 22.4 L
- 미지기체 분자량 = 1.25 g / L × 22.4
  　　　　　　　 = 28
- 분자량 28은 $C_2H_4$(에틸렌)

**정답** 05 ② 06 ① 07 ① 08 ②

**09** 미지농도의 염산 용액 100 mL를 중화하는데 0.2 N NaOH 용액 250 mL가 소모되었다. 이 염산의 농도는 몇 N인가?

① 0.05　　② 0.2
③ 0.25　　④ 0.5

**해설**

[중화반응에서 농도계산]
- $N_1 \times V_1 = N_2 \times V_2$ (1 : HCl, 2 : NaOH)
- $N_1 \times 100$ mL $= 0.2$ N $\times 250$ mL
- 염산농도 $N_1 = 0.5$ N

**11** 25°C의 포화용액 90 g 속에 어떤 물질이 30 g 녹아 있다. 이 온도에서 이 물질의 용해도는 얼마인가?

① 30　　② 33
③ 50　　④ 63

**해설**

[용해도 계산]

$$용해도 = \frac{녹은\ 용질량}{물의\ 질량} \times 100$$
$$= \frac{30}{90-30} \times 100 = 50$$

**10** 다음 중 산소와 같은 족의 원소가 아닌 것은?

① S　　② Se
③ Te　　④ Bi

**해설**

산소는 16족이고, Bi(비스무트)는 14족이다.

**12** 탄소와 수소로 되어 있는 유기화합물을 연소시켜 $CO_2$ 44 g, $H_2O$ 27 g을 얻었다. 이 유기화합물의 탄소와 수소 몰비율(C : H)은 얼마인가?

① 1 : 3　　② 1 : 4
③ 3 : 1　　④ 4 : 1

**해설**

[유기화합물 몰 비율 계산]
- 연소생성물과 유기화합물의 C와 H 몰수는 같으므로 연소생성물 몰 비율로 계산
- $CO_2$ 몰수 = 44 g / 44 = 1 mol
  $H_2O$ 몰수 = 27 g / 18 = 1.5 mol
- C 몰수 = 1 mol
  H 몰수 = 1.5 × 2 = 3 mol
- C 몰수 : H 몰수 = 1 : 3

정답　09 ④　10 ④　11 ③　12 ①

**13** 방사선에서 γ선과 비교한 α선에 대한 설명 중 틀린 것은?

① γ선보다 투과력이 강하다.
② γ선보다 형광작용이 강하다.
③ γ선보다 감광작용이 강하다.
④ γ보다 전리작용이 강하다.

**해설**

[방사선]
① γ선은 높은 에너지를 가진 파장으로 α선보다 투과력이 강하다.

**14** 탄산 음료수의 병마개를 열면 거품이 솟아오르는 이유를 가장 올바르게 설명한 것은?

① 수증기가 생성되기 때문이다.
② 이산화탄소가 분해되기 때문이다.
③ 용기 내부압력이 줄어들어 기체의 용해도가 감소하기 때문이다.
④ 온도가 내려가게 되어 기체가 생성물의 반응이 진행되기 때문이다.

**해설**

[헨리의 법칙]
- 기체 부분압력과 기체용해도는 비례
- ③ 탄산음료 뚜껑을 열면 내부 높은 압력이 줄어들며, 기체용해도가 줄어 녹아 있는 탄산가스가 거품이 되어 나온다.

**15** 탄소수가 5개인 포화탄화수소 펜테인의 구조이성질체 수는 몇 개인가?

① 2개　　② 3개
③ 4개　　④ 5개

**해설**

[구조이성질체]
- 분자식은 같으나 구조적으로 달라 성질이 다른 물질
- 탄소수가 5개인 포화탄화수소 : $C_nH_{2n+2}$로 $C_5H_{12}$(펜테인, 펜탄)
- 펜탄은 3가지 구조의 이성질체를 가진다.

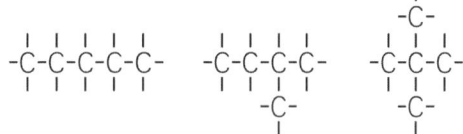

**16** 집기병 속에 물에 적신 빨간 꽃잎을 넣고 어떤 기체를 채웠더니 얼마 후 꽃잎이 탈색되었다. 이와 같이 색을 탈색(표백)시키는 성질을 가진 기체는?

① He　　② $CO_2$
③ $N_2$　　④ $Cl_2$

**해설**

[$Cl_2$(염소)의 성질]
강한 산화력과 독성으로 탈색효과가 있다.

**17** 다음과 같은 순서로 커지는 성질이 아닌 것은?

$$F_2 < Cl_2 < Br_2 < I_2$$

① 구성 원자의 전기음성도
② 녹는점
③ 끓는점
④ 구성 원자의 반지름

해설

[할로젠 원소 성질]
F ≪ Cl ≪ Br ≪ I 순으로
• 녹는점·끓는점·반지름크기 증가
• 전기음성도·반응력 감소

**18** 어떤 주어진 양의 기체의 부피가 21°C, 1.4 atm에서 250 mL이다. 온도가 49°C로 상승되었을 때의 부피가 300 mL라고 하면 이때의 압력은 약 얼마인가?

① 1.35 atm  ② 1.28 atm
③ 1.21 atm  ④ 1.16 atm

해설

[기체압력 계산]
• 보일-샤를 법칙 : $\dfrac{P_1 V_1}{T_1} = \dfrac{P_2 V_2}{T_2}$

$$\dfrac{1.4 \times 250}{(21+273)} = \dfrac{P_2 \times 300}{(49+273)}$$

• $P_2 = 1.28\, atm$

**19** 밑줄 친 원소의 산화수가 +5인 것은?

① H$_3$$\underline{P}$O$_4$   ② K$\underline{Mn}$O$_4$
③ K$_2$$\underline{Cr}_2$O$_7$   ④ K$_3$[$\underline{Fe}$(CN)$_6$]

해설

[산화수 계산]
• O : -2, H : +1, K : +1, C : +4, N : -3
• ① H$_3$PO$_4$ : +3 + P + (-2 × 4) = 0
  P = +5
② KMnO$_4$ : +1 + Mn + (-2 × 4) = 0
  Mn = +7
③ K$_2$Cr$_2$O$_7$
  : (1 × 2) + 2 × Cr + (-2 × 7) = 0
  Cr = +6
④ K$_3$[Fe(CN)$_6$]
  : (1 × 3) + Fe + (+4 - 3) × 6 = 0
  Fe = -9

**20** 원자번호 11이고, 중성자 수가 12인 나트륨의 질량수는?

① 11   ② 12
③ 23   ④ 24

해설

[물질의 질량수]
나트륨 질량수 = 원자번호 + 중성자
         = 11 + 12 = 23

정답  17 ①  18 ②  19 ①  20 ③

## 2과목  화재예방과 소화방법

**21** 불활성가스소화약제 중 IG-541의 구성 성분이 아닌 것은?

① $N_2$  ② Ar
③ He  ④ $CO_2$

**해설**

[불활성가스소화약제]
- IG-100 : $N_2$ 100 %
- IG-55 : $N_2$ 50 % + Ar 50 %
- IG-541 : $N_2$ 52 % + Ar 40 % + $CO_2$ 8 %

**22** 위험물안전관리법령에서 정한 물분무소화설비의 설치 기준에서 물분무소화설비의 방사구역은 몇 m² 이상으로 하여야 하는가? (단, 방호대상물의 표면적이 150 이상인 경우이다)

① 75  ② 100
③ 150  ④ 350

**해설**

[물분무소화설비 방사구역]
- 150 m² 이상 : 150 m²로 산정
- 150 m² 미만 : 당해 표면적으로 산정

**23** 연소 시 온도에 따른 불꽃의 색상이 잘못된 것은?

① 적색 : 약 850°C
② 황적색 : 약 1,100°C
③ 휘적색 : 약 1,200°C
④ 백적색 : 약 1,300°C

**해설**

[온도에 따른 불꽃색상]
- 적색 : 850 ℃
- 휘적색 : 950 ℃
- 황적색 : 1,100 ℃
- 백적색 : 1,300 ℃

암  적휘황백

**24** 스프링클러 설비의 장점이 아닌 것은?

① 소화약제가 물이므로 소화약제의 비용이 절감된다.
② 초기 시공비가 매우 적게 든다.
③ 화재 시 사람의 조작 없이 작동이 가능하다.
④ 초기화재의 진화에 효과적이다.

**해설**

[스프링클러 설비 특징]
② 설비 설치 초기에는 많은 비용이 필요하다.

정답 ● 21 ③  22 ③  23 ③  24 ②

## 25 제3종 분말소화약제에 대한 설명으로 틀린 것은?

① A급을 제외한 모든 화재에 적응성이 있다.
② 주성분은 $NH_4H_2PO_4$의 분자식으로 표현된다.
③ 제1인산암모늄이 주성분이다.
④ 담홍색(또는 황색)으로 착색되어 있다.

**해설**

[제3종 분말소화약제]

| 소화약제 | 주성분 | 적응화재 | 분말색 |
|---|---|---|---|
| 제1약제 | 탄산수소 나트륨 | BC | 백색 |
| 제2약제 | 탄산수소 칼륨 | BC | 담회색 |
| 제3약제 | 인산 암모늄 | ABC | 담홍색 |
| 제4약제 | 탄산수소 칼륨+요소 | BC | 회색 |

## 26 Halon 1301, Halon 1211, Halon 2402 중 상온, 상압에서 액체상태인 Halon 소화약제로만 나열한 것은?

① Halon 1211
② Halon 2402
③ Halon 1301, Halon 1211
④ Halon 2402, Halon 1211

**해설**

[Halon 소화약제 상온·상압에서 상태]
- Halon 1211·Halon 1301 : 기체
- Halon 2402 : 액체

TIP 시작숫자 1은 기체, 시작숫자 2는 액체

## 27 위험물의 화재 발생 시 적응성이 있는 소화설비의 연결로 틀린 것은?

① 마그네슘 - 포소화기
② 황린 - 포소화기
③ 인화성 고체 - 이산화탄소소화기
④ 등유 - 이산화탄소소화기

**해설**

[위험물에 따른 적응성 있는 소화설비]
- ① 마그네슘(2류 위험물)
  금속물질로 물과 닿으면 수소 발생
- 포약제(물 + 포원액) 마그네슘 소화불가

## 28 위험물안전관리법령상 전역방출방식의 분말소화설비에서 분사헤드의 방사압력은 몇 MPa 이상이어야 하는가?

① 0.1   ② 0.5
③ 1    ④ 3

**해설**

[분말소화설비 헤드 방사압]
전역·국소 방출방식 모두 0.1 MPa 이상

정답  25 ①  26 ②  27 ①  28 ①

**29** 물통 또는 수조를 이용한 소화가 공통적으로 적응성이 있는 위험물은 제 몇 류 위험물인가?

① 제2류 위험물
② 제3류 위험물
③ 제4류 위험물
④ 제5류 위험물

**해설**

[물통·수조소화 적응성 있는 위험물류]
- 제5류(자기반응성 물질) : 주로 주수소화
- 제2·3류 : 금속물질이 포함(H 발생)해 주수소화 불가
- 제4류 : 연소면 확대로 주수소화 불가

**30** 대통령령이 정하는 제조소등의 관계인은 그 제조소등에 대하여 연 몇 회 이상 정기점검을 실시해야 하는가? (단, 특정옥외탱크저장소의 정기점검은 제외한다)

① 1  ② 2
③ 3  ④ 4

**해설**

[제조소등 정기점검]
연 1회 이상

**31** 위험물을 저장하기 위해 제작한 이동저장탱크의 내용적이 20,000 L인 경우 위험물 허가를 위해 산정할 수 있는 이 탱크의 최대용량은 지정수량의 몇 배인가? (단, 저장하는 위험물은 비수용성 제2석유류이며 비중은 0.8, 차량의 최대적재량은 15톤이다)

① 21배  ② 18.75배
③ 12배  ④ 9.375배

**해설**

[탱크 최대용량 지정수량 배수계산]
- 탱크최대용량 계산
  15,000 [kg] ÷ 0.8 [kg/L] = 18,750 L
- 제2석유류 비수용성 지정수량 : 1,000 L
- 지정수량 배수 = 18,750 / 1,000 = 18.75배

**32** 표준상태에서 벤젠 2 mol이 완전연소하는 데 필요한 이론 공기요구량은 몇 L인가? (단, 공기 중 산소는 21 vol%이다)

① 168  ② 336
③ 1,600  ④ 3,200

**해설**

[이론 공기량 계산]
- 벤젠 반응식
  $C_6H_6 + 7.5\,O_2 \rightarrow 6\,CO_2 + 3\,H_2O$
  벤젠 2 mol에 산소 15 mol 필요
- 공기량 계산(표준상태)
  $O_2$ 15 mol × 100 / 21 × 22.4 L = 1,600 L

정답 29 ④  30 ①  31 ②  32 ③

**33** 이산화탄소 소화기는 어떤 현상에 의해서 온도가 내려가 드라이아이스를 생성하는가?

① 주울-톰슨효과
② 사이펀
③ 표면장력
④ 모세관

**해설**

[줄-톰슨효과]
이산화탄소 분출 시 액체 $CO_2$가 압력·온도가 급강하해 드라이아이스가 되는 현상

TIP 이산화탄소·드라이아이스 관련 현상은 줄-톰슨으로 암기

**34** 위험물안전관리법령상 전역방출방식 또는 국소방출방식의 분말소화설비의 기준에서 가압식의 분말소화설비에는 얼마 이하의 압력으로 조정할 수 있는 압력조정기를 설치하여야 하는가?

① 2.0 MPa
② 2.5 MPa
③ 3.0 MPa
④ 5 MPa

**해설**

[가압식 분말소화설비 압력조정기]
2.5 MPa 이하에서 조정 가능해야 한다.

**35** 다음 중 점화원이 될 수 없는 것은?

① 전기스파크
② 증발잠열
③ 마찰열
④ 분해열

**해설**

[점화원]
- 주변에 열을 방출하는 것
- 증발잠열 : 열을 흡수해 액체에서 기체가 된다.

**36** 할로젠화합물 중 $CH_3I$에 해당하는 할론번호는?

① 1031
② 1301
③ 13001
④ 10001

**해설**

[할론명명법]
- C F Cl Br I 순으로 숫자배열
- $CH_3I$ : 수소 제외 후 C, I를 적어 10001

**37** 연소형태가 나머지 셋과 다른 하나는?

① 목탄
② 메탄올
③ 파라핀
④ 황

정답 ● 33 ① 34 ② 35 ② 36 ④ 37 ①

> **해설**

[고체 연소형태]
- 표면연소 : 목탄(숯)·코크스·금속분
- 분해연소 : 목재·종이·석탄·플라스틱
- 자기연소 : 제5류 위험물
- 증발연소 : 황·나프탈렌·양초(파라핀)

> **해설**

[타원형 탱크 내용적]
$$V = 면적 \times 높이환산값$$
$$= \frac{\pi ab}{4} \times (l + \frac{l_1 + l_2}{3})$$
$$= \frac{\pi \times 2 \times 1}{4} \times (3 + \frac{0.3 + 0.3}{3})$$
$$= 5.03\,m^3$$

**38** 전기설비에 화재가 발생하였을 경우에 위험물 안전관리법령상 적응성을 가지는 소화설비는?

① 물분무소화설비
② 포소화기
③ 봉상강화액소화기
④ 건조사

**40** 능력단위가 1 단위의 팽창질석(삽 1개 포함)은 용량이 몇 L인가?

① 160   ② 130
③ 90    ④ 60

> **해설**

[기타 소화설비의 능력단위]

| 소화설비 | 용량 [L] | 능력 단위 |
|---|---|---|
| 소화전용 물통 | 8 | 0.3 |
| 수조(물통 3개 포함) | 80 | 1.5 |
| 수조(물통 6개 포함) | 190 | 2.5 |
| 마른 모래(삽 1개 포함) | 50 | 0.5 |
| 팽창질석·진주암 (삽 1개 포함) | 160 | 1.0 |

> **해설**

[전기화재 소화]
- 대부분 주수소화 불가능
- 물분무설비 : 물이지만 작은 입자로 분무하기 때문에 전기설비에 적응성이 있다

**39** 그림과 같은 타원형 위험물탱크의 내용적은 약 얼마인가? (단, 단위는 m이다)

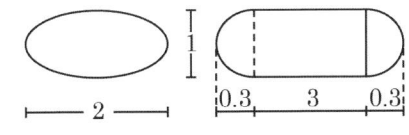

① 5.03 m³   ② 7.52 m³
③ 9.03 m³   ④ 19.05 m³

정답 ● 38 ①  39 ①  40 ①

**3과목** 　**위험물의 성질과 취급**

**41** 산화프로필렌에 대한 설명으로 틀린 것은?

① 무색의 휘발성 액체이고, 물에 녹는다.
② 인화점이 상온 이하이므로 가연성 증기 발생을 억제하여 보관해야 한다.
③ 은, 마그네슘 등의 금속과 반응하여 폭발성 혼합물을 생성한다.
④ 증기압이 낮고 연소범위가 좁아서 위험성이 높다.

해설

[산화프로필렌($CH_3CHOCH_2$)]
④ 특수인화물로 증기압이 높고, 연소범위가 넓어 위험하다.

**42** 황의 연소생성물과 그 특성을 옳게 나타낸 것은?

① $SO_2$, 유독가스　② $SO_2$, 청정가스
③ $H_2S$, 유독가스　④ $H_2S$, 청정가스

해설

[황의 연소반응]
$S + O_2 \rightarrow SO_2$(이산화황, 유독가스)

**43** 위험물을 지정수량이 큰 것부터 작은 순서로 옳게 나열한 것은?

① 나이트로글리세린>브로민산칼륨>벤조일퍼옥사이드
② 나이트로글리세린>벤조일퍼옥사이드>브로민산칼륨
③ 브로민산칼륨>벤조일퍼옥사이드>나이트로글리세린
④ 브로민산칼륨>나이트로글리세린>벤조일퍼옥사이드

해설

[위험물 지정수량 비교]
• 브로민산칼륨(브로민산염류, 1류) : 300 kg
• 나이트로글리세린(질산에스터류, 5류) : 10 kg
• 벤조일퍼옥사이드(유기과산화물, 5류) : 100 kg
→ 나이트로글리세린 ≫ 벤조일퍼옥사이드 ≫ 브로민산염류

**44** 위험물안전관리법령상 $C_6H_2(NO_2)_3OH$의 품명에 해당하는 것은?

① 유기과산화물　② 질산에스터류
③ 나이트로화합물　④ 아조화합물

해설

[트라이나이트로페놀($C_6H_2(NO_2)_3OH$)]
5류 위험물 중 나이트로화합물이다.

정답　41 ④　42 ①　43 ④　44 ③

**45** 다음 중 물과 반응하여 산소와 열을 발생하는 것은?

① 염소산칼륨   ② 과산화나트륨
③ 금속나트륨   ④ 과산화벤조일

해설
[과산화나트륨(제1류, 과산화염류)]
- $Na_2O_2 + H_2O \rightarrow 2NaOH + 0.5O_2 + Q(열)$
- 물과 만나 산소 발생

**46** 다음 중 제1류 위험물의 과염소산염류에 속하는 것은?

① $KClO_3$   ② $NaClO_4$
③ $HClO_4$   ④ $NaClO_2$

해설
[1류 위험물 산소 수 분류방법]
- $NaClO_2$ : '아' 염소산나트륨
- $NaClO_3$ : 염소산나트륨
- $NaClO_4$ : '과' 염소산나트륨

TIP 염소산 분류
$O_2$는 '아' 붙고, $O_3$는 그대로, $O_4$는 '과' 붙음

**47** 다음 위험물 중 인화점이 가장 높은 것은?

① 메탄올        ② 휘발유
③ 아세트산메틸  ④ 메틸에틸케톤

해설
[제4류 위험물 인화점 구분]
① 메탄올 : 알코올류
②, ③, ④ : 제1석유류로 알코올류보다 낮음

TIP 인화점을 외우지 말고 석유류 구분을 외워 풀이

**48** 위험물안전관리법령에 의한 위험물제조소의 설치 기준으로 옳지 않는 것은?

① 위험물을 취급하는 기계·기구 그 밖의 설비는 위험물이 새거나 넘치거나 비산하는 것을 방지할 수 있는 구조로 하여야 한다.
② 위험물을 가열하거나 냉각하는 설비 또는 위험물의 취급에 수반하여 온도 변화가 생기는 설비에는 온도측정장치를 설치하여야 한다.
③ 위험물을 취급함에 있어서 정전기가 발생할 우려가 있는 설비에는 정전기를 유효하게 제거할 수 있는 설비를 설치하여야 한다.
④ 위험물을 취급하는 동관을 지하에 설치하는 경우에는 지진·풍압·지반침하 및 온도 변화에 안전한 구조의 지지물에 설치하여야 한다.

해설
[제조소 설치 기준]
④ 위험물을 취급하는 동관을 <u>지상에 설치하는</u> 경우에는 지진·풍압·지반침하 및 온도 변화에 안전한 구조의 지지물에 설치하여야 한다.

정답  45 ②  46 ②  47 ①  48 ④

**49** 위험물안전관리법령상 옥외탱크저장소의 위치·구조 및 설비의 기준에서 간막이 둑을 설치할 경우 그 용량의 기준으로 옳은 것은?

① 간막이 둑 안에 설치된 탱크의 용량의 110 % 이상일 것
② 간막이 둑 안에 설치된 탱크의 용량 이상일 것
③ 간막이 둑 안에 설치된 탱크의 용량의 10 % 이상일 것
④ 간막이 둑 안에 설치된 탱크의 간막이 둑 높이 이상 부분의 용량 이상일 것

**해설**

[옥외탱크저장소 간막이 둑 기준]
- 설치 기준 : 1,000만 L 이상인 옥외저장탱크에 탱크마다 설치
- 높이 : 0.3 m 이상
- 용량 : 탱크용량의 10 % 이상

**50** 다음 중 A ~ C 물질 중 위험물안전관리법령상 제6류 위험물에 해당하는 것은 모두 몇 개인가?

ⓐ 비중이 1.49인 질산
ⓑ 비중 1.7인 과염소산
ⓒ 물 60 g + 과산화수소 40 g 혼합 수용액

① 1개　② 2개
③ 3개　④ 없음

**해설**

[제6류 위험물 조건]
- 질산 : 비중 1.49 이상인 것
- 과염소산 : 조건 없이 6류 위험물
- 과산화수소 : 36중량% 이상
  (조건 ⓒ = 40 / 100 = 40 %)
  → 보기 모두 해당

**51** 다음 중 위험물 중 가연성 액체를 옳게 나타낸 것은?

$HNO_3$, $HClO_4$, $H_2O_2$

① $HClO_4$, $HNO_3$
② $HNO_3$, $H_2O_2$
③ $HNO_3$, $HClO_4$, $H_2O_2$
④ 모두 가연성이 아님

**해설**

[가연성 물질]
- 산소를 받아 연소하는 물질
- 보기 모두 산소를 내는 산화성 물질(6류)

정답 49 ③　50 ③　51 ④

## 52 다음에서 설명하는 위험물을 옳게 나타낸 것은?

- 지정수량은 2,000 L이다.
- 로켓 연료, 플라스틱 발포제 등으로 사용된다.
- 암모니아와 비슷한 냄새가 나고, 녹는점은 약 2 ℃이다.

① $N_2H_4$     ② $C_6H_5CH=CH_2$
③ $NH_4ClO_4$  ④ $C_6H_5Br$

**해설**

[$N_2H_4$(4류 중 제2석유류 수용성)]
- 지정수량 : 2,000 L
- 암모니아와 비슷한 냄새, 녹는점 2 ℃

## 53 지정수량 이상의 위험물을 차량으로 운반하는 경우에는 차량에 설치하는 표지의 색상에 관한 내용으로 옳은 것은?

① 흑색바탕에 청색의 도료로 "위험물"이라고 표기할 것
② 흑색바탕에 황색의 반사도료로 "위험물"이라고 표기할 것
③ 적색바탕에 흰색의 반사도료로 "위험물"이라고 표기할 것
④ 적색바탕에 흑색의 도료로 "위험물"이라고 표기할 것

**해설**

[지정수량 이상 위험물 표지색상]
흑색바탕에 황색반사도료로 "위험물" 표기

## 54 위험물을 저장 또는 취급하는 탱크의 용량 산정방법에 관한 설명으로 옳은 것은?

① 탱크의 내용적에서 공간용적을 뺀 용적으로 한다.
② 탱크의 공간용적에서 내용적을 뺀 용적으로 한다.
③ 탱크의 공간용적에 내용적을 더한 용적으로 한다.
④ 탱크의 볼록하거나 오목한 부분을 뺀 용적으로 한다.

**해설**

[탱크 용량산정]
탱크용량 = 탱크 내용적 - 공간용적

**보충** 암반탱크 공간용적 : 7일간 용출지하수나 탱크 내용적 1 / 100 중 큰 것

## 55 동식물유류에 대한 설명 중 틀린 것은?

① 아이오딘가가 클수록 자연발화의 위험이 크다.
② 아마인유는 불건성유이므로 자연발화의 위험이 낮다.
③ 동식물유류는 제4류 위험물에 속한다.
④ 아이오딘가가 130 이상인 것이 건성유이므로 저장할 때 주의한다.

**정답** 52 ① 53 ② 54 ① 55 ②

**해설**

[동식물유류]
- 아이오딘값이 클수록 자연발화위험 높음
- 건성유 : 동식물유 중 아이오딘값 130 이상으로 동유·해바라기유·아마인유·들기름 등이 있다.    암 동해아들

**56** 황린과 적린의 공통점으로 옳은 것은?

① 독성
② 발화점
③ 연소생성물
④ $CS_2$에 대한 용해성

**해설**

[황린($P_4$)과 적린(P) 공통점]
- P(인)으로 이루어진 물질
- 연소생성물 $P_2O_5$(오산화인) 생성

**57** 금속 칼륨의 일반적인 성질에 대한 설명으로 틀린 것은?

① 칼로 자를 수 있는 무른 금속이다.
② 에탄올과 반응하여 조연성 기체(산소)를 발생한다.
③ 물과 반응하여 가연성 기체를 발생한다.
④ 물보다 가벼운 은백색의 금속이다.

**해설**

[칼륨 성질]
② 에탄올·물과 만나 가연성 기체 $H_2$ 발생

**58** 질산나트륨을 저장하고 있는 옥내저장소(내화구조의 격벽으로 완전히 구획된 실이 2 이상 있는 경우에는 동일한 실)에 함께 저장하는 것이 법적으로 허용되는 것은? (단, 위험물을 유별로 정리하여 서로 1 m 이상의 간격을 두는 경우이다)

① 적린         ② 인화성 고체
③ 동식물유류   ④ 과염소산

**해설**

[옥내저장소 질산나트륨(1류) 저장]
- 1 m 이상거리일 때 1류와 저장 가능 물질 : 6류 위험물, 3류 위험물(황린만), 1류(알칼리금속과산화물 제외), 5류 위험물
- 과염소산(6류) : 질산나트륨과 저장 가능

## 59 다음 표의 빈칸 (ㄱ, ㄴ)에 알맞은 품명?

| 품명 | 지정수량 |
|---|---|
| ㄱ | 100 kg |
| ㄴ | 1,000 kg |

① ㄱ : 철분, ㄴ : 인화성 고체
② ㄱ : 적린, ㄴ : 인화성 고체
③ ㄱ : 철분, ㄴ : 마그네슘
④ ㄱ : 적린, ㄴ : 마그네슘

**해설**

[2류 위험물 지정수량]
- 적린 : 100 kg … ㄱ
- 철분·마그네슘 : 500 kg
- 인화성 고체 : 1,000 kg … ㄴ

## 60 다음 중 위험물안전관리법령상 제2석유류에 해당되는 것은?

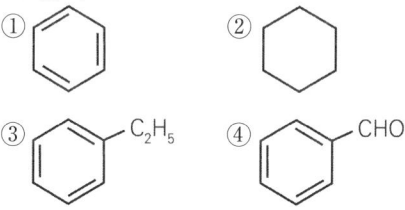

**해설**

[제2석유류]
① 벤젠 : 제1석유류
② 사이클로헥세인 : 제1석유류
③ 에틸벤젠 : 제1석유류
④ <u>벤즈알데하이드 : 제2석유류</u>

정답 59 ② 60 ④

위·험·물·산·업·기·사

필기 기출문제

# 2016 1회

## 1과목    일반화학

**01** 산화에 의하여 카르보닐기를 가진 화합물을 만들 수 있는 것은?

① $CH_3-CH_2-CH_2-COOH$
② $CH_3-CH-CH_3$
          |
          OH
③ $CH_3-CH_2-CH_2-OH$
④ $CH_2-CH_2$
     |     |
        [OH]

**해설**

[카르보닐기(케톤) 산화과정]
- 케톤 형태 : $R_1-C=O-R_2$
- 알콜기를 포함해 $H_2$를 잃어(산화) 케톤이 되는 것은 ②번

**02** 27 ℃에서 500 mL에 6 g의 비전해질을 녹인 용액의 삼투압은 7.4기압이었다. 이 물질의 분자량은 약 얼마인가?

① 20.78    ② 39.89
③ 58.16    ④ 77.65

**해설**

[삼투압 계산]
- 삼투압은 이상기체방정식으로 계산 가능
- $PV = nRT$

$$\text{몰수 } n = \frac{PV}{RT} = \frac{7.4 \times 0.5}{0.082 \times (27+273)}$$

$$= 0.15 mol$$

- 분자량 = 질량/몰수 = 6 / 0.15
      = 40 g / mol

> **TIP** 기체상수(R) = 0.082 atm · L / mol · K 사용하여 다른 인자의 단위도 R 값에 맞추어 변환한다.

**03** $H_2O$가 $H_2S$보다 비등점이 높은 이유는?

① 이온결합을 하고 있기 때문에
② 수소결합을 하고 있기 때문에
③ 공유결합을 하고 있기 때문에
④ 분자량이 적기 때문에

**해설**

[물의 비등점(끓는점)]
- $H_2O$와 다른 $H_2O$가 서로 <u>수소결합</u>
- 수소결합하여 물 분자 간 결합력이 강해져 비등점(끓는점)이 높아진다.

**정답**    01 ②    02 ②    03 ②

## 04 염(Salt)을 만드는 화학반응식이 아닌 것은?

① HCl + NaOH → NaCl + H₂O
② 2NH₄OH + H₂SO₄
   → (NH₄)₂SO₄ + 2H₂O
③ CuO + H₂ → Cu + H₂O
④ H₂SO₄ + Ca(OH)₂
   → CaSO₄ + 2H₂O

**해설**

[염(salt)]
- 중화반응에서 물이 생성되고 남은 양이온과 음이온이 만나 생성되는 것
- ① NaCl, ② (NH₄)₂SO₄, ④ CaSO₄이 염

TIP 중화반응은 산과 염기가 만나 물을 만드는 반응
$H^+ + OH^- \rightarrow H_2O$(산 + 염기 → 물)

## 05 최외각 전자가 2개 또는 8개로써 불활성인 것은?

① Na과 Br    ② N와 Cl
③ C와 B      ④ He와 Ne

**해설**

[최외각 전자에 따른 분류]
- 최외각 전자 2개·8개 : 18족 불활성 기체
- He(2개), Ne(8개), Ar(8개) 등

## 06 물 200 g에 A물질 2.9 g을 녹인 용액의 빙점은?(단, 물의 어는점내림 상수는 1.86 ℃·kg/mol이고, A물질의 분자량은 58이다)

① -0.465 ℃    ② -0.932 ℃
③ -1.871 ℃    ④ -2.453 ℃

**해설**

[어는점내림]

- 온도 변화 $\Delta T = \dfrac{Kn}{m} = \dfrac{1.86 \times 2.9/58}{0.2}$
  $= 0.465\,℃$
- 용액어는점 = 0 - 0.465 = -0.465 ℃

K : 어는점내림 상수
n : 용질의 몰수(w/M), m : 물의 질량

## 07 d 오비탈이 수용할 수 있는 최대 전자의 총수는?

① 6     ② 8
③ 10    ④ 14

**해설**

[오비탈 최대 전자 개수]
- s 오비탈 : 2개
- p 오비탈 : 6개
- d 오비탈 : 10개

정답 ● 04 ③  05 ④  06 ①  07 ③

**08** 아래 그래프는 어떤 고체물질의 용해도 곡선이다. 100 ℃ 포화용액(비중 1.4) 100 mL를 20 ℃의 포화용액으로 만들려면 몇 g의 물을 더 가해야 하는가?

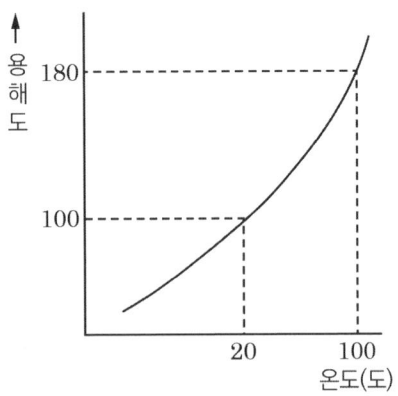

① 20 g  ② 40 g
③ 60 g  ④ 80 g

**해설**

[포화용액 성분계산]

① 100 ℃ 포화용질 비율 = $\dfrac{180}{180+100(물)}$

   20 ℃ 포화용질 비율 = $\dfrac{100}{100+100(물)}$

② 100 ℃ 포화용액(비중 1.4)
   - 100 mL 질량 $100 \times 1.4 = 140g$
   - 용질의 질량 $140 \times \dfrac{180}{280} = 90g$
   - 물의 질량 $140 - 90 = 50\,g$

③ 20 ℃ 포화용액
   - 용질 90 g에 대한 포화용액질량 $x$
     $x \times \dfrac{100g}{200g}(용질비율) = 90g$
     $x = 180g$
   - 포화 물질량 $180 - 90 = 90\,g$

④ 초기 물 50 g에 40 g을 넣어 포화용액을 만든다.

   **알** 포화용액 내에 용질의 비율
   = $\dfrac{용해의\ 질량}{포화용액질량(용질+용매)}$

**09** 0.01N NaOH 용액 100 mL에 0.02 N HCl 55 mL를 넣고 증류수를 넣어 전체 용액을 1,000 mL로 한 용액의 pH는?

① 3  ② 4
③ 10  ④ 11

**해설**

[pH 계산]

① pH = -log [H⁺]

② OH⁻와 H⁺은 1 : 1(몰수기준) 중화반응
   - NaOH에 OH⁻ 몰수
     0.01 N × 0.1 L = 0.001 mol
   - HCl에 H⁺ 몰수
     0.02 N × 0.055 L = 0.0011 mol

③ 1 : 1 반응 후 H⁺ 0.0001 mol 몰농도
   $\dfrac{0.0001\,mol}{1000\,mL} = 0.0001M$

④ pH = - log [0.0001 M] = 4

   **TIP** H⁺와 OH⁻는 전기적으로 1가로 N(노르말농도)와 M(몰농도)가 같다.

**10** 다음 화합물들 가운데 기하학적 이성질체를 가지고 있는 것은?

① $CH_2 = CH_2$
② $CH_3-CH_2-CH_2-OH$
③ $CH_3$ $\diagdown$ $C=C$ $\diagup$ $CH_3$
      $CH_3$ $\diagup$      $\diagdown$ $CH_3$
④ $CH_3-CH = CH-CH_3$

**해설**

[기하이성질체]
④에서 한쪽 C에 결합된 H와 $CH_3$의 자리를 바꿔주면 대칭이 되기도, 되지 않기도 한다. 이를 기하학적 이성질체라 한다.

**11** 다음 물질 중 $C_2H_2$와 첨가반응이 일어나지 않는 것은?

① 염소   ② 수은
③ 브로민   ④ 아이오딘

**해설**

[첨가반응]
- 다중결합(이중·삼중)물질에 다른 물질이 첨가되어 결합하는 것
- 첨가물질 종류 : H, 할로젠원소 F·Cl·Br·I 등

TIP 수은을 제외한 3가지가 모두 성질이 비슷한 할로젠원소이므로 수은임을 예측할 수 있음

**12** n그램(g)의 금속을 묽은 염산에 완전히 녹였더니 m몰의 수소가 발생하였다. 이 금속의 원자가를 2가로 하면 이 금속의 원자량은?

① n/m      ② (2n)/m
③ n/(2m)   ④ (2m)/n

**해설**

[금속의 원자량]
- $X + 2HCl \rightarrow XCl_2 + H_2$
  수소 m몰 생성하는 데 금속 Xm몰 소요
- 금속 원자량 = 질량/몰수 = n / m

**13** 에틸렌($C_2H_4$)을 원료로 하지 않은 것은?

① 아세트산   ② 염화비닐
③ 에탄올     ④ 메탄올

**해설**

[메탄올($CH_3OH$)]
- 탄소 1개를 가지는 물질
- 탄소 2개인 에틸렌($C_2H_4$) 원료로 불가능

정답 10 ④  11 ②  12 ①  13 ④

**14** 20 °C에서 4 L를 차지하는 기체가 있다. 동일한 압력 40 °C에서는 몇 L를 차지하는가?

① 0.23   ② 1.23
③ 4.27   ④ 5.27

> **해설**
>
> [기체의 부피 계산]
> - 절대온도와 부피는 비례(샤를의 법칙)
>   $$\frac{V_1}{T_1} = \frac{V_2}{T_2}$$
> - $V_2 = \dfrac{V_1 T_2}{T_1} = \dfrac{4 \times (40+273)}{(20+273)} = 4.27 L$

**15** pH에 대한 설명으로 옳은 것은?

① 건강한 사람의 혈액 pH는 5.7이다.
② pH 값은 산성용액에서 알칼리성 용액보다 크다.
③ pH가 7인 용액에 지시약 메틸오렌지를 넣으면 노란색을 띤다.
④ 알칼리성용액은 pH가 7보다 작다.

> **해설**
>
> ① 혈액은 약 알칼리성으로 pH 7 이상
> ② pH 값은 산성일수록 작아짐
> ③ 메틸오렌지
>   - 산성 : 적색
>   - 중성·염기성 : 노란색
> ④ 알칼리성은 pH가 7 이상

**16** 3가지 기체 물질 A, B, C가 일정한 온도에서 다음과 같은 반응을 하고 있다. 평형에서 A, B, C가 각각 1몰, 2몰, 4몰이라면 평형상수 K의 값은?

| A + 3B → 2C + 열 |
|---|

① 0.5   ② 2
③ 3     ④ 4

> **해설**
>
> [평형상수]
> - 반응식 $aA + bB \to cC$
> - 평형상수 $K = \dfrac{[C몰수]^c}{[A몰수]^a [B몰수]^b}$
>   $= \dfrac{4^2}{1^1 \times 2^3} = 2$

**17** 25 g의 암모니아가 과잉의 황산과 반응하여 황산암모늄이 생성될 때 생성된 황산암모늄의 양은 약 얼마인가? (단, 황산암모늄의 몰질량은 132 g/mol이다)

① 82 g   ② 86 g
③ 92 g   ④ 97 g

> **해설**
>
> [암모니아와 황산 반응식]
> - $2NH_3 + H_2SO_4 \to (NH_4)_2SO_4$ (황산암모늄)
> - 암모니아 몰수 = 25 g / 17 = 1.47 mol
> - 황산암모늄 생성몰수 = 1.47 × 1/2 mol
> - 황산암모늄 질량 = 1.47 × 0.5 × 132
>   = 97 g

**정답** 14 ③   15 ③   16 ②   17 ④

**18** 일반적으로 환원제가 될 수 있는 물질이 아닌 것은?

① 수소를 내기 쉬운 물질
② 전자를 잃기 쉬운 물질
③ 산소와 화합하기 쉬운 물질
④ 발생기의 산소를 내는 물질

해설

[산화제와 환원제]
- 산화제 : 남을 산화시켜 자신은 환원되는 물질
- 환원제 : 남을 환원시켜 자신은 산화되는 물질
⇒ ④ 산소를 내어 자신은 환원 다른 물질 산화

TIP 산화 : 산소 얻음, 전자·수소를 잃음
환원 : 산소 잃음, 전자·수소를 얻음

**19** 표준상태에서 11.2 L의 암모니아에 들어 있는 질소는 몇 g인가?

① 7          ② 8.5
③ 22.4      ④ 14

해설

[표준상태 기체질량 계산]
- 표준상태 기체 1 mol 부피 : 22.4 L
- 암모니아($NH_3$) 11.2 L ⇒ 0.5 mol
  질소도 0.5 mol
- 질소 질량 = 14(분자량) × 0.5 = 7 g

**20** 에테인($C_2H_6$)을 연소시키면 이산화탄소($CO_2$)와 수증기($H_2O$)가 생성된다. 표준상태에서 에테인 30 g을 반응시킬 때 발생하는 이산화탄소와 수증기의 분자 수는 모두 몇 개인가?

① $6 \times 10^{23}$개
② $12 \times 10^{23}$개
③ $18 \times 10^{23}$개
④ $30 \times 10^{23}$개

해설

[연소반응식에서 생성물 분자 수]
- $C_2H_6 + 3.5\,O_2 \rightarrow 2\,CO_2 + 3\,H_2O$
- 에테인의 분자량 : 12 × 2 + 1 × 6 = 30
- 30 g(1 mol) $C_2H_6$ 연소 시 2 mol$CO_2$와 3 mol$H_2O$ 총 5 mol 기체 발생
- 생성물 분자 수 = $5 \times 6 \times 10^{23}$개
  = $30 \times 10^{23}$개

**2과목** 화재예방과 소화방법

**21** 물의 특성 및 소화효과에 관한 설명으로 틀린 것은?

① 이산화탄소보다 기화잠열이 크다.
② 극성분자이다.
③ 이산화탄소보다 비열이 작다.
④ 주된 소화효과가 냉각소화이다.

**해설**

[비열 비교]
③ 비열 비교 : 물(1) ≫ 이산화탄소(0.2)

**22** 위험물제조소에서 옥내소화전이 1층에 4개, 2층에 6개가 설치되어 있을 때 수원의 수량은 몇 L 이상이 되도록 설치하여야 하는가?

① 13,000　② 15,600
③ 39,000　④ 46,800

**해설**

[옥내소화전 수원량]
- 옥내소화전 1개에 대한 수원량 : 7.8 m³
- 옥내소화전 5개 이상일 경우 : 5개로 계산
- 총 수원량 = 5개 × 7.8 m³ = 39 m³
　　　　　 = 39,000 L

**23** 불활성가스소화약제 중 "IG-55"의 성분 및 그 비율을 옳게 나타낸 것은? (단, 용량비 기준이다)

① 질소 : 이산화탄소 = 55 : 45
② 질소 : 이산화탄소 = 50 : 50
③ 질소 : 아르곤 = 55 : 45
④ 질소 : 아르곤 = 50 : 50

**해설**

[불활성가스소화약제]
- IG-100 : $N_2$ 100 %
- IG-55 : $N_2$ 50 % + Ar 50 %
- IG-541 : $N_2$ 52 % + Ar 40 % + $CO_2$ 8 %

**24** 다음 위험물의 저장창고에 화재가 발생하였을 때 소화방법으로 주수소화가 적당하지 않은 것은?

① $NaClO_3$　② S
③ NaH　　　④ TNT

**해설**

[주수소화 불가능 물질]
NaH(수소화나트륨) : 금수성 물질로 주수소화 시 가연성 기체인 수소 발생

**정답** 21 ③　22 ③　23 ④　24 ③

**25** 드라이아이스의 성분을 옳게 나타낸 것은?

① $H_2O$
② $CO_2$
③ $H_2O + CO_2$
④ $N_2 + H_2O + CO_2$

해설

[드라이아이스]
$CO_2$(이산화탄소)의 고체상태

**26** 화재 발생 시 소화방법으로 공기를 차단하는 것이 효과가 있으며, 연소물질을 제거하거나 액체를 인화점 이하로 냉각시켜 소화할 수도 있는 위험물은?

① 제2류 위험물  ② 제4류 위험물
③ 제5류 위험물  ④ 제6류 위험물

해설

[유별 위험물 소화방법]
- 2·5·6류 위험물 : 대부분 주수소화
- 제4류 위험물 : 질식소화가 주된 소화

TIP '인화점'이 나오면 4류 위험물을 떠올린다.

**27** 위험물안전관리법령에 따른 옥내소화전설비의 기준에서 펌프를 이용한 가압송수장치의 경우 펌프의 전양정 H는 소정의 산식에 의한 수치 이상이어야 한다. 전양정 H를 구하는 식으로 옳은 것은? (단, $h_1$은 소방용 호스의 마찰손실수두, $h_2$는 배관의 마찰손실수두, $h_3$는 낙차이며, $h_1$, $h_2$, $h_3$의 단위는 모두 m이다)

① $H = h_1 + h_2 + h_3$
② $H = h_1 + h_2 + h_3 + 0.35\ m$
③ $H = h_1 + h_2 + h_3 + 35\ m$
④ $H = h_1 + h_2 + 0.35\ m$

해설

[옥내소화전 가압송수장치의 전양정]
$H = h_1 + h_2 + h_3 + 35\ m$ 이상

TIP 전양정 공식에 35 m는 옥내소화전 토출압력 0.35 MPa을 수두(물의 높이)로 변환한 값

정답  25 ②  26 ②  27 ③

**28** 다음 중 위험물안전관리법령상 물분무 소화설비가 적응성이 있는 위험물은?

① 알칼리금속과산화물
② 금속분·마그네슘
③ 금수성 물질
④ 인화성 고체

**해설**

[물분무소화설비 적응성]
- 인화성 고체(제2류) : 주수소화 가능
- ①, ②, ③ : 탄산수소염류 소화약제나 팽창질석, 팽창진주암, 모래로만 소화 가능

**29** 다음 제1류 위험물 중 물과의 접촉이 가장 위험한 것은?

① 아염소산나트륨
② 과산화나트륨
③ 과염소산나트륨
④ 다이크로뮴산암모늄

**해설**

[물과 접촉하면 안 되는 위험물]
과산화나트륨(알칼리금속과산화물, 1류)
→ 물 접촉 시 산소가 발생하므로 질식소화

**30** 최소 착화에너지를 측정하기 위해 콘덴서를 이용하여 불꽃 방전 실험을 하고자 한다. 콘덴서의 전기용량을 C, 방전전압을 V, 전기량을 Q라 할 때 착화에 필요한 최소전기에너지 E를 옳게 나타낸 것은?

① $E = \frac{1}{2}CQ^2$    ② $E = \frac{1}{2}C^2V$

③ $E = \frac{1}{2}QV^2$    ④ $E = \frac{1}{2}CV^2$

**해설**

[전기에너지 공식]
$E = \frac{1}{2}QV = \frac{1}{2}CV^2$

**31** 제1석유류를 저장하는 옥외탱크저장소에 특형 포방출구를 설치하는 경우 방출률은 액표면적 1 m²당 1분에 몇 리터 이상이어야 하는가?

① 9.5 L    ② 8.0 L
③ 6.5 L    ④ 3.7 L

**해설**

[옥외탱크저장소 포방출량(1 m²/min)]
1~4형 포방출구 4 L, 특형 포방출구 8 L

**32** 분말 소화약제를 종별로 주성분을 바르게 연결한 것은?

① 1종 분말약제 - 탄산수소나트륨
② 2종 분말약제 - 인산암모늄
③ 3종 분말약제 - 탄산수소칼륨
④ 4종 분말약제 - 탄산수소칼륨 + 인산암모늄

해설

[분말약제 주성분]
- 1종 : 탄산수소나트륨($NaHCO_3$)
- 2종 : 탄산수소칼륨($KHCO_3$)
- 3종 : 인산암모늄($NH_4H_2PO_4$)
- 4종 : 탄산수소칼륨($KHCO_3$) + 요소($NH_2)_2CO$)

**33** 하론 2402를 소화약제로 사용하는 이동식 할로젠화합물소화설비는 20 °C의 온도에서 하나의 노즐마다 분당 방사되는 소화약제의 양(kg)을 얼마 이상으로 하여야 하는가?

① 5  ② 35
③ 45  ④ 50

해설

[이동식 할로젠소화설비 분당 방사량]
- 할론 2402 : 45 kg 이상
- 할론 1211 : 40 kg 이상
- 할론 1301 : 35 kg 이상

**34** 위험물안전관리법령상 전기설비에 적응성이 없는 소화설비는?

① 포소화설비
② 불활성가스소화설비
③ 물분무소화설비
④ 할로젠화합물소화설비

해설

[전기화재 소화]
- 대부분 주수소화 불가능
- 포소화설비 : 포원액 + 물로 구성되어 전기설비의 적응성 없음

보충 물분무소화설비도 물이지만 작은 입자로 분무하기 때문에 전기설비에도 적응성이 있다.

**35** 가연물에 대한 일반적인 설명으로 옳지 않은 것은?

① 주기율표에서 0족의 원소는 가연물이 될 수 없다.
② 활성화 에너지가 작을수록 가연물이 되기 쉽다.
③ 산화 반응이 완결된 산화물은 가연물이 아니다.
④ 질소는 비활성 기체이므로 질소의 산화물은 존재하지 않는다.

해설
- ④ 질소 : 비활성 기체이지만 산소와 반응
  → $NO_2$(이산화질소)를 생성
- 비활성 기체로 분류되는 이유 : $NO_2$ 생성과정이 흡열반응이기 때문

**36** 분말소화약제로 사용되는 탄산수소칼륨(중탄산칼륨)의 착색 색상은?

① 백색　　② 담홍색
③ 청색　　④ 담회색

해설

[분말소화약제 착색 색상]

| 소화약제 | 주성분 | 적응화재 | 분말색 |
|---|---|---|---|
| 제1약제 | 탄산수소나트륨 | BC | 백색 |
| 제2약제 | 탄산수소칼륨 | BC | 담회색 |
| 제3약제 | 인산암모늄 | ABC | 담홍색 |
| 제4약제 | 탄산수소칼륨+요소 | BC | 회색 |

암 백담사 홍어회

**37** 자연발화가 잘 일어나는 조건에 해당하지 않는 것은?

① 주위 습도가 높을 것
② 열전도율이 클 것
③ 주위 온도가 높을 것
④ 표면적이 넓을 것

해설

[자연발화 발생 조건]
- 습도를 높일 것
- 열전도율을 낮출 것
- 주위 온도가 높을 것
- 표면적이 넓을 것

TIP 발화는 습도가 낮아야 발생한다고 생각하기 쉽지만, 자연발화는 주변 습도가 높아야 잘 일어난다.

**38** 알코올 화재 시 수성막포소화약제는 내알코올포소화약제에 비하여 소화효과가 낮다. 그 이유로서 가장 타당한 것은?

① 소화약제와 섞이지 않아서 연소면을 확대하기 때문에
② 알코올은 포와 반응하여 가연성 가스를 발생하기 때문에
③ 알코올이 연료로 사용되어 불꽃의 온도가 올라가기 때문에
④ 수용성 알코올로 인해 포가 소멸되기 때문에

정답　36 ④　37 ②　38 ④

> 해설

[수용성 물질 화재에서 수성막포]
- ④ 수용성 물질이 수분을 흡수해 포가 깨져 소멸
- 알코올은 대표적인 수용성 물질

**39** 주유취급소에 캐노피를 설치하고자 한다. 위험물안전관리법령에 따른 캐노피의 설치 기준이 아닌 것은?

① 캐노피의 면적은 주유취급소 공지면적의 1/2 이하로 할 것
② 배관이 캐노피 내부를 통과할 경우에는 1개 이상의 점검구를 설치할 것
③ 캐노피 외부의 배관이 일광열의 영향을 받을 우려가 있는 경우에는 단열재로 피복할 것
④ 캐노피 외부의 점검이 곤란한 장소에 배관을 설치하는 경우에는 용접이음으로 할 것

> 해설

[캐노피]
① 캐노피의 면적에 대한 규정은 없다.
  따라서 캐노피 면적에 관한 내용이 틀린 답

**40** 이산화탄소소화약제에 대한 설명으로 틀린 것은?

① 장기간 저장하여도 변질, 부패 또는 분해를 일으키지 않는다.
② 한랭지에서 동결의 우려가 없고, 전기 절연성이 있다.
③ 밀폐된 지역에서 방출 시 인명피해의 위험이 있다.
④ 표면화재보다는 심부화재에 적응력이 뛰어나다.

> 해설

[이산화탄소 소화약제]
④ 표면과 심부화재 모두 적응성이 있지만 표면화재에 더 효과적이다.

정답 39 ① 40 ④

## 3과목  위험물의 성질과 취급

**41** 위험물안전관리법령에 따른 제1류 위험물과 제6류 위험물의 공통적 성질로 옳은 것은?

① 산화성 물질이며, 다른 물질을 환원시킨다.
② 환원성 물질이며, 다른 물질을 환원시킨다.
③ 산화성 물질이며, 다른 물질을 산화시킨다.
④ 환원성 물질이며, 다른 물질을 산화시킨다.

**해설**

[1류(산화성 고체), 6류(산화성 액체)]
③ 산소 내어 다른 물질을 산화하고, 자신은 환원되는 산화성 물질

**42** 연소반응을 위한 산소 공급원이 될 수 없는 것은?

① 과망가니즈산칼륨
② 염소산칼륨
③ 탄화칼슘
④ 질산칼륨

**해설**

[산소 공급원]
- 탄화칼슘 : 제3류 위험물(금수성 물질)로 산소 공급원이 아닌 가연물
- ①, ②, ④는 제1류 위험물로 산소공급원

**43** 1기압 27 ℃에서 아세톤 58 g을 완전히 기화시키면 부피는 약 몇 L가 되는가?

① 22.4    ② 24.6
③ 27.4    ④ 58.0

**해설**

[기체 부피 계산]
- 아세톤($CH_3COCH_3$) 몰수
$$\frac{58\,g}{58\,g/mol} = 1\,mol$$
- 1기압 0 ℃ 1 mol 부피 : 22.4 L
- 27 ℃의 부피(샤를의 법칙)
$$V_2 = \frac{V_1 T_2}{T_1} = \frac{22.4 \times (27+273)}{(0+273)} = 24.6\,L$$

TIP 이상기체방정식으로 풀어도 무방
$$V = \frac{nRT}{P} = \frac{1 \times 0.082 \times (27+273)}{1} = 24.6\,L$$

정답 ▶ 41 ③   42 ③   43 ②

## 44 다음 제4류 위험물 중 인화점이 가장 낮은 것은?

① 아세톤
② 아세트알데하이드
③ 산화프로필렌
④ 다이에틸에터

**해설**

[제4류 위험물 인화점]
- 아세톤 : -18 ℃
- 아세트알데하이드 : -38 ℃
- 산화프로필렌 : -37 ℃
- 다이에틸에터 : -45 ℃

## 45 위험물제조소 건축물의 구조 기준이 아닌 것은?

① 출입구에는 60분+방화문·60분방화문 또는 30분방화문을 설치할 것
② 지붕은 폭발력이 위로 방출될 정도의 가벼운 불연재료로 덮을 것
③ 벽·기둥·바닥·보·서까래 및 계단을 불연재료로 출입구 외의 개구부가 없는 내화구조의 벽으로 하여야 한다.
④ 산화성 고체, 가연성 고체 위험물을 취급하는 건축물의 바닥은 위험물이 스며들지 못하는 재료를 사용할 것

**해설**

[위험물제조소 건축물 구조 기준]
- ④ 고체위험물은 바닥에 스며들지 못함
- 액체위험물일 때 스며들지 못하는 재료 사용

## 46 TNT의 폭발, 분해 시 생성물이 아닌 것은?

① CO      ② $N_2$
③ $SO_2$   ④ $H_2$

**해설**

[TNT(트라이나이트로톨루엔) 화학식]
$C_6H_2CH_3(NO_2)_3$로 S(황) 미포함

## 47 이황화탄소의 인화점, 발화점, 끓는점에 해당하는 온도를 낮은 것부터 차례대로 나타낸 것은?

① 끓는점 < 인화점 < 발화점
② 끓는점 < 발화점 < 인화점
③ 인화점 < 끓는점 < 발화점
④ 인화점 < 발화점 < 끓는점

**해설**

[이황화탄소 특징]
- 인화점 : -30 ℃
- 끓는점 : 46.3 ℃
- 발화점 : 100 ℃
  → 인화점 ≪ 끓는점 ≪ 발화점

**정답** 44 ④   45 ④   46 ③   47 ③

**48** 다음의 2가지 물질을 혼합하였을 때 위험성이 증가하는 경우가 아닌 것은?

① 과망가니즈산칼륨 + 황산
② 나이트로셀룰로오스 + 알코올수용액
③ 질산나트륨 + 유기물
④ 질산 + 에틸알코올

**해설**

[물질혼합에 대한 위험도]
- 나이트로셀룰로오스 : 물이나 알코올에 저장하므로 알코올과 반응 안함
- ① 1류 위험물 + 황산(가연물)
  ② 5류 위험물(고체) + 수용성 물질
  ③ 1류 위험물 + 유기물(가연물)
  ④ 6류 위험물 + 4류 위험물

**49** 물과 접촉 시 발생되는 가스의 종류가 나머지 셋과 다른 하나는?

① 나트륨　　② 수소화칼슘
③ 인화칼슘　④ 수소화나트륨

**해설**

[물 반응 시 발생하는 가스의 종류]
- 나트륨·수소화칼슘·수소화나트륨 : 물과 접촉 시 수소기체 발생
- 인화칼슘 : 물 접촉 시 포스핀($PH_3$) 생성
  $Ca_3P_2 + 6\,H_2O \rightarrow 3\,Ca(OH)_2 + 2\,PH_3$

**50** 트라이에틸알루미늄(Triethyl Aluminium) 분자식에 포함된 탄소의 개수는?

① 2　　② 3
③ 5　　④ 6

**해설**

[트라이에틸알루미늄 탄소 개수]
- 분자식 : $(C_2H_5)_3Al$
- 탄소 개수 $2 \times 3 = 6$개

**51** 제3류 위험물의 운반 시 혼재할 수 있는 위험물은 제 몇 류 위험물인가? (단, 각각 지정수량의 10배인 경우이다)

① 제1류　　② 제2류
③ 제4류　　④ 제5류

**해설**

[혼재할 수 있는 위험물류]
제3류와 제4류 위험물 혼재 가능

보충 혼재 가능 위험물

| 1↓ | 6 | | 혼재 가능 |
| 2↓ | 5↑ | 4 | 혼재 가능 |
| 3→ | 4↑ | | 혼재 가능 |

암 1 2 3 4 5 6 적은 후 4 추가

정답 48 ② 49 ③ 50 ④ 51 ③

## 52 과산화나트륨의 위험성에 대한 설명으로 틀린 것은?

① 가열하면 분해하여 산소를 방출한다.
② 부식성 물질이므로 취급 시 주의해야 한다.
③ 물과 접촉하면 가연성 수소 가스를 방출한다.
④ 이산화탄소와 반응을 일으킨다.

**해설**

[알칼리금속과산화물(1류 위험물)]
③ 과산화나트륨 : 물 접촉 시 산소 발생

TIP 1류 : 열분해하여 산소 발생
알칼리금속과산화물(1류) : 열분해, 물과 만나 산소를 내놓으므로 주수소화 불가능

## 53 위험물안전관리법령에 따른 제4류 위험물 중 제1석유류에 해당하지 않는 것은?

① 등유          ② 벤젠
③ 메틸에틸케톤   ④ 톨루엔

**해설**

[4류 위험물 구분]
① 등유 : 제2석유류

## 54 위험물의 운반용기 재질 중 액체위험물의 외장용기로 사용할 수 없는 것은?

① 유리        ② 나무
③ 파이버판    ④ 플라스틱

**해설**

[운반용기 재질]
- ① 유리 : 내장용기로만 사용 가능
- 나무·파이버판·플라스틱 : 내·외장용기로 모두 사용 가능

## 55 외부의 산소공급이 없어도 연소하는 물질이 아닌 것은?

① 알루미늄의 탄화물
② 하이드록실아민
③ 유기과산화물
④ 질산에스터

**해설**

[산소공급이 필요한 연소물질]
- ① 알루미늄의 탄화물(제3류 위험물)
  금수성 물질로 산소공급을 받아 연소
- ②, ③, ④(제5류 위험물)
  자기반응성 물질로 스스로 연소

정답 52 ③  53 ①  54 ①  55 ①

## 56 염소산칼륨이 고온에서 완전 열분해할 때 주로 생성되는 물질은?

① 칼륨과 물 및 산소
② 염화칼륨과 산소
③ 이염화칼륨과 수소
④ 칼륨과 물

**해설**

[염소산칼륨 열분해 생성물질]
- 열분해식 $KClO_3 \rightarrow KCl + 1.5\,O_2$
- 염소산칼륨($KClO_3$) : 열분해 시 산소와 염화칼륨 생성

## 57 다음 중 증기비중이 가장 큰 것은?

① 벤젠
② 아세톤
③ 아세트알데하이드
④ 톨루엔

**해설**

[증기비중 계산]

$$증기비중 = \frac{증기분자량}{공기분자량(29)}$$

① 벤젠(분자량 78) : $\frac{78}{29} = 2.69$

② 아세톤(분자량 58) : $\frac{58}{29} = 2$

③ 아세트알데하이드(분자량 44) : $\frac{44}{29} = 1.52$

④ 톨루엔(분자량 92) : $\frac{92}{29} = 3.17$

**TIP** 증기비중과 분자량은 비례하므로 분자량이 큰 것이 공기비중도 크다

## 58 옥외저장탱크·옥내저장탱크 또는 지하저장탱크 중 압력탱크에 저장하는 아세트알데하이드 등의 온도는 몇 ℃ 이하로 유지하여야 하는가?

① 30  ② 40
③ 55  ④ 65

**해설**

[압력탱크 저장온도]
아세트알데하이드·다이에틸에터등
→ 40 ℃ 이하

**TIP** 아세트알데하이드·다이에틸에터 등 이동저장탱크 저장온도
- 보냉장치 있음 : 비점 이하
- 보냉장치 없음 : 40 ℃ 이하

정답 ● 56 ② 57 ④ 58 ②

## 59 위험물 운반용기 외부표시의 주의사항으로 틀린 것은?

① 제1류 위험물 중 알칼리금속의 과산화물 : 화기·충격주의, 물기엄금 및 가연물접촉주의
② 제2류 위험물 중 인화성 고체 : 화기엄금
③ 제4류 위험물 : 화기엄금
④ 제6류 위험물 : 물기엄금

**해설**

[제6류 위험물 운반용기 외부표시]
'가연물접촉금지' 표시

## 60 셀룰로이드류를 다량으로 저장하는 경우 자연발화의 위험성을 고려하였을 때 다음 중 가장 적합한 장소는?

① 습도가 높고 온도가 낮은 곳
② 습도가 온도가 모두 낮은 곳
③ 습도가 온도가 모두 높은 곳
④ 습도가 낮고 온도가 높은 곳

**해설**

[자연발화 방지]
- 온도 : 온도가 낮아야 발화 방지
- 습도 : 자연발화는 습도를 낮춰 방지

정답 59 ④  60 ②

## 2016 2회

### 1과목 일반화학

**01** 대기압하에서 열린 실린더에 있는 1 mol의 기체를 20 ℃에서 120 ℃까지 가열하면 기체가 흡수하는 열량은 몇 cal인가? (단, 기체 몰열용량은 4.97 cal/mol이다)

① 97　　② 100
③ 497　　④ 760

**해설**

[온도 변화에 따른 열량계산]

열량 $Q = nC\Delta T = 1 \times 4.97 \times (120 - 20)$
$= 497$ cal

$n$ : 몰수(mol)
$C$ : 몰열용량(cal / mol·K), $\Delta T$ : 온도 변화

**02** 페놀 수산기(-OH)의 특성에 대한 설명으로 옳은 것은?

① 수용액이 강알칼리성이다.
② -OH기가 하나 더 첨가되면 물에 대한 용해도가 작아진다.
③ 카르복실산과 반응하지 않는다.
④ $FeCl_3$ 용액과 정색반응을 한다.

**해설**

[작용기]
④ 페놀의 OH : $FeCl_3$와 보라색 정색반응

**03** 물($H_2O$)의 끓는점이 황화수소($H_2S$)의 끓는점보다 높은 이유는?

① 분자량이 작기 때문에
② 수소결합 때문에
③ pH가 높기 때문에
④ 극성 결합 때문에

**해설**

[물의 비등점]
- $H_2O$와 다른 $H_2O$가 서로 수소결합
- 수소결합하여 물 분자 간 결합력이 강해져 비등점(끓는점)이 높아진다.

정답　01 ③　02 ④　03 ②

## 04 $NH_4Cl$에서 배위결합을 하고 있는 부분을 옳게 설명한 것은?

① $NH_3$의 N-H 결합
② $NH_3$와 $H^+$과의 결합
③ $NH_4^+$과 $Cl^-$과의 결합
④ $H^+$과 $Cl^-$과의 결합

**해설**

[배위결합]
비공유전자쌍 물질이 비공유전자쌍을 이온에게 공유하는 결합
② $NH_3$와 $H^+$과의 결합

$$H-\overset{H}{\underset{H}{N}}: + H^+ \rightarrow \left[ H-\overset{H}{\underset{H}{N}}-H \right]^+$$

$NH_3$    $H^+$    $NH_4^+$
(암모니아) (수소이온) (암모늄이온)

## 05 질산칼륨을 물에 용해시키면 용액의 온도가 떨어진다. 다음 사항 중 옳지 않은 것은?

① 용해시간과 용해도는 무관하다.
② 질산칼륨의 용해 시 열을 흡수한다.
③ 온도가 상승할수록 용해도는 증가한다.
④ 질산칼륨 포화용액을 냉각시키면 불포화용액이 된다.

**해설**

[고체 용해도(질산칼륨)]
④ 냉각 시 용해도 감소 : 과포화용액이 됨

**TIP** 기체 용해도 : 온도와 반비례해 냉각 시 용해도가 증가(탄산음료)

## 06 벤조산은 무엇을 산화하면 얻을 수 있는가?

① 톨루엔
② 나이트로벤젠
③ 트라이나이트로톨루엔
④ 페놀

**해설**

[톨루엔의 산화]
톨루엔이 $H_2$ 잃고 $O_2$ 얻어 벤조산 생성

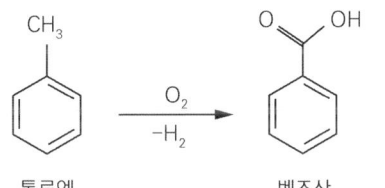

톨루엔          벤조산

**07** 어떤 비전해질 12 g을 물 60.0 g에 녹였다. 이 용액이 −1.88 ℃의 빙점 강하를 보였을 때 이 물질의 분자량을 구하면? (단, 물의 몰랄 어는점내림 상수 K=1.86 ℃/m이다)

① 297　② 202
③ 198　④ 165

**해설**

[어는점내림]
- 온도 변화

$$\Delta T = \frac{Kn}{m} \rightarrow 1.88 = \frac{1.86 \times n}{0.06}$$

$n = 0.0606 \, mol$

- 분자량 = 질량 / 몰수 = 12 / 0.0606
  = 198 g / mol

K : 어는점내림 상수,
n : 용질의 몰수(w/M), m : 물의 질량

**08** 분자구조에 대한 설명으로 옳은 것은?

① $BF_3$는 삼각 피라미드형이고, $NH_3$는 선형이다.
② $BF_3$는 평면 정삼각형이고, $NH_3$는 삼각 피라미드형이다.
③ $BF_3$는 굽은형(V형)이고, $NH_3$는 삼각 피라미드형이다.
④ $BF_3$평면 정삼각형이고, $NH_3$는 선형이다.

**해설**

[분자구조 모양]

| | |
|---|---|
| $BF_3$ 평면 정삼각형 | (H-B(-H)-H 구조) |
| $NH_3$ 입체 피라미드형 | (H-N(-H)(-H) 구조) |

**09** 다음에서 설명하는 물질의 명칭은?

- HCl과 반응하여 염산염을 만든다.
- 나이트로벤젠을 수소로 환원하여 만든다.
- $CaOCl_2$ 용액에서 붉은 보라색을 띤다.

① 페놀　② 아닐린
③ 톨루엔　④ 벤젠술폰산

**해설**

[아닐린($C_6H_5NH_2$) 특징]
- 나이트로벤젠을 환원시켜 만든다.
- $CaOCl_2$ 용액에서 붉은 보라색을 띤다.

정답　07 ③　08 ②　09 ②

**10** 원자에서 복사되는 빛은 선 스펙트럼을 만드는데 이것으로부터 알 수 있는 사실은?

① 빛에 의한 광전자의 방출
② 빛이 파동의 성질을 가지고 있다는 사실
③ 전자껍질의 에너지의 불연속성
④ 원자핵 내부의 구조

해설

[원자의 선 스펙트럼]
③ 전자껍질 에너지 준위에 따라 선이 표시

**11** 다음의 반응에서 환원제로 쓰인 것은?

$$MnO_2 + 4HCl \rightarrow MnCl_2 + 2H_2O + Cl_2$$

① $Cl_2$
② $MnCl_2$
③ $HCl$
④ $MnO_2$

해설

[환원제 찾기]
- H를 잃거나 O를 얻는 물질
- ③ HCl : H를 잃고 $Cl_2$가 되므로 환원제
  - TIP · 산화제 : 남을 산화시켜 자신은 환원되는 물질
  - · 환원제 : 남을 환원시켜 자신은 산화되는 물질

**12** 17 g의 $NH_3$와 충분한 양의 황산이 반응하여 만들어지는 황산암모늄은 몇 g인가? (단, 원소의 원자량은 H : 1, N : 14, O : 16, S : 32이다)

① 66 g
② 106 g
③ 115 g
④ 132 g

해설

[암모니아와 황산 반응식]
- $2 NH_3 + H_2SO_4 \rightarrow (NH_4)_2SO_4$(황산암모늄)
- 암모니아 몰수 = 17 g / 17 = 1 mol
- 황산암모늄 생성몰수 = 1 × 1/2 mol
- 황산암모늄 질량 = 1 × 1/2 × 132 = 66 g

**13** 다음 중 비공유 전자쌍을 가장 많이 가지고 있는 것은?

① $CH_4$
② $NH_3$
③ $H_2O$
④ $CO_2$

정답 10 ③  11 ③  12 ①  13 ④

> 해설

[비공유 전자쌍]

| | |
|---|---|
| $CH_4$<br>비공유전자쌍 : 0개 | H<br>\|<br>H—C—H<br>\|<br>H |
| $NH_3$<br>비공유전자쌍 : 1개 | H<br>\|<br>:N—H<br>\|<br>H |
| $H_2O$<br>비공유전자쌍 : 2개 | H—Ö—H |
| $CO_2$<br>비공유전자쌍 : 4개 | Ö=C=Ö |

**14** 시약의 보관방법을 옳지 않은 것은?

① Na : 석유 속에 보관
② NaOH : 공기 잘 통하는 곳에 보관
③ $P_4$(흰인) : 물속에 보관
④ $HNO_3$ : 갈색병에 보관

> 해설

[시약 보관방법]
② NaOH : 공기에 녹아 조해성이 있어 공기와 접촉을 피해 보관

**15** 다음은 열역학 제 몇 법칙의 내용인가?

> 0 K(절대영도)에서 물질의 엔트로피는 0이다.

① 열역학 제0법칙
② 열역학 제1법칙
③ 열역학 제2법칙
④ 열역학 제3법칙

> 해설

[열역학 제3법칙]
0 K에 가까울수록 엔트로피는 0에 수렴

**16** 다음 화학 반응에서 설명하기 어려운 것은?

> $2H_2(g) + O_2(g) \rightarrow 2H_2O(g)$

① 반응물질 및 생성물질의 부피 비
② 일정 성분비의 법칙
③ 반응물질 및 생성물질의 몰수 비
④ 배수비례의 법칙

> 해설

[배수비례 법칙]
- 두 원소가 화합물을 만들 때, 한 원소 일정질량과 결합하는 다른 원소의 질량은 간단한 정수비를 가지는 법칙
- 위 $H_2O$ 정수비를 비교할 대상이 없으므로 <u>배수비례의 법칙 설명 불가</u>

정답  14 ②  15 ④  16 ④

## 17
다이크로뮴산이온($Cr_2O_7^{2-}$)에서 Cr의 산화수는?

① +3  ② +6
③ +7  ④ +12

**해설**

[산화수 계산]
- O : -2로 계산
- $2 \times Cr + 7 \times (-2) = -2$
  Cr = +6

## 18
다이클로로벤젠의 구조이성질체의 수는 몇 개인가?

① 5  ② 4
③ 3  ④ 2

**해설**

[다이클로로벤젠($C_6H_4Cl_2$) 구조이성질체]

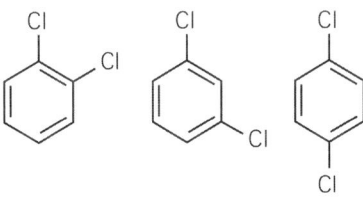

총 3가지 이성질체가 있다.

## 19
볼타전지에서 갑자기 전류가 약해지는 현상을 "분극현상"이라 한다. 이 분극현상'을 방지해주는 감극제로 사용되는 물질은?

① $MnO_2$  ② $CuSO_3$
③ NaCl  ④ $Pb(NO_3)_2$

**해설**

[감극제 종류]
$MnO_2 \cdot CuO \cdot PbO_2$ 등이 있다.

## 20
원자가 전자배열이 $as^2ap^2$인 것은? (단, a = 2, 3이다)

① Ne, Ar  ② Li, Na
③ C, Si  ④ N, P

**해설**

[전자배열 파악]
- $as^2ap^2$ : s 오비탈, p 오비탈 2개 의미
  → 최외각전자 개수 4개
- 최외각전자 4개는 14족 C, Si 등

정답: 17 ②  18 ③  19 ①  20 ③

### 2과목    화재예방과 소화방법

**21** 위험물안전관리법령상 이산화탄소를 저장하는 저압식 저장용기에는 용기 내부의 온도를 어떤 범위로 유지할 수 있는 자동냉동기를 설치하여야 하는가?

① 영하 20℃ ~ 영하 18℃
② 영하 20℃ ~ 0℃
③ 영하 25℃ ~ 영하 18℃
④ 영하 25℃ ~ 0℃

**해설**
[이산화탄소 저장(저압식 저장용기)]
용기 내부 온도 -20 ~ -18℃ 유지할 수 있는 자동냉동기 설치

**22** 강화액소화기에 대한 설명으로 옳은 것은?

① 물의 유동성을 크게 하기 위한 유화제를 첨가한 소화기이다.
② 물의 표면장력을 강화한 소화기이다.
③ 산 알칼리 액을 주성분으로 한다.
④ 물의 소화효과를 높이기 위해 염류를 첨가한 소화기이다.

**해설**
[강화액소화기]
④ 물의 침투력을 강화하기 위해 탄산칼륨($K_2CO_3$, 염류)을 첨가한 소화기

**23** 위험물취급소의 건축물 연면적이 500 $m^2$인 경우 소요단위는? (단, 외벽은 내화구조이다)

① 2단위     ② 5단위
③ 10단위    ④ 50단위

**해설**
[소요단위 계산]
• 1 소요단위 기준

| 구분 | 내화구조 | 비내화구조 |
|---|---|---|
| 제조소<br>취급소 | 연면적 100 $m^2$ | 연면적 50 $m^2$ |
| 저장소 | 연면적 150 $m^2$ | 연면적 75 $m^2$ |
| 위험물 | 지정수량 10배 | |

• 소요단위 = 500 $m^2$ / 100 $m^2$
           = 5 소요단위

**24** 위험물제조소등에 설치된 옥외소화전설비는 모든 옥외소화전(설치개수가 4개 이상인 경우는 4개의 옥외소화전)을 동시에 사용할 경우에 각 노즐선단의 방수압력은 몇 kPa 이상이어야 하는가?

① 250     ② 300
③ 350     ④ 450

**해설**
[옥외소화전]
• 방사압 : 350 kPa 이상
• 방수량 : 450 L / min 이상

정답    21 ①    22 ④    23 ②    24 ③

## 25
위험물안전관리법령에서 정한 다음의 소화설비 중 능력단위가 가장 큰 것은?

① 팽창진주암 160 L(삽 1개 포함)
② 수조 80 L(소화전용물통 3개 포함)
③ 마른 모래 50 L(삽 1개 포함)
④ 팽창질석 160 L(삽 1개 포함)

**해설**

[기타 소화설비 능력단위]

| 소화설비 | 용량 [L] | 능력 단위 |
|---|---|---|
| 소화전용 물통 | 8 | 0.3 |
| 수조(물통 3개 포함) | 80 | 1.5 |
| 수조(물통 6개 포함) | 190 | 2.5 |
| 마른 모래(삽 1개 포함) | 50 | 0.5 |
| 팽창질석 · 진주암 (삽 1개 포함) | 160 | 1.0 |

## 26
소화약제 제조 시 사용되는 성분이 아닌 것은?

① 에틸렌글라이콜
② 탄산칼륨
③ 인산이수소암모늄
④ 인화알루미늄

**해설**

[소화약제 성분]
④ 인화알루미늄(3류) : 위험물

TIP 에틸렌글라이콜도 4류 위험물이지만 소화약제에 소량 첨가한다.

## 27
열의 전달에 있어서 열전달면적과 열전도도가 각각 2배로 증가한다면 다른 조건이 일정한 경우 전도에 의해 전달되는 열의 양은 몇 배가 되는가?

① 0.5배
② 1배
③ 2배
④ 4배

**해설**

[열전달]
- 열량 $Q = -\dfrac{kA}{l}\Delta T$
- 열전달면적 A ⇒ 2 A
  열전도도 k ⇒ 2 k 이면 열량 Q는 4배

## 28
위험물안전관리법령상 제3류 위험물 중 금수성 물질 이외의 것에 적응성이 있는 소화설비는?

① 할로젠화합물소화설비
② 불활성가스소화설비
③ 포소화설비
④ 분말소화설비

**해설**

[포소화설비]
- 포약제 : 물 + 포원액으로 구성
- 황린(자연발화성 물질) : 냉각소화하는 물질로 포소화설비가 적응성이 있음

정답 25 ② 26 ④ 27 ④ 28 ③

## 29 제4류 위험물의 소화방법에 대한 설명 중 틀린 것은?

① 공기차단에 의한 질식소화가 효과적이다.
② 물분무소화도 적응성이 있다.
③ 수용성인 가연성액체의 화재에는 수성막포에 의한 소화가 효과적이다.
④ 비중이 물보다 작은 위험물의 경우는 주수소화가 효과가 떨어진다.

**해설**

[4류 위험물 소화방법]
③ 4류 중 수용성 물질 화재에 수성막포 사용 시 수분을 흡수해 포가 깨져 소멸

## 30 마그네슘에 화재가 발생하여 물을 주수하였다. 그에 대한 설명으로 옳은 것은?

① 냉각소화효과에 의해서 화재가 진압된다.
② 주수된 물이 증발하여 질식소화효과에 의해서 화재가 진압된다.
③ 수소가 발생하여 폭발 및 화재 확산의 위험성이 증가한다.
④ 물과 반응하여 독성 가스를 발생한다.

**해설**

[마그네슘(2류 위험물)]
③ 금속물질로 물과 닿으면 수소 발생

## 31 다음 ( )에 알맞은 수치를 옳게 나열한 것은?

> 위험물안전관리법령상 옥내소화전설비는 각층을 기준으로 하여 당해 층의 모든 옥내소화전을 동시에 사용할 경우 각 노즐선단의 방수압력이 ( ) kPa 이상이고, 방수량이 1분당 ( ) L 이상의 성능이 되도록 할 것

① 350, 260
② 260, 350
③ 450, 260
④ 260, 450

**해설**

[옥내소화전]
• 방사압 : 350 kPa
• 방수량 : 260 L/min

**보충** 옥외소화전은 방사압은 350 kpa로 같고, 방수량만 450 L/min으로 다르다.

## 32 다음 중 물을 소화약제로 사용하는 가장 큰 이유는?

① 기화잠열이 크므로
② 부촉매효과가 있으므로
③ 환원성이 있으므로
④ 기화하기 쉬우므로

**해설**

[소화약제로써 물의 장점]
• 기화잠열이 크므로 효과적으로 열 제거
• 저렴한 가격, 구하기 용이

**33** 불활성가스소화약제 중 IG-100의 성분을 옳게 나타낸 것은?

① 질소 100 %
② 질소 50 %, 아르곤 50 %
③ 질소 52 %, 아르곤 40 %, 이산화탄소 8 %
④ 질소 52 %, 이산화탄소 40 %, 아르곤 8 %

해설

[불활성가스소화약제]
- IG-100 : $N_2$ 100 %
- IG-55 : $N_2$ 50 % + Ar 50 %
- IG-541 : $N_2$ 52 % + Ar 40 % + $CO_2$ 8 %

**34** 인화점이 70 ℃ 이상인 제4류 위험물을 저장·취급하는 소화난이도등급 I의 옥외탱크저장소(지중탱크 또는 해상탱크 외의 것)에 설치하는 소화설비는?

① 스프링클러소화설비
② 물분무소화설비
③ 간이소화설비
④ 분말소화설비

해설

[소화난이도 옥외탱크저장소 소화설비]
- 황만 저장·취급 : 물분무소화설비
- 인화점 70 ℃ 이상 제4류 위험물 : 물분무소화설비·고정식 포소화설비
- 그 밖 : 고정식 포소화설비

**35** 불꽃의 표면온도가 300 ℃에서 360 ℃로 상승하였다면 300 ℃보다 약 몇 배의 열을 방출하는가?

① 1.49배
② 3배
③ 7.27배
④ 10배

해설

[복사열]
- 복사열 $Q = \sigma A T^4$으로 Q는 $T^4$에 비례
- $Q_1 : Q_2 = T_1^4 : T_2^4$
  $Q_2 = Q_1 \times (273 + 360 / 273 + 300)^4$
  $= 1.49 Q_1$

TIP T는 절대온도만 사용

**36** 위험물안전관리법령상 연소의 우려가 있는 위험물제조소의 외벽의 기준으로 옳은 것은?

① 개구부가 없는 불연재료의 벽으로 하여야 한다.
② 개구부가 없는 내화구조의 벽으로 하여야 한다.
③ 출입구 외의 개구부가 없는 불연재료의 벽으로 하여야 한다.
④ 출입구 외의 개구부가 없는 내화구조의 벽으로 하여야 한다.

정답 33 ① 34 ② 35 ① 36 ④

**해설**

[위험물제조소 방화구획]
- 건축물(벽·기둥·바닥·보·지붕·서까래) : 불연재료
- 출입구 외 개구부 없는 외벽 : 내화구조

**37** 가연성 가스나 증기의 농도를 연소한계(하한) 이하로 하여 소화하는 방법은?

① 희석소화 ② 제거소화
③ 질식소화 ④ 냉각소화

**해설**

[희석소화]
가연성 가스·증기 농도를 연소한계 이하로 하여 소화

TIP 가연물을 직접 제거하는 것은 제거소화

**38** 위험물안전관리법령상 이산화탄소소화기가 적응성이 있는 위험물은?

① 트라이나이트로톨루엔
② 과산화나트륨
③ 철분
④ 인화성 고체

**해설**

[이산화탄소소화기 적응성]
- 인화성 고체(2류) : 질식소화하는 이산화탄소소화기 가능
- ① : 냉각소화
- ②, ③ : 탄산수소염류 소화약제나 팽창질석, 팽창진주암, 모래만 소화 가능

**39** 트라이에틸알루미늄의 화재 발생 시 물을 이용한 소화가 위험한 이유를 옳게 설명한 것은?

① 가연성의 수소가스가 발생하기 때문에
② 유독성의 포스핀가스가 발생하기 때문에
③ 유독성의 포스겐가스가 발생하기 때문에
④ 가연성의 에탄가스가 발생하기 때문에

**해설**

[트라이에틸알루미늄[$(C_2H_5)_3Al$]과 물 반응]
- $(C_2H_5)_3Al + 3H_2O$
  $\rightarrow Al(OH)_3 + 3\underline{C_2H_6}$
- 물과 반응 시 에테인가스($C_2H_6$) 발생

**40** 제1종 분말소화 약제의 소화효과에 대한 설명으로 가장 거리가 먼 것은?

① 열분해 시 발생하는 이산화탄소와 수증기에 의한 질식효과
② 열분해 시 흡열반응에 의한 냉각효과
③ $H^+$ 이온에 의한 부촉매효과
④ 분말 운무에 의한 열방사 차단효과

**해설**

[제1종 분말소화약제 소화효과]
③ $Na^+$ 이온에 의한 부촉매효과

## 3과목 위험물의 성질과 취급

**41** 다음은 위험물안전관리법령에 관한 내용이다. ( )에 알맞은 수치의 합은?

> • 위험물안전관리자를 선임한 제조소 등의 관계인은 그 안전관리자를 해임하거나 안전관리자가 퇴직당한 때에는 해임하거나 퇴직한 날부터 ( )일 이내에 다시 안전관리자를 선임하여야 한다.
> • 제조소등의 관계인은 당해 제조소등의 용도를 폐지한 때에는 총리령이 정하는 바에 따라 제조소등의 용도를 폐지한 날부터 ( )일 이내에 시·도지사에게 신고하여야 한다.

① 30 ② 44
③ 49 ④ 62

**해설**

[안전관리자 선임기간과 용도폐지]
• 안전관리자 해임·퇴직 시 : 해임·퇴직 날부터 <u>30일</u> 이내 재선임
• 제조소 용도 폐지 : 폐지한 날부터 <u>14일</u> 이내 시·도지사 또는 소방서장에게 신고

**42** 다음 중 지정수량이 나머지 셋과 다른 금속은?

① Fe분 ② Zn분
③ Na ④ Mg

정답 ● 40 ③ 41 ② 42 ③

[해설]

[지정수량]
- Fe분·Zn분·Mg : 지정수량 500 kg
- Na(3류) : 지정수량 10 kg

**43** 다음 중 물과 반응하여 수소를 발생하지 않는 물질은?

① 칼륨
② 수소화붕소나트륨
③ 탄화칼슘
④ 수소화칼슘

[해설]

[탄화칼슘과 물 반응]
- $CaC_2 + 2H_2O \rightarrow Ca(OH)_2 + \underline{C_2H_2}$
- 물과 반응 시 아세틸렌($C_2H_2$) 발생

**44** 다음과 같이 위험물을 저장할 경우 각각의 지정수량 배수의 총합은 얼마인가?

- 클로로벤젠 : 1,000 L
- 동식물유류 : 5,000 L
- 제4석유류 : 12,000 L

① 2.5　　② 3.0
③ 3.5　　④ 4.0

[해설]

[지정수량 배수 계산]
- 지정수량
  클로로벤젠 1,000 L
  동식물유류 10,000 L
  제4석유류 6,000 L
- 지정수량 배수
  = (1,000 / 1,000) + (5,000 / 10,000)
  　+ (12,000 / 6,000) = 3.5 배수

**45** 과산화나트륨이 물과 반응할 때의 변화를 가장 옳게 설명한 것은?

① 산화나트륨과 수소를 발생한다.
② 물을 흡수하여 수소를 발생한다.
③ 산소를 방출하며 수산화나트륨이 된다.
④ 서서히 물에 녹아 과산화나트륨의 안전한 수용액이 된다.

[해설]

[과산화나트륨과 물 반응]
- $Na_2O_2 + H_2O \rightarrow 2\ NaOH + 0.5\ O_2$
- 물과 반응해 수산화나트륨(NaOH)과 산소($O_2$) 발생

정답　43 ③　44 ③　45 ③

**46** 제4석유류를 저장하는 옥내탱크저장소의 기준으로 옳은 것은? (단, 단층건물에 탱크전용실을 설치하는 경우이다)

① 옥내저장탱크의 용량은 지정수량의 40배 이하일 것
② 탱크전용실은 벽, 기둥, 바닥, 보를 내화구조로 할 것
③ 탱크전용실에는 창을 설치하지 아니할 것
④ 탱크전용실에 펌프설비를 설치하는 경우에는 그 주위에 0.2 m 이상의 높이로 턱을 설치할 것

[해설]
[제4석유류 옥내탱크저장소 용량]
① 위험물 지정수량 40배 이하

**47** 위험물안전관리법령상 다음 암반탱크의 공간 용적은 얼마인가?

> 가. 암반탱크의 내용적 100억 L
> 나. 탱크 내에 용출하는 1일 지하수의 양 2천만 L

① 2천만 리터
② 2억 리터
③ 1억 4천만 리터
④ 100억 리터

[해설]
[암반탱크 공간용적 계산]
• 내용적 1 / 100와 7일간 지하수 용출량 중 더 큰 용적을 공간용적으로 한다.
• 가 : 100억 × 1 / 100 = 1억
  나 : 2천만 × 7 = 1억 4천만

**48** 위험물 주유취급소의 주유 및 급유 공지의 바닥에 대한 기준으로 옳지 않은 것은?

① 주위 지면보다 낮게 할 것
② 표면을 적당하게 경사지게 할 것
③ 배수구, 집유설비를 할 것
④ 유분리장치를 할 것

[해설]
[주유취급소 바닥 기준]
① 기름누수 시 고이지 않도록 주위 지면보다 높게 해야 한다.

정답 46 ① 47 ③ 48 ①

**49** 제4류 위험물의 일반적인 성질 또는 취급 시 주의사항에 대한 설명 중 가장 거리가 먼 것은?

① 액체의 비중은 물보다 가벼운 것이 많다.
② 대부분 증기는 공기보다 무겁다.
③ 제1석유류 ~ 제4석유류는 비점으로 구분한다.
④ 정전기 발생에 주의하여 취급하여야 한다.

해설

[제4류 위험물 분류]
③ 가연성 기체 발생하는 인화점으로 구분

**50** 위험물안전관리법령상 위험물 운반 시에 혼재가 금지된 위험물로 이루어진 것은? (단, 지정수량의 1/10 초과이다)

① 과산화나트륨과 황
② 황과 과산화벤조일
③ 황린과 휘발유
④ 과염소산과 과산화나트륨

해설

[혼재할 수 있는 위험물류]
① 과산화나트륨(1류)와 황(3류) 혼재 불가

보충 혼재 가능 위험물

| 1↓ | 6 | | 혼재 가능 |
|---|---|---|---|
| 2↓ | 5↑ | 4 | 혼재 가능 |
| 3→ | 4↑ | | 혼재 가능 |

암 1 2 3 4 5 6 적은 후 4 추가

**51** 오황화인에 관한 설명으로 옳은 것은?

① 물과 반응하면 불연성 기체가 발생된다.
② 담황색 결정으로서 흡습성과 조해성이 있다.
③ $P_5S_2$로 표현되며 물에 녹지 않는다.
④ 공기 중에서 자연발화한다.

해설

[오황화인 특징]
① 물과 반응해 황화수소(가연성) 발생
② 담황색 결정으로 흡습성·조해성 있음
③ $P_2S_5$(오황화인)으로 표현
④ 자연발화하지 않는다.

정답 49 ③ 50 ① 51 ②

**52** 위험물안전관리법령상 다음 사항을 참고하여 제조소의 소화설비의 소요단위의 합을 옳게 산출한 것은?

> 가. 제조소 건축물의 연면적은 3,000 m²
> 나. 제조소 건축물의 외벽은 내화구조이다.
> 다. 제조소 허가 지정수량은 3,000배이다.
> 라. 제조소의 옥외 공작물의 최대수평투영면적은 500 m²이다.

① 335  ② 395
③ 400  ④ 440

**해설**

[제조소 건축물 소요단위]
① 제조소 건축물 소요단위
  • 100 m² = 1 소요단위
  • 3,000 / 100 = 30 소요단위
② 제조소 허가 지정수량
  • 10배 = 1 소요단위
  • 3,000 / 10 = 300 소요단위
③ 공작물 수평투영면적(연면적으로 간주)
  • 100 m² = 1 소요단위
  • 500 / 100 = 5 소요단위
소요단위합계 = 30 + 300 + 5 = 335 단위

**53** 다음은 위험물안전관리법령상 위험물의 운반에 기준 중 적재방법에 관한 내용이다. ( ) 알맞은 내용은?

> ( )위험물 중 ( )℃ 이하의 온도에서 분해될 우려가 있는 것은 보냉 컨테이너에 수납하는 등 적정한 온도관리를 할 것

① 제5류, 25  ② 제5류, 55
③ 제6류, 25  ④ 제6류, 55

**해설**

[위험물 운반 시 적재방법]
제5류 위험물 중 55 ℃ 이하에 분해될 우려가 있는 것은 적정한 온도관리 필요

**54** 위험물안전관리법령상 HCN의 품명으로 옳은 것은?

① 제1석유류  ② 제2석유류
③ 제3석유류  ④ 제4석유류

**해설**

[시안화수소(HCN) 품명]
제1석유류

**55** 위험물의 운반에 관한 기준에서 위험물의 적재 시 혼재가 가능한 위험물은? (단, 지정수량의 5배인 경우이다)

① 과염소산칼륨 - 황린
② 질산메틸 - 경유
③ 마그네슘 - 알킬알루미늄
④ 탄화칼슘 - 나이트로글리세린

**해설**

[혼재 가능한 위험물]
질산메틸(5류)과 경유(4류)는 혼재 가능

보충 혼재 가능 위험물

| 1↓ | 6 | | 혼재 가능 |
| 2↓ | 5↑ | 4 | 혼재 가능 |
| 3→ | 4↑ | | 혼재 가능 |

암 123456 적은 후 4 추가

**56** 다음 중 물과 접촉 시 유독성의 가스를 발생하지는 않지만 화재의 위험성이 증가하는 것은?

① 인화칼슘  ② 황린
③ 적린      ④ 나트륨

**해설**

[나트륨과 물 반응]
• $Na + H_2O \rightarrow NaOH + 0.5H_2$
• 수소 : 유독성은 없지만 가연성 가스

**57** 짚, 헝겊 등을 다음의 물질과 적셔서 대량으로 쌓아 두었을 경우 자연 발화의 위험성이 제일 높은 것은?

① 동유       ② 야자유
③ 올리브유   ④ 피자마유

**해설**

[동식물유 중 건성유]
• 아이오딘값 130 이상
• 자연발화 위험성 매우 높음
• 동유 · 해바라기유 · 아마인유 · 들기름

암 동해아들

**58** 이동저장탱크에 저장할 때 불연성 가스를 봉입하여야 하는 위험물은?

① 메틸에틸케톤퍼옥사이드
② 아세트알데하이드
③ 아세톤
④ 트라이나이트로톨루엔

**해설**

[이동저장탱크 저장]
알킬알루미늄 · 아세트알데하이드 등은 불활성 기체(불연성 기체)와 봉입

정답 55 ② 56 ④ 57 ① 58 ②

**59** 위험물안전관리법령에서 정하는 제조소와의 안전거리의 기준이 다음 중 가장 큰 것은?

① 「고압가스 안전관리법」의 규정에 의하여 허가를 받거나 신고를 하여야 하는 고압가스저장시설
② 사용전압이 35,000 V를 초과하는 특고압가공전선
③ 병원, 학교, 극장
④ 「문화유산의 보존 및 활용에 관한 법률」 및 「자연유산의 보존 및 활용에 관한 법률」의 규정에 의한 유형문화재와 기념물 중 지정문화재

**60** 인화칼슘의 성질이 아닌 것은?

① 적갈색의 고체이다.
② 물과 반응하여 포스핀가스를 발생한다.
③ 물과 반응하여 유독한 불연성 가스를 발생한다.
④ 산과 반응하여 포스핀 가스를 발생한다.

> 해설

[인화칼슘($Ca_3P_2$) 성질]
③ 물과 반응해 가연성 포스핀($PH_3$) 발생

> 해설

[위험물제조소 안전거리]

| 시설종류 | 안전거리 |
|---|---|
| 지정문화유산 및 천연기념물 등 | 50 m 이상 |
| 병원·학교·극장 | 30 m 이상 |
| 고압가스·액화석유가스 | 20 m 이상 |
| 주거용 건축물 | 10 m 이상 |
| 전압 35,000 V 초과 특고압전선 | 5 m 이상 |
| 전압 7,000 ~ 35,000 V 특고압전선 | 3 m 이상 |

정답  59 ④  60 ③

## 2016년 4회

### 1과목 일반화학

**01** 다음 화학반응에서 밑줄 친 원소가 산화된 것은?

① $H_2$ + $\underline{Cl_2}$ → 2HCl
② 2$\underline{Zn}$ + $O_2$ → 2ZnO
③ 2KBr + $\underline{Cl_2}$ → 2KCl + $Br_2$
④ 2$\underline{Ag}$+ + Cu → 2Ag + $Cu^{2+}$

**해설**

[산화와 환원]
• ② Zn은 산소를 얻어 ZnO가 되어 산화됨
• 산화 : 산소 얻음, 전자·수소 잃음
• 환원 : 산소 잃음, 전자·수소 얻음

**02** 발연황산이란 무엇인가?

① $H_2SO_4$의 농도가 98 % 이상인 거의 순수한 황산
② 황산과 염산을 1 : 3의 비율로 혼합한 것
③ $SO_3$를 황산에 흡수시킨 것
④ 일반적인 황산을 총괄하는 것

**해설**

[발연황산]
• 흰 연기를 발생하는 황산
• $SO_3$(삼산화황)을 황산에 흡수시켜 만듦

**03** 0.001 N – HCl의 pH는?

① 2    ② 3
③ 4    ④ 5

**해설**

[pH 계산]
• $H^+$ 몰농도 0.001M(N농도와 동일)
• pH = -log [$H^+$] = - log [0.001M] = 3

**04** 0 ℃의 얼음 20 g을 100 ℃의 수증기로 만드는 데 필요한 열량은? (단, 융해열은 80 cal/g, 기화열은 539 cal/g이다)

① 3,600 cal    ② 11,600 cal
③ 12,380 cal   ④ 14,380 cal

**해설**

[열량 계산(현열·잠열)]

현열 $Q_1$ = m C $\Delta T$ = 20 × 1 × (100 - 0)
       = 2,000 cal

잠열 $Q_2$ = m $\gamma_1$ + m $\gamma_2$
       = 20 × 80 + 20 × 539
       = 12,380 cal

총열량 $Q_t$ = $Q_1$ + $Q_2$ = 2,000 + 12,380
         = 14,380 cal

m : 질량(g)
$\gamma_1$ : 융해잠열(cal / g), $\gamma_2$ : 기화잠열(cal / g)
C : 비열(cal / g · K), $\Delta T$ : 온도 변화(K)

**정답** 01 ②  02 ③  03 ②  04 ④

## 05 다음 중 FeCl₃과 반응하면 색깔이 담회색으로 되는 현상을 이용해서 검출하는 것은?

① $CH_3OH$  ② $C_6H_5OH$
③ $C_6H_5NH_2$  ④ $C_6H_5CH_3$

**해설**

[페놀($C_6H_5OH$)의 정색반응]
② $FeCl_3$와 만나 담회색 정색반응

## 06 콜로이드 용액 중 소수콜로이드는?

① 녹말  ② 아교
③ 단백질  ④ 수산화철

**해설**

[소수콜로이드]
- 물과 친화성이 적은 미립자
- 종류 : 수산화철·수산화알루미늄 등

## 07 다음 중 유리기구 사용을 피해야 하는 화학반응은?

① $CaCO_3$ + HCl
② $Na_2CO_3$ + $Ca(OH)_2$
③ Mg + HCl
④ $CaF_2$ + $H_2SO_4$

**해설**

[유리를 부식시키는 물질]
플루오린화칼슘($CaF_2$), 플루오린화수소산(HF) 등

## 08 0 ℃, 1기압에서 1 g의 수소가 들어 있는 용기에 산소 32 g을 넣었을 때 용기의 총 내부 압력은? (단, 온도는 일정하다)

① 1기압  ② 2기압
③ 3기압  ④ 4기압

**해설**

[내부 압력 계산]
- $H_2$ 몰수 1 g / 2(분자량) = 0.5 mol
 ⇒ 1기압
- $O_2$ 몰수 32 g / 32 = 1 mol ⇒ 2기압
- 총 내부 압력 = 1기압 + 2기압 = 3기압

## 09 다음의 평형계에서 압력을 증가시키면 반응에 어떤 영향이 나타나는가?

$$N_2(g) + 3H_2(g) \rightleftarrows 2NH_3(g)$$

① 오른쪽으로 진행
② 왼쪽으로 진행
③ 무변화
④ 왼쪽과 오른쪽으로 모두 진행

**해설**

[평형계에서 압력]
- 생성물(오른쪽) 만들어지는 반응이 몰수가 적어지므로 오른쪽 반응 진행
- 압력 증가 : 몰수가 적어지는 반응 진행
- 압력 감소 : 몰수가 많아지는 반응 진행

**정답** 05 ② 06 ④ 07 ④ 08 ③ 09 ①

**10** $ns^2 np^5$의 전자구조를 가지지 않는 것은?

① F(원자번호 9)  ② Cl(원자번호 17)
③ Se(원자번호 34) ④ I(원자번호 53)

**해설**

[$ns^2 np^5$ 전자구조를 가지는 원소]
최외각전자 7개 할로젠원소(F, Cl, Br, I)

**11** 100 mL 메스플라스크로 10 ppm 용액 100 mL를 만들려고 한다. 1,000 ppm 용액 몇 mL를 취해야 하는가?

① 0.1    ② 1
③ 10     ④ 100

**해설**

[용액부피계산]
- 1 ppm : 물 1 kg당 물질 1 mg
- $N_1 \times V_1 = N_2 \times V_2$
  $10 \times 100$ mL $= 1,000 \times V_2$
  $V_2 = 1$ mL

**12** 황산구리 수용액을 전기분해하여 음극에서 63.54 g의 구리를 석출시키고자 한다. 10 A의 전기를 흐르게 하면 전기분해에는 약 몇 시간이 소요되는가? (단, 구리의 원자량은 63.54이다)

① 2.72   ② 5.36
③ 8.13   ④ 10.8

**해설**

[전기분해 시간 계산]
- 1 g당량 1 mol 석출에 96,500 C 필요
  $Cu^{2+}$ 1 mol ⇒ 96,500 × 2 C
- 총 전하량 = 96,500 × 2 = 10 A × t
  t = 96,500 × 2 / 10 = 19,300 s = 5.36 h

**13** 축중합반응에 의하여 나일론-66을 제조할 때 사용되는 주원료는?

① 아디프산과 헥사메틸렌다이아민
② 아이소프렌과 아세트산
③ 염화바이닐과 폴리에틸렌
④ 멜라민과 클로로벤젠

**해설**

[나일론-66 제조]
① 아디프산 + 헥사메틸렌다이아민 축합중합으로 제조

**14** 표준상태를 기준으로 수소 2.24 L가 염소와 완전히 반응했다면 생성된 염화수소의 부피는 몇 L인가?

① 2.24   ② 4.48
③ 22.4   ④ 44.8

**해설**

[표준상태 기체부피 계산]
- 반응식 $H_2 + Cl_2 \rightarrow 2\,HCl$(염화수소)
- $H_2$ 2.24 L는 HCl 4.48 L 생성
- 기체부피와 몰수는 비례관계

정답  10 ③  11 ②  12 ②  13 ①  14 ②

**15** $Ca^{2+}$ 이온의 전자배치를 옳게 나타낸 것은?

① $1s^2\ 2s^2\ 2p^6\ 3s^2\ 3p^6\ 3d^2$
② $1s^2\ 2s^2\ 2p^6\ 3s^2\ 3p^6\ 4s^2$
③ $1s^2\ 2s^2\ 2p^6\ 3s^2\ 3p^6\ 4s^2\ 3d^2$
④ $1s^2\ 2s^2\ 2p^6\ 3s^2\ 3p^6$

**해설**

[$Ca^{2+}$의 전자배치]
원자번호 20번에서 전자 2개를 잃은 상태
$1s^2\ 2s^2\ 2p^6\ 3s^2\ 3p^6\ 4s^2$
→ $\underline{1s^2\ 2s^2\ 2p^6\ 3s^2\ 3p^6}$

**16** 어떤 용액의 pH를 측정하였더니 4이었다. 이 용액을 1,000배 희석시킨 용액의 pH를 옳게 나타낸 것은?

① pH = 3   ② pH = 4
③ pH = 5   ④ 6 < pH < 7

**해설**

[pH 계산]
· pH = -log [$H^+$] = 4
· $H^+$ 농도 $10^{-4}$ M $10^3$배 희석해 $10^{-7}$ M
· 따라서 pH = 7이지만 산성용액을 희석했으므로 7보다 적은 6 ≪ pH ≪ 7

**17** 다음 중 물이 산으로 작용하는 반응은?

① $3\ Fe + 4\ H_2O \rightarrow Fe_3O_4 + 4\ H_2$
② $NH_4^+ + H_2O \leftrightarrows NH_3 + H_3O^+$
③ $HCOOH + H_2O \rightarrow HCOO^- + H_3O^+$
④ $CH_3COO^- + H_2O \rightarrow CH_3COOH + OH^-$

**해설**

[산과 염기]
· 산 : 수소·전자 잃거나, 산소 얻는 물질
· ④ $H_2O \rightarrow OH^-$가 되었으므로 산이다.

**18** 물 100 g에 황산구리결정($CuSO_4 \cdot 5H_2O$) 2 g을 넣으면 몇 % 용액이 되는가? (단, $CuSO_4$의 분자량은 160 g/mol이다)

① 1.25 %   ② 1.96 %
③ 2.4 %    ④ 4.42 %

**해설**

[중량% 계산]
· 순수 황산구리 질량
$= 2 \times \dfrac{160}{160 + 5 \times 18(물분자량)} = 1.28\,g$

· 중량 % $= \dfrac{1.28\,g}{(100+2)\,g} \times 100 = 1.25\%$

정답 15 ④  16 ④  17 ④  18 ①

**19** 원소의 주기율표에서 같은 족에 속하는 원소들의 화학적 성질에는 비슷한 점이 많다. 이것과 관련 있는 설명은?

① 같은 크기의 반지름을 가지는 이온이 된다.
② 제일 바깥의 전자 궤도에 들어 있는 전자의 수가 같다.
③ 핵의 양 하전의 크기가 같다.
④ 원자번호를 8a + b 라는 일반식으로 나타낼 수 있다.

**해설**
[주기율표의 족]
• 같은 족 = 같은 최외각전자 수
• ② 최외각전자 수는 화학적 성질 결정

**20** 다음 화합물 중 펩타이드 결합이 들어있는 것은?

① 폴리염화비닐  ② 유지
③ 탄수화물      ④ 단백질

**해설**
[펩타이드 결합]
아미노산 탈수반응 : 단백질 생성

**2과목** 　화재예방과 소화방법

**21** 화재 예방을 위하여 이황화탄소는 액면 자체위에 물을 채워주는데 그 이유로 가장 타당한 것은?

① 공기와 접촉하면 발생하는 불쾌한 냄새를 방지하기 위하여
② 발화점을 낮추기 위하여
③ 불순물을 물에 용해시키기 위하여
④ 가연성 증기의 발생을 방지하기 위하여

**해설**
[이황화탄소]
• 가연성 기체가 발생하는 물질
• ④ 비중이 큰 액체로 물 밑에 저장해 가연성 기체 방지

**22** 액체 상태의 물이 1기압, 100 ℃ 수증기로 변하면 체적이 약 몇 배 증가하는가?

① 530 ~ 540　② 900 ~ 1,100
③ 1,600 ~ 1,700　④ 2,300 ~ 2,400

**해설**
[$H_2O$ 부피변화]
기화할 때 부피 <u>1,600 ~ 1,700</u>배 증가

**23** 제1종 분말소화약제가 1차 열분해되어 표준상태를 기준으로 2 m³의 탄산가스가 생성되었다. 몇 kg의 탄산수소나트륨이 사용되었는가? (단, 나트륨의 원자량은 23이다)

① 15  ② 18.75
③ 56.25  ④ 75

**해설**

[제1종 분말소화약제]
- 반응식
  2 NaHCO₃ → Na₂CO₃ + H₂O + CO₂
- 분자량
  NaHCO₃ = 23+1+12+16 × 3 = 84
- NaHCO₃ 질량계산(표준상태)
  CO₂ 2 m³ 생성 → NaHCO₃ 4 m³ 소모
  4 m³ × 1 kmol / 22.4 m³ × 84 kg / kmol
  = 15 kg

**24** 위험물안전관리법령상 제4류 위험물의 위험등급에 대한 설명으로 옳은 것은?

① 특수인화물은 위험등급 Ⅰ, 알코올류는 위험등급 Ⅱ이다.
② 특수인화물과 제1석유류는 위험등급 Ⅰ이다.
③ 특수인화물은 위험등급 Ⅰ, 그 이외에는 위험등급 Ⅱ이다.
④ 제2석유류는 위험등급 Ⅱ이다.

**해설**

[제4류 위험물 위험등급]
- 위험등급 Ⅰ : 특수인화물
- 위험등급 Ⅱ : 제1석유류 · 알코올류
- 위험등급 Ⅲ : 제2~4석유류 · 동식물유

**25** 소화기에 'B-2'라고 표시되어 있었다. 이 표시의 의미를 가장 옳게 나타낸 것은?

① 일반화재에 대한 능력단위 2단위에 적용되는 소화기
② 일반화재에 대한 무게단위 2단위에 적용되는 소화기
③ 유류화재에 대한 능력단위 2단위에 적용되는 소화기
④ 유류화재에 대한 무게단위 2단위에 적용되는 소화기

**해설**

[소화기 B-2]
B : 유류화재, 2 : 능력단위 2

**26** 위험물안전관리법령상 톨루엔의 화재에 적응성이 있는 소화방법은?

① 무상수(霧狀水)소화기에 의한 소화
② 무상강화액소화기에 의한 소화
③ 봉상수(棒狀水)소화기에 의한 소화
④ 봉상강화액소화기에 의한 소화

정답 ● 23 ① 24 ① 25 ③ 26 ②

### 해설
[물을 사용하는 4류 위험물 소화방법]
- 대체로 물은 4류 위험물 적응성 없음
- 예외 : <u>무상강화액소화기</u>·물분무소화설비 가능

**27** 위험물안전관리법령상 방호대상물의 표면적이 70 m²인 경우 물분무소화설비의 방사구역은 몇 m²로 하여야 하는가?

① 35　　② 70
③ 150　　④ 300

### 해설
[물분무소화설비 방사구역]
- 150 m² 이상 : 150 m² 로 산정
- 150 m² 미만 : <u>당해 표면적으로 산정</u>

**28** 수성막포소화약제에 대한 설명으로 옳은 것은?

① 물보다 가벼운 유류의 화재에는 사용할 수 없다.
② 계면활성제를 사용하지 않고 수성의 막을 이용한다.
③ 내열성이 뛰어나고 고온의 화재일수록 효과적이다.
④ 일반적으로 불소계 계면활성제를 사용한다.

### 해설
[수성막포소화약제]
④ 불소계 계면활성제를 이용해 거품을 만들어 막을 형성하는 소화약제

**29** 다음 중 증발잠열이 가장 큰 것은?

① 아세톤　　② 사염화탄소
③ 이산화탄소　　④ 물

### 해설
물은 높은 증발잠열로 냉각소화에 쓰인다.

**30** 위험물안전관리법령에 따른 불활성가스소화설비의 저장용기 설치 기준으로 틀린 것은?

① 방호구역 외의 장소에 설치할 것
② 저장용기에 안전장치(용기밸브에 설치되어 있는 것은 제외)를 설치할 것
③ 저장용기 외면에 소화약제의 종류와 양, 제조년도 및 제조자를 표시할 것
④ 온도가 섭씨 40도 이하이고, 온도 변화가 적은 장소에 설치할 것

### 해설
[불활성가스소화설비 저장용기 기준]
② 저장용기에 안전장치(<u>용기밸브에 설치되어 있는 것은 포함</u>)를 설치할 것

**31** 위험물안전관리법령상 옥내소화전설비의 기준에서 옥내소화전이 개폐밸브 및 호스접속구의 바닥면으로부터 설치 높이 기준으로 옳은 것은?

① 1.2 m 이하　　② 1.2 m 이상
③ 1.5 m 이하　　④ 1.5 m 이상

정답 ● 27 ②　28 ④　29 ④　30 ②　31 ③

### 해설
[옥내소화전 개폐밸브 · 호스접속구 높이]
1.5 m 이하

보충 옥외소화전도 1.5 m 이하로 동일

**32** 연소 및 소화에 대한 설명으로 틀린 것은?

① 공기 중의 산소 농도가 0 %까지 떨어져야만 연소가 중단되는 것은 아니다.
② 질식소화, 냉각소화 등은 물리적 소화에 해당한다.
③ 연소의 연쇄반응을 차단하는 것은 화학적 소화에 해당한다.
④ 가연물질에 상관없이 온도, 압력이 동일하면 한계산소량은 일정한 값을 가진다.

### 해설
[연소 및 소화 특징]
④ 한계 산소량은 가연물질마다 다르다.

**33** 다음 물질 중 위험물안전관리법령상 제1류 위험물에 해당하는 것의 지정수량을 모두 합산한 값은?

| 퍼옥소이황산염류, 아이오딘산, 과염소산, 차아염소산염류 |
|---|

① 350 kg  ② 400 kg
③ 650 kg  ④ 1350 kg

### 해설
[지정수량]
- 퍼옥소이황산염류(1류) : 300 kg
- 차아염소산염류(1류) : 50 kg
- 아이오딘산 : 비위험물
- 과염소산(6류) : 300 kg
- 1류 지정수량 합 = 300 kg + 50 kg = 350 kg

**34** 이산화탄소 소화기의 장 · 단점에 대한 설명으로 틀린 것은?

① 밀폐된 공간에서 사용 시 질식으로 인명피해가 발생할 수 있다.
② 전도성이어서 전류가 통하는 장소에서의 사용은 위험하다.
③ 자체 압력으로 방출할 수가 있다.
④ 소화 후 소화약제에 의한 오손이 없다.

### 해설
[이산화탄소 소화약제]
② 비전도성으로 전기화재에 유효

**35** 다음 위험물을 부관하는 창고에 화재가 발생하였을 때 물을 사용하여 소화하면 위험성이 증가하는 것은?

① 질산암모늄    ② 탄화칼슘
③ 과염소산나트륨  ④ 셀룰로이드

### 해설
[탄화칼슘($CaC_2$)과 물 반응]
- $CaC_2 + 2H_2O \rightarrow Ca(OH)_2 + C_2H_2$
- 반응 시 아세틸렌($C_2H_2$) 발생

정답 ● 32 ④  33 ①  34 ②  35 ②

**36** 위험물안전관리법령상 이동식 불활성가스소화설비의 호스접속구는 모든 방호 대상물에 대하여 당해 방호 대상물의 각 부분으로부터 하나의 호스접속구까지의 수평거리가 몇 이하가 되도록 설치하여야 하는가?

① 5
② 10
③ 15
④ 20

해설

[이동식 불활성가스소화설비 호스접결구]
방호대상물로부터 수평거리 15 m 이하

**37** 분말소화약제의 소화효과로 가장 거리가 먼 것은?

① 질식효과
② 냉각효과
③ 제거효과
④ 방사열 차단효과

해설

[분말소화약제 소화효과]
• 냉각효과 · 질식효과 · 부촉매효과
• 제거효과 : 가연물을 직접 제거하는 방식

**38** 제2류 위험물의 화재에 대한 일반적인 특징으로 옳은 것은?

① 연소 속도가 빠르다.
② 산소를 함유하고 있어 질식소화는 효과가 없다.
③ 화재 시 자신이 환원되고 다른 물질을 산화시킨다.
④ 연소열이 거의 없어 초기 화재 시 발견이 어렵다.

해설

[제2류 위험물 특징]
• ① 연소 속도가 빠르다.
• ② 산소 공급이 필요하다.
• ④ 연소열이 크다.

**39** 위험물안전관리법령상 인화성 고체와 질산에 공통적으로 적응성이 있는 소화설비는?

① 불활성가스소화설비
② 할로젠화합물소화설비
③ 탄산수소염류분말소화설비
④ 포소화설비

해설

[소화설비 적응성]
• 인화성 고체(2류) : 모두 적응성 있음
• 질산(6류) : 물이 포함된 ④ 포소화약제만 가능

정답  36 ③  37 ③  38 ①  39 ④

**40** 이산화탄소를 이용한 질식소화에 있어서 아세톤의 한계산소농도(vol%)에 가장 가까운 값은?

① 15　　② 18
③ 21　　④ 25

해설
[한계산소농도]
산소농도 15 % 이하일 때 질식소화 된다.

### 3과목　위험물의 성질과 취급

**41** 산화제와 혼합되어 연소할 때 자외선을 많이 포함하는 불꽃을 내는 것은?

① 셀룰로이드
② 나이트로셀룰로오스
③ 마그네슘
④ 글리세린

해설
[마그네슘 연소]
고온의 불꽃과 자외선을 포함한 빛이 나옴

**42** 위험물안전관리법령상 시·도의 조례가 정하는 바에 따라 관할소방서장의 승인을 받아 지정수량 이상의 위험물을 임시로 제조소등이 아닌 장소에서 취급할 때 며칠 이내의 기간 동안 취급할 수 있는가?

① 7　　② 30
③ 90　　④ 180

해설
지정수량 이상의 위험물을 임시로 제조소등이 아닌 장소에서 임시로 90일 동안 취급 가능

**43** 위험물안전관리법령상 제1류 위험물 중 알칼리금속의 과산화물의 운반용기 외부에 표시하여야 하는 주의사항을 모두 나타낸 것은?

① "화기엄금", "충격주의" 및 "가연물접촉주의"
② "화기·충격주의", "물기엄금" 및 "가연물접촉주의"
③ "화기주의" 및 "물기엄금"
④ "화기엄금" 및 "물기엄금"

**해설**

[알칼리금속과산화물(1류) 운반용기 표기]
② "화기·충격주의", "물기엄금", "가연물접촉주의"

**44** 제4류 2석유류 비수용성인 위험물 180,000리터를 저장하는 옥외저장소의 경우 설치하여야 하는 소화설비의 기준과 소화기 개수를 설명한 것이다. ( ) 안에 들어갈 숫자의 합은?

> - 해당 옥외저장소는 소화난이도등급 Ⅱ에 해당하며 소화설비의 기준은 방사능력 범위 내에 공작물 및 위험물이 포함되도록 대형수동식소화기를 설치하고 당해 위험물의 소요단위의 ( )에 해당하는 능력단위의 소형수동식소화기를 설치하여야 한다.
> - 해당 옥외저장소의 경우 대형수동식소화기와 설치하고자하는 소형수동식소화기의 능력단위가 2라고 가정할 때 비치하여야 하는 소형수동식소화기의 최소 개수는 ( )개이다.

① 2.2  ② 4.5
③ 9   ④ 10

**해설**

[제2석유류 소형수동식소화기개수]
- 소요단위(1 / 5)에 해당하는 능력단위의 소형수동식소화기 설치
- 제2석유류 : 180,000 / 10,000 = 18소요단위
- 소형수동식소화기 개수
  18 / 5 = 3.6 소요단위
  3.6 / 2 능력단위 = 1.8
  → 소형수동식소화기 최소 (2)개
- 괄호 합 = 1 / 5 + 2 = 2.2

**45** 과염소산과 과산화수소의 공통된 성질이 아닌 것은?

① 비중이 1보다 크다.
② 물에 녹지 않는다.
③ 산화제이다.
④ 산소를 포함한다.

**해설**
[과염소산·과산화수소(제6류)]
제6류 위험물은 모두 물에 잘 녹는다.

**46** 이동저장탱크로부터 위험물을 저장 또는 취급하는 탱크에 인화점이 몇 ℃ 미만인 위험물을 주입할 때에는 이동탱크저장소의 원동기를 정지시켜야 하는가?

① 21  ② 40
③ 71  ④ 200

**해설**
탱크에 인화점이 40℃ 미만인 위험물 주입 시 원동기 열에 의해 가연성 기체가 발생할 수 있어 이동탱크저장소 원동기 정지

**47** 위험물안전관리법령에서 정의한 철분의 정의로 옳은 것은?

① "철분"이라 함은 철의 분말로서 53마이크로미터의 표준체를 통과하는 것이 50중량퍼센트 미만인 것은 제외한다.
② "철분"이라 함은 철의 분말로서 50마이크로미터의 표준체를 통과하는 것이 53중량퍼센트 미만인 것은 제외한다.
③ "철분"이라 함은 철의 분말로서 53마이크로미터의 표준체를 통과하는 것이 50부피퍼센트 미만인 것은 제외한다.
④ "철분"이라 함은 철의 분말로서 50마이크로미터의 표준체를 통과하는 것이 53부피퍼센트 미만인 것은 제외한다.

**해설**
[철분의 정의]
① 철의 분말로서 53마이크로미터의 표준체를 통과하는 것이 50중량퍼센트 미만인 것은 제외

**정답** 45 ② 46 ② 47 ①

**48** 위험물의 적재방법에 관한 기준으로 틀린 것은?

① 위험물은 규정에 의한 바에 따라 재해를 발생시킬 우려가 있는 물품과 함께 적재하지 아니하여야 한다.
② 적재하는 위험물의 성질에 따라 일광의 직사 또는 빗물의 침투를 방지하기 위하여 유효하게 피복하는 등 규정에서 정하는 기준에 따른 조치를 하여야 한다.
③ 증기발생·폭발에 대비하여 운반용기의 수납구를 옆 또는 아래로 향하게 하여야 한다.
④ 위험물을 수납한 운반용기가 전도·낙하 또는 파손되지 아니하도록 적재하여야 한다.

해설
[위험물 적재방법]
③ 증기발생·폭발에 대비하여 운반용기의 수납구를 <u>위로 향하게</u> 하여야 한다.

**49** 위험물안전관리법령상 위험물의 운반용기 외부에 표시해야 할 사항이 아닌 것은? (단, 용기의 용적은 10 L이며 원칙적인 경우에 한한다)

① 위험물의 화학명
② 위험물의 지정수량
③ 위험물의 품명
④ 위험물의 수량

해설
[위험물 운반용기의 외부 표시사항]
화학명·품명·수량·위험등급·주의사항 등

**50** 물과 접촉되었을 때 연소범위의 하한값이 2.5 vol%인 가연성 가스가 발생하는 것은?

① 금속나트륨  ② 인화칼슘
③ 과산화칼륨  ④ 탄화칼슘

해설
[탄화칼슘($CaC_2$) 반응]
• 아세틸렌의 연소범위 2.5 ~ 81 vol%
• $CaC_2$(탄화칼슘) + $2H_2O$
  → $Ca(OH)_2$ + $C_2H_2$(아세틸렌)

**51** 제3류 위험물 중 금수성 물질의 위험물 제조소에 설치하는 주의사항 게시판의 색상 및 표시 내용으로 옳은 것은?

① 청색바탕 – 백색문자, "물기엄금"
② 청색바탕 – 백색문자, "물기주의"
③ 백색바탕 – 청색문자, "물기엄금"
④ 백색바탕 – 청색문자, "물기주의"

해설
[금수성 물질 게시판 색상 및 표시]
• 주의사항 : 물기엄금
• 색상 : 청색바탕 및 백색문자

**52** 일반취급소 1층에 옥내소화전 6개, 2층에 옥내소화전 5개, 3층에 옥내소화전 5개를 설치하고자 한다. 위험물안전관리법령상 이 일반취급소에 설치되는 옥내소화전에 있어서 수원의 수량은 얼마 이상이어야 하는가?

① 13 m³
② 15.6 m³
③ 39 m³
④ 46.8 m³

**해설**

[옥내소화전 수원량]
- 옥내소화전 1개에 대한 수원량 : 7.8 m³
- 옥내소화전 5개 이상일 경우 : 5개로 계산
- 총 수원량 = 5개 × 7.8 m³ = 39 m³

**53** 제조소등의 관계인은 당해 제조소등의 용도를 폐지한 때에는 총리령이 정하는 바에 따라 제조소등의 용도를 폐지한 날부터 며칠 이내에 시·도지사에게 신고하여야 하는가?

① 5일
② 7일
③ 14일
④ 21일

**해설**

제조소등의 용도를 폐지한 날부터 <u>14일</u> 이내 시·도지사에게 신고

**54** 적재 시 일광의 직사를 피하기 위하여 차광성이 있는 피복으로 가려야 하는 것은?

① 메탄올
② 과산화수소
③ 철분
④ 가솔린

**해설**

[과산화수소 적재]
햇빛에 의해 분해되므로 차광성 피복 사용

**55** 삼황화인과 오황화인의 공통연소생성물을 모두 나타낸 것은?

① $H_2S$, $SO_2$
② $P_2O_5$, $H_2S$
③ $SO_2$, $P_2O_5$
④ $H_2S$, $SO_2$, $P_2O_5$

**해설**

[황화인 연소생성물]
- 삼황화인 $P_4S_3 + 8O_2 \rightarrow 3\underline{SO_2} + 2P_2O_5$
- 오황화인 $P_2S_5 + 7.5O_2 \rightarrow 5\underline{SO_2} + \underline{P_2O_5}$

정답 ● 52 ③  53 ③  54 ②  55 ③

**56** 위험물안전관리법령에 따른 위험물제조소의 안전거리 기준으로 틀린 것은?

① 주택으로부터 10 m 이상
② 학교로부터 30 m 이상
③ 유형문화재와 기념물 중 지정문화재로부터는 30 m 이상
④ 병원으로부터 30 m 이상

해설
[위험물제조소와의 안전거리]

| 시설종류 | 안전거리 |
|---|---|
| 문화재 | 50 m 이상 |
| 병원·학교·극장 | 30 m 이상 |
| 고압가스·액화석유가스 | 20 m 이상 |
| 주거용 건축물 | 10 m 이상 |
| 전압 35,000 V 초과 특고압전선 | 5 m 이상 |
| 전압 7,000 ~ 35,000 V 특고압전선 | 3 m 이상 |

**57** 다음 물질 중 인화점이 가장 낮은 것은?

① $CS_2$
② $C_2H_5OC_2H_5$
③ $CH_3COCH_3$
④ $CH_3OH$

해설
[제4류 위험물 인화점]
- 아세톤($CH_3COCH_3$) : -18 ℃
- 이황화탄소($CS_2$) : -30 ℃
- 메탄올($CH_3OH$) : 11 ℃
- 다이에틸에터($C_2H_5OC_2H_5$) : -45 ℃

**58** 지정수량에 따른 제4류 위험물 옥외탱크저장소 주위의 보유공지 너비의 기준으로 틀린 것은?

① 지정수량의 500배 이하 - 3 m 이상
② 지정수량의 500배 초과 1,000배 이하 - 5 m 이상
③ 지정수량의 1,000배 초과 2,000배 이하 - 9 m 이상
④ 지정수량의 2,000배 초과 3,000배 이하 - 15 m 이상

정답 ● 56 ③ 57 ② 58 ④

> 해설

[옥외탱크저장소 보유공지]

| 지정수량 배수 | 공지의 너비 |
|---|---|
| 500배 이하 | 3 m 이상 |
| 500~1,000배 | 5 m 이상 |
| 1,000~2,000배 | 9 m 이상 |
| 2,000~3,000배 | 12 m 이상 |
| 3,000~4,000배 | 15 m 이상 |
| 4,000배 초과 | • 탱크 지름과 높이 중 큰 것 이상<br>• 최소 15 m 이상<br>• 최대 30 m 이하 |

※ 지정수량 배수 표기방법 : ~초과 ~이하

**59** 위험물안전관리법령에서는 위험물을 제조 외의 목적으로 취급하기 위한 장소와 그에 따른 취급소의 구분을 4가지로 정하고 있다. 다음 중 법령에서 정한 취급소의 구분에 해당되지 않는 것은?

① 주유취급소
② 특수취급소
③ 일반취급소
④ 이송취급소

> 해설

[위험물 취급소 종류]
이송·주유·일반·판매 취급소
   암  이주일판매 : 이 주일 동안 판매

**60** 위험물의 취급 중 소비에 관한 기준으로 틀린 것은?

① 열처리 작업은 위험물이 위험한 온도에 이르지 아니하도록 하여 실시하여야 한다.
② 담금질 작업은 위험물이 위험한 온도에 이르지 아니하도록 하여 실시하여야 한다.
③ 분사도장 작업은 방화상 유효한 격벽 등으로 구획한 안전한 장소에서 하여야 한다.
④ 버너를 사용하는 경우에는 버너의 역화를 유지하고 위험물이 넘치지 아니하도록 하여야 한다.

> 해설

[위험물 소비 기준]
④ 버너를 사용하는 경우에 버너의 역화를 방지하고 위험물이 넘치지 아니하도록 하여야 한다.

정답 59 ② 60 ④

## 모아 위험물산업기사 필기(이론+과년도 9개년) [개정판]

**발행일**  2025년 5월 15일 개정판 2쇄
**지은이**  강단아
**발행인**  황모아
**발행처**  (주)모아교육그룹
**주 소**  서울특별시 영등포구 영신로 32길 29 세화빌딩 2층
**전 화**  02-2068-2393(출판, 주문)
**등 록**  제2015-000006호 (2015.1.16.)
**이메일**  moagbooks@naver.com
**ISBN**  979-11-6804-386-2 (13530)

이 책의 가격은 뒤표지에 있습니다.

Copyright ⓒ (주)모아교육그룹 Co., Ltd. All Rights Reserved.

이 책은 저작권법에 의해 보호를 받는 저작물이므로 저자와 출판사의 서면 허락 없이
내용의 전부 또는 일부를 이용하는 것을 금합니다.

# 위험물산업기사 합격!
여러분의 합격은 모아의 보람입니다.

# 끊임없이 변화를 추구하는 교육기업

**모아를 선택해주신 여러분께 감사드립니다.**

- ✔ 모아는 혁신적인 교육을 통해 인간의 사고(思考)를 확장 및 변화시킬 수 있다고 믿고 있습니다.

- ✔ 모아는 미래를 교육으로 변화시킬 수 있다고 믿고 있습니다.

- ✔ 모아는 청년부터 장년, 중년, 노년까지의 성인교육에 중점을 두고 사업을 진행하고 있습니다.

**초고령화, 불확실성의 시대**

모아는 당신의 미래를 함께 하는 혁신적인 교육 플랫폼이 되겠습니다.